Die Entstehung der Erde

Klima • Vulkane • Flüsse • Pflanzen • Wüsten

Die Entstehung der Erde

Chefberater:

Dr. Robert R. Coenraads und John I. Koivula

Klima • Vulkane • Flüsse • Pflanzen • Wüsten

Kartensymbole

 Fluss

 See

 Fjord

Becken

Wüste

Kraton

 Grenzen

 Grabenbruch/Plattenverlauf

▲ aktiver Vulkan

△ inaktiver Vulkan

▲ Gipfel/erloschener Vulkan

⊔ Canyon/Schlucht

◢ Höhle

● Geysir/heiße Quelle

⌣ Meteoritenkrater

■ vulkanischer Rest

Kartenbeschriftung

FRANKREICH — Land

MONTANA — Bundesstaat/Provinz

Sardinien — Insel

Antarktische Halbinsel — Halbinsel

A N D E N — Gebirge

Everest — Berggipfel

Grand Canyon — geolog. Besonderheit

Gibsonwüste — Wüste

Kap der Guten Hoffnung — Kap

Amazonas — Fluss

Victoria-see — See

PAZIFISCHER OZEAN — Ozean

Kaspisches Meer — Meer

Golf von Carpentaria — Golf

© Millennium House Pty Ltd 2007
52 Bolwarra Road
Elanora Heights NSW 2101
Australia

Titel der Originalausgabe: *Geologica*
ISBN: 978-1-921209-15-4

Text © Millennium House Pty Ltd 2007
Karten © Millennium House Pty Ltd 2007

Herausgeberin: Margaret Olds
Associate publisher: Janet Parker
Art Direction: Stan Lamond
Leitende wissenschaftliche Berater: Dr. Robert R. Coenraads, John I. Koivula
Weitere Berater: David McGonigal, Armstrong Osborne, Robyn Stutchbury
Cover: Simone Sticker
Gestaltung: Stan Lamond, Avril Makula
Illustrationen: Andrew Davies, Glen Vause
Kartografie: Sergio Boggio, Ruth Coombes, Alison Davies, Mark Fairbairn, Kim Farrington, John Frith, David Hosking, Robin Hyatt, Kevin Klein, David Maltby, Joe Nunn, Alan Palfreyman, Colin Reid, Timothy Rideout, Alan Smith, Martin Smith, Mary Spence, Matthew Townsend, Jan Watson

© 2011 der deutschen Ausgabe:
Tandem Verlag GmbH, Birkenstraße 10, 14469 Potsdam

Übersetzung: Birgit Lamerz-Beckschäfer, Michael Sailer, Jorunn Wissmann
Fachlektorat: Dr. Gotlind Blechschmidt, Augsburg
Satz und Lektorat: bookwise Medienproduktion GmbH, München

Gesamtherstellung: Tandem Verlag GmbH

ISBN 978-3-8427-0237-0

COVERABBILDUNGEN:

Vorderseite: (großes Bild) Lavastrom; (von links nach rechts) Moose; Schlucht im Grand-Canyon-Nationalpark; Landschaft im Herbst; Beduine in der Wüste

Rückseite: (von links nach rechts) Gletscher bei Ilulissat (Grönland); Black Tusk in British Columbia (Kanada); Magellanpinguine; Korallenriff

Mitwirkende

DR. ROBERT R. COENRAADS

Robert Coenraads ist geowissenschaftlicher Berater, Dozent und Autor von drei Büchern sowie von über 30 wissenschaftlichen Publikationen. Seine große Begeisterung an der Natur im Allgemeinen und der Geologie im Speziellen wuchs im Lauf von 30 Jahren praktischer (Feld-)Arbeit, darunter insbesondere mit Edelsteinen, stetig an. Daneben leitete er geologische, archäologische und naturgeschichtliche Expeditionen in verschiedenen Erdteilen und reiste zu den aktiven Vulkanen in den USA, in Mexiko und Chile sowie am Pazifik. Den Ausbruch des Mount St. Helens 1980 erlebte er hautnah mit. Für *Geologica* verfasste er die Beiträge über die Entstehung der Erde, geologische Zeiträume, Vulkane, vulkanische Relikte, Gebirgszüge, Grabenbrüche und Verwerfungen, Geysire und heiße Quellen sowie Fjorde, Eisschilde und Gletscher. Er übernahm auch die Bildrecherche für dieses Buch.

JOHN I. KOIVULA

John I. Koivula studiert und fotografiert seit 45 Jahren die Mikrowelt der Minerale. Als Chefgeologe am Geological Institute of America verfasste er mehr als 800 Artikel und Kommentare zu Mineraleinschlüssen und verwandten Themen und wirkte an mehreren Büchern mit. Er ist (neben Dr. E. Gübelin) Autor des *Photoatlas of Inclusions in Gemstones, Band 1–3*, und Autor von *The Microworld of Diamonds*. John Koivula hat Geologie und Chemie studiert, ist Mitglied der Royal Microscopical Society und des Direktoriums der International Gemmological Conference (IGC). Er gehört mehreren geologischen Vereinigungen an und hat bereits diverse Preise gewonnen. Als leitender Berater von *Geologica* verfasste er die Einleitung und das Glossar.

DR. ARMSTRONG OSBORNE

Armstrong Osborne entdeckte bei den Pfadfindern seine Begeisterung für das Höhlenwandern und die Entstehung von Höhlen. Er studierte Geologie und war Lehrer, aber die Höhlen ließen ihn nicht los. Seit über 30 Jahren untersucht er nun schon die Höhlen Ostaustraliens und reist regelmäßig nach Europa, um dort mit Kollegen ungewöhnliche Höhlen zu erforschen, die Ähnlichkeiten mit den australischen aufweisen. Als Berater in Sachen Höhlenschutz ist Armstrong international aktiv. Diesem Ziel dient auch seine Tätigkeit als Dozent für Pädagogik an der Universität Sydney. Die Beiträge über Karst und Höhlen stammen aus seiner Feder.

UNTEN Zabriskie Point liegt im Death-Valley-Nationalpark in Kalifornien, USA. Als Teil der Mojave-Wüste zählt dieser trockene Landstrich, der in der Vergangenheit häufig von Erdbeben erschüttert wurde, zu den heißesten und trockensten Regionen Nordamerikas.

DIANE ROBINSON

Diane Robinson arbeitet als freie Autorin und veröffentlichte bereits etliche Beiträge zu den Themen Reisen, Umwelt und Gesundheit, unter anderem im *Sydney Morning Herald,* in dem Reisemagazin *Implosion* sowie in den Büchern *Natural Disasters* und *Historica's Women*. Daneben ist sie als Redakteurin für eine Umweltagentur in Sydney tätig. Als leidenschaftliche Bergsteigerin interessiert sie sich auch für die Geologie der Erde. Sie hat die Beiträge über Schluchten und Canyons verfasst. Gelegentlich bereitet sie ausgedehnte Expeditionen zu einigen exotischen Orten vor, die in diesem Buch erwähnt werden.

PHIL RODWELL

Phil Rodwell verfasste das geologische Lexikon dieses Buches. Er ist seit rund 30 Jahren Forscher und Herausgeber populärwissenschaftlicher Werke zu so mannigfaltigen Themen wie Gärtnerei, Geschichte, Reisen, Motorsport, frühe Baustile, Heimwerken, Australien und Kochen. Die anhaltende Beschäftigung mit der atemberaubenden Formenvielfalt der Welt in unzähligen Bildern und Texten hat einen anderen Menschen aus ihm gemacht. Einst eingefleischter Stadtbewohner, der seine Arbeit und zahlreichen Reisen auf Städte beschränkte, versucht Phil Rodwell inzwischen, so viele von den Wundern der Natur und den faszinierenden Landschaftsformen der Welt wie nur möglich kennenzulernen.

BARRY STONE

Barry Stone ist freier Autor, Fotograf und Absolvent des Australian College of Journalism. Er lebt mit seiner Frau, die Insekten hasst und nichts lieber täte als in die Vorstadt zurückzukehren, und den zwei Söhnen in idyllischer Umgebung in den Southern Highlands bei Sydney. Seit Langem schreibt er Artikel über Reisen und Architektur für einige der führenden australischen Tageszeitungen, darunter *Canberra Times* und *Sun-Herald,* sowie diverse Bordmagazine, zum Beispiel der Fluggesellschaften Qantas und Air New Zealand. Daneben wirkte er auch an Büchern über Reisen, Geschichte, Kunst und Architektur mit.

ROBYN STUTCHBURY

Robyn Stutchbury interessiert sich für alle Themen, die sich mit der Natur befassen. So unterrichtete sie zunächst einige Jahre Biologie, bevor sie ein Geologiestudium und eine Ausbildung zur Wissenschaftsjournalistin abschloss. Das exzellente Verständnis der Erde und ihrer Prozesse, das sie sich dadurch erwarb, ist Grundlage ihrer heutigen Tätigkeit als freie Autorin. Für *Geologica* verfasste sie die Texte über die Superkontinente und das Klima sowie die Kapitel über Flüsse und Küstenlandschaften. Dabei zeigt sie auf, welch gewaltige Rolle das Wasser bei der Formung unseres Planeten spielt. Robyn Stutchbury verfasste überdies Beiträge für *Natural Disasters* und schrieb gemeinsam mit ihrem Ehemann Noel Taite das Buch *Exploring Nature in Lakes, Rivers and Creeks* sowie zahlreiche wissenschaftliche Publikationen. Ausgedehnte Reisen führten sie in viele der schönsten Landschaften der Welt.

Inhalt

Kartenlegende 4

Mitwirkende 6

Einführung 10

Teil 1 TEKTONIK, ZEIT UND KLIMA 16

DIE ENTSTEHUNG DER ERDE 18

GEOLOGISCHE ZEITRÄUME 22

TEKTONIK: DIE ANTRIEBSKRAFT DER ERDE 50

SUPERKONTINENTE 54

KLIMA – EINST UND HEUTE 60

Teil 2 NATURRÄUME 68

WIE NATURRÄUME ENTSTEHEN 70

VULKANE 72

VULKANISCHE RESTE 102

GEYSIRE UND HEISSE QUELLEN 124

GRABENBRÜCHE UND VERWERFUNGEN 144

GEBIRGSZÜGE 170

FLÜSSE UND WASSERFÄLLE 204

FJORDE, EISSCHILDE UND GLETSCHER 234

SCHLUCHTEN UND CANYONS 262

WÜSTEN 290

FORMENSCHATZ IM LANDESINNERN 318

FORMENSCHATZ AN KÜSTEN 342

KARSTERSCHEINUNGEN UND HÖHLEN 370

Glossar 392

Register 404

Bildnachweis 415

Einführung

In der Natur wimmelt es von Farben und Formen. Ein flammender Sonnenuntergang oder das Aufleuchten eines Regenbogens lassen uns unvermittelt innehalten, um die Schönheit der Natur zu genießen. Und die bizarren Formen der vom Wind getriebenen Federwolken beleben unsere Fantasie und gaukeln mannigfache Bilder vor. Die Vielfalt in der Natur ist scheinbar so grenzenlos wie ein klarer Nachthimmel mit Myriaden flackernder Sterne.

Wie passt die Natur in unsere moderne Welt? Oft nehmen die Menschen im Alltag kaum Notiz von ihr, wenngleich sie uns immer wieder mit ihrer schonungslosen Gewalt schockiert. Beispiele dafür gibt es viele: So führten wohl die Folgen eines Meteoriteneinschlags auf der mexikanischen Halbinsel Yucatán vor 65 Millionen Jahren zum Aussterben der Dinosaurier. Pompeji, die „untergegangene Stadt", wurde 79 v. Chr. von einem Vulkanausbruch zerstört, die Menschen erstickten oder verbrannten. Sie wurden von heißer Asche begraben und so an Ort und Stelle „konserviert". Nicht viel übrig ist auch von der indonesischen Insel Krakatau, einem weiteren Opfer vulkanischer Macht. Der ohrenbetäubende Knall der Explosion drang bis in abgelegene Teile der Welt vor. Viel jüngeren Datums ist der Ausbruch des Mount St. Helens im Nordwesten der USA.

Seine Eruption war noch in über 160 Kilometer Entfernung zu hören, und die Aschewolke ähnelte einer schwarzen Wand. Sie verdunkelte das Sonnenlicht, bedeckte Gebäude und erstickte sogar die Verbrennungsmotoren von Autos. Noch verheerender waren zwei Katastrophen aus jüngster Zeit: Hunderttausende Menschen starben oder verloren ihr Obdach, als ein durch ein Seebeben ausgelöster Tsunami 2004 den westlichen Teil Südostasiens und Teile des indischen Subkontinents verwüstete. Ebenso erlebten New Orleans und umliegende Gebiete die Naturgewalten in ihrer schlimmsten Form, als der Superhurrikan Katrina 2005 das nordamerikanische Festland erreichte und entlang der Golfküste die Deiche brachen. Objektiv betrachtet sind es simple Wechselwirkungen zwischen verschiedenen natürlichen Prozessen und Ökosystemen, aber für die Überlebenden, die mit dem Schrecken davonkamen und darüber berichteten, sind es Warnrufe, die sie nie vergessen werden.

Nicht immer gehen solche Warnungen der Natur mit dramatischen Ereignissen einher. Dezente Hinweise auf ihre Herrschaft über uns finden sich überall. Die Macht der Natur und ihre erbarmungslose Kraft lassen sich auch erfahren, wenn man auf einem Gehweg stolpert, weil eine Baumwurzel eine Betonplatte angehoben hat, oder wenn man eine Blume sieht, die, um ans Sonnenlicht zu kommen, den Straßenasphalt durchbrochen hat.

DER EINFLUSS DER SPHÄREN

Unter dem Begriff „Geowissenschaften" sind alle wissenschaftlichen Disziplinen zum Verständnis der Erde, der geologischen Prozesse und ihrer Wechselwirkungen zusammengefasst. Die Geologie, eine dieser Wissenschaften, erforscht die Zusammensetzung, die natürlichen Kräfte, die physikalischen Eigenschaften und die Gesamtstruktur der festen Substanzen, aus denen die Erde besteht.

Zu den eng verwandten Forschungszweigen, die die Geologie beeinflussen, zählen die Astronomie, Biologie, Chemie, Geografie, Meteorologie, Ozeanografie und Physik. Diese Grundwissenschaften unterteilen sich in zahlreiche weitere eng verwandte Disziplinen und Forschungsgebiete. Die Beziehungen zwischen den Wissenschaften und ihre praktische Anwendung in der Geologie zeigen, dass unser Planet kein einzelnes, isoliertes Gebilde ist, sondern ein dynamisches, fein ausbalanciertes Ökosystem, das von sämtlichen Naturkräften in interaktiver Kombination beeinflusst wird.

Das Wetter, der Klimawandel, die Wasser- und Luftqualität, die Versorgung mit Lebensmitteln und letztlich das Wohlergehen allen Lebens auf der Erde (nicht nur unseres eigenen) sind grundlegende Voraussetzungen für unser Fortbestehen auf dem Planeten, und sie hängen alle zusammen. Wenn wir uns also mit der Geologie und den verwandten Wissenschaften befassen, müssen wir nicht nur die augenfälligsten Strukturen, wie etwa riesige Gebirgszüge, berücksichtigen, sondern auch das Zusammenspiel der Sphären, die das Leben prägen.

Die vier Sphären der Erde, die sich gegenseitig beeinflussen, sind die Atmosphäre, die Biosphäre, die Hydrosphäre und die Lithosphäre. Oder anders

OBEN Die zerklüftete Vulkanlandschaft der Na-Pali-Küste auf der Hawaii-Insel Kauai enthüllt aus der Luft betrachtet am besten ihre ganze Pracht. Alle Inseln des Archipels sind Teil einer Kette von Hotspot-Vulkanen, von denen der Kilauea auf Big Island noch immer aktiv ist.

RECHTS Dunkle Moränenstreifen ziehen sich den Russellgletscher im Wrangell-St. Elias-Nationalpark und -reservat in Alaska entlang. Sie bilden einen auffälligen Kontrast zum weißen Eis. Wie einige andere große Gletscher wird auch dieser vom Bagley-Eisschild am Kamm der Chugach-Berge gespeist.

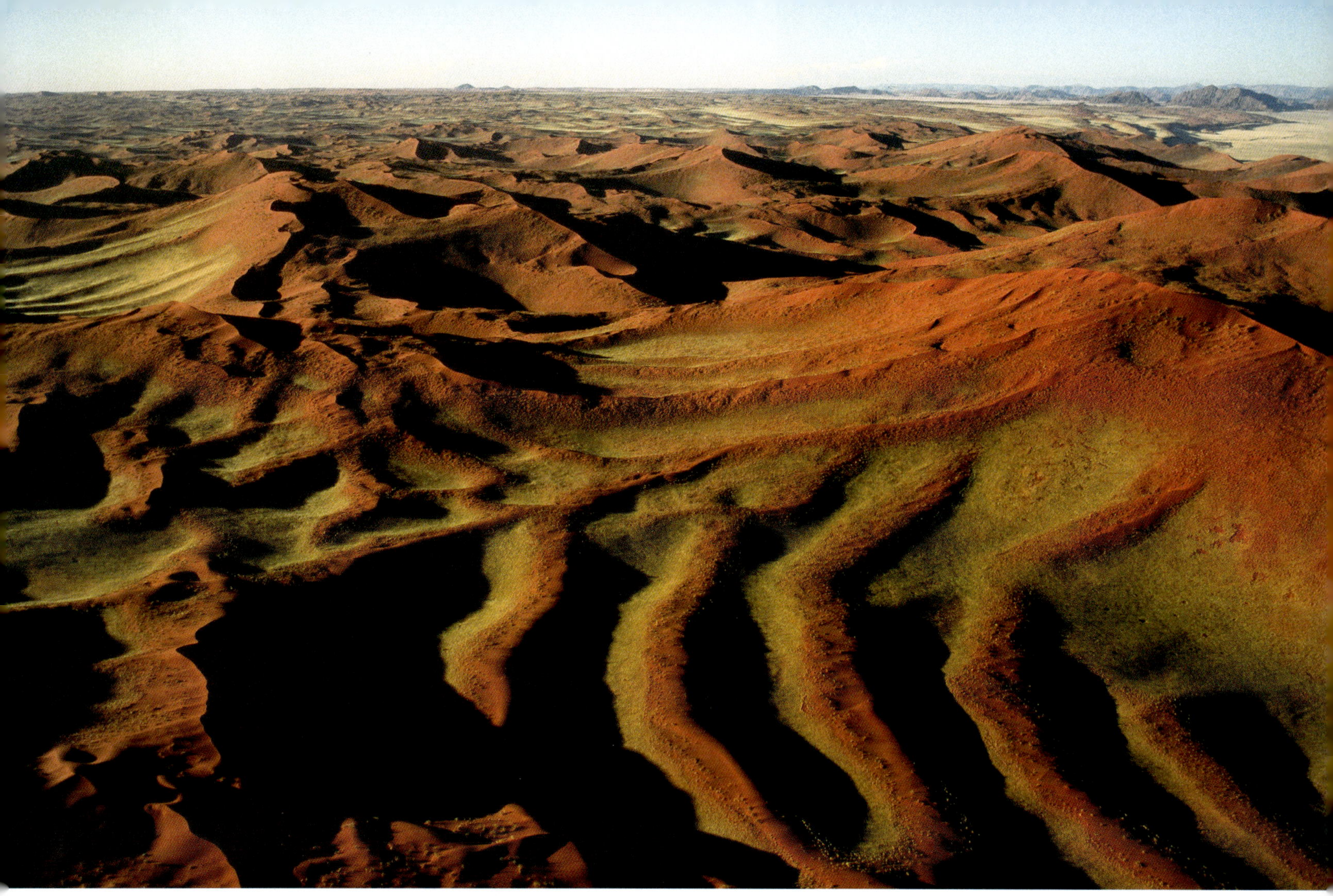

OBEN Eine vorzeitliche Eisdecke meißelte das Plateau im kanadischen British Columbia heraus, das heute der Chilcotin River durchschneidet. Hier gedeihen uralte Douglastannen und lebt eine Vielzahl von Säugetieren, darunter Fischotter, Bären, Wölfe, Pumas und Luchse.

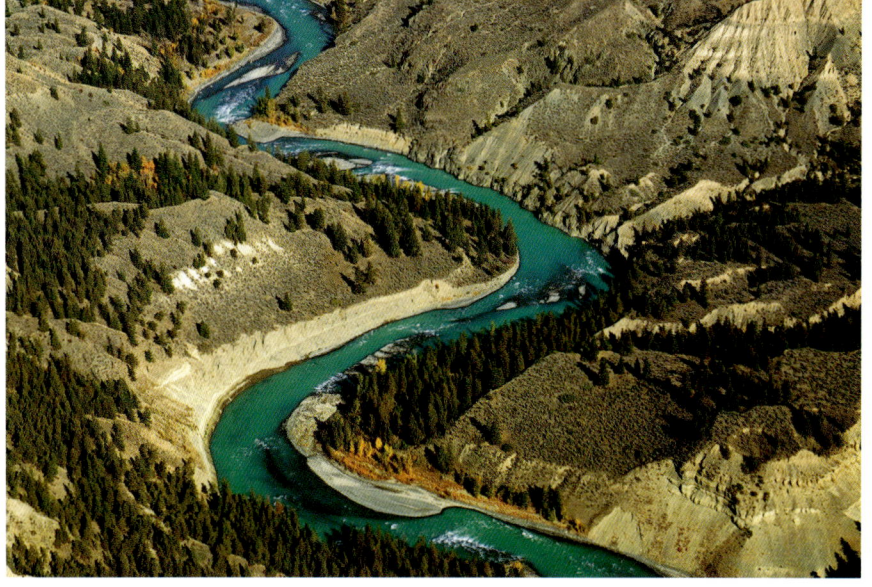

ausgedrückt: die Luft, die wir atmen, die Nahrung, die wir essen, das Wasser, das wir trinken, und der feste Boden, auf dem wir leben.

Die einzelnen Sphären lassen sich unabhängig voneinander erforschen, sind aber auf so komplexe Weise miteinander verknüpft, dass sie als „System Erde“ bezeichnet werden und ihre Untersuchung sich neuerdings als eigener Forschungszweig mit dem Namen „Erdsystemwissenschaft“ etabliert hat.

OBEN Die Luftaufnahme der Dünen des Sossusvlei, Namibia, zeigt, welchen Einfluss üppige Regenfälle auf die Landschaft ausüben. Das Sossusvlei liegt im Herzen der Namib, und die dort vorhandenen Sanddünen zählen zu den höchsten der Welt.

Angetrieben von einer Kombination aus Sonnenenergie, Wärme, Strahlung sowie Druck aus dem Erdinnern, kann eine Veränderung in einer der vier Sphären Veränderungen in den anderen Sphären auslösen. Vor allem aber ist das gesamte System Erde so fein austariert, dass unser gesamtes heutiges Handeln großen Einfluss auf unser Dasein in naher Zukunft nehmen wird.

DIE ATMOSPHÄRE

Die Erdatmosphäre ist eine Hülle aus verschiedenen Gasen, die unseren Planeten umgibt und von seiner Schwerkraft gehalten wird. Sie unterteilt sich in mehrere Schichten oder Zonen, die vom Erdboden – der Troposphäre – bis in mehr als 500 Kilometer Höhe – die Exosphäre – reichen.

Die Atmosphäre besteht zu über 90 Prozent aus Stickstoff und Sauerstoff, insbesondere nahe der Erdoberfläche. Den Rest bilden andere Gase, etwa winzige Anteile von Kohlendioxid, Ozon, Argon und ein paar Prozent Wasserdampf aus der Hydrosphäre. In der Troposphäre konzentriert, ist dies das

lebenserhaltende Gasgemisch, das wir Luft nennen. Die Atmosphäre beschirmt uns zudem vor der tödlichen ultravioletten Sonnenstrahlung, stabilisiert die Oberflächentemperatur der Erde und macht die Umwelt – die Biosphäre – „behaglicher" für uns.

Die Einflussnahme der Atmosphäre erkennt man leicht, denn Wind und Regen formen das Land. Manchmal hat sie dramatische Auswirkungen. Gefrierender Regen etwa kann durch Frostsprengung Felsen in Stücke zerlegen, große Hagelkörner zerschmettern Fenster, Sandstürme schleifen Farbe von Oberflächen ab, und die von Hurrikans angerichteten Verwüstungen kennt man nur allzu gut.

Ein wichtiges Thema ist die Luftverschmutzung. Deren Bekämpfung wirkt sich direkt auf die Weltwirtschaft aus, die sich als Widersacher zeigt. So müssen wir heute darüber entscheiden, ob saubere Luft wichtiger ist als wirtschaftliche Profite. Ob Abbau der Ozonschicht in der Stratosphäre, zunehmender Pollenflug oder exzessiver Kohlendioxidausstoß – die Schadstoffe sind biologisch, chemisch und physikalisch, und wirken auf die Biosphäre ein.

DIE BIOSPHÄRE

Die Biosphäre wird logischerweise ständig von Veränderungen in den drei anderen Sphären beeinflusst. Sie ist der Bereich, in dem Leben existiert, und deshalb schließt sie Teile der anderen Sphären mit ein – also Luft, Land und Wasser. Praktisch überall auf und nahe der Erdoberfläche gibt es Leben: von Pol zu Pol, bis weit hinauf in die Atmosphäre und hinab in die Tiefe der Ozeane und sogar in der Erdkruste, also auch an Orten, die man früher selbst für einfachste mikroskopische Lebensformen für unbewohnbar hielt.

Die Beobachtung einfacher wie komplexer Lebensformen hat dazu beigetragen, die relative Mächtigkeit der Biosphäre nachzuweisen. Von bemannten Flügen ins Weltall abgesehen, ist der Sperbergeier (mit seinen Parasiten) der „Weltmeister" der Atmosphäre, denn er erreicht unglaubliche Flughöhen: Einmal kollidierte ein Sperbergeier in 11 300 Meter Höhe mit einem Flugzeug. Einige Mikroorganismen existieren unter extremen Bedingungen und erweitern so die Biosphäre bis in 9000 Meter unter den Meeresspiegel. Wir Menschen sind dagegen ohne spezielle Ausrüstung wesentlich eingeschränkter, was unsere Lebensmöglichkeiten angeht.

DIE LITHOSPHÄRE

Die Lithosphäre ist die feste Gesteinshülle der Erde. Sie besteht aus verschiedenen Gesteinsarten, die zusammen mit den klimatischen Verhältnissen für die Bodenbildung in der Pedosphäre verantwortlich sind. Die Pedosphäre bildet die Übergangsschicht von der Lithosphäre zur Atmosphäre.

Die Erde ist aus drei konzentrisch um den Mittelpunkt gelagerten Schalen aufgebaut. Von innen nach außen sind dies der Erdkern, der Erdmantel und die Erdkruste. Der Erdkern weist einen festen inneren Teil und eine flüssige äußere Schicht auf. Der feste Kern ist etwa 6700 °C heiß, liegt in einer Tiefe von 6371 bis 5900 Kilometern und hat einen Durchmesser von ungefähr 2600 Kilometern. Der etwa 2170 Kilometer dicke äußere Kern besteht vermutlich hauptsächlich aus geschmolzenem Metall (möglicherweise Eisen, Nickel, und kleineren Mengen anderer Elemente). Eine direkte Untersuchung des Erdkerns ist unmöglich.

Auf den Kern folgt nach außen der Erdmantel. Er ist 2900 Kilometer mächtig, wird in den unteren und oberen Mantel unterschieden und reicht bis zur Erdkruste. Wie diese ist auch der Erdmantel fest, hat aber andere mechanische Eigenschaften und chemische Zusammensetzungen. Die Tempe-

UNTEN Die Luftaufnahme zeigt das üppige Grün des Regenwalds im Überschwemmungsgebiet des unteren Amazonas in Brasilien. Während der Regenzeit spült der wasserreichste Fluss der Erde über 200 000 m³ Wasser pro Sekunde in den Atlantik. Der mittlere Abfluss im Jahresdurchschnitt beträgt um die 120 000 m³.

FASZINIERENDE MINERALEINSCHLÜSSE

Auch die winzigen in Mineralen gebundenen Wassermengen sind Teile der Hydrosphäre. Eingeschlossen werden auch andere Flüssigkeiten und Feststoffe, etwa andere Minerale. Durch ihre Erforschung gewinnt man Erkenntnisse über das sie umschließende Mineral. Hier sehen wir Einschlüsse in Großaufnahme.

A. Unter fluoreszierendem Licht erscheint das Petroleum, das dieser Quarz aus Belutschistan (Pakistan) enthält, blau; in normalem Licht ist es meist gelb.

B. Der polarisierte Bernstein aus Boyaca (Kolumbien) enthält Einschlüsse von Flüssigkeit und Gas sowie eine Vogelfeder.

C. Die messingartige Substanz im Quarz aus Montana, USA, ist Chalkopyrit (Kupferkies). Der Quarz kristallisierte aus einer Schmelze in kupferreicher Umgebung.

D. Härte und Transparenz von Diamanten erlauben einen Einblick in die urzeitliche Gesteinskruste und das geschmolzene Erdinnere. Da sie meist zwischen ein und vier Milliarden Jahre alt sind, gelten Einschlüsse in Diamanten (hier einer aus Jakutien, Russland) als faszinierende geologische Zeitzeugen.

ratur nimmt von 3500 °C an der Kern-Mantel-Grenze bis zu einigen 100 °C an der Mantelobergrenze ab. Zwischen etwa 210 und 100 Kilometer Tiefe befindet sich im Erdmantel die Asthenosphäre, in der Gestein teilweise aufgeschmolzen als Magma vorliegt und fließfähig ist. Die obere Begrenzung des Erdmantels zur Lithosphäre wird Mohorovičić-Diskontinuität genannt (kurz „Moho").

Die durchschnittlich 100 Kilometer mächtige Lithosphäre besteht heute aus sieben großen Lithosphärenplatten. Durch Antriebsprozesse im oberen Erdmantel können die Platten tektonisch bewegt werden und ihre Position auf der Erde verändern. Allerdings muss man sich ihre Bewegungen in geologisch äußerst langen Zeiträumen vorstellen.

Auf dieser vergleichsweise dünnen Schale der Erdkruste befinden sich alle Lebewesen miteinander und mit den übrigen Sphären in einem empfindlichen Gleichgewicht.

UNTEN Im Meer vor Paradise Harbour auf der Westseite der antarktischen Halbinsel treiben zahllose Eisschollen. Sie stammen von den in die Bucht kalbenden Gletschern.

DIE HYDROSPHÄRE

Die Hydrosphäre setzt sich aus dem gesamten Wasser in, auf und über unserem Planeten zusammen, egal in welchem Aggregatzustand es vorliegt. Sie umfasst Ozeane, Binnenmeere, Flüsse, Seen, Grundwasser, Eis in seinen verschiedenen Ausprägungen (Kryosphäre) und Wasserdampf. Schnee, Graupel, Regen und Nebel sind ebenso Teil der Hydrosphäre wie das in Gesteinen und Mineralen oder das in Pflanzen sowie in den Körpern von Tieren und Menschen enthaltene Wasser.

Ihr großes Wasserdargebot macht die Erde so einmalig. Ähnliches haben Kosmologen und Astronomen auf ihrer andauernden Suche nach Leben auf anderen Planeten bisher nicht entdeckt. Wie eine im Weltraum rotierende, marmorierte blaue Murmel, mit weißen Wolken gefiedert – so sieht die Erde vom All aus betrachtet aus.

Stetig fließendes Wasser erodiert das Land und lagert es als Sediment wieder ab. Dieses verfestigt sich im Lauf der Zeit und bildet neues Gestein. Die Hydrosphäre steht in ständiger Interaktion mit Atmosphäre und Lithosphäre und verändert auf diese Weise kontinuierlich das Gesicht unserer Erde.

Die Verschmutzung des Wassers ist ebenso schädlich wie die der Luft, weil sie die Verfügbarkeit von Trinkwasser einschränkt. Mit der ständig wachsenden Erdbevölkerung steigt auch der Trinkwasserbedarf. Menschen können einige Tage ohne feste Nahrung auskommen, aber frisches Wasser ist unverzichtbar und könnte sich bald als eine der wertvollsten und wichtigsten Ressourcen erweisen, über die der Mensch verfügt. In einigen Teilen der Welt ist dies bereits jetzt der Fall.

Die Hydrosphäre steht in einem ebenso labilen Gleichgewicht mit uns Menschen wie jede unserer anderen wichtigen Ressourcen. Jeder Schaden, den wir der Hydrosphäre zufügen, betrifft uns alle.

DIE AUSLÖSCHUNG DER ERDE

Mittels moderner Datierungstechniken stellten Geowissenschaftler an Mikroeinschlüssen in Zirkon fest, dass die Erde etwa 4,6 bis 5 Milliarden Jahre alt ist. Forscher schätzen, dass in ein paar Milliarden Jahren der Urquell all dessen, was wir als Leben begreifen, die Sonne, sterben wird. Infolge der Kernfusion, die uns heute Leben schenkt, wird der Vorrat an Wasserstoff im Kern der Sonne erschöpft sein und sie zu einem aufgeblähten, immer noch sehr heißen sterbenden Stern anschwel-len. Durch diesen Prozess wird sich die äußere Sonnenatmosphäre enorm ausdehnen und die inneren Planeten verschlingen, sofern diese noch existieren. Auch unsere Erde wird eines dieser Opfer sein. Bei ziemlich dramatischer globaler Erwärmung werden zunächst die Atmosphäre ausgelöscht, dann die Kryosphäre und die Biosphäre – und schließlich mit ihr die Hydrosphäre, indem alles Wasser auf und in der verbleibenden leblosen Lithosphäre verdampft. Das ist der Tod der Erde.

John I. Koivula

UNTEN Unzählige Flussarme winden sich durch das Delta des Rapaälv im schwedischen Sarek-Nationalpark im arktischen Lappland. Die seichten Gewässer des Deltas stellen einen wichtigen Lebensraum für zahlreiche Wasservögel dar.

TEIL 1 – TEKTONIK, ZEIT UND KLIMA

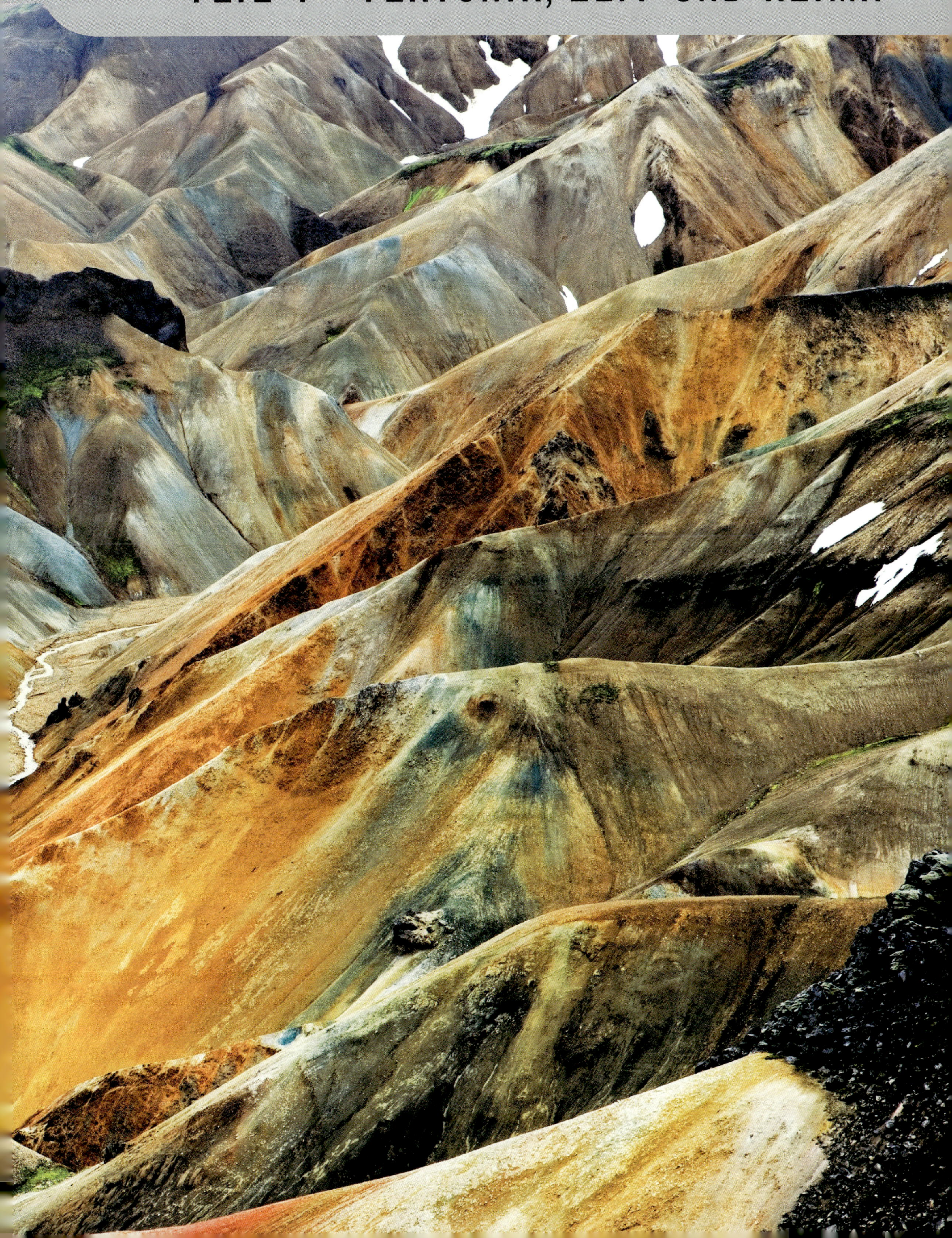

Die Entstehung der Erde

Anfangs war die Erde ein Haufen Schutt, der in der rotierenden protoplanetarischen Scheibe der Sonne Form annahm. Auf ihrer Kreisbahn fing die Proto-Erde kleinere Körper ein, wurde größer und heißer und schmolz schließlich. Es gab noch kein Oberflächengestein, nur eine dünne Atmosphäre aus Wasserstoff und Helium.

RECHTS Das häufig vorkommende Mineral Olivin, als Edelstein Peridot sehr wertvoll, entsteht tief unter der Erdkruste im Erdmantel. Als wesentlicher Bestandteil von Magma gelangt es durch Vulkanismus an die Erdoberfläche.

UNTEN Die intensive tektonische Aktivität zu Beginn des Archaikums hat nichts mit den tektonischen Vorgängen gemein, wie wir sie heute kennen. Permanenter, heftiger Vulkanismus begleitete die Bildung der ersten kontinentalen Kruste.

Diese Epoche, Hadaikum genannt, reichte vom Ursprung der Erde vor 4,6 Milliarden Jahren bis vor etwa 3,8 Milliarden Jahren. Der Name geht auf das griechische Wort für „Unterwelt" (Hades) zurück, eine treffende Beschreibung für die unter heftigem Beschuss stehenden Erde. Man spricht auch vom „steinlosen Äon", weil es noch keine harte Kruste gab. Erst als die Erde massiv genug und ihr Schwerefeld ausreichend stark war, entstand die Atmosphäre, eine giftige Mixtur aus Kohlendioxid, Ammoniak, Methan, Stickstoff und Wasserdampf. Zum Ende des Hadaikums bildete sich eine dünne Kruste, und unter dem hohen atmosphärischen Druck konnte trotz der extremen Temperatur Wasserdampf kondensieren. Schwere Wolkenbrüche ergossen sich in kochende Ozeane. Es gab keinen freien Sauerstoff, da er sofort mit Wasserstoff und anderen Elementen reagierte.

GLIEDERUNG IN SCHICHTEN

In dieser frühen Phase zog die wachsende Gravitation der Erde schwere Elemente – hauptsächlich Metalle wie Eisen – zum Mittelpunkt, während die leichteren – etwa Sauerstoff und Silizium – zur Oberfläche aufstiegen. Schließlich gliederte sich die Erde in drei Schichten unterschiedlicher Dichte: Erdkern, Erdmantel und Erdkruste.

Das Zentrum der Erde bildet ein dichter Eisenkern. Er teilt sich in den inneren, festen und den äußeren, flüssigen Kern. Nur der unvorstellbar hohe Druck in diesen Tiefen hält den inneren Kern in festem Zustand, sonst wäre auch er geschmolzen. Der Mantel, der den Kern umgibt, besteht hauptsächlich aus Magnesium, Silizium und Sauerstoff, die sich zum Mineral Olivin verbunden haben. Bisweilen trägt rasch aufsteigendes Magma Bestandteile des Mantels an die Oberfläche, so auch hin und wieder die in der Tiefe gebildeten Diamanten. Die oberste Schicht der Erde, die dünne, brüchige Erdkruste, ist von geringer Dichte, ähnlich der Schale eines hart gekochten Eis. Sie besteht fast ganz aus den leichtesten Elementen, Silizium, Aluminium und Sauerstoff, die hauptsächlich die Minerale Feldspat und Quarz aufbauen.

ERSTE GESTEINE IM ARCHAIKUM

Im Archaikum, das dem Hadaikum folgte und von 3,8 bis etwa 2,5 Milliarden Jahren vor unserer Zeit dauerte, war die Erde immer noch ein höchst aktiver Ort. Ihre Oberfläche war sehr heiß, und Kontinente bildeten sich noch nicht – vermutlich weil weiterhin ein gewaltiger Meteoritenhagel die Erdkruste erschütterte und heftige Plat-

tentektonik die Krustenteile sehr schnell um-
wälzte. Am Ende des Archaikums hatte sich die
tektonische Aktivität dann allerdings fast auf das
heutige Niveau abgeschwächt.

Die wenigen Spuren der ersten Gesteine, die bis
heute überdauert haben, finden sich im Zentrum

der alten Kontinente – kontinentale Schilde genannt – von Afrika, Australien, Grönland und Nordamerika. Als ältestes Mineral gilt ein Zirkonkristall,
der auf ein Alter von 4,4 Milliarden Jahre datiert
wird. Das Mineral wurde als Sekundärbestandteil
in viel jüngerem Gestein gefunden.

OBEN Dampf steigt von einer heißen Quelle in Island auf, einer der
geologisch jüngsten Landmassen.
Aufgrund ständiger geothermaler
Aktivität und Vulkanismus ähnelt
die Insel der jungen Erde.

OBEN Diese orangefarbenen Felsen im Gros-Morne-National-park, Neufundland (Kanada), stammen aus dem Erdmantel. Das hier gefundene Granitgestein hat präkambrisches Alter.

OBEN Cyanobakterien kennt man aus über 3,5 Milliarden Jahre alten Fossilien. Frühere Lebensformen könnte es aber schon im Archaikum gegeben haben – vermutlich Prokaryoten, einfache einzellige Organismen ohne Kern. Auch höhere Lebensformen, die keine Fossilien und Spuren hinterließen, könnten schon sehr früh existiert haben.

Die ältesten vollständigen Gesteinsbildungen fand man im Isua-Grünsteingürtel in Grönland. Sie sind 3,8 Milliarden Jahre alt und im Wesentlichen umgeformte metamorphe und Ergussgesteine. In einigen davon wurden Spuren von organischem Kohlenstoff gefunden, was darauf hindeutet, dass sie ursprünglich Sedimentgesteine waren und damals bereits primitives Leben entstand.

ERSTES LEBEN AUF DER ERDE

Zwar fehlte es im Archaikum an freiem Sauerstoff, aber die Temperaturen waren auf annähernd normales Maß gefallen, und es gab riesige Ozeane. Vor etwa 3,5 Milliarden Jahren erschienen dort primitive Cyanobakterien ohne Zellkern (Prokaryoten). Sie vermehrten sich rasch und bildeten durch konzentrische Ablagerung von Kalziumkarbonat harte, hügelähnliche Strukturen, die man Stromatolithen nennt. Aus diesen Riffen entstanden schließlich die ersten Kalksteinfelsen. Die Stromatolithen wurden im Lauf der Jahrmillionen von jüngeren Korallenriffen weitgehend verdrängt, doch gibt es in der westaustralischen Shark Bay noch in Bildung begriffene Exemplare.

SAUERSTOFFBILDUNG IM PROTEROZOIKUM

Das Proterozoikum ist die letzte Epoche vor der Entstehung und Ausbreitung höheren Lebens zu Beginn des Phanerozoikums. Es begann am Ende des Archaikums vor 2,5 Milliarden Jahren und endete vor 542 Millionen Jahren. Hadaikum, Archaikum und Proterozoikum fasst man auch unter dem Begriff „Präkambrium" zusammen.

Vor etwa 2,3 Milliarden Jahren begannen sich in der Atmosphäre signifikante Mengen von Sauerstoff, der durch Photosynthese gebildet worden war, zu sammeln. Ermöglicht wurde dies, weil sämtliche Elemente, die wie Schwefel und Eisen leicht mit Sauerstoff reagieren, vollständig chemisch gebunden waren. Der Sauerstoffanstieg lässt sich anhand von Bändererzen dokumentieren – rot und silbern gestreifte Sedimentgesteine, die den Großteil der Eisenerzreserven der Welt ausmachen. Ihre Bänderung zeigt, dass der Sauerstoffgehalt zyklisch stieg und fiel. Vermutlich vergiftete der freie Sauerstoff die Bakterien, die ihn produzierten, und verbrauch-

te sich dann durch Oxidation des verfügbaren Eisens. Der Kreislauf begann von Neuem, indem die Zahl der Bakterien und der Sauerstoffgehalt der Atmosphäre anstiegen. Vor etwa 1,9 Milliarden Jahren endete die Bildung von Bändererzen, was darauf hinweist, dass die Sauerstoffkonzentration von da an permanent hoch blieb.

DIE ABKÜHLUNG DER ERDE

Gesteine aus dem Proterozoikum zeichnen ein viel genaueres Bild der geologischen Geschichte als Gesteine früherer Zeitalter, da sie häufiger vorkommen und gleichzeitig weniger stark von Metamorphose und Verwitterung betroffen sind. Sie belegen, dass die Kontinente im Zuge sogenannter Superkontinentzyklen durch Kollision von Landmassen wuchsen und dann aber wieder zerbrachen. In seichten Meeren lagerten sich Sedimente ab, und erste Vergletscherungen traten auf.

Während des Proterozoikums gab es mindestens vier große Eiszeitalter. Sie begannen mit dem Archaischen Eiszeitalter vor 2,4 bis 2,1 Milliarden Jahren und kulminierten in einer lang anhaltenden Eiszeit vor 850 bis 635 Millionen Jahren. Diese Vereisung fand auf beiden Erdhalbkugeln statt, weshalb man diesen Abschnitt auch „Schneeball Erde" nannte.

WEITERENTWICKLUNG DES LEBENS IM PROTEROZOIKUM

Der durch Cyanobakterien ausgelöste Anstieg des Sauerstoffpegels schuf die schützende Ozonschicht, die die schädliche ultraviolette Sonnenstrahlung abschirmte. Nur deshalb konnte sich letztlich höheres Leben auf Erden entwickeln.

Die erste komplexe Zelle könnte durch eine Symbioseform namens Endosymbiose entstanden sein. Der Theorie zufolge nahmen prokaryotische Zellen kleinere, hoch oxidierende Prokaryoten auf, aus denen schließlich das Mitochondrium – das innere „Kraftwerk" der Zelle – entstand.

Die Prokaryoten könnten aber auch photosynthetische prokaryotische Zellen umhüllt haben, die

zu Chloroplasten – der Nahrungsquelle der Pflanzen – wurden. So entstand eine komplexere Form von Leben, die eukaryotische Zelle. Einzellige Eukaryoten wie *Acritarcha* wuchsen und blühten in den proterozoischen Ozeanen, während sich die prokaryotischen Stromatolithen veränderten und vor etwa 1,2 Milliarden Jahren den Höhepunkt ihrer Verbreitung erreichten.

Das Proterozoikum endete mit Ausgang des Ediacariums vor etwa 542 Millionen Jahren. Zu dieser Zeit hatte sich eine große Zahl bizarr geformter Vielzeller entwickelt. Da sie weiche Körper hatten, hinterließen sie jedoch kaum Fossilien.

Das erste Schalentier, *Cloudina,* markiert einen Wendepunkt bei den Fossilfunden. Die kambrische Phase des Phanerozoikums begann mit der Evolution der meisten großen Tierstämme, darunter zahlreicher Organismen mit harten Teilen wie stützenden Skeletten, zahnähnlichen Gebilden und schützenden Schalen. Zu den ersten Lebensformen zählen die kalkhaltigen Archäocyathen-Schwämme und die Trilobiten (frühe Gliederfüßer). Einer der reichsten Fundorte von kambrischen Fossilien ist der als Weltkulturerbe aufgenommene Burgess-Schiefer in British Columbia, Kanada. Hier wurde so manches ungewöhnliche Fossil ausgegraben.

UNTEN Seit der Entstehung der Erde sind mindestens vier große Eiszeitalter bekannt. Das letzte begann gegen Ende des Tertiärs vor rund 2,6 Millionen Jahren. Heute sind von der Eisdecke, die damals bis zu 30 % des Planeten bedeckte, nur noch die Polkappen der Antarktis (im Bild) und der Arktis übrig geblieben.

Geologische Zeiträume

Die unermessliche Dauer der geologischen Zeiträume – von der Entstehung der Erde vor etwa 4,6 Milliarden Jahren bis heute – ist für uns Menschen, die wir im besten Falle vielleicht 100 Jahre alt werden, nur schwer nachzuvollziehen. Erst vor gut 500 Jahren etwa haben Europäer Amerika erreicht.

RECHTS Fossilien geben wichtige Anhaltspunkte für die Erstellung einer geologischen Zeitskala. Unterschiedliche Fossilien in verschiedenen Schichten zeigen das relative Alter der Gesteine, in denen sie gefunden wurden. Über frühere Zeitalter ist mangels Fossilien wenig bekannt. Dieser *Ornithomimus*-Saurier lebte in der Kreidezeit.

Vielleicht lassen sich geologische Zeiträume am besten vorstellbar machen, indem man sie mit etwas Vertrautem vergleicht, etwa dem Zifferblatt einer Uhr. Manchmal benutzen Lehrer auch eine 1000-Blatt-Rolle Toilettenpapier, in einem langen Korridor ausgerollt, zur Verdeutlichung der 4,6 Milliarden Jahre währenden Erdgeschichte. Von den 1000 Blättern sind 920 „verbraucht"; jedes Blatt entspricht dabei fünf Millionen Jahren.

SPAZIERGANG DURCH GEOLOGISCHE ZEITEN

Von der Bildung der Erde an passieren wir 85 Prozent aller Blätter der Rolle, bevor wir zu Beginn des Ediacariums, vor etwa 630 Millionen Jahren, das erste Auftreten einfacher, weicher Meeresorganismen verzeichnen. Ein Stück weiter, zu Beginn des Phanerozoikums und des Kambriums vor rund 542 Millionen Jahren, kommt es zu einer regelrechten Explosion der Lebensformen. Die Entwicklung von Zähnen und anderen harten zum Angriff geeigneten Körperteilen sowie von Schalen als Schutz markiert den Beginn eines evolutionären „Wettrüstens". Von dieser Zeit an werden Fossilien in den stratigrafischen Belegen häufiger – und für gewöhnlich zeigen Geologiebücher nur diesen Teil der Zeitskala. Beim Markieren aller folgenden geologischen Perioden und des Auftauchens und Verschwindens wichtiger Tier- und Pflanzenarten ist man schließlich sehr bald am Ende der Toilettenpapierrolle angelangt. Die Dinosaurier und zahllose andere Tiere und Pflanzen sterben am Ende der Kreidezeit, vor 65 Millionen Jahren, aus – nur 13 Blätter vom Ende der Rolle entfernt.

Die Urpferde, die etwa so groß wie ein Fuchs waren, erscheinen zehn Blätter, Wale, Fledermäuse und Affen fünf Blätter und unsere eigene Gattung *Homo* weniger als ein halbes Blatt vor dem Ende. Die frühesten Menschen, die anatomisch mit dem modernen Menschen (*Homo sapiens*) vergleichbar sind, betreten erst im letzten Vierzigstel des letzten Blattes, vor 150 000 Jahren, die Bühne. Unsere Geschichtsschreibung umfasst also kaum mehr als ein paar Fasern ganz am Ende des letzten Blattes.

OBEN Die ersten primitiven Insekten erschienen im Devon. Heutige Insekten wie Schmetterlinge, Libellen, Ameisen, Termiten und Heuschrecken traten in der Kreidezeit auf, als sich die neu entwickelten Blütenpflanzen verbreiteten und Nahrung in Form von Nektar lieferten. Heute machen Insekten mehr als 90 % aller bekannten Tierarten aus.

RELATIVE UND ABSOLUTE ZEITABSCHNITTE

Trotz der Entwicklung einer relativen Zeitskala, die das Alter einer Region mit dem einer anderen in Beziehung setzte, hatte niemand eine Ahnung vom wahren Alter der Erde, bis in verschiedenen Gesteinen „geologische Uhren" entdeckt wurden. Sie beruhen auf dem Zerfall radioaktiver Elemente wie Uran und sind in Kristallen gewöhnlicher Minerale (etwa Zirkon), die man in vielen Gesteinen findet, eingeschlossen. Da wir die genaue Zerfallsrate radioaktiver Elemente kennen, lässt sich das Alter des Minerals, das sie enthält, bestimmen, indem man die Anteile des Mutterelements (z. B. Uran) und seines Zerfallsprodukts (bei Uran: Blei) vergleicht. Je älter das Gestein, umso größere Mengen des Tochterelements enthält es.

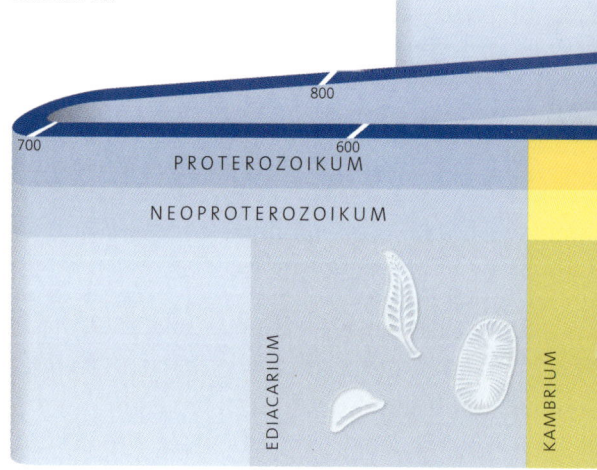

800

700   600

PROTEROZOIKUM

NEOPROTEROZOIKUM

EDIACARIUM

KAMBRIUM

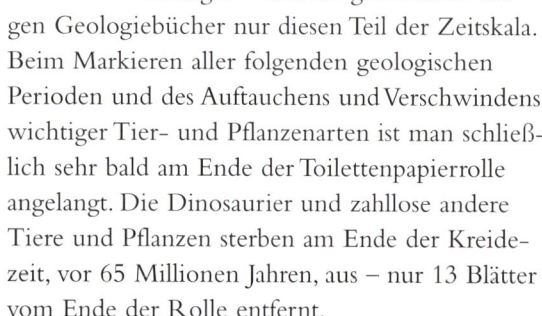

DIE EINTEILUNG DER GEOLOGISCHEN ZEITSKALA

Die Zeitskala zeigt eine Einteilung in Äonen und kürzere Unterabschnitte, Zeitalter und Perioden. Diese beruhen auf dem Erscheinen und Verschwinden wichtiger Lebensformen. Die Perioden waren zunächst beliebig festgesetzt und oft nach Regionen in Großbritannien benannt, wo bestimmte Fossiltypen gefunden worden waren. Ihre Grenzen zog man entlang von Schichten mit unterschiedlichen Fossilien. Diese Fossiltypen verfolgte man europa- und weltweit. Erst später erkannte man, dass viele der Periodengrenzen große, oft globale Katastrophen mit Massensterben markierten, wobei der größte Teil des irdischen Lebens vernichtet und die Entwicklung ganz anderer Arten ermöglicht wurde.

OBEN Jede Gesteinsschicht enthüllt ein Stück geologischer Geschichte. Die Felsen in der Andrew Gordon Bay auf der Baffin-Insel in Nunavut (Kanada) erzählen von bedeutenden glazialen und tektonischen Vorgängen. Das Grundgestein der Insel ist metamorph und stammt aus dem Präkambrium, das aufliegende Sediment aus dem Quartär. Auf Gestein kann man z.B. die Fließrichtung der eiszeitlichen Gletscher erkennen.

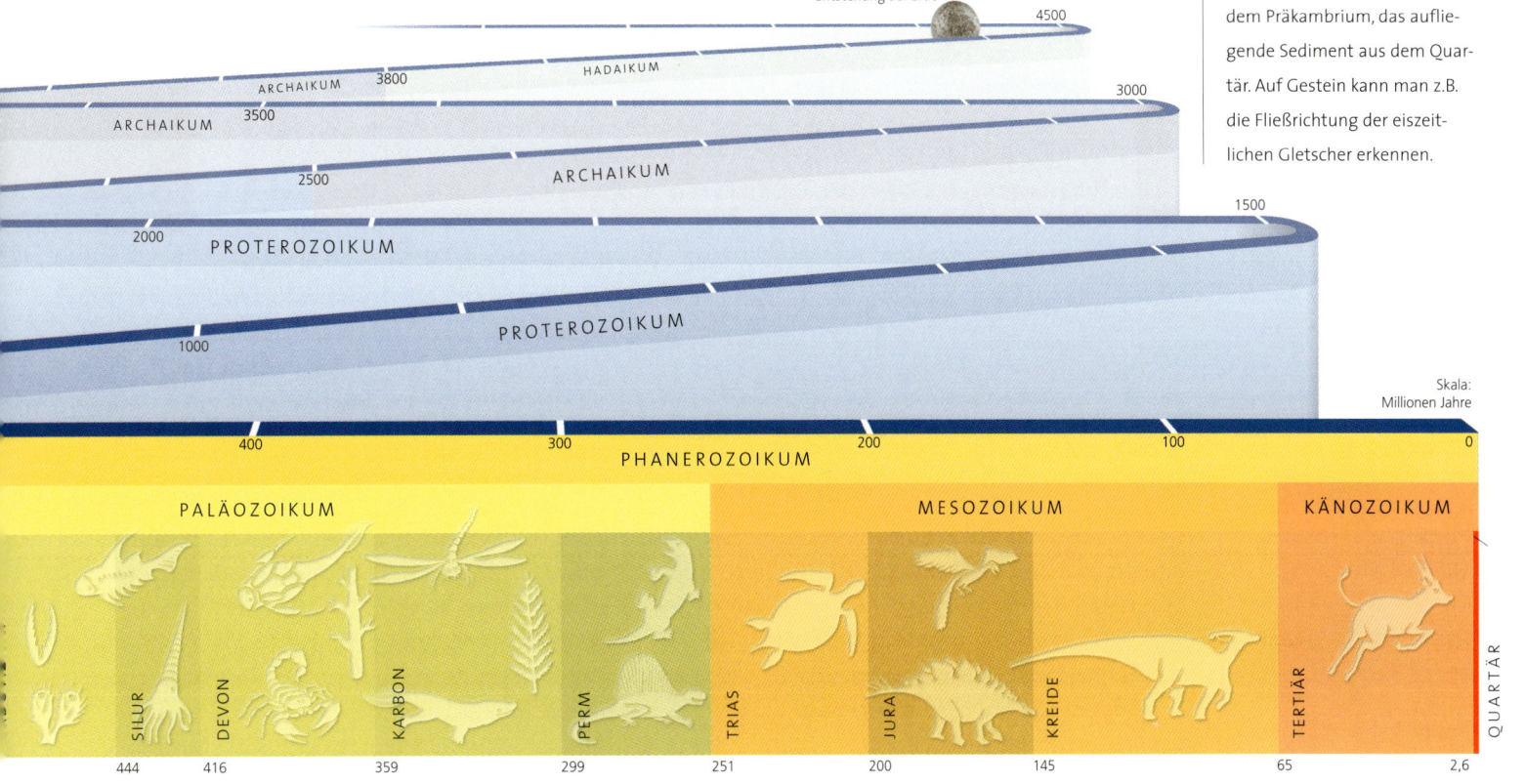

Entstehung der Erde

4500

HADAIKUM

ARCHAIKUM 3800

3000

ARCHAIKUM 3500

ARCHAIKUM 2500

PROTEROZOIKUM 2000

1500

PROTEROZOIKUM 1000

Skala:
Millionen Jahre

400 · 300 · 200 · 100 · 0

PHANEROZOIKUM

PALÄOZOIKUM · MESOZOIKUM · KÄNOZOIKUM

SILUR · DEVON · KARBON · PERM · TRIAS · JURA · KREIDE · TERTIÄR · QUARTÄR

444 · 416 · 359 · 299 · 251 · 200 · 145 · 65 · 2,6

Das Präkambrium

Die ersten drei Äonen der Erdgeschichte, also Hadaikum, Archaikum und Proterozoikum, werden häufig auch als Präkambrium bezeichnet. Das Präkambrium reichte von der im Dunkeln liegenden Geburt der Erde vor rund 4,6 Milliarden Jahren bis zum Beginn des Kambriums vor 542 Millionen Jahren. Es deckte die frühesten Anfänge des Lebens ab.

Das Leben musste auf seinen großen Auftritt noch warten, während sich die Erde im Hadaikum, dem „steinfreien" Äon, in einen dichten Eisenkern und einen Mantel geringerer Dichte aufgliederte. Die Abkühlung führte dann zur Bildung einer dünnen Kruste. Nach dem Meteoritenhagel während des Archaikums entstand in den Urozeanen erstes Leben. Man nimmt an, dass die frühen atmosphärischen Gase, etwa Ammoniak, Schwefelwasserstoff und Wasserstoff, mit Kohlendioxid reagierten und die ersten organischen Verbindungen bildeten. Manche Wissenschaftler nehmen an, das Leben könnte durch Meteoriten auf die Erde gebracht worden sein.

ERSTES LEBEN OHNE SAUERSTOFF

Die einfachsten einzelligen Prokaryoten, also Zellen ohne Kern, waren die anaeroben (ohne Sauerstoff lebenden) Methanogene, die Wasserstoff als Energiequelle und Kohlendioxid als Kohlenstofflieferant benutzten. Sie produzierten Methan und leben noch heute an Orten, wo es wenig Sauerstoff gibt, etwa in Sümpfen, heißen Quellen, hydrothermalen Schloten sowie im Verdauungstrakt von Tieren.

Vor ungefähr 3,5 Milliarden Jahren begannen primitive Cyanobakterien, durch Photosynthese mittels Sonnenlicht Sauerstoff zu produzieren. Die Bakterien vermehrten sich schnell, sammelten sich in groben, mattenähnlichen Kolonien und schufen rundliche, Stromatolithen genannte Hügel. Durch die Ablagerung von dünnen Kalkschichten bildeten sie gewaltige Riffe, aus denen die ersten Kalksteine entstanden, die man heute noch in Westaustralien und Südafrika findet.

Der Sauerstoffanstieg in der Atmosphäre hat sich in den Schichten von rotem Jaspis (Quarzmineral) und grauem bis rötlichem Hämatit (Eisenoxid) in Bändererzen niedergeschlagen. Diese Gesteine künden von einem schwankenden Sauerstoffanteil, da die Bakterien, die ihn erzeugten, sich abwechselnd vermehrten und wieder ausstarben, sobald sie selbst ein Übermaß an Sauerstoff produzierten. Dieser

OBEN An der westaustralischen Küste der Shark Bay findet man merkwürdige, riffähnliche Gebilde, die sogenannten Stromatolithen. Diese lebenden Strukturen wurden von Photosynthese betreibenden Bakterien, einer der ersten Lebensformen überhaupt, geschaffen. In Westaustralien fand man 3,5 Milliarden Jahre alte fossile Stromatolithen.

RECHTS Wie die Erde im Präkambrium aussah, weiß man nicht, aber im ersten Abschnitt der Zeitperiode gab es weder Gestein noch Leben. Als die ersten Felsen entstanden, erwachte in den Ozeanen erstes Leben. Durch Photosynthese schufen diese frühen Organismen eine sauerstoffhaltige Atmosphäre, die alle späteren, höheren Lebensformen auf Erden nährte.

überflüssige Sauerstoff verband sich mit Eisen zu den Hämatitschichten. Vor etwa 1,9 Milliarden Jahren erreichte der Sauerstoffgehalt schließlich einen stabilen Pegel. Andere Belege für Sauerstoff in der Atmosphäre sind die „Red Beds", die zu jener Zeit entstanden. Dies sind Schichten aus Sandstein und Schluff, die durch Eisenoxid, das in älteren Gesteinen nicht vorkommt, rot gefärbt sind.

Als sich die Ozonschicht bildete, schirmte sie die schädliche Sonnenstrahlung ab. Nun entwickelten sich Protisten, einfache Zellen mit Kern, die weder Pflanze noch Tier waren. Kolonien dieser Zellen gediehen als Algen in den Urozeanen. Fossilien aus dieser Zeit sind jedoch extrem selten, weil sie keine harten Bestandteile besaßen und daher so gut wie nicht konserviert werden. Schließlich bahnten komplexere Einzeller (Eukaryoten wie *Acritarcha*) den Weg für die Entwicklung vielzelliger Pflanzen und Tiere im späten Proterozoikum.

EIN SUPERKONTINENT ALS URSPRUNG

Rodinia war der erste bekannte Superkontinent – ödes, weites Land, umgeben vom Ozean Mirovia (russisch: „Weltmeer"). Mangels Fossilien ist es schwer, weiter als etwa 1,1 Milliarden Jahre in die Vergangenheit zurückzublicken, als Rodinia entstand. Im Proterozoikum, vor 750 Millionen Jahren, zerbrach der Kontinent; zwischen seinen Bruchstücken bildete sich der Ozean Panthalassa (griechisch: „alle Meere"). Zu den Kontinent-schollen gehörten Proto-Amerika, Skandinavien, Sibirien, Australien und die Antarktis. Während die Landmassen in polare Regionen trieben, kühlte sich das Klima ab, und es entstanden ausgedehnte-re Vereisungen als in allen anderen Erdzeitaltern. Daher wurde für diese Epoche der Begriff „Schnee-ball Erde" geprägt. Gegen Ende des Proterozoikums, vor 600 Millionen Jahren, vereinten sich die Bruch-stücke erneut zu einem Superkontinent in der süd-lichen Hemisphäre: Pannotia. Die Kollision führte zur panafrikanischen Gebirgsauffaltung. Pannotia zerfiel bereits 50 Millionen Jahre später in die Kon-tinente Laurentia, Baltika, Sibiria und Gondwana.

LINKS Seetang ist eine Algenart, die im Präkambrium erstmals auftrat. Es gibt rund 40 000 Algenarten, die in ihrer Größe von mikroskopisch kleinen Spe-zies bis hin zu den gigantischen Algenwäldern (Kelpwäldern) im Pazifik reichen. Photosynthese – die Umsetzung von Sonnenlicht in Nahrung – begann vermutlich im Archaikum vor etwa 3,5 Mil-liarden Jahren. Algen waren die ersten Pflanzen auf der Erde.

Das Ediacarium

Im Ediacarium, kurz vor dem explosionsartigen Auftreten skeletttragender Lebensformen im Kambrium, tummelten sich bizarr geformte Lebewesen mit weichen Körpern am Meeresgrund. Es war die letzte Periode des Proterozoikums. Die Internationale Kommission für Stratigrafie (ICS) übernahm die Bezeichnung offiziell erst 2004.

Das Ediacarium reichte von 630 bis 542 Millionen Jahren vor unserer Zeit und ist nach der Fossilfundstätte Ediacara Hills im Flinders-Gebirge nördlich von Adelaide in Südaustralien benannt. Fossilfunde aus dieser Zeit sind extrem selten, weil die Organismen allesamt einen weichen Körper hatten und daher kaum erhalten geblieben sind.

DIE ENTDECKUNG DER EDIACARA-FOSSILIEN
Ediacarische Fossilien aus Namibia wurden bereits 1930 beschrieben, aber ihr hohes Alter erkannte man erst 1946, als der Geologe Reg Sprigg die ergiebige „Quallen"-Fossilfundstätte in den Ediacara Hills entdeckte. Sein Fund entfachte das internationale Interesse an diesen ungewöhnlichen Tieren.

Anfangs glaubte man, die Ediacara-Fauna entspräche primitiven Versionen späterer Tiere, da sie in grobem Sandstein fossilisiert und ihre feinen Eigenheiten daher nicht sehr gut erhalten waren. Erst als der Paläontologe Guy Narbonne Fossilien bei Mistaken Point in Neufundland (Kanada) fand, wurden viel feinere Details der Tiere sichtbar und damit auch erforschbar. Bei Mistaken Point war unter einer Schicht feiner Asche, die von einem Vulkanausbruch vor 565 Millionen Jahren stammte, eine ganze Meeresbodengemeinschaft erhalten. Ähnliche Fossilien wurden an etwa 30 anderen Lokalitäten, darunter in England, Kanada, Russland, Sibirien und den USA, entdeckt. Das Ediacarium bezeichnete man früher oft als Vendium, nach ähnlichen Fossilien, die man westlich des Urals in Russland gefunden hatte. Diese an Kontinentalschelfen und -hängen lebende Tierwelt schien in den Ozeanen dieser Periode weit verbreitet gewesen zu sein.

TIERE MIT WEICHEM KÖRPER

Weichkörper-Fossilien in den Gesteinen aus jener Zeit unterscheiden sich von allen später existierenden Lebewesen. Sie hatten weder Schalen noch sonstige harte Körperteile, und sie verschwanden zum Ende der Periode aus ungeklärten Gründen aus den Fossilfunden. Einige Forscher nehmen daher an, die Tiere könnten einem Massensterben zum Opfer gefallen sein, das möglicherweise in Zusammenhang mit den weiträumigen Vergletscherungen am Ende dieser Periode stand.

Weltweit fand man über 50 Gattungen von Ediacara-Organismen. Die meisten sehen so eigentümlich aus, dass sie sich nicht leicht irgendeiner Gruppe lebender oder ausgestorbener Tiere zuordnen lassen. Forscher haben den ungewöhnlichen Organismen verschiedentlich eine eigene Klasse oder sogar einen eigenen Stamm zugeteilt. Manche schlugen sogar vor, einige Organismen nicht den Tieren, sondern den Flechten, Algen oder Protisten zuzuordnen. Die Diskussionen darüber dauern an.

Die frühesten ediacarischen Fossilien stammen von farnartigen Wesen, die sich mit Haftorganen am Meeresgrund hielten. Sie sind 575 Millionen Jahre alt. Zu den größten unter ihnen zählte das flache, ovale, segmentierte Lebewesen *Dickinsonia*, das bis zu einen Meter lang wurde. Viele Arten waren offenbar von unbeweglicher, sack- oder luftmatratzenähnlicher Form – selbst sehr große Einzeller. Nahrung nahmen sie vermutlich durch langsame Absorption durch die Körperwände auf; Hinweise auf ein entwickeltes Verdauungssystem, etwa Mund, Darm und Anus, gibt es nicht. Auch Beine und Gliedmaßen mit Gelenken fehlten ihnen. Mangels natürlicher Feinde war es offenbar nicht nötig, sich zu bewegen und Nahrung schnell verdauen zu müssen.

DAS LEBEN WIRD KOMPLIZIERTER

Viele Ediacara-Fossilien lassen sich nur schwer klassifizieren. Vor etwa 560 Millionen Jahren erschienen Organismen wie *Kimberella, Parvancorina* und *Spriggina,* die teilweise an Trilobiten erinnern und frühe Vertreter von Gliederfüßern sein könnten. Spuren in weichen Sedimenten belegen, dass zumindest ein Teil der Lebewesen mobil wurde.

Funde von fossilisierten Fäkalien zeigen, dass einige Tiere einfache Gedärme besaßen. Vielleicht waren es aufkommende neue Feinde, die das Verschwinden der Ediacaria-Fauna und die nachfolgende starke Ausbreitung anderer – besser angepasster – Lebensformen im Kambrium auslösten.

OBEN Die ersten primitiven Metazoen (Tiere mit einem Nervensystem) entstanden im Ediacarium. Zu den ältesten Formen vielzelligen Lebens, die bis heute existieren, zählen die Nesseltiere (Cnidaria) – Quallen und Korallen. Ediacarisches Leben unterschied sich jedoch grundlegend von allem, was heute existiert; heute lebende Beispiele dafür gibt es nicht.

LINKS In Wilpena Pound, einer geologischen Mulde in Südaustralien, erheben sich die höchsten Gipfel der Flinders-Berge. Im nördlichen Teil dieses Gebirges, etwa 650 km von der südaustralischen Hauptstadt Adelaide entfernt, liegt auch die berühmte, im Ediacarium entstandene Fossilfundstätte in den Ediacara-Hügeln.

LINKS Die bizarren Lebensformen des Ediacariums führten zu ungewöhnlichen Theorien. Eine Idee war, sie könnten Flechten sein und keine Tiere, weil die Fossilien für Weichkörperorganismen zu gut erhalten sind. Flechten widerstehen der Verfestigung, was die Unversehrtheit mehrere Dezimeter großer Fossilien erklären könnte.

Das Kambrium

Das Kambrium markierte den Beginn des Phanerozoikums und war eine der bemerkenswertesten Phasen der Entwicklung des Lebens auf der Erde. Zahllose Arten hartschaliger Tiere tauchten in den Ozeanen auf. Am Ende der Periode, vor 488 Millionen Jahren, existierte so gut wie jeder Stamm des Tierreichs.

RECHTS Ein versteinerter Trilobit der Gattung *Saukia*, der im späten Kambrium auftauchte. Trilobiten gehörten zu den ersten Arthropoden (Gliederfüßern) und traten in enormer Vielfalt, Zahl und Verbreitung auf. Sie gediehen besonders im Kambrium und Ordovizium, starben am Ende des Perms jedoch aus.

UNTEN Im Yoho-Nationalpark in British Columbia kommt der Burgess-Schiefer vor. Darin wurden zahllose Fossilien aus dem Kambrium gefunden, darunter viele Arten, die am Ende der Periode ausstarben. Die Tiere wurden in Sedimenten am Meeresgrund konserviert und diese später zu den Rocky Mountains emporgehoben.

Zu Beginn des Kambriums, vor 542 Millionen Jahren, zerbrach Pannotia, der gewaltige Superkontinent aus dem Proterozoikum. Als Folge dieser Entwicklung bildeten sich mehrere kontinentale Bruchschollen. Junger, flacher Ozeanboden und schmelzendes Eis sorgten für ein kräftiges Ansteigen des Meeresspiegels, das die Kontinentränder unter Wasser setzte – und viele unterschiedliche Tierarten entwickelten erstmals Skelette und Schalen.

Harte Schalen überdauern fossilisiert viel besser als die Weichkörperformen der vorhergehenden Äonen die Jahrmillionen. Vermutlich aufgrund ihres plötzlichen Erscheinens in kambrischen Gesteinsschichten glaubte man zunächst, das Leben wäre damals entstanden. Da kambrisches Gestein zuerst in Wales untersucht wurde, bekam die Periode dessen lateinischen Namen (Cambria).

DAS GROSSE „WETTRÜSTEN"

Im großen kambrischen „Wettrüsten" blieben die Weichtiere des Ediacariums auf der Strecke. Erst als diese unbeweglichen sackähnlichen Lebensformen hoch konzentrierten Proteins zur Nahrungsquelle für andere Tiere wurden, nahm die Evolution Fahrt auf. Tiere, die sich bewegen konnten, waren denen, die es nicht konnten, überlegen. Allerdings erforderte diese Beweglichkeit auch deutlich mehr Energie und Treibstoff.

Die Fähigkeit einer Zelle, dem Wasser gelöste Ionen zu entnehmen und sie als harte Masse abzuscheiden, etwa in Form von Kalziumkarbonat (Kalzit) oder Siliziumdioxid (Quarz), war ein großer taktischer Vorteil. Zum Schutz vor Angriffen mit harten Körperteilen, die die Zellwände von Tieren ritzen und aufreißen konnten, waren Hautpanzer nötig.

Fortschritte in der Verteidigung wie durch dickere Schalen und Stacheln erforderten anspruchsvollere Angriffsmethoden. So verfeinerten etwa die Nesselzellen der Quallen sowohl ihre defensive als auch ihre offensive Wirkung. Ebenso entwickelte sich ihre Empfindlichkeit für Licht und Schatten. Trilobiten waren mit die ersten Arthropoden mit echten Augen, was bei der Nahrungssuche half. Sie besaßen Facettenaugen mit Linsen aus durchsichtigem Kalziumkarbonat.

LEBEN AM MEERESGRUND

In gigantischen, von primitiven Kalkschwämmen (Archaeocyathiden) erbauten Riffen wimmelte es von Schnecken, Stachelhäutern, Graptolithen und Vertretern der über 100 Trilobiten-Familien.

Der Burgess-Schiefer in British Columbia zählt zu den bedeutendsten Fossillagerstätten und liefert eine Menge wertvoller Informationen über das Leben am kambrischen Meeresgrund. *Pikaia*, der früheste bekannte Vertreter des Stamms der Chordata (Tiere mit Rückgrat), war wurmähnlich und filterte Partikel aus dem Wasser, während *Hallucigenia*, ein sonderbares stacheliges, 14-füßiges Tier, und *Halkieria*, ein gepanzertes Lebewesen, gemeinsam mit den Trilobiten das Sediment durchwühlten.

Eine der größten Gattungen war *Anomalocaris*, ein segmentiertes, den Gliederfüßern nahestehendes Raubtier, das über zwei Meter lang wurde und damit eine verblüffende Größe für jene Zeit aufwies. Es besaß Greifarme und einen Ring starker, scharfer Zähne, mit denen es die Außenskelette von *Marella* und anderen primitiven Arthropoden aufbrechen konnte. Am Ende des Kambriums waren all diese Arten ausgestorben. Das Spurenfossil *Climactichnites* erschien im späten Kambrium vor etwa 510 Millionen Jahren. Möglicherweise zeigte es die Spuren eines schneckenähnlichen Tiers, das im nassen Sand nach Nahrung suchte, und könnte somit belegen, dass bestimmte Tiere bereits den Übergang vom Wasser zu Land begonnen hatten.

DAS KAMBRISCHE MASSENAUSSTERBEN

Welche Katastrophe am Ausgang des Kambriums über die marinen Lebensgemeinschaften des Kontinentalschelfs hereinbrach, ist unklar, aber viele Arten starben damals aus. Man nimmt an, dass sich auf den öden polaren Kontinenten Eisdecken bildeten und ins Meer fließende Gletscher Wassertemperatur und Sauerstoffgehalt spürbar absenkten. Ganze Tiergruppen, die sich den Veränderungen nicht schnell genug anpassten, starben aus. Möglicherweise hat zudem der in der Folge absinkende Meeresspiegel die Festlandssockel freigelegt, die Verfügbarkeit flacher Gewässer reduziert und die kambrischen Gemeinschaften in begrenzte Bereiche an den Kontinentalhängen zurückgedrängt.

Was immer der Grund war, die Fossilienfunde belegen, dass der Artenreichtum an Trilobiten, Archaeocyathiden und Brachiopoden durch dieses Massenaussterben schwer dezimiert wurde.

OBEN *Peripatus*, ein Stummelfüßer (Stamm Onychophora), erschien erstmals im Kambrium. Äußerlich Würmern ähnlich, ist er enger mit den Arthropoden verwandt, auch wenn es zwischen beiden Tiergruppen ein genetisches Bindeglied gibt. Obwohl sie so weit zurückreichen, unterscheiden sich die heutigen Tiere kaum von ihren Ahnen. Von 200 bekannten Stummelfüßerarten leben 74 in Australien, und die meisten haben ihren Ursprung in Gondwana.

Das Ordovizium

Das Ordovizium von 488 bis 444 Millionen Jahren vor unserer Zeit war eine Epoche großer Artenvielfalt. Die Lebensformen, die das kambrische Massensterben überstanden hatten, erneuerten sich, während sie auf den Schelfen der auseinanderdriftenden Kontinente wie auf Flößen dahintrieben und fortan unabhängig voneinander neue Formen entwickelten.

RECHTS Mineralsalzablagerungen und Schwefel färben den Krater des Vulkans Dallol in Äthiopien, ein Anblick, der vielleicht an die Landschaften im Ordovizium erinnert. Damals lagerten sich immense Mengen Mineralsalze in Verdampfungsbecken ab, wenn der Meeresspiegel fiel.

UNTEN Im Ordovizium wuchsen in den warmen Meeren enorme Korallenriffe heran. Zum Ende der Epoche verschoben sich die Kontinente zu den Polarregionen, und die Ozeane kühlten ab. Während der folgenden Kaltzeit fielen die globalen Temperaturen auf Tiefstwerte ab, was ein Massensterben vor allem tropischer Arten zur Folge hatte.

Der Name „Ordovizium" geht auf einen keltischen Volksstamm zurück, der auf den britischen Inseln vor der römischen Invasion im ersten Jahrhundert gelebt hatte. Die Ordovizier bewohnten eine Gegend in Wales, wo Gesteinsschichten aus jener Zeit vorkommen. Diese beschrieb der Geologe Charles Lapworth 1879 als Erster.

Ordovizische Schichten zeichnen sich durch mächtige Kalkstein- und Dolomitablagerungen in flachen Gewässerbecken aus. Interessanterweise besteht auch der Mount Everest aus diesen Schichten, und es sind oft ordovizische Karbonate, die zur Zementherstellung verwendet werden. Als die Kontinente auseinanderdrifteten, spalteten sich Tier- und Pflanzenarten auf und passten sich jeweils neuen Klima- und Lebensbedingungen an. Der Meeresspiegel stieg während des Ordoviziums zumeist kontinuierlich an und überschwemmte einen Teil der kontinentalen Landoberfläche.

DAS LEBEN WIRD VIELFÄLTIG

Das Auftreten von Plankton-Graptolithen, winzigen Tieren, die in miteinander verbundenen becherähnlichen Skelettkammern lebten, markiert die Untergrenze des Ordoviziums. Sie entwickelten sich während dieser Periode weiter, wobei einige Arten bald ausstarben. Als Fossilien eignen sich Graptolithen sehr gut zur Datierung des Gesteins (oft auf eine Million Jahre genau) sowie zur Schätzung der Meerestiefe und -temperatur jener Zeit.

In den Riff-Ökosystemen dominierten rote und grüne Algen sowie Stromatoporen (Kolonien bildende Schwämme); auch die Verbreitung von Rugosa- und Tabulata-Korallen nahm rasch zu. Knospenstrahler (gestielte Stachelhäuter), Bryozoen (fächerartige Kolonien von Moostierchen), Seelilien und Brachiopoden (muschelähnliche Armfüßer) traten ebenso wie Muscheln und Schnecken erstmals als Fossilien auf.

Trilobiten (gepanzerte Gliederfüßer) nahmen zahlreiche, ortsabhängige Formen an. Sie überlebten bis zum Ende des Perms und starben dann aus. Eurypteriden (Seeskorpione) und Kopffüßer wie *Cameroceras* und *Treptoceras* (frei schwimmende, tintenfischähnliche Tiere mit geraden, hornförmigen Schalen) waren die neuen Raubtiere der ordovizischen Ozeane. Die Art *Endoceras* entwickelte bis zu 3,5 Meter lange und 25 Zentimeter breite Schalen. Sie verdrängte *Anomalocaris* als König der Meere.

Einige der ältesten Wirbeltiere, die Knochenhäuter oder Ostracodermata, tauchten ebenfalls um diese Zeit auf. Diese kieferlosen, gepanzerten Fische trugen große, knochige Schilde als Kopfschutz und plattenartige Schuppen am Rest des Körpers. In geologischen Schichten dieser Periode findet man außerdem zahlreiche Conodonten, schädellose Chordatiere mit weichem Körper, die ebenfalls sehr hilfreich bei der Datierung von Gesteinen sind.

WIEDER EIN MASSENSTERBEN

Schon während des Ordoviziums kam es zu mehreren Massensterben kleineren Ausmaßes, doch endete die Periode mit einer Katastrophe, die rund 60 Prozent aller Gattungen und 25 Prozent aller Familien der Meerestiere ausrottete. Am schlimmsten davon betroffen waren Brachiopoden, Bryozoen, Conodonten, Graptolithen, Nautiliden, riffbildende Korallen und Trilobiten. Dieses weltweite Massensterben, vermutlich infolge einer Vereisung, hatte einen totalen Zusammenbruch der Riff-Ökosysteme zur Folge.

Der größte Superkontinent jener Zeit, Gondwana, löste die Vereisung wohl aus, als er im späten Ordovizium über den Südpol trieb. Die Folgen

waren dieselbe wie beim Massenaussterben, das
das Kambrium beendete – die Eisschichten, die
Gondwana bedeckten, verringerten Temperatur
und Sauerstoffgehalt der Meere, der Wasserspiegel
fiel, und Lebensräume am Kontinentalschelf gingen dadurch verloren. Die Vereisung dauerte an,
das globale Klima wurde kälter, und die Meere
erstickten quasi in Eisbergen. Durch das Absinken
des Meeresspiegels bildeten sich enorme Ablagerungen von Salz und anderen Verdampfungsgestei-
nen in gewaltigen Meeresbecken, die durch eine
Schwelle vom Meer getrennt waren und nun fort-
während versalzten.

RECHTS Seelilien gediehen
prächtig im Ordovizium.
Links ist ein lebendes
Exemplar abgebildet, rechts
ein Fossil aus dem Ordovizium. Die Tiere verankern sich
am Meeresgrund und filtern
Nährstoffe aus dem Wasser.

Das Silur

Im Silur, das vor 444 Millionen Jahren begann und vor 416 Millionen Jahren endete, stieg der Meeresspiegel
an, weil die gewaltigen Gletscher aus dem Spät-Ordovizium abschmolzen. Das Klima stabilisierte sich, und die
Fauna im Ozean erholte sich vom Artensterben. Erneut breiteten sich viele Arten in den tropischen Meeren
aus. Des Weiteren erschienen primitive Pilze und Gefäßpflanzen, und Arthropoden eroberten das Land.

UNTEN Die bei Ebbe freiliegenden Grünalgen leuchten in warmen goldgelben Farben. Diese Szenerie am Turnagain Arm in Alaska ähnelt möglicherweise einer Landschaft im Silur, als sich infolge der Kollision von Kontinentschollen riesige Gebirge auffalteten.

Das Silur ist nach dem keltischen Stamm der Silurer benannt, die südlich von den Ordoviziern in Südwales lebten. Hier erforschte der Geologe Sir Roderick Murchison um 1830 die örtlichen Ablagerungen. 1878 definierte einer der Gründungsväter der Geologie, Charles Lapworth, die Grenze zwischen Ordovizium und Silur anhand des ersten Auftretens des Graptolithen-Mikrofossils *Akidograptus ascensus*. Dieses hatte man in Aufschlüssen von Schwarzschiefer bei Dob's Lin nahe Moffat in Südschottland gefunden.

Im Silur war der Superkontinent Rodinia größtenteils zerbrochen. Gondwana verblieb am Südpol, die anderen Kontinentschollen wanderten in die Äquatorregion, kollidierten und fügten sich

dort zu einem großen Kontinent zusammen: Euramerika. Die Kollisionen falteten das gewaltige Kaledonische Gebirge auf, das sich vom Osten der USA (den Appalachen) über Schottland, Irland, England, Wales, Grönland nach Westnorwegen zog, also über Landteile, die damals alle zusammenhingen.

Es gab einen riesigen nordpolaren Ozean, und trotz Gondwanas Lage in hohen südlichen Breiten schmolzen die Eiskappen und Gletscher ab. Der Treibhauseffekt setzte sich durch, führte zur Bildung warmer, seichter Meere und markanter freigelegter Abtragungsflächen. Am Ende des Silurs fiel der Meeresspiegel wieder, es bildete sich eine weitere Reihe von Verdunstungsbecken und ein neues, kleineres Artensterben wurde ausgelöst.

DAS LEBEN ERHOLT SICH

Trotz ihrer Dezimierung im Ordovizium erholten sich Kalkschwämme sowie Tabulata- und Rugosa-Korallen und bauten während des Silurs weiterhin hohe Kalksteinriffe auf. Crinoiden und Brachiopoden bildeten viele neue Arten; Letztere wurden zu den häufigsten Schalenorganismen und machten 80 Prozent der Hartschaler aus. Die Trilobiten indes erholten sich nicht, ihre Zahl blieb klein. Die jagenden Seeskorpione der Gattung *Eurypterus* lauerten in seichten Gewässern auf Beute und erreichten teilweise eine enorme Länge von mehreren Metern. Andere häufige Meeresfossilien in Silurschichten waren Conodonten, Mollusken und Stromatoporen.

DIE EVOLUTION DER FISCHE

Die kieferlosen Knorpelfische, die sich im Ordovizium entwickelt hatten, verbreiteten sich in den Ozeanen. Zum ersten Mal besiedelten zudem kieferlose Fische, Eurypteriden und Pfeilschwanzkrebse Frisch- und Brackwasserhabitate. Erste Knochenfische, Acanthodier genannt, traten auf und bildeten rasch zahlreiche Arten aus. Sie waren mit knochigen Schuppen bedeckt und entwickelten bewegliche Kiefer, die offenbar aus den Halterungen der vorderen zwei oder drei Kiemenbogen entstanden. Die Zahl der Knochenfische blieb bis zu ihrer Hauptentwicklungszeit im Devon gering.

ERSTE SCHRITTE AN LAND

Die meisten silurischen Pflanzen gehörten der Gattung *Cooksonia* an. Den verzweigten Stielpflanzen ohne Blätter und Gefäße gelang es, sich auf dem ansonsten öden Land auszubreiten, möglicherweise bereits im Ordovizium. Diese ersten Pflanzen besiedelten vermutlich zunächst geschützte Buchten an der Küste in den feuchten äquatornahen Regionen. Wahrscheinlich entwickelten sie sich aus marinen Grünalgen, die in felsigen, küstennahen Meeresbecken gediehen.

Einer der wichtigsten Fortschritte des Silurs war, dass erstmals Pflanzen mit primitiven, aber voll ausgebildeten Gefäßsystemen auftraten. Sie besaßen im Pflanzeninnern spezialisierte Leitbündel, die Wasser und Nährstoffe von den Wurzeln in die Blätter transportierten. Belege für diese Entwicklung liefern Silurgesteine in Australien, in denen fossilierte Lycophyten der Gattung *Baragwanathia* gefunden wurden. Dieser Pflanzengruppe werden auch Bärlapp und Moosfarne zugerechnet.

Im frühen Silur erschienen die ersten Arachniden (Spinnen) und Myriapoden (Tausendfüßer). Wasserarthropoden wie die Seeskorpione folgten den Moosen und verbrachten vermutlich mindestens einen Teil ihres Lebenszyklus an Land. Gleichzeitig entwickelten sich aus einer Seitenlinie der Eurypteriden vermutlich auch die ersten ausschließlich an Land lebenden Skorpione.

RECHTS Im Silur breiteten sich die Pilze aus. Sie bilden eine eigene Lebewelt mit über 100 000 bekannten Spezies, darunter Hut- und Schimmelpilzen, Morcheln, Bovisten, Trüffeln und viele andere. Ihre Größe reicht von mikroskopisch kleinen Arten bis hin zu einem 12 ha großen Hallimaschmycel.

UNTEN Auch die Moose (Bryophyten) waren unter den ersten Pflanzen, die das Land besiedelten. Diese gefäßlosen Pflanzen entwickelten sich im Silur, vermutlich aus küstenbesiedelnden Meeresalgen.

OBEN Die Appalachen, der nordamerikanische Überrest eines gewaltigen, im Silur entstandenen Gebirges, falteten sich im Zuge der Kollision von Laurentia und Baltika auf, als diese sich zum Superkontinent Euramerika zusammenschlossen. Weitere Reste des Kaledonischen Gebirges finden sich in Europa.

Das Devon

Das Devon, das vor 416 bis 359 Millionen Jahren existierte, ist als „Zeitalter der Fische" bekannt. Die Zahl der Fische explodierte während dieser Periode, da sie ihren Lebensraum in den Riff-Ökosystemen fanden. Panzerfische (Placodermen) wuchsen zu gewaltiger Größe heran und wurden zum Schrecken der Ozeane.

Während des Devons – benannt nach der gleichnamigen englischen Grafschaft, wo Gesteine aus dieser Periode erstmals untersucht wurden – trieben drei große Kontinente auf den Ozeanen: Euramerika, Gondwana und der sibirische Kraton. Der Meeresspiegel war hoch, und große Teile der Kontinentsockel waren mit flachem, warmem Wasser bedeckt – es herrschten ideale Bedingungen für Riff-Ökosysteme. Die ersten Ammoniten tauchten auf; Knospenstrahler, Armfüßer, Conodonten, Korallen, Stachelhäuter, Graptolithen, Nautiliden und Schwämme bildeten neue Formen und Arten. Neue, geschickte Feinde zwangen die Trilobiten zur Entwicklung besserer Verteidigungsstrategien und zur Ausbildung einer stärkeren Panzerung. Dennoch ging ihre Zahl weiterhin zurück.

GIGANTISCHE RAUBFISCHE

Gepanzerte Placodermen, primitive Knorpelfische (Haie und Rochen), Muskelflosser (Lungenfische und Quastenflosser) und strahlenflossige Knochenfische machten im Devon eine rasante Entwicklung durch. Panzerfische wie *Dunkleosteus* waren erfolgreiche Jäger, wogen mehr als eine Tonne und wurden über zehn Meter lang. Der gewaltige Kopf von *Dunkleosteus* wies Kiefer mit ungeheurer Beißkraft auf. Die Tiere besaßen keine Zähne, sondern vier rasiermesserscharfe knochige Schneidplatten, und jagten primitive Haie.

Fische waren bis ins späte Devon die einzigen Wirbeltiere, von denen offenbar alle anderen Vertebrata abstammen. Wahrscheinlich war ein Quastenflosser oder Lungenfisch der Vorfahre der ersten Amphibien, die am Ende des Devons auftauchten. Als ihre muskulösen Flossen kräftiger und beinähnlicher wurden, verließen die Tiere das Wasser und verbrachten einen Teil ihres Lebens an Land. Quastenflosser galten lange Zeit als ausgestorben, bis 1938 an der Chalumna-Mündung vor der Ostküste Südafrikas ein Exemplar gefangen wurde.

Die Strahlenflosser entwickelten sich interessanterweise offenbar in Süßwasserseen und -flüssen des Devons und breiteten sich dann auch im Meer aus. Heute sind sie die dominierende Klasse der Knochenfische – sowohl in Meeren wie auch in Seen und Flüssen.

PRIMITIVE WÄLDER

Aus dem Silur stammende primitive Pflanzen drangen nun von den feuchten Küstenkolonien der Moose, Schachtelhalme und Farnsamer auf das Festland vor. Alle weiteren Abstammungslinien gehen auf primitive Gefäßpflanzen zurück. Mit der Entwicklung der samentragenden Gymnospermen (Nacktsamer) waren Pflanzen nicht mehr auf wassernahe Lebensräume beschränkt. Im späten Devon breiteten sich die ersten Wälder mit *Archaeopteris*-Bäumen über die Landmassen aus. Sie boten flugunfähigen Insekten, Spinnen und den ersten Amphibien eine Heimat. Wissenschaftler gehen davon aus, dass durch Landpflanzen die anwachsende Biomasse und der dadurch steigende Sauerstoffgehalt der Atmosphäre am Ende des Devons diesen ersten Tieren das Leben an Land ermöglichte.

OBEN Als Fossilien erscheinen Haie erstmals im Devon vor rund 400 Millionen Jahren. Heute kennt man etwa 1000 Arten, während man als Fossilien mindestens 2000 Spezies identifizierte. Die frühesten Haie hatten mit ihren heutigen Verwandten nichts gemein. Ihre Schnauze war eher rund als spitz, und ihre Körperform ähnelte mehr den Aalen als anderen Fischen.

RECHTS Der gezackte Kamm des Ancient-Wall-Gebirgszugs nahe Jasper in Kanada entstand in den seichten Meeren, die vor etwa 370 Millionen Jahren den Westen Nordamerikas bedeckten. Sein Kalkstein birgt möglicherweise Fossilien, die Aufschlüsse über die Ursachen des Aussterbens riffbildender Wirbelloser im späten Devon liefern könnten.

DAS DEVONISCHE ARTENSTERBEN

Gegen Ende des Devons erlitten die Lebensgemeinschaften der warmen Meere ein ungeheures Artensterben. Etwa 70 bis 80 Prozent aller Tierarten und 20 Prozent aller Tierfamilien verschwanden. Die Gründe dafür sind unklar; viele Forscher sprechen von einer Phase globaler Abkühlung, die durch die Vereisung Gondwanas ausgelöst wurde. Wie im späten Ordovizium wurde wohl auch diese Krise durch fallende Meeresspiegel, Verlust der Schelfhabitate und Klimaabkühlung herbeigeführt. Selbst ein Meteoriteneinschlag ist denkbar. Die

Auswirkungen auf die Riff-Ökosysteme waren so groß, dass ein erneutes Riffwachstum erst wieder mit der Entwicklung der heutigen Korallen im Perm einsetzte. Rugosa- und Tabulata-Korallen erholten sich ebenso wenig wie Stromatoporen. Die Panzerfische, von denen mindestens 2000 fossile Arten bekannt sind, verschwanden komplett, während kieferlose Fische (die heutigen Schleimaale und Neunaugen) in kleiner Zahl überlebten. Auch Ammoniten, Brachiopoden, Conodonten und Trilobiten wurden von den veränderten Lebensbedingungen getroffen.

LINKS Dieser 2006 in Westaustralien gefundene versteinerte *Gogonasus*, ein 400 Millionen Jahre alter Fisch des Devons, gab wichtige Anhaltspunkte zu den Fischarten, die den ersten Landtieren vorangingen. Große Löcher im Schädel ermöglichten das Atmen durch die Kopfdecke, die muskulösen Vorderflossen weisen die gleichen Knochen auf wie menschliche Arme und ähneln frühen Landvierbeinern.

Das Karbon

Das Karbon ist als „Zeitalter der Pflanzen" bekannt. Riesige, hohe, immergrüne Wälder und dichte, von riesigen Insekten bewohnte Sümpfe überzogen die Kontinente. Der Sauerstoffgehalt der Atmosphäre war unglaublich hoch, das Wachstum der Lebewesen enorm. Erstmals erschienen Reptilien an Land und wagten sich weiter als bisher von ihrer Urheimat im Wasser fort.

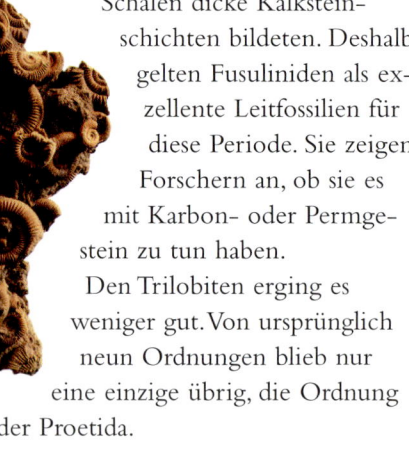

RECHTS Ammoniten, eine im Devon erstmals erschienene und heute ausgestorbene Gruppe von Tintenfisch-Verwandten, bildeten im Karbon zahlreiche Arten und entwickelten immer komplexere Formen. Bei Ausgrabungen fand man Fossilien mit Schnecken- bis Lastwagenreifengröße.

Das Karbon erstreckte sich von 359 bis 299 Millionen Jahren vor unserer Zeit. Es ist nach den mächtigen, weit verbreiteten Kohleflözen benannt, die damals in den dichten Wäldern Westeuropas und Großbritanniens entstanden. Der Begriff „Karbon" wurde 1822 nach einem Vorschlag der englischen Geologen William Conybeare und William Phillips als geologische Periode eingeführt. In Nordamerika gliedert sich das Karbon vor 318 Millionen Jahren in einen älteren (Mississippium) und einen jüngeren (Pennsylvanium) Abschnitt. Während des Karbons trieben die riesigen Kontinente Euramerika und Gondwana langsam weiter aufeinander zu.

ERNEUERUNG DES LEBENS IM MEER

Nach dem Artensterben am Ende des Devons erblühte das Leben in den Meeren von Neuem. Die Strahlenflosser breiteten sich auf Kosten anderer Fische aus. Ammoniten, Knospenstrahler, Brachiopoden, Bryozoen und Crinoiden erreichten wieder ihre vorherige Artenzahl. Fusuliniden (einzellige Protisten mit Kalkschale) bevölkerten die Ozeane so zahlreich, dass ihre am Meeresboden abgelagerten

Schalen dicke Kalksteinschichten bildeten. Deshalb gelten Fusuliniden als exzellente Leitfossilien für diese Periode. Sie zeigen Forschern an, ob sie es mit Karbon- oder Permgestein zu tun haben.

Den Trilobiten erging es weniger gut. Von ursprünglich neun Ordnungen blieb nur eine einzige übrig, die Ordnung der Proetida.

GIGANTISCHE KARBONWÄLDER

Das Leben an Land gedieh während des Karbons prächtig. Die feuchten, sumpfigen Bedingungen förderten die Weiterentwicklung der Lycophyten (Pflanzen, die sich über Sporen vermehren). Die frühen Insekten aus dem Devon hatten inzwischen Flügel ausgebildet, wurden größer und besetzten zahlreiche Umweltnischen.

Die organische Bildung von Kohle in Sümpfen trieb den Sauerstoffgehalt der Atmosphäre vor etwa 300 Millionen Jahren vermutlich auf einen Spitzenwert von 35 Prozent (im Vergleich: heute sind es 21). Wahrscheinlich nahm deshalb die Körpergröße einiger Insekten und Amphibien enorm zu. Auch das Fehlen natürlicher Feinde dürfte ein Grund für einen derartigen Gigantismus gewesen sein.

In den Wäldern wimmelte es von riesigen Gliederfüßern wie Eintagsfliegen, Spinnen und Skorpionen. *Arthropleura*, ein tausendfüßerähnliches Tier, wurde bis zu drei Meter lang. Das größte Insekt, das jemals lebte, war die Riesenlibelle *Meganeuropsis permiana* mit einer Flügelspannweite von über 75 Zentimetern. Diese großen Arten hatten am Ende des Karbons, als der Sauerstoffpegel am höchsten war, ihren Entwicklungshöhepunkt. 50 Millionen Jahre später, im mittleren bis späten Perm, waren sie dann jedoch verschwunden.

LINKS Farne und Baumfarne gediehen während des Karbons ebenso wie andere Gefäßpflanzen, vor allem Bärlapp und Schachtelhalm. Die Wälder wuchsen schnell heran, und da so viele Pflanzen um Sonnenlicht wetteiferten, wurden sie bis zu 45 m hoch.

DAS EI DER AMNIOTEN

Reptilien, Nachfahren der Amphibien des Devons, erschienen im Karbon, doch hielt die Konkurrenz durch andere Amphibien ihre Zahl bis zum Ende dieser Periode gering.

Obwohl das Karbon hauptsächlich als eine Zeit riesiger Wälder und daraus entstandener Kohleflöze bekannt ist, war einer der revolutionärsten Fortschritte die Entwicklung des amniotischen Eis. Diese Art von Ei besitzt eine harte, wasserundurchlässige Membran oder Schale, die das Innere – den Embryo – vor dem Austrocknen schützt. Daher konnte das Ei an Land gelegt werden, was die weitere Besiedelung der Kontinente durch vierbeinige Tiere ermöglichte. Zur Fortpflanzung war nun kein Wasser mehr nötig.

DAS KARBON UND DIE KOHLE

In den Sümpfen des Karbons, wo sporentragende Bärlappbäume über 30 Meter hoch wuchsen, wurden Unmengen von Kohle gebildet. Pflanzen nutzen die Sonnenenergie und Kohlendioxid aus der Atmosphäre, um Kohlenstoff in ihre Zellstrukturen aufzunehmen, und geben überschüssigen Sauerstoff in die Atmosphäre ab. Sterben sie ab und fallen in Sümpfe, bilden sich mächtige Schichten organischen Materials. Vom Wasser am Oxidieren gehindert, werden die Schichten abgestorbener Vegetation zu fester Kohle gepresst.

OBEN Im Karbon waren Sümpfe weit verbreitet. Die üppig sprießende Vegetation wurde von Sümpfen überdeckt und fossilisierte langsam zu Kohle. Dabei entstanden viele der großen Kohleflöze der Welt, die heute abgebaut werden.

Das Perm

Diese Periode begann vor etwa 299 Millionen Jahren und endete vor 251 Millionen Jahren. An Land setzten sich trockenere und wechselhaftere Wetterbedingungen durch, verursacht durch die Bildung des Superkontinents Pangäa. Die Zahl der Amphibien ging zurück, weil sie ihre sumpfigen Lebensräume verloren, und Reptilien dominierten nun die Landfauna. In den Meeren vermehrten sich die Korallenriffe stark.

Der britische Geologe Sir Roderick Murchison benannte das Perm nach dem antiken Königreich Permia nahe der heutigen Stadt Perm am russischen Uralgebirge. Er beschrieb die ausgedehnten, das Karbongestein überlagernden Sedimentaufschlüsse, die er während eines Besuchs in der Region in den 1840er Jahren sah. Das Perm ist die letzte Periode des Paläozoikums und ging mit dem größten Massenaussterben der Erdgeschichte zu Ende.

REICHES LEBEN IM MEER UND AN LAND

Die Artenvielfalt von Pflanzen, Gliederfüßern und Amphibien blieb im Perm noch einige Zeit erhalten. Das trockene Klima, das im mittleren Perm einsetzte, verringerte jedoch die Ausdehnung der riesigen Sumpfwälder. Das wiederum zwang die wasserliebenden Lycopoden zu niedrigerem Wuchs. Farnsamer, Nadelhölzer und Ginkgopflanzen bevölkerten nun die Wälder.

Die Amphibien wurden kleiner und verloren an Vielfalt, die Reptilien hingegen entwickelten sich weiter und eroberten neue Lebensräume. Ihre schuppige Haut und die „Erfindung" des amniotischen Eis machte ihnen die Anpassung an die Veränderungen leichter.

Die Reptilien entwickelten sich zu Pelycosauriern, wie *Dimetrodon* mit auffallendem Rückensegel, und den säugetierähnlichen Therapsiden. Letztere waren vielleicht sogar warmblütig und trugen einen Pelz; bald verdrängten sie die Pelycosaurier. Am Ende des Perms tauchten die ersten Archosaurier auf – Vorfahren der triassischen Dinosaurier.

Die permischen Ozeane wimmelten von Lebensformen, die denen des Karbons sehr ähnlich waren. Große Kalksteinriffe wurden von Organismen wie Algen, Moostierchen (Bryozoen), Korallen, Foraminiferen, Schwämmen und Stromatolithen aufgebaut und boten vielfältigen Unterschlupf für Ammoniten, Brachiopoden, Schnecken, Stachelhäuter, Nautiliden und Fische. Die Trilobiten verringerten sich weiterhin und starben am Ende des Perms aus. Die Ammoniten hingegen entwickelten sich weiter, und die Formen ihrer gewundenen Gehäuse wurden komplexer. Heute dienen die zahlreichen Fossilformen dieser ausgestorbenen Tiere als Leitfaden zur Altersbestimmung der sie umgebenden Gesteinsschichten. Dominierende Meeresraubtiere waren Haie.

UNTEN Fast vollständig erhaltenes Fossil eines Dicynodontiers aus Südafrika. Er gehörte zu den Therapsiden – säugerähnlichen Reptilien, die sich im Perm entwickelten. Viele Therapsiden überlebten das Massensterben am Ende des Perms nicht.

PANGÄA – EIN SUPERKONTINENT ENTSTEHT

Im frühen Perm entstand ein Superkontinent, der Pangäa („Ganzerde") genannt wurde. Er umschloss alle Kontinente, die wir heute kennen. Pangäa reichte praktisch von Pol zu Pol und war umgeben von einem einzigen weltumspannenden Meer, Panthalassa („Alle Meere"). Die riesige Landmasse hatte die Form eines gigantischen „C", das ein kleineres Meer namens Tethys (nach der gleichnamigen griechischen Meeresgöttin) umgab. Als sich die Kontinentalschollen zu Pangäa zusammenschlossen, sank der Meeresspiegel, wodurch Lebensräume in seichten, warmen Schelfgewässern verloren gingen. Das Innere des unermesslichen Kontinents trocknete aus; die größere Entfernung zu den ausgleichenden Meeren führte zu großen täglichen und jahreszeitlichen Temperaturschwankungen – auch dies trug vermutlich zur Ausrottung vieler Lebensformen am Ende des Perms bei.

DAS GROSSE ARTENSTERBEN

Das Perm endete mit der schlimmsten Katastrophe, die das Leben auf Erden je erlitt. Rund 90 bis 95 Prozent aller im Meer lebenden Arten und 53 Prozent der Familien starben aus, ebenso wie 70 Prozent aller landbewohnenden Arten, darunter Pflanzen, Insekten und Wirbeltiere. Die Korallenriffe, die nach dem Massensterben im Devon neu entstanden waren, wurden mitsamt ihrer Lebensgemeinschaften verwüstet. Knospenstrahler, fusulinide Foraminiferen, Rugosa- und Tabulata-Korallen und Trilobiten verschwanden für immer wie auch eine Reihe anderer Tierarten.

Auf dem Land endete die Herrschaft der Therapsiden. In aller Welt kennzeichnen fossilreiche „Toten-Lagerstätten" das Ende des Perms. Land und Meer waren wieder so gut wie leer und warteten auf eine neue Welle des Lebens im Mesozoikum.

Möglicherweise lösten heftige Klimaveränderungen das Artensterben aus. Mächtige Sanddünen und Schichten von Eindampfungsgesteinen sind geologische Belege für die Austrocknung des Landes. Genaue Gründe sind dennoch nicht klar. Ebenso gut könnten Unmengen von Gasen und Aschen, die bei gewaltigen Vulkanausbrüchen in Sibirien und China in die Atmosphäre geschleudert worden waren, die Ursache dafür gewesen sein. Oder vielleicht auch ein gigantischer Meteoriteneinschlag, wie seit Längerem in Fachkreisen diskutiert wird.

Die Trias

Die Trias, 251 bis 200 Millionen Jahre vor unserer Zeit, leitete das Erdzeitalter Mesozoikum ein. Sie war eine Ära der Wiedergeburt nach dem vernichtenden Artensterben, das fast alles Leben auf Erden ausgelöscht und das Paläozoikum beendet hatte. Erst nach 150 Millionen Jahren erlangten Tiere und Pflanzen ihre frühere Vielfalt zurück.

OBEN *Herrerasaurus* war einer der ersten bekannten fleischfressenden Dinosaurier. Dieses Skelett aus der späten Trias fand man in Ischigualasto, Argentinien. Es gab zu dieser Zeit sehr wenige und meist sehr kleine Dinosaurier; *Herrerasaurus* indes wurde bis zu 5 m groß.

UNTEN Die Wälder der frühen Trias dominierten Palmfarne, Koniferen und Ginkgos, die vor allem in nördlichen Regionen verbreitet waren. Für das Ende der Trias sind eher Koniferen wie diese neuzeitlichen Araukarien (*Araucaria araucana*) charakteristisch.

Friedrich von Alberti benannte die Trias (lateinisch „Dreiheit") 1834 nach den drei markanten Schichtenfolgen Buntsandstein, Muschelkalk, Keuper, die aus jener Zeit stammen. Man findet sie in Deutschland und Nordwesteuropa: roter Sandstein, überlagert von Kalk, den wiederum Schwarzschiefer bedeckt.

PANGÄA BEGINNT ZU ZERBRECHEN

Zu Beginn der Trias bestand der Superkontinent Pangäa, der den Äquator überspannte und das Weltklima steuerte. An seinen mit Nadel- und Palmfarnwäldern bewachsenen Küsten herrschten monsunale Witterungsbedingungen, während das riesige Innere Pangäas, weit entfernt von den ausgleichenden Einflüssen des Ozeans, heiß und trocken war. In ausgedehnten Inlandbecken lagerten sich mächtige Schichten von Evaporiten in riesigen Salzpfannen ab.

Zur Mitte der Trias begannen Konvektionsströme im Erdmantel unter Pangäa den Superkontinent zu zerreißen. Zunächst zerbrach er in zwei Stücke – Gondwana (Südamerika, Afrika, Antarktis, Australien) im Süden und Laurasia (Nordamerika und Eurasien) im Norden. Der Bruch war von umfangreichen geologischen Aktivitäten begleitet. In der Grabenzone kam es zu erheblichen Basaltergüssen, an den Rändern der sich spreizenden Kontinentalschollen zur Subduktion des Ozeanbodens. In der mittleren bis späten Trias erhob sich entlang der

amerikanischen Westküste eine vulkanische Bergkette, die von Alaska bis Chile reichte – die Geburt der Anden und nordamerikanischen Kordilleren.

REPTILIEN BEHERRSCHEN LAND, MEER UND LUFT

Die Reptilien, die das Perm überlebt hatten, übernahmen die Herrschaft. Archosaurier – Vorfahren der Krokodile, Dinosaurier und Vögel – machten eine rapide Entwicklung durch. Unter den trockenen Bedingungen verdrängten sie die warmblütigen, säugetierähnlichen Therapsiden. Interessanterweise war es vermutlich die Trockenheit, die viele Reptilien ins Meer zurücktrieb. Neue halb oder ganz im Wasser lebende Gruppen erschienen, darunter Phytosaurier (semiaquatische, krokodilähnliche Reptilien), Placodontier (molluskenfressende Meeresreptilien), Protokrokodile und Schildkröten. Nun entwickelten sich auch frühe Plesiosaurier, Ichthyosaurier und Nothosaurier, deren Beine immer flossenähnlicher wurden. Sie beherrschten später die Jurameere.

Den Reptilien gelang es bald, ihre Glieder zum Fliegen zu benutzen, indem sich dünne Hautmembranen zwischen Fingern, Armen und ihren Körpern entwickelten. Nun eroberten sie als Flugsaurier die Lüfte.

Einige wenige säugetierähnliche Reptilien wie *Lystrosaurus* – stämmige, kurzbeinige Tiere – überlebten das Perm und breiteten sich in der frühen Trias aus. Am Ende dieser Periode betraten die ersten echten Säuger die Bühne, etwa *Megazostrodon*. Diese nachtaktiven, Nagern ähnelnden Tiere blieben jedoch bis zum Ende des Mesozoikums klein und unbedeutend.

In der mittleren Trias erschienen die Dinosaurier, wurden bald flinker und leistungsfähiger und merzten die meisten größeren Reptilien aus. Obgleich viele der frühen Dinosaurier zum Ende dieser Periode wieder aus-

EIN ERNEUTES ARTENSTERBEN

Am Ende der Trias erlitt das Leben einen weiteren Rückschlag. Die Ursache für das Massenaussterben ist nicht genau bekannt, ging wohl aber wieder mit signifikanten Klimaänderungen einher. Gewaltige Vulkanausbrüche als Folge des auseinanderbrechenden Superkontinents Pangäa vor 208 bis 213 Millionen Jahren könnten der Grund gewesen sein. Oder vielleicht auch der Meteoriteneinschlag, der den 210 Millionen Jahre alten Manicouagan-Krater im kanadischen Quebec hinterließ.

Etwa 35 Prozent aller Tierfamilien starben aus, darunter die meisten verbliebenen Therapsiden sowie Reptilien (nicht aber die Dinosaurier), frühe Meeresreptilien und alle übrigen großen Amphibien. Einige Ursäugetiere sowie Ichthyosaurier, Plesiosaurier und die anpassungsfähigeren Dinosaurier überlebten. Das Artensterben ermöglichte den Dinosauriern, sich im Jura weiter auszubreiten und viele verwaiste Lebensräume zu besetzen.

gestorben waren, beherrschten ihre wenigen Hauptüberlebenden die folgende Juraperiode.

In den Ozeanen füllten die ersten auch heute noch existierenden Steinkorallen (Scleractinia) die Nischen, die zuvor Rugosa- und Tabulata-Arten besetzt hatten. Belemniten, die Verwandten heutiger Kalmaren, traten in Erscheinung, und die Ammoniten entwickelten noch komplexere Formen.

LINKS Die Bäume des Petrified-Forest-Nationalparks in Arizona stammen aus der Trias. Die heute trockene Region war damals ein bewaldetes, schlammiges tropisches Überschwemmungsgebiet, das Panzerreptilien und pflanzenfressende, säugerartige Großreptilien bewohnten.

UNTEN Da sich der Superkontinent Pangäa in der Trias über den Äquator erstreckte, herrschte an seinen Küsten monsunales Klima, im Innern war es heiß und trocken. Dort bildeten sich viele Salzbecken mit einigen der wichtigsten Evaporit-Ablagerungsstätten der Welt, etwa dieser Sodasee in Kalifornien.

Der Jura

In der Jurazeit vor 200 bis 145 Millionen Jahren setzten sich die Dinosaurier als neue Herrscher auf dem Festland durch. Die auseinandertreibenden Bruchstücke des ursprünglichen Superkontinents Pangäa trugen ihre lebende Fracht in unterschiedliche neue Umgebungen. Die Anpassung an die jeweilige Umwelt führte zu einer Explosion der Artenvielfalt.

OBEN 2006 entdeckte man ein biberähnliches Fossil in Nordostchina, *Castorocauda lutrasimilis*, das die Evolution der Säugetiere in ein neues Licht stellte. Immerhin handelt es sich um den ältesten je gefundenen schwimmenden Säuger. Man erkannte, dass Säugetiere mit Fell 40 Millionen Jahre früher lebten als es frühere Fossilfunde vermuten ließen.

Der Jura ist nach dem Juragebirge an der Grenze zwischen Frankreich und der Schweiz benannt. Hier untersuchte der französische Mineraloge, Chemiker und Naturforscher Alexandre Brongniart als Erster die ausgedehnten Kalksteinschichten aus jener Zeit. Allgemein bekannt wurde die Periode durch den Erfolg des Films *Jurassic Park,* obwohl einige seiner „Stars" erst in der Kreidezeit lebten.

WARME MEERE UND EIN LEBEN IM ÜBERFLUSS

Das Auseinanderbrechen des Superkontinents Pangäa, das in der Trias als langer, schmaler Protoatlantik-Seeweg zwischen Laurasia und Gondwana begonnen hatte, setzte sich im Jura fort. Begleitet wurde es von erheblichem Basaltvulkanismus. Die beiden großen Kontinente zerbrachen ihrerseits in kleinere kontinentale Schollen und waren umgeben von zahlreichen schmalen Seewegen.

Dadurch milderten sich die enormen Klimaschwankungen der vorangegangenen Periode. Die riesigen Inlandwüsten und Salzbecken verschwanden und machten Platz für Wälder der gemäßigten und subtropischen Klimazone. Durch die Klimaerwärmung schmolzen die Polkappen ab, und als Folge davon stieg der Meeresspiegel an.

RECHTS Ein außerordentlich gut erhaltenes Exemplar von *Archaeopteryx lithographica*, gefunden 1877 auf dem Blumenberg bei Eichstätt („Berliner Exemplar"). Sogar die Federn sind erkennbar. Obwohl fast identisch mit anderen Maniraptora-Dinosauriern, etwa *Velociraptor*, ist *Archaeopteryx* eindeutig vogelähnlich. Die zahlreichen Fossilien dieser Gegend belegen die Evolution vom Dinosaurier zum Vogel.

Die Überflutung der Schelfe sorgte für eine wachsende Vielfalt marinen Lebens; im warmen Wasser gedieh Plankton. Starben die Organismen, häuften sich ihre Überreste am Grund an. So bildeten sich aus ihnen die heutigen Ölfelder in der Nordsee und im Golf von Mexiko. Steinkorallen breiteten sich ebenso aus wie Ammoniten, Belemniten, Muscheln, Moostierchen, Schnecken und Schwämme. Führende Meeresraubtiere waren Ichthyosaurier, Pliosaurier, langhalsige Plesiosaurier und Krokodile.

JURASSISCHE DINOSAURIER

Zu Land gab es Dinosaurier in Hülle und Fülle. Sie unterschieden sich von den anderen Reptilien durch ihre Beckenstruktur. Aufgrund von Hüftgelenken setzten ihre hinteren Gliedmaßen unter dem Körper an, sodass sich die Tiere aufrichten konnten, was sie schneller und leistungsfähiger machte. Die Beine der meisten anderen Reptilien dagegen ragten seitwärts aus dem Körper und sorgten für eine lang hingestreckte Haltung wie bei den Krokodilen.

Sauropoden, gewaltige pflanzenfressende Dinosaurier, waren die größten Landtiere aller Zeiten: darunter *Apatosaurus* (früher *Brontosaurus*), mit massigen Beinen und unglaublich langem Hals und Schwanz (in Nordamerika); *Brachiosaurus* mit wesentlich längeren Vorder- als Hinterbeinen (in Nordamerika und Afrika); *Camarasaurus,* der häufigste große Sauropode Nordamerikas, sowie *Diplodocus* mit peitschenartigem Schwanz (in Nordamerika). *Brachiosaurus* erreichte eine Länge von über 25 Metern und galt lange als größter Dinosaurier, bis man *Argentinosaurus* in Südamerika entdeckte.

Dieser erschien in der Kreidezeit, wurde 35 Meter lang und wog bis zu 100 Tonnen. Die Sauropoden streiften durch die jurassischen Wälder, fraßen vor allem Farne, Palmfarne und Koniferen und hatten stets ein wachsames Auge auf jagende Theropoden wie *Allosaurus* (mit scharfen Krallen an den Armen, kräftigen Kiefern und gezackten Zähnen), *Ceratosaurus* (mit kurzem Horn an der Schnauze, großen Augen, vier bekrallten Fingern an den Armen und gezackten Zähnen) und *Megalosaurus* (scharfe, dreifingerige Klauen, starker Hals, kräftiger Kiefer). Diese kleineren Fleischfresser waren intelligenter und jagten möglicherweise sogar in Rudeln.

ARCHAEOPTERYX UND DIE ERSTEN VÖGEL

Im späten Jura tauchen in den Fossilfunden kleine, flinke Hohlschwanzechsen (Coelurosauria) auf, die gefiedert und möglicherweise warmblütig waren. Aus ihnen gingen vermutlich die ersten Vögel hervor, wie der wohlbekannte *Archaeopteryx* belegt. Dieses „missing-link"-Fossil war etwa einen halben Meter lang, gefiedert und auch in anderer Hinsicht heutigen Vögeln ähnlich. Wie viele Dinosaurier seiner Zeit besaß er aber kleine Zähne und einen langen, knochigen Schwanz. Das erste vollständige *Archaeopteryx*-Exemplar fand man im Kalkstein der Fränkischen Alb bei Solnhofen. Seine Beschreibung erschien 1861, zwei Jahre nach Charles Darwins Buch *On the Origin of Species* (Die Entstehung der Arten), und löste eine große öffentliche Debatte über Evolution aus, die bis heute anhält. Diese gefiederten Formen blieben jedoch relativ unbedeutend, da bis zum Ende des Mesozoikums weiterhin Pterosaurier die Lüfte beherrschten.

OBEN In der Antarktis durchzieht ein 3000 km langes Band von schwarzem Dolerit die Dry Valleys (Trockentäler) entlang dem Transantarktischen Gebirge. Diese Intrusionen hängen mit dem frühen Stadium des Zerbrechens von Gondwana im Jura zusammen. Entsprechende Doleritklippen in Tasmanien zeigen, wo das letzte Scharnier riss und Australien von der Antarktis trennte.

Die Kreide

Mit der Kreidezeit vor 145 bis 65 Millionen Jahren ging das Mesozoikum zu Ende. Dinosaurier beherrschten weiterhin das Land und gigantische Reptilien die Meere. Zahl und Verbreitung von Angiospermen (bedeckt-samigen Blütenpflanzen) nahmen zu. Sie verdrängten allmählich die alteingesessenen Gymnospermen (nacktsamigen Pflanzen).

RECHTS Versteinerte Libelle aus Sihetun, einem Dorf in der nord-ostchinesischen Provinz Liaoning. Hier wurden seltene und spek-takuläre Versteinerungen von Vögeln mit Federkleid gefunden. Daher gilt diese Gegend als Para-dies für Fossiliensammler.

UNTEN Die Kreidezeit ist nach den Kreideklippen an Englands Südküste benannt. Die globalen Temperaturen waren hoch und die Ozeane warm. In den nach dem Auseinanderbrechen von Pangäa neu gebildeten Meeren wurden riesige Mengen tieri-scher Überreste zu dieser spezi-ellen Art Kalkstein fossilisiert.

Die Kreidezeit verdankt ihren Namen den ausgedehnten Krei-deschichten, die man in Europa fand, so etwa in Form der weißen Kreideklippen von Dover, Groß-britannien. Der belgische Geologe Jean d'Omalius d'Halloy definierte 1822 die Kreidezeit anhand von Schichten des Pariser Beckens.

Das Klima während dieser Periode war warm, und die Pole waren eisfrei. Heftige tektoni-sche Aktivitäten und hohe mittelozeanische Rücken, verknüpft mit kontinentaler Grabenbildung, führ-ten dazu, dass die flachen tropischen Meere weite Bereiche der kontinentalen Kruste überschwemmten.

Die Bedingungen für marine Lebewesen waren ideal, sie gediehen prächtig. Unmengen von schei-benförmigen Kalkplättchen, die die Zellwände von Kalkalgen verstärkten und als Coccolithen bekannt

wurden, sammelten sich am Mee-resboden und bildeten die mäch-tigen Kreideschichten. Auch weit verbreitete Ablagerungen von Schwarzschiefer zeigen, dass die Meere ruhig waren und vor Le-ben strotzten. Die Kontinente be-wegten sich weiter in Richtung ihrer heutigen Position, sodass die Unter-schiede zwischen Flora und Fauna auf den nörd-lichen und südlichen Erdteilen zunahmen. In Alas-ka und Grönland gediehen nun wärmeliebende Pflanzen, und weniger als 15 Breitengrade vom damaligen Südpol entfernt weideten Dinosaurier.

MEERESMONSTER UND BLUMEN
Die warmen Ozeane der Kreidezeit beherbergten Leben in Hülle und Fülle. Große Meeresreptilien wie Ichthyosaurier, Plesiosaurier und Mosasaurier

RECHTS Etwa ein Dutzend große Dinosaurierfußabdrücke aus der frühen Kreide, darunter solche des fleischfressenden *Megalosauropus broomensis,* sind im Gestein bei Riddell Beach und Gantheaume Point in Nordwestaustralien erhalten.

jagten Fische sowie Ammoniten, Belemniten und andere Mollusken. Rochen, Haie und Knochenfische breiteten sich weiter aus. Am Ende der Kreidezeit beherrschten die Knochenfische bereits die Salz- und Süßgewässer. Als besonders eigentümliche Tiere dieser Periode traten geradschalige Ammoniten *(Baculites)* und die Vertreter der Hesperornithiformes – bezahnte, flugunfähige Vögel, die in den Meeren nach Beute tauchten – in Erscheinung. Stachelhäuter (Seeigel, Seesterne) und Diatomeen (einzellige Kieselalgen mit Silikatschalen) bevölkerten ebenfalls die Kreidemeere.

Als enorm wichtiger Schritt der Evolution gilt das Erscheinen der Angiospermen, bedecktsamiger Blütenpflanzen, vor etwa 125 Millionen Jahren. Bis zum Ende der Kreide entwickelten sich zahllose Blütenformen, gleichzeitig mit Insekten wie Ameisen, Blattläusen, Bienen, Schmetterlingen, Termiten und Wespen. Die Flora der ausgehenden Kreide dominierten Magnolienbäume, deren Blüten von Bienen bestäubt wurden.

Die Säugetiere blieben weiterhin klein und unbedeutend, die Dinosaurier hingegen erreichten den Höhepunkt ihrer Vielfalt. Die bekanntesten –

Tyrannosaurus rex, Triceratops, Velociraptor und *Spinosaurus* – streiften zu jener Zeit über die Kontinente. In der Chaomidianzi-Formation der chinesischen Provinz Liaoning (frühe Kreidezeit) fand man Dinosaurier mit haarähnlichen Federn. Pterosaurier waren noch häufig, sahen sich aber im Lauf der Kreide der wachsenden Konkurrenz durch Vögel ausgesetzt.

ARTENSTERBEN AM ENDE DER KREIDE

Das letzte große Massenaussterben auf der Erde beendete die Kreidezeit und damit auch das Mesozoikum. Etwa die Hälfte aller Spezies und ungefähr ein Viertel der bekannten Familien verschwanden. Die lange Herrschaft der Dinosaurier, der Meeresreptilien und der fliegenden Pterosaurier ging zu Ende. Am schwersten getroffen wurden marine Lebewesen – besonders Foraminiferen und Ammoniten –, während die Landflora kaum beeinträchtigt war. Blütenpflanzen blieben ebenso verschont wie Amphibien, Krokodile, Eidechsen und Schlangen; viele der von den Dinosauriern hinterlassenen Nischen wurden von Säugetieren besetzt.

Ungewöhnliche Mengen des Metalls Iridium in Grenzschichten zwischen Kreide und Tertiär – oft als K/T-Grenze bezeichnet – legen nahe, dass eine Naturkatastrophe von klimaverändernden Ausmaßen der Grund des Aussterbens war. Als mögliche Verursacher kommen der Chicxulub-Meteorit infrage, der wohl einen Durchmesser von zehn bis 15 Kilometern hatte und auf der mexikanischen Halbinsel Yucatán einschlug; oder die massiven Basaltergüsse der Dekkan-Trapps in Indien. Beide Ereignisse fallen ungefähr in diese Zeit.

OBEN In der Kreidezeit blühten die ersten Blumen. Unter den ältesten bekannten Arten waren Wasserlilien und Magnolien. Die stark nach süßem Nektar duftenden Blüten boten der bald folgenden Insektenvielfalt reiche Nahrung.

Das Tertiär

Das Tertiär, das das Känozoikum und das Zeitalter der Säugetiere einleitete, reichte von 65 bis 2,6 Millionen Jahren vor unserer Zeit. Das Klima kühlte ab, und jahreszeitliche Unterschiede wurden stärker. Offene Waldgebiete und Wiesenflächen, auf denen Tiere weideten, ersetzten die dichten Wälder. Die ersten Primaten erschienen.

Im Känozoikum (der Begriff bedeutet „Erdneuzeit") erhielten die Kontinente ihre heutige Position. Dieses Erdzeitalter folgte dem gewaltigen Meteoriteneinschlag auf der mexikanischen Halbinsel Yucatán und den ausgedehnten Basaltergüssen der indischen Dekkan-Trapps, die höchstwahrscheinlich das Mesozoikum beendeten.

Giovanni Arduino führte den Begriff Tertiär 1760 ein, als er die geologische Zeitskala in drei Abschnitte teilte: Primär, Sekundär und Tertiär. Eine vierte Periode, das Quartär, kam später hinzu. 1828 entwarf Charles Lyell auf dieser Grundlage sein detaillierteres Klassifikationssystem. Das Primär wurde zum Paläozoikum, das Sekundär zum

Mesozoikum, und beide unterteilte man in kürzere Perioden. Die Internationale Kommission für Stratigrafie (ICS) schaffte den Begriff „Tertiär" 2004 ab und gliederte den Zeitraum in die Perioden Paläogen (vor 65 bis 23 Millionen Jahren) und Neogen (vor 23 bis 1,8 Millionen Jahren). Die aus dem Griechischen stammenden Bezeichnungen bedeuten „in alter Zeit erzeugt" bzw. „neu erzeugt".

AUFSTIEG DER SÄUGETIERE

Nachdem sich die Säuger Millionen Jahre lang im Schatten der Wälder verborgen hatten, eroberten sie im Paläozän (der ältesten Stufe des Paläogens) die von den Dinosauriern hinterlassenen Nischen und entwickelten sich in mehreren Zweigen. Heute repräsentieren diese Gruppen die eierlegenden Monotremata (Schnabeltier und Ameisenigel), die Beuteltiere (darunter Känguru und Wombat) sowie die Plazentatiere (höhere Säuger wie Primaten, Paarhufer und Fledermäuse). Die nagerähnlichen Multituberculata starben aus. Dominierend wurden die Plazentatiere, die die primitiveren Säuger verdrängten, wo sie sich immer begegneten.

Die Gräser erschienen, breiteten sich weiter aus und lieferten Pflanzenfressern eine fantastische, neue, nachwachsende Nahrungsquelle. Da Gräser nicht an den Spitzen, sondern aus ihren Wurzeln wachsen,

sterben sie nicht ab, wenn sie abgeweidet werden. Weidende Pflanzenfresser gewöhnten sich an das Leben im offenen Grasland und entwickelten starke Mahlzähne und kräftige Mägen für ihre neue Ernährungsweise.

Mit der Weiterentwicklung von Blumen und Bäumen kam es zu vielen anderen symbiotischen Beziehungen. Im Oligozän wuchsen die Vorfahren heutiger Elefanten und Nashörner in Afrika zu beträchtlicher Größe heran. Die ersten Primaten traten in Form der Anthropoidea auf, einer Unterordnung, die sich später in Affen, Menschenaffen und Menschen aufspaltete. Im kühleren, trockeneren Klima des Miozäns breitete sich das Grasland aus, was Wiederkäuern mit mehrteiligen Mägen, wie Antilopen und Rindern, zugute kam. Sie waren ihren heutigen Formen bereits ähnlich. Verschiedene Raubtiere machten Jagd auf die grasenden Herden, so etwa Bären, Wölfe, Säbelzahntiger und in Rudeln jagende Hunde.

Im Pliozän wurde das Weltklima kühl und trocken. Die tropischen Regenwälder schrumpften bis auf ein schmales Band um den Äquator zusammen; Savannen, Grasländer, Wüsten, Laub- und Nadelwälder sowie Tundren dehnten sich bis zu ihrer heutigen Anordnung aus.

RECHTS Dieser von den Erosionskräften des Wassers bizarr geformte Felsen aus marinem Porzellanit und Feuerstein befindet sich im Ano Nuevo State Reserve. Er stammt aus dem Miozän.

OBEN Dieses versteinerte Sassafras-Blatt aus Fossilfunden im US-Bundesstaat Washington wurde auf das Eozän im mittleren Paläogen datiert. Sassafras, auch Fenchelholzbaum genannt, ist ein Lorbeergewächs.

LINKS Blütenpflanzen nahmen neue Nischen ein. Am Ende des Tertiärs kamen die Gräser auf, was wiederum die Ausbreitung weidender Säugetiere begünstigte. Sie füllten die von den Dinosauriern hinterlassenen Lücken. Aus diesen Säugern entwickelten sich uns vertraute Tierarten wie Elefanten, Rotwild und Pferde.

DIE EPOCHEN DES TERTIÄRS

Das Tertiär wird in fünf Epochen gegliedert, die durch wichtige Ereignisse gekennzeichnet sind:

PALÄOZÄN (vor 65–56 Millionen Jahren). Frühe Zunahme der Farne, vermutlich Anzeichen einer Erholung nach dem Einschlag des Chicxulub-Meteoriten. Das Klima kühlt ab; offenes Waldland verdrängt die vormals dichten Wälder.

EOZÄN (vor 56–34 Millionen Jahren). Erste neuzeitliche Säugetiere treten auf. Das Ende der Epoche markiert ein als „Grande Coupure" („Großer Bruch") bezeichnetes Massenaussterben, das auf Meteoriteneinschläge in den USA und Sibirien zurückgeführt wird.

OLIGOZÄN (vor 34–23 Millionen Jahren). Die Antarktis reißt sich von Südamerika los und kühlt rapide aus. Barten- und Zahnwale erscheinen. Flussufergräser erobern neue Lebensräume.

MIOZÄN (vor 23–5,3 Millionen Jahren). Weitere Ausbreitung der Gräser zusammen mit großen Weidetieren, darunter Wiederkäuern wie Rind, Rotwild, Giraffe und ihren Verwandten. Die heute auf der Erde vorhandenen Säugetierfamilien sind vollständig vertreten.

PLIOZÄN (vor 5,3–1,8 Millionen Jahren). Die Kontinente haben ihre heutige Position fast erreicht. Die Antarktis ist vollständig und dauerhaft vereist. Nord- und Südamerika verbinden sich am Isthmus von Panama, was zum Aussterben der südamerikanischen Beuteltiere führt. Die Äquatorströmung ist unterbrochen, wodurch die Meere abkühlen.

Das Quartär

Das Quartär ist die jüngste und kürzeste Periode auf der geologischen Zeitskala; es begann vor etwa 2,6 Millionen Jahren und reicht bis in die Gegenwart. Die Kontinente erhielten ihre heutige Position. Kaltzeiten kamen und gingen, die ersten engen Verwandten des Menschen und die heute verbreiteten Tierarten traten auf.

RECHTS Fossiler Zahn, der zusammen mit einem Schädel 2005 auf einer Baustelle in Peking gefunden worden war. Experten glauben, dass sowohl Zahn als auch Schädel von einem Altelefanten stammen. Als Altelefanten bezeichnet man alle Elefantenarten der Gattung *Elephas*, die bereits vor dem Quartär ausgestorben waren. Früher wurden diese Tiere auch der Gattung *Palaeoloxodon* zugeschrieben.

UNTEN Im Pleistozän, dem ersten Teil des Quartärs, sanken die Temperaturen weltweit ab, und die Erde machte eine Eiszeit durch. Beide Polkappen waren mit Eis bedeckt, das sich über die angrenzenden Meere und Kontinente ausdehnte. Es zwang Pflanzen und Tiere zur Anpassung an kältere Lebensbedingungen.

Das Quartär (die „vierte" Periode) wurde als Begriff 1760 von Giovanni Arduino eingeführt. 1829 übernahm ihn Jules Desnoyers zur Beschreibung von Sedimentgestein im Seinebecken, das über tertiären Schichten liegt. Das Quartär wird auch „Zeitalter des Menschen" genannt. Es deckt den Zeitraum der jüngsten Vereisungen und die letzte Zwischeneiszeit ab. In Fachkreisen berät man derzeit, den Beginn des Quartärs von 1,8 auf 2,6 Millionen Jahren vor unserer Zeit zurückzuverlegen. Es würde damit auch das bislang zum Pliozän gerechnete Gelasium umfassen.

SEHR KALTE ZEITEN

Das Klima des Pleistozäns war von periodischen Vereisungen gekennzeichnet. Das alpine Eisstromnetz erreichte das Vorland, und Eisschilde dehnten sich von den Polarzonen äquatorwärts bis zum 40. Breitengrad aus. Große Bereiche Nord- und Südamerikas, Europas, Asiens, Neuseelands und Tasmaniens waren mit Eis bedeckt, außerdem alle höheren Gebirgsketten der Welt. Der Temperatur-

sturz hatte starke Auswirkungen auf das irdische Leben. Tiere wie Mammut, Bison, Moschusochse und Nashorn bildeten wollige Felle als Kälteschutz aus. Diese Epoche brachte auch die Hominiden hervor.

Absinkende Meeresspiegel begleiteten die Höhepunkte der Vereisung und sorgten für geografische Veränderungen. Die Meerengen von Bosporus und Skagerrak entstanden und wandelten das Schwarze Meer und die Ostsee zu Brackwassermeeren um. Großbritannien und Europa waren durch eine Landbrücke verbunden. Die Beringstraße schloss sich und verband als Landstreifen Asien mit Nordamerika.

Die heutigen nordamerikanischen Seen, die Hudson Bay und der Bottnische Meerbusen sind Vertiefungen, die das letzte Gletschereis hinterlassen hat. Sie werden mit zunehmender Hebung des Landes kleiner werden und schließlich austrocknen.

MENSCHEN EROBERN DEN PLANETEN

Die intelligente Gattung *Homo* erschien vor rund zwei Millionen Jahren, der erste anatomisch gesehen

EPOCHEN DES QUARTÄRS

Das Quartär wird in zwei Epochen unterteilt:

PLEISTOZÄN (vor 2,6 Millionen bis 11.800 Jahren). Der Name bedeutet „Äußerst neu"; es umfasst die jüngsten Kaltzeiten, als bis zu 30 Prozent der Erdoberfläche vereist waren. Der Meeresspiegel war sehr niedrig, die Flüsse reißend. Goße Seen, deren Abflüsse von Eis blockiert waren, bedeckten die Kontinente. Mit dieser Epoche endet auch das archäologische Paläolithikum (Altsteinzeit).

HOLOZÄN (vor 11 800 Jahren bis heute). Der Name („Völlig neu") ist griechischen Ursprungs. Die Epoche begann beim letzten Rückzug der pleistozänen Gletscher, sie gilt also als momentane Zwischeneiszeit innerhalb des gegenwärtigen Eiszeitalters. Die menschliche Zivilisation entwickelte sich zur Gänze im Holozän. Infolge des Abschmelzens der pleistozänen Eismassen heben sich kontinentale Gebiete über 40 Grad nördlicher Breite bis heute leicht an.

moderne Mensch, *Homo sapiens,* vor mindestens 150 000 Jahren. Ein enorm wichtiger Evolutionsschritt vollzog sich im Holozän, als sich nomadisch lebende Jäger-und-Sammler-Gruppen in sesshafte Ackerbaugemeinschaften wandelten. Die jetzt gesicherte Nahrungsquelle ermöglichte das Entstehen dauerhafter Städte und Hochkulturen – es kam so zu einem sprunghaften Bevölkerungswachstum.

Ein weltweites Aussterben großer Säuger wie des Säbelzahntigers, Mammuts, Mastodons und Glyptodons (ein riesiger Verwandter des Gürteltiers) leitete das Holozän ein. In Nordamerika starben

Pferde, Kamele und Geparde aus, was man auf die Einwanderung der Urindianer zurückführt. Tatsächlich fällt die Ausbreitung von Hominiden auf allen Kontinenten mit einem deutlichen Rückgang der Artenvielfalt von Säugern, flugunfähigen Vögeln und Reptilien zusammen. In der Gegenwart sorgen das Bevölkerungswachstum der Menschen, Land-, Forst- und Fischwirtschaft sowie industrielle Verschmutzung für massive Lebensraumverluste zahlreicher Spezies. Das Aussterben gegenwärtiger Arten hat heute mindestens das Ausmaß der früheren Massenaussterben erreicht.

OBEN Das Yosemite-Tal wurde vor allem von der ausgedehnten Vergletscherung im Pleistozän geformt. Die großflächigen Granitgebiete, wie dieses bei Cathedral Rocks und den Bridal-Veil-Wasserfällen, sind wesentlich älter. Sie entstanden bereits vor 20 bis 5 Millionen Jahren und gehen auf vulkanische Aktivitäten zurück.

Tektonik – die Antriebskraft der Erde

Die Plattentektonik vermittelt uns, wie die Erde funktioniert. Die zur Erklärung der wie Puzzleteile aneinanderpassenden Kontinente vorgeschlagene Theorie ist heute messbare Gewissheit. Mit einem satellitengestützten Navigationssystem kann jeder die langsame Bewegung seines Heims über die Erdoberfläche verfolgen.

1912 untersuchte der deutsche Meteorologe Alfred Wegener auf verschiedenen Kontinenten die Muster der von permischen Gletschern hinterlassenen gekritzten Geschiebe. Ihm fiel auf, dass diese Spuren alle ein vom Südpol ausgehendes radiales Muster bildeten, sofern man annahm, die Kontinente seien einst alle am Pol verbunden gewesen. Darüber hinaus konnte dies die ähnliche Form der Atlantikküsten von Afrika und Amerika erklären.

Das alles schien logisch, aber Wegener fand keine Erklärung, wie und warum eine solche Bewegung der Kontinente hätte vor sich gehen können. Mehr als 15 Jahre später, im Jahr 1929, erkannte der Geologe Arthur Holmes, dass die vom Erdinnern ausstrahlende Hitze eine Reihe von Konvektionsströmen im Mantel antreibt.

KONTINENTE IN BEWEGUNG

Die langsamen Konvektionsströme im Erdmantel schieben die tektonischen Platten um den Globus, und zwar mit etwa der Geschwindigkeit, mit der Fingernägel wachsen. Jahrzehntelang hielt die Mehrheit der Wissenschaftler dieses Konzept für absurd. In den 1960er Jahren brachte die Sonartechnik, die nach dem Zweiten Weltkrieg eingesetzt wurde, revolutionäre Erkenntnisse über die Topografie des Meeresbodens. Man entdeckte die mittelozeanischen Rücken in Form gewaltiger untermeerischer Gebirge und kartografierte sie.

Als man erkannte, dass die in den Basalten am Ozeanboden messbaren Schwankungen des Erdmagnetfelds über den mittelozeanischen Rücken symmetrisch waren, erhielt die Theorie weiteren Rückhalt. Zudem stellte sich heraus, dass die Basaltproben, die man am nächsten zu den Rücken fand, die jüngsten waren und zu den Kontinenträndern hin immer älter wurden. Und dies wiederum führte zu der Erkenntnis, die Erdkruste gleiche der dünnen, brüchigen Schale eines Eis. Die Platten wachsen an den mittelozeanischen Rücken, treiben auseinander, sinken schließlich ab und verschwinden mit gleichmäßigem Tempo in den Tiefseegräben. Da die Kontinente selbst dicke-

---

PLATTENTEKTONIK IN AKTION

Die Abbildung zeigt, wie aufsteigende Konvektionsströme im Erdinnern die Kontinentalplatten bewegen und so die verschiedenartigsten Landformen schaffen.

A. **Kollision.** Wenn Kontinente miteinander kollidieren, werden ihre Plattenränder zu hohen Gebirgen wie dem Himalaya und den Alpen aufgefaltet.

B. **Hot Spots.** Aufschmelzzonen im Erdmantel führen zu einem Aufquellen von flüssigem Magma, das Vulkaninseln entstehen lässt, bis diese durch die Bewegung der tektonischen Platte von ihrem Ursprung entfernt werden. Wenn der Magmanachschub aus dem Erdmantel ausbleibt, erlischt die vulkanische Tätigkeit.

C. **Vulkanische Subduktionsinseln.** Dichtere und dünnere ozeanische Kruste schiebt sich unter leichtere Kruste, etwa jüngeren Ozeanboden. Die absinkende und aufschmelzende Platte lässt Lava aufsteigen, die Inselbögen bildet, wie Indonesien und die Philippinen.

D. **Mittelozeanischer Rücken.** Hier entsteht neue Basaltkruste. Magma dringt in die sich weitenden Risse und erstarrt, während sich die tektonischen Platten voneinander entfernen.

E. **Subduktionsgebirge.** Kontinentale Kruste schiebt sich über ozeanische, die nach unten gedrückt wird und aufschmilzt. Magma steigt hoch und bildet Vulkanketten wie die Anden.

F. **Grabenbildung.** Grabenbrüche entstehen inmitten großer Kontinente, die auf Mantelaufwölbungen sitzen. Unter dem Spannungsdruck brechen und spalten sie sich auf.

re, leichtere Bereiche der Kruste sind, die auf höherem Niveau als die umgebende ozeanische Kruste im Mantel treiben, werden sie nicht von Wasser überflutet. Einmal entstanden, wird die kontinentale Kruste nicht mehr in die Tiefen des Erdmantels hinuntergezogen.

VON SUPERKONTINENT ZU SUPERKONTINENT

Heute weiß man, dass sich die Kontinente in Kreisläufen bewegen, die Hunderte Millionen Jahre andauern. Superkontinente entstehen, wenn alle Landmassen zu einem großen Kontinent zusammenfinden. Sie bleiben jedoch nicht lange beieinander, weil ihre Landmasse instabil wird. Ein Superkontinent wirkt wie eine gigantische Heizdecke, die die innere Hitze der Erde unter sich festhält. Dies führt zu enormen Schwaden aufsteigenden Mantelmaterials, das im Zentrum des Superkontinents nach oben drückt. Die Konvektionsströme gewinnen an Kraft und reißen den Kontinent in Stücke.

Wir können nur unscharf etwa 1,1 Milliarden Jahre in die Vergangenheit der Kontinente zurückblicken. Damals war der Superkontinent Rodinia (russisch: „Mutterland") vom Ozean Mirovia (russisch: „Weltmeer") umgeben. Wahrscheinlich gab es schon vor Rodinia Superkontinente, aber mangels Fossilien lassen sie sich nicht nachweisen. Rodinia zerbrach vor gut 750 Millionen Jahren. Die Bruchstücke setzten sich vor etwa 600 Millionen Jahren zu Pannotia zusammen, der bereits 50 Millionen Jahre später wieder zerfiel. Vor 275 Millionen Jahren kamen die Kontinentalschollen erneut zusammen und bildeten den letzten Superkontinent, Pangäa. Unsere heutigen Kontinente sind allesamt Teilstücke, die seit Pangäas Zerbrechen auseinandertreiben. In ferner Zukunft werden alle heutigen Kontinentalplatten wieder zusammenstoßen und einen neuen Superkontinent formen.

Auch die Artenvielfalt spiegelt den Zyklus von Bildung und Bruch der Superkontinente wider, da die Zahl der Arten stärker ansteigt, wenn die Kontinente getrennt sind, und sinkt, wenn sie zusam-

men hängen. So hat sich in jüngerer geologischer Zeit auf jedem der vier großen Kontinente eine eigene Großkatzenart etabliert – Löwen in Afrika, Tiger in Asien, Pumas in Nordamerika und Jaguare in Südamerika. Zu der Zeit, als Pangäa zerbrach, gehörten ihre Vorfahren noch derselben Spezies an.

OBEN Aufsteigendes Magma, das hier an diesen Vulkanen entlang dem mittelozeanischen Rücken Island auseinanderreißt, spreizte einst die Urozeane und trennte Superkontinente.

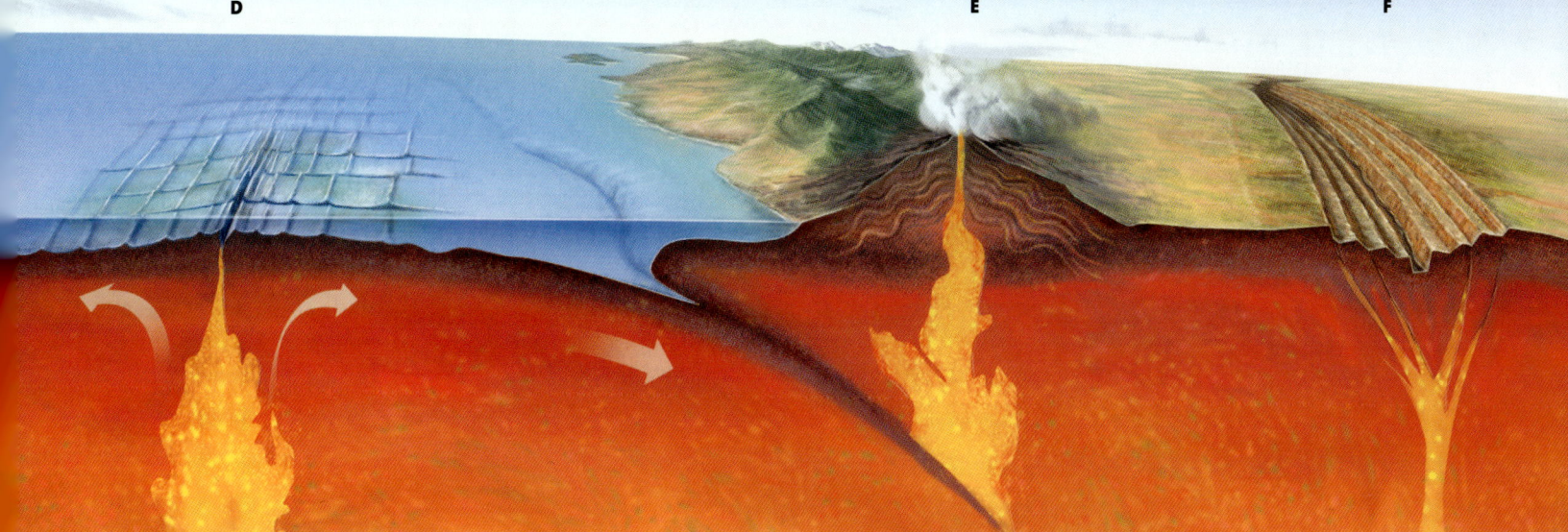

D   E   F

OZEANBODENSPREIZUNG UND NEUE MEERE

Wenn ein Kontinent zerbricht, entstehen fantastische Landschaften. Zuerst bildet sich ein Lavadom, der ein gewaltiges Hochland formt, ehe sich große Spannungsbrüche öffnen. An diesen gleiten die Platten hinab und schaffen tiefe Täler mit flachem Boden, deren Grund manchmal unter dem Meeresspiegel liegt. Der ostafrikanische Graben und der Baikalsee sind Beispiele für solche Brüche. Basaltmagma aus dem Erdmantel quillt in die Risse und bildet große Vulkane. Jahr für Jahr er-

weitert sich der Bruch, und jeder neu gebildete Abhang könnte schließlich zur Küstenlinie eines neuen Kontinents werden. Wenn die mittelozeanischen Rücken des sich spaltenden Kontinents aufbrechen und vom Meer entweder schrittweise oder plötzlich überflutet werden, erweitert sich der schmale Seeweg zu einem gigantischen Ozean wie dem heutigen Atlantik. Dabei zeichnet sich die Form des ursprünglichen Risses in den mittelozeanischen Rücken und Kontinentalrändern weiterhin ab.

die zu Recht den Namen „Pazifischer Feuerring" trägt. Das Auseinanderdriften der Kontinente (die Neubildung des Ozeanbodens) führt zur Weitung des Atlantiks, die den Krustenverlust im Pazifik wieder ausgleicht. Der Begriff „Subduktionszone" umschreibt, wie eine Platte, meist die ältere oder dichtere, entlang einer geneigten Ebene unter die andere rutscht. Zahlreiche, oft schwere Erdbeben – auch „Megathrust"-Beben genannt – gehen mit diesen Subduktionsprozessen einher.

Die Erdbebenherde lassen sich bis in eine Tiefe von etwa 700 Kilometern lokalisieren, tiefer nicht mehr. Dies bedeutet, dass die sinkende Platte dort weich wird und aufschmilzt. Die Schmelzprodukte der absinkenden Platte steigen in großer Menge als elastisches Andesitmagma auf und bilden Ketten aktiver Vulkane landeinwärts von den Tiefseerinnen und parallel zu ihnen.

GEWALTIGE KOLLISIONEN
Wenn zwei Kontinentalplatten aufeinanderstoßen, kann die Erdkruste nicht einfach verschwinden, da sich in diesem Fall keine Platte unter die andere schieben kann. Das Resultat sind Kollisionen gewaltigen Ausmaßes, bei denen sich die Ränder beider Kontinente zusammenquetschen, falten und aufwölben. Der Himalaya ist eines dieser Kollisionsgebirge, das heute noch wächst – als Folge der Kollision Indiens mit dem asiatischen Kontinent. Sie begann vor etwa 50 Millionen Jahren, als sich die beiden Kontinentalränder erstmals berührten und den letzten Rest des Ur

meers Tethys schluckten. Heute gibt es im Himalaya die einzigen Achttausender der Erde, und sie wachsen weiter mit einer Rate von über 25 Millimetern pro Jahr. Da Indien viel zu leicht und mächtig ist, um sich ganz unter Asien zu schieben, wird der Subduktionsprozess langsam gebremst und eines Tages gestoppt werden. Da sich jedoch weiterhin Spannung aufbaut, verlagert sich die Subduktionszone an einen neuen Ort – wahrscheinlich südwärts vor die indische Küste – und setzt ihre Tätigkeit dort fort.

OBEN Stratovulkane wie der Karimski in Kamtschatka bilden sich in Subduktionsgebieten, wo die Ozeanbodenplatte von der Kontinentalplatte „verschluckt" wird. Der Karimski liegt an einer der vielen Subduktionszonen rund um den Pazifik, im sogenannten Pazifischen Feuerring.

ABTAUCHENDE PLATTEN UND FEUERRINGE
Die Wissenschaftler kamen zu der Erkenntnis, dass die Kruste im selben Maße verschwinden muss, wie sie sich an den Spreizungszonen neu bildet, denn der Planet dehnt sich ja nicht aus wie ein Ballon. Entlang von Tiefseerinnen, die den Globus überziehen, taucht Erdkruste in den Erdmantel ab und wird dort aufgeschmolzen.

Die meisten dieser Rinnen finden sich in einer Linie um die Ränder des Pazifiks. Es ist eine Zone mit aktivem Vulkanismus und heftigen Erdbeben,

Superkontinente

Seit der Entstehung der Erde sind auf ihrer Oberfläche tektonische Kräfte wirksam. Als der Planet ausreichend abgekühlt war, um die erste feste Kruste zu bilden, brachen Konvektionsströme im Erdmantel diese frühe kontinentale Kruste in Platten auf und bewegten sie über die Erdoberfläche.

UNTEN Wenn im Lauf von Superkontinentzyklen die Landmassen auseinanderbrechen, kommt es zu starkem Vulkanismus und der Förderung großer Lavamengen.

Immer wieder im Lauf der Erdgeschichte kollidierten die Kontinentalplatten und schlossen sich zu größeren Kontinenten zusammen, nur um später wieder auseinanderzubrechen. Die aneinandergefügten größeren Krustenmassen – manchmal war es auch nur eine einzige – nennt man Superkontinente. In den letzten drei Milliarden Jahren gab es mehrere Perioden der Entstehung und des Aufbrechens von Superkontinenten.

Die ältesten Gesteine der Welt finden sich auf sehr alten Gebieten wie Australien und Grönland, wenngleich die Krustenteile, die sie vor Millionen Jahren bildeten, ihrem heutigen Aussehen nicht im Geringsten ähnelten. Sie bestanden vielmehr aus Bruchstücken früherer Superkontinente, die jetzt in sie eingebettet sind. Diese alten Blöcke werden als Kratone bezeichnet und formieren den Festlandskern der meisten Kontinente.

Die Küstenlinien der Superkontinente unterschieden sich grundlegend von den heutigen. Australien zum Beispiel besteht aus mehreren Kratonen, einige bis zu 4,4 Milliarden Jahre alt, von

denen drei im Archaikum (vor 3,8 bis 2,5 Milliarden Jahren) fusionierten und das Gerüst von West- und Südaustralien bildeten. Diese drei Kratone könnten von ganz verschiedenen Kontinenten und aus ganz unterschiedlichen Zeiten, als die Superkontinente jeweils zerbrachen, stammen.

ZYKLEN VON SUPERKONTINENTEN

Man geht davon aus, dass sich Zyklen von Vereinigung und Aufbrechen, sogenannte tektonische Superzyklen, in Zeiträumen von etwa 250 Millionen Jahren abspielen. Es gibt Nachweise für mindestens sechs solcher Zyklen, vermutlich waren es aber viel mehr. Während dieser Zyklen veränderte sich die Verteilung von Land und Meer beträchtlich, was die biologischen und klimatischen Gegebenheiten entsprechend stark beeinflusste.

Das Erdklima wechselte zwischen langen Phasen warmer, tropischer (Treibhaus-) und glazialer (eisiger) Bedingungen. Die Lage der Kontinente an oder nahe bei den Polen spielte bei der Ausbildung großflächiger Eisdecken eine Rolle.

AUSBREITUNG DES LEBENS

Die Verteilung von Land und Meer während der Superkontinentzyklen führt zu einer erhöhten Biodiversität nach dem Zerbrechen eines Superkontinents. Diese Weiterentwicklung wird jedoch geringer, wenn die Landmassen wieder zusammenkommen. Die Evolution folgt dem Prinzip der natürlichen Auslese unter den verschiedenartigen Populationen, und diese Diversität entsteht nur durch Isolation.

Wenn nur ein einziger Superkontinent existiert,

RECHTS Stark verwitterte, mit Flechten bedeckte präkambrische Felsen bei Cape Merry nahe Churchill in Manitoba, Kanada. So uraltes Gestein sieht man selten an der Oberfläche; es findet sich nur an einigen Stellen in Kanada, Grönland und Australien.

umgeben von einem einzigen Ozean, gibt es kaum Isolation, folglich entwickelt sich die Artenvielfalt nur in geringem Maße. Das ändert sich mit dem Zerfall in mehrere Kontinentalschollen, was auseinanderlaufende Evolutionslinien fördert.

So kam es beispielsweise nach dem Zerbrechen von Rodinia und der Entstehung des ursprünglichen Gondwana vor 750 bis 500 Millionen Jahren zu einer rapiden Evolution der Tiere, da die marinen Lebensräume voneinander getrennt wurden. Dies schließt das Ediacarium ein (vor 630 bis 542 Millionen Jahren), als sich auf der ganzen Erde einzigartige Weichkörpertiere entwickelten. An Land gab es damals noch kein Leben – abgesehen vielleicht von einem Bakterienschleier. Erst im Ordovizium vor 480 Millionen Jahren wurde auch das Land bevölkert.

Die Ausbreitung des Lebens ging durch die Erwärmung der Erde zu Beginn des Kambriums schneller voran. Die warmen tropischen Meere und die globalen Durchschnittstemperaturen um 22 °C boten nach Millionen von Jahren eisigen Klimas ideale Voraussetzungen für die Explosion des Lebens. Dies lässt sich an den umfangreichen Fossilablagerungen aus jener Zeit ablesen.

OBEN Evolution bedeutet, dass – bedingt durch Isolierung – die Arten in ihrem Aussehen und Verhalten Unterschiede entwickeln. Lemurenverwandte wie dieser Coquerel-Sifaka (*Propithecus coquereli*) sind Primaten, die nur auf Madagaskar und einigen benachbarten Inseln leben. Hier sind über 70 Arten heimisch.

SUPERKONTINENZYKLEN UND DER MEERESSPIEGEL

Superkontinentzyklen beeinflussen den Meeresspiegel. Wenn die Kontinente vereint sind, ist der Spiegel niedrig, und hoch, wenn sie getrennt sind. Das liegt daran, dass durch Grabenbildungsprozesse junger, flacher Meeresboden entsteht und größere Kontinentbereiche überschwemmt werden. Ist der Meeresboden älter – die Ozeane sind nun tiefer und größer –, fällt der Meeresspiegel, und größere Teile der Schelfe liegen frei. Einfacher gesagt: Große zusammenhängende Landmassen (Superkontinente) bedeuten älteren Meeresboden und niedrigeren Meeresspiegel, einzelne Kontinentalschollen bedeuten jüngeren Boden und höheren Meeresspiegel. Das hat auch klimatische Auswirkungen, denn die Superkontinente bringen kontinentales Klima mit günstigen Voraussetzungen für Gletscherbildung und erneut fallende Meeresspiegel mit sich. Mehrere kleinere Kontinente dagegen haben eher maritimes Klima mit nur geringer oder gar keiner Vereisung.

SUPERKONTINENTE UND TEKTONIK

Superzyklen bringen eine Abfolge wechselnder tektonischer Rahmenbedingungen mit sich. Beim Zerbrechen eines Superkontinents dominieren Grabenbrüche die Landschaft, gefolgt von der Ausbildung passiver Plattenränder und Meeresboden-spreizung. Vereinigen sich die Kontinente, kommt es durch ihre Kollision zu Bergketten wie den südamerikanischen Anden sowie von Vulkanismus geprägten Inselbögen. Letztere treten zum Beispiel in den Randgebieten des Nordpazifiks auf, wo die Pazifische mit der Eurasischen Platte kollidiert. Der Himalaya wächst immer noch, weil sich die Indisch-Australische Platte beständig unter die Eurasische Platte schiebt. Da sich Australien und Afrika auf ihren jeweiligen Platten stetig nordwärts bewegen, sind wir möglicherweise Zeugen einer neuen Phase der Superkontinentbildung – die möglicherweise schon in 50 Millionen Jahren vollendet sein könnte.

ERSTER BEKANNTER SUPERKONTINENT: RODINIA

Als gesichert gilt momentan nur die Existenz von vier der vergangenen Superkontinente. Jene, die möglicherweise bereits vor Rodinia bestanden, lassen sich mangels Fossilien und anderer Daten nur schwer nachweisen. Rodinia, der älteste bekannte Superkontinent, entstand zwischen 1,3 und 1,1 Milliarden Jahren vor unserer Zeit. Er umfasste so fast die gesamte kontinentale Kruste der damaligen Erde. Den Kern bildete Laurentia, aus dem später der Hauptteil von Nordamerika hervorging. Hinzu kamen am Westrand die Lithosphärenplatten, die später zu Australien und der Ostantarktis wurden, und am Ostrand jene von Baltika und Amazonien. Aus einem weiteren Kraton zwischen diesen kollidierenden Massen entstand möglicherweise das nördliche Zentralafrika.

Als Rodinia bestand, war das Klima überwiegend kalt; von 850 bis 630 Millionen Jahren vor unserer Zeit herrschten kalte Bedingungen. Das zeigen die umfangreichen Ablagerungen glazial überformter Gesteine aus dieser Periode. Einige Forscher glauben, die Erde habe damals einem gigantischen Schneeball geähnelt. Vor 830 bis etwa 745 Millionen Jahren zerbrach Rodinia dann in acht kleinere Kontinente. Aus Bruchzonen entstand am östlichen Rand der pazifische Ozean, am westlichen Rand der Atlantik.

DER SUPERKONTINENT GONDWANA

Große Teile der Kontinente, die heute in der südlichen Hemisphäre liegen, gehörten vor etwa 750 Millionen Jahren zu den Bruchstücken Rodinias. Sie waren um eine Kernlandmasse angeordnet, die aus dem heutigen Australien, Indien und der Ostantarktis bestand. Vor ungefähr 520 Millionen Jahren dockten Bruchstücke, die Afrika und Südamerika trugen und ostwärts um den Globus getrieben waren, an die Kernlandmasse an und bildeten den neuen Superkontinent Gondwana.

Es dauerte fast 230 Millionen Jahre, bis sich die Fragmente von Rodinia vollständig zu Gondwana vereinigt hatten, das schließlich aus den heutigen Landmassen von Südamerika, Afrika (mit Madagaskar), Indien, Antarktis, Australien und Neuseeland bestand. Der östliche Saum präkambrischen Gesteins markiert heute in Australien die als „Tasman Line" („Tasmanische Linie") bekannte Abgrenzung, die einst Gondwanas Küstenlinie gewesen sein könnte.

SUPERKONTINENTZYKLEN UND BIODIVERSITÄT

Die Tektonik beeinflusst die Artenvielfalt, denn diese nimmt durch das Auseinanderdriften von Kontinenten zu und wird nach der Bildung von Superkontinenten kleiner. Doch ebenso spielt es eine Rolle, ob Kontinente und Ozeane entlang von Nord-Süd-Achsen angeordnet sind. In diesem Fall kommt es zu stärkerer Isolation und damit größerer Artenvielfalt als bei einer Ost-West-Anordnung. Das liegt daran, dass sich das Klima über Breitengrade hinweg ändert, wodurch die Ausbreitung von Tieren und Pflanzen gestört wird. Umgekehrt gibt es in ost-west-ausgerichteten Zonen weniger Isolation und damit eine geringere Biodiversität.

Die Isolation ermöglicht die unabhängige Entwicklung ähnlicher Merkmale bei nicht verwandten Organismen, etwa bei Australischem Beutelwolf und Goldschakal, einem Plazentatier. Man spricht in solchen Fällen von konvergenter Evolution. Sie ist eine Folge der Anpassung an ähnliche Umweltbedingungen, wobei gleiche Merkmale unabhängig voneinander ausgebildet werden. Das Zerbrechen von Kontinenten wiederum kann zu divergenter Evolution führen. In diesem Fall entwickeln sich Strukturen gleichen Ursprungs mit der Zeit zu verschiedenen Formen. So haben etwa die Gliedmaßen aller Wirbeltiere denselben Bauplan und einen gemeinsamen evolutionären Ursprung, ihr Bau und ihre Funktion entwickelten sich jedoch unterschiedlich.

Walflossen sind ein Ergebnis auseinanderlaufender Evolution. Wale stammen von Landsäugern ab und haben denselben Urahn wie Flusspferd und Rind; die Flossen entstanden also aus Beinen.

DER SUPERKONTINENT PANGÄA

Vor 300 Millionen Jahren vereinigten sich die Landmassen, die heute die Kontinente der nördlichen Hemisphäre bilden, zum Nordteil von Westgondwana. Dazu zählten Europa, Russland, Nordamerika, Sibirien und Grönland, die man zusammen als Laurasia bezeichnet. Sie kollidierten mit dem westlichen Teilstück von Gondwana, das Afrika und Südamerika enthielt, und bildeten daraufhin den Superkontinent Pangäa, dessen Name „Ganzerde" bedeutet.

Zu dieser Zeit war das Festland bereits belebt. Pangäa erstreckte sich fast von Pol zu Pol und gab Tieren und Pflanzen die Möglichkeit zu weiträumiger Ausbreitung. Wasserlebewesen bevölkerten Flüsse, Sümpfe und Inlandseen, die für Pangäa charakteristisch waren. Lungenfische etwa, Vertreter einer Ordnung, die sich damals entwickelte, findet man heute nur noch in Australien, Afrika und Südamerika – also den Bestandteilen des früheren Gondwanas.

Während der Entstehung von Pangäa war der Meeresspiegel niedrig, während er zu anderen Zeiten - etwa im Ordovizium und in der Kreide – rapide anstieg. Damals trieben Kontinentalverschiebungen die Kontinente auseinander. Vor etwa 240 Millionen Jahren begann Pangäa zu zerbrechen, bildete Laurasia im Norden und Gondwana im Süden, wodurch sich der Nordatlantik und das Mittelmeer öffneten. Als der Osten Nordamerikas und Nordwestafrika auseinanderbrachen, entstand der frühe atlantische Ozean. Grönland war damals als Teil von Nordamerika noch mit Europa verbunden und trennte sich vor etwa 60 Millionen Jahren. Schließlich teilte sich Laurasia in einzelne Kontinente – Laurentia (Nordamerika) und Europa mit Baltika, Sibirien, Kasachstan und Teilen Chinas (aber ohne Indien und Arabien).

GONDWANA ZERBRICHT

Gondwana blieb bis vor 180 Millionen Jahren als Ganzes erhalten, im Jura zerbrach es dann in die heutigen Kontinente. Afrika, Westchina und Indien lösten sich als Erste, Australien zählte zu den Letzten: Es begann sich nordwärts zu bewegen, nachdem es sich vor etwa 90 Millionen Jahren von der Antarktis getrennt hatte. Indien stellte einen „tektonischen Geschwindigkeitsrekord" auf. Es brach

UNTEN Das Gürteltier ist ein urtümliches Plazentatier, das sich größtenteils auf den laurasischen Kontinenten entwickelte. Die Gondwana-Säuger waren hauptsächlich Beuteltiere, die unreife Junge gebären und diese dann im Beutel weiter austragen.

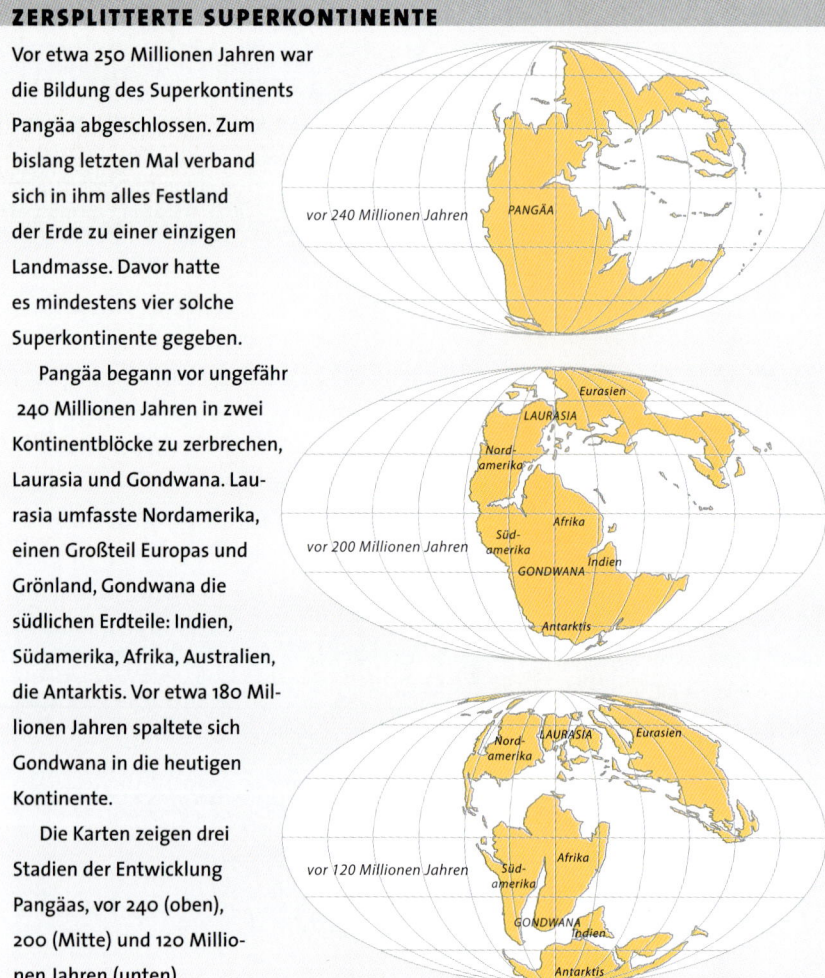

ZERSPLITTERTE SUPERKONTINENTE

Vor etwa 250 Millionen Jahren war die Bildung des Superkontinents Pangäa abgeschlossen. Zum bislang letzten Mal verband sich in ihm alles Festland der Erde zu einer einzigen Landmasse. Davor hatte es mindestens vier solche Superkontinente gegeben.

Pangäa begann vor ungefähr 240 Millionen Jahren in zwei Kontinentblöcke zu zerbrechen, Laurasia und Gondwana. Laurasia umfasste Nordamerika, einen Großteil Europas und Grönland, Gondwana die südlichen Erdteile: Indien, Südamerika, Afrika, Australien, die Antarktis. Vor etwa 180 Millionen Jahren spaltete sich Gondwana in die heutigen Kontinente.

Die Karten zeigen drei Stadien der Entwicklung Pangäas, vor 240 (oben), 200 (Mitte) und 120 Millionen Jahren (unten).

vor 240 Millionen Jahren   PANGÄA

vor 200 Millionen Jahren   Eurasien / LAURASIA / Nordamerika / Afrika / Südamerika / GONDWANA / Indien / Antarktis

vor 120 Millionen Jahren   Nordamerika / LAURASIA / Eurasien / Afrika / Südamerika / GONDWANA / Indien / Antarktis

vor 135 Millionen Jahren von Gondwana los, bewegte sich mit einer Geschwindigkeit von zehn Zentimetern pro Jahr voran und krachte auf die Eurasische Platte. Die gewaltige Wucht dieser Kollision schuf den Himalaya, das höchste Gebirge der Welt, das bis heute emporgehoben wird.

Als Gondwana schließlich in die heutigen Kontinente zerbrach, nahmen die neu gebildeten Kontinente die Flora und Fauna jener Zeit mit. Auf vielen der heutigen südlichen Kontinente finden sich lebende Beispiele dafür, so etwa die Scheinbuchen *(Nothofagus sp.)*, die wahrscheinlich in der späten Kreide entstanden. Verschiedene Arten der Gattung wachsen auf den früheren Gondwana-Landmassen Neuguinea, Neukaledonien, Neuseeland, im südlichen Südamerika und in Südostaustralien. In Afrika und Indien gibt es sie nicht, was vermuten lässt, dass sich *Nothofagus* wohl erst entwickelte, nachdem sich diese beiden Kontinente vom Rest Gondwanas abgetrennt hatten.

UNTEN Luftaufnahme von einer Gegend um Dschibuti am Roten Meer. Hier am Afardreieck, wo der Große Ostafrikanische Grabenbruch beginnt, driften drei große tektonische Platten auseinander und reißen Ostafrika vom Rest des Kontinents weg.

GRABENBILDUNG UND MAGMATISCHE PROVINZEN

Grabenbildung wird begleitet von umfangreicher magmatischer Aktivität, wobei sich gewaltige Mengen Magma (geschmolzenes Gestein) aus dem Erdmantel oberirdisch als Lava ergießen. Man nimmt an, dass Magma durch den Mantel strömt und die darüberliegende Kruste aufheizt, bis diese schmilzt und das Magma durchlässt.

Eine der weiträumigsten Flutbasalt-Provinzen der Erde wird mit dem Zerbrechen von Pangäa von der späten Trias bis in den frühen Jura in Verbindung gebracht. Sie ist gut elf Millionen Quadratkilometer groß und umfasst Gebiete in Brasilien, Westafrika, Spanien, Frankreich und Nordamerika, die einst alle in Pangäa miteinander verbunden waren.

Massiver Magmenerguss am Mittelatlantischen Rücken auf Island.

OBEN Herbstlich verfärbte Blätter von *Nothofagus gunnii* im australischen Tasmanien. Scheinbuchenarten wie diese findet man auf fast allen Gondwana-Kontinenten; ihre gemeinsame Abstammung ist ein Beweis dafür, dass diese Kontinente einst verbunden waren.

Klima – einst und heute

Seit der Entstehung der Erde ist alles in ständiger Veränderung begriffen – ihr Aufbau, die Atmosphäre, Ozeane und Kontinente, Klima und Lebensformen. Als der Planet so weit abgekühlt war, dass er eine Kruste und Ozeane bilden konnte, formten tektonische Prozesse über Hunderte Millionen Jahre hinweg Superkontinente und zerstörten sie wieder. So veränderte sich die Verteilung von Land und Meer.

Diese Veränderungen der Kruste prägten die klimatischen und biologischen Verhältnisse, wobei das Klima zwischen starker Vereisung und tropisch-warmen Zeiten schwankte. Es wird hier mit seinen globalen Entwicklungen über geologische Zeiträume hinweg betrachtet. Die Paläoklimatologie, die Erforschung des Klimas der geologischen Vorzeit, enthüllt die in geologischen Daten festgehaltenen Klimaveränderungen und hilft die Zyklen der Vereisung nachzuvollziehen.

HINWEISE AUF FRÜHERE KLIMATE

Wissenschaftler fanden viele Indizien für die Klimaverhältnisse der Vergangenheit. Anhaltspunkte dafür stecken in Sedimenten am Meeresgrund, die auch erkennen lassen, wie viel Eis es damals gab. Urzeitliche Lufteinschlüsse in Bohrkernen aus polarem Eis zeigen die Zusammensetzung der Atmosphäre und liefern Hinweise auf die damaligen Temperaturen. Trocken- und Regenzeiten schlugen sich in den Jahresringen fossiler Bäume ebenso nieder wie in Korallenstöcken und Höhlenformationen.

DIE EISIGE VERGANGENHEIT DER ERDE

Es gab mindestens vier große Eiszeitalter, in denen die Erde von gewaltigen Eisflächen bedeckt war. Das erste datiert zurück ins frühe Proterozoikum vor 2,3 Milliarden Jahren. Ein zweites Eiszeitalter gab es im späten Proterozoikum vor 780 Millionen Jahren, und ein weiteres begann vor 330 Millionen Jahren an der Perm-Karbon-Grenze. Das jüngste Eiszeitalter begann am Ende des Tertiärs an der Grenze zum Pleistozän vor 2,6 Millionen Jahren. Da die drei ersten großen Vereisungsperioden 75 und mehr Millionen Jahre dauerten und die letzte erst vor „so kurzer Zeit" begann, ist es sehr wahrscheinlich, dass wir trotz vom Menschen verursachter Klimaerwärmung heute immer noch unter dem Einfluss des neogenen Eiszeitalters leben.

Der Anteil der vier großen Eiszeitalter an der Erdgeschichte macht bei grob gerechnet 600 Millionen Jahren nur 13 Prozent aus und ist damit relativ gering. Daraus folgt, dass Eiszeiten eher eine Ausnahme darstellen als eine Regel. Normal sind offenbar wärmere klimatische Bedingungen ohne permanente Vereisung der Pole. Die Erwärmung zwischen den Kaltphasen der jeweiligen Eiszeiten ist eine Folge der Auswirkungen von Treibhausgasen, die die Eiskappen zum Schmelzen brachten und den Meeresspiegel deutlich ansteigen ließen.

WAS BEWIRKT DEN KLIMAWANDEL?

Die Verteilung der Kontinente und Ozeane über Jahrmillionen währende Zeiträume beeinflusst das Klima erheblich. Entscheidend ist dabei sowohl die Position der Kontinente zueinander als auch die

OBEN Bäume halten in ihren Jahresringen jährliche Klimaschwankungen fest. Versteinern sie, wie zum Beispiel ein ganzer Wald im Petrified-Forest-Nationalpark in Arizona, liefern sie Hinweise auf das Klima der Vorzeit. Dieser Wald wuchs in der späten Trias und wird auf ein Alter von über 200 Millionen Jahren datiert.

Zirkulation der Meeresströmungen um sie herum. Außerdem spielt es eine Rolle, in welchen Breitengraden sie lagen. Als sich etwa Australien vor rund 45 Millionen Jahren von der Antarktis löste, begannen Meeresströmungen zwischen den zwei Kontinenten zu fließen. Das führte auf beiden Erdteilen zu kühlerem und trockenerem Klima.

Vereinigen sich Landmassen zu Superkontinenten, bewirkt die Kollision der Platten Aufwölbungen der Kruste und Auffaltung mächtiger Gebirgsketten. Diese sind oft so hoch, dass sie den Jetstream oder Strahlstrom, ein Starkwindband in einigen Kilometern Höhe, beeinflussen.

Sind überdies Landmassen in Polarregionen konzentriert, steigt die Wahrscheinlichkeit, dass sich dort Schnee und Eis ansammeln. Doch dazu muss es nicht zwangsläufig kommen. Im Lauf der Erdgeschichte gab es auch warme Perioden, in denen die polaren Landmassen mit Laubwäldern bewachsen waren. Die Ursachen für die vier bedeutenden Eiszeitalter sind daher noch nicht in vollem Umfang bekannt.

OBEN In Perioden starker globaler Abkühlung dehnten sich Eisschilde und Gletscher von den Polkappen aus und bedeckten große Teile der Erdoberfläche. Dabei entstanden auch die Fjorde – überflutete, u-förmige Täler, die von Gletschern geschaffen wurden.

LINKS Das Klima in den feuchten, tropischen Regenwäldern ähnelt demjenigen, das über einen Großteil der Erdgeschichte hinweg herrschte: Über lange Zeit war der Planet ein warmer, feuchter Ort. Der Unterschied der mittleren Jahrestemperatur zwischen Phasen ausgedehnter Vereisung und starker Erwärmung machte jedoch nur etwa 10 °C aus.

KLIMAVERÄNDERUNGEN

Auch über kürzere Zeiträume kommt es zu Klimaveränderungen. In Phasen von Jahren bis Jahrzehnten erfährt die Erde Zyklen von Dürren und Überschwemmungen; über Hunderte bis Hunderttausende von Jahren finden sich Belege für klimatische Störungen wie etwa der Kleinen Eiszeit. Dies hat vielleicht mit der Ausrichtung von Erde, Mond und Sonne zueinander zu tun, die Ebbe und Flut beeinflusst und so Meeresströmungen verändert. Vielleicht ist auch eine reduzierte Sonnenfleckentätigkeit dafür verantwortlich.

Manche über Jahrtausende ablaufenden Klimazyklen lassen sich auf Schwankungen der Erdumlaufbahn um die Sonne zurückführen, die die Stärke der Sonneneinstrahlung auf die Erde verändern und in wiederkehrenden Intervallen von 23 000, 41 000, 100 000 und 400 000 Jahren auftreten. Berechnet hat diese Perioden 1920 der serbische Mathematiker Milutin Milanković; sie werden nach ihm Milanković-Zyklen genannt. Sie erklären viele der zurückliegenden Kalt- und Warmzeiten.

OBEN Bei vulkanischer Aktivität können enorme Mengen Asche und Gase austreten, die zu einer Abkühlung der Atmosphäre führen. So verringerten etwa die Eruptionen von Mount Tambora (1815), Krakatau (1883) und Pinatubo (1991) die globalen Temperaturen für mehrere Jahre.

Schwankungen der Sonneneinstrahlung beeinflussen das Klima ebenfalls. So können schon kleine Veränderungen den Ausschlag dafür geben, ob der Schnee im Sommer abschmilzt oder das ganze Jahr über liegen bleibt. Zyklen der Sonnenaktivität lassen sich nur über sehr kurze Zeiträume nachvollziehen, nicht jedoch über Jahrmillionen.

Auch die Schwankungen der vulkanischen Aktivität und der Erdumlaufbahn können das Ausmaß der Sonneneinstrahlung verändern. Sie verlaufen periodisch und passen gut mit den bekannten Kalt- und Warmphasen während der Eiszeit der letzten 2,6 Millionen Jahre zusammen.

DAS HEUTIGE KLIMA

Den Begriff „Klima" bezieht man im Allgemeinen auf das Wetter einer Region über Zeiträume von mindestens 30 Jahren – lediglich ein paar Jahrzehnte also. Das Klima wird von einer Reihe von Faktoren bestimmt. Es ändert sich mit dem Breitengrad oder der Entfernung vom Äquator und damit dem Ausmaß der einfallenden Sonneneinstrahlung. Wo die Sonnenstrahlen im rechten Winkel auf die Erdoberfläche fallen, wird es viel heißer als an den Polen, wo sie nur noch in geringem Winkel auftreffen. Jahreszeitliche Bewegungen der Luftmassen in der Atmosphäre spielen ebenfalls eine Rolle. Sie wiederum beeinflussen zwei wichtige Klimafaktoren – Lufttemperatur und Niederschläge wie Regen, Hagel und Schnee.

Die Jahreszeiten entstehen, weil die Sonneneinstrahlung aufgrund der Erdachsenneigung von 23,5 Grad im Verlauf eines Jahres schwankt. Ist die Nordhalbkugel zur Sonne gerichtet, herrscht dort Sommer und auf der Südhalbkugel Winter. Ist dagegen die südliche Hemisphäre zur Sonne hin ausgerichtet, verhält es sich genau umgekehrt.

RECHTS Dank der Anpassung von Pflanzen und Tieren an den Wechsel der Jahreszeiten machen Landschaften im Jahresverlauf grundlegende Veränderungen durch. Bäume werfen in herbstlicher Pracht ihr Laub ab, weil ihr Wachstum an kurzen, dunklen Wintertagen energetisch zu „kostspielig" wäre.

KLIMAZONEN

Die Erdoberfläche lässt sich in mehrere, meist parallel zu den Breitengraden verlaufende Klimazonen einteilen. Diese klimatischen Regionen decken sich in gewissem Maß mit Boden- und Vegetationsmustern. Das Klima bestimmt, welche Pflanzen in einer Region gedeihen und welche Tiere dort leben. Klima, Pflanzen und Tiere bilden ein sogenanntes Biom.

A. Tropisches Klima ist gekennzeichnet durch hohe Temperaturen und ganzjährig auftretende Niederschlägen. Typisch für tropische Regionen sind großblättrige, immergrüne Regenwälder und Savannen.

B. Arides und semiarides Klima bedeuten wenig Regen und große tägliche Temperaturschwankungen, wie zum Beispiel in den semiariden Steppen oder den Wüsten arider Zonen.

C. Humides Klima mittlerer Breiten steht für warme, trockene Sommer und kühle, feuchte Winter. Dazu zählen das Mittelmeerklima und warme wie milde, gemäßigte Klimate. In mittleren Breitengraden spielen die verschiedenen Bodentypen und Gewässer eine große Rolle. Pflanzen haben sich an die extrem unterschiedlichen Niederschlagsmengen und Temperaturen in Sommer und Winter angepasst.

D. Kontinentales oder feucht-kalt gemäßigtes Klima ist charakteristisch für die inneren Bereiche großer Landflächen mit nicht sehr hohen Gesamtniederschlägen und stark schwankenden Temperaturen.

E. Polarklima steht für Permafrost, Tundren und ganzjährige Vereisung. Die Temperaturen liegen nur etwa vier Monate im Jahr über dem Gefrierpunkt.

A. An den äquatornahen San-Rafael-Wasserfällen im Cayambe-Coca-Schutzgebiet in Ecuador herrscht tropisches Klima.

B. Oasen wie diese in der marokkanischen Sandwüste sind Vegetationsinseln in ansonsten ariden Gebieten.

C. Die griechischen Inseln haben mediterranes Klima mit kühlen, feuchten Wintern und heißen, trockenen Sommern.

D. Der Cradle-Mountain-Lake-St.-Clair-Nationalpark in Tasmanien weist ein kühl-gemäßigtes Klima mit Schnee im Winter auf.

E. Wie alle Länder jenseits des Polarkreises kennzeichnet Grönland ein polares Klima mit Tundrenvegetation.

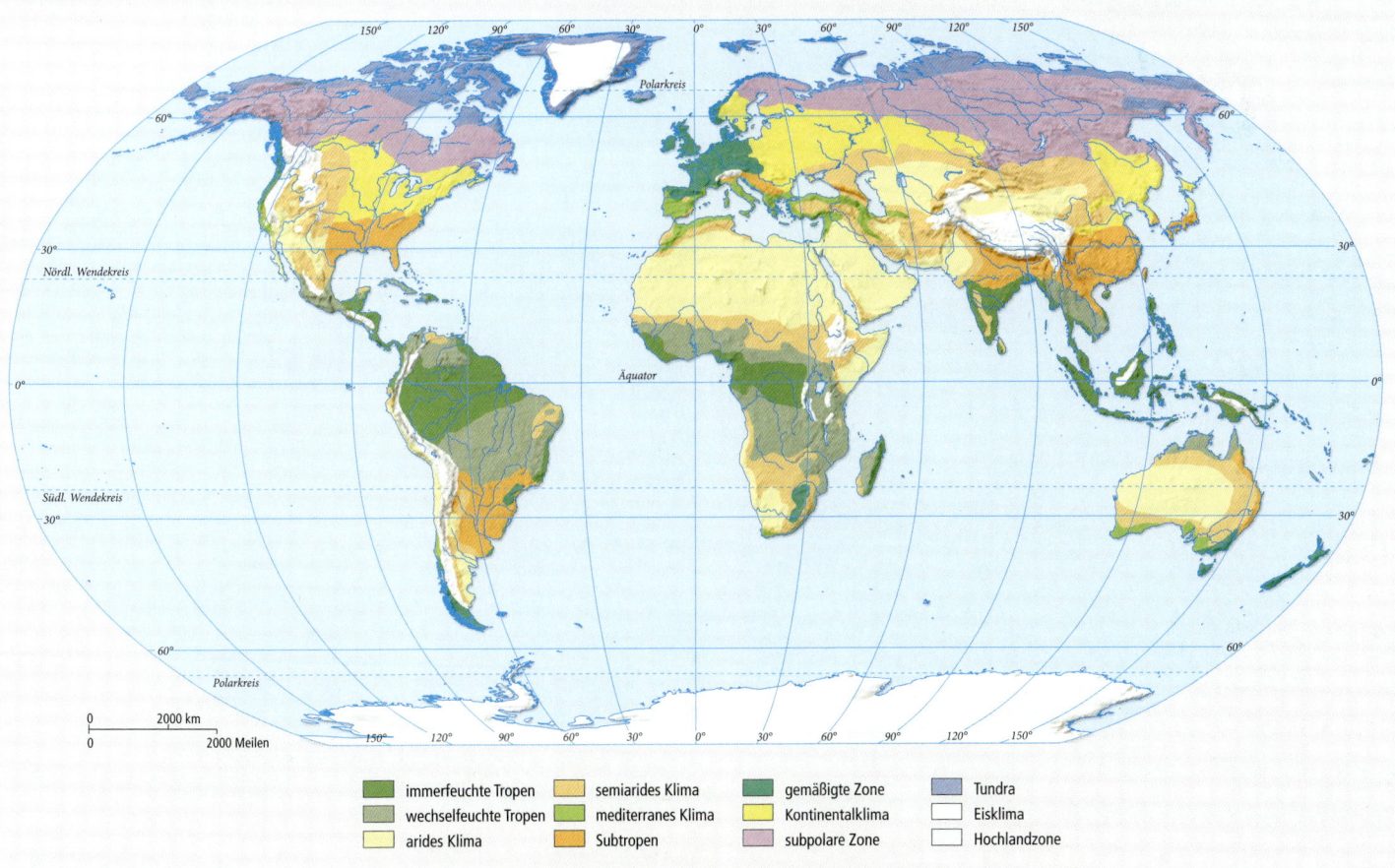

■ immerfeuchte Tropen	■ semiarides Klima	■ gemäßigte Zone	■ Tundra
■ wechselfeuchte Tropen	■ mediterranes Klima	■ Kontinentalklima	■ Eisklima
■ arides Klima	■ Subtropen	■ subpolare Zone	■ Hochlandzone

Das regionale Klima drückt sich im täglichen Wettergeschehen aus. Dabei gibt es Wetterextreme wie Stürme, Hagelschauer, Hurrikane, Dürren und Überflutungen. Zwar spielt die Entfernung vom Äquator eine große Rolle für das jeweilige Klima, doch kann das Wetter in Ländern auch auf demselben Breitengrad stark unterschiedlich sein. So herrscht etwa in Teilen Indiens Monsun, der für warme, feuchte Sommer und trockene, sonnige Winter sorgt, während westlich davon auf gleicher Breite, etwa in der Sahara, trockenes Klima vorherrscht. In wieder anderen Ländern, etwa Großbritannien, wechselt das Wetter das ganze Jahr über. Auch Nordamerika erlebt extreme Wetterwechsel.

Ebenso beeinflusst die Höhenlage das Wetter. Je nach dem Feuchtigkeitsgehalt der vorherrschenden Winde können Gebirgszüge die Niederschlagsmenge erhöhen oder senken. Das Klima mancher Küstenregionen unterscheidet sich stark vom Klima im Landesinnern, so etwa das warme bis kühle Klima an der australischen Ostküste verglichen mit den heißen, trockenen bis semiariden Binnenregionen Australiens.

WETTERSCHWANKUNGEN

Über Jahrzehnte hinweg lassen sich regelmäßige Zyklen von Dürre und Überflutung ausmachen. Auf der Südhalbkugel haben sie offenbar mit ver-

änderten Meeresoberflächentemperaturen und ihrer Wechselwirkung mit der Atmosphäre zu tun. Diese Abläufe sind als El Niño bekannt, wenn die Wasseroberfläche im tropischen Ostpazifik außergewöhnlich warm ist. Phasen mit unterdurchschnittlichen Temperaturen nennt man La Niña. Zusammen wirken sie als El Niño/Southern Oscillation (ENSO) in Perioden von drei bis fünf Jahren und können katastrophale Folgen für das Wetter auf beiden Seiten des Pazifiks haben.

Auch das Klima der Nordhalbkugel weist Muster auf, die mit den Schwankungen der Sonnenstrahlung zusammenhängen. Sie prägen das Klima im Winter und lösen auf Meereshöhe eine starke Luftdruckschwankung aus – die Nordatlantische Oszillation (NAO). Die Westwinddrift bestimmt den Zustrom von Luftmassen über den Atlantik. Viel Sonne bringt trockenes, wenig Sonne feuchtes Wetter.

KLIMAWANDEL UND ZUKÜNFTIGES KLIMA

Im Holozän, das nach der letzten Kaltzeit begann, herrschte 10 000 Jahre lang ein relativ stabiles Klima. Die ersten modernen Menschen erschienen vermutlich im Pleistozän vor 150 000 Jahren und haben in dieser langen Zeit einige trostlose Kälteperioden überstanden. Dass sich das Klima heute mit beängstigender Geschwindigkeit wandelt, steht fest. Langzeitaufzeichnungen helfen zu verstehen, wie es sich in der Vergangenheit verändert hat und wie es sich zukünftig entwickeln könnte, nun, da die globale Erwärmung spürbar wird. Man ist sich einig, dass sie eine Folge der Anreicherung von Treibhausgasen in der Atmosphäre ist und dass diese Gase von der Industrialisierung herrühren.

Der Treibhauseffekt ist ein natürliches Phänomen, das über die gesamte Erdgeschichte wirksam war und die Erdoberfläche so warm hält, dass Leben existieren kann. Es entsteht durch bestimmte Treibhausgase in der Atmosphäre, etwa Kohlendioxid und Wasserdampf, die Sonnenenergie absorbieren und sie zur Oberfläche zurückstrahlen. Wäre dieser Effekt nicht vorhanden, würde die Energie in den Weltraum zurückgestrahlt und die Erdoberfläche wäre etwa 33 °C kälter.

Die Menge der Treibhausgase in der Atmosphäre war im Lauf der Zeit aufgrund der Schwankungen zwischen Vereisungsphasen und tropischen Klimaten großen Veränderungen unterworfen. Gegenwärtig erleben wir eine rapide Anreicherung von Treibhausgasen, etwa von Kohlendioxid, in der Atmosphäre als Folge menschlicher Aktivitäten, wodurch die globalen Durchschnittstemperaturen erheblich steigen. Dabei geht es nicht darum, wie heiß oder kalt es von Tag zu Tag ist, sondern um die Durchschnittstemperatur auf der Erde insgesamt.

Vergleichen wir die globale Durchschnittstemperatur mit der des menschlichen Körpers: Eine um ein Grad erhöhte Körpertemperatur ist ein Zeichen für Fieber. Genauso verhält es sich mit der Erde. Schon ein Grad mehr bedeutet einen signifikanten Anstieg, der dramatische Klimaveränderungen bewirkt: Polkappen und Gletscher schmelzen, altbekannte Wetterabläufe schlagen um, es kommt häufiger zu witterungsbedingten Katastrophen. So kann es passieren, dass es in Wüsten stärker regnet und Feuchtgebiete austrocknen.

Das Klima war auf der Erde nie stabil, Veränderungen sind normal. Der Unterschied liegt bei dem derzeit prognostizierten Klimawandel jedoch darin, dass es noch nie eine einzige Spezies in so ungeheurer Zahl gab, die eine solche Macht besaß, ihre Umwelt zu verändern. Fast könnte man meinen, der *Homo sapiens* sei eine Art Pest. Wenn wir überleben wollen, müssen wir unser Verhalten ändern. Es ist nicht die Erde, die wir retten müssen, sondern uns selbst und die Biosphäre, von der wir abhängig sind. Die Erde hat eine Geschichte von 4,6 bis 5 Milliarden Jahren hinter sich, in deren Verlauf sie und diverse Lebensformen viele dramatische Veränderungen überlebt haben und weiterhin überleben werden. Die Frage ist: Werden **wir** sie überleben?

TRÜGERISCHE SICHERHEIT

Wir wiegen uns bezüglich des Klimas in einem falschen Gefühl der Sicherheit. Über Tausende von Jahren war das Klima relativ stabil und wies nur geringfügige Störungen auf, wie die Kleine Eiszeit vom 14. bis zur Mitte des 19. Jahrhunderts, während der sich die Erde deutlich abkühlte. Seit den frühesten historischen Aufzeichnungen vor 5000 Jahren gab es indes keine größeren Abweichungen. Nun aber ist das Klima im Begriff, sich grundlegend zu ändern.

LINKS Die mit der globalen Erwärmung steigenden Meerestemperaturen gefährden viele Ökosysteme. An Korallenriffen führt die Erwärmung zu Korallenbleichen. Es lässt Riffe absterben, wenn die Temperatur nicht rasch genug wieder sinkt, um Neubewuchs zu ermöglichen. Im Jahr 2002 litten 60 % des australischen Great Barrier Reef an dieser Krankheit.

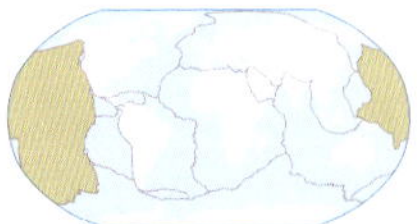

Die Welt

Nordamerikanische Platte

Pazifische Platte

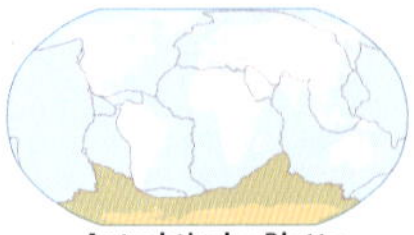

Nazca-Platte

Cocosplatte

Karibische Platte

Südamerikanische Platte

Antarktische Platte

Scotia-Platte

Juan-de-Fuca-Platte

NORDPOLARMEER

NORDPAZIFISCHER OZEAN

NORDATLANTISCHER OZEAN

SÜDPAZIFISCHER OZEAN

SÜDATLANTISCHER OZEAN

0   1000 km
0   1000 Meilen

N

Pazifische Platte | Antarktische Platte  | Juan-de-Fuca-Platte  | Nazca-Platte  | Cocos-Platte 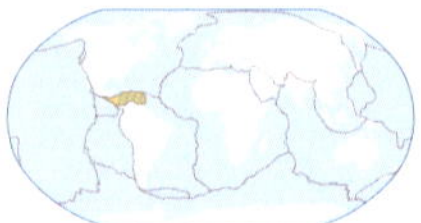 | Karibische Platte 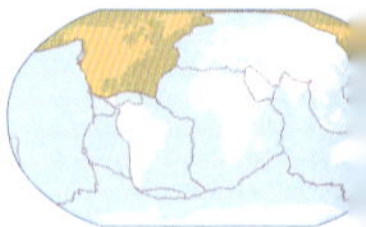 | Nordamerikanische Pla

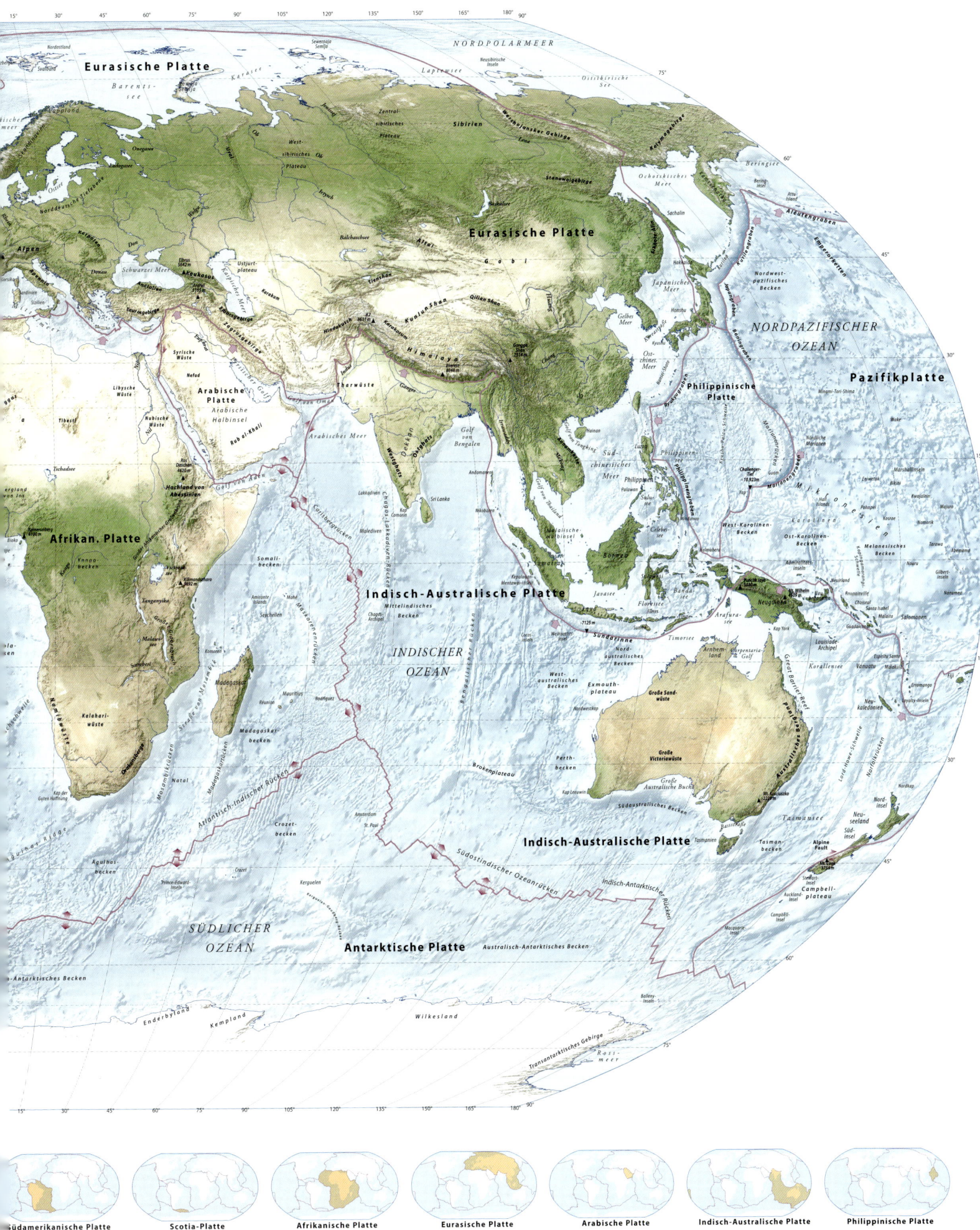

Eurasische Platte

NORDPOLARMEER

Nordostland · Svalbard · Lappland · Barents-see · Nowaja Semlja · Karasee · Sewernaja Semlja · Laptewsee · Neusibirische Inseln · Ostsibirische See

Onegasee · Ladogasee · Zentral-sibirisches Plateau · Sibirien · Werchojansker Gebirge · Kolymagebirge

Norddeutsche Tiefebene · Ural · West-sibirisches Plateau · Ob · Lena

Alpen · Don · Wolga · Irtysch · Stanowoigebirge

Eurasische Platte

NORDPAZIFISCHER OZEAN

Schwarzes Meer · Kaspisches Meer · Balchaschsee · Altai · Gobi · Beringsee · Beringinsel · Attu Island · Aleutengraben

Kaukasus · Elbrus 5642m · Ustjurt-plateau · Karakum · Tienschan · Sachalin · Ochotskisches Meer

Taurusgebirge · Elbursgebirge · Kunlunshan · Qilian Shan · Japanisches Meer · Hokkaido · Kurilengraben · Nordwest-pazifisches Becken

Syrische Wüste · Zagrosgebirge · K2 8611m · Karakorum · Hindukusch · Himalaya · Gongga Shan 7514m · Honshu · Gelbes Meer · Kyushu · Japangraben · Kaiserberge

Arabische Platte

Libysche Wüste · Nefud · Persischer Golf · Indus · Everest 8848m · Chang Jiang · Ost-chinesisches Meer

Nubische Wüste · Arabische Halbinsel · Tharwüste · Ganges · Dekkan · Ostghats · Golf von Bengalen · Okinawa · **Pazifikplatte**

Tibesti · Ras Dashan 4620m · Rotes Meer · Golf von Oman · Arabisches Meer · Westghats · Mekong · Süd-chinesisches Meer · **Philippinische Platte**

Afrikan. Platte

Hachland von Abessinien · Golf von Aden · Lakkadiven · Andamanen · Golf von Thailand · Luzon · Philippinen · Mariannengraben · Nördliche Marianen · Wake

Kamerunberg 4100m · Kongo · Carlsbergrücken · Chagos-Lakkadiven-Rücken · Sri Lanka · Kap Comorin · Malakka-Halbinsel · Challenger Tief ~10923m · Guam · Marshallinseln

Bioko · Kongo-becken · Viktoriasee · Kilimandscharo 5892m · Amirante Islands · Mahé · Seychellen · Chagos-Archipel · Sumatra · Borneo · Celebessee · Sulusee · Mindanao · West-Karolinen-Becken · Ost-Karolinen-Becken · Melanesisches Becken

Indisch-Australische Platte

Mittelindisches Becken · Maskarenen-rücken · Mosambik-becken · Madagaskar · Komoren · Reunion · Mauritius · Rodriguez · Java · Javasee · Flores · Florssee · Banda See · Seram · Arafura-see · Neuguinea · Mt. Wilhelm · Bismarck-Archipel · Neuirland · Admiralitäts-inseln · Neubritannien · Bougainville · Choiseul · Santa Isabel · Malaita · Guadalcanal · Salomonen · Gilbert-Inseln · Nanumea

INDISCHER OZEAN

Tanganjika · Malawisee · Sambesi · Ostafrikanisches Grabensystem · Madagaskar-becken · Zentralindischer Rücken · Cocos-inseln · Weihnachtsinsel · Sundatiefe · ~7125m · Timor · Timorsee · Kap York · Louisiade-Archipel · Korallensee · Vanuatu · Espiritu Santo · Malekula

Okavangobecken · Mosambik-Rücken · Nord-australisches Becken · Arnhem-land · Carpentaria-Golf · Great Barrier Reef · Erromango · Loyalty-Inseln · Fiji

Kalahari-wüste · Natal-becken · Madagaskarrücken · Amsterdam · St. Paul · West-australisches Becken · Exmouth-plateau · Nordwestkap · Große Sandwüste · Neu-kaledonien

Afrikanische Platte · Antarktisch-Indischer Rücken · Brokenplateau · Perth-becken · Große Victoriawüste · Große Australische Bucht · Lord-Howe-Schwelle

Kap der Guten Hoffnung · Agulhas Ridge · Agulhas-becken · Crozet-becken · Kerguelen · Crozet · Südostindischer Ozeanrücken · Indisch-Antarktischer Rücken · Kap Leeuwin · Südaustralisches Becken · Mt. Kosciusko 2229m · Basisstraße · Taimanmeer · Alpine Fault · Nord-insel · Nordkap

Antarktische Platte

Prince-Edward-Inseln · Kerguelen-Gaussberg-Rücken · **Indisch-Australische Platte** · Tasmanien · Tasman-becken · Neuseeland · Süd-insel · Mt. Cook 3754m · Campbell-plateau

SÜDLICHER OZEAN · Australisch-Antarktisches Becken · Campbell-Insel · Macquarie-Insel · Auckland-Inseln · Balleny-Inseln

Antarktisches Becken · Enderbyland · Kempland · Wilkesland · Transantarktisches Gebirge · Ross-meer

Südamerikanische Platte | **Scotia-Platte** | **Afrikanische Platte** | **Eurasische Platte** | **Arabische Platte** | **Indisch-Australische Platte** | **Philippinische Platte**

Wie Naturräume entstehen

Alle Naturräume ergeben sich unmittelbar aus ihrer geografischen und durch tektonische Kräfte bestimmten Lage. Die Oberflächengestalt der Erde, die um ihre eigene Achse rotiert und die Sonne umkreist, wird von zwei Kräften bestimmt, der nach unten gerichteten Schwerkraft und der nach oben strömenden Erdwärme.

RECHTS Viele Gebirgszüge wie die Alpen entstanden durch die Kollision zweier großer tektonischer Platten. Deren Ränder verschoben sich ineinander und falteten sich zu hohen Gebirgen auf. Im Bild der Montblanc in den französischen Alpen.

UNTEN Vulkanische Aktivität geht auf die enormen Kräfte der Plattentektonik zurück. Eruptionen von Stratovulkanen wie dem Ruapehu auf Neuseeland sind Folge des Abtauchens einer Platte unter eine andere. Die untere Platte schmilzt auf, das entstehende Magma steigt hoch und tritt an der Oberfläche aus.

Die Schwerkraft zielt ständig darauf ab, das Landschaftsprofil einzuebnen. Sie lässt Flüsse und Gletscher zum Meer strömen, wobei sie sich tief in die Landschaft eingraben und Sedimentmassen mitführen. Die Erosion trägt ganze Gebirge ab, das Gelände verflacht, die ozeanischen Becken füllen sich. Der Schwerkraft wirken die massiven, durch Hitze angetriebenen Konvektionsströme im teilweise geschmolzenen Erdmantel entgegen. Sie steigen langsam auf und bringen Wärme aus dem heißen Erdkern an die Oberfläche, kühlen ab und sinken in die Tiefe.

DAS INNERE KRAFTWERK DER ERDE

Das riesige Wärmekraftwerk im Erdinnern wird über die Wärmemenge reguliert, die ins All entweicht. Die dicke kontinentale Kruste wirkt wie eine Isolierschicht, während die Wärme durch dünnere ozeanische Kruste leichter entweichen kann. Die Konvektionsströme im Mantel sind daher unter kontinentaler Kruste besonders intensiv. Sie bewegen sich mit unvorstellbarer Kraft, aber ungeheuer langsam, und verschieben dabei die Platten der dünnen, spröden Erdkruste wie schwimmende Eisschollen.

BERGE UND VULKANE WACHSEN IN DIE HÖHE

Über Jahrmillionen bewegen sich die Kontinente über den Globus und kollidieren dabei auch. Dann schieben sie sich ineinander und falten sich zu kilometerhohen Gebirgen wie dem Himalaya auf, die wieder erodieren, von tektonischen Gräben durchzogen und auseinandergerissen werden. Fossile

RECHTS Auch die fluviatile Erosion lässt ungewöhnliche Naturräume entstehen. Der Subway ist eine tunnelähnliche Formation im Zion National Park im US-Bundesstaat Utah. Er wurde von der Left Fork des North Creek ausgehöhlt.

Meerestiere im Gipfelgestein des Mount Everest zeugen von den Kräften, die hier wirkten. Andernorts schieben sich ozeanische Platten unter angrenzende Platten und bilden dabei Tiefseerinnen. Die in den Mantel abtauchenden Platten erzeugen Erdbeben; sie schmelzen in der Tiefe auf und steigen als Magma in langen Reihen explosiver Vulkane am Rand der darüberliegenden Platte auf.

WÜSTEN UND GLETSCHER ALS TROCKENGEBIETE

Das Innere großer Kontinente ist trocken und oft kalt, wenn es außerhalb der gemäßigten Breiten liegt. Die geringen Niederschläge fallen in Form von plötzlichen Unwettern. Anschließende Überschwemmungen modellieren eine zerklüftete Landschaft mit Erosionsformen wie Tafel- und Zeugenbergen und Felsnadeln mit Schutthängen heraus.

Die Vegetation ist spärlich, und der Wind häuft aus losem Sediment bizarre Sanddünen an, die alles unter sich begraben. Geht der geringe Niederschlag als Schnee nieder, entstehen permanente Eisdecken. Je nach Lage des Kontinents wachsen oder schmelzen die Eisschilder, sodass es auf der Erde in zyklischen Abständen zu größeren Eiszeiten oder Warmzeiten kommt und der Meeresspiegel entsprechend absinkt oder ansteigt.

WAHRE ANPASSUNGSKÜNSTLER

Lebewesen passen sich schnell den äußeren Bedingungen an. Individuen einer Art, die mit einer bestimmten Landschaft besser zurechtkommen, vermehren sich, während weniger gut adaptierte Artgenossen seltener zur Fortpflanzung gelangen. So verändert sich eine Art allmählich, bis sie sich gut ihrer Umwelt angepasst hat – wie die Finken, die Charles Darwin auf den Galapagosinseln beobachtete, oder thermophile Bakterien, die in heißen Quellen leben. Auch in den (Sub-)Polarregionen findet man typische Anpassungen. Viele dort lebende Tierarten sind auf Winterschlaf und lange Hungerphasen eingestellt, und viele haben zum Schutz vor der Kälte Blut mit „Frostschutz", dicke Fettschichten oder einen dichten Pelz – oft in der Tarnfarbe Weiß – entwickelt.

KATASTROPHALE EREIGNISSE

Katastrophen wie Meteoriteneinschläge oder Ausbrüche von Supervulkanen können Landschaftsbild und Klima der Erde grundlegend verändern. Wiederholt wurde so das Leben auf der Erde fast ausgelöscht; der Chicxulub-Einschlag auf der mexikanischen Halbinsel Yucatán etwa markierte das Ende der Kreidezeit vor 65 Millionen Jahren. Doch das Leben hat eine enorme Regenerationsfähigkeit; überlebende Arten entwickelten sich schnell und besiedelten den Planeten neu.

OBEN Ein Adlerschnabel *(Eutoxeres aquila)* saugt an einer Blüte im Regenwald Costa Ricas. Mit seinem langen, abwärts gebogenen Schnabel erreicht dieser Kolibri den Nektar tief unten in der Blüte. Tiere zeigen viele derartige Anpassungen an ihre Umwelt, die ihnen das Überleben ermöglichen.

LINKS Sanddünen erstrecken sich in der Namibwüste bis zum Horizont. Das Landesinnere großer äquatornaher Kontinente wie Afrika ist heiß und trocken. Auch die Superkontinente, die sich im Lauf der Erdgeschichte mehrfach gebildet haben, zeichneten sich durch ausgedehnte Trockengebiete aus.

Vulkane zählen zu den faszinierendsten Erscheinungen auf der Erde. Sie führen uns vor Augen, dass sich dicht unter der vertrauten Oberfläche unseres Planeten Unmengen an geschmolzenem Gestein in Form von Magma befindet. Es wartet dort unter großer Hitze und hohem Druck nur darauf, an Schwachstellen in der Erdkruste als Lavastrom oder während einer Vulkanexplosion auszutreten.

Besonders gehäuft treten Vulkane an Plattengrenzen auf, etwa entlang der Westküste Nord- und Südamerikas, auf den indonesischen Inseln und untermeerisch entlang des Mittelatlantischen Rückens. Welche Art von Vulkan entsteht, hängt davon ab, ob die Platten auseinanderdriften oder sich aufeinander zu bewegen.

An Spreizungszonen treiben die Platten auseinander, sodass zwischen ihnen Magma aufsteigen und erhärten kann. Auf diese Weise entstehen dort Vulkane. An Subduktionszonen taucht eine Platte unter eine andere ab und schmilzt in der Tiefe auf. Geschmolzenes Magma steigt – oft unter Druck – durch die darüberliegende Platte nach oben und bildet an der Erdoberfläche die explosivsten und gefährlichsten Vulkane der Welt. Diese nennt man Strato- oder Schichtvulkane.

OBEN Auf der Insel Hawaii (Big Island) befinden sich mehrere typische Schildvulkane. Dieser Vulkantyp wird von Basaltlava aufgebaut, die durch die Erdkruste an die Oberfläche tritt und weitflächig ausfließt.

RECHTS Der Shishaldin auf der zu Alaska gehörenden Insel Unimak hat die charakteristische Kegelform eines Stratovulkans. Er zählt zu den aktivsten Vulkanen der Aleuten und war zuletzt am 17. Februar 2004 tätig.

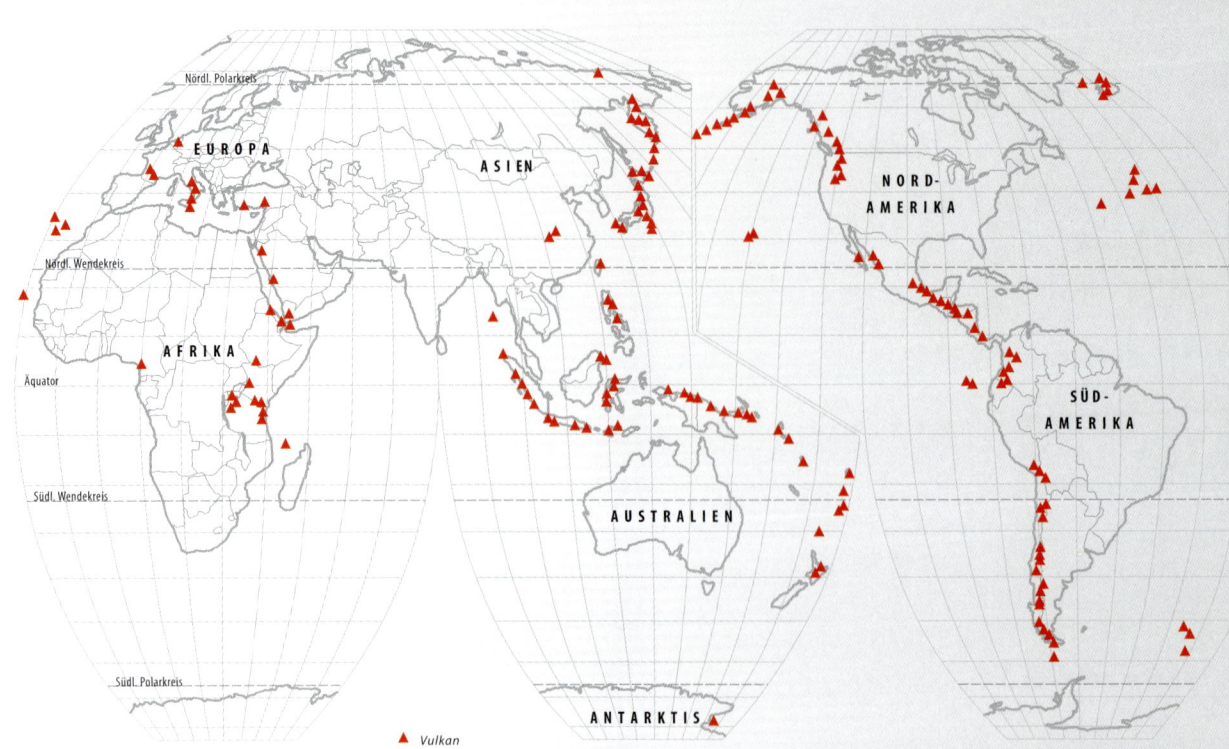

▲ *Vulkan*

DIE UNTERSCHIEDLICHEN VULKANTYPEN

Man unterscheidet mehrere Typen von Vulkanen; ihre Form wird dadurch bestimmt, unter welchen plattentektonischen Verhältnissen sie entstanden sind. Vulkane befinden sich an Spreizungszonen, an Subduktionszonen und über „Hot Spots" innerhalb tektonischer Platten. Die häufigste Form sind die Vulkane der Spreizungszonen, obwohl man sie kaum zu Gesicht bekommt. Sie befinden sich meist am Meeresgrund, wo sie zwischen divergierenden Platten eine Tausende Kilometer lange Linie ständiger Eruptionen bilden. Nur an wenigen Stellen sind diese mittelozeanischen Vulkane an Land sichtbar, etwa auf Island, wo der Mittelatlantische Rücken über die Insel verläuft. Die Isländer leben in ständiger Bedrohung durch den Vulkanismus, nutzen aber die mit ihm zusammenhängende reiche Wärmeenergie zum Heizen und zur Stromgewinnung.

Stratovulkane entstehen oft dicht nebeneinander entlang der Subduktionszonen der Erde. Besonders viele finden sich an den Plattengrenzen rund um den Pazifik; sie bilden den „Pazifischen Feuerring". Auch auf den indonesischen Inseln ragen etliche Stratovulkane auf. Tiefseerinnen wie der Japangraben sowie Peru-Chile- und Javarinne, die parallel zu den Vulkanketten verlaufen, markieren die Li-

nie, an der eine Platte unter eine andere gepresst wird. Die viskose, gasreiche Gesteinsschmelze, die die Vulkane bildet, ist von intermediärer Zusammensetzung (andesitisch), denn sie ist das Produkt aus der abgetauchten, aufgeschmolzenen Platte und dem mit in die Tiefe gezogenen Meerwasser samt Sediment. Das Magma tritt explosiv in Form ausgeschleuderter Gesteins- und Aschepartikel (Tephra) sowie als Lavastrom an die Oberfläche. Die abwechselnden Tephra- und Lavaschichten formen mit der Zeit den für Stratovulkane typischen, oft steil aufragenden Kegel.

OBEN Die Bewohner Islands sind ständig durch Vulkane des Mittelatlantischen Rückens bedroht. Island befindet sich genau über der Plattengrenze zwischen Eurasien und Nordamerika.

LINKS Die Askja-Caldera im isländischen Dyngjufjöll-Bergmassiv erhebt sich 1156 m über den Meeresspiegel. Der Krater entstand 1875 durch die verheerende Eruption in einem davorliegenden Krater.

DIE WICHTIGSTEN VULKANTYPEN

A: Bei Schildvulkanen fließt Lava aus Schwachstellen aus der Erdkruste an die Oberfläche, so etwa bei den Vulkanen auf Big Island (Hawaii). B: Stratovulkane finden sich an Plattengrenzen, zum Beispiel entlang des gesamten Pazifiks. C: Vulkane der mittelozeanischen Rücken ragen am Meeresgrund auf, sind auf Island aber auch an Land zu finden. D. Schlackenkegel wie der Parícutin in Mexiko entstehen aus Pyroklastika.

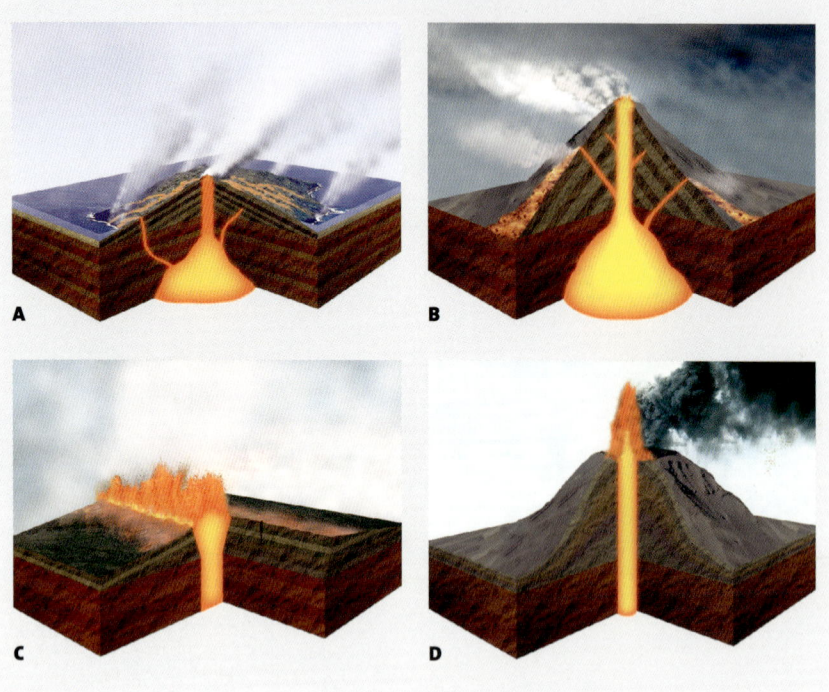

UNTEN Der Krater des Bromo im Osten Javas öffnet sich in einer weiten Caldera. Am 8. Juni 2004 starben bei einem Ausbruch dieses Stratovulkans mindestens zwei Touristen, und mehrere Menschen wurden verletzt.

Schildvulkane entstehen über Hot Spots im Erdmantel, an denen Magma durch eine Schwachstelle in der Erdkruste an die Oberfläche gelangt. Schicht um Schicht bringen dünnflüssige Basaltlavaströme über einen Zeitraum von ein bis zwei Millionen Jahren einen gewaltigen breiten, flach ansteigenden, schildförmigen Vulkanbau hervor. Die Hauptinsel des hawaiianischen Archipels (Big Island) ist dafür ein klassisches Beispiel, ihr größter Vulkan misst vom Meeresgrund bis zum Gipfel

über 9000 Meter. Die Aktivität kommt zum Erliegen, wenn der Vulkan durch Plattenbewegungen vom Hot Spot getrennt wird und somit die Lavaströme versiegen. Das immense Gewicht des Schildvulkans führt dazu, dass dieser den Meeresboden eindrückt und allmählich absinkt. Nach einigen Millionen Jahren verschwindet er dann unter der Meeresoberfläche. So entstanden etliche Inselketten, etwa die Hawaii-Inseln und der Tuamotu-Archipel im Pazifik. Am Anfang der Kette befindet sich der aktive Vulkan über dem Hot Spot, gefolgt von Vulkaninseln und älteren untermeerischen Tiefseebergen, die in einer Reihe in Richtung der Plattenbewegung angeordnet sind. Schildvulkane eruptieren recht sanft und stellen nur selten eine Gefahr für Anwohner dar.

DER LEBENSZYKLUS EINES STRATOVULKANS

Die majestätischen, „klassisch" geformten Stratovulkane gelten als gefährlichste Vulkane der Erde. Ihr zerstörerischer Zyklus aus einer katastrophalen Explosion und einer darauf folgenden Phase des Wiederaufbaus erstreckt sich über nach menschlichen Maßstäben kaum fassbare Zeiträume. Die Gefahr zeigt sich daher nur alle paar Jahrhunderte oder sogar noch seltener. Während der kurzen explosiven Phase aber löscht ein einziger Vulkan oft alles aus, was Generationen von Menschen in seiner Umgebung seit der letzten Eruption geschaffen haben. Große Mengen Gas, Dampf und Tephra steigen als Eruptionssäule in die Atmosphäre auf. Schließlich bricht diese unter ihrem eigenen Gewicht zusammen, und ein Großteil des heißen, zerstörerischen Materials geht in Form pyroklastischer Ströme (Glutlawinen) ab.

Genau das geschah 1902, als der Mount Pelée auf der Karibikinsel Martinique mit einer explosiven Eruption binnen Minuten die Stadt St. Pierre mit 29000 Einwohnern auslöschte. Die Explosion, die 1980 den Gipfel des Mount St. Helens im US-Bundesstaat Washington wegsprengte, war sogar noch heftiger, doch wegen der entlegenen Lage des Vulkans und des erfolgreichen Krisenmanagements des US-amerikanischen Geologischen Dienstes starben dabei nur 57 Menschen.

Die Bevölkerung in der Nähe eines Vulkans ist sich der unsichtbaren Gefahr meist nicht bewusst. In Indonesien bestellen Bauern heute den fruchtbaren Boden an den Kraterseen der zahlreichen Vulkane, während sich ganz in der Nähe grollend neue Vulkane bilden. In Japan wachsen rund um den seit 1707 ruhenden Fuji ganze Städte heran, und Mexico City, eine der größten Metropolen der Welt, liegt nur 70 Kilometer vom Popocatépetl entfernt. Dieser äußerst aktive Vulkan ist seit 1519 bereits 15-mal ausgebrochen.

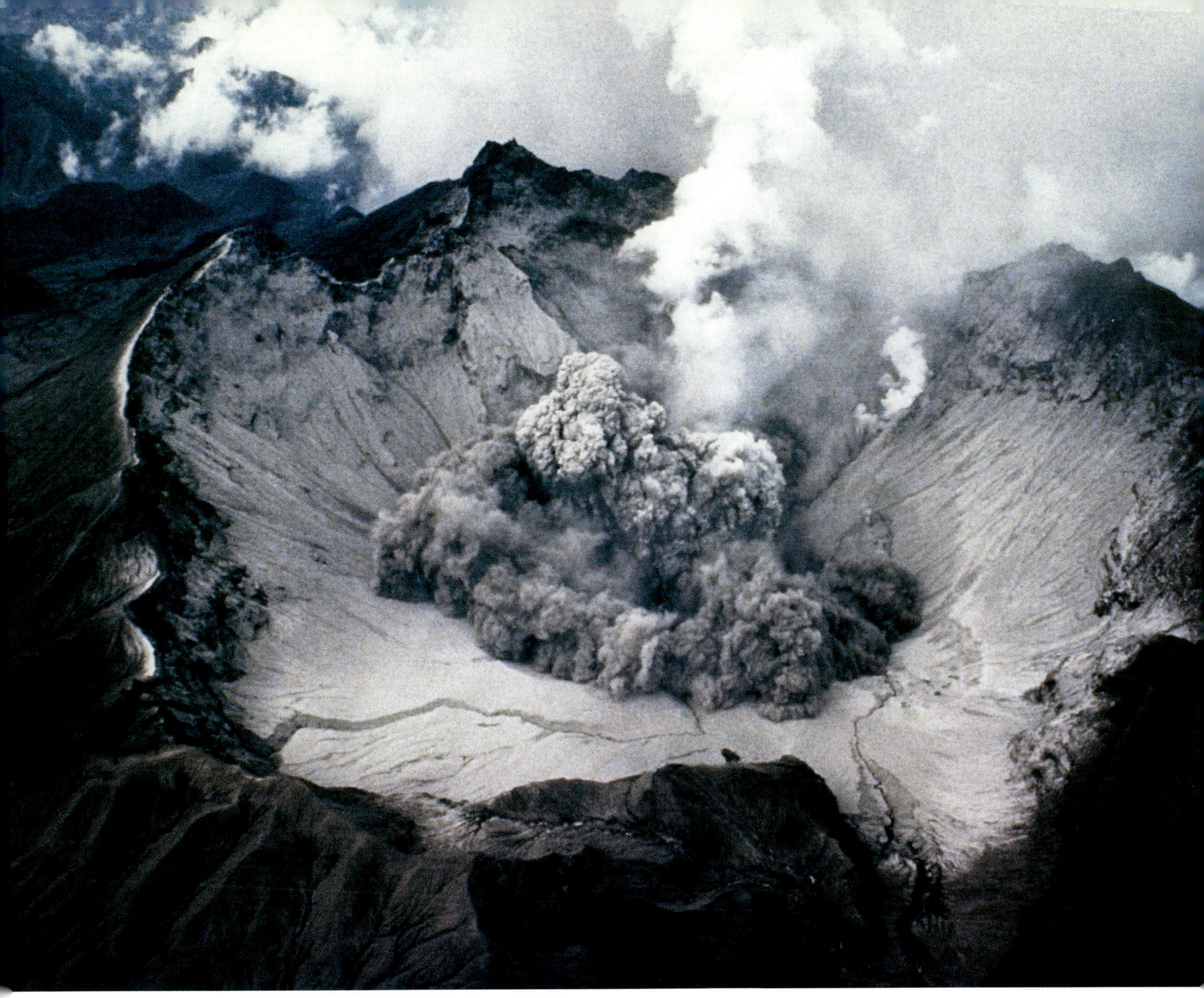

AUSBRUCH VON SUPERVULKANEN

Bricht gar ein „Supervulkan" aus, sind die Folgen weltweit spürbar. Solche Eruptionen bewirken globale Klimaveränderungen und haben in der Vergangenheit zu massenhaftem Aussterben von Lebewesen geführt, so etwa am Ende des Perms vor rund 251 Millionen Jahren. Die Explosion eines Supervulkans verändert die Landschaft vollkommen; der Vulkankegel ist weggesprengt, und es bleibt eine riesige Caldera (Einbruchskrater) zurück. Die gewaltige Yellowstone-Caldera mit ihren heißen Tümpeln, Quellen und Geysiren ist der Rest eines Supervulkans, der in den letzten zwei Millionen Jahren dreimal explodierte. Der schwerste Ausbruch seit Menschengedenken war die Explosion des indonesischen Vulkans Tambora im Jahr 1815, der allerdings nicht zu den Supervulkanen zählt. Er forderte durch die eigentliche Explosion, den begleitenden Tsunami sowie Krankheiten und Hungersnöte 92 000 Menschenleben. Im August 1883 traf

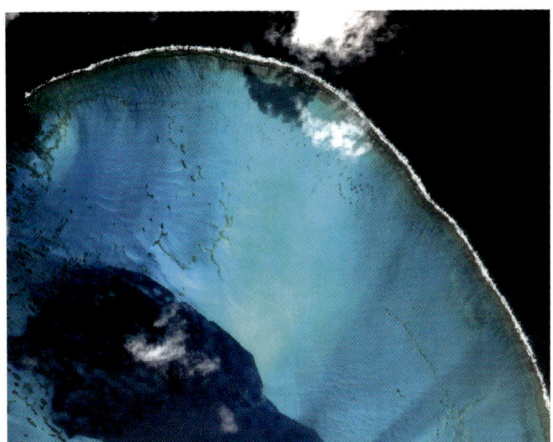

es erneut die indonesischen Inseln, als der Krakatau in der Sundastraße ausbrach; 36 400 Menschen starben. Die riesigen Aschemengen in der Atmosphäre erzeugten auf der ganzen Welt besonders farbenprächtige Sonnenuntergänge. Die feinen Partikel reflektierten in der Luft einen Teil der Son-

OBEN Die Eruption von 1980 veränderte den Mount St. Helens und seine Umgebung binnen Minuten vollkommen. Am 18. Mai erschütterte zunächst ein Beben der Stärke 5,1 diesen Stratovulkan. Nur wenige Sekunden später kam es zu einer gewaltigen Explosion. Tonnen von Asche gingen über dem US-Bundesstaat Washington und in noch größerer Entfernung nieder.

LINKS Dieses Atoll im Pazifik war einst ein Schildvulkan, der nach Jahrmillionen stetiger, sanft ausfließender Lavaströme im Meer versank. Die von Schildvulkanen geförderte Lava ist reich an Magnesium und Eisen.

OBEN Die Kirche Nuestra Señora de los Remedios im mexikanischen Puebla steht am Fuß des schneebedeckten Popocatépetl. · Sein aztekischer Name bedeutet „rauchender Berg". Er kann jederzeit ausbrechen; 20 Millionen Mexikaner wären davon betroffen.

nenenergie ins All, sodass die globalen Temperaturen im Folgejahr um bis zu 1,2 °C fielen.

Der Zyklus beginnt erneut, wenn in der alten Caldera ein neuer Vulkan heranwächst. Javanische Fischer entdeckten am 29. Dezember 1927 erste Anzeichen des Anak Krakatau („Kind des Krakatau"), als Dampf- und Aschewolken aus dem Meer traten. Inzwischen erhebt sich dort ein 300 Meter hoher Kegel. Ein anderes Beispiel ist der Vulkankegel Wizard Island in der Crater-Lake-Caldera im US-Bundesstaat Oregon. Solche kleinen Kegel können zu majestätischen Erhebungen heranwachsen und überdecken manchmal die alten, durch einen früheren Ausbruch entstandenen Calderen. Dann droht wieder ein Ausbruch, und ein neuer Zyklus beginnt.

VORHERSAGE VON VULKANAUSBRÜCHEN

Vor einer Eruption baut sich unter dem Vulkan Druck auf, da sich in unterirdischen Kammern Magma sammelt. Schwache Erdstöße begleiten den Magmaaufstieg, Spalten und Brüche tun sich auf, und der Berg wölbt sich. All das ist für das menschliche Auge und Ohr nicht wahrnehmbar, wohl aber für empfindliche Seismografen und Neigungsmessgeräte, die man an gefährlichen Vulkanen platziert. Zwar lässt sich eine drohende Explosion nicht auf die Stunde, den Tag oder die Woche genau vorhersagen, doch kann die dauernde Überwachung und Datensammlung vor Ort viele Leben retten.

Der Ausbruch des Mount St. Helens zeigte, wie wirksam solche Maßnahmen sind. Schon früh registrierte man dort warnende Vorzeichen, und die gute Kommunikation zwischen Wissenschaftlern und Behörden bewirkte, dass der Zugang zum betroffenen Gebiet schnell eingeschränkt wurde. Gegen den Protest von Holz verarbeitenden Unternehmen, deren Einkommen vom Zugang zu den bewaldeten Berghängen abhing, und Anwohnern, die in ihre Häuser zurückkehren wollten, blieb die Sperrzone bestehen. Dank dieser Sicherheitsmaßnahmen kamen bei der Explosion am 18. Mai 1980 „nur" 57 Menschen ums Leben. Bei vielen Vulkanen fehlen jedoch solche Überwachungssysteme, sodass Frühwarnungen nicht möglich sind.

Feine, glashaltige vulkanische Partikel in der Atmosphäre können auch den Flugverkehr gefährden, wenn sie die Flugstrecken von Düsenjets kreuzen. Damit Fluglotsen und Piloten ihre Routen entsprechend planen können, wurde in Abstimmung mit der Internationalen Zivilluftfahrt-Organisation (ICAO) ein farbcodiertes Warnsystem entwickelt, um den Status aktiver Vulkane zu beschreiben:

1. Alarmstufe Grün: Aktiver Vulkan, aber mit normalem, nicht eruptivem Status.

2. Alarmstufe Gelb: Zeichen wachsender Unruhe, die über das Normalmaß hinausgehen. Gesteigerte seismische Aktivität.

3. Alarmstufe Orange: Intensive Unruhephasen in immer kürzeren Abständen. Eruption innerhalb von Stunden oder Tagen wahrscheinlich. Kleinere Ascheausstöße erwartet oder bereits bestätigt. Seismische Aktivität wird an lokalen Messstationen, nicht aber an weiter entfernten Stationen registriert.

4. Alarmstufe Rot: Eine Eruption wird bald erfolgen. Eine Eruptionssäule bestimmter Höhe besteht schon oder wird wahrscheinlich mehr als 8000 Meter über den Meeresspiegel aufsteigen. Alle örtlichen und meist auch entferntere Messstationen registrieren starke seismische Aktivitäten.

DAS AUSMASS EXPLOSIVER ERUPTIONEN

Welches Ausmaß ein Vulkanausbruch hat, lässt sich mit verschiedenen Methoden messen und einstufen, etwa anhand der Höhe der Eruptionssäule und des Volumens des ausgestoßenen Materials. Aufschlussreich sind auch die Entfernung der abgelagerten vulkanischen Gesteine zur Eruptionsstelle im Verhältnis zu ihrer Größe sowie die Menge der in die Atmosphäre ausgestoßenen feinen Asche und die Dauer des Ausbruchs. All diese Angaben geben direkt oder indirekt Auskunft über die bei der Eruption freigesetzte Energie.

Der Vulkanexplosivitätsindex (VEI) orientiert sich an mehreren dieser Variablen und ordnet explosive Eruptionen auf einer Skala von 0 bis 8 ein. 0 beschreibt eine nicht explosive Eruption, sagt aber nichts über das ausgetretene Lavavolumen aus. Ein Beispiel dafür ist das kontinuierliche Lavaausfließen des Kilauea auf Hawaii. Eruptionen mit einem VEI von 5 oder mehr sind sehr große explosive Ereignisse und finden etwa alle 20 Jahre statt. Seit 1500 gab es nur 15 Eruptionen mit Stärke 5 (darunter am Mount St. Helens, 1980), vier mit Stärke 6 (darunter am Krakatau, 1883) und eine mit Stärke 7 (Tambora, 1815).

Inzwischen hat man den VEI für über 5000 Eruptionen der letzten 10 000 Jahre bestimmt. Sie alle verblassen jedoch im Vergleich zu Ausbrüchen mit dem hypothetischen Maximalwert VEI 8. Dies wären gewaltige Eruptionen aus Vulkangebieten wie die Long-Valley-Caldera in Kalifornien, die Yellowstone-Caldera in Wyoming oder die Valles-Caldera in New Mexico. Bei einem Ereignis dieser Größenordnung würden bei einer explosiven Eruption von mehr als zwölf Stunden Dauer über 1000 Kubikkilometer Material ausgestoßen, und die Eruptionssäule würde mehr als 25 Kilometer in die Atmosphäre aufragen.

GEFÄHRLICHE VULKANE

Etliche Vulkane stehen derzeit vor dem Eintritt in die explosive Phase. Einige, die nahe Siedlungsgebiete besonders stark gefährden, werden von der Internationalen Gesellschaft für Vulkanologie und Chemie des Erdinnern (International Association of Volcanology and Chemistry of the Earth's Interior; IAVCEI) als Dekadenvulkane bezeichnet und entsprechend überwacht. Dazu zählen Ätna (Italien), Avachinsky-Koryaksky (Kamtschatka), Colima (Mexiko), Galeras (Kolumbien), Mauna Loa (Hawaii), Merapi (Indonesien), Nyiragongo (Demokratische Republik Kongo), Sakura-jima (Japan), Santa María (Guatemala), Santorin (Griechenland), Taal (Philippinen), Teide (Kanaren), Ulawun (Papua-Neuguinea), Unzen (Japan) und Vesuv (Italien).

Das Kanarische Vulkanologische Institut hat das Eruptionsrisiko des Teide dokumentiert.

LINKS Vulkanologen bei der Arbeit während einer Eruption des Ätna auf Sizilien. Von März bis Mai 2007 zeigte der Vulkan spektakuläre Ausbrüche.

LINKE SEITE Der kleine vulkanische Schlackenkegel Eldfell auf der isländischen Insel Heimaey entstand 1973. Die Anwohner nutzten das Eruptionsmaterial zur Geländeanfüllung und zur Verlängerung der Start- und Landebahn ihres Flugplatzes.

Vulkane des nördlichen Pazifikraums

Die Vulkaninseln der Aleuten erstrecken sich im Nordpazifik von der russischen Halbinsel Kamtschatka bis zur Alaska-Halbinsel. Die Kette aktiver Vulkane folgt dann der Alaskakette, macht bei Anchorage einen scharfen Bogen südostwärts und vereint sich mit den nordamerikanischen Kordilleren. Das unregelmäßige Band aktiver und inaktiver Vulkane verläuft an der amerikanischen Westküste bis hinunter nach Mexiko.

OBEN Schwarzbären (Ursus americanus) sind in Nordamerika weit verbreitet. Besonders häufig kommen sie in Alaska und im Kaskadengebirge vor.

RECHTS Die 30 m hohen Steilufer aus Vulkanasche vor dem Mount Katolinat im Katmai-Nationalpark (Alaska) wurden vom Fluss Ukak freigelegt. Die in der Nähe erfolgte Eruption des Novarupta von 1912 dauerte drei Tage und ließ die gesamte Gegend mit einer 200 m dicken Trümmerschicht überdecken.

UNTEN Der Mount Rainier ist ein inaktiver Vulkan des Kaskadengebirges. Frühere Aktivität ist für ihn nicht sicher dokumentiert, doch gilt er als sehr gefährlich, da jeglicher Vulkanismus seine labilen, aus alten Schlammströmen entstandenen Hänge abrutschen ließe.

Der nordöstliche Pazifikrand ist Teil des Pazifischen Feuerrings, eines Gebiets starker vulkanischer Aktivität. Die Vulkane entstanden aus andesitischem Magma und Ignimbrit (Schmelztuff), die sich bildeten, weil die Pazifische Platte unter die Nordamerikanische Platte abtaucht und in der Tiefe aufschmilzt.

STÄNDIGE VULKANISCHE AKTIVITÄT

Die Vulkane dieser Region sind fast ständig aktiv, wie historische Aufzeichnungen und, noch früher, indianische Überlieferungen belegen. Auf der zu Alaska gehörenden Aleuten-Inselkette liegen mehr als 40 Vulkane, die in historischer Zeit eruptierten, wie Hunderte von Berichten bezeugen. Älteste schriftliche Registrierungen stammen aus dem Jahr 1760; damals brach der Kasatochi aus.

An einigen Inseln haben Schuttlawinen, die von den zusammenstürzenden Vulkanen herunterbrausten, im Meer Tsunamis ausgelöst. Die Eruption des Augustine im Jahr 1883 erzeugte einen Tsunami, der in Port Graham (Alaska) noch eine Höhe von zehn Metern hatte. Der Mount Pavlof hat die Eigenart, meist in der Zeit von September bis Dezember auszubrechen. Dieser sehr sensible Stratovulkan wird offenbar schon von mäßigen jahreszeitlich bedingten Belastungen wie Schnee- oder Eismassen oder sogar Luftdruckveränderungen zur

Eruption gebracht. In letzter Zeit waren in dieser Region vor allem der Augustine, der Cleveland und der Shishaldin aktiv.

In Kanada sind unter anderem das Iskut-Vulkanfeld, ein pyroklastischer Kegel am Tseax-Fluss und der Komplex des Edziza Teil der vulkanisch geprägten nordamerikanischen Kordilleren. Nach einer Legende der Ureinwohner vom Volk der Nisga'a strömte Lava aus den Schlackenkegeln am Tseax-Fluss 23 Kilometer bis zum Fluss Nass und bildete dort einen natürlichen Staudamm. Frei liegende verhärtete Lava am Ufer des Nass zeigt, dass

sie tatsächlich über feuchten Grund geströmt ist, und bestätigt so die Legende.

Im Kaskadengebirge in den USA zeigten seit Beginn der Geschichtsschreibung Mount Baker, Glacier Peak, Mount Rainier, Mount St. Helens, Mount Hood, Mount Shasta und Lassen Peak wechselnde vulkanische Aktivität. Die ausführlich dokumentierte Eruption des Mount St. Helens im Mai 1980 machte diesen Berg zum bekanntesten der hier aufgelisteten Vulkane.

DIE GRÖSSTE ERUPTION IM 20. JAHRHUNDERT

Im Jahr 1912 förderte der Novarupta auf der Alaska-Halbinsel bei einer heftigen Explosion binnen 60 Stunden über 30 Kubikkilometer Asche und Lava. Feine Asche verdunkelte über weiten Teilen der Nordhalbkugel den Himmel; wie es heißt, war zwei Tage lang im nahe gelegenen Kodiak eine am ausgestreckten Arm gehaltene Laterne nicht zu sehen, und im entfernten Vancouver zerstörte saurer Regen die Wäsche auf der Leine. Die Eruption mit dem Explosivitätsindex (VEI) 6 war zehnmal stärker als die des Mount St. Helens. Pyroklastische Ströme rasten in die angrenzenden Täler des Knife Creek und Ukak und füllten diese über 24 Kilometer Länge mit einer teils 200 Meter mächtigen Schicht aus vulkanischen Trümmern auf.

Eine Expedition, die Robert Griggs 1916 im Auftrag von National Geographic leitete, ergab, dass das Tal immer noch von Tausenden brodelnder Fumarolen durchsetzt war, die von kochendem Wasser unter der heißen Ignimbritschicht verursacht wurden. Dieses Schauspiel inspirierte Griggs zu dem Namen „Tal der zehntausend Dämpfe". Erst in den 1930er Jahren hörte die Fumarolentätigkeit auf. Die Eruption leerte die Magmakammer unter dem Katmai-Vulkankomplex, sodass dieser einbrach und eine Caldera entstand. Diese füllt inzwischen

Vulkane des nördlichen Pazifikraums

ein See. Der Ausbruch des Novarupta hatte zwar denselben Vulkanexplosivitätsindex wie die Eruption des indonesischen Krakatau 1883, doch gab es wegen der Abgeschiedenheit des Vulkans keine Menschen als Opfer zu beklagen.

Vulkane Mexikos und Mittelamerikas

Die Vulkankette in Mexiko und Mittelamerika geht im Süden in die Anden und im Norden in die nordamerikanischen Kordilleren über. Parallel zu den großen Vulkanen taucht der Pazifikboden – in diesem Fall die Cocos-Platte – vor der Küste in der Mittelamerikarinne unter die Nordamerikanische und Karibische Platte ab.

UNTEN Glühende Asche und Lava schießen aus dem Arenal im Parque Nacional Volcán Arenal in Costa Rica heraus. Am 29. Juli 1968 riss nach 400-jähriger Ruhe eine schwere Eruption die Westflanke des Vulkans auf. Der Arenal, einer der aktivsten Vulkane der Welt, ist fast täglich tätig.

Wo der Meeresboden unter die Nordamerikanische und die Karibische Platte subduziert wird, markiert eine seismisch aktive Zone die schräg abtauchende Platte. Diese schmilzt in der Tiefe auf, und es entstehen große Mengen Magma, die durch die darüberliegende Kruste aufsteigen und die örtlichen Vulkane speisen. Die Region ist bekannt für ihre großen explosiven Eruptionen.

MEXIKOS NEUE VULKANE

Besonders interessant sind die „neuen Vulkane" in Zentralmexiko, etwa der berühmte Parícutin, der zwischen 1943 und 1952 aus einer Spalte in einem Maisfeld wuchs, einen Schlackenkegel bildete und zäh fließende Lava förderte. Menschenleben blieben verschont, doch zerstörte der Vulkan Ackerland und tötete Vieh. Binnen zweier Jahre verschwand das Städtchen Parícutin unter einer Lavadecke, aus der nur noch die Kirche herausragt.

AKTIV UND GEFÄHRLICH

Popocatépetl, der „rauchende Berg", ist Mexikos gefährlichster Vulkan. In den letzten 10 000 Jahren zeigte er drei große Eruptionen, zuletzt um das Jahr 800. Dabei gingen stets gewaltige pyroklastische Ströme und Schlammströme (Lahare genannt)

Obsidian ist ein glasähnliches Vulkangestein und entsteht, wenn kieselsäurereiche Lava so schnell abkühlt, dass sich keine mineralischen Kristalle bilden können. Obsidian ist meist schwarz, manchmal auch braun oder rot; einige Formen schimmern im Sonnenlicht sehr schön golden, silbern oder in Regenbogenfarben. Frühe Kulturen Amerikas schätzten das Gestein, da es sich zu messerscharfen Werkzeugen wie Speerspitzen oder Klingen sowie blank poliert zu Spiegeln oder sonstigen Artefakten verarbeiten ließ.

in die umgebenden Ebenen nieder, in denen derzeit rund 20 Millionen Menschen leben. Nach fast 50 Jahren Ruhe wurde der riesige Stratovulkan vor einigen Jahren wieder tätig.

Als aktivster Vulkan Mexikos gilt der Colima – er brach innerhalb der letzten 450 Jahre mit mehreren heftigen Eruptionen aus. Vor rund 4000 Jahren gab es hier einen gewaltigen Bergsturz, der weit größer war als jener am Mount St. Helens. Heute leben im Umkreis von 40 Kilometern fast 300 000 Menschen. Explosive Eruptionen wie zuletzt im Jahr 1913 zerstören regelmäßig den Gipfel und hinterlassen einen Krater. Bis zur nächsten Explosion wächst dann wieder ein Lavadom heran und bildet einen neuen Gipfel. Die mexikanischen Behörden sind darauf vorbereitet, im Falle eines Ausbruchs die umliegenden Orte zu evakuieren.

El Chichón war ein kleiner andesitischer Tuffkegel im Süden Mexikos. Er erwachte 1982; damals sprengten drei heftige Eruptionen den Lavadom am Gipfel und schufen einen neuen Krater, in dem sich heute ein saurer Kratersee befindet. Pyroklastische Ströme zerstörten die Dörfer der Umgebung, töteten über 2000 Menschen und Vieh und vernichteten die Ernte. Zehntausende mussten fliehen. Durch die Eruption gelangten große Mengen von schwefeldioxidhaltigen Aerosolen in die Atmosphäre. Sie sorgten mehrere Jahre für besonders leuchtende Sonnenuntergänge, doch gelangte auch weniger Sonnenenergie auf die Erdoberfläche.

Der Fuego ist einer von Guatemalas höchst aktiven Vulkanen – gefährlich nahe zur Stadt Antigua. Der heutige Vulkan entstand durch den dramatischen Zusammenbruch seines Vorgängers Meseta vor 8500 Jahren. Seit der Ankunft der Spanier 1524 wurden am Fuego immer wieder Asche- und Lavaeruptionen sowie pyroklastische Ströme verzeichnet.

Der Vulkan Santa María in Guatemala ist seit seiner verheerenden Eruption im Jahr 1902, bei der mehr als 5000 Menschen starben, berüchtigt. Der Ausbruch erfolgte völlig überraschend nach mehr als 500-jähriger Ruhe. Der Stratovulkan ist immer noch gefährlich, denn der Lavadom, der im damals

entstandenen Krater wächst, könnte einstürzen, wie es schon 1922 geschah. Damals forderten pyroklastische Ströme und Lahare erneut Todesopfer.

Am Vulkankomplex des San Cristóbal in Nicaragua kam es 1998 zu einem katastrophalen Erdrutsch und Lahar. Zwei Städte wurden zerstört, über 2500 Menschen starben. Die Hänge des Vulkans waren durch die sintflutartigen Regenfälle des Hurrikans Mitch aufgeweicht, die auch in ganz Mittelamerika zahlreiche Erdrutsche verursachten.

Der Arenal ist Costa Ricas jüngster und zugleich aktivster Vulkan. Der symmetrisch geformte andesitische Kegel wächst seit 7000 Jahren durch Lavaströme und Phasen explosiver Tätigkeit, die alle paar Jahrhunderte auftreten. Die jüngste eruptive Phase begann 1968 und ist von gelegentlichen pyroklastischen Strömen begleitet.

OBEN In Costa Rica gibt es elf Vulkane, sieben davon gelten als aktiv: Arenal (im Bild), Barva, Irazú, Miravalles, Poás, Rincón de la Vieja und Turrialba. Inaktiv sind unter anderem Cerro Tilaran Orosí, Platanar und Tenorio.

OBEN LINKS Der 1770 entstandene Izalco in El Salvador war bis 1958 so aktiv, dass man ihn auch El Faro („Leuchtturm") nannte. Abgesehen von einer sehr kleinen Eruption 1966 ist er seitdem ruhig.

Vulkane der Karibik

Die schönen Inseln der Antillen bilden im Karibischen Meer einen Bogen, der sich von Puerto Rico bis Venezuela spannt. Die Inseln sind allesamt aktive Vulkane und säumen den östlichen Rand der Karibischen Platte. Gespeist werden sie von aufsteigendem Magma, das aus dem aufschmelzenden, in westlicher Richtung unter die Karibische Platte abtauchenden Atlantikboden entsteht.

Auf den auch „Westindische Inseln" genannten Inseln waren in den letzten 10 000 Jahren 17 Vulkane tätig, darunter eine neu entstehende Insel, der untermeerische Vulkan Kick-'em-Jenny. Die meisten Vulkane sind Stratovulkane mit Lavadomen; ihre Eruptionen sind daher oft explosiv und von pyroklastischen Strömen begleitet.

VERHEERENDER AUSBRUCH DES MOUNT PELÉE
Am 8. Mai 1902 sprengte der Druck, der sich seit über einem Jahr im Mount Pelée auf Martinique aufgebaut hatte, den Pfropfen aus erstarrtem Magma aus dem Vulkanschlot heraus. Zunächst stieg eine Eruptionssäule vom Gipfel auf, gefolgt von einer explosiven Eruption. Dann raste ein pyroklastischer Strom aus Asche und heißen Gasen die Hänge hinab und verbrannte die 29 000 Einwohner der Stadt St. Pierre in weniger als drei Minuten. Augenzeugen, die auf Schiffen im Hafen überlebten, berichteten später über das tödliche Ereignis.

Im Vergleich dazu kostete der fast zeitgleich erfolgte Ausbruch des Vulkans La Soufrière auf der Nachbarinsel St. Vincent am 6. Mai 1902 „nur" 1600 Menschen das Leben. Zwar eruptierten beide Vulkane mit derselben Wucht (dem Explosivitätsindex 4), doch fiel die Zahl der Todesopfer auf St. Vincent viel geringer aus, weil die meisten Menschen rechtzeitig evakuiert wurden.

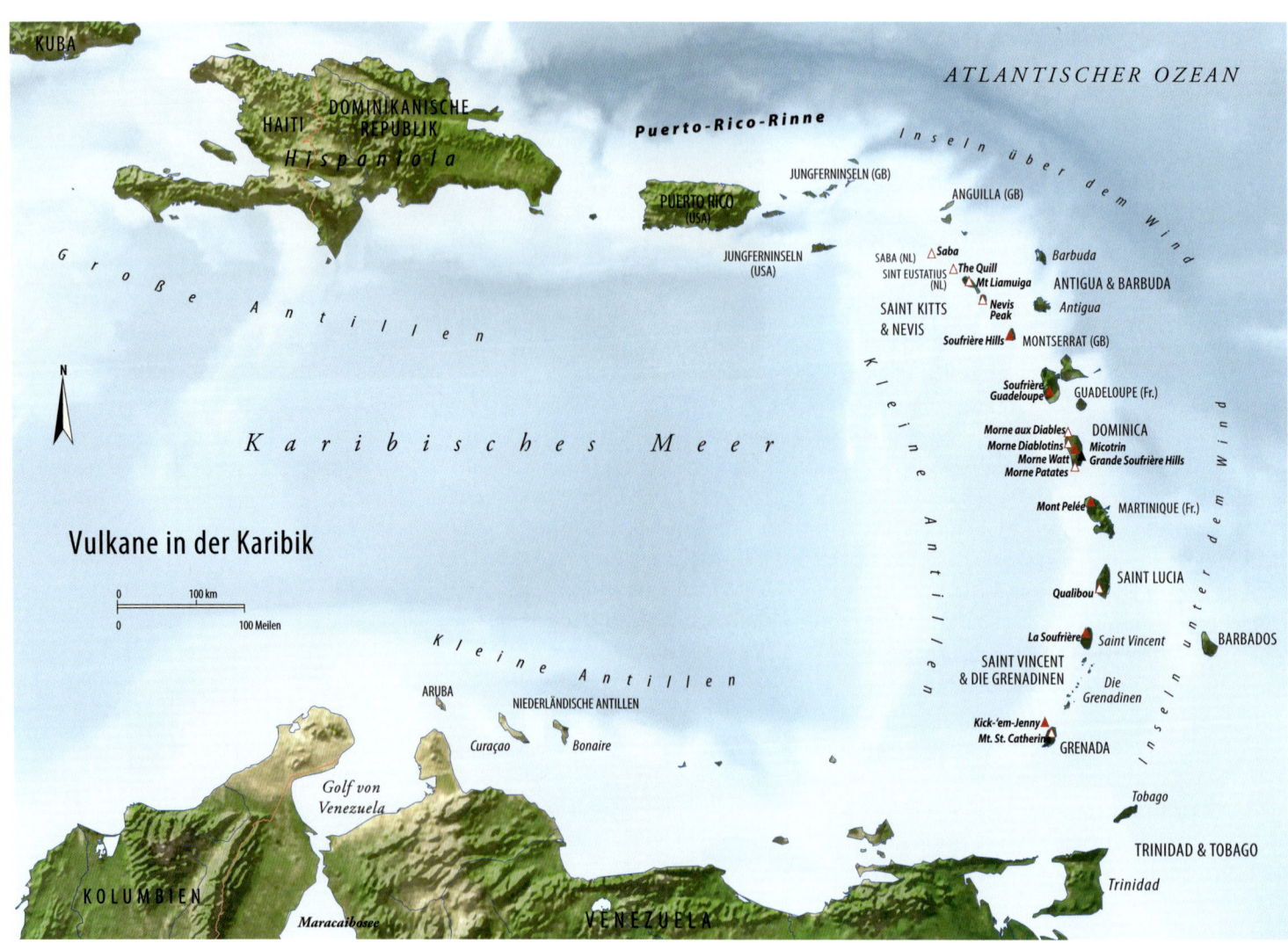
Vulkane in der Karibik

RECHTS Der zerklüftete Gipfel des Gros Piton erhebt sich neben dem kleineren Petit Piton 799 m über dem Meer. Beide Vulkane befinden sich an der Westküste von St. Lucia. Diese Insel entstand vor rund 50 Millionen Jahren, als sich der Atlantikboden unter die Karibische Platte schob und dadurch die Kleinen Antillen geschaffen wurden.

KARIBISCHE INSELVULKANE

Der Vulkan La Soufrière auf St. Vincent hatte 1718, 1812, 1902, 1971 und 1979 explosive Eruptionen. Heftiger Ascheregen tötete 75 Menschen beim Ausbruch von 1812, und 1902 wurde das nördliche Drittel der Insel in wenigen Minuten durch einen pyroklastischen Strom zerstört. Der Eruption von 1979 ging eine etwa 24-stündige Aktivitätsphase voraus. Man erkannte die Vorzeichen und evakuierte erfolgreich 17 000 Menschen; niemand kam zu Tode. Der sehr aktive Vulkan stellt auch weiterhin eine nicht zu unterschätzende Gefahr für die Bewohner der Umgebung dar. So müssen sie etwa alle 100 Jahre mit einer explosiven Eruption rechnen.

Der Soufrière auf Guadeloupe ist seit Beginn der historischen Aufzeichnungen im Jahr 1690 siebenmal ausgebrochen, zuletzt 1976. Damals kam es im zentralen Förderschlot zur Explosion und zu Spalteneruptionen. Pyroklastische Ströme und Lahare verwüsteten das Land und verursachten schwere wirtschaftliche Schäden. Die am Fuß des Vulkans gelegene Hauptstadt Basse-Terre musste evakuiert werden. Der Vulkan durchlief schon mehrere Zyklen aus Kegelbildung, Explosion und Calderaeinsturz, beginnend mit dem Kegel Grand Découverte vor rund 200 000 Jahren. Ihm folgten Aufbau und Zerstörung des Carmichael und dann des Amic. Der gegenwärtig aktive Vulkan Soufrière schließlich wuchs im Amic-Krater heran, nachdem sein Vorgänger um 7490 v. Chr. eingestürzt war.

Auch auf Montserrat ist ein Vulkan aktiv, der Soufrière Hills. Soufrière bedeutet übersetzt übrigens „Schwefelgrube", was erklärt, weshalb drei tätige Vulkane der Antillen diesen Namen tragen.

Schwache Erdbebenaktivität an den Vulkanen Morne Patates und Morne Micotrin auf Dominica, Liamuiga auf St. Kitts, Saba auf der gleichnamigen Insel, Mount Pelée auf Martinique und Qualibou auf St. Lucia zeigen, dass diese eines Tages erneut ausbrechen werden.

TÖDLICHE POLITIK

Die Geschichte der Eruption des Mount Pelée auf Martinique zeigt, welch entsetzliche Folgen es hat, wenn man die Vorzeichen eines drohenden Vulkanausbruchs ignoriert. Trotz Ascheregen, Schlammströmen und Explosionen ermunterten die örtlichen Behörden die Einwohner von St. Pierre, in der Stadt zu bleiben. Die Politiker wollten bei der für den 10. Mai 1902 anstehenden Wahl eine hohe Wahlbeteiligung sicherstellen. Der französische Gouverneur Louis Mouttet fuhr sogar höchstpersönlich nach St. Pierre, um der aufkeimenden Panik im Volk entgegenzuwirken. Er kam mit den anderen bei der Eruption ums Leben, und die Wahl fand nie statt.

Nach der verheerenden Eruption von 1902 war St. Pierre komplett zerstört. An Land überlebte nur ein Gefängnisinsasse.

OBEN Typisch für die raue Westküste von St. Vincent sind exponierte Kliffe aus Vulkangestein, die mit dichter Vegetation bedeckt sind. Die Insel im Süden der Kleinen Antillen ist rein vulkanischen Ursprungs und besteht vor allem aus Basalt und Andesit. Sie ist geologisch gesehen jung, ihr Gestein ist durchweg jünger als drei Millionen Jahre.

Vulkane Südamerikas

Die Vulkane Südamerikas befinden sich allesamt in den Anden am Westrand des Kontinents. Parallel zum Gebirge verläuft vor der Küste eine Tiefseerinne, die Peru-Chile-Rinne. Hier kommt es zur Subduktion, weil sich der östliche Rand des Pazifikbodens – die Nazca-Platte – unter die Südamerikanische Platte schiebt, und zur Entstehung zahlreicher Vulkane entlang der gesamten Westküste des Kontinents.

RECHTE SEITE Der Osorno im südchilenischen Seengebiet brach zuletzt 1869 aus. Dennoch gilt er als einer der aktivsten Vulkane der südlichen Anden, da es in den letzten 14 000 Jahren immer wieder zu Eruptionen und zur Ausbildung pyroklastischer Ströme kam.

UNTEN Die mit Gletschern bedeckten Vulkane Villarrica und Lanin liegen nebeneinander an der chilenisch-argentinischen Grenze. Der Villarrica war zuletzt 2006 aktiv, der Lanin dagegen ruht seit 560.

Aus dem teils aufgeschmolzenen Meeresboden mitsamt seines Sediments entstehen große aufsteigende Magmakörper aus leichtem andesitischem Material, das sich durch Hohlräume seinen Weg durch die darüberliegende Kruste sucht und durch die Vulkane austritt. So findet man an der südamerikanischen Westküste vulkanische Aktivität in drei Abschnitten, die mit auffallend inaktiven Zonen (eine in Peru, die andere in Nordchile) voneinander getrennt sind. Anhand von Erdbeben entlang der Subduktionszone können Geophysiker den Winkel berechnen, mit dem die Nazca-Platte abtaucht. Die Bereiche ohne Vulkantätigkeit entsprechen Gebieten, in denen der Subduktionswinkel flach ist. Hier entsteht zu wenig magmatische Schmelze, als dass sie Vulkane speisen könnte.

Südamerikas Westküste hat mehr Vulkane als jede andere Region der Erde; die meisten sind große, von Gletschern bedeckte Stratovulkane. Der Nevados Ojos del Salado in Chile ist mit 6891 Meter Höhe der höchste Vulkan der Erde. Die früheste dokumentierte Eruption war die des El Misti nahe der zweitgrößten Stadt Perus, Arequipa, um 1438. Abgesehen von unregelmäßiger Fumarolentätigkeit war El Misti zuletzt 1948 aktiv; durch Explosionen entstand damals ein von Schlacke gesäumter Kegel. Der Vulkan birgt ein großes Gefährdungspotenzial, liegt doch Arequipa nur 18 Kilometer entfernt.

SÜDAMERIKAS GEFÄHRLICHE RIESEN
Der Lascar nahe der chilenischen Stadt Toconao ist einer der aktivsten Vulkane der Zentralanden. Neben fortdauernder Fumarolentätigkeit bilden sich immer wieder Lavadome und Lavaströme, und gelegentlich schleudern vulkanianische Explosionen Asche in mehrere Tausend Meter Höhe.

Das in einem engen Tal nur zwölf Kilometer vom Vulkan entfernt gelegene Dörfchen Talabre war besonders von pyroklastischen und Schlammströmen bedroht, daher gab man es 1987 auf und baute es in höherer Lage neu auf.

Der Galeras in Kolumbien ist seit dem 16. Jahrhundert über 20-mal ausgebrochen. In den letzten Jahrzehnten war er immer häufiger aktiv. Im Januar 1993 etwa starben neun Menschen bei einer Eruption auf seinem Gipfel, darunter sechs Teilnehmer einer wissenschaftlichen Expedition. Im Juli 2006 ging nach einem explosiven Ausbruch ein Ascheregen auf die Dörfer der Umgebung nieder; die Behörden nahmen dies zum Anlass, 10 000 Menschen aus den nächstgelegenen Orten zu evakuieren. Die Stadt Pasto mit 400 000 Einwohnern liegt nur acht Kilometer südöstlich des Vulkans.

In Peru ist der Ubinas mit Unterbrechungen aktiv, zeigt aber konstante Dampf- und Fumarolentätigkeit. Im Mai und Juni 2006 lösten mehrere Explosionen mit Aschewolken, die bis auf 7900 Meter Höhe aufstiegen, die Alarmstufe Orange aus. Der Vulkan stellt eine Naturgefahr für etliche Dörfer in einem tiefen Tal dar, das von der Südostflanke des Berges herabführt. Während des Alarms von 2006 wurden rund 550 Familien evakuiert.

SCHWERE ERUPTIONEN

Der Tungurahua ist einer der aktivsten Vulkane Ecuadors; historisch belegt sind mindestens 17 Ausbrüche. 1995 erzwang er die vorübergehende Evakuierung der Stadt Baños mit mehr als 25 000 Einwohnern. Am 14. Juli 2006 zerstörte eine heftige explosive Eruption mit glühenden Felsbrocken und pyroklastischen Strömen die Äcker an den Hängen des Vulkans und tötete das Vieh. Nach Schätzungen waren mehr als eine Million Menschen betroffen. Die meisten Dörfer wurden nach ihrer Evakuierung zerstört. Es gab 60 Todesopfer, rund 4000 Menschen wurden umgesiedelt. Die Regierung kauft Land, um die Dörfer an anderen Standorten dauerhaft neu aufzubauen.

Verzeichnis der Vulkane
1. La Cumbre
2. Darwin
3. Wolf
4. Alcedo
5. Sierra Negra
6. Mojanda
7. Imbabura
8. Cayambé
9. Chachani

Vulkane Südamerikas

Die tragischste Eruption in der Region war wohl der Ausbruch des Nevado del Ruiz in Kolumbien 1985. Sie brachte Eis und Schnee am Gipfel des Vulkans zum Schmelzen und löste damit einen gewaltigen Schlammstrom aus. Die Stadt Armero wurde binnen weniger Minuten verschüttet; insgesamt starben rund 27 000 Menschen.

Vulkane Europas

Europas Vulkangebiete erstrecken sich von Spanien bis zum Kaukasus. Sie verlaufen über Süditalien (Kalabrischer Bogen), die griechischen Inseln (Hellenischer Bogen) und Zypern (Zypernbogen). Die meisten Vulkane sind inaktiv, einige wie der Ätna und der Vesuv in Italien stellen dagegen eine Gefahr für ihre Umgebung dar.

RECHTS Der Stromboli auf einer der Äolischen Inseln ist Italiens zweitaktivster Vulkan und mit seinen kleineren Eruptionen eine Touristenattraktion. Im Februar 2007 taten sich bei heftigeren Ausbrüchen zwei neue Spalten auf, aus denen im März Lava ins Meer strömte. Die letzte größere Eruption erfolgte im Dezember 2002.

UNTEN Unmittelbar hinter der Metropole Neapel erhebt sich der Vesuv. So malerisch die Szene erscheint – die Stadt wäre bei einer Eruption des Vulkans, vor allem angesichts der vorherrschenden Winde, in Gefahr. Der derzeitige Plan zur Evakuierung von 60 000 Einwohnern sieht für die Räumung 72 Stunden vor und wäre bei einer explosiven Eruption völlig indiskutabel.

Diese Vulkane sitzen entlang einer Linie, an der die nordwärts wandernde Afrikanische Platte unter die Eurasische Platte abtaucht. Die Ägäische und die Anatolische Mikroplatte des Mittelmeerraums werden dabei unaufhaltsam westwärts geschoben, sodass die Subduktionsgrenze einen weiten Bogen bis um die Adria bildet.

FRÜHESTE AUFZEICHNUNGEN UND ALTE LEGENDEN

Die Region blickt auf eine Jahrtausende während Geschichtsschreibung zurück und gilt als Wiege der Vulkanologie. Das Wort Vulkan leitet sich von der italienischen Insel Vulcano ab, dem Ort der legendären Feuerschmiede von Vulkan, dem römischen Feuergott. Das früheste Dokument eines Ausbruchs ist eine anatolische Felszeichnung von einer Eruption 6200 v. Chr. Berichte über die zahlreichen Ausbrüche des Ätna gehen bis 1500 v. Chr. zurück. Plinius der Jüngere erlebte und beschrieb die Eruption des Vesuv 79 n. Chr., die Pompeji zerstörte. Das erste Vulkanobservatorium der Welt wurde 1845 zur Überwachung des Vesuv errichtet.

TRÜGERISCHE BESTÄNDIGKEIT: DER STROMBOLI

Der Stromboli im Kalabrischen Bogen zählt zu den aktivsten Vulkanen der Erde; er ist seit über 2000 Jahren fast ständig aktiv. Stündlich kommt es zu kleineren Gasexplosionen, bei denen glühende Lavafetzen über den Kraterrand geschleudert werden. Lavaströme sind selten. Diese Art der Eruption bezeichnet man daher generell als „strombolianisch".

Nur selten kommt es zu heftigen Ausbrüchen. 1919 allerdings schleuderten mehrere große Explosionen riesige Lavablöcke aus, die vier Menschen töteten und etliche Häuser zerstörten. Vier Menschen starben 1930 durch pyroklastische Ströme, und 1986 wurde ein Biologe am Kraterrand durch einen herabstürzenden Lavablock getötet.

GEFAHR FÜR DIE MILLIONENSTADT: DER VESUV

Der Vesuv gehört zu den gefährlichsten Vulkanen der Welt, da sich die Metropole Neapel in direkter Nachbarschaft befindet. Die Stadt zählt über drei Millionen Einwohner, 600 000 Menschen leben unmittelbar im Gebiet des Vulkankegels oder in der roten Zone – also jenem Gebiet, das bei einer Eruption mit dem Explosivitätsindex 4 zerstört würde. Dieser Wert läge noch unter dem der Explosion des Mount St. Helens 1980, bei der wegen der relativ isolierten Lage des Berges nur 67 Menschen ums Leben kamen.

Berühmt ist der Vesuv vor allem für seinen Ausbruch im Jahr 79, der die Städte Herculaneum, Stabiae und Pompeji unter dicken Schichten von Schlacke, Asche und Schlamm begrub; allein in Pompeji tötete eine heiße Asche- und Gaswolke rund 2000 Menschen. Diese Eruption war die erste, die detailliert dokumentiert wurde – von Plinius dem Jüngeren. Vulkanologen bezeichnen explosive Eruptionen, die hohe Eruptionswolken erzeugen und große Flächen mit Asche bedecken, daher auch als „plinianisch".

SANTORIN UND DIE LEGENDE VON ATLANTIS

Im Jahr 1640 v. Chr. löschte ein Vulkanausbruch die minoische Kultur aus, die eine der frühesten Hochkulturen Europas war. Die Eruption (Explosivitätsindex 6) riss die Kykladeninsel Santorin buchstäblich in Stücke; wahrscheinlich entstand so die Legende von der versunkenen Stadt Atlantis. Rund 30 Kubikkilometer vulkanisches Material wurden ausgeworfen, und die Eruptionssäule stieg 37 Kilometer hoch. Nach dem Einsturz der unterirdischen Magmakammer blieb nur eine ringförmige Inselgruppe übrig, die heutigen Inseln Thera, Therasia sowie Aspronisi. Im Jahr 197 v. Chr. begann ein neuer Kegel emporzuwachsen – das erste dokumentierte Ereignis dieser Art. Santorin ruht zwar seit 1950, doch ist eine erneute Eruption durchaus möglich; dann wären die 10 000 Bewohner der Inseln in Gefahr. Andere potenziell gefährliche Vulkane des Hellenischen Bogens liegen auf den Inseln Milos, Kos, Nisyros und Yali.

Die Inseln von Santorin bilden eine Caldera mit steilen, fast senkrecht ins Meer abfallenden Kliffen. Im örtlichen Observatorium wird die vulkanische Aktivität ständig überwacht.

Vulkane des westlichen Pazifikraums

Der westliche Pazifikraum wird von der Halbinsel Kamtschatka, den Kurilen- und Ryukyu-Inseln, den Philippinen, den Izu-Inseln und den Marianen begrenzt. Sie alle sind vulkanische Inselbögen und bilden den westlichen Teil des „Pazifischen Feuerrings". Der Begriff „Inselbogen" wurde extra für diese vulkanischen Archipele geprägt.

RECHTE SEITE Schwarzer Sandstrand säumt das Ostufer des zu den Bonin-Inseln südlich von Japan gehörenden Eilands Iwojima („Schwefelinsel"). Der sogenannte Invasion Beach war Schauplatz einer großen Schlacht im Zweiten Weltkrieg. Im Hintergrund der 168 m hohe Vulkanschlot des Suribachi.

UNTEN Eine heiße Quelle im Vulkangebiet des westlichen Pazifikraums, besiedelt mit fadenförmien Bakterien. Diese hitzeliebenden Organismen leben im 50 bis 80 °C heißen Wasser eines Vulkanschlots.

RECHTS Die Nordseite des in Japan verehrten Fuji glüht rot in der Morgendämmerung. Seit 81 n. Chr. sind 17 Eruptionen für ihn belegt. Die letzte von 1707/08 war eine der größten, die jemals dokumentiert wurde. Sie währte 16 Tage, sprengte eine Bergflanke weg und erzeugte eine 10 km breite Aschesäule. Schwache Erdbeben führten um 2002 zu einer verstärkten Überwachung der Region.

Diese vulkanischen Inselbögen werden durch Randmeere vom asiatischen Festland getrennt. Dazu zählen das Ochotskische, das Japanische, das Ostchinesische und das Südchinesische Meer. Jeweils östlich vor diesen Meeren befinden sich tiefe, schmale Tiefseerinnen, darunter die Japan-, die Kurilen- und die Marianenrinne. Letztere weist mit 11 034 Metern die größte Meerestiefe der Erde auf. Die Rinnen markieren die Linie, an der die pazifische Kruste in den Erdmantel abtaucht. Die absinkende ozeanische Kruste schmilzt auf und bildet riesige Magmakörper, welche die Vulkane der Inselbögen speisen.

Viele Inseln bestehen aus einzelnen Vulkanen, während größere Landmassen wie die japanische Insel Honshu dagegen aus mehreren Vulkanen aufgebaut sind. In ferner Zukunft werden diese Inseln gegen das asiatische Festland gedrückt, da der Pazifik immer kleiner wird.

JAPANS HEILIGE VULKANE

Der Fuji ist der höchste Vulkan Japans. Er erhebt sich 3778 Meter über den Meeresspiegel und wird wegen seiner vollkommenen Kegelform von den Menschen verehrt. Der heutige Kegel begann sich vor rund 11 000 Jahren zu bilden und wuchs allmählich im Zuge von abwechselnd effusiven und explosiven Eruptionen heran. Derzeit ruht der heilige Berg; der letzte Ausbruch ereignete sich 1707. Damals schleuderte ein neu entstandener Krater an der Ostflanke Asche bis nach Tokio.

Der Aso ist Japans aktivster Vulkan; seit der ersten dokumentierten Eruption im Jahr 710 kam es zu mehr als 165 Ausbrüchen. Der Kikai ging in die Geschichte ein, weil er vor 6300 Jahren eine der weltweit größten explosiven Eruptionen des Holozäns zeigte: Anhand der Ausdehnung und Dicke der Asche- und Tephraschichten im Umland ermittelte man einen Explosivitätsindex von 7.

Der Unzen ist ein Vulkankomplex mit mehreren überlappenden Lavadomen in gefährlicher Nähe zu Nagasaki. 1792 löste der Zusammenbruch eines Lavadoms einen pyroklastischen Strom und einen Tsunami aus, die 14 525 Menschen den Tod brachten. Die meisten starben durch den Tsunami. Danach war der Unzen 198 Jahre lang ruhig, bis er am 17. November 1990 erneut erwachte. Kontinuierliche Erdstöße zeigten den Aufstieg von Magma an, und von 1991 bis 1994 wuchs sein Lavadom. In dieser Zeit verzeichnete man rund 10 000 pyroklastische Ströme durch abstürzende Lavablöcke am Rand des Doms. Am 3. Juni 1991 starben 43 Menschen, darunter die Vulkanologen Maurice und Katia Krafft, durch einen solchen pyroklastischen Strom. Der Unzen zählt mit dem Sakura-jima bei Kagoshima zu den Dekadenvulkanen, die ganz besonders überwacht und erforscht werden, da sie in der Nähe liegende Siedlungsgebiete bedrohen.

TOKIOS ERDBEBENGEFAHR

Die Umgebung von Tokio ist seismisch besonders aktiv, weil sich der „Feuerring" hier in zwei Äste um das Philippinische Meer herum aufzweigt. Die Bögen der Izu- und Marianen-Inseln bilden seine östliche, Südjapan, die Philippinen und die Ryukyu-Inseln seine westliche Begrenzung. Die Kruste ist hier enormen Belastungen ausgesetzt, und die aufgestaute Energie entlädt sich regelmäßig in Form schwerer Erdbeben. Das große Kanto-Erdbeben vom 1. September 1923 zerstörte die Stadt Yokohama komplett und Tokio zu 70 Prozent; 143 000 Menschen starben. Der 1. September ist in Japan inzwischen der Tag der Katastrophenvorsorge, an dem die Einwohner mit großem Aufwand auf das nächste große Beben vorbereitet werden.

IZU-UND MARIANEN-ARCHIPEL

Die Inselbögen der Izu-Inseln und Marianen zählen derzeit 42 Vulkane; 20 sind untermeerisch und wachsen noch in Richtung Wasseroberfläche. Im März 1990 wurde der Anatahan aktiv, sodass die 23 Bewohner evakuiert werden mussten. Im April war sein Kratersee verkocht. Auch der Sarigan zeigte unlängst Anzeichen von Aktivität; im August 2005 registrierte man Hunderte kleiner Erdstöße.

RUSSISCHE FÖDERATION

Polarkreis

Kamtschatka-Halbinsel

Ochotskisches Meer

Kljuchevskoy · Shiveluch
Ichinsky · Uzimen · Bezymianny
Khangar · Kronotsky
Bakening · Karimski
Koryaksky · Avachinsky
Opala · Gorely · Mutnovsky
Ksudach · Zheltovsky
Alaid · Koshelev
Chikurachi · Ebeko
Tao-Rusyr
Kurilen · Raikoke · Harimkotan
Ketoi · Rasshua
Zavaritzki
Kolokol
Medvezhia
Astonupuri · Baransky
Tiatia
Akan
Hokkaida
Tokachi · Shikotsu
Usu · Komaga-take
Kurilengraben

CHINA

Japanisches Meer

Iwate
Honshu
Bandai · Azuma
Asama
Japangraben

NORD-KOREA
SÜD-KOREA

Ost-chinesisches Meer

JAPAN
Oshima
Miyake-jima
Izu-shoto (Izu-Inseln)

PAZIFISCHER OZEAN

Unzen · Aso
Sakura-jima · Kirishima
Myojin-sho
Kyushu
Kuchinoerabu-jima · Kikai
Tori-shima
Suwanose-jima · Nakano-shima
Boningraben
Okinawa-Tori-shima
Nishino-shima
Nansei-shoto (Ryukyu-Inseln) · Ryukyurinne

Kita-Iwo-Jima
Iwo-Jima
Shin-Iwo-Jima
Nördl. Wendekreis

Farallon de Pajaros
Asuncion
Agrihan · Nördliche
Pagan · Marianen
Alamagan
Guguan
Sarigan
Anatahan

PHILIPPINEN
Luzon
Marianengraben

Pinatubo
Taol
Guam
Mayon
Bulusan
Philippinensee
Canlaon
Negros
Sulusee
Philippinengraben
Ragang
PALAU
Mindanao
Celebessee

Vulkane des westlichen Pazifikraums

0   500 km
0   500 Meilen
Äquator

Sulawesi (Celebes)
INDONESIEN
Neuguinea
PAPUA-NEU-GUINEA
Halmahera
Bandasee
Solomonsee
OST-TIMOR
Timor
Arafura-see
Timorsee
Korallensee
AUSTRALIEN

KAMTSCHATKAS VULKANRIESEN

Mit mehr als 100 aktiven und etlichen inaktiven Vulkanen zählt der Südwesten der russischen Halbinsel Kamtschatka zu den vulkanisch aktivsten Gebieten der Welt. Die Vulkane reihen sich auf rund 700 Kilometer Länge aneinander, 30 von ihnen sind in jüngerer Zeit ausgebrochen. Die derzeit tätigsten Vulkane sind Besymianny, Karimski, Kljutschewskaja Sopka und Schivelutsch.

Der 6100 Jahre alte Karimski ist unter ihnen der aktivste, zeigte er doch im 20. Jahrhundert

23 Ausbrüche, zuletzt 1996. Eruptionen unter dem sechs Kilometer vom Vulkan entfernten Karimskisee erzeugten Tsunamis und ließen das Wasser sauer werden, sodass die darin lebenden Fische starben. Derzeit gilt für den Vulkan die Alarmstufe Orange.

Der Kljutschewskaja Sopka ist der größte aktive Vulkan Eurasiens und der höchste Berg Kamtschatkas; sein makelloser Kegel ragt 4750 Meter hoch auf. Dieser 8000 Jahre alte Vulkanriese erwachte 1697 wieder zum Leben und zeigt seitdem etwa alle fünf Jahre oder häufiger Eruptionen. Bislang

GESTEINSKUNDE: ANDESIT

Andesit ist eines der häufigsten Vulkangesteine über Subduktionszonen wie dem „Pazifischen Feuerring". Es besteht aus abgekühlten intermediären Laven, die von Stratovulkanen gefördert wurden; manchmal enthält der sehr feinkörnige oder glasartige Andesit auch Feldspatkristalle. Die Andesitlinie markiert den regionalen Übergang der geologischen Verhältnisse vom basaltischen Vulkangestein des zentralpazifischen Beckens zum andesitischen Gestein an den Kontinentalrändern. Die Andesitvorkommen rund um den Pazifik finden sich in den Tiefseerinnen.

war er für die Einwohner der Stadt Kljutschi in 30 Kilometer Entfernung noch keine Bedrohung.

Der nördlichste aktive Vulkan auf Kamtschatka ist der 3285 Meter hohe Schivelutsch. Die Aufzeichnungen über seine Ausbrüche gehen bis in das Jahr 1739 zurück; 1854, 1964 und zuletzt im Mai 2001 kam es zu großen Eruptionen. Wegen seiner häufigen und heftigen explosiven Ausbrüche bedroht er die nahe gelegenen Städte Kljutschi und Ust-Kamtschatsk und gefährdet auch den Flugverkehr zwischen Nordasien und den USA. Für ihn gilt gegenwärtig die Alarmstufe Orange.

TÖDLICHE VULKANE AUF DEN PHILIPPINEN

Die Eruptionen philippinischer Vulkane wie Taal, Mayon oder Pinatubo hatten oft besonders schwere Auswirkungen. Der starke Regen auf den von Taifunen heimgesuchten Inseln führt häufig zu Schlammströmen, die selbst dann noch drohen, wenn der Vulkanausbruch längst vorbei ist.

Der schön geformte Mayon ist der gefürchtetste Vulkan der Philippinen. Obwohl er seit 1616 etwa 50-mal ausgebrochen ist, wird an seinen Hängen reger Ackerbau betrieben. Die Stadt Legaspi mit 157 000 Einwohnern liegt nur 15 Kilometer südöstlich des Vulkans, dessen heftigster Ausbruch 1814 über 1200 Menschen das Leben kostete; damals begrub ein Schlammstrom die Stadt Cagsawa unter sich. Die jüngste Eruption führte 2001 zur Evakuierung von 50 000 Menschen. Es besteht eine Sperrzone in sechs Kilometern Umkreis um den Krater, und 2006 warnte das vulkanologische Observatorium, jederzeit drohe eine neue explosive Eruption.

Nach 450 Jahren Ruhe erwachte der Pinatubo am 2. April 1991 wieder zum Leben. Als die Lage immer kritischer wurde, richteten die Behörden eine 20-Kilometer-Sperrzone ein; 58 000 Menschen wurden evakuiert. Am 15. Juni kam es im

Morgengrauen zu zwei Explosionen mit pyroklastischen Strömen. Der gewaltige Ausbruch (Explosivitätsindex 6) ließ eine Eruptionssäule 35 Kilometer hoch aufsteigen. Der Gipfel des Vulkans wurde weggesprengt, und es entstand eine 2,5 Kilometer weite Caldera.

Die Eruption des Pinatubo traf zudem zeitlich mit dem tropischen Wirbelsturm Yunya auf den Inseln zusammen. Die in der Luft befindliche Asche mischte sich mit dem Wasserdampf zu schwerem, schwarzem Ascheregen, der auf der ganzen Insel Luzon niederging. Die nasse, dichte Masse häufte sich schnell an und ließ viele Häuser über ihren Bewohnern einstürzen. Insgesamt kamen 722 Menschen ums Leben; es wird Jahrzehnte dauern, bis sich die Region erholt haben wird. Immer wieder lösen sich Ascheablagerungen durch Monsunregen und Taifune von den Vulkanflanken und bilden riesige Schlammströme.

Der Pinatubo verursachte die schwerste atmosphärische Störung seit dem Ausbruch des Krakatau 1883. Feine Asche verbreitete sich binnen zweier Wochen über den Globus und bedeckte innerhalb eines Jahres den gesamten Planeten; die globalen Temperaturen sanken um 0,5 °C. Durch den Ausbruch gelangten auch 22 Millionen Tonnen Schwefeldioxid in die Atmosphäre, das mit Wasser Schwefelsäure bildete und als saurer Regen niederging. Mehrere Jahre lang beobachtete man in aller Welt besonders spektakuläre Sonnenuntergänge, und 1992 und 1993 war das Ozonloch über der Antarktis ungewöhnlich groß.

UNTEN Der Riesenseeadler *(Haliaeetus pelagicus)* besiedelt die Küsten Ostasiens. In seinem Brutgebiet auf Kamtschatka baut er Nester von bis zu 1,8 m Durchmesser. Auf der Halbinsel leben auch Braunbären, Seeotter und Lachse.

GANZ UNTEN Drei Vulkane der russischen Halbinsel Kamtschatka auf einen Blick: Besymianny (vorn), Kamen (Mitte) und Kljutschewskaja Sopka (hinten). 1956 explodierte der bis dahin inaktive Besymianny; im Dezember 2006 zerstörte eine weitere Eruption seinen Lavadom.

Vulkane Indonesiens

Die zahlreichen Erdbeben und aktiven Vulkane der Subduktionszonen, darunter hochexplosive wie Merapi,
Krakatau und Tambora, machen Indonesien tektonisch gesehen zu einem der gefährlichsten Orte der Erde.
Für die Einwohner gehört es zur täglichen Routine, Vulkanasche wegzufegen.

OBEN Eine blühende Ranke als Vorbote neuen Lebens auf den aschebedeckten Flanken des Anak Krakatau. Pflanzensamen gelangen über verschiedene Wege auf die nährstoffreiche vulkanische Asche, etwa über Vogelkot oder mit dem Wind.

Die über 13 000 Inseln des indonesischen Archipels bilden einen sanft geschwungenen Bogen. Sie wurden aus aufsteigendem Magma geformt, das durch Aufschmelzen der kontinuierlich unter die Eurasische Platte abtauchenden Indisch-Australischen Platte entstand. Die Subduktion erfolgt in der Javarinne südwestlich vor dem Archipel mit einem Tempo von rund 6,5 Zentimetern pro Jahr. Hier schiebt sich die Platte kontinuierlich in die Tiefe hinab, bis sie schließlich aufschmilzt; die dabei aufgestaute Energie entlädt sich immer wieder in schweren Erdbeben.

In Indonesien gibt es 76 in historischer Zeit aktive Vulkane. Dort und auf dem japanischen Archipel findet ungefähr ein Drittel der weltweiten explosiven Vulkanausbrüche statt. In Indonesien fordern die Eruptionen stets besonders viele Todesopfer, zerstören Land und gehen mit Tsunamis, Laharen und pyroklastischen Strömen einher.

GRÖSSTE ERUPTION SEIT MENSCHENGEDENKEN

Der Tambora war rund 5000 Jahre lang untätig gewesen, bis am 5. April 1815 mehrere noch in 1400 Kilometer Entfernung hörbare Donnerschläge sein Erwachen verkündeten. Noch größere Eruptionen folgten am 10. und 11. April. Drei in große Höhe aufsteigende Feuersäulen, so ein Bericht, schleuderten 50 Kubikkilometer Material aus. Der Ausbruch war einer der größten der letzten 10 000 Jahre (Explosivitätsindex 7) und kostete rund 92 000 Menschen das Leben. Der Gipfel des Vulkans wurde weggesprengt, und zurück blieb eine tiefe Caldera. Die begleitenden Erdbeben waren noch in 500 Kilometer Entfernung spürbar.

Die gewaltigen Massen feiner Asche, die der Tambora in die Stratosphäre geschleudert hatte – manche Schätzungen belaufen sich auf 400 Kubikkilometer – verteilten sich rasch, sodass die Temperatur weltweit um 3 °C sank. Die Nordhalbkugel war von dieser Abkühlung besonders betroffen. In Teilen Europas und Nordamerikas ging 1816 als das „Jahr ohne Sommer" in die Geschichte ein; die Ernte fiel aus, und es kam zu Hungersnöten. Derweil wächst in der Gipfelcaldera ein neuer Kegel heran, der Doro Afi Toi.

DER AUSBRUCH DES KRAKATAU

Am Morgen des 27. August 1883 brach der Krakatau in der Sundastraße aus. Die Eruption und die
nachfolgenden Tsunamis töteten 36 400 Menschen.
Die fünf Explosionen waren die lautesten je dokumentierten Geräusche. Asche- und Gaswolken stürzten aus den kollabierenden Eruptionssäulen und
löschten auf den nahen Inseln alles Leben aus. Noch
zerstörerischer waren die Tsunamis, die – bis zu
40 Meter hoch – 165 Dörfer hinwegfegten. Auf
dem Meer treibender Bimsstein verstopfte die
Sundastraße, und Aschepartikel in der Atmosphäre
umrundeten in 13 Tagen den Äquator, sodass um
Sonne und Mond ungewöhnlich bunte Halos erschienen. Drei Monate später hatte die Asche höhere Atmosphärenschichten erreicht und erzeugte
nun flammend rote Sonnenuntergänge. Die globalen Temperaturen sanken im Folgejahr um 1,2 °C
und erreichten erst 1888 wieder den Normalwert.

DAS KIND DES KRAKATAU

Beim Ausbruch des Krakatau 1883 wurden rund
18 Kubikkilometer Material in die Luft geschleudert.
Danach war der ursprünglich 830 Meter über dem
Meeresspiegel aufragende Krater bis in 250 Meter
Meerestiefe abgetragen. Zwei Drittel der ursprünglich neun mal fünf Kilometer großen Insel waren
verschwunden, wahrscheinlich versunken in der
untermeerischen, durch die gewaltige Eruption
(Explosivitätsindex 6) entstandenen Caldera.

Am 29. Dezember 1927 beobachteten javanische
Fischer, wie Dampf- und Aschewolken aus dem
Meer aufstiegen und drei Jahre später sahen sie die
Geburt des Anak Krakatau („Kind des Krakatau").
Ein aus wechselnden Schichten von Asche und
andesitischer Lava aufgebauter Kegel tauchte aus
dem Wasser auf. Seit den 1950er Jahren wuchs er
wöchentlich um rund 13 Zentimeter und war
2006 schließlich über 300 Meter hoch. Bis er aber
die Höhe seines Vorgängers erreichen wird und den
nächsten explosiven Zyklus vollenden könnte, muss
der Anak noch ein gutes Stück größer werden.

MERAPI, DER BERG DES FEUERS

Die Spitze des Merapi ist kahl, weil hier oft Asche
niedergeht und Abbrüche des Lavadoms am Gipfel
Glutwolken (auch *nuées ardentes* genannt) auslösen.
Die unteren Flanken dagegen sind dicht bewachsen. Viele Bauern bearbeiten hier den fruchtbaren
vulkanischen Boden – ein gefährlicher Lebensraum. Im Jahr 1930 tötete eine besonders verheerende Eruption 1300 Menschen. Ein weiterer
Ausbruch 1976 forderte 28 Opfer und machte
1176 Menschen obdachlos. 1979 lösten heftige
Regenfälle Ablagerungen an den Flanken des

LINKS Wie Perlen einer Kette säumen Vulkane die indonesischen
Inseln. Der Inselstaat befindet
sich über einer der aktivsten
Subduktionszonen der Erde; die
abtauchende Kontinentalplatte
lässt Vulkane entstehen, die für
die größten Eruptionen der Welt
verantwortlich sind.

OBEN Der Anak Krakatau im Mai
1994 während einer seiner vielen
eruptiven Phasen seit 1883. Dabei stieß er etwa alle 20 Minuten
Asche aus. Über mehrere Monate hinweg förderte er auch Lavaströme und -bomben.

UNTEN Der Bromo, ein aktiver Vulkan im Bromo-Tengger-Semeru-
Nationalpark auf Java, ist seit 1767
über 60-mal ausgebrochen. 1966
tötete eine Eruption 39 Menschen,
1994 starben zwei Wanderer am
Kraterrand. Derzeit gilt für den
Bromo die Alarmstufe Orange.

THAILAND

Südchinesisches Meer

M A L A Y S I A

BRUNEI

Simeulue

Nias

SINGAPUR

Sumatra

Kepulauan Mentawai

Äquator

Borneo

Makassarstraße

Colo ▲

Molukke

Kerangetang
Tongkoko
Mahawu
Soputan

Sulawesi (Celebes)

Peuet Sague ▲

Tandikat ▲ ▲ Mrapi
▲ Talong
▲ Kerinci

Kaba ▲
Dempo ▲

Javasee

I N D O N E S

Krakatau ▲
Tangkuban Parahu
Gede ▲ Cereme
Guntur ▲ ▲ Slamet ▲ Dieng
Papandayan ▲ Galunggung
Sundoro ▲
Merapi ▲
Tengger
Kelut ▲
Semeru ▲ ▲ Ijen
Api Batur ▲ Raung
▲ Agung

Bali Rinjani ▲

Tambora ▲ Sangeang Api ▲

Flores Leroboleng
Egon ▲ Sirung
Iya Lewotobi Iliwerung

Floressee
Batu Tara ▲

Lombok *Sumbawa*

Sumba

Java

Vulkane Indonesiens

N

0   200 km
0   200 Meilen

INDISCHER OZEAN

Vulkans, die als Schlammströme 20 Kilometer weit hinabrasten; 80 Menschen starben. 1994 schließlich gingen nach einem Domzusammenbruch an der Südseite des Vulkans pyroklastische Ströme nieder und töteten 43 Personen. Heute leben rund 50 000 Menschen an den Flanken des Merapi, und Yogyakarta mit seinen drei Millionen Einwohnern liegt nur 35 Kilometer südlich entfernt.

MERAPIS PERMANENTE GEFAHR

Wegen seiner immer wieder heftigen Aktivität und der Nähe zu Yogyakarta erklärte man den Merapi im Rahmen der Internationalen Dekade zur Reduzierung von Naturkatastrophen (1990 bis 2000) zum Dekadenvulkan. Er wird vom Vulkanologischen Dienst Indonesiens besonders überwacht.

Anfang April 2006 verzeichnete man verstärkte seismische Aktivität, und am Kegel zeigte sich eine Aufwölbung. Am 23. April deuteten Rauchwolken und zahllose kleine Beben den Aufstieg von Magma an. Im Mai evakuierte man 17 000 Menschen, und nach einer Woche immer wieder auftretender

Dukono
Gamkonora
malama *Halmahera*
Hari

olukken

Seram

Bandi Api ▲

dasee

I   E   N

▲ *Serua*

Nila

Kepuluan Aru

Neuguinea

Kepuluan Tanimbar

Arafurasee

imorsee

AUSTRALIEN

DAS ERDBEBEN AUF JAVA 2006

Am Morgen des 27. Mai 2006 traf ein verheerendes Erdbeben der Stärke 6,3 die dicht besiedelte Region an der Südflanke des Merapi. Das Beben dauerte nur 57 Sekunden und ließ Zehntausende schlecht konstruierte Gebäude einstürzen. Insgesamt gab es mehr als 6000 Tote und siebenmal so viele Verletzte. Die dem Epizentrum nächstgelegene Stadt Bantul wurde am stärksten getroffen und zu 80 Prozent zerstört. Auch in Yogyakarta nahmen viele Gebäude schweren Schaden. Insgesamt wurden 67 000 Häuser zerstört und rund 200 000 Menschen obdachlos. Da die Erinnerung an das Erdbeben und den Tsunami von 2004 noch frisch war, flohen viele Küstenbewohner sofort ins Landesinnere, als die Erde bebte. Doch zum Glück kam es zu keinem Tsunami, da das Epizentrum nahe dem Vulkan lag und nicht im Meer. Zwei Nachbeben der Stärke 4,8 und 4,6 versetzten die Überlebenden Stunden später erneut in Schrecken.

Das am 31. Mai 2006 aufgenommene Luftbild zeigt das Ausmaß der Verwüstung im Bezirk Klaten von Yogyakarta. Das Epizentrum des Erdbebens befand sich rund 16 km südwestlich der Stadt.

Lavaströme mussten schließlich alle Bewohner das Gebiet verlassen. Am 16. Mai hatte die Aktivität nachgelassen, die Dorfbewohner kehrten allmählich zurück. Doch dann kam es ganz in der Nähe überraschend zu einem schweren Erdbeben. Die schwache seismische Aktivität wuchs danach auf das Dreifache an – der Merapi wurde wieder aktiv.

SCHWIERIGE ERDBEBENVORHERSAGE

Die Regierung reagierte nicht schnell genug auf das Erdbeben; es fehlte den Überlebenden an Trinkwasser, Strom, Nahrung, Unterkünften und medizinischer Versorgung. Auch finanzielle Hilfe kam nur zögerlich, und noch sechs Monate nach der Katastrophe hatten 40 Prozent der obdachlos gewordenen Menschen kein Dach über dem Kopf. Die Regierung ging das Problem, schnellstmöglich Unterkünfte für fast 50 000 Menschen zu schaffen, nun verstärkt an, damit die meisten Betroffenen wenigstens in der Regenzeit Schutz fanden.

Die verstärkte vulkanische Aktivität im Juni führte man auf das Erdbeben zurück. Wissenschaftler glaubten, es hätte womöglich den Lavadom am Gipfel des Merapi angeknackst, und äußerten die Sorge, dieser könnte kollabieren und gewaltige Gesteins- und Lavamassen ausspeien. Ende Juni setzte man jedoch die Alarmstufe herab; eine Eruption stand nicht mehr unmittelbar bevor. Dennoch ist dies für die Zukunft nicht auszuschließen – der Merapi bleibt gefährlich.

LINKS Touristen besuchen am 17. Juni 2006 das Kaliadem Resort. Hier wurden zwei Mitglieder einer Rettungsmannschaft zwei Tage nach dem Abgang einer heißen Gas- und Aschewolke vom Merapi in einem Bunker eingeschlossen und von der Hitze getötet. Der Vulkan entwickelt mehr Glutwolken als jeder andere.

LINKE SEITE Am 11. Juni 2006 spuckte der Merapi Lava und Asche. Seit 1548 gab es am „Berg des Feuers" 68 Eruptionen mit oft tödlichen Folgen, darunter 1930 einen großen pyroklastischen Strom, der 1400 Menschen den Tod brachte.

Vulkane des südwestlichen Pazifikraums

Das stete Vorschieben der Pazifischen Platte westwärts und unter die Indisch-Australische Platte schuf die lange, geschwungene Tonga-Kermadec-Tiefseerinne sowie einen Archipel wenig erforschter Vulkaninseln und untermeerischer Vulkane. Die Tiefseerinne verläuft von der Taupo-Vulkanregion Neuseelands zuerst nordwärts und schwenkt bei der tongaischen Vulkaninsel Niuafo'ou, deren große Caldera einen See enthält, nach Westen.

UNTEN Der Kratersee des Ruapehu im Tongariro-Vulkanmassiv kann die veränderte Aktivität in der Magmakammer anzeigen: Die Farbe des Sees wechselt, wenn mehr Gas austritt. Leuchtendes Blaugrün weist auf fehlende Aktivität an, Grau dagegen auf eine anstehende Veränderung.

Die Hauptstätte des neuseeländischen Vulkanismus liegt seit 1,6 Millionen Jahren in der Taupo-Vulkanregion (Taupo Volcanic Zone), einer langen, tiefen vulkanisch geprägten tektonische Senke, die sich über die Nordinsel zieht. Sie umfasst die aktiven Vulkane Ruapehu, Tongariro-Ngauruhoe und White Island sowie die Okataina- und Taupo-Calderen.

Der 2798 Meter hohe Ruapehu ist ein komplexer andesitischer Stratovulkan und entstand in mindestens vier Abschnitten. Das Tongariro-Vulkanmassiv nordöstlich des Ruapehu besteht aus über einem Dutzend andesitischer Stratovulkane, die sich im Lauf der letzten 275 000 Jahren bildeten. Der jüngste von ihnen, der symmetrisch und steil aufragende Kegel Ngauruhoe, ist in gerade einmal 2500 Jahren zum höchsten Gipfel des Komplexes angewachsen. Ngauruhoe und Ruapehu waren lange Zeit Neuseelands aktivste Vulkane.

GEFÄHRLICHER STANDORT

Neuseelands größte Stadt Auckland befindet sich auf einem vulkanischen Feld, das in den letzten 150 000 Jahren entstand. Sein jüngster Vulkan Rangitoto mit einem fast makellosen Kegel erhob sich um 1400 am Eingang zum Waitemata-Hafen aus dem Meer. Viele kleine basaltische Vulkane schufen eine reizvolle Landschaft aus Kegeln, Kratern und Lavaströmen im heutigen Stadtgebiet, so etwa den Aussichtspunkt auf dem Maungarei (Mount Wellington), dem größten Schlackenkegel des Vulkanfelds. Die meisten sind kurzlebige Vulkane, sie entstanden bei einer einzigen Eruption oder in höchstens ein- bis zweijähriger Tätigkeit. Die nächste Eruption wird wahrscheinlich an anderer Stelle im Vulkanfeld erfolgen.

DIE TONGA-INSELN

Die Tonga-Inseln umfassen rund 14 aktive Vulkane; mehr als die Hälfte davon sind untermeerische Vulkane, die eines Tages zu neuen Inseln emporwachsen werden. Der Vulkan Metis hob sich 1851 erstmals über den Meeresspiegel, doch wurde sein weicher Schlackenkegel von den Wellen schnell wieder abgetragen. Der Vulkan Home Reef bildete 1984 vorübergehend eine Insel und erneut im August 2006, begleitet von auf dem Meer treibenden Bimssteinmassen. Die Tongaer nennen diese temporären und für die Schifffahrt gefährlichen Inseln *fonwafo'ow* (frei übersetzt „Springteufel").

Niuafo'ou ist die nördlichste Tonga-Insel. Die ringförmige Insel ist vulkanisch aktiv und hat fast 750 Bewohner. Im Jahr 1853 zerstörten explosive Eruptionen das Dorf 'Ahau; 25 Menschen starben. Lavaströme verwüsteten 1912 und 1929 das Dorf

Futu und versperrten den Hafen. Weitere Ausbrüche gab es 1935, 1936, 1943 und 1946; Letzterer war so heftig, dass die Bewohner auf eine andere Insel gebracht wurden und erst 1958 zurückkehren durften.

Tongas aktivster Vulkan Tofua ist vor allem als Schauplatz der Meuterei auf der *Bounty* 1789 bekannt, bei der die Mannschaft den Kapitän in einem Boot aussetzte und sein Schiff übernahm. Die Insel bildet einen Landring, der die Gipfelcaldera des untermeerischen Vulkans umschließt; etwa 50 Menschen leben hier. Im nördlichen Teil der seegefüllten Caldera bildet sich ein neuer Kegel, der Lofia. Dessen explosive Tätigkeit vertrieb 1958/59 die meisten Bewohner für ein Jahr oder länger von der Insel.

LEGENDÄRE INSEL

White Island vor der Nordinsel Neuseelands ist die Spitze eines submarinen Vulkans. Immer wieder stieß das unbewohnte Eiland Dampf und Tephra aus und fand damit Eingang in die Legenden der Maori. Bis 1914 baute man hier Schwefel ab; dann stürzte ein Teil des Kraterrands ein und verschüttete die Mine und Arbeiterunterkünfte. Zwölf Personen starben. In den 1920er Jahren nahm man den Schwefelabbau für kurze Zeit wieder auf. Von der Küste der Bay of Plenty aus sieht man oft Aschewolken über der Insel aufsteigen. Trotz ihrer Unwirtlichkeit siedeln hier mehrere Vogelarten, darunter eine Basstölpelkolonie.

Vulkane der Antarktis

Die meisten Vulkane des antarktischen Festlands stehen offenbar im Zusammenhang mit einem riesigen Grabenbruchsystem zwischen Ost- und Westantarktika. Die Sohle dieses Grabens befindet sich weit unter dem Meeresspiegel und ist vom dicken Westantarktischen Eisschild bedeckt.

OBEN Weddellrobben *(Leptony-chotes weddellii)* leben im Meer und auf dem Eis der Antarktis. Seit 1968 erforscht man diese Robbenart in der Erebus-Bucht. Die Tiere beißen mit den Eckzähnen Atemlöcher in das Küsteneis, und ihre Augen sind an das schwache Licht unter dem Eis angepasst.

RECHTS Das Ross-Schelfeis ragt vor dem Mount Erebus ins Meer, der – halb Schild-, halb Stratovulkan – in seinem Krater einen Lavasee besitzt. Dieser aktivste Vulkan der Antarktis ist seit 1972 kontinuierlich tätig. Heiße Gase aus Fumarolen lassen an seinen Flanken Eissäulen heranwachsen, und in seinen „warmen" Eishöhlen leben vielleicht noch unbekannte Organismen.

Das Grabenbruchsystem wird vom angehobenen Rand Ostantarktikas, dem Transantarktischen Gebirge, und vom Marie-Byrd-Land in Westantarktika begrenzt. Vulkanismus tritt am Rand des Grabens auf, so etwa der auf der Rossinsel aktive Mount Erebus. Tiefe Verwerfungen, durch Dehnung der Kruste entstanden, öffnen hier offenbar Kanäle, durch die Magma aus dem Erdmantel an die Oberfläche gelangen kann. Unlängst entdeckte man jedoch auch aktiven Vulkanismus unter dem Eis.

REGE TÄTIGKEIT AM MOUNT EREBUS

Der Mount Erebus, 1841 von Kapitän James Ross entdeckt, ist der südlichste aktive Vulkan der Erde. Er ist jünger als eine Million Jahre und hat mit zwei inaktiven, basaltischen Schildvulkanen – dem Mount Terror (820 000 bis 1,75 Millionen Jahre alt) und dem Mount Bird (3,8 bis 4,6 Millionen Jahre alt) – die fast dreieckige Rossinsel aufgebaut.

Der Erebus ist mit 3795 Meter Höhe der größte Vulkan auf der eisbedeckten Insel. In seinem 250 mal 100 Meter messenden ovalen Gipfelkrater wälzt sich rot glühende Lava langsam um. Sie steigt an einer Kraterwand auf und fließt träge quer durch den Lavasee, bevor sie auf der anderen Seite wieder in einer Öffnung verschwindet. Durch die fast täglich auftretenden entgasenden strombolianischen Eruptionen ist der Kraterrand mit Feldspatkristallen, Gläsern und Bomben übersät. Gelegentlich ist die Tätigkeit auch heftiger, so etwa 1974, als eine in den Krater hinabgestiegene Gruppe neuseeländischer Wissenschaftler in Gefahr geriet. Im Jahr 1984 wurden große Lavabomben 1,6 Kilometer weit ausgeschleudert.

Im März 1908 waren die Teilnehmer der Shackleton-Expedition, die den Berg als Erste bestiegen hatten, Zeugen eines Ausbruchs des Erebus. Dessen Eruptionen und Lavaströme werden heute

EIN AKTIVER VULKAN UNTER DEM ANTARKTISCHEN EIS

Im Februar 1993 bemerkten die amerikanischen Forscher Donald Blankenship und Robin Bell bei einem Flug über das Westantarktische Eisschild eine runde, etwa 50 m tiefe und 6,5 km weite Mulde im Eis, etwa 480 km landeinwärts von der Grenze zum Ross-Schelfeis entfernt. Sie erkannten sofort, dass nur ein aktiver Vulkan eine solche Eismenge zum Schmelzen bringen konnte. Bell sagte später in der Zeitschrift *Discover*: „Wissen Sie, auf der Erde gibt es kaum runde Dinge, die keine Vulkane sind."

Die Vermutung der beiden Männer wurde bestätigt, als sie mittels Radarmessungen das kilometerdicke Eis untersuchten und darunter einen 640 m hohen und 6,4 km breiten kegelförmigen Berg entdeckten. Heute glaubt man, dass dieser nur einer von mehreren Vulkanen ist und das Schmelzwasser wie ein Schmiermittel unter der Eisdecke wirkt, sodass diese mit einer Geschwindigkeit von bis zu 760 m pro Jahr in Richtung Rossmeer gleiten kann.

ständig von einem Netz von Messinstrumenten (dem Mount Erebus Volcano Observatory, MEVO) überwacht, das mit der US-amerikanischen Mc-Murdo-Station verbunden ist. Kernbohrungen an den Flanken des Erebus ergaben Schichten aus Eis und Lava, die von früheren Lavaablagerungen über Gletschereis hinweg künden.

Zeugnisse von Vulkanismus entlang des transantarktischen Grabenbruchystems sind auch Coulman Island, ein 7,2 Millionen Jahre alter Komplex aus übereinander gelagerten Schildvulkanen, und Mount Discovery, der sich vor 5,3 bis 1,8 Millionen Jahren aufbaute.

VULKANE DER ANTARKTISCHEN HALBINSEL

Die Vulkangruppe im Norden der Antarktischen Halbinsel ist anderen Ursprungs. Diese Vulkane und jene der Südsandwich-Inseln entstanden, weil sich die Scotia-Platte in östlicher und südlicher Richtung über die Antarktische Platte schiebt. Sie wird subduziert, und ihre Schmelze speist die explosiven Stratovulkane.

Als aktive Vulkane gelten derzeit auch Penguin Island und Deception Island, die beide zur Gruppe der Südshetland-Inseln gehören.

GESTEINSKUNDE: DOLERIT

Das dunkelgraue bis schwarze, kieselsäurearme Vulkangestein besteht aus mittelgroßen Kristallen von weißem Feldspat sowie dunklem Pyroxen und Olivin, die mit bloßem Auge gerade noch erkennbar sind. Sie variieren in ihrer Korngröße zwischen feinkörnigem, schnell erkaltetem Basalt und grobkörnigem, langsam erstarrtem Gabbro. Dolerit bildet als Intrusiv-gestein vulkanische Lagergänge oder Stöcke und ist oft mit Grabenbruchsystemen assoziiert. Aus poliertem Dolerit fertigt man Tischplatten, Verkleidungen und Monumente an.

OBEN Die Antarktische Perlwurz *(Colobanthus quitensis)* und die Antarktische Schmiele *(Deschampsia antarctica)* sind die beiden einzigen Blütenpflanzenarten, die an den Küsten der Antarktis gedeihen.

GANZ OBEN Die Pauletinsel, ein winziges Eiland vor der Spitze der Antarktischen Halbinsel, ist durch geothermische Wärme größtenteils eisfrei. Es gibt Anzeichen von Vulkanismus seit den letzten 1000 Jahren. Hier lebt eine große Kolonie von Adeliepinguinen.

obald ein Vulkan seine Eruptionstätigkeit einstellt und nicht mehr wächst, macht sich die Erosion ans Werk. Flüsse und Bäche graben sich in die instabilen Berghänge ein und tragen sie letztlich bis auf Meereshöhe ab. Lockere vulkanische Aschen verschwinden zuerst; härtere Teile wie erstarrte Lava leisten dagegen mehr Widerstand. Sie bilden oft interessante vulkanische Überreste, die Geologen Aufschluss über das Geschehen im Innern eines Vulkans geben. In vielen Nationalparks und regionalen Schutzgebieten lassen sich solche vulkanischen Relikte bewundern.

OBEN Diese Nahaufnahme eines Pallasitgesteins zeigt Olivinkristalle in einer Eisen-Nickel-Matrix. Auch in größeren Magmakörpern wie Lagergängen sinken die Olivinkristalle zu Boden und reichern sich dort an.

Der Vulkankegel selbst ist sehr anfällig für Erosion; nicht selten haben ihn Bäche und Flüsse, die an seinen Hängen hinabfließen, nach gerade einmal einer Million Jahren größtenteils schon wieder abgetragen. Als Schwachstellen gelten die dünnen Ascheschichten zwischen den erstarrten Lavaströmen. Asche und Erde sind weich und werden leicht aus Zwischenräumen in den harten Lavaströmen ausgewaschen. Ist das an sich unnachgiebige Gestein einmal unterspült,

RECHTS Runde Granitblöcke (Tors genannt) prägen die Landschaft im Kosciuszko-Nationalpark in den Australischen Alpen (Snowy Mountains).

bricht es leicht weg. Am widerstandsfähigsten ist meist das innere Röhrensystem des Vulkans, also die mit erstarrter Lava gefüllten Förderschlote. Sie bleiben oft als einzige Überreste eines früheren Vulkankomplexes bestehen.

RECHTS Die sieben Kanarischen Inseln im Atlantik sind vulkanischen Ursprungs. Diese Felsküste zeugt von früheren Basaltlavaströmen.

GEFÄHRLICHE CALDERASEEN

Bei vielen Vulkankegeln brechen durch Erosion Krater- oder Calderawände auf, wonach das Wasser des Kratersees zu umliegenden Flüssen fließt. So wurde 1870 ein Aleütendorf bei Cape Tanak auf der zu Alaska gehörenden Insel Umnak zerstört, als sich der Calderasee des Okmok entleerte. Dank strenger Überwachung durch Geologen lassen sich solche Gefahren heute rechtzeitig erkennen.

Eine ähnlich kritische Situation gab es zehn Jahre nach dem Ausbruch des Pinatubo auf den Philippinen (1991). Der Wasserspiegel in der neuen Gipfelcaldera des Vulkans stieg stetig an und erreichte 2001 bedrohliche Ausmaße. Die Behörden befürchteten, die Calderawände könnten brechen und ein Schlammstrom sich über die umliegenden Gemeinden ergießen. Um das zu vermeiden, baute man einen Kanal. Das Projekt gelang – etwa ein Viertel des Seewassers floss in den Fluss Maraunot, und der Druck auf die Calderawände nahm ab.

MANNIGFALTIGE VULKANRUINEN

Als Vulkanpfropfen bezeichnet man Felsformen, die dadurch entstanden, dass Magma in einem Förderschlot zu annähernd rundem, senkrecht aufragendem Fels erstarrte. Der Volksmund findet für solche Formationen oft Namen, die auf ihre turm-

förmige Gestalt anspielen; ein klassisches Beispiel dafür ist der in den Wyoming Plains (USA) aufragende Devil's Tower („Teufelsturm"). Die spektakulären Überreste von Vulkanschloten in der Nähe des Orts Rhumsiki im Mandaragebirge (Kamerun) prägen eine der schönsten Landschaften der Welt. Der höchste dieser Felsen ist der 1224 Meter hoch aufragende Kapsiki Peak.

In vielen Ländern mit alten Kulturen haben solche natürlichen Felsformationen die regionale Architektur und Geschichte geprägt. Da sie meist nur schwer zu erklimmen sind und somit Schutz bieten,

OBEN Der Pinatubo ist ein Stratovulkan auf der Philippineninsel Luzon. Im Jahr 2001 fürchteten die Behörden, der Calderasee könnte seine Wände sprengen und die Umgebung überfluten.

LINKS Im indonesischen Borobudur schlug man aus einem großen Basaltpfropfen einen buddhistischen Tempel mit sechs eckigen und drei runden Ebenen.

wurden auf ihnen oft Burgen, Kirchen, Klöster oder Tempel errichtet. Viele Burgen der Britischen Inseln befinden sich auf Schlotpfropfen, die uneinnehmbar waren. Bekannte Beispiele dafür sind Edinburgh Castle und Stirling Castle in Schottland.

Der französische Begriff Puy bezeichnete ursprünglich die Vulkankegel der Auvergne im französischen Zentralmassiv. Die aus dem 12. Jahrhundert stammende Kapelle St. Michel d'Aiguilhe in Le Puy en Velay steht auf einem 85 Meter hohen Felsturm aus Vulkangestein. Über einem neueren Stadtviertel thront auf einem anderen, 152 Meter hohen Fels eine Marienstatue.

Als Stätten der Andacht fordern die Gipfel solcher Vulkanschlote den Gläubigen schon einige Hingabe oder auch Buße ab. So ist ein Tiergeistern („Nats") gewidmeter Schrein auf dem erloschenen Vulkan Mount Popa bei Mandalay in Burma nur über 777 Stufen erreichbar.

In der weitläufigen buddhistischen Tempelanlage von Borobudur auf Java schließlich erhebt sich inmitten von Reisfeldern in der Kedu-Ebene ein breiter Basaltschlot, aus dem man während der Sailendra-Dynastie im 9. Jahrhundert in 80-jähriger Arbeit eine reich verzierte Stufenpyramide von 35 Meter Höhe gehauen hatte.

VULKANISCHE GÄNGE BILDEN RIESIGE GESTEINSWÄNDE

Vulkanische Gänge oder Dykes sind diskordant zum umgebenden Gestein verlaufende Risse oder Bruchsysteme. Sie entstanden durch Spannungen in der Erdkruste, die sich infolge des Ausbruchs und Anwachsens eines Vulkans ergaben, und füllten sich durch den hohen Druck im Innern des Vulkans mit flüssigem, erstarrendem Magma. Magma dehnt sich während einer Eruption aus und zieht sich beim Abkühlen wieder zusammen; dabei

kommt es zu Brüchen im umgebenden Gesteinskörper. Bei größeren Gängen ist von den Rändern
zur Mitte hin meist eine Veränderung der Kristall-
größen erkennbar. Das Vulkangestein an den Rändern kühlt schneller ab, da Wärme an das umliegende Gestein abgegeben wird; in der Mitte erfolgt die Abkühlung dagegen langsamer, und die
Kristalle haben mehr Zeit zu wachsen.

Dykes sind meist nahezu vertikal und verlaufen
radial vom Zentrum des Vulkans ausgehend (radiale Dykes) oder bilden konzentrische, zur Vulkan-
mitte geneigte Ringe (Ringdykes). Zudem werden
Dykes mit zunehmendem Abstand zum Vulkan-
zentrum meist schmaler und weisen größere Ab-
stände zueinander auf. So bieten sie Geologen
wichtige Anhaltspunkte, um frühere Vulkangebiete
zu kartieren. Misst man Ausrichtung und Einfalls-
winkel der Dykes, lässt sich die Lage eines ehemaligen Vulkans recht gut bestimmen.

KRISTALLISATIONSDIFFERENTIATION

Große vulkanische Gesteinskörper, wie Lagergänge, Lakkolithen, Lopolithen und Batholithen,
entwickeln sich, wenn Abkühlung und Kristallisation sehr langsam erfolgen. In Magmen mit
vielen verschiedenen Elementen bilden sich bei höheren Temperaturen zunächst bestimmte
Kristalle und später bei niedrigeren Temperaturen andere. Dies bezeichnet man als Kristallisationsdifferentiation. Schon früh entstehende Kristalle, etwa eisen- und magnesiumreiche
Minerale wie Olivin und Pyroxen, sinken nach unten und reichern sich dort an, weil sie schwerer sind als die Gesteinsschmelze. Später auskristallisierende Minerale sind demnach in größerer Menge nahe der Oberfläche zu finden. Metallsulfid- und oxidreiche Flüssigkeiten scheiden
sich ebenfalls aus dem Magma ab und bilden dicke Schichten wertvoller Minerale. So entstanden beispielsweise die Nickelablagerungen des Sudbury-Lopolithen in Kanada. Der Bushveld-
Komplex in Südafrika birgt die weltweit größten Chromvorkommen, Elemente aus der Pla-
tingruppe sowie große Mengen Eisen, Zinn, Titan und Vanadium.

Dykes bilden die wohl erstaunlichsten vulkanischen Überreste, denn sie sind meist widerstandsfähiger als das umgebende Vulkangestein und erheben sich ähnlich wie die Vulkanschlote stolz aus
der Landschaft. Nicht selten erscheinen sie als riesige natürliche Wände, die kilometerlang und Dutzende Meter hoch, aber oft nur wenige Meter
breit sind. Shiprock, ein 30 Millionen Jahre alter
Vulkanpfropfen mit radial verlaufenden Dykes,
ragt aus der Wüste des US Bundesstaats New
Mexico empor. Als eines der schönsten Beispiele
eines freigelegten Vulkanrestes zieht er zahllose
Besucher an. Ein anderes Beispiel ist der passend
„The Breadknife" („Brotmesser") genannte
schmale Felsgrat in Australien, einer der radialen
Dykes des erloschenen Vulkans Warrumbungles

UNTEN Stirling Castle wurde in 75 m Höhe auf einem Vulkan-stummel in den Midland Valley Sills erbaut. Der englische Begriff „sill" bezeichnet Lagergänge, die sich hier weitläufig unter der Erdoberfläche erstrecken.

DIE ENTSTEHUNG DES SHIPROCK

Vor 25 bis 30 Millionen Jahren entstand im Navajo Volcanic Field in New Mexico (USA) nach mehreren explosiven Ausbrüchen ein Vulkankegel. A. Bei Zentral- und Flankeneruptionen treten Lava und Vulkanasche aus. B. Nach dem Ende der Eruption graben sich Wasserrinnen tief in die weiche Asche und den Vulkankegel hinein. Die Hänge des Vulkans werden allmählich abgetragen, übrig bleiben der widerstandsfähige Vulkanstummel und ein Dyke. C. Der Vulkankegel ist ganz verschwunden; man sieht nur noch den harten Vulkanpropfen (Shiprock) und einen der früher zahlreichen radial verlaufenden, gratähnlichen Dykes.

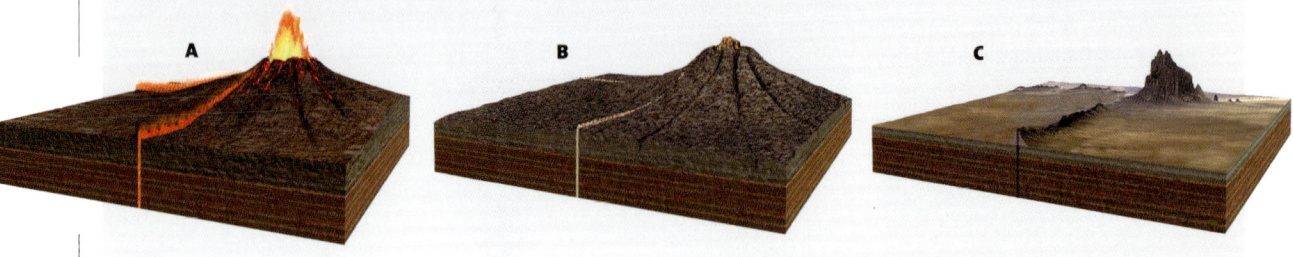

bei Coonabarabran, der vor 14 bis 17 Millionen Jahren ausbrach.

VULKANISCHE LAGER UND LAKKOLITHEN

Lagergänge (englisch *sill*) sind flache Gesteinskörper ähnlich den Dykes, sie entstanden aber durch Eindringen von Magma in parallel oder konkordant zu den umgebenden Schichten verlaufende Risse. Das wohl beste Beispiel ist der riesige Great Whin Sill in Nordengland; er erstreckt sich weiträumig unter Süd- und Ost-Northumberland sowie dem Durham Coalfield und erreicht bis zu 70 Meter Mächtigkeit. Palisades Sill am Hudson River in New Jersey (USA) ist ein weiteres Beispiel für einen durch Erosion freigelegten Basaltgang.

Solchen Gängen wird aus Dykes oder Vulkanpropfen Magma zugeführt. Sie bilden sich, wenn das Magma unter Druck steht und nicht nach oben entweichen kann. Bei sehr hohem Druck kann es die darüberliegenden Schichten stellenweise aufwölben. Man spricht dann von einem

Lakkolith. Solche Strukturen entdeckte man erstmals in den Henry Mountains im US-Bundesstaat Utah. Im Querschnitt sind Lagergänge nicht ganz leicht von Lavaströmen zu unterscheiden; da sie aber als Intrusivkörper nicht bis zur Oberfläche durchstießen, kam es an ihrer Ober- und Unterseite zur sogenannten Kontaktmetamorphose. Die Oberfläche eines Lavastroms dagegen ist oft oxidiert oder weist Anzeichen von Bodenbildung auf.

BATHOLITHE – GEWALTIGE MAGMAKÖRPER

Als Batholithen bezeichnet man riesige vulkanische Gesteinskörper, die tief in der Erdkruste entstanden und durch Erosion allmählich freigelegt wurden. Die langen, linearen Batholithe folgen in ihrem Verlauf ehemaligen Subduktionszonen oder anderen Hitzequellen. Die nach den griechischen Wörtern *bathys* („tief") und *lithos* („Stein") benannten Batholithen bestehen meist aus Gesteinen mit hohem bis mittlerem Kieselsäuregehalt (felsische oder intermediäre Gesteine wie Granit oder Diorit) und setzen sich aus überlappenden, rundlichen vulkanischen Gesteinskörpern (Plutonen) von manchmal Hunderten Kilometern Durchmesser und kleineren sogenannten Stöcken zusammen. Die Plutone stiegen im geschmolzenen Zustand auf, erstarrten aber schon in mehreren Kilometern Tiefe, ohne die Oberfläche zu erreichen. Die großen, gut entwickelten Kristalle in plutonischen Gesteinen zeigen, dass das Magma tief unten in der Erdkruste sehr langsam abkühlen konnte.

Man nimmt an, dass Plutone ehemalige Magmakammern großer, explosiv tätiger Stratovulkane waren, wie man sie heute rund um den Pazifik im Pazifischen Feuerring findet. Die meist rund geformten Plutone und Stöcke sind auf Satellitenbildern und geologischen Karten leicht zu erkennen, auch weil sie das regionale Gewässernetz prägen. In der Landschaft erscheinen sie meist als große Kuppeln oder Senken.

UNTEN Shiprock, der Überrest eines ehemaligen Vulkans, erhebt sich 500 m hoch aus der Ebene New Mexicos.

GRANITDOME, EXFOLIATIONEN, LOPOLITHEN

Granitoberflächen zeigen charakteristische Verwitterungsmuster, bei denen sich Risse oder Schichtgrenzen parallel zur Oberfläche entwickeln, sodass sich das Gestein in dünnen Schichten ablöst (Schalenverwitterung oder Exfoliation). Zur Schalenbildung kommt es vermutlich durch Spannungsabbau, da der Granit nicht mehr dem gewaltigen Druck ausgesetzt ist, unter dem er entstand. Durch große Temperaturunterschiede zwischen Tag und Nacht gefriert Wasser in den Klüften und dehnt sich aus, sodass die Klüfte weiter geöffnet und die oberste Schale abgesprengt werden (Frostverwitterung). Bei dieser zwiebelschalenartigen Verwitterung entstehen abgerundete Gesteinskörper. Half Dome, El Capitan und Liberty Cap im Yosemite-Nationalpark (USA) sind solche großen Granittürme und Teile des Sierra-Nevada-Batholiths.

Als Tors bezeichet man kleinere runde Felsblöcke, die ebenfalls für Granitgestein typisch sind. Oft sind sie zu hohen Türmen aufeinandergestapelt. Man findet sie unter anderem am Mount Kosciuszko (Australien), am Granite Tors Trail bei Chena Hot Springs (Alaska) und im Dartmoor und Bodmin Moor (Südwestengland).

Riesige schüssel- oder trichterförmige vulkanische Intrusivkörper von Hunderten Kilometern Durchmesser und einigen Kilometern Dicke stellen die Geologen bis heute vor große Rätsel. Beispiele für solche Lopolithe (aus griechisch *lopas,* „Schale", und *lithos,* „Stein") sind die Sudbury Structure in Ontario (Kanada), der Duluth Complex in Minnesota (USA) und der Bushveld-Komplex in Südafrika. Wie Batholithen zählen Lopolithen zu den größten vulkanischen Gesteinsmassen der Erde; allerdings enthalten sie nur wenig Kieselsäure und sind oft reich an wertvollen Metallen.

Frank Fitch Grout prägte den Begriff „Lopolith" Anfang des 20. Jahrhunderts, um den Duluth-Gabbro in Minnesota zu beschreiben. Eine anerkannte Theorie zur Erklärung der Größe, Form und des Metallgehalts von Lopolithen besagt, dass sie durch Meteoriteneinschläge und nachfolgende Schmelzprozesse in der Kruste entstanden sind.

OBEN Der 900 m hohe El Capitan im kalifornischen Yosemite-Nationalpark ist eine von Gletschern abgeschliffene und schalenverwitterte Granitkuppel.

Vulkanische Reste in Nordamerika

Die Nordamerikanische Platte wird durch die Spreizung des Atlantischen Ozeans nach Westen bewegt und hat so den angrenzenden Pazifikboden „geschluckt". Dies ist der Grund für die starke Vulkantätigkeit entlang der Westküste Nordamerikas, die dort seit 200 Millionen Jahren besteht. Erosion und Vergletscherung legten viele vulkanische Strukturen frei, die heute in mehreren Nationalparks Besucher anlocken.

Ein 650 Kilometer langer Granitgürtel, der sogenannte Sierra-Nevada-Batholith, erstreckt sich entlang der nordamerikanischen Kordilleren im Westen der USA und bildet den Großteil der malerischen Sierra Nevada Kaliforniens. Von 150 bis 80 Millionen Jahren vor heute stieg hier granitisches Magma von der subduzierten, aufschmelzenden Pazifischen Platte auf. In diesem halbfesten Magma waren Hunderte einzelner Plutone eingelagert. Der ursprünglich tief in der Erdkruste entstandene Batholith wurde durch Erosion freigelegt und enthüllt heute viele interessante Details über die Vorgänge in den Magmakammern von Vulkanen der Subduktionszonen.

UNTEN Der Aussichtspunkt Wawona Tunnel View Overlook im Yosemite-Nationalpark bietet einen Blick auf die glazial überprägte Landschaft des Yosemite Valley mit den Gipfeln El Capitan, Three Brothers, Half Dome und Sentinel Dome.

HALF DOME, YOSEMITE-NATIONALPARK

Der Half Dome, eine freigelegte Granitkuppel, zählt zu den markantesten Landschaftselementen im Yosemite-Nationalpark. Die Kuppel wurde durch Gletscher abgeschliffen und erhebt sich 1444 Meter über einem Trogtal. Die senkrechte Nordwestwand lässt sich über mehrere Routen erklettern. Die meisten Besucher besteigen den Half Dome jedoch über die etwas mehr abgerundete, aber ebenfalls sehr steile Ostseite. Der 13,5 Kilometer lange Aufstieg ist nichts für schwache Nerven; die letzten 275 Meter legt man auf einem Klettersteig zurück. Das große flache Gipfelplateau bietet eine spektakuläre Aussicht auf die umliegende Landschaft. Andere markante, von Gletschern abgeschliffene Granitkuppeln im Nationalpark sind der bei Kletterern beliebte, 1000 Meter senkrecht aufragende El Capitan und der sanft ansteigende Sentinel Dome, den man über einen 3,5 Kilometer langen Rundkurs recht bequem erwandern kann.

DEVIL'S POSTPILE, KALIFORNIEN

Der Devil's Postpile, eine Felsformation nahe dem Mammoth Mountain in Ostkalifornien, ist das Überbleibsel eines mächtigen Basaltstroms, der vor weniger als 100 000 Jahren in das bereits verglet-

scherte Flusstal Middle Fork des San Joaquin River floss. In der Umgebung des Postpile war die Lava wahrscheinlich mehr als 120 Meter dick; das meiste ist allerdings inzwischen durch Erosion abgetragen. Der Fels gilt als spektakuläres Beispiel für Säulenbasalte, die entstanden, als die Lava von der Ober- und Unterseite her nach innen hin abkühlte. An seinen Seiten wurden völlig senkrechte wie

auch gebogene, fächerförmig angeordnete Säulen freigelegt, während an seinem Fuß etliche abgebrochene Säulen eine ansehnliche Schutthalde bilden. Der von Gletschern glatt polierte Gipfel sieht aus wie ein mit vieleckigen Platten gepflasterter Weg. Zahllose von mitgeführten Felsbrocken herrührende Kratzspuren zeigen, welchen Weg das Eis genommen hat. Die Basaltsäulen sind meist sechseckig und bis zu 18 Meter hoch. Ihr Durchmesser liegt bei durchschnittlich 60 Zentimetern, die dickste ist einen Meter breit.

Frühe Pläne für den Bau eines Wasserkraftwerks sahen vor, den Fels zu sprengen und in den Fluss stürzen zu lassen; der Felskomplex wurde jedoch 1911 dauerhaft unter Schutz gestellt, als Präsident William Howard Taft das Gebiet zum US-Nationaldenkmal erklärte.

MORRO ROCK, KALIFORNIEN
Morro Rock, der manchmal auch „Gibraltar des Pazifiks" genannt wird, ragt vor der Stadt San Luis Obispo am Eingang zur Morro Bay aus dem Meer. Er ist 176 Meter hoch und einer von mehreren erodierten Vulkanpfropfen, den „Nine Sisters". Die anderen acht „Schwestern" sind Black Hill, Cabrillo Peak, Hollister Peak, Cerro Romauldo, Chumash Peak, Bishop Peak, San Louis Mountain und Islay Hill. Die Vulkane waren zuletzt vor 20 bis 25 Millionen Jahren aktiv, bis das letzte saure Magma in ihren erlöschenden Förderschloten erstarrte. Durch Erosion des weicheren umgebenden Gesteins wurden die Pfropfen freigelegt.

OBEN Diese Riesenmammutbäume *(Sequoiadendron giganteum)* stehen im Mariposa Sequoia Grove in tieferen Lagen des Yosemite-Nationalparks. Die Mischung aus nährstoffreicher Asche und mineralhaltigem Boden schafft ideale Wachstumsbedingungen für die großartigen Riesen.

OBEN LINKS Die Granitkuppel des Half Dome beherrscht das Yosemite Valley in der kalifornischen Sierra Nevada. Das ganze Tal ist geprägt von abgeschliffenem Granit, der von glazialer Erosion herrührt.

BLACK TUSK, BRITISH COLUMBIA

Der 2319 Meter hohe Black Tusk ist ein auffälliger Turm aus dunklem Eruptivgestein im Garibaldi Provincial Park in British Columbia (Kanada). Er gilt als bekannteste Berg der Garibaldi Ranges; sein spitzer, schwarzer Gipfel ist von überallher gut sichtbar. Der Black Tusk ist der verbliebene Inhalt des Förderschlots eines Stratovulkans, der vor rund 1,2 Millionen Jahren aktiv war. Sein Schlacken-kegel erodierte, und zurück blieb nur der wider-standsfähige Lavapfropfen. Black Tusk ist einer von etlichen Vulkangipfeln der Pacific Ranges und des Kaskadengebirges, die eine Linie von British Columbia bis hinunter nach Kalifornien bilden und durch die Subduktion der Pazifischen unter die Nordamerikanische Platte entstanden. Der abtau-chende Ozeanboden wird zu Gesteinsschmelze, und die aufsteigende Schmelze speist die Vulkane.

Der Mount Garibaldi erhebt sich hinter der Stadt Squamish in British Columbia und ist Teil eines weit jüngeren Vulkankomplexes, der durch explosive Eruptionen entstand. Er ist mit nur 15 000 bis 20 000 Jahren recht jung. Lavaströme stauten im Tal das Schmelzwasser der Gletscher auf und führten zur Bildung des Garibaldi Lake.

NEW EDDYSTONE ROCK, ALASKA

Dieser Fels ist Teil eines erodierten Vulkanschlots, der in den Misty Fjords südlich von Ketchikan (Alaska) steht. Der zerklüftete Basaltturm am Ein-gang der Rudyard Bay wurde im Logbuch von Kapitän George Vancouver erstmals erwähnt. Dieser erkundete 1793 die Gegend um Alaskas südlichsten Zipfel („Panhandle") und benannte die spektakuläre, 72 Meter hohe Felsnadel nach einem Leuchtturm südlich von England.

Der Fels ist der Überrest von Magma, das in einem Dyke erstarrte. Durch diesen flossen vor weniger als fünf Millionen Jahren wiederholt Ba-saltlavaströme ab, deren Reste man auf mehreren Inseln rund um New Eddystone Rock finden kann. Die Laven kühlten von ihrer Ober- und Unterseite her ab und bildeten senkrechte, polygo-nale Säulen. Beim New Eddystone Rock dagegen sind diese Säulen ungleichmäßig geformt und ge-brochen. Ein später vorstoßender Gletscher trug den Großteil der Lavaströme fort und ließ nur den New Eddystone Rock und die übrigen kleinen Inselchen zurück.

Misty Fjords wurde am 1. Dezember 1978 zum Nationaldenkmal erklärt – rund 9000 Quadrat-kilometer Wildnis, größtenteils bedeckt von Hem-locktannen, Fichten und Rotzedern im Tongass National Forest. Die vielfältige Tierwelt umfasst unter anderem Grizzly- und Schwarzbären sowie Schneeziegen, Rotwild, Lachse und Wale.

GANZ OBEN Der erodierte Vulkan-schlot Morro Rock spiegelt sich in der Morro Bay. Er ist eine von den „Nine Sisters", Vulkanen zwi-schen den Tälern Los Osos und Chorro.

OBEN Der steile Black Tusk ist Teil des vulkanischen Garibaldi-Höhenzugs. Man sieht ihn vom Sea-to-Sky-Highway südlich von Whistler (Kanada) aus.

Der portugiesische Forschungsreisende Juan Rodriguez Cabrillo entdeckte den Morro Rock 1542 und nannte ihn „El Morro", was „kronen-förmiger Berg" bedeutet. Von 1889 bis 1963 dien-te er als Steinbruch für die Wellenbrecher vor der Morro Bay und dem Hafen von San Luis. Im Jahr 1968 aber stellte man ihn als Wahrzeichen unter Schutz und erklärte ihn zum Schutzgebiet für Wanderfalken und andere Vögel. Besucher dürfen den Berg nicht mehr besteigen, können ihn aber von nahe gelegenen Wanderwegen und Aussichts-punkten aus bewundern.

PALISADES SILL, NEW YORK UND NEW JERSEY

Im Osten des Kontinents zeugt der massige Lagergang des Palisades Sill von der tektonischen Aktivität vor 200 Millionen Jahren, als sich Nordamerika in der Trias von Europa löste. Der Lagergang ist eine 300 Meter mächtige Doleritintrusion, die wahrscheinlich in mehreren Schüben in den Sandstein der Stockton-Formation des Newark-Beckens eingedrungen ist. Er erstreckt sich unter Teilflächen der Bundesstaaten New York und New Jersey und tritt besonders markant an den Felsen der Palisaden zutage. Diese ragen 300 Meter über dem Westufer des Hudson auf und begleiten den Fluss über eine Länge von fast 80 Kilometern.

Da die Intrusion so mächtig ist, hatten die Kristalle im am langsamsten abkühlenden Zentrum des Doleritgangs Zeit, mit der Schwerkraft abzusinken oder sich horizontal dahinströmend auszudifferenzieren. Etwa zehn Meter über der unteren Kontaktfläche befindet sich daher eine ausgeprägt olivinreiche Schicht.

STONE MOUNTAIN, GEORGIA

Die Granitkuppel Stone Mountain in Atlanta, Georgia, stammt aus der Zeit vor rund 300 Millionen Jahren, als es den Atlantischen Ozean noch nicht gab und die Appalachian Mountains durch die Kollision von Afrika und Nordamerika entstanden. Der Granit bildete sich durch das Schmelzen metamorpher, aus Sedimenten hervorgegangener Gesteine unter hohen Druck- und Temperaturver-

Vulkanische Reste in Nordamerika

hältnissen als Folge dieser Kollision. Der Monolith erhebt sich 250 Meter über die umgebende Ebene, sein Gipfel erreicht 513 Meter. Stone Mountain ist berühmt für die riesigen, in die Nordwand gehauenen Darstellungen von Thomas Jonathan Jackson, Robert E. Lee und Jefferson Davis zu Pferde.

UNTEN Stone Mountain ist die wohl größte freigelegte Granitkuppel Nordamerikas. Der fein- bis mittelkörnige Granitdom befindet sich in der Region Piedmont im US-Bundesstaat Georgia.

Vulkanische Reste in Mexiko, Mittel- und Südamerika

Brasiliens Zuckerhut (Pão de Açúcar) ist wohl eines der markantesten vulkanischen Überbleibsel Südamerikas. Die aus granitischem Gneis bestehende Kuppel ragt fast senkrecht 400 Meter aus der Guanabarabucht auf und bildet den markanten Hintergrund der Skyline von Rio de Janeiro. Er ähnelt in der Form tatsächlich einem riesigen Zuckerhut.

OBEN Der Schopfkarakara *(Polyborus plancus)* ist eine von über 100 Vogelarten, die im Nationalpark Torres del Paine leben. Einige dieser Arten gelten als stark gefährdet.

UNTEN Der Lago Pehoe bietet den besten Blick auf die drei Granitmonolithe Torres del Paine. Wegen der zahllosen Grate, Gletscher, Felsspitzen, Wasserfälle, Flüsse, Seen und Lagunen erklärte die UNESCO den Nationalpark Torres del Paine zum Biosphärenreservat.

Der Zuckerhut ist nur einer von mehreren glockenförmigen Monolithen, die sich rund um Rio unvermittelt aus dem Atlantik erheben. Besucher erreichen seinen Gipfel über eine Seilbahn. Ein weiterer imposanter Glockenberg ist der Corcovado, auf dessen Gipfel eine riesige Christusfigur steht. Unter Kletterern sind der Morro da Babilônia und der Morro da Urca bekannt. Der Pedra da Gávea ist mit 842 Metern über dem Meeresspiegel der höchste Glockenberg der Stadt. Im Umkreis der Morros findet man gut besuchte Kletterrouten unterschiedlicher Schwierigkeitsgrade und darüber hinaus auch noch Reste des fast vollständig zerstörten Atlantischen Regenwalds.

Die stark metamorphen Gesteine der Region um Rio de Janeiro gehören zum Ribeira-Gürtel; sie entstanden durch gewaltige Hitze und enormen Druck vor rund 550 Millionen Jahren. Dieses ältere Gestein wurde dann vor etwa 130 Millionen Jahren von basaltischen Dykes durchschnitten.

TORRES DEL PAINE, CHILE

Die Cordillera del Paine ist ein wunderschöner, entlegener Teil der Anden in Südchile. Die atemberaubenden Torres del Paine sind die drei bekanntesten Gipfel – Südlicher, Mittlerer und Nördlicher Turm (Torro). Diese Monolithen wurden durch glaziale Erosion aus einem gewaltigen Granit-Lakkolith herausgeschürft. Die Gipfel liegen im Nationalpark Torres del Paine, den die UNESCO 1978 zum Biosphärenreservat erklärte. Der Park lockt mit seinen schroffen Felstürmen und Steilwänden zahlreiche Wanderer an. Diese können eine Tagestour zu den Highlights des Parks unternehmen oder in acht bis neun Tagen den ganzen Nationalpark durchwandern.

MESETA DE SOMUNCURA, ARGENTINIEN

Das abgelegene Flutbasaltplateau der Meseta de Somuncura liegt in der Provinz Rio Negro in Patagonien. Der Name Somuncura entstammt der Sprache der dort lebenden Araukaner und bedeutet „klingender, sprechender Fels".

Basaltische Lava trat größtenteils im späten Oligozän aus, also vor rund 25 Millionen Jahren; die jüngsten Lavaströme sind gerade einmal fünf Millionen Jahre alt. Die Erosion formte aus den Rändern des Plateaus steile, wandähnliche Kliffe und grub tiefe Rinnen in die Plateauoberfläche. Einzelne Berge liegen etwa 1900 Meter über dem

Vulkanische Reste in Mexiko, Mittel- und Südamerika

Meeresspiegel; sie sind umgeben von niedrigem Wald und mit Quellwasser gefüllten Senken.

Die Basaltkliffe am Nordwestrand der Hochebene nahe der Sierra Colorada sind zu einer Reihe von Felsstufen erodiert. Die wenigen Bewohner dieser Felswüste, deren Zentrum das Städtchen Valcheta ist, leben von der Viehzucht. Dieser Ort wird auch „Oase des Rio Negro" genannt, da sich die grünen Weiden auffällig von der gleichförmigen Landschaft der Hochebene abheben.

PEÑA DE BERNAL, MEXICO

San Sebastian Bernal ist ein schmuckes Städtchen von etwa 5000 Einwohnern im mexikanischen Bundesstaat Querétaro. Der Ort ist bei Touristen beliebt, dehnt er sich doch am Fuß eines mächtigen pyramidenförmigen Felsgipfels aus – die Peña de Bernal. Viele Besucher wandern von der Stadt bis zu einer kleinen Kapelle auf halber Strecke zum Gipfel; manche Leute behaupten, die natürliche „kosmische Energie" des Gipfels verhelfe den Bewohnern zu einem langen Leben.

Die 350 Meter hohe Peña de Bernal wird oft als einer der größten Monolithen der Welt beschrieben. Er ist der widerstandsfähige Rest einer

porphyrischen Intrusion aus dem Jura und einige Hundert Millionen Jahre alt.

ISLA GUADALUPE UND ISLA AFUERA, MEXICO

Die zerklüftete Isla Guadalupe vor der Baja California ist das Überbleibsel zweier überlappender Schildvulkane. Nur wenige Menschen leben auf der 35 Kilometer langen, nackten Felsinsel. Die Isla Afuera, ein steiler Vulkanschlot vor der Südspitze der Hauptinsel, ist wegen ihrer Tier- und Pflanzenwelt bei Sporttauchern beliebt. Hier leben unter anderem Nördliche Seeelefanten.

OBEN LINKS Der Zuckerhut, das Wahrzeichen Rio de Janeiros, besteht aus granitischem Gneis. Dieses mittel- bis grobkörnige Gestein ist grau oder rosa und von helleren Feldspat- und Quarzstreifen durchzogen.

Vulkanische Reste in Europa

Auf etlichen Schlotpfropfen und erodierten Batholithen Europas thronen Burgen oder Kathedralen. Die Bauherren wählten die Standorte allerdings nicht wegen ihrer Schönheit, sondern weil sie Schutz und Abgeschiedenheit boten. Auffällige Gesteinsformationen ließen zudem manche Legende entstehen, lange bevor man sie geologisch erklären konnte. So sind viele dieser Stätten heute wahre Touristenmagnete.

OBEN Die vulkanische Insel Basiluzzo, ein 165 m hoher Basaltfels, liegt nördlich von Sizilien.

UNTEN Die Vulkaninsel Lanzarote ist ein Biosphärenreservat der UNESCO. Sie zählt zwar zu den ältesten Kanareninseln, doch sind auch die Spuren der letzten Eruptionen im 18. und 19. Jahrhundert noch heute deutlich sichtbar.

In Fingal's Cave auf der unbewohnten, zu den Inneren Hebriden gehörenden schottischen Insel Staffa wohnt der Legende nach der Riese Fingal. Die Grotte entstand, als tertiäre Basaltlavaströme abkühlten und sich dabei auffällige sechseckige Säulen bildeten. Die 75 Meter lange und 20 Meter breite Höhle ist vom Meer aus und über einen schmalen seitlichen Pfad zugänglich. Sie wurde 1772 von Sir Joseph Banks entdeckt, der die Naturgeschichte der Insel erforschte. Der melodische Widerhall der Wellen in der Grotte regte Mendelssohn später zu seiner Ouvertüre *Die Hebriden* an. Der gälische Name Uamh-Binn bedeutet „Höhle der Melodie", und Staffa heißt „Insel der Säulen". Die Höhle gilt als eines der schönsten Beispiele für Basaltsäulen, wie man sie an zahlreichen Stellen in Europa findet.

EUROPAS BASALTSÄULEN

An alten Lavaströmen und Vulkanschloten auf Atlantikinseln wie den Azoren, den Kanaren und Madeira sind Basaltsäulen und rundliche Basaltrosen ausgebildet. Auch in Deutschland gibt es mehrere Aufschlüsse mit Basaltsäulen, so in der Eifel, im Siebengebirge, in Parkstein in der Oberpfalz (Bayern), südlich von Kassel, in der Rhön sowie in Scheibenberg und Pöhlberg in Sachsen. Die Garni-Schlucht östlich von Eriwan (Armenien) lohnt ebenfalls einen Besuch. Nahe einem Tempel aus dem 1. Jahrhundert hat der Fluss Goght in einer engen Schlucht Basaltsäulen freigelegt. Und auch Island wartet mit spektakulären Basaltsäulen auf.

Die Zyklopeninseln Siziliens sind berühmt für ihre durch Abkühlung in aufgetürmten Basaltlavaströmen des Ätna entstandenen Basaltsäulen. Die winzigen Inseln vor der Ostküste Siziliens waren angeblich Heimat der riesenhaften einäugigen Zyklopen der griechischen Mythologie. Nach den dortigen, perfekt zusammenpassenden Basaltsäulen benannte man auch den zyklopischen Baustil, wie man ihn beispielsweise bei frühbronzezeitlichen Bauwerken auf Sardinien, den Nuraghen, findet. Diese bestehen aus nahtlos und ohne Mörtel oder dergleichen aneinandergefügten Steinblöcken.

BURGEN UND KATHEDRALEN

Stirling Castle hat seit seinen Anfängen als steinzeitliche Siedlung in der schottischen Geschichte eine wichtige Rolle gespielt. Die heutige Festung steht auf Felsen des Midland Valley Sill, einem

IN SICHERER HÖHE

Edinburgh Castle (unten) thront in 80 m Höhe weithin sichtbar über der schottischen Stadt. Das Königsschloss steht auf dem Castle Rock, einem seit 900 v. Chr. besiedelten Vulkanschlot. Über Jahrhunderte hinweg entstand hier durch mehrfache Umbauten eine Festung, deren Mauern direkt aus den senkrechten, gleichfarbigen Felswänden herauszuwachsen scheinen. Die Burg überstand mindestens 13 Erstürmungsversuche.

Ebenso wie der Castle Rock ist der nahe gelegene Arthur's Seat der Überrest eines Vulkans, der im unteren Karbon vor rund 350 Millionen Jahren ausbrach. Glaziale Erosion legte sein Inneres frei – Ascheablagerungen, Vulkanschlot und Gesteinsgänge. Die erodierenden Kräfte der von Westen heranströmenden Gletscher schufen dabei eine klassische, „crag and tail" genannte Form aus einer harten Felsspitze (englisch *crag*) und einem dahinterliegenden „Schwanz" (*tail*) aus weicherem Sedimentgestein, der heutigen Royal Mile – die allerdings knapp 100 m länger ist als eine Meile.

100 Meter mächtigen Doleritgang, der vor 300 Millionen Jahren als Intrusion in Sedimentgesteine und Kohleschichten aus dem Karbon drang. Er erstreckt sich unter weiten Teilen Zentralschottlands.

Die norditalienische Stadt Orvieto in Umbrien ist von ihrem gewaltigen Dom geprägt, mit dessen Bau 1290 im Auftrag von Papst Urban IV. begonnen wurde. Weißer Travertin und grauer Basalt wechseln sich ab; der Dom hat eine Fensterrose und eine goldene Fassade mit drei großen Bronzetüren. Orvieto wurde im 9. Jahrhundert v. Chr. von den Etruskern auf einem kleinen Tafelberg (Mesa) mit steil abfallenden Hängen gegründet. Der Berg wurde aus Ignimbritschichten, die der Vulkan Vulsini im Quartär ausgestoßen hatte, herauserodiert. Darunter befindet sich weiches Tonsediment, weshalb seine zerklüfteten Ränder stark einsturzgefährdet sind.

OBEN LINKS Fingal's Cave auf der schottischen Insel Staffa mit ihren Millionen Jahre alten Basaltsäulen. Die Stätte erinnert stark an den Giant's Causeway in Irland, und tatsächlich entstammen beide demselben Lavastrom.

Vulkanische Reste in Afrika

Unter den vulkanischen Relikten Afrikas stößt man auf zerklüftete Flutbasalte aus der Zeit, als vom ehemaligen großen Südkontinent Gondwana die heutigen Kontinente Afrika und Südamerika wegbrachen. Daneben finden sich auch riesige Dykes und Lagergänge, gewaltige Intrusivkörper, die heute als Granitmonolithen frei liegen, Schlotpfropfen mit malerischen Basaltsäulen und schließlich der geologisch reiche Bushveld-Komplex.

OBEN Wolken streichen durch die Schluchten zwischen den Basaltfelsen der Drakensberge in der Provinz KwaZulu-Natal (Südafrika). Die Zulu nennen den Höhenzug Ukha-hlamba, „Wall aus Lanzen".

Der vulkanische Bushveld-Komplex nördlich von Pretoria (Südafrika) ist ein schalenförmiger Intrusivkörper oder Lopolith. Er erstreckt sich über mehr als 66 000 Quadratkilometer und ist stellenweise neun Kilometer dick. Das Intrusivgestein ist im Vergleich zu anderem Vulkangestein sehr kieselsäurearm (ultramafisch), und die auskristallisierenden Minerale haben sich in Lagen unterschiedlicher Dichte abgesetzt. Dieses geologische Wunder birgt einige der reichsten Erzvorkommen der Erde. Fast die gesamte weltweite Fördermenge an Platin stammt von hier, und außerdem gibt es hier den Großteil der weltweiten Vorkommen von Andalusit, Chrom, Fluorit, Platin und Vanadium sowie große Mengen Eisen, Zinn und Titan.

Der Ursprung des 200 Millionen Jahre alten Bushveld-Komplexes liegt nach wie vor im Dunkeln. Eine Vermutung geht dahin, dass der Lopolith aus einer lokalen Aufschmelzung des Erdmantels durch eine Aufwölbung unter dem südlichen Teil des Kontinents entstand. Eine andere Theorie legt den Einschlag eines großen Meteoriten nahe.

DRAKENSBERG-PLATEAU, SÜDAFRIKA
Der größte Teil der Drakensberge wurde mit der Öffnung des Atlantiks auf bis zu 3000 Meter Höhe

angehoben. Gewaltige Mengen basaltischer Lava der Karoo-Formation ergossen sich durch Spalten in die umliegende Landschaft und schufen vor etwa 180 Millionen Jahren das ausgedehnte Drakensbergplateau.

Die Basaltströme gleichen ähnlich alten Flutbasalten in Südamerika. Einzelne Ströme lassen sich bis zu 32 Kilometer weit verfolgen; sie sind über 1300 Meter dick, obwohl der weitaus größte Teil des einst viel mächtigeren kontinentalen Basaltplateaus inzwischen erodiert ist.

AL-HAJJAR (HOGGARMASSIV), ALGERIEN
Das Hoggarmassiv ist ein Hochplateau mitten in der Sahara. In den Bergen nahe der Oasenstadt Tamanrasset erheben sich die Reste alter Vulkanschlote aus der Geröllwüste. Der Iharen-Basaltpfropfen ist mit seinen schönen, durch Abkühlung entstandenen senkrechten Säulen und seiner Geröllhalde am Bergfuß ein typisches Beispiel.

GREAT DYKE, SIMBABWE
Simbabwes Great Dyke verläuft auf 515 Kilometer Länge in Nord-Süd-Richtung mitten durch das Land. Er ist drei bis zwölf Kilometer breit und ragt wie eine gewaltige natürliche Wand empor; auf Satellitenbildern ist er deutlich zu erkennen. Am höchsten ist er im Norden, wo er sich 460 Meter über das Umvukweplateau erhebt. Er entstand im Archaikum vor rund 2,5 Milliarden Jahren durch Magma, das aus etwa 200 Kilometer Tiefe in die Erdkruste eindrang.

Wie der Bushveld-Komplex ist er ein ultramafisch aufgebauter Intrusivkörper mit enormen Metall- und Mineralerzvorkommen (darunter Gold, Silber, Chrom, Platin, Eisen, Nickel, Zinn, Glimmer und Asbest) und damit ein wichtiger Wirtschaftsfaktor für Simbabwe. Der Afrikaforscher Karl Mauch entdeckte ihn 1867, doch erst ein halbes Jahrhundert später erkannte man seine reichen Mineralschätze.

VULKANISCHE MONOLITHEN
Das Brandbergmassiv in Namibia ist ein kegelförmiger Granitmonolith, der sich weithin sichtbar

GESTEINSKUNDE: BASALT
Dieses dunkelgraue bis schwarze, kieselsäurearme Vulkangestein besteht aus winzigen Feldspat-, Pyroxen- und Olivinkristallen. Es ist manchmal mit kleinen Hohlräumen (Vesikeln) durchsetzt, die durch Gasblasen entstanden und oft sekundäre Minerale wie Zeolithe oder Kalkspat enthalten. Basalt tritt meist in oft ausgedehnten Lavaströmen auf, häufig assoziiert mit kontinentalen Grabenbrüchen. Er lässt sich gut polieren und wird als Arbeitsfläche, Fassadenverkleidung und Straßenpflaster verwendet.

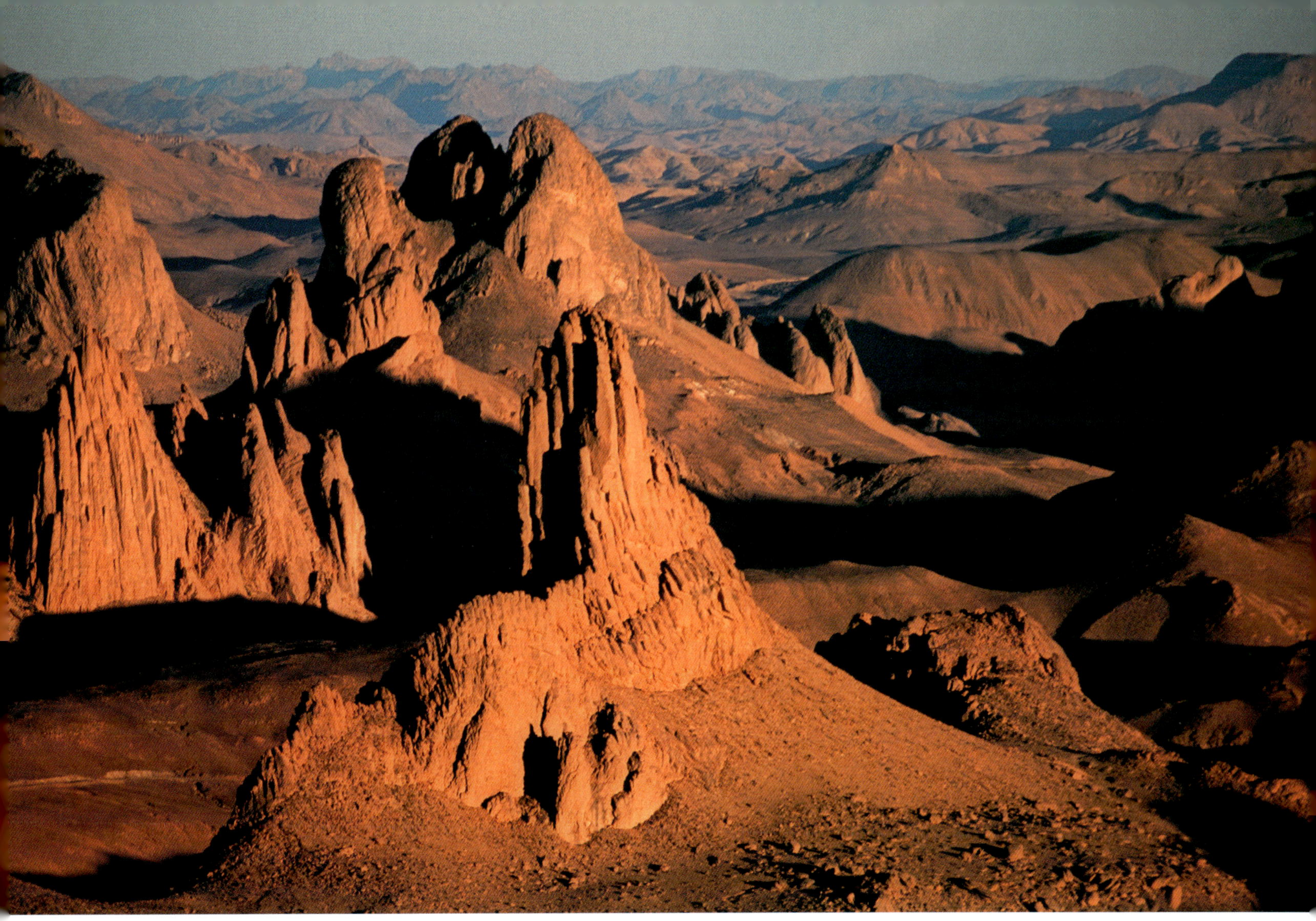

aus der flachen Geröllwüste der Namib erhebt. Sein höchster Punkt und damit höchster Berg des Landes ist der Königstein mit 2573 Metern. Der Brandberg-Batholith stieg vor etwa 120 Millionen Jahren langsam in der Erdkruste auf und blieb in etwa zehn Kilometer Tiefe stecken, wo er langsam abkühlte und zu Granit erstarrte. Die Erosion trug dann das umliegende Gestein ab und legte die Granitkuppel frei. Seinen Namen verdankt das Massiv seiner leuchtend rosaroten Farbe, die den Batholithen bei Sonnenauf- und -untergang regelrecht erglühen lässt.

Einen beeindruckenden Anblick bietet auch der Aso Rock am Rand der nigerianischen Hauptstadt Abuja. Der 400 Meter hohe Granit-Monolith bot mit seinen Höhlen einst dem Volk der Aso Schutz vor seinen Feinden und ist heute das Symbol von Nigerias Machtzentrum. Der Ben Amera in Mauretanien, nahe der Grenze zur Westsahara gelegen, ist ebenfalls ein markanter afrikanischer Monolith – wohl der zweitgrößte der Welt.

Vulkanische Reste in Afrika

Vulkanische Reste in Asien

Eine der größten Vulkanprovinzen der Welt befindet sich in Asien – das indische Dekkan-Plateau. Jahrtausendelang förderten gewaltige Spalteneruptionen Lava und schufen so ein riesiges Hochplateau. Diese „Basaltflut" fand am Ende der Kreidezeit vor rund 65 Millionen Jahren statt und trug womöglich zum Aussterben der Dinosaurier bei.

OBEN Die dichte Vegetation rund um den aus Granitgneis aufgebauten Monolithen Savandurga in Indien bildet für viele Tiere einen idealen Lebensraum. Unter anderem trifft man hier auch auf den Leoparden *(Panthera pardus).*

Die Hochebene erstreckt sich im westlichen und mittleren Indien über 500 000 Quadratkilometer, die ursprüngliche Fläche dürfte sogar dreimal so groß gewesen sein. Das Plateau aus terrassenförmigen Basaltlavaströmen, Trapp genannt, erreicht eine Mächtigkeit von mehr als 2000 Metern; insgesamt traten schätzungsweise zwei bis drei Millionen Kubikkilometer Basalt aus, was im Vergleich zur Eruption des Mount St. Helens eine gewaltige Menge ist. Dieser stieß „nur" rund ein Kubikkilometer Fördermaterial aus. Die Flutbasalte des Dekkan-Plateaus gleichen denen der sibirischen Steppe und am Columbia River in den USA. Der Begriff „Trapp" leitet sich vom schwedischen Wort für

RECHTS Die auf einem Schlotpfropfen erbauten Ruinen von Sigiriya wurden 1907 von dem britischen Forschungsreisenden John Still wiederentdeckt und sind heute UNESCO-Weltkulturerbe.

„Treppe" ab und bezieht sich auf die typische Stufenform der Basaltschichten.

THEORIEN ZUR ENTSTEHUNG DES DEKKAN-PLATEAUS

Es ist schwer, für ein Ereignis dieser Größenordnung eine Ursache zu finden. Immerhin wurde mehr als 30 000 Jahre lang kontinuierlich Lava gefördert. Zudem traten enorme Gasmengen aus, die wahrscheinlich zum Massenaussterben am Ende der Kreide beitrugen. Noch größere Basaltfluten sind nur auf der Venus bekannt. Möglicherweise bildete sich das Plateau über einem Mantelplume oder Hot Spot (über dem sich derzeit Réunion befindet). Er sorgte dafür, dass sich Indien ablöste und nordwärts driftete. Eine andere Theorie macht einen Meteoriteneinschlag vor 65 Millionen Jahren als Auslöser für die Basaltergüsse verantwortlich – die Entdeckung des Shiva-Kraters vor Indiens Westküste könnte das bestätigen. Interessanterweise schlug der Chicxculub-Meteorit etwa zur selben Zeit auf Yucatán ein.

ZEUGEN VULKANISCHER VERGANGENHEIT

In Andheri, einem Vorort von Bombay, befindet sich Gilbert Hill, ein 90 Meter hoher Basaltfels mit spektakulären senkrechten Säulen. Seine Lava trat vor 60,5 Millionen Jahren mit einem der letzten Ströme des Dekkan-Plateaus aus. Der Fels ist mit seinen über 50 Meter hohen, orgelpfeifenähnlichen Basaltsäulen ein geologisches Nationaldenkmal. Über eine steile Treppe erreicht man den Gipfel, auf dem ein hübscher kleiner Garten mit zwei Hindutempeln – dem Gaodevi- und dem Durgamatatempel – angelegt wurde. Von hier blickt man über ganz Bombay.

Der Savandurga ist ein riesiger Monolith aus Granitgneis, der sich nahe der Stadt Bangalore 1226 Meter hoch erhebt. Er ragt als Überrest des vom Dekkan-Trapp überfluteten Grundgebirges aus dem Basalt. Auf ihrem Weg zu den berühmten Swamitempeln im Vorgebirge besuchen viele Pilger den Savandurga. Wandernde Touristen können hier wild lebende Tiere beobachten, etwa Bülbüls (stimmgewaltige Singvögel), Loris oder Leoparden.

Sigiriya ist eine alte Palastanlage auf Sri Lanka, die unter der Regierung von König Kasyapa (477 bis 495 n. Chr.) auf einem das Umland überragenden Vulkanschlot errichtet wurde. Der 370 Meter hohe Fels hat glatte Seitenwände und ist an zahlreichen Stellen sogar unterhöhlt. Sein Gipfel fällt leicht ab; auf den herausgehauenen Terrassen stand einst der Palast. Am Fuß des Sigiriya waren mehrere Gärten angelegt. Seine Höhlen dienten schon im 3. Jahrhundert v. Chr. als buddhistisches Kloster.

RELIGIÖSE STÄTTEN AUF VULKANRUINEN

Die zahllosen bewundernswerten vulkanischen Relikte Asiens hatten für die Menschen stets auch religiöse Bedeutung. Ein Beispiel ist ein goldener, Tiergeistern geweihter buddhistischer Schrein auf dem 250 000 Jahre alten Vulkanschlot Mount Popa bei Mandalay in Burma. Ein anderer großer buddhistischer Tempelkomplex ist der Tempel von Borobudur auf Java (Indonesien). Hier schlug man in der Sailendra-Dynastie in 80-jähriger Arbeit aus einem flachen, breiten Basaltpfropfen eine kunstvolle, 35 m hohe Stufenpyramide.

In der Tempelanlage Borobudur stehen über 500 Buddhastatuen in Nischen und auf den Terrassen.

Vulkanische Reste in Asien

Vulkanische Reste in Australien

Ehemalige Vulkankomplexe und Basaltlavafelder aus Eruptionen, die einst entlang von Schwächezonen parallel zu den Höhenzügen Ostaustraliens erfolgten, bilden heute Dutzende spektakulärer Vulkanruinen. Viele davon entstanden, während sich der australische Kontinent nach Ablösung von Antarktika nordwärts über mehrere stationäre Hot Spots oder Mantelaufwölbungen – Aufschmelzzonen im Erdmantel – hinwegbewegte.

OBEN Der Koala *(Phascolarctos cinereus)* gehört zu den bekanntesten Beuteltieren Australiens. Er besiedelt verschiedene Lebensräume, etwa Eukalyptuswälder, wie man sie im Warrumbungle-Nationalpark antrifft.

Wie bei den Hawaii-Inseln und vielen anderen vulkanischen Inselketten des Pazifiks nimmt das Alter der größeren Vulkane Australiens und der Tasmansee nach Süden hin ab. Anhand ihres Alters ermittelte man, dass der Kontinent pro Jahr etwa sechs Zentimeter nordwärts wandert. Zahlreiche dieser erodierten Vulkane befinden sich in den viel besuchten Nationalparks Australiens.

Im Warrumbungle-Nationalpark bei Coonabarabran (New South Wales) etwa befinden sich imposante Trachytpfropfen und -dykes, die von einem vor 17 bis 13 Millionen Jahren aktiven Vulkan stammen. Die Gesteinskomplexe Belougery Spire, Belougery Split Rock, Crater Bluff und Bluff Mountain waren allesamt Teil seines Fördergangsystems. The Breadknife, ebenfalls Teil dieses alten Vulkans, ist Australiens beeindruckendster freiliegender Dyke. Seine gewaltige Wand ragt rund 100 Meter hoch auf, ist aber nur drei Meter breit.

GLASSHOUSE MOUNTAINS

Im Glasshouse-Mountains-Nationalpark, 70 Kilometer nördlich von Brisbane (Queensland), ragen zehn Vulkanschlote empor, darunter Mount Tibro-

gargan, Mount Beerburrum, Mount Beerwah und Mount Coonowrin. Diese Rhyolith- und Trachytfelsen sind Reste eines Vulkankomplexes, dessen Eruption 25 bis 27 Millionen Jahre zurückliegt. James Cook gab den Bergen 1770 ihren Namen, als er sie während seiner Passage entlang der australischen Ostküste entdeckte – er fand, sie ähnelten Gewächshäusern.

TWEED VOLCANO

Der Tweed Volcano ist ein gewaltiger basaltischer Schildvulkan nahe der Tweed Heads im Norden von New South Wales. Er misst an der Basis rund 100 Kilometer im Durchmesser und ist daher auf Satellitenfotos gut zu erkennen. In seiner Mitte erhebt sich der 1157 Meter hohe Vulkanschlot Mount Warning, der zuletzt vor etwa 20 Millionen Jahren Lava förderte. Der Gipfel des Vulkans ist zwar erodiert, doch die Hangneigung seiner unteren Hänge zeigt, dass er einst etwa 2000 Meter höher war als heute. Mount Warning und der ihn umgebende Regenwald in der erodierten Caldera des Vulkans sind Teil des Mount-Warning-Nationalparks und wurden 1975 zum Weltnaturerbe erklärt.

EINE FUNDGRUBE FÜR EDELSTEINE

Viele Bäche und Flüsse, die aus den Vulkangebieten mit alkalischen Basalten im Osten Australiens kommen, führen Saphire mit sich. Anfänglich sehr explosive Eruptionen förderten aus dem Erdmantel massenhaft Saphire und schufen so eines der reichsten Edelsteinfundgebiete der Welt. In zweien dieser Vulkangebiete liegen die berühmtesten australischen Saphir-Abbaugebiete, das New England Gem Field bei Inverell (New South Wales) und die Central Queensland Gem Fields in der Gemeinde Sapphire. In den 1970er und 1980er Jahren stieß man in den King's Plains von New England auf so reiche Vorkommen, dass der Untergrund regelrecht blau von Saphiren war.

DIE GRANITKUPPEL DES BALD ROCK

Die markante Granitkuppel des Bald Rock bei Tenterfield (New South Wales) erhebt sich rund 200 Meter hoch über die umgebende Landschaft. Sie ist einer von zahlreichen Plutonen, die den New-England-Granitgürtel bilden. Glutflüssiges Magma stieg vor etwa 220 Millionen Jahren in der Erdkruste auf und kühlte unterhalb der Oberfläche langsam zu Granit ab. Anhebung und Erosion haben das umgebende metamorphe und Sedimentgestein rund um den widerstandsfähigeren Granit freigelegt, sodass man heute große Granitblöcke sieht, die teilweise bedenklich heikel aufeinander balancieren. Bald Rock und seine Umgebung sind im Bald-Rock- und Girraween-Nationalpark geschützt. Weitere beeindruckende Granitformationen findet man im Wilsons-Promontory-Nationalpark in Victoria und im Devil's Marbles Conservation Reserve im Northern Territory.

VULKANISCH AKTIVER NACHBAR

Im Gegensatz zu Australien besitzt Neuseeland noch heute aktive Vulkane, aber auch ältere Vulkanreste. Der Mount Cargill ist Teil eines massigen, erodierten Schildvulkans, der zuletzt vor zehn Millionen Jahren tätig war. Seine aufgebrochene Caldera bildet den Naturhafen Otago Harbor. Mount Cargill ist die Kulisse für die Stadt Dunedin; der beliebte Weg auf seinen 682 m hohen Gipfel belohnt Wanderer mit dem Blick auf Dunedin, den Hafen und die Otago-Halbinsel. Auf dem Weg durch den Nebelwald präsentieren sich an malerischer Stelle im Lavastrom die Organ Pipes als aufragende Basaltsäulen.

OBEN Die Devil's Marbles beim Tennant Creek im Northern Territory sind eine Ansammlung von Felsen unterschiedlicher Größe und Form. Die scheinbar balancierenden Felsblöcke erodierten im Lauf von Jahrmillionen aus einer Granitmasse heraus.

UNTEN Das Warrumbungles-Gebiet in New South Wales entstand in Jahrmillionen durch vulkanische Aktivität und nachfolgende Erosion. Grundgestein ist der Pilliga-Sandstein.

Gebiete mit geothermischer Aktivität vermitteln einen Eindruck von Mysterien, kaum zügelbarer Energie und Gefahr. Seit jeher haben sie ehrfürchtiges Staunen erregt. Kochend heiße Wasserbecken mit farbigem Wasser, Heilwirkung ausübende Thermalquellen, brodelnde Schlammtöpfe und plötzlich zischend emporschießende Geysire sind typisch für solche Regionen.

Die Anziehungskraft von Geothermalgebieten war noch größer, bevor die moderne Wissenschaft die Vorgänge erklären konnte. So kamen früher Reisende in Scharen zum Großen Geysir auf Island, den sie für eine übernatürliche Erscheinung hielten. Als man mehr über die Geothermie wusste, erkannte man, dass sich Erdwärme als Energiequelle nutzen ließ. Die Erfahrung lehrt jedoch, dass man dabei Maß halten und stets bedenken sollte, wie sich das Eingreifen in die natürlichen Prozesse auswirken könnte.

In Geothermalgebieten ist der geothermische Gradient, der den Temperaturanstieg mit zunehmender Tiefe bezeichnet, in den oberen Kilometern der Erdkruste deutlich höher als normal. Grundwasser, das hier in Rissen, Verwerfungen und Kanälen zirkuliert, wird bis zum Siedepunkt erhitzt und tritt an der Erdoberfläche auf spektakuläre Art und Weise aus.

OBEN Der Great Fountain Geyser im Yellowstone-Nationalpark (USA) bei Sonnenuntergang. Springbrunnenartige Geysire wie dieser brechen aus Wasseransammlungen hervor.

RECHTS Das leuchtend blaue, mineralreiche Wasser aus Islands heißen Quellen (hier bei Hveravellir) soll bei bestimmten Hautkrankheiten heilend wirken.

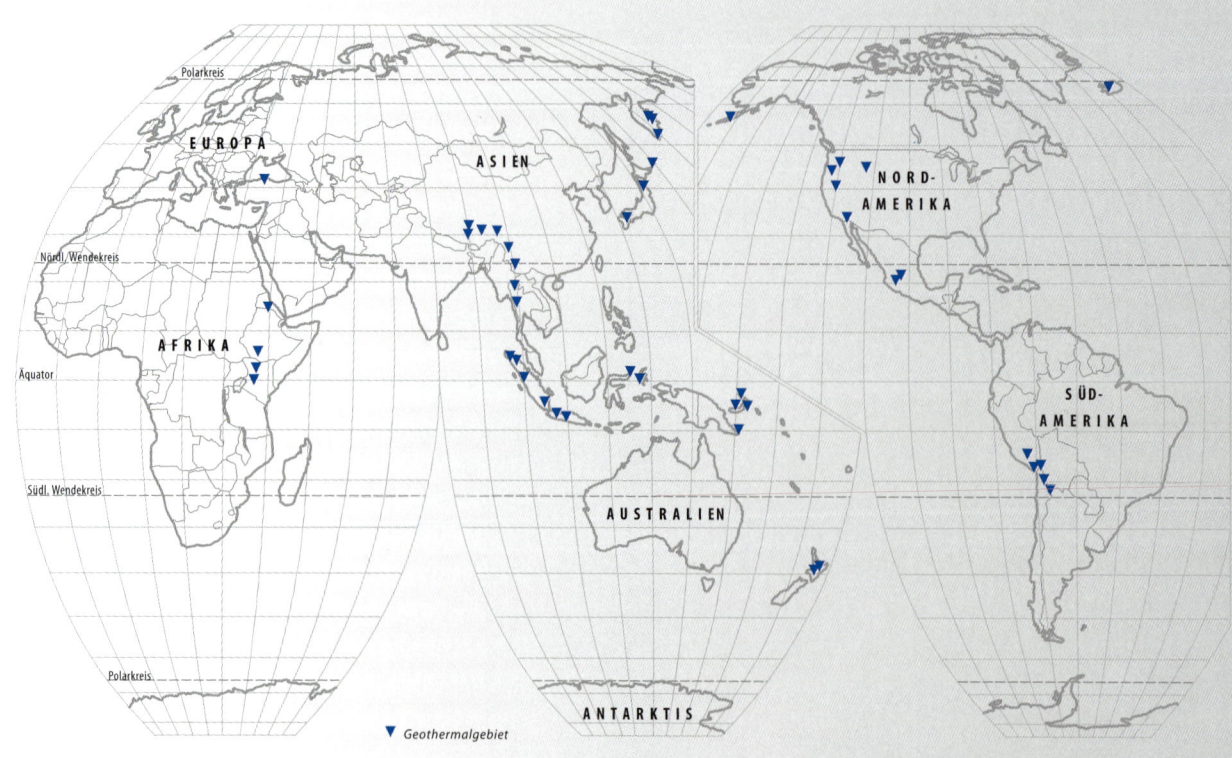

Polarkreis
EUROPA
ASIEN
Nördl. Wendekreis
AFRIKA
Äquator
Südl. Wendekreis
Polarkreis
NORD-AMERIKA
SÜD-AMERIKA
AUSTRALIEN
ANTARKTIS

▼ *Geothermalgebiet*

WELTUMSPANNENDE ZONEN GEOTHERMISCHER AKTIVITÄT

Die Regionen mit hoher geothermischer Aktivität bilden deutlich erkennbare lineare Zonen entlang der Plattengrenzen. Die wichtigsten Geothermalgebiete liegen vor allem entlang der mittelozeanischen Rücken und Riftsysteme, wo die Erdkruste jung und noch dünn ist und die Wärme aus dem Erdinnern leicht entweichen kann. Außerdem treten sie an den großen, von Aufschmelzungen und Vulkanismus geprägten Subduktionszonen sowie an der Kollisionsnaht zweier Kontinente, die mit großem Druck und Auffaltungen einhergeht. Vereinzelt findet man Geothermalregionen auch an Hot Spots, die große Schildvulkane wie den Mauna Loa auf Hawaii haben entstehen lassen.

SPREIZUNGSZONEN UND SCHWARZE RAUCHER

Die Geothermalgebiete der Spreizungszonen sind meist tief unten am Meeresgrund lokalisiert, wo die Vulkane der mittelozeanischen Rücken neue basaltische Kruste produzieren, aber auch in Grabenbrüchen an der Erdoberfläche. Die hydrothermalen Schlote der Tiefsee sind nur vom U-Boot aus zu sehen. Ihr mineralreiches, heißes Wasser tritt aus den Spalten heraus und kühlt im fast null Grad kalten Wasser am Meeresgrund ab; dabei fallen

winzige schwarze Metallsulfidkristalle aus und bilden dicke schwarze Wolken, die ihnen den Namen „Schwarze Raucher" (englisch *black smokers*) einbrachten. Oft bilden sie bizarr geformte, hohe schwarze Schlote. Den ersten Schwarzen Raucher entdeckte man in der Tiefsee erst im Jahr 1976.

Trotz vollkommener Dunkelheit und einer durchschnittlichen Tiefe von 2000 Metern leben rund um die Schwarzen Raucher marine Organismen, die von der Wärme profitieren. Unter diesen ungewöhnlichen Lebewesen fand man im Pazifik unter anderem Röhrenwürmer und große Venus-

OBEN Im türkischen Pamukkale fließt kalzitreiches Wasser aus heißen Quellen einen Felshang hinab und bildet weiße, terrassenförmige Becken. Das Naturwunder wurde durch Übernutzung fast zerstört; man errichtete in direkter Nähe Hotels und Pools und leitete zu viel Wasser weg, was den Zufluss stark verringerte. Ein Renaturierungsprojekt soll den Schaden beheben.

LINKS Im Yellowstone-Nationalpark gibt es gut 500 Geysire, die sich über neun Becken verteilen. Im Bild das Midway Geyser Basin.

muscheln, während man im Atlantik auf augenlose Garnelen stieß.

Die Geothermalgebiete und Geysire Islands liegen auf dem Mittelatlantischen Rücken, der sich hier aus dem Meer erhebt und mitten über die Insel verläuft.

HITZEZONEN RUND UM DEN PAZIFIK

Die Zone geothermischer Aktivität rund um den Pazifik zieht sich durch die Philippinen, Japan, Kamtschatka, die Aleuten, Nord- und Südamerika, Tonga und Neuseeland. Ihre Wärme beziehen die Gebiete aus den vulkanisch aktiven Subduktionszonen an den Rändern des Pazifiks, wo der Ozeanboden unter die angrenzenden Kontinentalplatten abtaucht. Die Spreizung des Atlantikbodens lässt den Pazifik schrumpfen. Außerhalb des Pazifikraums finden sich Geothermalgebiete auch auf Inselbögen der Subduktionszonen wie Indonesien, die Antillen und die South-Sandwich-Inseln.

ERDWÄRME DURCH PLATTENKOLLISION

Die geothermische Zone zwischen Alpen und Himalaya folgt der Linie, an der Indisch-Australische, Afrikanische und Arabische Platte vor etwa 50 Millionen Jahren begannen, sich in die Eurasische Platte zu schieben. Dies führte dazu, dass das vorzeitliche Tethysmeer allmählich geschlossen wurde. Die heute immer noch anhaltende Kollision ließ einige der weltgrößten Gebirge entstehen und setzte darüber hinaus riesige Mengen geothermischer Energie frei.

DIE NUTZUNG GEOTHERMISCHER ENERGIE – EINE LANGE GESCHICHTE

Der Mensch macht sich geothermische Energie seit jeher auf verschiedene Arten zunutze. Archäologische Funde aus Nordamerika belegen, dass die Vorfahren der Indianer schon über 10 000 Jahren

SEIFE IM GEYSIR

Manchmal gibt man Waschmittel in einen Geysir, um ihn vor staunenden Zuschauern hervorbrechen zu lassen. Waschmittel setzen die Oberflächenspannung von Wasser herab, sodass es Oberflächen besser „benetzen" kann. Bei einem fast kochenden Geysir bewirken sie, dass die Wärme besser vom heißen Gestein zum Wasser geleitet wird, das so schneller siedet. Dies wiederum vermindert den Druck auf das Wasser darunter, das seinerseits zu sieden beginnt. Die Reaktion pflanzt sich rasch nach unten fort, und der Geysir bricht hervor. Bei Islands Großem Geysir führt man inzwischen keine Ausbrüche mehr herbei, weil diese und die Waschmittel sein Zuflusssystem beschädigten.

in der Nähe heißer Quellen siedelten. Offenbar nutzten sie diese als Wärmequelle, zum Baden und als Heilmittel. Die Römer heizten mit geothermischem Wasser ihre Häuser und behandelten damit Wunden und Krankheiten. In anderen geothermisch aktiven Regionen wie Neuseeland, Indonesien, Papua-Neuguinea und Island nutzten schon die Urvölker Dampfschlote und das Wasser heißer Quellen zum Kochen.

In jüngerer Zeit verwendet man geothermische Energie als sauberen Ersatz für nicht erneuerbare Energie aus Atom- oder Kohlekraftwerken. Das erste geothermische Dampfkraftwerk ging 1904 im italienischen Larderello in Betrieb – und läuft bis heute! Geothermische Kraftwerke nutzen den Dampf, der die Oberfläche erreicht, um Turbinen anzutreiben, die ihrerseits über Generatoren Strom erzeugen. In trockenen Gebieten lässt sich Energie aus heißem Gestein gewinnen, indem man Wasser durch Bohrlöcher hinabpumpt. Dieses wird in der Tiefe auf über 182 °C erhitzt und treibt – zurück an der Oberfläche – als Dampf wiederum Turbinen an. Die USA, Philippinen, Italien, Mexiko, Indonesien, Japan und Neuseeland nutzen geothermische Energie in großem Stil. Länder kälterer Regionen – wie Island und Japan – verwenden sie auch direkt zum Heizen, indem sie das heiße Wasser in Röhren durch Gebäude leiten.

GEYSIRE – EIN SELTENES NATURSCHAUSPIEL

Das spektakuläre Schauspiel regelmäßig emporschießender, kochend heißer Wasserfontänen ist nicht sehr weit verbreitet, da Geysire ganz bestimmte geologische Voraussetzungen fordern. Es gibt nur etwa 1000 aktive Geysire auf der Erde, von denen die meisten in zwei Gebieten zu finden sind. Der Yellowstone-Nationalpark (USA) zählt rund 500 Springquellen, die Dolina Geyzerow auf der russischen Halbinsel Kamtschatka bis zu 200.

OBEN Sich ausdehnendes Gas presst überhitztes Wasser hoch und lässt es aus diesem Geysir in San Kamphaeng bei Chiang Mai (Thailand) schießen.

Das drittgrößte Geysirgebiet der Welt, El Tatio in Chile, kann nur mit 38 Geysiren aufwarten.

Geysire treten nur auf, wenn drei wichtige geologische Voraussetzungen vorliegen: eine vulkanische Hitzequelle in geringer Tiefe, reiche Grundwasservorkommen und ein ganz besonderes unterirdisches Kanalsystem. Letzteres ist entscheidend, denn es muss wie ein Dampfkochtopf wasserdicht und druckbeständig sein, damit das kochend heiße Wasser herausschießt. Am besten eignen sich offenbar kieselsäurereiche Vulkangesteine, da sich die meisten Geysire in Rhyolith und Ignimbrit befinden. Die vom heißen Wasser aus dem Gestein gelöste Kieselsäure setzt sich als Kieselsinter (Geyserit) an der Innenseite der Kanäle ab. Das dichtet die Gänge zusätzlich ab, verstärkt sie von innen und ermöglicht so die Geysirtätigkeit. Man unterscheidet springbrunnenartige Geysire, die als Serie heftiger Ausbrüche aus Teichen eruptieren, und düsenartige Geysire, die mit sekunden- bis minutenlangem Strahl aus Geyseritkegeln oder -hügeln hervorbrechen. Im Yellowstone-Nationalpark findet man beide Typen: Der Fountain Geyser im Lower Geyser Basin ist ein typischer springbrunnenartiger Geysir, während man Castle Geyser und Old Faithful im Upper Geyser Basin zu den düsenartigen Geysiren zählt.

DAS INNENLEBEN DER GEYSIRE

Das durch Kontakt mit heißem Gestein überhitzte Grundwasser dringt durch die Hohlräume des Geysirs nach oben und trifft dort auf kühleres, einströmendes Oberflächenwasser. Beide vermischen sich und werden von unten her aufgeheizt. Das dauert bei kleinen Geysiren nur Minuten, bei großen Stunden oder sogar Tage. Das Wasser wird im Hohlraumsystem über 100 Grad heiß, kocht aber nicht, weil die Wassersäule auf ihm lastet. Letztlich erhitzt sich das Wasser in der Tiefe aber doch so stark, dass Dampfbläschen aufsteigen, sich sammeln und schließlich die darüberliegende Wassersäule hochdrücken. An der Oberfläche zeigt sich dies als plötzliches Ausfließen von Wasser oder als ansteigende Wasserkuppel. Dieser Wasserverlust macht das System instabil. Da der Druck nachlässt – was dem Absenken des Siedepunkts gleichkommt –, kann das überhitzte Wasser im Kanalsystem plötzlich aufkochen und verwandelt sich schlagartig in Dampf. Die damit einhergehende Volumenzunahme ist so groß, dass die darüberliegende Wassersäule hochgeschleudert wird. Aus dem Schlot schießt so lange Dampf, bis kein Wasser mehr übrig ist oder die Temperatur wieder unter den Siedepunkt sinkt.

Der Kreislauf aus Einströmen, Erhitzen und Aufkochen des Wassers wiederholt sich, und es kommt erneut zum Ausbruch. Die Dauer der Intervalle ist je nach Geysir verschieden; der Strokkur in Islands Geysirfeld bricht alle paar Minuten für wenige Sekunden hervor, der Grand Geyser in den USA dagegen nur alle acht bis zwölf Stunden für bis zu zehn Minuten.

EIN GEYSIR IN AKTION

Geysire wie der berühmte Old Faithful im viel besuchten Yellowstone-Nationalpark schießen regelmäßig empor. Nach einem solchen Ausbruch laufen Oberflächen- und Grundwasser wieder in das Hohlraumsystem zurück.
A. Das leere Kanalsystem füllt sich mit kaltem Wasser, das sich dort langsam erwärmt. B. Die Hohlräume sind mit Wasser gefüllt, dessen Temperatur inzwischen den Siedepunkt übersteigt. Dampfbläschen entstehen und steigen auf. Das System ist noch stabil. C. Vereinen sich genügend Dampfbläschen, bildet sich eine große Blase. Das System wird instabil, der sich ausdehnende Dampfballon schiebt die darüber befindliche Wassersäule aufwärts und lässt sie als spektakuläre Fontäne hinausschießen.

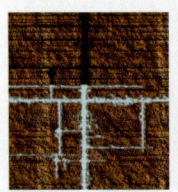
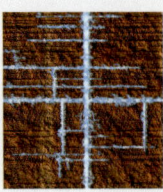
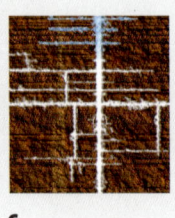

A   B   C

BEDROHTE GEYSIRE

Seit man im 20. Jahrhundert mit dem Bau geothermischer Kraftwerke begann, beobachtete man häufig, dass benachbarte Springquellen ihre Tätigkeit einstellten. Nirgends wurde das deutlicher als auf Neuseeland: Von fünf großen

LINKS Im kenianischen Lake-Bogoria-Nationalpark dampfen heiße Quellen, und Geysire schießen empor. Das Wasser des Lake Bogoria enthält Unmengen von Algen, die zeitweise zahllose Rosa- und Zwergflamingos anlocken und auch die Ufer rosa färben.

Geysirgebieten, die noch vor rund 100 Jahren aktiv waren (Whakarewarewa, Rotomahana, Orakeikorako, Wairakei und Spa) ist nur noch in Whakarewarewa eine nennenswerte Zahl von Geysiren aktiv. Von mehr als 130 im Jahr 1950 bekannten Geysiren in ganz Neuseeland sind heute noch weniger als 15 tätig.

Eine große Bedrohung stellt auch der Bergbau dar. In geothermischen Gebieten gibt es oft kostbare Minerale, die vom heißen Grundwasser ausgefällt werden, etwa Gold. Für ihre Förderung baut man manchmal sogar das Kanalsystem des Geysirs selbst ab. Ein drastisches Beispiel war das Versiegen des zweitgrößten Geysirfelds Südamerikas (Puchuldiza in Chile) im Mai 2003, verursacht durch Mineralienabbau in der Nähe.

FUMAROLEN UND SCHLAMMTÖPFE

Auch wenn ein Geothermalgebiet vielleicht nicht alle Bedingungen für einen Geysir erfüllt, kann es mit weiteren geothermischen Phänomenen wie Fumarolen, heißen Quellen oder Schlammtöpfen aufwarten. Fumarolen und schwefelhaltige Solfataren sind Dampfförderkanäle, die sich bilden, wenn kleine Wassermengen in Kontakt mit großer vulkanischer Hitze kommen. Sie sind besonders nach Regenfällen aktiv.

Heiße und kochende Seen entstehen dort, wo reichlich Grundwasser vorhanden ist. Die in solchen Becken – etwa im Grand Prismatic Spring im Yellowstone-Nationalpark – oft zu beobachtende leuchtende Färbung kommt durch thermophile, also Hitze liebende Bakterien zustande, die den harten Bedingungen im heißen Wasser trotzen.

Ist das umgebende Gestein weich und bröckelig oder ist viel Bodensediment vorhanden, bildet sich ein brodelnder, mit dickflüssigem Brei gefüllter Schlammtopf.

Heiße Quellen enthalten oft zahlreiche gelöste Minerale, von Lithium, Natrium und Kalzium über Eisen bis hin zu Radium. Wegen ihrer nachweislichen – oder nicht selten nur nachgesagten – Heilkräfte wurden viele Geysirgebiete beliebte Standorte für Erholungszentren und Kurkliniken.

KALTWASSERGEYSIRE

Kaltwassergeysire gleichen normalen Geysiren, werden aber nicht von Wasserdampf, sondern von Kohlendioxid erzeugt. Sie treten meist auf, wenn man abgeschlossene, Gase und Grundwasser führende Schichten (artesische Quellen) anbohrt; in natürlicher Ausbildung gibt es sie selten.

Man kennt nur zwei natürliche, von Kohlendioxid angetriebene Kaltwassergeysire in relativ unberührter Umgebung, den Cold Water Geyser im Yellowstone-Nationalpark und den Salton Sea Geyser in Kalifornien. Hervorbrechende Kaltwassergeysire ähneln dampfgetriebenen Geysiren, das kohlendioxidreiche Wasser erscheint jedoch oft weißlich-schaumig.

OBEN Badende Japanerinnen in einer heißen Quelle. Das Bad in solchen Quellen, die teils in entlegenen, unberührten Gebieten liegen, ist in Japan ein wichtiges Ritual.

Geothermalgebiete in Island

Island besitzt zahllose Geothermalgebiete entlang der vulkanisch aktiven Spreizungszone, die quer über die Insel verläuft. Hier steigen die Temperaturen unterhalb der Erdoberfläche rasant auf etwa 240 °C in 1000 Meter Tiefe an. Am bekanntesten ist das etwa drei Quadratkilometer große Geysir- und Geothermalgebiet im Haukadalurtal.

Geologische Untersuchungen der Gesteine im Thermalgebiet ergaben, dass das Geysirfeld seit mindestens 10 000 Jahren tätig ist. Seine berühmten heißen Quellen und Geysire werden vom Grundwasser gespeist, das in der Tiefe durch enge Hohlräume im heißen Gestein zirkuliert und erhitzt wird. Die Wassertemperatur bestimmt die Art der Thermalaktivität: Bei Temperaturen bis zum Siedepunkt (100 °C) treten normale heiße Quellen auf, und bei höheren Temperaturen brechen sie als Geysire hervor. Zu Letzteren zählen der Große Geysir (der „tosende Sprudel" und Namensgeber aller Geysire) sowie Strokkur, Sódi, Smiður, Fata, Oþerrishola, Litli Geysir und Litli Strokkur.

EIN GEYSIRFELD ERWACHT ZUM LEBEN

Im Juni 2000 weckte eine Reihe von Erdbeben den Großen Geysir aus seinem Schlaf und ließ auch den Oþerrishola und den Fata wieder aktiv werden. Interessanterweise wird das Ausbrechen des Oþerrishola manchmal durch bestimmte Wetterverhältnisse ausgelöst, nämlich immer dann, wenn der Luftdruck sehr niedrig ist. Die Erdbeben

ließen mehrere neue heiße Quellen austreten, und bereits bestehende Quellen förderten mehr Wasser. Die heißen Quellen Konungshver („Des Königs heiße Quelle") und Blesi („Blaser") begannen heftig zu kochen. Im Norden des Geysir-Thermalgebiets befinden sich Fumarolen, an denen nur geothermischer Dampf und Gase aus dem Hohlraumsystem entweichen. Mancherorts haben sich rund um die Dampfschlote hellgelbe Schwefelkristalle abgesetzt.

TOURISTENMAGNET STROKKUR

Der Geysir Strokkur ist heute die Hauptattraktion des Geothermalgebiets. Er bricht etwa alle acht Minuten hervor. Der Ausbruch setzt mit der Bildung einer schönen blauen Wasserkuppel ein, die von aufsteigendem, sich ausdehnendem Dampf aufgewölbt wird. Erreicht dieser die Oberfläche, schießt das Wasser 30 bis 40 Meter in die Höhe. Der Strokkur entstand 1789 durch ein Erdbeben und wurde durch ein weiteres Erdbeben 1896 wieder verschlossen. Im Jahr 1963 reinigte man seinen Schlot gründlich; seither ist er wieder regelmäßig tätig und spuckt alle paar Minuten Wasserfontänen.

WERTVOLLE ENERGIEQUELLE

Da Island mitten auf dem Mittelatlantischen Rücken sitzt, in dem ständig Basaltlava gefördert wird, steht dem Land geothermische Energie in unerschöpflicher Menge zur Verfügung. Um Dampf zu erzeugen, pumpt man Wasser in zwei Kilometer Tiefe, wo es heißes Basaltgestein durchströmt. Der Dampf wird hauptsächlich zum Heizen verwendet. In Reykjavik und Akureyri, den beiden größten

Geothermalgebiete in Island

IM UHRZEIGERSINN VON OBEN Ein Ausbruch des Strokkur kündigt sich durch eine aufwölbende Wasserkuppel an. Bei den etwa acht Minuten dauernden Eruptionen schießt das Wasser dreimal bis zu 30 m hoch empor. Das wiederholt sich zuverlässig alle fünf bis zehn Minuten. Strokkur ist das isländische Wort für „Butterfass".

Städten des Landes, heizt man im Winter sogar die Bürgersteige, um sie eisfrei zu halten. Ein Teil des Dampfes treibt Turbinen zur Stromerzeugung an; über 80 Prozent des auf Island verbrauchten Stroms werden allerdings hydroelektrisch durch Wasserkraft erzeugt.

Beim Svartsengi-Kraftwerk in der Nähe von Keflavik auf der Halbinsel Reykjanes gehen Energiegewinnung und Tourismus Hand in Hand.

Überschüssiges warmes Wasser aus dem Kraftwerk fließt in die angrenzende „Blaue Lagune" (Bláa Lonith), deren Wasser das ganze Jahr hindurch 35 bis 40 °C warm ist. Die Blaue Lagune gilt inzwischen als beliebtes Kurbad und Touristenattraktion. Das mineralreiche Thermalwasser erscheint durch blaugrüne Algen und weißen Kieselerdeschlamm intensiv blau und soll unter anderem bei Schuppenflechte und Ekzemen heilende Wirkung haben.

Geothermalgebiete in Nordamerika

Den Westen Nordamerikas durchzieht eine breite Zone mit Tausenden heißer Quellen – von kleinen Rinnsalen bis hin zu gewaltigen, brodelnden Wassermassen. Die meisten von ihnen befinden sich in den Nordamerikanischen Kordilleren in Bereichen mit einem sehr hohen Wärmestrom, wo aufgrund der Vorgänge an der Grenze zwischen Pazifischer und Nordamerikanischer Platte heißes Gestein dicht unter der Oberfläche liegt.

RECHTS Die heißen Quellen der Liard River Hot Springs in British Columbia (Kanada) liegen direkt am Alaska Highway. Das 40 °C warme Wasser lockt im Winter viele Tiere dorthin.

OBEN Ein nordamerikanischer Bison *(Bison bison)* wärmt sich im Dampf eines Geysirs im Yellowstone-Nationalpark. Der Bisonbestand in diesem Nationalpark umfasst 3500 Tiere. Sie bilden die letzte wild lebende Bisonherde der Welt.

UNTEN Einige Dampfquellen auf Privatgrund in der Black Rock Desert im Great Basin (Nevada) sind bis heute geysirähnlich aktiv. Ständig zerstäubt aus den Travertinkegeln kochendes Wasser.

In den USA gibt es ein ausgedehntes Areal mit Thermalquellen. Es erstreckt sich von der Westküste bis an den Ostrand der Rocky Mountains, zieht sich südwärts über Mexiko und Mittelamerika bis hinunter zu den Anden und verläuft nordwärts durch Kanada, Alaska und über die Aleuten. Ein Gürtel weniger ausgeprägter hydrothermaler Aktivität – heiße Quellen weisen hier Temperaturen unter 50 °C auf – verläuft im Osten entlang der Atlantikküste parallel zu den Appalachian Mountains. Der Hot-Springs-Nationalpark in den Ouachita Mountains im weit entfernten Arkansas ist ein Sonderfall; er wurde 1911 als erstes Geothermalareal zum nationalen Schutzgebiet erklärt.

BEKANNTE SCHUTZGEBIETE
Einige der bekanntesten Geothermalareale sind als Nationalparks geschützt, um einen vernünftigen Umgang mit ihnen und ihre Wertschätzung sicherzustellen. In den USA zählen dazu die Nationalparks Hot Springs in Arkansas, Death Valley und Lassen Volcanic in Kalifornien, Yellowstone in Wyoming, Big Bend in Texas und Olympic in Washington. In Kanada richtete man 1885 rund um die Banff Upper Hot Springs den ersten Park dieser Art ein, den Banff-Nationalpark. Weitere Thermalquellen sind Radium Hot Springs im Kootenay-Nationalpark, die Liard River Hot Springs im Provincial Park und die Miette Hot Springs im Jasper-Nationalpark.

NORDAMERIKAS GEYSIRE
In der Zone geothermischer Aktivität findet man auch Geysire, doch sind diese weit seltener als heiße Quellen, weil sie spezifische geologische Voraussetzungen erfordern. Weltberühmtheit erlangten die Geysire des Yellowstone-Nationalparks, die weltweit größte Ansammlung von Geysiren. Daneben gibt es aber in Nordamerika noch einige weniger bekannte Geysirgebiete.

NEVADAS VERSIEGTE SPRINGQUELLEN
Das ehemalige Beowawe-Geysirfeld lag in einem kleinen Becken mitten in Nevada zwischen den Städten Elko und Battle Mountain. Autofahrer konnten die am Fuß eines Hügels gelegenen Gey-

sire vom Highway aus beobachten. Ihr Niedergang begann in den 1950er Jahren, nachdem man mit den Bohrungen zur Nutzung geothermischer Energie begonnen hatte. Die Dampfentnahme für ein nahe gelegenes Kraftwerk, das 1985 in Betrieb ging, zerstörte schließlich das empfindliche Gleichgewicht aus Wasserzufluss und Erdwärme, und die Geysire versiegten. Heute ist ihre Sinterkruste noch zu sehen, doch tritt nur noch ab und zu Dampf aus einigen höher gelegenen offenen Stellen aus.

STEAMBOAT SPRINGS, NEVADA

Das Geysirfeld von Steamboat Springs befindet sich einige Kilometer südlich von Reno am Highway nach Carson City. Angaben der Geyser Observation and Study Association (GOSA) zufolge beobachtete man hier zwischen 1984 und 1987 21 tätige Geysire, die ihre Fontänen teils wenige Zentimeter, teils bis zu 15 Meter hoch ausstießen. Die Zahl seiner aktiven Geysire machte Steamboat Springs zum viert- oder fünftgrößten Geysirgebiet der Welt. Durch das unglückliche Zusammenwirken eines nahe gelegenen geothermischen Kraftwerkbetriebs und einer regionalen Dürre versiegte 1987 sämtliche Geysirtätigkeit. 2003 war der Grundwasserspiegel auf zehn Meter Tiefe abgesunken.

UMNAKS ENTLEGENE GEYSIRE

Im Geothermalgebiet Geyser Bight auf der Insel Umnak befinden sich nicht nur Alaskas heißeste, sondern auch die größten Thermalquellen. Nur an diesem entlegenen Ort gibt es Geysire neben heißen Quellen. Die dafür verantwortliche Wärme liefert der Recheschnoi-Vulkan.

Seit 1947 beobachtete man mindestens zwölf aktive Geysire und vereinzelt bis zu zwei Meter hohe Fontänen; meist fallen diese aber weit niedriger aus. Nach der Zerstörung der Geysire von Beowawe und Steamboat Springs in Nevada steht Umnak nun an zweiter Stelle hinter dem größten Geysirgebiet der USA, Yellowstone.

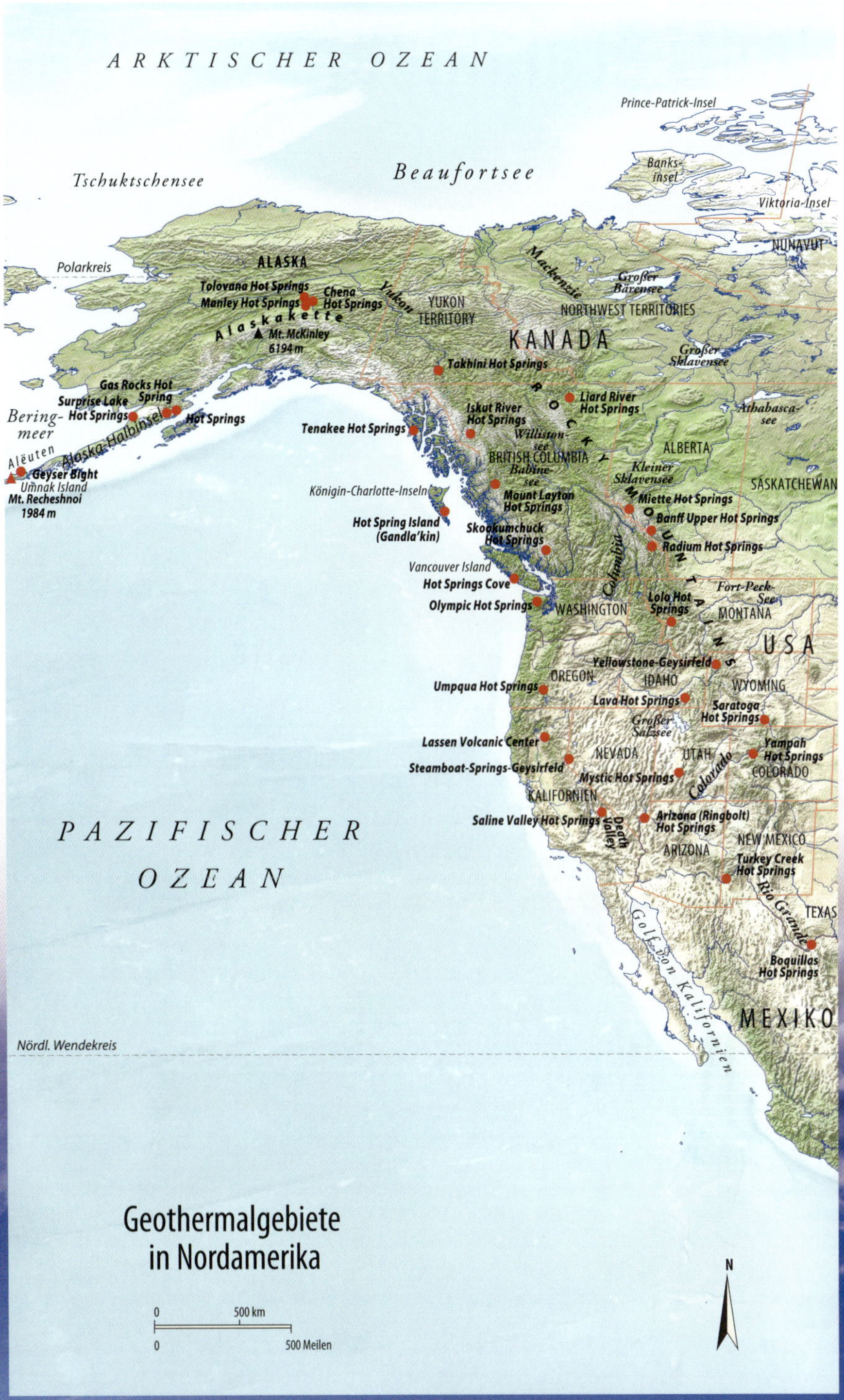

Geothermalgebiete in Nordamerika

Geothermalgebiete in den Anden

Die südamerikanischen Andenstaaten liegen – wie viele andere – am Pazifischen Feuerring und sind vielfach von geothermischer Aktivität geprägt. Wärmequelle ist der ausgeprägte Vulkanismus der Region, der auf die Subduktion vor allem der Nazca-Platte unter die Südamerikanische Platte zurückgeht. Überall in den Anden findet man unzählige heiße Quellen.

An manchen dieser Quellen entstanden Fünf-Sterne-Erholungszentren, andere sind vollkommen naturbelassen. Sie befinden sich an entlegenen Orten und in den unterschiedlichsten Landschaften: Heiße Quellen sprudeln im ecuadorianischen Regenwald auf Meereshöhe ebenso wie in 4000 Meter Höhe in der kargen Umgebung der trockensten Wüste der Welt in Peru und Chile.

Besonders bemerkenswert sind die heißen Quellen in Feuerland, der argentinisch-chilenischen Region an der Südspitze Südamerikas. Vor einem Panorama von schnee- und eisbedeckten Gipfeln dampfen hier heiße Quellen und Seen unmittelbar neben eisigen Bächen und bieten dem Betrachter einen Anblick atemberaubender Schönheit.

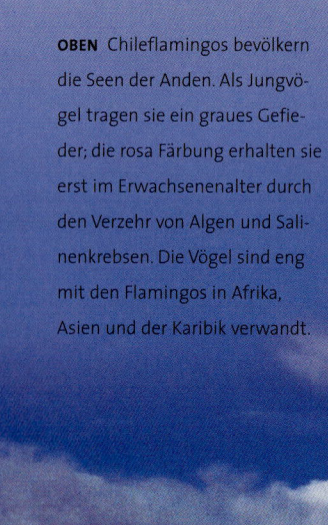

OBEN Chileflamingos bevölkern die Seen der Anden. Als Jungvögel tragen sie ein graues Gefieder; die rosa Färbung erhalten sie erst im Erwachsenenalter durch den Verzehr von Algen und Salinenkrebsen. Die Vögel sind eng mit den Flamingos in Afrika, Asien und der Karibik verwandt.

CHILES HEISSE QUELLEN

Allein in Chile gibt es Hunderte heißer Quellen, oft an großen Verwerfungen, die den Strömungsverlauf des Grundwassers lenken. Nahe dem kleinen Andendorf Liquine in Südchile etwa findet man entlang der Liquine-Ofqui-Verwerfung etliche Thermalquellen. Die große Störung zieht sich vom Vulkan Llaima über 1000 Kilometer die Anden hinunter bis zum Vulkan Hudson.

Bei Liquine sprudelt 80 °C heißes Wasser aus dem Boden und muss erst einmal abgekühlt werden, bevor man es in Badebecken leitet. Die heißen Quellen sind reich an Kieselsäure, Kalzium, Lithium, Eisen, Kalium, Natrium und Schwefel. Auch der Puyehue-Nationalpark in der chilenischen Region Los Lagos ist für heiße Quellen, Schlammtöpfe und Schwefelbäder berühmt.

Die Pocuro-Verwerfung in Zentralchile führt 35 Quellen, darunter die historische Thermalquelle von Cauquenes. Ein 1885 dort errichtetes Hotel verfügt über Bäder aus europäischem Marmor.

HOCH OBEN IN DEN ANDEN

Rund um den Licancabur, einen 5930 Meter hohen, ruhenden Vulkan im Grenzgebiet zwischen Chile und Bolivien, liegen einige ins Auge fallende farbige Seen. Sie tragen bezeichnende Namen wie Laguna Blanca (weißer See), Laguna Verde (grüner See) und Laguna Colorada (roter See). Abgesehen von der Laguna Colorada, deren rote Farbe auf Algen zurückgeht, verdanken die Seen ihre Färbung

verschiedenen Mineralsalzen. Die jadegrüne Laguna Verde speist sich aus vulkanischen heißen Quellen. An den Seen leben scharenweise langbeinige Flamingos; der Chileflamingo *(Phoenicopterus chilensis)* erreicht eine Standhöhe von über einem Meter.

GEYSIRE UND HEISSE QUELLEN IN DER WÜSTE

Das Geysirfeld Los Géiseres del Tatio und die nahe gelegenen Thermalquellen von La Puritama befinden sich in der Atacamawüste in Nordchile, rund 4200 Meter über dem Meeresspiegel. Der nächstgelegene Ort ist das Städtchen San Pedro de Atacama. Das Tal von El Tatio birgt eine beeindruckende Ansammlung von Geysiren, farbigen Seen, Terrassen und Schlammtöpfen vor der Kulisse aktiver Vulkane. Die umgebende Wüstenlandschaft ist karg und öde, abgesehen von ein wenig Grün am Rand der heißen Quelltöpfe. El Tatio umfasst mindestens 80 aktive Geysire und ist damit das drittgrößte Geysirfeld der Welt – nach Yellowstone (USA) und

Dolina Geyzerow (Russland). Die Geysire sind zwar stark tätig, aber nicht sehr groß; die höchste beobachtete Fontäne erreichte etwa sechs Meter, im Durchschnitt bringen sie es auf 80 Zentimeter.

Nachdem etliche neuseeländische Geysire durch geothermische Energiegewinnung versiegt sind, stellt El Tatio heute das größte Geysirgebiet der Südhalbkugel dar.

VERSIEGENDE GEYSIRE

Gold und andere Metalle kommen in den Vulkangebieten der Subduktionszonen häufig vor und daher auch in Gebieten mit starker geothermischer Aktivität. Die Anden sind aus diesem Grund für Bergbauunternehmen sehr attraktiv. Der Mineralabbau in der Nähe von Puchuldiza, dem zweitgrößten südamerikanischen Geysirfeld im chilenischen Isluga-Volcano-Nationalpark, brachte die dortigen Geysire im Jahr 2003 zum Versiegen.

OBEN Im Morgengrauen bietet das Geysirgebiet El Tatio ein ruhiges Bild, doch in den Hohlräumen unter der Erde brodelt heißes Wasser. Mit 80 echten Geysiren und 30 ständig tätigen Sprudelstellen ist es eines der weltweit größten Geysirfelder.

UNTEN Die rosarote Färbung der Laguna Colorada im Südwesten Boliviens geht auf Pigmente der darin lebenden Algen zurück. Die Laguna ist einer von mehreren farbigen Seen eines Vulkangebiets hoch in den Anden. Sie befindet sich nahe dem Geysirbecken von Sol de Mañana.

Geothermalgebiete in Europa

Die in einem Tal der Ardennen gelegene belgische Stadt Spa ist in ganz Europa für ihre heilkräftigen, heißen Mineralquellen bekannt. Seit dem 14. Jahrhundert kommen Reisende dorthin, um vom Heilwasser zu profitieren. Seitdem steht das Wort „Spa" ganz allgemein für natürliche Quellen, denen Heilkräfte nachgesagt werden.

RECHTE SEITE Drei natürliche Außenbecken mit heißem Wasser und mehrere Innenbecken bietet das 1913 eröffnete Széchenyi-Bad in Budapest (Ungarn). Es ist das größte Thermalbad Europas. Die Thermalquelle wurde während einer Brunnenbohrung entdeckt.

Die Herkunft des Namens Spa ist ungewiss. Eine Theorie führt den Namen auf ein germanisches Wort für „speien" oder „spucken" zurück. Möglicherweise leitet er sich auch vom lateinischen Sprichwort *salus per aqua* (Gesundheit durch Wasser) ab. Die ersten Heilbäder gab es schon vor Jahrtausenden, in Mesopotamien, Ägypten und Griechenland. Der griechische Geschichtsschreiber Herodot (etwa 490 bis 430 v. Chr.) beschrieb heiße Quellen mit heilender Wirkung und empfahl Badekuren. Seit dem 4. Jahrhundert v. Chr. nutzte man dazu heiße Quellen bei der Stadt Therma auf der griechischen Insel Ikaría. Dort kann man an verschiedenen Stellen in warmem Wasser baden, das aus heißen Quellen ins Meer strömt.

RÖMISCHE BADEKULTUR

Die Römer waren die Ersten, die öffentliche Bäder oder Thermen einrichteten. Zunächst hatten sie natürliche heiße Quellen und Mineralbäder als Orte der Behandlung und Erholung ihrer Soldaten genutzt, doch mit der Zeit entwickelten sich ausgefeilte Baderituale, die der Geselligkeit und Entspannung, aber auch medizinischen Zwecken dienten. Baden wurde für Männer und Frauen aller Schichten zur wichtigen täglichen Routine, und es entstanden komfortable öffentliche Badeanlagen – *balnea* oder *thermae* genannt.

Man badete gemeinschaftlich, Männer und Frauen jedoch zu unterschiedlichen Zeiten. Meist war für Männer die Zeit ab zwei oder drei Uhr nachmittags (nach dem Ende ihres Arbeitstages) reserviert. Schnell verbreiteten sich die öffentlichen Bäder über ganz Europa. Sie entstanden über vorhandenen Thermalquellen, wie im englischen Bath, und um sie herum wuchsen ganze Städte, die noch heute Titel wie „Bad" (in Deutschland, Österreich) oder „Terme" (in Italien) führen.

DAS BADERITUAL

Die Badegäste entkleideten sich im Apodyterium (Umkleideraum) und ließen ihre Sachen in Kammern unter der Aufsicht von Sklaven zurück. Nach etwas Sport (etwa Gewichtheben, Diskuswerfen oder Ballspielen) duschte man und begab sich dann in das eigentliche Bad. Die Haupthalle, das Tepidarium, enthielt Warmwasserbecken und war oft reich mit Marmor und Mosaiken geschmückt. Am wärmsten war es im Caldarium (Warmwasserbad), wo die Gäste in einem im Boden versenkten Heißwasserbecken entspannten; das konnten sie auch im Sudatorium (Dampfraum) oder im Laconium (Sauna). Hier sollten die Hautporen geöffnet

Geothermalgebiete in Europa

und durch Schwitzen gereinigt werden. Im Frigidarium (Kaltwasserbad) endete der Badegang dann mit einem erfrischenden Bad im kalten Becken, wodurch die Hautporen wieder geschlossen wurden.

HEUTIGE KURBÄDER IN EUROPA

Auch in der Neuzeit erfüllen Kurbäder vielfach dieselben Bedürfnisse wie vor Jahrtausenden. Sie dienen etwa der Entspannung, Gesundheit und dem Stressabbau. Viele der Methoden sind ebenfalls gleich geblieben, so etwa verschiedene Hydrotherapiebehandlungen. Sehr häufig kommen Abreibungen und Massagen zur Anwendung.

Budapest ist ein bedeutender Kurort und hat über 100 Thermalquellen. Diese sprudeln entlang einer geologischen Verwerfung aus dem Boden, die die Berge von Buda von der Tiefebene trennt, und för-

dern täglich über 4,5 Millionen Liter Wasser. Nach den Römern wurde die Badekultur im 16. und 17. Jahrhundert unter türkischer Besatzung fortgeführt. Einige der schönsten Badeanlagen werden bis heute genutzt, etwa das Kiraly- und Rudas-Bad.

DAS TÜRKISCHE BAD: DER HAMAM

Der Hamam vereint die Funktionalität der griechischen und römischen Bäder mit der türkisch-muslimischen Tradition des Badens, der rituellen Reinigung und dem Respekt vor dem Wasser. Die Araber errichteten nach der Eroberung Alexandrias eigene Bäder, die sich schnell zu öffentlichen Institutionen entwickelten. Eines der schönsten Beispiele ist der noch immer benutzte Çemberlitas-Hamam in Istanbul, erbaut 1584 nach Entwürfen des osmanischen Baumeisters Mimar Koca Sinan.

OBEN Diese römische Steinplatte wurde 1790 in Bath entdeckt, als man den Pumpenraum freilegte. Wen die Darstellung zeigt, ist unbekannt; Spekulationen reichen vom Emblem des Schildes der Göttin Sulis-Minerva über ein Gorgonenhaupt (ohne die üblichen Schlangen) bis zum Kopf des Okeanos, dem letzten Titanenherrscher. Bis heute ist sie das Bildsymbol von Bath.

GESTEINSKUNDE: KIESELSINTER, KALKTUFF

Kieselsinter (Geyserit) und Kalktuff (Travertin) sind typische mineralische Quellausscheidungen um Thermalquellen und Geysire. Sie fallen aus dem übersättigten, kochend heißen Grundwasser aus, da dieses bei Erreichen der Oberfläche einen plötzlichen Druck- und Temperaturabfall erfährt. So entstehen rund um Geysire mit der Zeit nicht selten auffällige, kegelförmige Ablagerungen und um Quelltöpfen geriffelte Randzonen. Geyserit ist ein opalähnliches Kieselsäurehydrat, Kalktuff besteht aus Kalziumkarbonat. Viele römische Gebäude und Brücken sind aus Kalktuff gebaut.

Geothermalgebiete in Asien

Die beiden größten geothermischen Zonen Asiens erstrecken sich an den tektonisch aktiven Rändern der Eurasischen Platte. Der geothermische Gürtel des Himalaya wird durch Hitze gespeist, die bei der Kollision der Indisch-Australischen mit der Eurasischen Platte frei wird – der Gürtel am westlichen Pazifikrand dagegen profitiert von Hitze, die von der unter den Ostrand der Eurasischen Platte abtauchenden Pazifischen Platte aufsteigt.

OBEN Badende in einem Außenbecken im Kurhaus-Resort von Beitou, einem beliebten Thermalbad bei Taipeh. Das japanische *onsen*-Baderitual hat die Entwicklung der Thermalbäder auf Taiwan stark geprägt.

RECHTS Touristen beim therapeutischen Baden mit Kangalfischen in einer beliebten Therme in der chinesischen Kommune Chongqing. Solche Fische werden traditionell zur Behandlung von Hautkrankheiten wie Schuppenflechte eingesetzt; sie fressen abgestorbene Hautpartikel und hinterlassen sauber gereinigte Haut.

Der geothermische Gürtel des Himalaya bildet die Fortsetzung des Mediterrangürtels. Er zieht sich von Südtibet und die südchinesische Provinz Sichuan durch den Westen der Provinz Yunnan bis nach Thailand. Dort trifft er auf den indonesischen Geothermalgürtel. Der asiatische Teil des zirkumpazifischen Feuerrings verläuft durch die Halbinsel Kamtschatka sowie Japan und die Philippinen.

GEOTHERMIE IN CHINA

Schon seit der Östlichen Zhou-Dynastie (etwa 770 bis 226 v. Chr.) nutzt man in China warme Quellen zur Bewässerung und für den Hausgebrauch. Während der Ming-Dynastie (1368 bis 1644) erkannte der berühmte Arzt Li Shi-zeng die Heilkraft des Quellwassers und begann es für medizinische Behandlungen zu nutzen. China besitzt an 254 Orten mehr als 3000 heiße Quellen, aber nur zehn aktive Geysire. Vier davon findet man in Chaluo (Sichuan), zwei in Chapu, zwei in Guhu, einen in Tagajia (allesamt in Tsang/Tibet) und einen in Balazang (wiederum in Sichuan).

China ist das bevölkerungsreichste Land und nach den USA der zweitgrößte Energieverbraucher der Welt. In China wird auch die meiste Kohle gefördert, die 70 Prozent seines Energiebedarfs deckt. Allerdings hat China 2006 die USA als größten Produzenten von Kohlendioxidemissionen abgelöst. Daher prüft man derzeit, ob sich die chinesischen Geothermalgebiete zur Energiegewinnung eignen; über 200 Gebiete mit Tiefentemperaturen von mehr als 150 °C scheinen sich dafür anzubieten.

Auch Taiwan verfügt über etliche heiße Quellen. Diejenigen von Beitou nahe Taipeh wurden schon in einer Handschrift von 1697 erwähnt, doch erst 1893 errichtete ein deutscher Geschäftsmann dort ein kleines Thermalbad. Einige Jahre später (1896) eröffnete Hirado Gengo aus Osaka (Japan) ein erstes Badehotel, das Tenguan. Beitou wurde als Ort der heißen Quellen bekannt und läutete eine neue Badekultur ein, die auf der japanischen *onsen*-Tradition beruht. Diese schreibt dem mineralreichen heißen Quellwasser zahlreiche Heilwirkungen zu – es verleiht nicht nur neue Energie, sondern das enthaltene Radon und die Minerale sollen auch gegen Leiden wie chronische Erschöpfung, Ekzem und Arthritis helfen.

Während der 50-jährigen japanischen Besatzung von 1895 bis 1945 wurden die vier großen Geothermalgebiete Taiwans, die heiße Quellen aufweisen, in diesem Stil ausgestaltet: Beitou, Yangminshan, Guanziling und Sichongxi.

Die heißen Quellen von Ruisui im Bezirk Hualien haben einen sehr hohen Eisengehalt. Das Eisen oxidiert an der Luft und lässt das Wasser unangenehm rostig aussehen und schmecken. Ihm wird jedoch eine vielversprechende Eigenschaft nachgesagt, die viele frisch verheiratete Paare anlockt: Angeblich steigert häufiges Baden in diesem Wasser die Wahrscheinlichkeit für die Geburt männlicher Nachkommen.

HEILIGE STÄTTEN IN INDIEN

Die heißen Quellen Indiens sind oft Stätten der Andacht, etwa diejenigen von Ganeshpuri im Bundesstaat Maharashtra, wo der Geistheiler Nityananda seine letzten Lebensjahre verbrachte. Pilger, die den verehrten Meister besuchten, badeten und meditierten in den Becken. Nityananda soll auch die heißen Quellen von Akoli wiederhergestellt haben.

Manikaran in Himachal Pradesh ist eine von Sikhs wie von Hindus verehrte Quelle und umgeben von Tempeln unterschiedlicher Religionen. Kochend heißes, schwefliges Wasser, dem vielfach heilende Kräfte nachgesagt werden, tritt hier am Rand eines Gebirgsflusses aus. Manche Pilger kochen Reis und Dhal im heißen Wasser und wohnen im Tempelkomplex. Der pyramidenförmige Ram-Tempel wurde vom Radscha Jagat Singh im 17. Jahrhundert erbaut. Bendre Theertha am Ufer des Seerehole, nahe Puttur im Bundesstaat Karnataka, ist eine weitere heiße Quelle; ihr Wasser soll von Hautleiden wie Ekzemen, allergischem Ausschlag und dergleichen befreien.

Geothermalgebiete in Asien

OBEN Im Kinabalu-Nationalpark mit den heißen Quellen von Poring gedeihen mehr als 1200 Orchideenarten – ein Viertel aller Orchideenarten Malaysias. Viele seltene einheimische Arten sind im Orchideenschutzzentrum des Parks zu bewundern.

Geothermalgebiete in Neuseeland

Als Geysir bezeichnet man ein seltenes Phänomen, das auf dem Zusammenspiel mehrerer hydrogeologischer Faktoren beruht. Weltweit sind derzeit nur rund 1000 Geysire aktiv, und einige davon liegen auf Neuseelands Nordinsel verstreut.

UNTEN Der Champagne Pool im Waiotapu-Thermalgebiet der Nordinsel Neuseelands verdankt seinen Namen den feinen Blasen, die aus der Tiefe aufsteigen. Seine Orangefärbung ist durch den Mineralgehalt bedingt.

Die Taupo-Vulkanregion ist nach dem Yellowstone-Nationalpark (USA), der Dolina Geyzerow (Russland) und El Tatio (Chile) das viertgrößte Geysirgebiet der Welt. Am Ende des 19. Jahrhunderts gab es in Neuseeland fünf große Geysirgebiete – Rotomahana, Whakarewarewa, Orakeikorako, Wairakei und Spa. Leider sind heute nur noch 15 von ursprünglich über 130 Geysiren

erhalten; die anderen wurden durch Eingriffe des Menschen zerstört, etwa durch hydrothermale Energiegewinnung. Die meisten Geysire Neuseelands befinden sich heute in Whakarewarewa.

DAS THERMALGEBIET VON WHAKAREWAREWA
Geysire sind nicht die einzigen geothermischen Phänomene des Thermalgebiets von Whakarewa-

rewa. Es gibt überdies etwa 500 Schlamm- und Chlortöpfe, Sinterterrassen, Fumarolen und heiße Quellen. Whakarewarewa zählt mehr als 65 Geysirschlote und sieben aktive, miteinander in Verbindung stehende Geysire, darunter den Pohutu, Neuseelands größten Geysir. Die Geysire sind auf einem Sinterplateau, dem Geyser Flat, in Nord-Süd-Richtung entlang einer Spalte aufgereiht.

Pohutu ist der aktivste noch verbliebene Geysir in Whakarewarewa; er schießt regelmäßig ein- bis zweimal pro Stunde 20 Meter in die Höhe. Der nahe gelegene Prince-of-Wales-Feathers-Geysir trat nach der Eruption des Tarawera 1886 in Aktion; seit 1992 bricht er regelmäßig aus.

GEOTHERMISCHES ZENTRUM WAIKATO

Fast 80 Prozent der geothermischen Besonderheiten Neuseelands konzentrieren sich auf die Waika-

to-Region der Nordinsel. Sie umfassen nicht nur Geysire, sondern auch heiße Quellen, Schwefel- und Sinterablagerungen sowie Schlammtöpfe.

Außerdem gibt es hier seltene Chloridquellen mit Ablagerungen aus kochendem, mineralreichem Wasser, das stark basisch und mit Chlorid und Kieselsäure gesättigt ist. Sie werden leicht zerstört, etwa wenn Thermalwasser für den menschlichen Bedarf entnommen wird.

Seit Anfang der 1960er Jahre ist die Zahl der Sinterquellen und aktiven Geysire relativ gleich geblieben; der Bau des Wairakei-Kraftwerks allerdings hatte 1958 etliche zerstört. Viele weitere Geysire wurden überflutet, als man 1961 das Waikato River Hydro Scheme vollendete und den Lake Ohakuri schuf.

DAS TAUPO-VULKANGEBIET

Das geothermisch aktivste Gebiet Neuseelands liegt in der Gegend von Taupo in der Waikato-Region. Hier konzentrieren sich 17 Geothermalfelder auf ein Gebiet, in dem die Erdkruste in rund fünf Kilometer Tiefe schon über 350 °C heiß ist.

Das jüngste Hydrothermalsystem der Welt, das Waimangu Volcanic Valley, entstand hier infolge der Eruption des Tarawera 1886. Es ist das einzige seiner Art, dessen Entstehung je dokumentiert wurde. Bevor ein Erdrutsch 1904 den Grundwasserspiegel veränderte, befand sich hier der weltweit größte Geysir, der Waimangu Geyser, der seine Fontänen bis zu 500 Meter hoch emporschoss.

Im Taupo-Gebiet befindet sich das Geothermalfeld von Orkeikorako. Diese sinterbedeckte Region mit heißen Seen, Quellen, Geysiren und Mineralablagerungen weist Oberflächentemperaturen von bis zu 265 °C auf. Im Gebiet der Ketehahi Hot Springs an der Nordflanke des Vulkans Tongariro gibt es auf einer Fläche von 30 Hektar mehr als 40 Fumarolen, Schlammtöpfe und Quellen.

OBEN Brodelnder Schlammtopf im Whakarewarewa State Forest Park bei Rotorua. Über 500 heiße Quellen fördern hier klares Wasser, aber auch zähen und sehr übel riechenden Schlamm, den man für Kosmetik und Heilbäder verwendet.

LEBEN IN EINER HEISSEN QUELLE

Thomas Brock von der University of Wisconsin entdeckte 1966 erstmals Mikroorganismen in heißen Quellen des Yellowstone-Nationalparks. Solche „extremophilen" Einzeller existieren auch in den Geothermalgebieten Neuseelands. Ihr Genmaterial ist nicht in einen Zellkern konzentriert wie bei Pilzen, Pflanzen und Tieren, sondern diffus in der Zelle verteilt. Daher können diese Organismen nicht nur bei großer Hitze, sondern auch unter giftigen, salzigen oder sauren Bedingungen existieren. Es gibt drei Arten dieser extremophilen Mikroorganismen: thermophile (hitzeliebende), acidophile (säureliebende) und thermoacidophile (hitze- und säureliebende). Sie beziehen ihre Energie aus anorganischen Verbindungen, haben temperaturunempfindliche Proteine und ernähren sich von Ammoniak, Arsen, Schwefelwasserstoff und anderen gelösten Chemikalien.

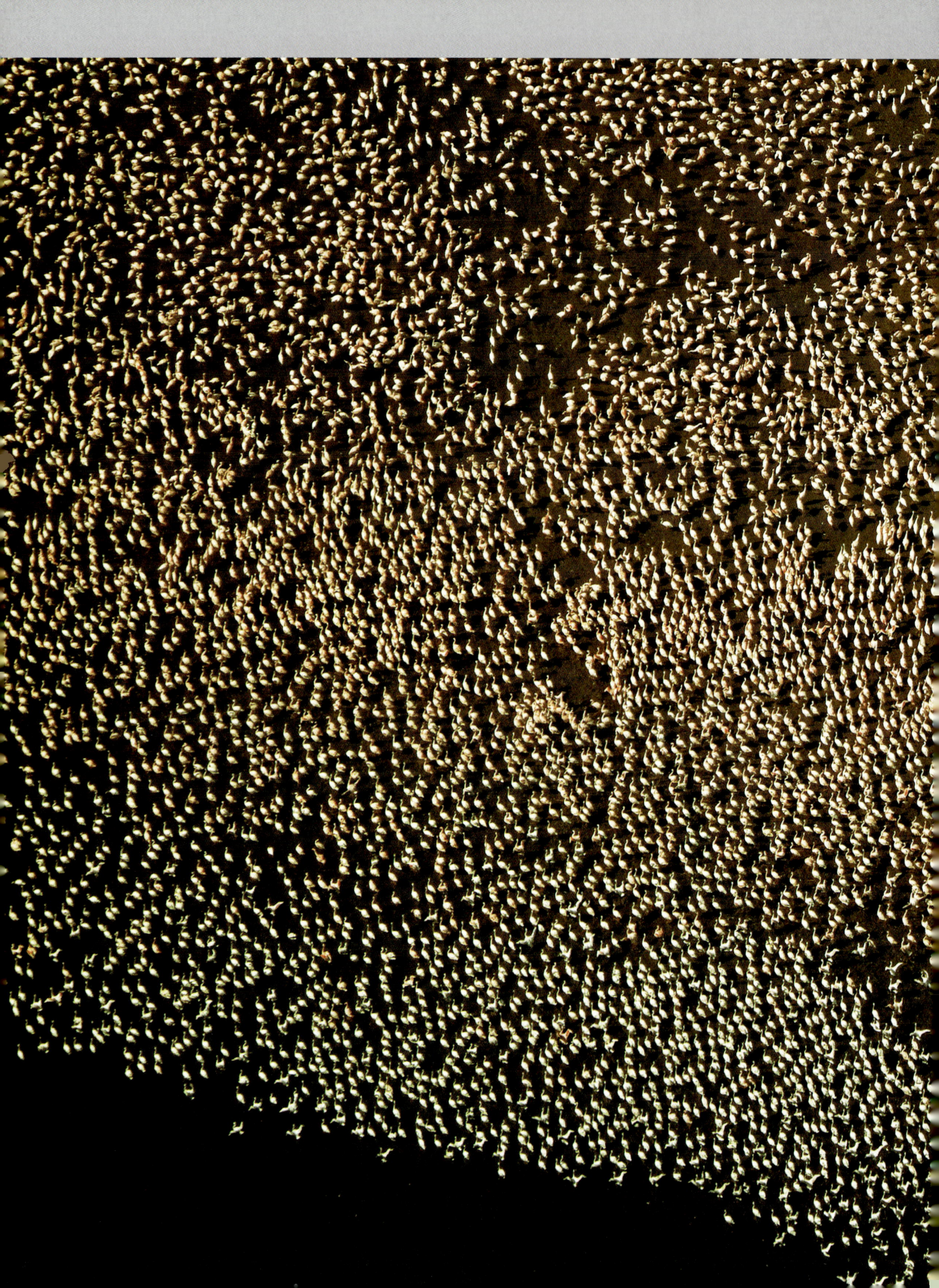

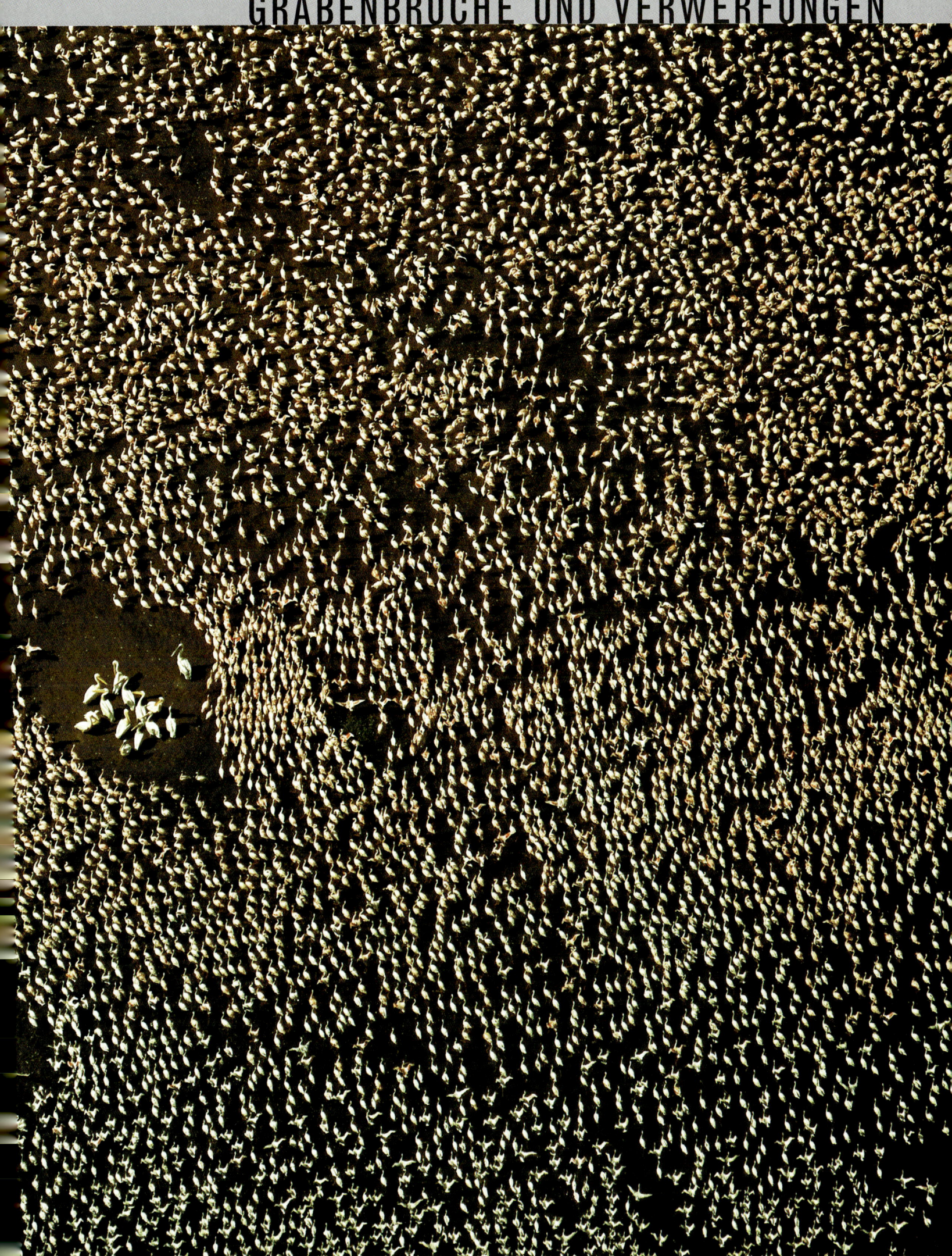

Anders als die meisten Täler entstehen Grabenbrüche nicht durch Erosion. Vielmehr wird der Grund abgesenkt, er rutscht entlang parallelen Verwerfungen nach unten und bildet tiefe Einschnitte, manchmal Tausende Kilometer lang. Man erkennt sie am flachen Talboden und den von den Verwerfungen gebildeten, geraden Wänden.

Grabenbrüche, englisch Rift Valleys genannt, sind Sammelbecken für Sedimente und Wasser. In ihnen liegen die größten und tiefsten Süßwasserseen der Erde, etwa der Baikalsee in Sibirien, der Tanganjikasee in Zentralafrika und der Obere See zwischen USA und Kanada. Das Wasser der Seen ist sehr mineralreich, und von dem organischen Gestein am Seegrund steigen Öl und Gas auf.

OBEN Der Bogoriasee-Nationalpark am östlichen Arm des Ostafrikanischen Grabens. Die Seen dieser Gegend weisen mangels Abfluss ins Meer eine hohe Konzentration von Mineralen auf.

RECHTS Ein großer Vulkankrater am Ostafrikanischen Graben in Kenia. Der Graben erstreckt sich über 6000 km von Dschibuti bis Mosambik.

Der Ostafrikanische Graben ist wohl der bekannteste seiner Art. Die mächtigen Sedimentschichten, die sich in solchen Gräben angehäuft haben, bilden riesige Vorratslager an Fossilien. Weitere wichtige Grabenbrüche und Verwerfungsregionen sind der Mittelatlantische Rücken in Island, der Jordangraben und der Graben durch das

Rote Meer bis zum Golf von Aden, die Nordanatolische Verwerfung in der Türkei, die Verwerfungen und Gräben an der nordamerikanischen Westküste und der Spencergolf-Lake-Torrens-Graben in Südaustralien.

KONTINENTALE HEBUNGEN, SPREIZUNGEN UND VERWERFUNGEN

Grabenbrüche bilden sich aufgrund von Hebungen und Spannungen in der Erdkruste. Auslöser der anfänglichen Aufwölbungen sind aus dem Erdmantel aufsteigende Konvektionsströme, die von unten gegen die Kruste drücken, bis die starken Spannungskräfte die Kruste zerreißen. Am Zeitpunkt der höchsten Spannung entstehen drei Gräben, die sich im Winkel von 120 Grad zueinander sternförmig ausbreiten, schließlich bis zu den Rändern des Kontinents durchbrechen und mit Meerwasser überflutet werden. Das Paradebeispiel für einen Tripelpunkt (auch „Triple Junction" genannt) ist das Afardreieck in Dschibuti, wo sich die drei Arme des Großen Grabenbruchs treffen – der Ostafrikanische Graben, das Rote Meer und der Golf von Aden.

Die Spannungskräfte wirken heute noch, und die Wände der Grabenbrüche entfernen sich langsam weiter voneinander. Die Spreizung konzentriert sich mit der Zeit auf zwei aktive Arme des Bruchs, während sich im dritten Arm (Aulakogen genannt) die Spaltung verlangsamt und schließlich zum Erliegen kommt. Die aktiven Arme des Afardreiecks sind das Rote Meer und der Golf von Aden, das Aulakogen ist der Ostafrikanische Graben.

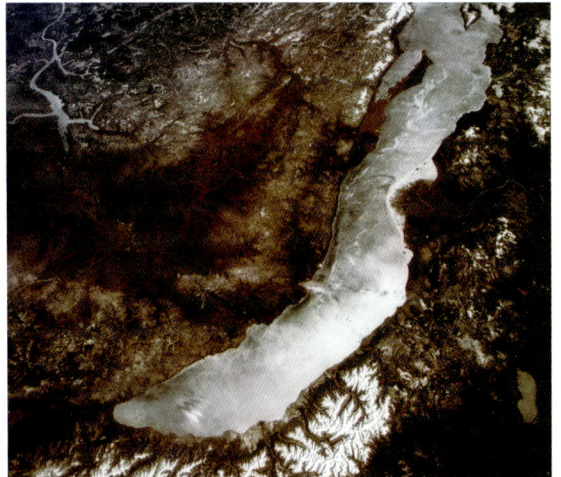

ANHALTENDE GRABENBRUCHBILDUNG UND DIE GEBURT NEUER OZEANE

Die fortgesetzte Spreizung der aktiven Grabenbrucharme bringt vulkanische Aktivität mit sich. Entlang den Rissen zwischen den divergierenden Plattenrändern lagert sich Basaltlava als Ganggestein ab und füllt die sich öffnenden Brüche auf. Dieser Vorgang, der nur ein paar Zentimeter pro Jahr ausmacht, führt über Hunderte Millionen Jahre zunächst zur Bildung schmaler Seewege und schließlich gewaltiger Ozeane. Die aktivsten Grabenbrüche der Erde finden sich daher infolge der

OBEN Im isländischen Thingvellir-Nationalpark schuf das Auseinanderdriften von Eurasischer und Nordamerikanischer Platte beeindruckende Grabenbrüche und steile Klippen.

LINKS Der Baikalsee, ein langer, schmaler und sehr tiefer Grabenbruchsee in Südsibirien, ist nicht weit von der mongolischen Grenze entfernt.

Spreizung des Ozeanbodens am Meeresgrund entlang den Kämmen der mittelozeanischen Rücken. Kontinentale Grabenbrüche sind hingegen meist Aulakogene, wie das Mississippibecken und der Reelfoot-Graben in Nordamerika sowie der Mbéré-Graben im westafrikanischen Kamerun.

BASALT IN GRABENBRÜCHEN

Basalt ist das häufigste Gestein an der Erdoberfläche. Aus tektonischen Gräben hervorbrechend, bildet er den Grund aller Meere. Auch von vielen kontinentalen Vulkanen wird er ausgestoßen. Basaltische Lava, die meist direkt aus dem Erdmantel aufsteigt und von Prozessen in der Kruste kaum betroffen ist, kühlt zu hartem, schwarzem bis dunkelgrauem, feinkörnigem Gestein ab. Sie führt oft ungeschmolzenes Mantelgestein mit sich, anhand dessen Wissenschaftler die Vorgänge im Erdmantel erforschen können. Der Basalt an mittelozeanischen Rücken erkaltet sehr schnell, daher lassen sich die Kristalle mit bloßem Auge nicht erkennen. Unter dem Mikroskop zeigen sich dann allerdings die Hauptminerale – Pyroxen, Feldspat und Olivin.

DER MINERAL- UND ENERGIEREICHTUM DER GRABENBRÜCHE

Grabenbrüche füllen sich anfangs mit flachen Seen, jedoch verläuft der Vorgang nicht einheitlich. Der Wechsel von Überflutung und Austrocknung schafft abwechselnd Meere, Salzseen und Salztonebenen. Im Lauf der Zeit entstehen am Grund des Grabens massive Ablagerungen von Salz und anderen wasserlöslichen Mineralen, sogenannten Evaporiten, die sich durch Verdunstung niederschlagen. Gängige Beispiele sind Halit (Steinsalz), Anhydrit, Gips, Kalzit sowie Kalium- und Magnesiumsalze wie Sylvit, Carnallit, Kainit und Kieserit. Nitrat-Evaporite werden zur Herstellung von Düngemitteln und Sprengstoff abgebaut.

Wenn das warme Wasser der flachen Meere dauerhafter in den Gräben bleibt, beherbergt es eine Menge winziger Algen und Bakterien. Die Mikroorganismen leben und sterben, sammeln sich in großer Zahl am Meeresboden an und werden unter mächtigen Schichten jüngerer Meeressedimente begraben. Mit zunehmender Sedimentationstiefe steigt die Temperatur, und schließlich

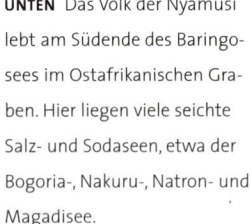

UNTEN Das Volk der Nyamusi lebt am Südende des Baringosees im Ostafrikanischen Graben. Hier liegen viele seichte Salz- und Sodaseen, etwa der Bogoria-, Nakuru-, Natron- und Magadisee.

werden aus den organisch durchsetzten Ablagerungen Muttergesteine von Erdöl und Gas. Diese wiederum werden im gigantischen Dampfkochtopf der Erde langsam „gegart", bis die längeren organischen Kohlenwasserstoffketten zu leichteren Molekülen von Öl und Gas zerfallen, die aus dem Ursprungsgestein aufsteigen.

Ein wichtiger Faktor bei der Entstehung ökonomisch verwertbarer Kohlenwasserstofflager sind undurchlässige geologische Strukturen, die Öl und Gas einschließen und sie am Austreten hindern. Feinkörnige Sedimentgesteine, etwa Tonstein, lassen Öl und Gas nicht entweichen und sind daher, wenn sie zu Antiklinalen oder Domen gefaltet sind, perfekte „Erdölfallen". Auch aufsteigende Salzdome (oder Diapire) geringer Dichte aus unterliegenden Schichten können die darüberliegenden Sedimente in abgeschlossene Strukturen hineinschieben und so Kohlenwasserstofflager bilden.

Von den 910 größten Ölfeldern der Welt (mit jeweils mehr als 500 Millionen Barrels an förderbarem Öl und Gas) hängen über zwei Drittel mit Spreizungsbrüchen an Ozeanböden oder mit kontinentalen Grabenbrüchen zusammen. Die Ölfelder der Nordsee und Westsibiriens sind wichtige Beispiele für solche in Gräben entstandenen Kohlenwasserstofflager, während jene im Golf von Mexiko, in Nordwestaustralien und Westafrika mit offenen Ozeanbecken zusammenhängen.

DER AFRIKANISCHE MBÉRÉ-GRABEN

Der Mbéré-Graben in West- und Zentralafrika ist ein extrem langer, gerader Grabenbruch, der sich bildete, als sich Südamerika und Afrika vor etwa 150 Millionen Jahren zu trennen begannen. Durch Hebung der Kruste um mehr als zwei Kilometer und nachfolgende Brüchen und Abschiebungen entstand ein Tripelpunkt mit Zentrum im heutigen Kamerun.

Der durch den Einsturz entstandene Mbéré-Graben entwickelte sich zum Aulakogen, während die aktiven Grabenarme die süd- und westwärts gerichteten Küstenlinien des Atlantiks bildeten. Der Bruch sorgte jedoch am Mbéré-Graben für beträchtliche vulkanische Aktivität.

DIE KATASTROPHE AM NYOSSEE 1986

Am 21. August 1986 kam es zu einem folgenschweren Ereignis am Nyossee, der in einem 400 Jahre alten Krater im Grabenbruch Nordwestkameruns liegt. Zunächst wirbelte ein leichter Vulkanausbruch oder ein Erdrutsch das ruhige Wasser des Sees auf. Dadurch gelangte gasgesättigtes Tiefenwasser sehr rasch in die oberen Schichten des Sees, und der gleichzeitige Druckabfall führte dazu, dass das Gas aus der Lösung wie aus einer

geöffneten Sprudelflasche entwich. Schlagartig stieß der See eine Wolke von rund 1,6 Millionen Tonnen Kohlendioxid aus. Das dichte Gas strömte in zwei benachbarte Täler, verdrängte dort die Luft und erstickte in den Dörfern in ungefähr 21 Kilometer Umkreis etwa 1800 Menschen. Auch gut 3500 Stück Vieh wurden getötet. Etwa 4000 Einwohnern gelang die Flucht, aber auch sie litten

OBEN Die San-Andreas-Verwerfung läuft quer durch Kalifornien. Der Golf von Kalifornien ist eines der besten Beispiele für kontinentale Grabenbrüche, die dabei sind, ein junges Ozeanbecken zu bilden.

KONTROLLIERTE ENTGASUNG GEFÄHRLICHER SEEN

Da sich giftige Ausgasungen am Nyossee wie bei der Katastrophe 1986 alle paar Jahrzehnte wiederholen könnten, schlugen Wissenschaftler vor, Rohre in die tiefen Bereiche des Sees einzubringen, um die gespeicherten Gase kontrolliert und kontinuierlich abzuführen. 2001 installierte ein internationales Team die erste Rohrleitung im See, der seither konstant entgast wird. Nach der Tragödie untersuchte man andere afrikanische Seen, um zu prüfen, ob sich dort Ähnliches ereignen könnte. Der Kiwusee zwischen Ruanda und Kongo erwies sich in der Tiefe als übersättigt, in der Umgebung fand man Indizien für Ausgasungen etwa alle 1000 Jahre.

Januar 2002: Nach dem Ausbruch des Nyiragongo entweichen giftige Gase aus dem Kiwusee.

OBEN Die Marmorklippen von Sagan-Saba am Ufer des Baikalsees sind ein beliebtes Touristenziel. Die Erforschung des Sees liefert Geologen Aufschlüsse zur Entstehung von Grabenbrüchen.

aufgrund der Gase an Atemproblemen, Entzündungen und Lähmungen.

Bei der Katastrophe färbte sich das normalerweise blaue Wasser des Sees durch Oxidationsprozesse im eisenreichen Tiefenwasser rot. Außerdem fiel der Wasserspiegel um einen Meter, woraus sich schließen lässt, dass das Volumen des freigesetzten Gases etwa einen Quadratkilometer betrug.

WIE GRABENBRÜCHE ENTSTEHEN

Hebungen und Spannungen der Erdkruste können zur Bildung von Grabenbrüchen führen. A. Dombildung und Dehnung reißen tiefe Brüche in die kontinentale Kruste. Feuerfontänen mit basaltischer Lava treten aus, und die Grabenbildung beginnt mit dem Absinken großer Krustenschollen. B. Fortgesetzte Dehnung vertieft den Graben so lange, bis das Meerwasser einfließen kann. Der Vulkanismus hält an, während sich am Boden des Grabens Evaporite und Sedimente aus dem Meer ansammeln.

A

B

DER JUNGE GRABENBRUCH AM BAIKALSEE

Der Baikalsee, von Mongolen und Burjaten auch Dalai-Nor („Heiliges Meer") genannt, liegt in einem typischen jungen kontinentalen Grabenbruch. Umgeben von hohen Gebirgen, erstreckt er sich 630 Kilometer über Südsibirien hinweg, erreicht aber nur eine Breite von 80 Kilometern. Mit einer Tiefe von 1637 Metern ist der Baikal der tiefste See der Welt und zugleich ihr größtes Süßwasserreservoir. Er enthält über ein Fünftel des flüssigen Süßwassers der Erde – 23 000 Kubikkilometer – und damit so viel wie die Großen Seen in Nordamerika zusammen. Der feste Felsgrund des Baikalgrabens liegt mehr als acht Kilometer unter dem Meeresspiegel und ist knapp 6,5 Kilometer hoch mit Sedimenten gefüllt. Damit ist der Baikalgraben der tiefste kontinentale Grabenbruch auf Erden.

Der Bruch erweitert sich um ungefähr zwei Zentimeter pro Jahr. Alle paar Jahre erinnern heftige Erdbeben in der Region daran, dass an den Bruchkanten des Grabens immer noch Verschiebungen stattfinden. Am 29. August 1959 verlagerte sich bei einem Erdbeben der Stärke neun der Seegrund um gute 20 Meter. Thermalquellen in der Gegend um den See zeigen, dass dicht unter der Oberfläche heißes vulkanisches Gestein liegt.

Tiefenbohrungen in die dicken Sedimentschichten des Baikalsees ermöglichen Wissenschaftlern, die Geschichte des Sees und des Grabenbruchs fünf Millionen Jahre in die Vergangenheit zurückzuverfolgen. Dabei gewinnen sie auch Erkenntnisse über Klima und Ökologie. Die lange, ununterbrochene Indizienkette ist eine einmalige Chance zum Verständnis, wie Kontinente auseinanderbrechen und neue Ozeane entstehen.

EIN EINZIGARTIGES ÖKOSYSTEM

Manche Leute nennen den Baikalsee das „russische Galapagos", eine Anspielung auf seine reiche und ungewöhnliche Süßwasserfauna. Das Seewasser ist trotz seiner Tiefe gut mit Sauerstoff angereichert, was weltweit einzigartige und unvergleichliche Lebensräume schafft. Die enorme Biodiversität des Baikalsees umfasst 1085 Pflanzen- und 1550 Tierarten, von denen 60 Prozent endemisch sind. Die Baikalrobbe *(Phoca sibirica)*, das einzige Säugetier des Sees, findet man nirgendwo sonst. Daneben gibt es endemische Fischarten und -unterarten, etwa den Golomjanka oder Ölfisch *(Comephorus baicalensis)* und den Omul *(Coregonus autumnalis migratorius)*. Dieser wird geräuchert und in der Gegend als regionale Delikatesse verkauft. Der Baikalsee steht innerhalb der Grenzen des Zabaikalsky-Nationalparks, der Teil der Welterbestätte Baikalsee ist, unter Naturschutz.

DAS MISSISSIPPIBECKEN UND
DIE „NEW MADRID SEISMIC ZONE"

Im Tertiär und in der Kreide floss der Mississippi einen urzeitlichen kontinentalen Grabenbruch (der Reelfoot-Graben) entlang südwärts in eine weite Bucht des Golfs von Mexiko, die als Mississippibecken bekannt ist. Die urzeitliche Küstenlinie verlief landeinwärts bis zum Zusammenfluss von Ohio und Mississippi bei Cairo, Illinois. Seit damals hat der Mississippi das topografisch tief liegende Becken mit Kreide- bis zu gegenwärtigen Sedimenten angefüllt und auf diese Weise sein heutiges Delta geschaffen.

Der Reelfoot-Graben ist ein urzeitliches Aulakogen, das beim Zerbrechen des Superkontinents Rodinia vor etwa 750 Millionen Jahren entstand. Während der viel späteren Öffnung des Atlanti-

schen Ozeans und des Golfs von Mexiko beim Zerfall von Pangäa vor rund 180 Millionen Jahren wurde der alte Grabenbruch dann wieder aktiv und ist es bis heute geblieben, wie starke seismische Aktivitäten in der New Madrid Seismic Zone belegen. Sie war das Zentrum der verheerenden Erdbeben von 1811 und 1812.

Das New-Madrid-Erdbeben vom 7. Februar 1812 war die zweitschwerste Erschütterung, die in den USA je verzeichnet wurde (die stärkste war das Good-Friday-Beben in Alaska vom 27. März 1964 mit einer Stärke von 9,2). Vorangegangen waren bereits drei heftige Erdbeben: zwei am 16. Dezember 1811 und eines am 23. Januar 1812. Sie zerstörten New Madrid in Missouri halb, kehrten den Lauf des Mississippi um und veränderten die Uferlinien von Seen.

Der Mittelatlantische Rücken in Island

Für Geologen ist Island ein wichtiges Ziel, um Erkenntnisse über die Entstehung von Ozeanen zu erhalten. Die Insel liegt auf einer gewaltigen Linie von durch Grabenbildung bestimmten Vulkanismus, die Amerika von Afrika und Europa trennt und den Atlantik öffnet. Außerdem ist sie der einzige Ort auf der Erde, wo der Mittelatlantische Rücken an Land zu sehen ist.

RECHTS Klares Wasser füllt eines der kleineren tektonischen Gräben im Thingvellir-Nationalpark. Der Nikulásargjá-„Wunschteich", auch Peningagjá („Pfennigtal") genannt, ist voller Münzen, die mit dem Wunsch nach Glück hineingeworfen werden.

Der kleine nordatlantische Inselstaat wird von gigantischen Nord–Süd-Grabenbrüchen durchzogen, die ihn langsam zerreißen. Während sich die Talwände voneinander entfernen, füllt Basaltlava die Risse in den Talböden auf. Island ist nur fünf bis sechs Millionen Jahre alt; geologische Karten verzeichnen Basalt dieses Alters an den West- und Osträndern der Insel, während das Gestein zur Mitte hin immer jünger wird.

DIE GEBURT DES ATLANTIKS

Vor etwa 220 bis 190 Millionen Jahren, von der späten Trias bis zum frühen Jura, wurde der Atlantische Ozean geboren. Heiße Ströme im Erdmantel stiegen unter dem Superkontinent Pangäa nach oben und begannen ihn aufzuspreizen. Die Kruste brach, wodurch sich ein dem Ostafrikanischen Graben sehr ähnliches Grabenbruchsystem bildete. Die Ostküste Nordamerikas trennte sich von der Westküste Afrikas, und seither entfernen sich die beiden Kontinente um etwa zwei Zentimeter pro Jahr voneinander. Unter dem isländischen Teil des Mittelatlantischen Rückens ist der Erdmantel ungewöhnlich heiß und aktiv, wodurch sich die Insel bis über den Meeresspiegel hob.

DER THINGVELLIR-NATIONALPARK

Im Thingvellir, einem Nationalpark auf Island, hat die Grabenbildung zwischen Eurasischer und Nordamerikanischer Platte spektakuläre Gräben und steile Geländeabbrüche geschaffen. Er ist zudem als Versammlungsort eines der frühesten Parlamente der Welt, des im Jahr 930 begründeten „Althing", von großer landesgeschichtlicher Bedeutung. Isländische Wikinger versammelten sich hier alljährlich um eine riesige Felsformation, den Lögbjarg (Gesetzesfelsen) herum, um neue Gesetze zu beschließen und alte zu ändern. Zudem wurden bei diesen Versammlungen Kriminelle abgeurteilt und hingerichtet.

Am 17. Juni 1944 wurde an dieser historischen Stätte am Ufer des größten isländischen Sees namens Thingvallavatn Islands Unabhängigkeit proklamiert. Seit 2004 gehört Thingvellir zum UNESCO-Welterbe.

OBEN In Island sind erstarrte Lavaflüsse nichts Ungewöhnliches, da sich der Grabenbruch quer durch die Insel ständig mit frisch gebildeter Lava füllt.

SURTSEY – DIE GEBURT EINER VULKANINSEL

Die Insel Surtsey wurde geboren, als sich nahe dem Vestmannaeyjar-Archipel südlich von Island am Meeresgrund ein neuer Grabenbruch auftat. Lavaeruptionen bildeten 130 Meter unter dem Meeresspiegel einen Kegel, der Ende 1963 die Wasseroberfläche erreichte. Am Morgen des 14. November erspähte der Koch des Fischkutters *Isleifur II* eine dunkle Rauchsäule über dem Meer. Er hielt sie für ein Schiff in Seenot und alarmierte die Besatzung. Kapitän Tomasson ahnte, was da passierte, fuhr jedoch näher heran, um sich zu vergewissern. Durch sein Fernrohr sah er, wie das Meerwasser kochte und Fontänen schwarzer Asche aufschossen.

Die Explosionen hielten an, und nach ein paar Tagen war der Schlackenkegel 50 Meter hoch und 500 Meter breit. Wo Wasser mit der heißen Lava in Kontakt kam, erfolgten explosive Eruptionen. Erst als die Insel Anfang 1964 so angewachsen war, dass das Meerwasser die Schlote nicht mehr erreichte, beschränkte sich die Aktivität auf Lavafontänen und -flüsse. Sie bedeckten den lockeren Vulkankegel mit einer harten Kappe von widerstandsfähigem Basalt und schützten die Insel vor Weg-

schwemmung. Die Eruptionen hielten bis zum 5. Juni 1967 an, dann hatte die Insel mit 2,6 Quadratkilometern ihre größte Ausdehnung erreicht. Mit Syrtlingur und Jólnir entstanden weitere kleinere Inseln, die indes bald wieder erodiert wurden. Das Meer spülte auch die weicheren Teile von Surtsey weg. 2005 war die Insel nur noch halb so groß wie 1967.

OBEN Im Thingvellir fanden die Treffen eines der frühesten „Parlamente" der Welt statt. Kaum irgendwo anders auf der Welt ist ein Grabenbruch so deutlich zu erkennen, besonders da sich die beiden Wände des Bruchs so dicht gegenüberstehen.

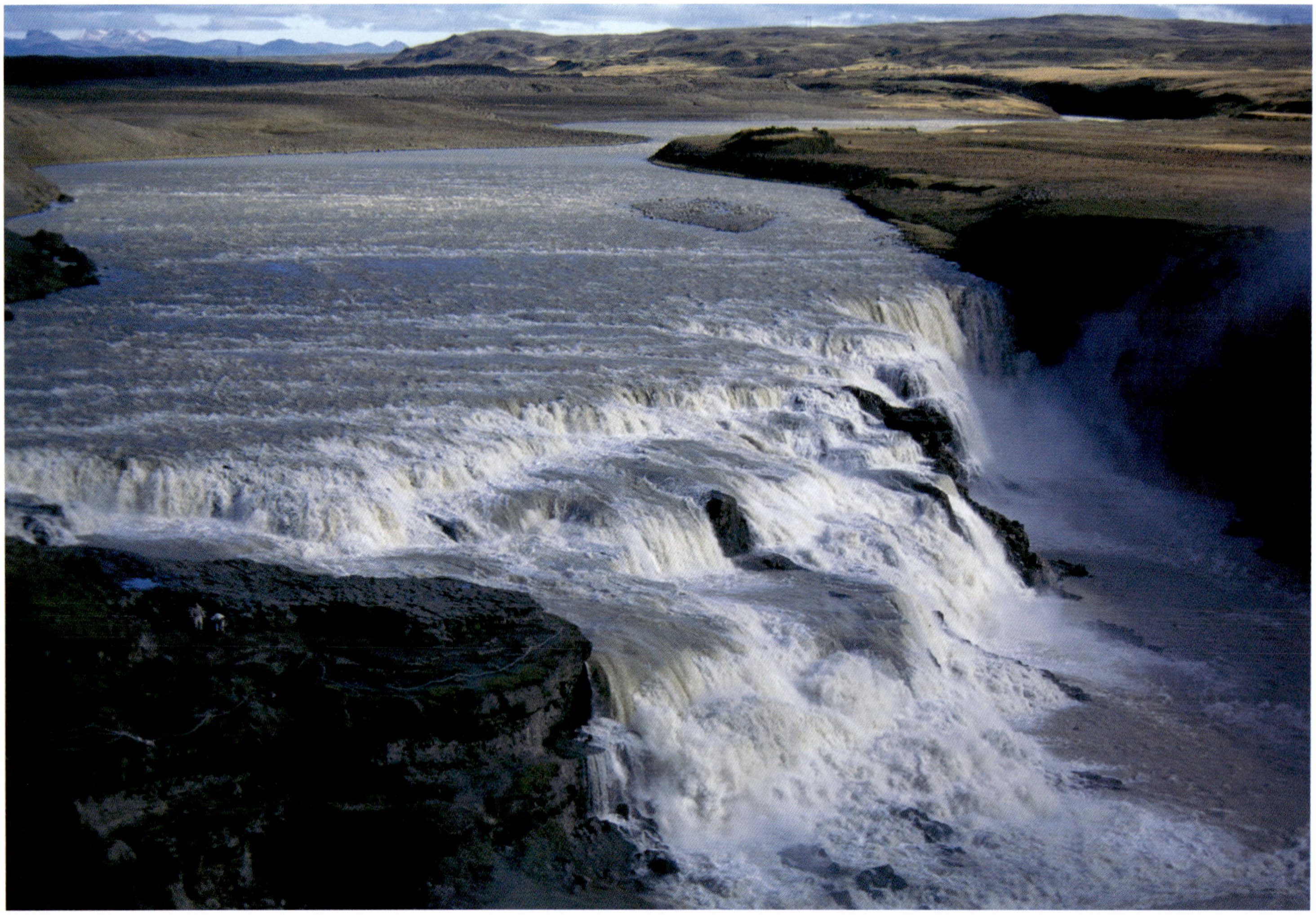

OBEN Das Wasser des Gletscherflusses Hvítá stürzt am Gullfoss, dem „Goldenen Wasserfall", in eine 2,5 km lange und 70 m tiefe Schlucht. Der Fluss wird von Gletschern gespeist, daher steigt seine Wassermenge während der Frühjahrsschmelze stark an.

DIE ERUPTION VON HEIMAEY

Am 23. Januar 1973 öffnete sich am Rand des isländischen Hafens Vestmannaeyjarbær auf der Insel Heimaey ein Spalt und stieß glühende Lava aus. Sofort wurde Alarm ausgelöst, und sechs Stunden später waren die meisten der 5300 Einwohner per Schiff, Flugzeug und Helikopter aufs isländische Festland evakuiert. Zurück blieben für Bergungsarbeiten nur freiwillige Helfer und Angehörige des staatlichen Zivilschutzes. Die ausbrechende Lava bildete Wälle um die Ränder des Risses. Der Vulkan wuchs rasch und verschüttete dabei vor der Stadt gelegene Bauernhöfe. Aus den Schloten geschleuderte Lavabomben zerschlugen Fenster und setzten Häuser in Brand. Freiwillige vernagelten Fenster mit Wellblech und schaufelten Asche von Hausdächern, damit sie nicht einstürzten. Gebäude, die nicht zu retten waren, wurden geräumt, bevor sie Feuer fingen und in der vorrückenden Lava versanken. Innerhalb von zwei Wochen erwuchs am Stadtrand ein 210 Meter hoher Vulkan, den man Eldfell (Feuerberg) nannte und der weiterhin

RECHTS Heimaey ist eine kleine Insel wenige Kilometer vor der Südküste Islands. Als dort 1973 fünf Monate lang der Vulkan Eldfell ausbrach, töteten die giftigen Dämpfe zahlreiche Tiere und eine Person in der Stadt Vestmannaeyjarbær, die unmittelbar hinter diesem Vulkanrumpf liegt.

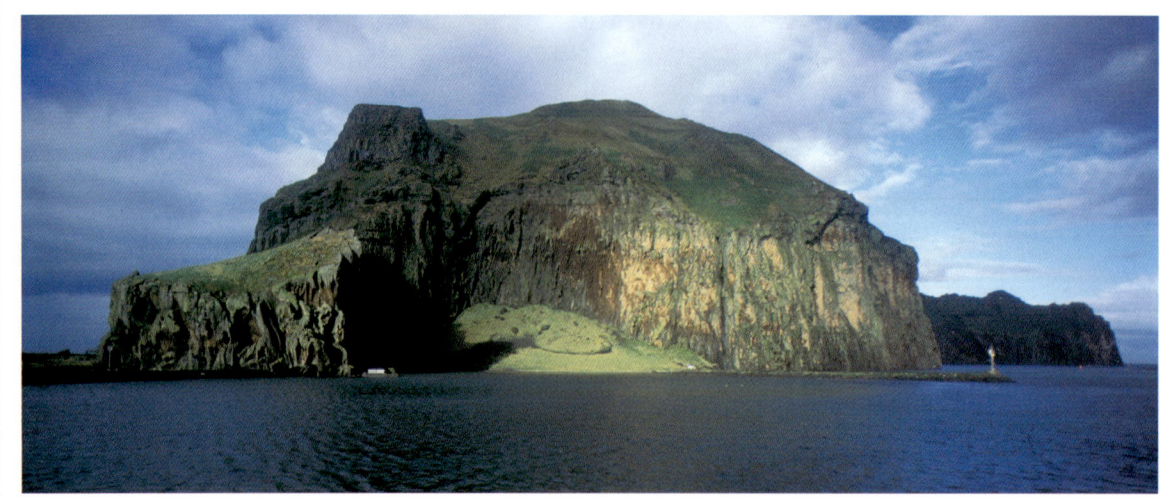

Lava ausstieß und Häuserblock um Häuserblock zerstörte. Lava ergoss sich auch ins Meer und drohte den Hafen zu blockieren.

DIE ANWOHNER BEZWINGEN DEN VULKAN

Wissenschaftler wollten den Vulkan unter Kontrolle bekommen, indem man die Lavaflüsse mit Meerwasser zum Erstarren brachte. Das funktionierte im Wesentlichen auch, um ein größeres Gebiet abzukühlen. Man installierte Wasserrohre und gewaltige Pumpen auf der Lavadecke und arbeitete sich langsam nach oben. Lava, die in den Hafen eindrang, wurde von Schiffen aus mit Wasserwerfern beschossen. Dennoch war der Kampf nur zu gewinnen, weil die Eruption am 26. Juni 1973 nach fünf Monaten Dauer zum Erliegen kam. So konnten Vestmannaeyjarbær und sein Hafen gerettet werden. Die Lava hatte ein Drittel der 1200 Häuser sowie einen Fischereibetrieb zerstört; nur 160 Meter hatten gefehlt, dann wäre der Hafen abgeschlossen gewesen.

Die meisten Bewohner sind inzwischen zurückgekehrt, die Felder sind wieder grün. Hinter der Stadt ragt der Eldfell auf und erinnert an den heroischen Kampf der Menschen. Heute ist er eine Touristenattraktion, und seine Hitze kommt der Stadt zugute, indem man Wasser in die Vulkanflanken pumpt und den dabei entstehenden Dampf zum Beheizen der Häuser nutzt.

NEUES LEBEN AUF SURTSEY

Die Geburt der nach Surtur, einem Feuerriesen aus der nordischen Mythologie, benannten Insel Surtsey erregte weltweites Interesse. Biologen studierten auf der kargen Vulkaninsel die allmähliche Ausbreitung von Leben. 1964 entdeckte man die ersten Insekten, zuerst Fluginsekten, die die Insel aus eigener Kraft erreicht hatten oder vom Wind dorthin getragen worden waren. Moose und Flechten erschienen 1965 und bedecken heute einen Großteil der Insel. 1983 zogen die ersten Robben an der Küste ihren Nachwuchs auf. Seit 1986 hat sich eine ständige Kolonie von Möwen niedergelassen. Der Kot der nistenden Vögel düngte den Boden, und durch die Verbreitung von Samenkörnern ermöglichten sie die Ansiedlung weiterer Tiere. 1998 fand man den ersten Busch auf der Insel, eine Weidenart, die bis zu vier Meter hoch wird. Inzwischen gedeihen 30 Pflanzenarten auf Surtsey, und jedes Jahr kommen schätzungsweise zwei bis fünf neue Spezies hinzu.

Auch höhere Landlebewesen haben Surtsey inzwischen besiedelt. 1993 fand man ein Regenwurm, den möglicherweise ein Vogel aus Island eingeschleppt hatte, 1998 Schnecken; inzwischen gibt es auch Spinnen und Käfer. Mit der fortschreitenden Vegetationsentwicklung erfreut sich die Insel zunehmender Beliebtheit als Rastplatz für Zugvögel, und 2004 wurden auf Surtsey die ersten Nester von Papageitauchern entdeckt.

OBEN Der Papageitaucher *(Fratercula arctica)* lebt in großer Zahl auf Island und ernährt sich hauptsächlich von Fisch, den er in bis zu 60 m Tiefe erbeutet. Aufgrund eines Dorns an der Zunge kann er mehrere Fische auf einmal tragen.

UNTEN Dampf steigt aus der Blauen Lagune hoch, einem natürlichen Thermalfreibad auf Island mit einer durchschnittlichen Wassertemperatur von 40 °C. Das Wasser kommt aus dem Geothermalkraftwerk hinter der Lagune, wo heißes Wasser Turbinen antreibt.

Verwerfungen und Grabenbrüche an der nordamerikanischen Westküste

Der nordamerikanische Kontinent ähnelt einem riesigen Tafelschwamm. Die langsame tektonische Öffnung des Atlantiks schiebt ihn nach Westen, und dabei wischt er entlang seiner Westkante den Pazifik weg. Das einzigartige geologische Szenario dieser Küste entstand im Tertiär, als die Nordamerikanische Platte sich über den noch aktiven Spreizungsbruch des Ostpazifischen Rückens zu schieben begann.

OBEN Die Liard-Thermalquellen liegen in einem borealen Fichtenwald im hohen Norden von British Columbia, Kanada. Die Wassertemperatur beträgt 42 bis 52 °C.

RECHTE SEITE OBEN Ein Wasserfall am Mystic Beach am Juan-de-Fuca-Wanderweg auf Vancouver Island in Kanada. Die Queen-Charlotte-Fairweather-Verwerfung verläuft in der Nähe der Insel und sorgt für Erdbeben und Erschütterungen.

UNTEN Der Golf von Kalifornien in Mexiko ist ein überfluteter Grabenbruch. Aus den Magmaschmelzen unter der Verwerfungszone wird geothermale Energie gewonnen.

Die lang gezogene Halbinsel Baja California ist dramatisches Zeugnis der Auswirkungen eines aktiven Spreizungsbruchs unter der kontinentalen Kruste. Spannungen am Sockel des Kontinents begannen den schmalen Landstreifen vom mexikanischen Festland wegzureißen; es entstand ein Grabenbruch, der vom Meer überflutet wurde und heute den Golf von Kalifornien bildet.

DER GOLF ÖFFNET EINEN NEUEN OZEAN

Der Golf von Kalifornien ist eines der besten Beispiele eines kontinentalen Grabenbruchs, der dabei ist, ein neues Ozeanbecken zu bilden. Stellenweise sind der Beckenboden und der Spreizungsbruch mit mächtigen Schichten von Sedimenten bedeckt, die seitlich hereingespült wurden und in die Basalt eingedrungen ist. Im südlichen Golf gibt es zahlreiche hydrothermale Schlote aus Silikat-, Karbonat-, Sulfat- und Sulfidmineralen.

WEITE VULKANISCHE EBENEN

Der ostpazifische Spreizungsbruch verschwindet unter dem Delta des Colorado an der Spitze des Golfs von Kalifornien unter dem nordamerikanischen Kontinent. Die klassische Graben-und-Horst-Topografie der US-Südweststaaten resultiert aus den durch ihn ausgelösten Hebungen, Krustendehnungen, Brüchen und vulkanischen Aktivitäten. Aufsteigende heiße Ströme im Erdmantel zerstören die verbliebene ozeanische Kruste, wirken dann direkt auf den Kontinentsockel und erzeugen tiefe, um sich greifende Spannungsbrüche. Man nimmt an, dass sie manchmal Kanäle für den sehr dünnflüssigen Flutbasalt bilden, der sich auf der Oberfläche schnell ausbreitet, wobei Schildvulkane und weite vulkanische Ebenen entstehen. Die 17 Millionen Jahre alten Basalte des Columbiaplateaus in Südwashington, Oregon und Nordkalifornien sind vermutlich auf diese Weise entstanden.

DAS RÄTSEL DES ROCKY-MOUNTAIN-GRABENS

Ein weiterer Beleg subkontinentaler Spannung ist der rätselhafte Rocky-Mountain-Graben. Dieses tektonische Phänomen besteht aus einer Kette von Tälern, die sich in gerader Linie über mehr als 1600 Kilometer vom Flathead-See in Montana bis zur Liard-Ebene nahe der kanadischen Yukon-Grenze erstrecken. Selbst aus dem Weltall ist dieser Graben deutlich zu erkennen.

Er markiert eine Schwächelinie zwischen den jüngeren Rocky Mountains im Osten und dem älteren Columbia- und Cassiargebirge im Westen. Der Graben ist fünf bis 13 Kilometer breit, die steilen Berge auf beiden Seiten erreichen Höhen von 1000 bis 2000 Metern über dem flachen Grund. Neun in Canyons eingeschnittene Flüsse, darunter Fraser, Columbia, Peace und Liard, entwässern den Graben.

SAN-ANDREAS-GRABEN

Von Los Angeles bis zum Kap von Mendocino
nördlich von San Francisco treffen die Pazifische
und die Nordamerikanische Platte in einer Transformstörung zusammen. Sie ist als San-Andreas-
Graben wohlbekannt und besteht aus Hunderten
von parallelen, ineinanderlaufenden kleinen Verwerfungen, die zusammen eine weite aktive Zone
bilden. Die Platten gleiten hier horizontal aneinander vorbei. Hin und wieder stoßen sie zusammen,
brechen wieder los und verursachen dadurch Erdstöße. Die Bewohner Kaliforniens sind es gewohnt,
mit der dauernden Bedrohung durch Erdbeben zu
leben. Aufgrund der Erfahrung des bislang schwersten Bebens, das 1906 mit einer Stärke von 8,3 San
Francisco zerstörte, zählen die kalifornischen Bauvorschriften zu den strengsten der Welt.

QUEEN-CHARLOTTE-FAIRWEATHER-VERWERFUNG

Der pazifische Spreizbruch tritt vor der Küste nördlich des Kaps von Mendocino noch einmal in kurzen Abschnitten (Gorda-, Juan-de-Fuca- und Explo-
rer-Graben) auf und verschwindet nördlich von
Vancouver Island wieder unter dem Kontinent. Die
Grenze zwischen Nordamerikanischer und Pazifischer Platte setzt sich nordwärts im Queen-Char-
lotte-Fairweather-Verwerfungssystem fort. Auch
dort treten Erdstöße auf, doch sind dort keine größeren Bevölkerungszentren bedroht.

Verwerfungen und Grabenbrüche an der nordamerikanischen Westküste

Die Great-Glen-Verwerfung in Schottland

Die Great-Glen-Verwerfung ist eine wie mit dem Lineal gezogene Störungslinie, die diagonal durch Schottland verläuft, 100 Kilometer lang von Moray Firth an der Nordsee bis Firth of Lorn am nördlichen Ärmelkanal. Sie trennt die Northwest Highlands von den Grampian Mountains im Südosten und ist auf jeder Landkarte von Schottland deutlich zu erkennen.

Gletschererosion entlang dem Great Glen und anderen parallelen Verwerfungen hat die Küstenlinie Schottlands tief eingekerbt und eine Reihe von weiten, grünen Tälern in die Landschaft geschnitten. Auf der Verwerfung selbst liegt eine fast durchgehende Kette miteinander verbundener Flüsse und tiefer, schmaler Seen, sogenannter Lochs, deren größter Loch Ness ist. Die Verwerfung setzt sich südwestlich durch Irland fort – Lough Foyle, Donegal Bay und Galway Bay markieren ihre Spur. Von dort an bildet sie einen submarinen Canyon im irischen Kontinentalschelf. Hier endet die alte Verwerfung, die vor 200 Millionen Jahren durch die Öffnung des Atlantiks durchrissen wurde. Damals waren die britischen Inseln mit Neufundland am kanadischen Schelf verbunden; den Rest der alten Verwerfung sieht man am Sankt-Lorenz-Strom und -Seeweg.

VERWERFUNGEN UND VERGLETSCHERUNG

Die Great-Glen-Störung hat vom mittleren Karbon bis ins frühe Tertiär eine ganze Reihe von tektonischen Bewegungen erfahren. Die Blattverschiebung bewegte sich sowohl nach links wie auch nach rechts, und zwar verlagerte sie sich über bis zu 130 Kilometer.

Es gab auch vertikale Bewegungen, bei denen die Nordwestkante angehoben und erodiert wurde. Durch Reibung und Druck entstand am Great Glen eine bis zu 1,6 Kilometer breite Zone von zerrütteten Felsen. Dieses weiche, erosionsanfällige Gestein wird Mylonit genannt, man findet es an Straßenaufschlüssen um Loch Ness wie bei Urquhart Castle und Foyers sowie südwestlich von Fort Augustus.

Die Great-Glen-Verwerfung ist seismisch aktiv. Dass sich die Grabenkanten weiterhin verschieben und Energie freisetzen, zeigen mehrere Beben pro Jahrhundert mit der Stärke vier. Die Epizentren liegen meist um Lochend und Dochgarroch. In der Gegend von Inverness haben solche Erdstöße geringfügige Schäden verursacht. In den Jahren

Great-Glen-Verwerfung in Schottland

1816, 1888, 1890 und 1901 bebte die Erde heftiger, 1816 waren die Erschütterungen fast überall in Schottland zu spüren.

Den heutigen Great Glen schuf der Great-Glen-Gletscher, der sich bis in die Bucht des Moray Firth erstreckte. Er erodierte das weiche Bruchgestein entlang der Verwerfung und hinterließ ein steiles, U-förmiges Tal. Den Talgrund planierte er zu einer bemerkenswert ebenen Oberfläche, die durchschnittlich 180 Meter unter dem Meeresspiegel liegt. Gletscherschutt riegelt die Spitze des Loch Ness bei Lochend ab.

LINKS Die Great-Glen-Verwerfung berührt den Südosten der schottischen Insel Mull. Von hier verläuft sie nordostwärts durch den Firth of Lorn, Loch Linnhe und Fort Williams, ehe sie Loch Lochy und Loch Ness erreicht. Hinter Inverness und Moray Firth knickt sie dann Richtung Shetland nordwärts ab.

DER SAGENUMWOBENE LOCH NESS

Loch Ness ist der größte der drei Lochs im Great Glen; berühmt wurde er vor allem durch die Sagen und Legenden um das Loch-Ness-Monster. Der See ist 37 Kilometer lang und 1,6 Kilometer breit; die maximale Wassertiefe liegt bei 226 Metern. Sechs größere Flüsse fließen von den grünen Hügeln der Umgebung in den Loch, dessen Abfluss ist der Ness.

ALTE FESTUNGEN IM GREAT GLEN

Der Glen bildet einen natürlichen und historischen Reiseweg durch die schottischen Highlands, heute verlaufen in ihm der Kaledonische Kanal und die Autobahn A82. Sie verbinden Inverness an der Ostküste mit Fort Williams im Westen. Der Kaledonische Kanal bindet auch die Lochs als Schiffswege mit ein.

Welche strategische Bedeutung die Grabengeologie für die Kontrolle der schottischen Highland-Clans bei einer Reihe militärischer Feldzüge hatte, zum Beispiel während der Jakobitenaufstände im 18. Jahrhundert, belegen die alten Festungsstädte entlang dem Great Glen – so etwa Fort William im Süden, Fort Augustus in der Mitte und Fort George unmittelbar nördlich von Inverness.

OBEN Eilean Donan Castle steht am Loch Duich auf einem Damm im Herzen der Highlands nördlich der Verwerfung und wurde im Jahr 1220 erbaut.

GANZ OBEN Urquhart Castle am Loch Ness steht auf Felsgestein, das von den Verwerfungen zermahlen wurde. Große Gesteinsunterschiede auf beiden Seiten des Lochs haben Spekulationen angeregt, die Seiten könnten bis zu 200 Millionen Jahre unterschiedlich alt sein.

Der Ostafrikanische Graben

Der Ostafrikanische Graben ist eine klassische geologische Struktur – eine Schwächelinie, an der die Afrikanische Platte auseinanderzubrechen beginnt. Der Grabenbruch besteht aus tiefen, gerade verlaufenden Tälern mit steilen Bruchstufen. Den Graben entlang öffnen sich tiefe Spalten, aus denen regelmäßig große Mengen Lava austreten.

OBEN Eine Löwin auf der Jagd. Löwen bewohnten einst große Teile von Eurasien und Afrika; wild findet man sie heute nur noch in Süd- und Ostafrika, darunter auch im Ostafrikanischen Graben, sowie in Indien.

UNTEN Flamingos am Ufer des flachen, alkalischen Nakurusees im kenianischen Lake-Nakuru-Nationalpark. Die leuchtend rosa Färbung der Vögel stammt von Pigmenten, die die Flamingos mit ihrer Algennahrung aufnehmen. An dem See leben rund 450 Vogelarten.

Aufsteigende heiße Konvektionsströme im Erdmantel heben in diesem Teil Afrikas die Erdkruste an und dehnen sie. Das hat in einigen Abschnitten zum Zusammenbruch der Kruste in langen, geraden Abschiebungen geführt, wobei eine tektonische Struktur entsteht, die Grabenbruch (englisch Rift Valley) genannt wird. In solchen Tälern sammeln sich Wasser und Sedimente, daher sind sie ausgezeichnete Fossillagerstätten.

DER AFRIKANISCHE KONTINENT ZERBRICHT

Der Grabenbruch erstreckt sich über 6000 Kilometer – die halbe Länge Afrikas – von Dschibuti am Golf von Aden im Norden bis zum Delta des Sambesi in Mosambik. Auf der langen Strecke nach Süden durchquert er die Länder Äthiopien, Kenia, Uganda, Zaire, Ruanda, Burundi, Tansania, Sambia, Malawi und Mosambik; in einigen Fällen bildet er die Landesgrenzen. Er ähnelt einem großen, bogenförmigen Biss in Afrikas Ostseite; vermutlich wird die Kontinentaldrift diesen riesigen Bissen des Kontinents irgendwann in den Indischen Ozean hinaustragen.

Die Spreizung des Ostafrikanischen Grabens geht viel langsamer vor sich als die am Roten Meer und dem Golf von Aden, wo die Küstenlinien heute 250 bis 300 Kilometer voneinander entfernt und die Täler dauerhaft vom Meer überflutet sind.

DER OSTAFRIKANISCHE GRABEN BRICHT WEITER AUF

Zahlreiche Erdbeben entlang des gesamten Grabenbruchs machen deutlich, dass die Spreizung noch immer im Gange ist. Erst kürzlich haben

GESTEINSPORTRÄT: KARBONATIT

Karbonatit ist ein seltenes Vulkangestein, das hauptsächlich aus Kalzium-, Magnesium- und Eisenkarbonatmineralen besteht, vor allem Kalzit, Dolomit und Ankerit. Es tritt in Lavaflüssen und kleinen Intrusionen auf, meist in kontinentalen Rifts wie dem Ostafrikanischen Graben. Ol Doinyo Lengai ist der einzige Vulkan, der in historischer Zeit Karbonatitlava (siehe Bild) ausgestoßen hat. Da die instabilen Minerale oxidieren, wird die schwarze Lava innerhalb von Stunden weiß.

GPS-Satellitenmessungen gezeigt, dass sich der Ostafrikanische Graben um vier Millimeter pro Jahr weiter öffnet, während der Grabenbruch im Roten Meer und im Golf von Aden sogar einen Wert von 20 Millimetern aufweist.

Erdbebenhäufung und Landschaftsformen liefern sehr deutliche Anzeichen dafür, dass sich der Grabenbruch in einen Arm um die Ostseite des Viktoriasees und einen zweiten um seine Westseite teilt. Auf der Südseite des Sees treffen sie wieder zusammen, dann teilt sich der Graben erneut auf und verläuft südöstlich am Malawisee entlang sowie südwestlich, den Flüssen Luangwa und Sambesi folgend, nach Sambia und Botswana.

Auf diese Weise zerbricht die Afrikanische Platte in zwei oder mehr kleinere tektonische Platten,

RECHTS Verstreute Ablagerungen von Mineralsalzen um den Magadisee in Kenia, den südlichsten See des Grabenbruchs, belegen dessen hohen Salzgehalt. Der See ist nur teilweise flüssig, bisweilen bestehen 80 % seiner Oberfläche aus einer Schicht fester Salze – Trona –, die bis zu 40 m dick auf dem Seegrund liegt.

zum einen in die Somalische Platte im Osten und zum anderen in die Nubische Platte im Westen.

VIELFÄLTIGE GRABENBRUCHSEEN

Den Grund des Ostafrikanischen Grabens markiert in seinen tieferen Abschnitten eine Kette von Seen. Die größeren Süßwasserseen erstrecken sich im Westarm des Afrikanischen Grabens und im Hauptgrabenbruch zum Sambesidelta. Es sind der Albert , Edward-, Kiwu-, Tanganjika- und der Malawisee. Albert- und Edwardsee fließen nördlich in den Weißen Nil ab, Tanganjika- und Kiwusee westlich in den Kongo, der Malawisee südwärts über den Fluss Shire in den Sambesi. Der Tanganjikasee ist mit einem Maximum von 1470 Metern der tiefste und wasserreichste See von ihnen.

Die Seen im Ostarm des Grabens sind kleiner und seichter und haben keinen Abfluss zum Meer. Daher ist ihr Mineralgehalt hoch. Die andauernde Verdunstung ihres Wassers im heißen Äquatorialklima hinterlässt gelöste Salze in steigender Konzentration, oft in Form dicker „Salzteppiche".

Zu diesen Seen zählen der Turkana-, Naivasha-, Magadi- (der aus fast reinem Soda, also Natriumkarbonat besteht), Natron-, Amboseli-, Manyara-, Eyasi-, Elmenteita-, Baringo-, Bogoria- und Nakurusee. Sie alle sind stark basisch; der Turkanasee ist der größte Alkalisee der Welt.

AFRIKAS GRÖSSTER SÜSSWASSERSEE

Der Viktoriasee liegt in einem riesigen Becken zwischen dem östlichen und dem westlichen Arm des Ostafrikanischen Grabens. Der See begann sich vor etwa 400 000 Jahren zu füllen, als durch die Hebung des Westarms des afrikanischen Grabenbruchs einige westwärts fließende Nebenflüsse des Kongo abgeschnitten wurden. Er ist der größte Süßwassersee in Afrika, obwohl er relativ flach und seit seiner Entstehung in regenarmen Zeiten dreimal ausgetrocknet ist. Der Forschungsreisende Henry Stanley glaubte am Viktoriasee die Quelle des Nils gefunden zu haben; Stanley umschiffte den See 1975 und entdeckte den Abfluss an den Rippon-Fällen. Von dort fließt das Wasser durch den Kyogasee und den Albertsee in den Weißen Nil.

Der Viktoriasee war einst Heimat einer unglaublichen Vielfalt von Süßwasserfischen, die die Menschen in der Umgebung ernährten viele Arten wurden jedoch durch den eingeschleppten Nilbarsch (Viktoriabarsch) ausgerottet.

OBEN Bis vor einiger Zeit lebten über 500 Barscharten im Viktoriasee. In den 1950er Jahren wurde der Nilbarsch dort angesiedelt, dem es leider gelang, über die Hälfte der natürlichen Barscharten des Sees auszurotten. Auf diese Weise gefährdete er auch die Nahrungsversorgung der Menschen in der Umgebung.

OBEN In einer entlegenen Region von Tansania liegt der ungewöhnliche Vulkan Ol Doinyo Lengai. Er stößt Fontänen von Lava aus, die noch im Flug erhärten und wie Glas zersplittern.

UNTEN Der Gletscher am Gipfel des Kilimandscharomassivs in Tansania schrumpft rapide. Das Eis, das einst Bergsteiger beim Gipfelsturm ausbremste, ist bereits um mehr als 80 % zurückgegangen. Man schätzt, dass es bis zum Jahr 2015 vollständig abgeschmolzen sein wird.

GRABENBRUCHVULKANE

Da sich der Ostafrikanische Graben immer weiter spreizt, tritt kontinuierlich Basaltlava aus dem Erdmantel aus und füllt den Raum zwischen den sich voneinander entfernenden Platten. Dadurch sind an einigen Stellen des Grabens beeindruckende Vulkankegel entstanden.

Im Kilimandscharomassiv, einem inaktiven Stratovulkan in Nordosttansania, findet sich mit dem Kibo (5895 Meter) der höchste Berg Afrikas. Wegen der Nähe zum Äquator und der Höhe des Berges beginnen Bergsteiger ihren Aufstieg in tropischem Regenwald, durchqueren jede nur denkbare Klimazone und erreichen schließlich die Eisflächen am Gipfel. Der bekannte Furtwänglergletscher und andere Eisflecken sind kleine Überreste einer enormen Eiskappe, die einst das Kilimandscharomassiv krönte. Im 20. Jahrhundert schmolz sie dramatisch ab, zwischen 1912 und 2000 verschwanden 82 Prozent des Gletschereises. Noch immer ist der Kibo mehrere Monate im Jahr von Schnee bedeckt, aber das daraus entstehende Schmelzwasser reicht nicht mehr aus, um Flüsse und Quellen das ganze Jahr über zu speisen.

Aus geologischer Sicht gilt der Ol Doinyo Lengai in Nordtansania als einer der interessantesten Vulkane. Er ist der einzige aktive Vulkan der Welt, der alkalireiche Karbonatitlava ausstößt, ein Gestein, das wirtschaftlich nutzbare Mengen seltener

EIN JUNGER BRUCH

Geologen der Universitäten von London, Oxford und Addis Abeba in Äthiopien konnten anhand von Satellitendaten beobachten, wie sich in einem Abschnitt des Grabens zwischen der Afrikanischen und Arabischen Platte ein 60 km langer und 8 m breiter Riss öffnete.

Der Bruchvorgang an einer Verwerfung in der äthiopischen Afarwüste begann am 14. September 2005 mit einem schweren Erdbeben, gefolgt von einer Reihe schwächerer Erdstöße. Eine Woche später wurde vulkanische Asche aus dem Spalt ausgeworfen, der sich weiter öffnete. Der ganze Vorgang, den Wissenschaftler hier erstmals verfolgen konnten, dauerte drei Wochen und verdeutlichte, dass Spreizungsprozesse nicht ruhig, sondern in einer Folge plötzlicher Brüche und Risse verlaufen. Man geht davon aus, dass innerhalb einiger Millionen Jahre das Rote Meer das Hochland um die Afarsenke durchbrechen, den Ostafrikanischen Graben überfluten und schließlich auf seiner ganzen Länge einen neuen Seeweg bilden wird.

Elemente wie Barium, Fluor, Titan, Uran und Zirkon enthält. Auf dem Grund des Gipfelkraters treten ständig kleine Mengen Karbonatitlava aus, die sehr dünnflüssig ist und eine außergewöhnlich niedrige Eruptionstemperatur von 500 °C hat.

Zu heftigeren Ausbrüchen kam es in den Jahren 1917, 1926, 1940, 1958 bis 1967, 1983 und 1993. Weitere Vulkane des Grabenbruchs sind Dallol, Erta Ale, Nyiragongo, Nyiamuragira und mehrere Schlote im äthiopischen Teil der Danakil-Senke.

Ostafrikanischer Graben

N

0   250 km
0   250 Meilen

TSCHAD

SUDAN

ERITREA

Rotes Meer

SAUDI-ARABIEN

JEMEN

Dallol
-48 m
Danakilsenke
Erta Ale
613 m

Tanasee

Danakil-
wüste
DSCHIBUTI

Golf von Aden

ÄTHIOPIEN

ZENTRALAFRIKANISCHE
REPUBLIK

Bahr al Abyad (Weißer Nil)

Bahr al Azraq (Blauer Nil)

Bahr-el-Jabal (Weißer Nil)

SOMALIA

Turkanasee

Kongo

Kyogasee

Albert-
see

Ruwenzori-
gebirge

UGANDA

Elgon
4321 m

Baringo-
see

KENIA

Bogoriasee

Kirinyaga (Mt. Kenya)
5199 m

Äquator

Eduardsee
Nyamuragira
3053 m
Nyiragongo
3465 m

Virunga-
berge

Karisimbi
4507 m

Victoria-
see

Nakurusee

Naivashasee

Ol Doinyo Lengai
2890 m

Kiwusee

RUANDA

Magadisee

Natronsee

Amboseli-
see

Killmandscharo
5895 m

DEMOKRATISCHE
REPUBLIK
KONGO

BURUNDI

Eyasisee

Crater
Highlands

Meru
4565 m

Lualaba

Mitumbagebirge

Tanganjikasee

Manyara-
see

TANSANIA

Sansibar

INDISCHER
OZEAN

Rukwasee

SEYCHELLEN

Mwerusee

GRABENBRUCH

ANGOLA

Luangwa

MALAWI

Malawisee

Shire

SAMBIA

MOSAMBIK

Sambesi

Komoren

Karibasee

Sambesi

SIMBABWE

Straße von Mosambik

NAMIBIA

BOTSWANA

MADAGASKAR

G R A B E N B R U C H

Das Rote Meer und der Golf von Aden

Das Rote Meer und der Golf von Aden bilden einen der jüngsten Seewege der Erde, einen neuen Ozean, der seit dem Aufbrechen des afro-arabischen Kontinents im Tertiär wächst. Vor etwa 25 Millionen Jahren sah der Grabenbruch zwischen Rotem Meer und Golf von Aden vermutlich so aus wie heute der Große Ostafrikanische Graben, bis dann der Indische Ozean in einem gewaltigen Wasserfall hineinströmte.

UNTEN Der Y-förmige Tripelpunkt des Grabenbruchs von Rotem Meer und Golf von Aden ist aus dem Weltall klar zu erkennen. In nördlicher Richtung zum Mittelmeer gesehen, erkennt man deutlich die Aufgabelung des Roten Meers in den Golf von Suez (links) und den Golf von Akaba (rechts).

Der Seeweg weitet sich um etwa 20 Millimeter pro Jahr, während sich die Afrikanische Platte langsam von der Arabischen entfernt. Die Ränder von Rotem Meer und dem Golf von Aden passen perfekt aneinander. Die angehobenen und nach oben gewendeten Kanten des Grabenbruchs bilden Hügelketten, die parallel zur Küste verlaufen und das meiste Wasser aufs Festland und nicht zum Meer abfließen lassen. Der Nil muss einen Hunderte von Kilometern langen Umweg nach Nordwesten um das Rote Meer herum nehmen, um das Mittelmeer zu erreichen. Von den Grabenbruchabhängen fließen nur sporadisch sehr kurze Ströme ins Rote Meer und den Golf von Aden.

AKTIVE VULKANE AM MEERESGRUND

Das Rote Meer und der Golf von Aden sind heute so tief wie alle anderen Ozeane; meistens reichen sie 2000 Meter unter den Meeresspiegel. Sie werden mit Tauchgeräten erforscht. Am Grund des aktiven Zentralgrabens entdeckten Forscher Ketten junger, etwa 100 bis 300 Meter hoher Vulkane. Sie bestehen aus basaltischer Kissenlava, die aus dem zentralen Grabenbruch austritt, und sind durchzogen von Rissen, die von der fortgesetzten tektonischen Bewegung herrühren. Im Zentralgraben fanden Forscher auch heiße Solebecken, in denen Kupfer-, Zink-, Mangan- und Eisenminerale auskristallisieren.

DAS LEBEN IM ROTEN MEER

Angesichts der Trockenheit und Unfruchtbarkeit des umgebenden Landes überrascht der Reichtum von Flora und Fauna im Roten Meer. Sein ruhiges, klares, warmes, sonnenduchflutetes Wasser beherbergt Leben im Überfluss. Das Rote Meer, besonders in seinen abgeschlossenen nördlichen Bereichen wie der Golf von Akaba, stellt ein ideales Tauchgebiet dar. Interessant sind die von Hunderten von Fischarten umwimmelten Korallenriffe und andere einzigartige marine Lebensräume, etwa Seegraswiesen, Mangroven, Salztonebenen und Salzsümpfe.

DER TRIPELPUNKT IM AFARDREIECK

Die Spreizungsbrüche im Roten Meer und dem Golf von Aden setzen sich an Land fort und treffen in der tief liegenden, dreieckigen Afarsenke, einer trockenen, unwirtlichen Region von Äthiopien und Dschibuti, auf den Ostafrikanischen Graben. An diesem Y-förmigen tektonischen Tripelpunkt haben sich unter der Erdkruste im Mantel aufsteigende heiße Diapire gebildet, die die Kruste auseinanderdehnen. Drei Krustenteile bewegen sich hier voneinander fort – die Somalische, die Nubische und die Arabische Platte –, wobei die Brüche in Winkeln von etwa 120 Grad auseinanderlaufen. Das Gebiet ist von zahlreichen Spannungsrissen gezeichnet, und unaufhörlich bildet sich neuer Meeresboden in Form von geschmolzenem Basalt. Dies ist neben Island der einzige Ort der Welt, wo es möglich ist, einen mittelozeanischen Rücken an Land zu untersuchen.

EINE KETTE VON SALZSEEN

Die ganze Entwässerung fließt in Richtung der heißen, trockenen Afarsenke und endet in einer Kette von Salzseen, darunter auch dem Assalsee. Er ist mit 150 Metern unter dem Meeresspiegel Afrikas tiefster Punkt. Hier regnet es so gut wie nie, die Gegend ist außerordentlich trocken und weist eine Durchschnittstemperatur von etwa 48 °C in der trockenen Jahreszeit in der Danakilwüste auf. Daher verdunstet in den See laufendes Wasser sofort, wodurch sich die Konzentration an Mineralsalzen erhöht. Etwa 1200 Quadratkilometer der Afarsenke sind mit Salzen bedeckt, und der Salzabbau bildet eine wichtige Einnahmequelle für viele Afar-Volksstämme, die in der Danakilwüste leben.

Jordantal und Totes Meer

Der Grabenbruch im Tal des Jordans und im Toten Meer markiert die nordsüdlich verlaufende Transformstörung zwischen der Afrikanischen Platte im Westen und der Arabischen im Osten. Er erstreckt sich mehr als 1000 Kilometer vom Taurusgebirge in der Türkei südwärts bis zum Roten Meer. Die markante Topografie dieser schnurgerade verlaufenden aktiven Verwerfung ist am deutlichsten aus dem Weltall zu erkennen.

Die Ursache dieser Transformstörung sind unterschiedliche Bewegungen der Afrikanischen und der Arabischen Platte. Beide stoßen auf die Eurasische Platte und schieben dadurch die Alpen-, Taurus- und Zagros-Kollisionsgebirge auf, aber ihre Bewegung nach Norden verläuft unterschiedlich schnell. Durch die Verwerfung entstand ein spektakulärer, tiefer Grabenbruch mit flachem Grund und hohen, steilen Seitenwänden.

OBEN Aus dem Golf von Akaba (rechter Meeresarm) entwickelt sich der Grabenbruch, der über das Jordantal und Totes Meer (zwischen Israel und Jordanien) nördlich durch den Nahen Osten zum Libanon und nach Syrien zieht.

EIN LANGES BAND VON TÄLERN
Die Verwerfung am Toten Meer weist eine Kette von Seen, Flüssen, Trockentälern (Wadis) und grünen Oasen auf. Der libanesische Teil heißt Bekaa-Ebene, der israelische Hule-Ebene. Weiter südlich fließt der Jordan im Graben, mündet in den See Genezareth und strömt dann südwärts weiter ins Tote Meer. Südlich vom Toten Meer setzt sich der Graben in der Aravasenke fort und schließt dann am Golf von Akaba ans Rote Meer an.

Im Lauf der letzten paar Millionen Jahre hat das Mittelmeer mehrere Male den Grabenbruch am Toten Meer überflutet; bei der anschließenden Verdunstung blieb Salz zurück. Durch die wiederholten Überschwemmungen bildete sich mit der Zeit eine gewaltige, 3,2 Kilometer mächtige Salzschicht. Die Hebung der Mittelmeerküste trennte das Tal schließlich vom Meer und ließ es als heißes und trockenes Becken zurück.

DAS BECKEN DES TOTEN MEERS
Das Tote Meer ist 68 Kilometer lang, 18 Kilometer breit und etwa 300 Meter tief. Das Becken erreicht mit 418 Metern unter dem Meeresspiegel den tiefsten Punkt der Erdoberfläche. Da es den Endpunkt für die örtliche Entwässerung bildet und eine Gegend sehr starker Verdunstung ist, hat sich das Tote Meer zu einem der salzigsten Gewässer der Welt entwickelt. Sein Wasser enthält bis zu 35 % gelöste Salze, das Zehnfache von normalem Meerwasser. Weil es dadurch eine enorm hohe Dichte hat, kann man sich im Wasser treiben lassen, ohne unterzugehen. Seinen Namen trägt das Tote Meer, weil darin keine Fische leben können.

Das Salz des Toten Meers unterscheidet sich von Meersalz. Es setzt sich aus annähernd 53 % Magnesiumchlorid, 37 % Kaliumchlorid und 8 % Natriumchlorid (Kochsalz) zusammen, während Meersalz zu 97 % aus Natriumchlorid besteht.

Im frühen 20. Jahrhundert stellte man fest, dass das Tote Meer ein natürliches Lager von Pottasche und Bromverbindungen ist. 1929 wurde am Nordufer bei Kalia eine Verdunstungsanlage erbaut, um Pottasche aus der Lake zu gewinnen. Mit wachsender Nachfrage entstanden weitere solche Anlagen. Heute entzieht man dem Salzwasser mittels riesiger Verdunstungsbecken, die das gesamte südliche Ende des Toten Meeres einnehmen, Pottasche, Bromide, Ätznatron, Magnesium und Natriumchlorid.

UNTEN Das Tote Meer ist so salzhaltig, dass man im Wasser nicht untergeht. Der Auftrieb ist extrem hoch, was das Schwimmen erschwert. Viele Menschen kommen hierher, weil man dem Wasser und Schlamm heilsame Wirkung zuschreibt.

OBEN Das jordanische Dorf Dana liegt hoch oben an einer Geländekante, von der die Talflanken steil in die Aravasenke in die tiefer gelegene Wüstenzone des Grabenbruchs abfallen. Dieses Wadi war in den letzten 20 Millionen Jahren enormen tektonischen Aktivitäten ausgesetzt, die den Graben auch weiterhin aufreißen.

NEUES WASSER FÜR DAS TOTE MEER

Die übermäßige Ausbeutung schädigt das Tote Meer. Besonders alarmierend ist der absinkende Wasserspiegel durch Ableitungen aus dem Jordan für Bewässerung und andere Zwecke. Von 1930 bis 1997 fiel der Spiegel um 21 m. Am 9. Mai 2005 einigten sich Jordanien, Israel und die palästinensische Regierung auf das Projekt „Zweimeereskanal". Der Plan sieht vor, Wasser aus dem Golf von Akaba zu pumpen und 160 km weit entlang der Aravasenke durch den Graben zu leiten. Vom oberen Ende der niedrigen Bergkette, die das Rote und das Tote Meer trennt, soll Wasser ins Tote Meer hinunterfließen. Da der größte Teil des Wasserwegs bergab führen würde, ist außerdem geplant, die überschüssige Energie zur Stromgewinnung und Frischwassererzeugung durch Entsalzung zu nutzen.

UNTEN Verstreute Inseln von Salzablagerungen zieren die Untiefen des Toten Meers, das der Grabenbruch durchschneidet. In Verdunstungsbecken gewinnt man gewaltige Mengen Salz für die Kunststoff- und andere chemische Industrien.

Die Nordanatolische Verwerfung, Türkei

Ähnlich wie der San-Andreas-Graben in Kalifornien bildet die Nordanatolische Verwerfung die Grenze zwischen zwei tektonischen Platten, die sich aneinander reiben. Von der Afrikanischen und der Arabischen Platte angeschoben, gleitet die Anatolische Platte etwa 2,5 Zentimeter pro Jahr westwärts auf die Eurasische Platte zu.

Entlang dieser Verwerfung lassen sich Erdbeben erstaunlich genau voraussagen. Wie an einem Reißverschluss verbreiten sie sich als Folge von Rissen und Druckausgleich entlang dieser Störungslinie. Gibt der Grabenboden bei einem Erdbeben nach, verschiebt sich der Druck westwärts zum nächsten Abschnitt, der wiederum aufgebrochen wird. Man bezeichnet dies im Fachjargon als *remotely triggered earthquake* (fernausgelöstes Beben).

Seit dem Erdbeben von Erzincan 1939 haben sich weitere Beben in den Jahren 1942, 1943, 1944, 1951, 1957, 1967 und 1999 entlang dieser Verwerfung über 1000 Kilometer nach Westen fortgesetzt. Diese Abfolge ermöglicht eine Vorhersage darüber, wo vermutlich das nächste Beben stattfinden wird.

ERDBEBENPROPHEZEIUNG FÜR ISTANBUL

Alle Aufmerksamkeit gilt dem nächsten Erdbeben in der Türkei, das innerhalb eines guten Jahrzehnts erwartet wird. Der Bruch wird diesmal in einem Bereich der Nordanatolischen Verwerfung westlich von Izmit eintreten, in der Nähe von Istanbul, und das Beben wird verheerende Folgen für die stark bevölkerte Metropole haben. Zehntausende Menschen könnten sterben, und die Wirtschaft des Landes könnte schwer getroffen werden. Viele Gebäude in Istanbul sind alt, und die neuen Bauwerke entsprechen kaum den geltenden Vorschriften, daher werden viele Häuser einstürzen. Wegen der vielen älteren Holzhäuser dürften auch Brände ein großes Problem werden.

RICHTUNG UND VERLAUF DER VERWERFUNG

Die Nordanatolische Verwerfung verläuft in westlicher Richtung durch die Städte Erzincan, Susehri, Ilgaz und Gerede. Danach markiert seinen Weg der schmale Golf von Izmit, der sich zum Marmarameer erweitert. Ein südlicher Arm des Verwerfungssystems bestimmt die Topografie des Sees Iznik Gölü. Bathymetrische Vermessungen – mit ihnen erforscht man die topografischen Verhältnisse tiefer Ozeanböden – haben gezeigt, dass beide Verwerfungen sich nach unten fortsetzen und für Form und Lage des Marmarameers verantwortlich sind.

UNTEN Die Hagia Sophia taucht aus dem Morgennebel im Istanbuler Viertel Sultanahmet auf. Die riesige Metropole mit über zwölf Millionen Einwohnern liegt in dem Abschnitt der Verwerfung, den als nächstes ein Erdbeben treffen wird – wahrscheinlich schon sehr bald.

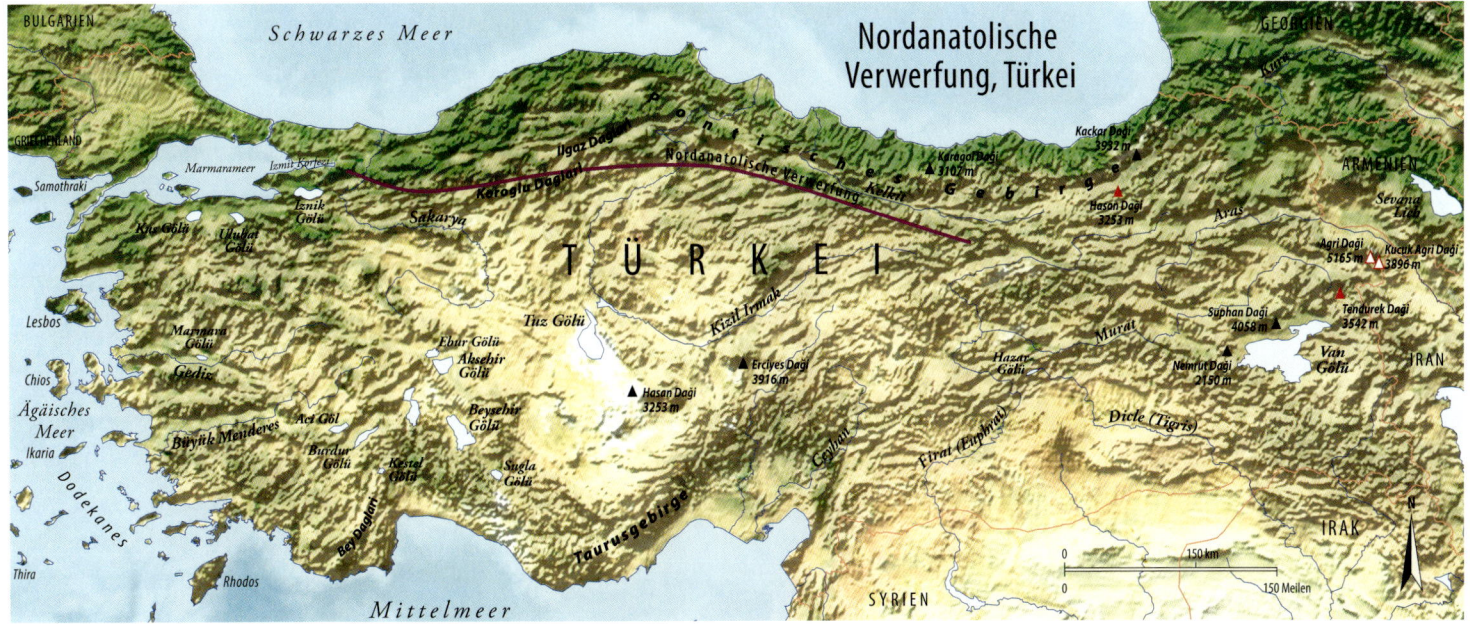

DAS ERDBEBEN IN IZMIT 1999

Am 17. August 1999 um 3:02 Uhr früh erschütterte ein Erdbeben der Stärke 7,4 den hoch industrialisierten Westen der Türkei genau dort, wo es erwartet worden war. Das Epizentrum lag auf der Nordanatolischen Verwerfung an der Spitze der Bucht von Izmit. Es war seit San Francisco 1906 und Tokio 1923 das schwerste Beben, das eine moderne Industriestadt traf.

Die Verwerfung fand auf einer Länge von 110 Kilometern statt und schob sich bis zu fünf Meter Höhe auf, die vertikale Verlagerung betrug bis zu drei Meter, wobei die Nordseite der Verwerfung absank. Unglücklicherweise wurde die Bevölkerung im Schlaf überrascht und hatte keine Chance, den mehrstöckigen Appartmenthäusern zu entkommen. Baumängel und Verstöße gegen Bauvorschriften ließen viele Häuser komplett einstürzen. In der gesamten Region von Izmit, Adapazari, Gölcük, Karamürsel, Yalova, Düzce und Istanbul wurden 77 300 Gebäude zerstört und 244 500 beschädigt. Die offizielle Zahl der Toten lag bei 17 225 (andere Quellen berichteten von mehr als 30 000 Opfern).

Durch Einstürze und Absenkungen wurden große Bereiche der Marmarameerküste in der Umgebung von Gölcük überflutet. Mit dem Erdbeben zusammenhängende untermeerische Bergrutsche lösten einen Tsunami aus, der die Ferienküste in der Bucht von Izmit traf. Minuten nach dem Erdbeben trat das Meer vom Ufer zurück und kehrte als sechs Meter hohe, mit Yachten und Kreuzfahrtschiffen beladene Welle wieder. Sie brandete die Promenade entlang, schlug in Geschäfte, Hotels und Strandbäder ein. Dem gewaltigen Tsunami folgten zahlreiche kleinere, ausgelöst durch die zwischen den gegenüberliegenden Seiten der Bucht hin und her prallende Wellenenergie.

GESTEINSPORTRÄT: MYLONIT

Mylonit ist ein feinkörniges metamorphes Gestein, das man an großen Verwerfungen findet. Es entsteht durch fortgesetzte Reibung zwischen beweglichen Gesteinspaketen auf beiden Seiten des Bruchs. Das Felsmaterial wird immer wieder zerkleinert, Einzelkristalle zerfallen in mikroskopisch feine Korngrößen.

In großen Tiefen und bei hohen Temperaturen erhält das Gestein eine parallele Schieferung. Große Einzelminerale sind als „Augen" erkennbar.

OBEN Das Luftbild vom 23. August 1999 zeigt das Ausmaß des Schadens in einem Wohngebiet nahe der türkischen Stadt Izmit, die auf der Verwerfungslinie liegt. Es gab mehr als 44 000 Verletzte, die Kosten der Aufräumungsarbeiten beliefen sich auf rund sechs Milliarden Dollar.

OBEN Der Mount Everest entstand vor etwa 60 Millionen Jahren als Teil des Himalaya-Gebirges. Derzeit liegt seine Höhe bei 8848 m, doch geologische Kräfte lassen ihn stetig weiter in die Höhe wachsen.

RECHTS Das MacDonnell-Gebirge erstreckt sich über Hunderte Kilometer zu beiden Seiten der Stadt Alice Springs im australischen Northern Territory. Parallele Kämme und zahlreiche Schluchten zeichnen es aus.

Die Gebirgszüge der Erde sind mehr als nur Plätze von Erhabenheit und wahrer Schönheit – sie sind Wasserspeicher und Herkunftsgebiete von Sedimenten. Überdies beeinflussen sie maßgeblich das Klima und Vegetationsmuster. Gebirge haben lange Zeit Wanderungen und Ansiedelungen von Ureinwohnern gesteuert, und noch heute bilden sie geopolitische Grenzen. Berge sind außerdem der Schlüssel zum Verständnis des geologischen Innenlebens unseres Planeten – früher wie heute.

Die größeren Gebirge entwickeln sich noch immer weiter, allesamt entlang den Grenzen der sich verschiebenden tektonischen Platten. Am dynamischsten wirkt dieser Prozess dort, wo Platten miteinander kollidieren; heftige und oft gefährliche Erdbebenaktivität begleiten diese Art der Gebirgsbildung. Der vertikalen Hebung des Landes wirken die Kräfte der Erosion entgegen, die danach trachten, alle Berge bis auf Meeresspiegelhöhe zu nivellieren.

An konvergierenden Plattenrändern bilden sich zwei Arten von Gebirgsketten: Kollisions- und Subduktionsgebirge. Das spektakulärste Kollisionsgebirge ist der Himalaya. Subduktionsgebirge umringen das Becken des Pazifiks. Eine dritte Art von Gebirgen, die mittelozeanischen Rücken, liegt völlig unter Wasser.

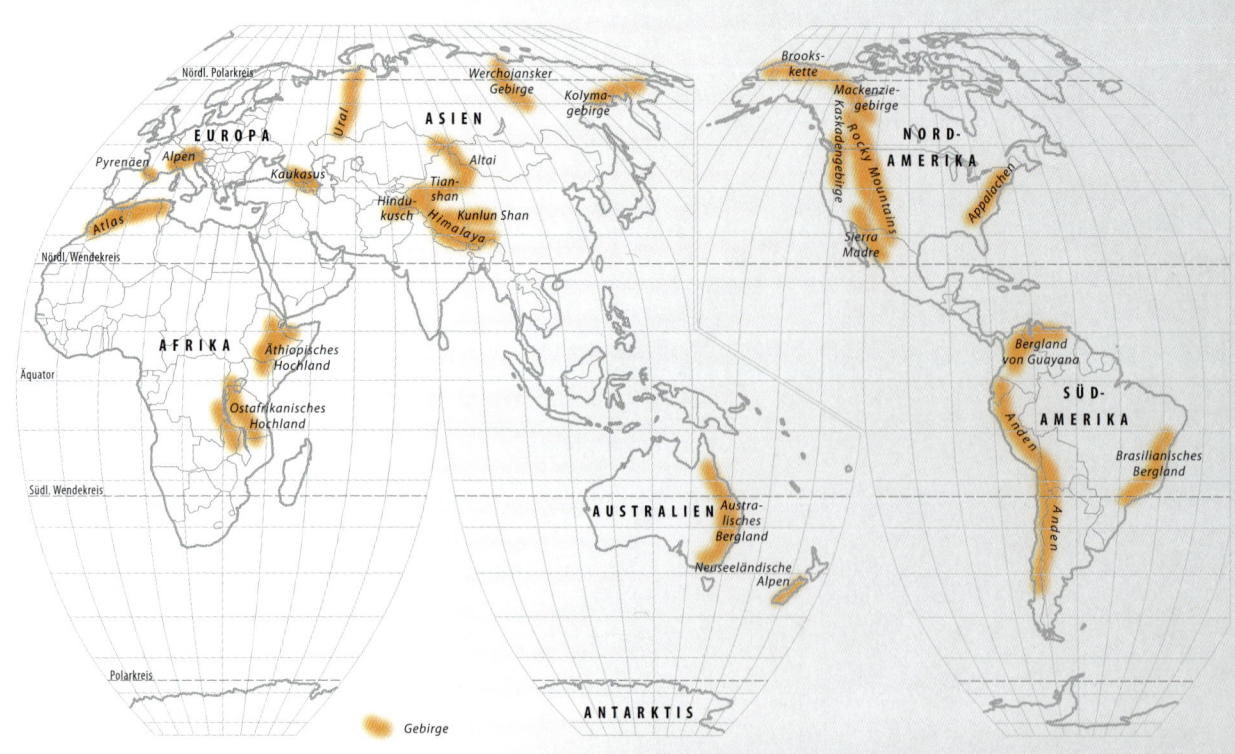

KOLLISIONSGEBIRGE

Die größten Gebirge entstehen dort, wo zwei Kontinentalplatten aufeinandertreffen. Bei der Kollision kann keine der beiden Landmassen unter die andere sinken, deshalb schieben sich beide an der Kollisionslinie nach oben. In geologischem Zeitmaß verläuft die Kollision mit einigen Zentimetern pro Jahr recht langsam, daher werden die Felsen nicht spröde gebrochen, sondern plastisch gestaltet und verformt, ähnlich wie man Zahnpasta aus der Tube drückt. Die Gesteine dieser Gebirge bestehen meist aus Flachwassersedimenten wie Sand, Lehm und Ton, oft durchsetzt mit Fossilien. Sie wurden zwischen die zusammengeschobenen Kontinenten gequetscht und weit über den Meeresspiegel gehoben.

Die aktiven Kollisionsgebirge der Erde bilden einen langen Gürtel, der Himalaya, Hindukusch, die Zagrosberge, Makran- und Suleimangebirge und die europäischen Alpen umfasst. Dieser gewaltige Gürtel verläuft in etwa westöstlich entlang der Südkante der Eurasischen Platte und markiert die Linie, an der sich einst das Urmeer Tethys schloss. Hier stießen vor gut 50 Millionen Jahren die Nordkanten der Afrikanischen, Arabischen und Indisch-Australischen Platte in die Eurasische Platte; heute findet man in diesen Gebirgszügen die höchsten Berge auf Erden.

SUBDUKTIONSGEBIRGE

Lange, durchgehende Gebirgszüge, gespickt mit Hunderten aktiver Vulkane, kennzeichnen Plattengrenzen, wo ozeanische Kruste mit kontinentaler Kruste oder anderer ozeanischer Kruste kollidiert. Entlang diesen Plattenrändern gleitet die dichtere ozeanische Kruste tiefe Gräben hinab und gelangt so unter die elastischere kontinentale Kruste. Die subduzierte Platte schmilzt und bildet Magma, das die Vulkane speist. Solche Subduktionsgebirge umgeben das sich langsam schließende Pazifikbecken. Im Osten bilden sie das Rückgrat von Neuguinea,

OBEN Entlang dem Subduktionsgebirgszug der Anden haben Gletscher tiefe Becken ausgeschürft, in denen etliche Gletscherseen liegen. Die Anden erstrecken sich von der kolumbianischen Karibikküste bis zu den Fjorden Patagoniens.

LINKS Der Peytosee in den kanadischen Rocky Mountains ändert seine Farbe mit den Jahreszeiten. Im Sommer schwemmt das Schmelzwasser Gletschermehl in den See; die feinen Partikel schweben im Wasser und geben ihm einen blaugrünen Farbton.

OBEN LINKS Der Cerro Aconcagua entstand, als sich die Nazca-Platte unter die Südamerikanische Platte schob. Der auch als „Steinerner Wächter" bezeichnete Berg liegt in den argentinischen Anden. Er ist mit 6960 m der höchste Berg Amerikas.

OBEN RECHTS Die vier Wände des Matterhorns (Schweiz/Italien) sind zu steilen Flächen und einer Spitze – dem berühmten „Horn", das viele glazial überformte Berge auszeichnet – abgeschliffen. An der Leeseite des Bergs bilden sich regelmäßig Bannerwolken.

RECHTE SEITE Besteigt man den Nordkamm des Mount Whitney in der kalifornischen Sierra Nevada, passiert man unterschiedliche Klima- und Vegetationsstufen; in Gipfelnähe gibt es gar keine Vegetation mehr.

Japan, den Philippinen und der Halbinsel Kamtschatka. Im Norden liegen die Aleuten, ein weitgehend untergetauchtes Subduktionsgebirge; nur die Gipfel der Vulkane ragen als Inselkette aus dem Meer. Am Ostrand des Pazifikbeckens bilden die nordamerikanischen Kordilleren und die Anden das längste an der Erdoberfläche liegende Gebirge der Welt. Ein weiteres großes Subduktionsgebirge erstreckt sich über den indonesischen Archipel.

Typisch für diese Gebirge sind explosive Vulkanausbrüche und Erdbeben, was sie zu extrem gefährlichen Lebensräumen macht. Diese Gebirgszüge zeigen ihre ganze Vertikalausdehnung erst, wenn man die Topografie sowohl über als auch unter dem Meeresspiegel betrachtet. So gibt es etwa einen Höhenunterschied von 12 188 Metern zwischen dem Gipfel des Fuji (3776 Meter) und dem Grund des nur 400 Kilometer entfernten Japangrabens (8412 Meter tief). Ein ähnlich großer Höhenunterschied (14 660 Meter) erstreckt sich zwischen dem Aconcagua (6960 Meter) in den Anden und der Sohle der nahen Peru-Chile-Rinne, die bis auf 7700 Meter unter den Meeresspiegel abfällt.

GEBIRGE UNTER DEM MEER

Ein dritter Typ von Gebirgszügen umspannt unter den Meeren den gesamten Globus: Die mittelozeanischen Rücken sind die längsten Gebirgszüge der Welt. Sie treten an Spreizungszonen oder divergenten Plattenrändern auf und sind breit und niedrig, erheben sich 1,5 bis 3 Kilometer über den Grund

der Tiefseeebenen und erreichen eine Breite von gut 2000 bis 4000 Kilometer. Die Grate, an denen kontinuierlich Basalt austritt, bleiben aufgrund der Hitze von im Erdmantel aufwallenden Konvektionsströmen locker und elastisch. Die auseinandertreibenden Platten schaffen den Basalt vom Grat weg, wobei er abkühlt und absinkt. Ein plötzliches Absterben des tektonischen Motors des Planeten würde dazu führen, dass die Grate mangels Lavanachschub erkalten, sich verfestigen und schließlich verschwinden würden.

WIE BERGE DAS KLIMA STEUERN

Eine der wichtigsten Auswirkungen von Gebirgszügen auf das Klima ist ihr Einfluss auf die Niederschlagsmuster. Wind, der über die Meere weht, bringt Wasser zum Verdunsten und trägt die Feuchtigkeit mit sich fort. Je höher die Temperatur der Luft, desto mehr Wasserdampf kann sie aufnehmen. Wenn warme, feuchte Luft auf die Luvseite einer Bergkette trifft, kommt es zu Steigungsregen. Die Luftmassen fließen an den Hängen hoch, kühlen dabei ab und geben ihre Feuchtigkeit als Regen ab. Die kalte, trockene Luft gleitet über den Kamm und an der Leeseite hinab. Dabei erwärmt sie sich und wird noch trockener. Da auf der Leeseite kaum Regen fällt, nennt man sie auch „Regenschatten".

Geschwindigkeit und Richtung großer, um den Planeten ziehender Luftmassen werden von der Erddrehung bestimmt und sind daher ziemlich einheitlich. Deshalb sind gut mit Regen versorgte

Wälder auf der einen Seite eines Gebirgszugs und ausgedörrte Wüsten auf der anderen nichts Ungewöhnliches. Der Regenschatteneffekt lässt sich an vielen Gebirgen beobachten. Satellitenbilder des Himalaya zeigen im Süden die grünen, vom Monsun bewässerten Hänge von Indien, Pakistan und Bangladesch und in krassem Gegensatz dazu die trockenen, kalten Wüsten Chinas im Regenschatten an den Himalaya-Nordhängen.

Ein weiteres krasses Beispiel für extreme Klimaunterschiede auf beiden Seiten eines Gebirgszugs sind die Anden. Die gut bewässerten luvseitigen Osthänge in Argentinien, Bolivien und Peru speisen die großen Wassereinzugsgebiete des Kontinents, auf der Leeseite der Berge zum Pazifischen Ozean hingegen liegt die verdörrte Atacamawüste in Chile und Peru.

GIGANTISCHE GEBIRGSSYSTEME

Wenn eine Bergkette nicht mehr aktiv angehoben wird, beginnt sie zu erodieren und zu verschwinden. Nach Dutzenden Millionen Jahren findet man kaum noch topografische Hinweise auf ein ehemaliges Gebirge. Das aufmerksame Auge bemerkt jedoch eine Fülle an stark gefaltetem, grobkristallinem, metamorphem Gestein und magmatischen Intrusionen, die ursprünglich tief im Kern des einst mächtigen Gebirgszugs saßen.

Als sich die meisten Kontinente der Erde zu der gigantischen Landmasse Pangäa zusammenschlossen, bildeten sich durch die Kollision einige Gebirge von der Größe des Himalaya. Eines der größten Gebirge entstand, als Laurentia (Nordamerika) und Baltika (Europa) zu Euramerika verschmolzen, was vor etwa 425 Millionen Jahren begann und vor 275 Millionen Jahren kulminierte. Die starken Stoßkräfte schufen ein mächtiges Gebirge, das die Appalachen in den USA und die europäischen Kaledoniden (die heutigen schottischen und irischen Hochländer, die Berge Ostgrönlands und die skandinavischen Gebirge in Norwegen und Schweden) umfasste. Vor etwa 180 Millionen Jahren begann diese einst durchgehende, gewaltige geologische Struktur aufzubrechen und in ihre heutige Form zu zerfallen.

Der Ural und Nowaja Semlja sind die Überreste eines weiteren gewaltigen Kollisionsgebirges, das an der Ostseite von Europa (Baltika) aufgefaltet wurde, als während der letzten Formierungsphase des Superkontinents Pangäa vor etwa 300 Millionen Jahren der sibirische Schild (Angaria) hineinschlug. Seitdem sind Europa und Sibirien an der Linie des Urals fest miteinander verbunden. Da die Zusammendrückung im späten Oligozän noch einmal einsetzte, bildet der Ural heute noch eine markante topografische Erscheinung.

Der Polhems Fjeld bei Tasiilaq in Ostgrönland ist Teil des Kaledonischen Gebirges.

Auch weniger hohe Gebirge schaffen klimatische Unterschiede, so etwa die Great Dividing Range in Australien. Sie erstreckt sich 3700 Kilometer an der Ostküste entlang und ist nur 1000 bis 1500 Meter hoch; ihr höchster Gipfel ist der Mount Kosciuszko in den Snowy Mountains, der 2228 Meter erreicht. Die Mehrheit der australischen Bevölkerung lebt auf der feuchteren, dem Pazifik zugewandten Ostseite der Bergkette, im Westen hingegen erstreckt sich das riesige Lake-Eyre-Becken, eine der trockensten Salztonebenen der Welt.

GROSSE FLUSSSYSTEME IM LUV DER GEBIRGE

Steigungsregen auf der Luvseite großer Gebirge führt dazu, dass diese für das Entstehen der mächtigsten Flüsse der Erde verantwortlich sind. Der Amazonas und der Rio Paraná entspringen auf der Luvseite der Anden und durchqueren den südamerikanischen Kontinent bis zum Atlantik. Ebenso entspringen der Missouri und der Mississippi an den Osthängen der Rocky Mountains. Die mächtigen Ströme Indus und Ganges fließen aus den luvseitigen Südhängen des Himalaya; der Rhein entspringt an der Alpennordseite.

Diese Flüsse tragen enorme Sedimentmengen von den Bergen zum Meer. Sie lagern sich an den Flussmündungen in riesigen Deltas ab und breiten sich als Schwemmfächer submariner Sedimente weiter in die Tiefseeebenen aus. Die weiträumigsten Beispiele hierfür sind das Indusdelta im Arabischen Meer und das Gangesdelta im Golf von Bengalen, beide gespeist von den kurzen, aber reißenden Flüssen, die den Himalaya entwässern. Das Gewicht der Sedimente ist so groß, dass der Meeresboden unter den Schwemmkegeln eine Beckenform annimmt, wo sich mehr und mehr Sedimente ablagern. Die Flussdeltas selbst zählen zu den fruchtbarsten und begehrtesten landwirtschaftlichen Gebieten der Welt. Zwar stellen Leben und Arbeit dort oft eine Herausforderung dar, aber jede Überflutung düngt die Felder mit einer frischen Ladung fruchtbarer Sedimente.

WASSERSPEICHERGEBIETE

Selbst in heißen Tropenregionen können höhere Gebirgszüge derartige Wassermengen speichern, dass die von den Bergen gespeisten Flüsse selten trockenfallen. Oft liegen zahlreiche, vom ununterbrochenen Wassernachschub abhängige Dörfer und Städte an den Strömen. Oberhalb der Schneegrenze sammelt sich im Winter Schnee und schmilzt in den wärmeren Monaten ab. Der Schnee an den Nordhängen der nördlichen und an den Südhängen der südlichen Hemisphäre schmilzt langsamer, weil er im Schatten bleibt, im Gegensatz zum Schnee auf den äquatorzugewandten Sonnenseiten. Auch

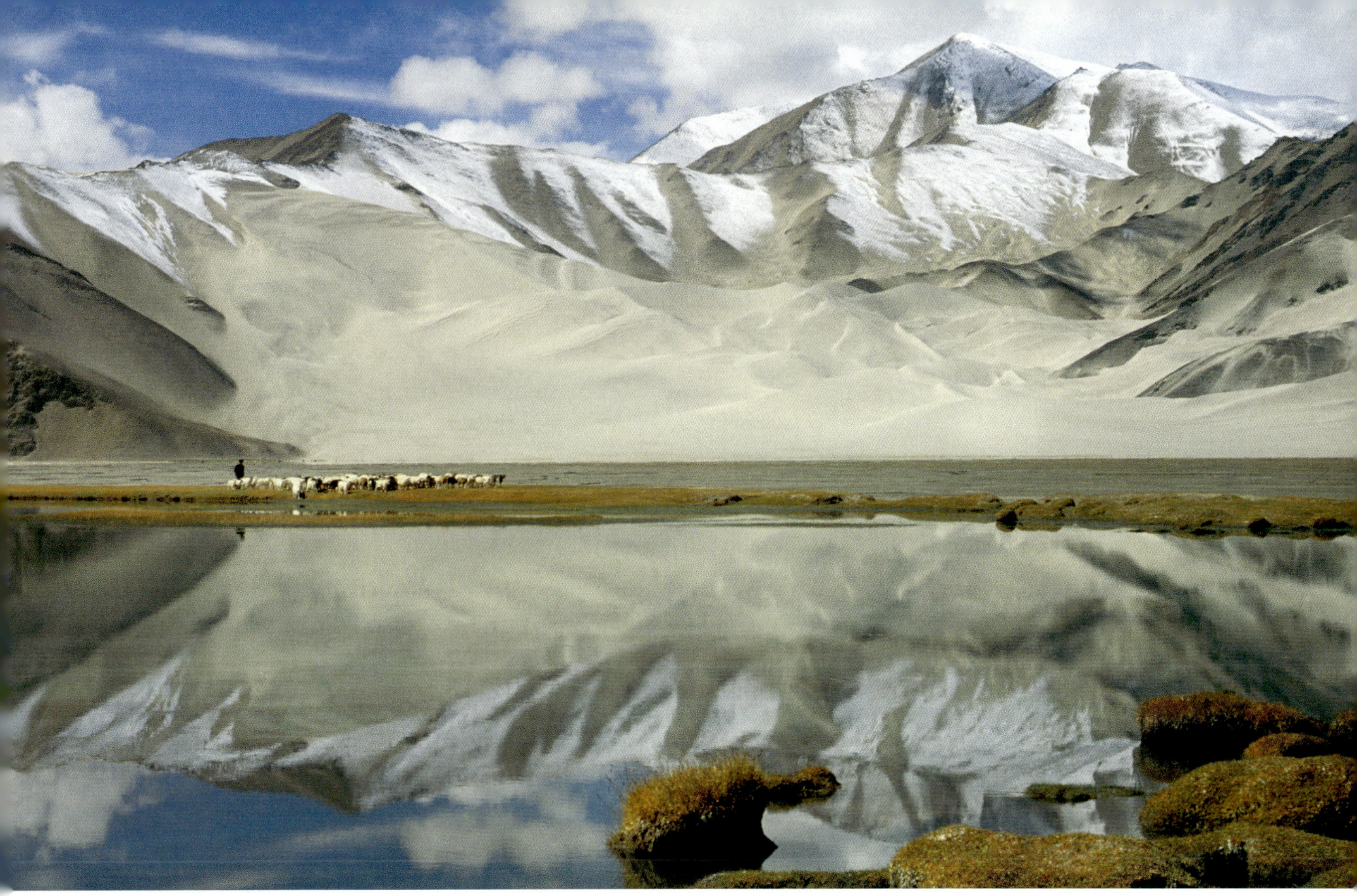

die Gletscher der Alpen geben während der wärmeren Monate kontinuierlich Wasser ab.

HÖHENABHÄNGIGE KLIMAZONEN

Einer der interessantesten Aspekte des Bergsteigens ist es, die je nach Höhe wechselnden Vegetationsstufen an den Berghängen zu erleben. Sie werden größtenteils von der mit zunehmender Höhe sinkenden Lufttemperatur beeinflusst, die man als adiabatisches Temperaturgefälle bezeichnet. Es beträgt im Allgemeinen 1 bis 2 °C pro 100 Meter, schwankt jedoch in Abhängigkeit von der Luftfeuchtigkeit. Feuchte Luft kühlt langsamer ab. Deshalb müssen Pflanzen in größeren Höhen niedrigere Temperaturen und kürzere Wachstumsperioden aushalten als die Pflanzen am Fuß der Berge. Sichtbare Unterschiede sind etwa eine generelle Reduktion der Pflanzengröße aufgrund geringerer Wachstumsraten und Gemeinschaften, die aus weniger, dafür kälteresistenteren Arten bestehen.

Manchmal führt ein nur wenige Stunden dauernder Aufstieg vom Regenwald am Fuß eines Berges zum alpinen Gipfel durch eine Bandbreite klimatischer Zonen, die man sonst nur mit einer Reise über Tausende Kilometer vom Äquator in polare Regionen erleben könnte.

Da Leben und Landwirtschaft dort mit großen Schwierigkeiten verbunden sind, zählen Bergregionen zu den am spärlichsten besiedelten Gegenden der Welt. Indigene Gemeinschaften haben raffinierte Methoden der Hangterrassierung und Bewässerung entwickelt, um tiefer gelegene Täler urbar zu machen. Mit ihrem Vieh wagen sie sich auch in höhere alpine Bereiche, um sie als sommerliches Weideland zu nutzen. Da sie jedoch schwer zu erreichen und zu bewirtschaften sind, gehören entlegene Berggegenden immer noch zu den letzten Zufluchtstätten gefährdeter Tier- und Pflanzenarten.

UNTEN Die Kasbah (Zitadelle) in dem Dorf Ait Arbi verschmilzt farblich mit dem Gestein der Dadesschlucht. Marokkos „Grand Canyon" liegt im Atlasgebirge in Zentralmarokko.

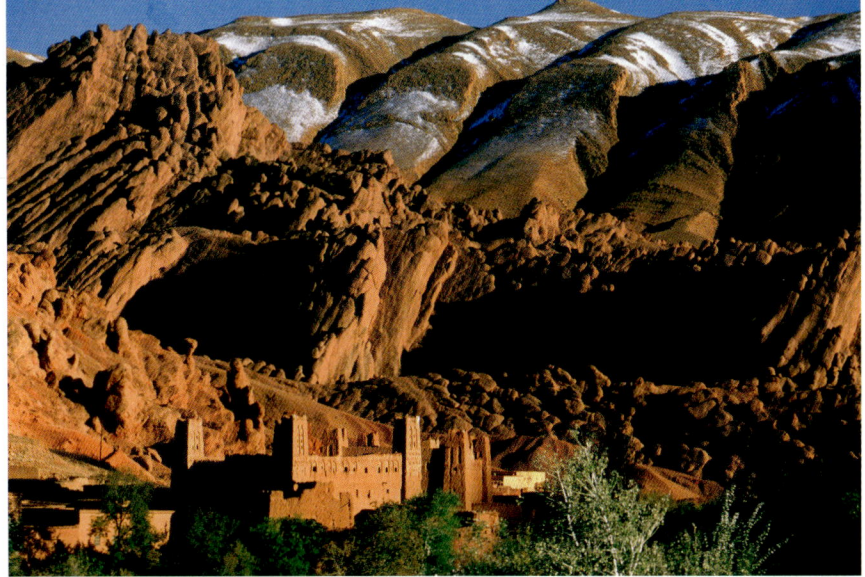

Die nordamerikanischen Kordilleren

Die nordamerikanischen Kordilleren bilden das weite bergige Rückgrat von Westkanada, den USA und Mexiko. Ihre fast parallelen, stellenweise überlappenden Gebirgszüge erzählen eine komplexe und interessante geologische Geschichte. Die Kordilleren bestehen aus zwei Hauptgebirgsketten, die Plateaus und Becken umschließen.

RECHTE SEITE, OBEN Sonnenuntergang über dem Mount Olympus im Olympicgebirge im Bundesstaat Washington. Der Gipfel – Teil des Küstengebirges – ist 2429 m hoch.

UNTEN Die Rocky Mountains im Glacier-Nationalpark in Montana zeigen deutlich die Schiefertonschichten, die ursprünglich am Boden eines vorzeitlichen Meers lagerten. Geformt wurden diese Berge durch Glazialerosion.

In den USA und Kanada bilden die Coast Mountains, das Kaskadengebirge und die Sierra Nevada den westlichen oder pazifischen Küstengürtel, die eindrucksvollen Rocky Mountains das östliche oder Inlandgebirge. Die nordamerikanischen Kordilleren setzen sich in der östlichen und westlichen Sierra Madre und dem bergigen Rückgrat von Niederkalifornien südwärts nach Mexiko fort. Im Norden schließen sie an die Aleutenkette an, im Süden an die südamerikanischen Kordilleren, zu denen auch die Anden gehören. Zusammen bilden diese Gebirgszüge den gewaltigen Berggürtel der amerikanischen Kordilleren, die sich fast über den ganzen Globus von Nord nach Süd erstrecken. Sie sind das längste an der Erdoberfläche liegende Gebirge der Erde und Teil des von Erdbeben und Vulkanismus geprägten Pazifischen Feuerrings.

DER URSPRUNG DER KORDILLEREN

Die Kordilleren begannen zu wachsen, als die Pazifische Platte in einem tiefen submarinen Graben nach Osten unter die Nordamerikanische Platte subduziert wurde. Angetrieben wurde der Vorgang von der Öffnung des Atlantiks. Zwei große Gebirgsbildungsprozesse (Orogenesen) bestimmten die geologischen Verhältnisse. Während dieser drastischen tektonischen Vorgänge kollidierte der nordamerikanische Kontinent mit Inselarchipelen – etwa so groß wie Japan – und anderen Bereichen von kontinentaler Kruste, die früher vom Rand des Kontinents weggebrochen waren. Die Ausreißer wurden wieder gegen die Pazifikküste gequetscht – und dabei gefaltet und umgewandelt.

Vor etwa 175 Millionen Jahren zerbrachen durch die Columbia-Orogenese gewaltige Mengen Gestein und schoben sich übereinander. Die Druckkräfte bildeten das Columbiagebirge und die Rocky Mountains. Mit der Laramischen Orogenese begann vor etwa 85 Millionen Jahren eine neue Gebirgsbildungsphase, in der die Rocky Mountains zu gekippten Krustenblöcken aufgeschoben wurden, begrenzt von Auf- und Überschiebungen. Im mittleren Tertiär schlug die Gesteinsstauchung dann in Krustendehnung um, es kam zu Vulkanismus und einer Anhebung der südlichen Rocky Mountains und des Coloradoplateaus Flüsse schnitten tiefe Canyons ein, und Erosionsvorgänge modellierten Plateaus, Gipfel und Kämme der heutigen Landschaften heraus.

DER VERSCHWINDENDE MITTELOZEANISCHE RÜCKEN DES PAZIFIKS

Die dramatischen tektonischen Veränderungen des Tertiärs setzten ein, als sich die Nordamerikanische Platte über den Ostpazifischen Rücken schob, einen sich immer noch spreizenden Ozeangraben. Heute hat der Ostpazifische Rücken dort, wo er auf den nordamerikanischen Kontinent trifft, die Halbinsel Niederkalifornien vom mexikanischen Festland gerissen und den Golf von Kalifornien

gebildet, einen versunkenen Grabenbruch. Der Rücken verschwindet unter dem Coloradodelta an der Spitze des Golfs unter dem Kontinent und sorgt in den Südweststaaten für Hebungen, Krustendehnung, Grabenbruchbildung und Vulkanismus – die klassische Graben-und-Horst-Topografie.

Von Los Angeles bis zum Kap von Mendocino nördlich von San Francisco zeigt sich die Grenze zwischen Pazifischer und Nordamerikanischer Platte in der Transformstörung des San-Andreas-Grabens. Hier gleiten die Platten horizontal aneinander vorbei, blockieren sich von Zeit zu Zeit, brechen wieder auf und setzen die aufgestaute Energie als Erdbeben frei. Die Menschen in Kalifornien sind daran gewohnt, mit der ständigen Gefahr zu leben. Aufgrund der Erfahrungen mit dem schwersten Beben, das 1906 mit einer Stärke von 8,3 auf der Richterskala San Francisco zerstörte und 300 000 Menschen obdachlos werden ließ, zählen die Bauvorschriften des Staats zu den strengsten der Welt.

Nördlich vom Kap von Mendocino erscheint der Spreizungsbruch jenseits der Küste kurz noch einmal. Er bestimmt die parallel verlaufenden Ketten aktiver Vulkane in diesem Abschnitt der Kordilleren, darunter den Mount St. Helens im Bundesstaat Washington. Nördlich von Vancouver Island verschwindet er dann wieder unter dem Kontinent.

BERGWASSER SPEIST AMERIKAS RIESENFLÜSSE

Die Kordilleren prägen das Klima des nordamerikanischen Kontinents ebenso wie die Anden es für Südamerika tun. Luftmassen ziehen westwärts über den Kontinent, werden an den östlichen Ausläufern der Rockies zum Aufströmen gezwungen, kühlen ab und entladen sich als Steigungsregen. Niederschläge und Schneeschmelze speisen die zahlreichen Nebenflüsse mächtiger Ströme wie Missouri und Arkansas, die über die weiten Ebenen des Kontinents nach Osten und dann südwärts in den Golf von Mexiko fließen.

OBEN Die Brookskette in Nordalaska bildet mit der Alaskakette das nördlichste Ende der nordamerikanischen Kordilleren. Sie ist zugleich eine geologische Grenze, die den arktischen Teil Alaskas vom Rest des Staats abtrennt. Die südliche Brookskette ist stark vergletschert und reicht fast bis ans Tschuktschenmeer vor der Westküste heran.

GESTEINSPORTRÄT: SCHIEFER

Schiefer entsteht durch Metamorphose toniger Gesteine. Er ist aufgrund der Ausrichtung seiner Mineralbestandteile, vor allem Muskovit und Biotit, stark geschiefert. Die flachen Kristalle richten sich senkrecht zur Grundrichtung des örtlichen Drucks aus. Schiefergesteine unterscheiden sich nach Metamorphosegrad, so etwa Schieferton, Tonschiefer, Phyllit, Grünschiefer und Glimmerschiefer. Bei höherem Metamorphosegrad kann „Knotenschiefer" entstehen, bei dem Glimmerlagen knotenartig vergrößert sind. Schiefer gibt es weit verbreitet in den Kollisionsgebirgen.

Die jetzt trockene Luft zieht dann die Westflanken der Kordilleren entlang und erwärmt sich rapide, während sie zum Pazifik hinunterfließt. Die trockene Luft ist der Grund dafür, dass westlich der Bergketten, zwischen 25 und 40 Grad nördlicher Breite, die großen Wüsten Nordamerikas liegen. Dazu zählen der Große Salzsee sowie die Mojave- und die Vizcaínowüste.

GEWALTIGE MINERALRESERVEN

Die Kordilleren sind geradezu ein Warenlager für Minerale und Energieressourcen. Heftiger Vulkanismus, Metamorphose und erneutes Aufschmelzung ließen bei ihrer Entstehung geschmolzene Granitmassen in die Kruste aufsteigen, die signifikante Konzentrationen von Metallen enthalten, darunter Kupfer, Gold, Blei, Molybdän, Silber, Wolfram und Zink.

Die Becken und riesigen Seen zwischen den hohen Gebirgskämmen wirken als gigantische Lagerstätten für große Mengen Kohle, Gas, Ölschiefer und Erdöl. Von besonderer Bedeutung sind die La-Brea-Teergruben im Los-Angeles-Becken, dessen einzigartige Ablagerungsbedingungen zur Erhaltung einer großen Vielfalt pleistozäner Fossilien, etwa Säbelzahntiger und Mammuts, geführt haben. Vor rund 40 000 Jahren kamen die Tiere zum Trinken an die Teiche und wurden Opfer des klebrigen Teers, der sich unter Laubteppichen verbarg. Auch Beutegreifer, die die gefangenen Tiere fressen wollten, fielen dem Teer zum Opfer.

DIE BEWOHNER DER KORDILLEREN

Die ersten Menschen kamen in einer Reihe von Wanderzügen epischen Ausmaße während der Eiszeit vor 9000 bis 15 000 Jahren über Sibirien und Alaska nach Amerika. Kühne Jäger und Sammler verfolgten Mastodons, prähistorische Bären, Bisons und Rens über Landbrücken und kurze Inselsprünge westwärts, zogen dann weiter nach Mexiko, Zentral- und Südamerika und bevölkerten schließlich Nord- und Südamerika. Ihr Leben richtete sich in den Kordilleren nach den Jahreszeiten – im Winter zogen sie zur Bisonjagd in die Ebenen, im Frühling und Sommer lebten sie in den Bergen von Fisch, Rotwild, Elchen, Wurzeln und Beeren. Aus diesen „Paläoindianern" entwickelten sich später die indigenen Völker Amerikas, darunter Apachen, Arapaho, Blackfoot, Cheyenne, Crow, Flathead, Shoshone, Sioux und Ute.

Die Ankunft der Europäer an Amerikas Küsten änderte Kultur und Lebensweise der Ureinwohner irreversibel. Die Bergregionen waren zuletzt betroffen, aber schließlich wurden auch sie kolonisiert – erst von goldhungrigen Spaniern, dann von französischen und britischen Pelzjägern und Mineraliensuchern. Ihnen folgten die Siedler. Mit den

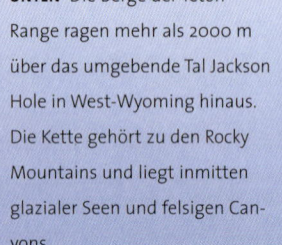

UNTEN Die Berge der Teton Range ragen mehr als 2000 m über das umgebende Tal Jackson Hole in West-Wyoming hinaus. Die Kette gehört zu den Rocky Mountains und liegt inmitten glazialer Seen und felsiger Canyons.

LINKS Das türkisblaue Wasser des Peyto Lake in British Columbia ist typisch für die Szenerie der kanadischen Rocky Mountains. Die Färbung des Sees rührt von Lehmpartikeln her, die von den Gletschern der Umgebung in den See gewaschen werden.

Goldfunden in Kalifornien 1848 begann der erste Goldrausch. Tausende Glücksritter strömten in die Gegend und veränderten das Leben in den Kordilleren. Heute bestimmen Bergbau, Forst- und Landwirtschaft sowie immer mehr Tourismus das Wirtschaftsleben dieser Region. Doch auch die Bevölkerung in den Städten wächst stetig an.

DAS LEBEN PASST SICH AN

Die Pflanzenwelt hat sich an die Umweltbedingungen in der Höhe angepasst. Bergsteiger durchqueren auf dem Weg in die alpinen Gipfelregionen knapp unterhalb der Schneegrenze Laubwälder, Nadelwälder und alpine Matten. Auch die Fauna der Kordilleren hat sich der Umgebung entsprechend angepasst: Huftiere wie Dickhornschaf und Schneeziege sind trittsicher auf den schroffen Hängen unterwegs; Elch, Karibu und Wapiti wandern im Winter in niedrigere, wärmere Zonen. Andere, die trotz des Schnees bleiben, wechseln zur Tarnung ihr braunes Fell in ein weißes, so etwa der Schneeschuhhase, der, wie sein Name sagt, auch besonders große Pfoten entwickelt hat.

Einige Tiere wie Bären, Murmeltiere und Eichhörnchen reduzieren ihren Stoffwechsel, indem sie einen Winterschlaf halten. Heute bieten die Nationalparks der Kordilleren vielen Arten Zuflucht, die bedroht oder in anderen Teilen des Kontinents bereits ausgestorben sind, so etwa dem Wolf und dem Schwarzfußiltis.

OBEN Eine Schneeziege *(Oreamnos americanus)* grast im Glacier-Nationalpark in Montana. Diese Ziegenart ist in den Rocky Mountains und im Kaskadengebirge verbreitet. Dank ihrer Trittsicherheit, einer Folge evolutionärer Anpassung an die raue Landschaft, können sich die Tiere zwischen Felsen verstecken und auf diese Weise ihren Feinden entkommen.

Die südamerikanischen Anden

Die Anden oder südamerikanischen Kordilleren sind das längste Gebirge der Welt und obendrein das zweithöchste nach dem Himalaya. Sie erstrecken sich über gut 8000 Kilometer von der Karibik im Norden bis nach Feuerland an der südlichsten Spitze des südamerikanischen Kontinents.

RECHTE SEITE, OBEN Schwarz-schiefer bedeckt die schroffen Granitgipfel der Cuernos del Paine im chilenischen Torres-del-Paine-Nationalpark. Die metamorphen Schiefer wurden vor 12 Millionen Jahren durch die starke Hitze, die von Granitintrusionen ausgingen, fest zusammengebacken. Vor etwa 100 000 Jahren wurden die Gipfel durch glaziale Erosion geformt.

UNTEN Die alte Stadt Machu Picchu in Peru ist eine der wenigen Inkastädte, die die Spanier während ihrer Eroberungen im 16. Jahrhundert nicht fanden. Entdeckt wurde sie erst 1911 von dem Archäologen Hiram Bingham von der Universität Yale.

Der höchste Gipfel ist mit 6960 Metern der Aconcagua. Die Anden prägen die gesamte physische Geografie und das Klima Südamerikas. Von ihrer Ostflanke fließen einige der bedeutendsten Flüsse und bewässern auf ihrem Weg zum Atlantik den Kontinent, auf der Westseite hingegen liegt eine der trockensten Wüsten der Welt. Historisch betrachtet haben die Anden die menschliche Besiedlung der Gegend bestimmt und eine wichtige Rolle für die heutigen politischen Grenzen gespielt.

DIE BERGE WERDEN IMMER HÖHER

Die Anden wachsen auch heute noch. Sie markieren die Grenze zweier kollidierender tektonischer Platten, an der sich die ozeanische Nazca-Platte unter die südamerikanische Kontinentalplatte schiebt, die dadurch angehoben wird. Die treibende Kraft für ihre Westwanderung ist die Öffnung des Atlantiks, die vor etwa 130 Millionen Jahren begann. Jedes Jahr schrumpft der Pazifik um ein paar Zentimeter, während der Atlantik wächst, und deshalb heben sich die Anden weiterhin, was aber durch die Erosion wieder ausgeglichen wird.

Die Gesteinsschichten entlang der südamerikanischen Pazifikküste wurden zu hohen Bergketten, den Kordilleren, aufgeschoben und gefaltet, die

REICHTÜMER DER ANDEN

Der dauernde Zyklus von Subduktion, Schmelzen und Vulkanismus an der südamerikanischen Pazifikküste führt zu einer Konzentration von Gold, Silber, Kupfer, Zinn und anderen Metallen, die ansonsten in der Erdkruste selten sind. Bei der Erkundung der Anden fand man einige der weltgrößten Metalllagerstätten und seltene Edelsteine wie z.B. Lapislazuli. Chile fördert in gewaltigen Tagebaubergwerken etwa 30 % der Weltproduktion an Kupfer. Die Kupferminen in Chuquicamata und Escondida sind mit einer Jahresproduktion von 620 000 bzw. 730 000 Tonnen Kupfer die größten der Welt. Der Name Chuquicamata kommt aus der Aymarasprache und bezieht sich auf das indigene südamerikanische Volk der Chuqui, die das Kupfer als Erste für Werkzeuge und Waffen verwendeten. Heute fahren gewaltige Lastwagen Ladungen von niedergradigem Kupfererz aus den gigantischen Gruben. In den verwitterten Bereichen der Minen findet man sehr ungewöhnliche grüne Kupferminerale (wie Antlerit und Atacamit). Viele davon sind wasserlöslich und bleiben nur in den trockenen Wüsten der Gegend erhalten.

parallel zur Küste verlaufen. An einigen Stellen trennen sich die Ketten: Zwischen ihnen breiten sich große Beckenlandschaften mit Seen aus – der Maracaibosee in Venezuela ist der größte in Südamerika, der Titicacasee zwischen Peru und Bolivien mit 3800 Metern über dem Meeresspiegel der höchste schiffbare See. Die Seen werden von Niederschlags- und Schmelzwasser aus den umgebenden Bergen gespeist. In Peru, Bolivien und Chile wird die Hochebene zwischen den Kordilleren Altiplano genannt. Die Menschen, die hier eine karge Existenz fristen, leben in den höchstgelegenen Siedlungsgebieten der Welt.

EIN BRISANTES ERDBEBENGEBIET

Die Kruste der Nazca-Platte schmilzt bei der Subduktion auf, und das Magma strömt nach oben, wo es explosiv ausbricht und entlang der Bergkette gewaltige Vulkane aufwirft. Die bekanntesten aktiven Vulkane der Kordilleren sind Sabancaya (Peru), Cotopaxi (Ecuador), Nevado del Ruiz (Kolumbien) und Lascar (Chile). Der Subduktionsprozess wird von zahlreichen Erdbeben begleitet. Auf einer Landkarte eingetragen, geben ihre Position und Tiefe die Lage der Überschiebungslinie zwischen unter- und übergeschobener Platte an. Die Erdbeben reichen von fast täglichen kleinen Erschütterungen bis zu dem schwersten überhaupt je verzeichneten Erdbeben, das mit einer Stärke von 9,5 am 22. Mai 1960 die chilenische Stadt Valdivia traf. An diesem schicksalhaften Nachmittag riss der Meeresboden auf einer Länge von etwa 1100 Kilometern parallel zur südchilenischen Küste wie ein gigantischer Reißverschluss auf, als sich die Nazca-Platte plötzlich 20 Meter ostwärts unter die Südamerikanische Platte schob. Das Beben löste einen vernichtenden Tsunami, der sich über den gesamten Pazifik hinweg ausbreitete, sowie zahllose Felsstürze und Lawinen in den Bergen aus; allein in Chile kamen 2300 Menschen ums Leben. Naturgefahren wie diese bestimmen die Lebensweise der Andenbewohner.

VOM ÄQUATOR ZUR ANTARKTIS

Die Anden erstrecken sich von der Karibik über die äquatorialen Tropen bis fast zum antarktischen Kontinent, wo sie von andauernder Eis- und Gletscherbedeckung charakterisiert sind. Sie passieren also alle nur denkbaren klimatischen Verhältnisse.

Feuchte, westwärts über den flachen südamerikanischen Kontinent ziehende Luftmassen werden, wenn sie auf die Ausläufer der Anden treffen, aufwärtsgeschoben. Die gewaltige Bergbarriere drückt ihre Luft nach oben, wo sie sich abkühlt und abregnet. Dieser Effekt, Steigungsregen genannt, sorgt für das lebenswichtige Wasser, das die Zuflüsse der in den Atlantik fließenden gigantischen Flusssysteme speist, etwa die des Amazonas, Orinoco und Parana. Da sie keine Feuchtigkeit mehr hat, ist die an den Westhängen der Anden herabströmende Luft heiß und trocken und dörrt das Land aus. Die Atacamawüste am Pazifik ist einer der trockensten Orte der Welt.

AN DIE HÖHE ANGEPASSTE LEBEWESEN

In den trockenen und kalten Höhen der Anden entstanden einzigartige Lebensformen. Am bekanntesten ist das Guanako, eine Lamaart. Sein langer Hals und seine Trittsicherheit befähigen es, Raubtieren wie dem Puma zu entkommen, und dank seines spezifisch ausgebildeten Magens und speziellen Verdauungssäften kann es sich vom spärlichen, nährstoffarmen Gras ernähren. Guanakos wurden

OBEN Anmarsch zum Aconcagua. Der höchste Berg der Anden liegt zwischen Mendoza in Argentinien und Santiago an der chilenischen Küste. Charles Darwin erblickte den Aconcagua während seiner Expedition mit der *Beagle* 1834 von Patagonien aus.

DAS GOLD DER ANDEN

Bei den frühen Andenkulturen genoss das Kunsthandwerk große Wertschätzung. Man schürfte in den Bergen in Minen nach Ton, Edelsteinen, Kupfer, Silber und Gold als Rohmaterial für Alltags- und Kultgegenstände. Die Metalle wurden durch Erhitzen aus dem Gestein geschmolzen und zu Kunstwerken wie die rechts abgebildeten Grabmaske aus der Mochicakultur verarbeitet. Die Mochica lebten vom ersten bis ins achte Jahrhundert in der peruanischen Küstenebene, lange vor den Inkas. Die Ausbreitung indigener Kulturen in Südamerika ging mit der Eroberung durch die Spanier 1532 zu Ende.

OBEN RECHTS *Polylepis*-Bäume in einem Wald, von dem es heißt, er sei der höchstgelegene der Welt. Diese Bäume wachsen in Höhen von bis zu 4500 m. Sie kommen als endemische Arten nur in den Anden vor und sind am häufigsten in Ecuador, Peru und Bolivien anzutreffen.

UNTEN Eine Herde Guanakos (*Lama guanicoe*) grast im chilenischen Torres-del-Paine-Nationalpark am Fuß der Anden. Die in Südamerika heimischen Tiere tragen zum Schutz vor der Kälte einen zweilagigen Pelz: ein weiches Unterfell, das die Wärme festhält, und ein robusteres Oberfell.

von den indianischen Ureinwohnern vor etwa 5000 Jahren domestiziert und sind vielleicht die Stammform von Alpaka und Lama. Diese werden wegen ihrer warmen Wolle und als Lasttiere geschätzt, während ihr Dung als Brennstoff dient.

Auch die größte Bromelie der Welt, *Puya raimondii,* entwickelte sich unter den kargen Bedingungen der Anden. Die Pflanze, die man nur in etwa 4000 Meter Höhe in Peru und Bolivien findet, wächst 80 bis 100 Jahre lang, bis sie einen neun bis zehn Meter hohen Blütenstand bildet. Ihre sternförmigen Blätter leiten Regen- und Kondenswasser zum Fuß des Gewächses. Die Mapuche-Indianer bereiteten aus den jungen Blättern der heute vom Aussterben bedrohten Pflanze Salat.

VERSCHWUNDENE ANDENVÖLKER

Das Reich der Inka dehnte sich im 15. Jahrhundert von seinem Zentrum Cusco in den peruanischen Anden aus, beherrschte kleinere, unabhängige indigene Volksgruppen und wurde zur größten Nation. Auf seinem Höhepunkt umfasste es über sechs Millionen Menschen, die sich über fast die gesamte Länge der Anden verteilten – ein Gebiet von der Größe des Römischen Reichs. Gesichert wurde es durch eine weise und sorgfältige Regierung. In den Bergen wurden gepflasterte

Straßen, teilweise noch heute in Gebrauch, und Bewässerungskanäle angelegt. Quechua war die vorherrschende Sprache, innerhalb des Reichs kommunizierte man über „Chaski" genannte Boten. Jeder dieser jungen Männer lief eine kurze Strecke zum nächsten Dorf oder Vorposten und gab die Nachricht weiter. Die Bewässerung ermöglichte Landwirtschaft sogar in entlegenen, trockenen Regionen. Um die steilen Hänge nutzen zu können, terrassierte man die Berghänge und stützte sie mit Felsmauern ab, schuf so mehr nutzbares Land und bewahrte die Humusschicht vor dem Abspülen durch starke Regenfälle.

Jedoch war das Inkareich nur von kurzer Dauer. Sein Reichtum führte letztlich zum Untergang, als die Spanier nach ihrer Ankunft in der neuen Welt vom Goldschatz der Inka erfuhren und sich daran machten, ihn zu plündern. 1532 unterlag das Inkaheer einer kleinen Armee von knapp 180 Mann unter Pizarros Führung; König Atahualpa wurde gefangen und hingerichtet. Von den Eroberern eingeschleppte Seuchen beschleunigten den Niedergang.

Nachdem das spanische Reich wiederum in diversen Unabhängigkeitskämpfen seine Macht verloren hatte, zerfiel die Andenregion in die Länder, die wir heute kennen – Venezuela, Kolumbien, Ecuador, Peru, Bolivien, Chile und Argentinien.

Die Anden

0   400 km
0   400 Meilen

N

Karibisches Meer

EL SALVADOR

NICARAGUA

COSTA RICA

PANAMA

Golf von Venezuela

Maracaibo-see

Pico Cristóbal Colón 5775 m

Pico Bolívar 5007 m

VENEZUELA

Sierra Nevada del Cocuy 5493 m

Golf von Panama

Llanos

GUYANA

SURINAM

FRANZÖSISCH-GUYANA

Nevado del Ruiz 5399 m

Cerro el Nevado 4560 m

Orinoco

Bergland von Guyana

Nevado de Huila 5750 m

KOLUMBIEN

Nevado de Cumbal 4764 m

Purace 14646 m

Negro

Amazonasbecken

Äquator

Cotopaxi 5897 m

Cayamba 5790 m

Galapagos-inseln

ECUADOR

Chimborazo 6310 m

Amazonas

Selvas

BRASILIEN

PERU

Nevado Huascarán 6768 m

Cerro Yerupaja 6634 m

Cerro Pumasillo 6246 m

Nevado Auzangate 6384 m

Brasilianisches Bergland

Nevado Coropuna 6425 m

Nevado Illimani 6460 m

Titicaca-see

Nevado Sajama 6520 m

BOLIVIEN

Poopo-see

Paraguay

Mato Grosso

Nevado Sajama 6520 m

Salar de Coipasa

Salar de Uyuni

Licancabur 5930 m

PARAGUAY

Gran Chaco

Llullaillaco 6723 m

Salar de Atacama

Antofalla 6100 m

Nevados Ojos del Salado 6880 m

Cerro Bonete 6872 m

Patos-Lagune

Cerro de Las Tortolas 6332 m

Salinas Grandes

Mar-Chiquita-Lagune

Cerro de Olivares 6282 m

Mirim-Lagune

PAZIFISCHER OZEAN

Cerro Champaqui 2880 m

Cerro Aconcagua 6960 m

URUGUAY

Tinguiririca 4300 m

Maipo 5290 m

Pampas

Peteroa 4090 m

Cerro Nevado 3810 m

Rio de la Plata

Domuyo 4709 m

ARGENTINIEN

Llaima 3124 m

ATLANTISCHER OZEAN

Lanin 3776 m

Negro

Cerro Tronador 3554 m

Nahuel-Huapi-See

Patagonien

Minchinmavida 2470 m

Corcovado 2300 m

Monte Melimoyu 2400 m

Monte Blanco 2988 m

Colhue-Huapi-See

Monte San Valentin 4058 m

Buenos Aires-See

General Carrera-See

Monte San Lorenzo 3700 m

Llaullaro 3380 m

Cerro Murallon 3600 m

Viedmasee

Argentino-see

Falklandinseln

Monte Burney 1750 m

Feuerland

Südgeorgien

Monte Darwin 2488 m

Kap Hoorn

CHILE

Atacamawüste

A N D E N

Die Alpen

Die Alpen sind ein gewaltiges Kollisionsgebirge, das sich 1200 Kilometer quer durch Europa erstreckt; viele Gipfel sind über 3000 Meter hoch. Der höchste Alpengipfel ist die eisbedeckte Spitze des Montblanc an der französisch-italienischen Grenze, die 4807 Meter weit in den Himmel ragt.

OBEN Die Aiguilles Rouges beim Skiort Chamonix in den französischen Alpen glühen im Morgenlicht. In der Nähe dieser Stadt liegt auch der Montblanc, mit 4807 m der höchste Berg der Alpen.

Die Alpen verlaufen in einem riesigen Bogen von der Riviera am Mittelmeer durch Südostfrankreich, Norditalien, die Schweiz, Süddeutschland, Österreich bis nach Slowenien.

Am östlichen Ende teilt sich das Gebirge in zwei Arme, die die Große Ungarische Tiefebene umzirkeln: die Karpaten im Norden und die Dinarischen Alpen im Süden. Am westlichen Ende machen die Seealpen eine Kehrtwende, setzen sich um den Oberlauf des Po herum zur Lombardei hin fort und schließen an den Apennin an, der den italienischen Stiefel nach Süden durchzieht.

BERGE WACHSEN AUS DEM URMEER

Die Alpen entstanden im Oligozän und Miozän als Folge der langsamen Stauchung und Schließung des Urmeers Tethys durch die Verschiebung Afrikas nach Norden. Als sich Afrika Eurasien näherte, wurden Schichten von Sandstein, Schieferton, Kalkstein und Dolomit, die sich während der Trias und dem Jura im flachen Tethysmeer abgelagert hatten, angehoben und zu sehr großen liegenden Falten wie ein zerknitterter Riesenteppich zusammengeschoben. Der anhaltende Druck riss die Falten von ihrer Unterlage weg und presste gewaltige

GESTEINSPORTRÄT: TONSCHIEFER

Tonschiefer entsteht durch niedriggradige Metamorphose tonreicher Gesteine. Bei dem Prozess wachsen winzige, flache Glimmer- und Chloritkristalle rechtwinklig zur Richtung des maximalen Drucks und geben dem Gestein seine typische Schieferung. Es lässt sich leicht in große, feste, dünne Platten spalten und ist somit ideal zum Dachdecken. Viele Häuser in Großbritannien und Europa haben ein Schieferdach. Mit steigendem Metamorphosegrad wird der Schiefer durch größere Mineralkristalle „fleckig" und geht schließlich in Phyllit- und Glimmerschiefer über.

Felspakete an langen, schrägen Überschiebungsflächen übereinander.

Die Fülle von Meeresfossilien und sogar vollständig versteinerte Riffe, die wir heute in alpinen Kalksteinschichten hoch über dem Meeresspiegel finden, sind stumme Zeugen dieser turbulenten Vergangenheit.

RECHTS Mit 3798 m ist der Großglockner Österreichs höchster Berg. Er liegt in den Hohen Tauern in den Ostalpen. Die Pasterze zu seinen Füßen ist der größte der 925 österreichischen Gletscher, die alle in jüngerer Zeit sehr schnell schrumpfen.

DIE EISZEIT IM QUARTÄR

Im Pleistozän flossen riesige Eismassen durch die Alpentäler und verwandelten sie in tiefe Trogtäler mit steilen U-förmigen Talquerschnitten. Die Gletscher erodierten und formten den felsigen Untergrund und transportierten den Gesteinsschutt als Moränen hinaus. Als sie sich zurückzogen, dämmten die Moränen Flüsse ab und stauten so die Seen der Region auf. Der Genfer See zählt zu den größten Endmoränenseen. Durch die glaziale Erosion entstanden die klassischen Landschaftsformen, die die Alpen als Touristenziel so beliebt machen.

Da Geologen glaziale Landschaftsformen zuerst in den Alpen erforschten, bezeichnet man heute von Schnee und Eis geprägte Bergregionen weltweit als „alpin". Viele Ausdrücke zur Beschreibung glazialer Landschaften sind an die Namen der Phänomene in den Alpen angelehnt. So heißt etwa ein spitzer, von mehreren Gletschern geformter Gipfel „Horn" – das Matterhorn ist hierfür das bekannteste Beispiel. Eine Arête ist ein scharfer, zerklüfteter Grat, der zwei glazial geformte Täler trennt. Als Kare bezeichnet man runde Senken, in denen oft malerische Seen liegen.

Obwohl die pleistozäne Eiszeit lange vergangen ist und die meisten ehemals vergletscherten Täler heute eisfrei sind, liegen einige Teile der Alpen noch immer über der Schneegrenze und zeigen eine große Gletscherbedeckung. Der größte Gletscher in Europa, der Aletschgletscher in den Berner Alpen in der Schweiz, ist knapp 24 Kilometer lang. Die permanenten Eisflächen schrumpfen seit Längerem, und es wird prognostiziert, dass die Alpen im Jahr 2100 so gut wie eisfrei sein könnten.

UNTEN Eine Wolkenbank hängt in einem Tal der Schweizer Alpen. 60 % der Schweizer Landesfläche ist gebirgig. Die Dufourspitze an der Grenze zwischen Italien und Schweiz ist mit 4634 m der höchste Berg der Schweiz.

Map labels:

LUXEMBURG

DEUTSCHLAND

TSCHECHIEN

Böhmerwald

FRANKREICH

Donau

Vogesen

Rhein

Schwarzwald

Feldberg
1493 m

Bodensee

Inn

Chiemsee

Donau

ÖSTERREICH

Jura

Aare

Zürichsee

Säntis
2502 m

LIECHTENSTEIN

Zugspitze
2962 m

Wildspitze
3772 m

Hoher Dachstein
2995 m

Enns

Mur

Neuenburgersee

SCHWEIZ

Grauspitz
2599 m

Piz Buin
3312 m

A L P E N

Großglockner
3797 m

Hochgolling
2863 m

Genfersee

Eiger
3970 m

Finsteraarhorn
4274 m

Piz Linard
3410 m

Hochfeiler
3510 m

Monte Coglians
2782 m

Polinik
2784 m

Ojstrica
2350 m

Jungfrau
4158 m

Rheinwaldhorn
3402 m

Weißkugel
3739 m

Ortler
3905 m

Drau

Triglav
2863 m

Grintavec
2558 m

Planjava
2394 m

Rhone

Dom
4545 m

Piz Bernina
4049 m

Sciliar
2563 m

Marmolada
3342 m

SLOWENIEN

Sava

Mont Maudit
4471 m

Matterhorn
4478 m

Monte Rosa
4634 m

Comer See

Pizzo di Coca
3052 m

Kupa

Mont Blanc
4807 m

Adda

Golf von
Triest

Gardasee

Gran Paradiso
4061 m

Lago
Maggiore

Ticino

Krk

Cres

Isère

Meije
3987 m

Barre des Ecrins
4102 m

Golf von
Venedig

Pic Lory
4086 m

Po

Etsch

Monte Viso
3842 m

Reno

Adriatisches
Meer

Monte Matto
3087 m

Cima dell'Argentera
3297 m

Golf von
Genua

Durance

Po

Arno

San Marino

Appennin

MONACO

ITALIEN

Ligurisches Meer

Trasimenischer See

Bolsenasee

Elba

Alpen

0   50 km

0   50 Meilen

Korsika

N

OBEN Murmeltiere gehören zur Nagetierfamilie der Hörnchen. Sie bevorzugen abgelegene bergige Lebensräume wie die Alpen und die Gebirge Nordamerikas.

FLORA UND FAUNA DER ALPEN

Bergsteiger durchwandern in den Alpen eine ausgeprägte vertikale Zonierung der Vegetation. In den niedrigeren, wärmeren Vorgebirgen dominieren Eichen-, Hainbuchen- und Kiefernwälder. Rotbuchen bevorzugen kühlere Temperaturen, und weiter oben folgen bis zur Baumgrenze Tannen, Fichten, Bergahorn und Lärchen. Von der Baumgrenze bis zur Schneegrenze reicht alpine Tundra. Die sommerliche Vegetationsperiode dauert in dieser Höhe nur kurz, drei bis vier Monate, und die Fluren leuchten in herrlicher Farbenpracht. Man nennt eine Bergwiese Alm oder Alp, daher haben die Alpen ihren Namen. Zur alpinen Flora zählen Moose, Flechten, Rhododendren, Edelweiß, Riedgräser, Eberesche, Latschenkiefer und Zwergsträucher.

Auch die Fauna hat sich an die unterschiedlichen Lebensbedingungen in den Alpen angepasst. Eines der effizientesten und anpassungsfähigsten Raubtiere ist der Wolf. Ursprünglich sehr weit verbreitet, entwickelte er je nach spezifischem Lebensraum eine Reihe von Unterarten. Sein zweischichtiges Fell besteht aus groben Schutzhaaren, die Wasser und Schmutz abweisen, und einem dichten, wasserfesten, isolierenden Unterfell. Im

DER BERNHARDINER

Der Bernhardiner ist bekannt als Retter, der im Schneesturm Verirrte und in Lawinen Verschüttete vor dem Erfrieren bewahrt. Die mächtigen, starken Hunde werden über 90 kg schwer und sind durch ihr kurzes, dichtes Fell und gut gepolsterte Pfoten zum Laufen im Schnee in den strengen alpinen Wintern gewappnet. Die Rasse entstand durch Kreuzung wild lebender, über Jahrtausende an das Leben in den Alpen angepasster Hunde mit Mastiffs, die die römische Armee im zweiten Jahrhundert in die Schweiz brachte. Das berühmte Hospiz am St.-Bernhard-Pass (2469 Meter) soll der Archidiakon Bernhard von Menthon 1050 gegründet haben, für Reisende, die die tückischen Schweizer Alpen überqueren wollten. Hunde kamen erst später ins Hospiz, vermutlich als Wachhunde und Begleiter der Mönche. Isoliert von der Außenwelt bildeten die Bernhardiner schnell spezifische Merkmale aus. Da sie exzellente Spurensucher sind, züchteten die Mönche sie zur Rettungsarbeit heran. Im Hospiz aufbewahrte Aufzeichnungen aus drei Jahrhunderten erzählen von gut über 2000 durch sie geretteten Personen. Heute sind die Bernhardiner aufgrund von Überzüchtung zu schwer und werden nicht mehr als Lawinenhunde eingesetzt.

Winter wird sein Fell noch dichter, im Sommer wieder dünner. Wolfspfoten sind durch ihre Größe und das Gewebe zwischen den Zehen an Kälte und Schnee angepasst. Die gute Durchblutung verhindert Erfrierungen der Ballen, und borstige Haare zwischen ihnen geben Halt auf rutschigem Grund. Zudem sondern Drüsen zwischen den Zehen einen Duftstoff ab, der eine unsichtbare Landkarte zeichnet, mittels derer Wölfe über weite Strecken kommunizieren und sich orientieren können.

Weitere typische Säugetiere der Gebirge sind die trittsicheren Steinböcke und Gämsen, ebenso wie Alpenmurmeltier, Schneehase und Rothirsch. Auch eine Vielzahl von Vögeln lebt in den Alpen. Sogar ein Käfer, der durch seine graue Färbung mit schwarzen Flecken gut getarnte Alpenbock, findet hier sein bevorzugtes Habitat, die Rotbuche.

In Teilen der Alpen, wo Wälder und andere natürliche Lebensräume noch weitgehend erhalten sind, ist es gelungen, große Fleischfresser wie Wolf, Luchs und Braunbär wieder anzusiedeln. Da diese Gebiete jedoch weit auseinander liegen, könnte es für die kleinen, isolierten Populationen schwer werden, dauerhaft zu überleben.

BEWALDETE HÄNGE, MÄCHTIGE FLÜSSE UND MENSCHLICHE BESIEDELUNG

Die mit Tannen und Fichten bestandene Alpennordseite zählt zu den Gebieten mit den meisten Niederschlägen Europas. Vom Baltikum und der Nordseeküste heranziehende feuchte Meeresluft bringt den Luvhängen bis zu 3000 Millimeter Niederschlag pro Jahr in Form von Regen und Schnee. Beim Anstieg über die Berge kühlt die Luft ab. Die in ihr enthaltene Feuchtigkeit fällt als Steigungsregen aus. Europas größte Flüsse, etwa Rhein, Rhone und Po sowie die Zuflüsse der Donau, entspringen in den Alpen. Die Talsohlen sind dauerhaft besiedelt, die höheren Gebiete nur zeitweise. Im Sommer wird in den Wäldern Holz geschlagen, während die Bauern die freien Flächen als Weiden nutzen. Die Zone oberhalb der Baumgrenze dient ebenfalls als Weideland sowie für Freizeit und Erholung; die Alpen sind das europäische Touristenzentrum schlechthin für Wanderer, Bergsteiger und Wintersportler. Weitere wichtige Wirtschaftszweige sind die Stromerzeugung aus Wasserkraft sowie der Abbau von Salz, Eisenerz und anderen Mineralen.

OBEN Ein Kissen von Stengellosem Leimkraut *(Silene acaulis)* im österreichischen Dachsteingebirge. Man findet dieses Nelkengewächs auch in den Rocky Mountains, dem Ural und anderen Gebirgen.

UNTEN Das Villnösstal in Südtirol liegt im italienischen Naturpark Puez-Geisler in den Dolomiten. Die schroffen Berggipfel bestehen aus Dolomit.

Der Apennin

Der Apennin erstreckt sich als geografische Einheit über die ganze Länge der italienischen Halbinsel. Er ist gut 1350 Kilometer lang und etwa 110 bis 130 Kilometer breit. Geologisch bildet das Apenningebirge die Fortsetzung der Ligurischen Alpen. Es läuft die italienische Halbinsel hinab und biegt zum Zeh von Italien ab. Dann kreuzt es die Straße von Messina nach Sizilien, setzt sich quer durch das Mittelmeer fort und schließt an das nordafrikanische Atlasgebirge an.

OBEN Eine Wiese voller Frühlingskrokusse *(Crocus vernus)*. Die in Italien im Frühling weit verbreitete Blume ist im Apennin und in den Alpen heimisch und mit dem wertvollen Safrankrokus *(Crocus sativus)* verwandt.

Der mit 2912 Metern höchste Gipfel des Apennins ist der Corno Grande. An seiner Nordflanke befindet sich Europas südlichster Gletscher, der Ghiacciaio del Calderone. In der Bergkette entspringen einige wichtige Flüsse – der Ofanto in Südostitalien sowie Arno, Tiber und Volturno, die die westlichen Hängen entwässern. Die einst dichten Wälder des Apennins, in denen Rotwild, Steinböcke, Gämsen und Wölfe dichte Bestände bildeten, sind über die Jahrhunderte stark gerodet worden und mussten Olivenhainen, Weinbergen, Obst- und Nussplantagen sowie Weiden für Schafe und Ziegen weichen. Die meisten Menschen leben hier in den Bergtälern und den fruchtbaren Becken.

DER URSPRUNG DES APENNINS

Der Apennin besteht hauptsächlich aus Meeresbodensedimenten, die von der Trias bis zum Tertiär in dem zusammenschrumpfenden Becken zwischen den aufeinanderzutreibenden Kontinenten Afrika und Eurasien abgelagert wurden. Im Eozän wurde das Meer flach, die Kalksteinablagerungen daher immer sandiger und kiesiger. Durch den Druck der beiden Kontinente wurden die Sedimentschichten gehoben, gefaltet und metamorph verändert, wobei die heutige Apenninkette entstand. Der Vorgang dauerte bis zum Ende des Miozäns an.

Im Apennin gibt es einige aktive Vulkane, etwa den Vesuv bei Neapel, den Ätna bei Catania auf Sizilien und die Äolischen Inseln Stromboli und Vulcano nördlich von Sizilien. Der Bereich vulkanischer Aktivität liegt auf der Subduktionszone, an der sich die Afrikanische Platte nordwärts unter die Eurasische Platte schiebt. Die ächzende und knarrende absinkende Platte schmilzt dabei auf und setzt zähes, gashaltiges, explosives andesitisches Magma frei, das aufsteigt und die gefährlichen Vulkane speist. Neapel mit seinen mehr als drei Millionen Einwohnern liegt direkt am Vesuv und ist von Eruptionen stark bedroht. Die tektonische

DER MARMOR VON CARRARA

Die Marmorsteinbrüche von Carrara im nordwestlichen Apennin zählen zu den berühmtesten der Welt. Carrara-Marmor fand im Pantheon von Rom Verwendung und war das bevorzugte Material für viele berühmte Renaissanceskulpturen, etwa Michelangelos *David*. Auch der Marble Arch in London und der mittelalterliche Dom von Siena sind aus diesem hoch geschätzten Stein erbaut. Wegen der Gefahr von Brüchen und Schäden am Stein wird auf den Abbau durch Sprengungen generell verzichtet. Früher wurde Marmor unter hohem Arbeitsaufwand und großer Sorgfalt mittels traditioneller Sägetechniken gewonnen. Heute schneidet man mit diamantbesetzten Seilsägen gewaltige Blöcke aus den Steinbrüchen. Auch bei Mineralsammlern ist die Gegend um Carrara beliebt. In der Grundmasse des Marmors finden sich seltene Kristalle von Quarz, Feldspat, Sphalerit, Gips, Fluorit, Pyrit und Schwefel.

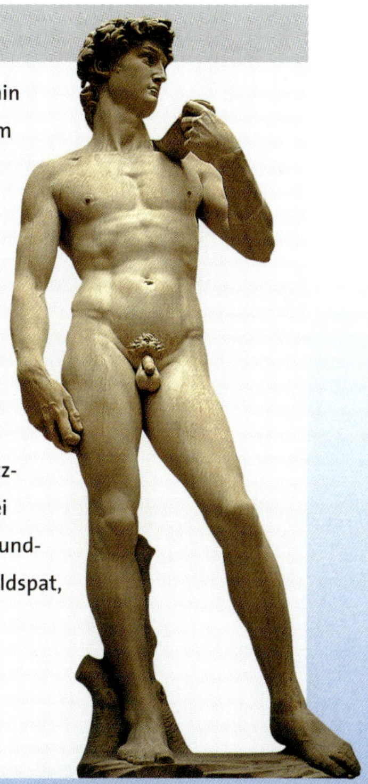

Die über vier Meter hohe David-Statue modellierte Michelangelo von 1501 bis 1504 aus einem Block Carrara-Marmor.

Unruhe zeigt sich auch in zahlreichen und manchmal verheerenden Erdbeben, so etwa 1908 in Messina, als über 70 000 Menschen starben, und 1980 in Kampanien und der Basilikata mit 4800 Toten.

MINEN UND STEINBRÜCHE

Im zentralen und nördlichen Apennin werden in Minen wertvolle Lager von Borax, Kupfer, Eisenerz, Lignit, Quecksilber und Zinn ausgebeutet, und an den großen Flüssen des Gebirges erzeugt man in vielen Wasserkraftwerken Strom.

Auch die bekanntesten Sorten von Serpentinit und Marmor kommen aus dem Apennin, einige der Steinbrüche gab es schon zu Zeiten der alten Römer. Die schönen Steine sind sehr gefragt für Gebäudefassaden, Statuen, Säulen, Fliesen und Tischplatten. Der Serpentinit aus dem Polcevera-Steinbruch, als Verde Alpi (Alpengrün) bekannt, ist dunkelgrün mit hellgrün-weißen Marmorierungen. Neben weißem Marmor werden in Italien auch graue, rosafarbene und schwarze, teilweise geäderte und gefleckte Sorten abgebaut.

OBEN LINKS Die berühmte Brücke Ponte Vecchio führt in Florenz über den Arno, dessen Quelle am Monte Falterona im Apennin liegt.

UNTEN Einer der vielen Bergseen im Apennin. Im südlichen Teil der Gebirgskette gibt es auch Mineralquellen, Kraterseen und Fumarolen.

Der Ural

Der Ural ist eine sehr alte Gebirgskette, die seit Langem als traditionelle Grenze zwischen Europa und Asien gilt und die Osteuropäische Ebene vom Westsibirischen Tiefland trennt. Die Berge erstrecken sich über etwa 2400 Kilometer von Süden nach Norden, von den flachen Graslandsteppen im Norden des Kaspischen Meeres bis an die Küste der Karasee. Die sichelförmige, gebirgige Doppelinsel Nowaja Semlja, durch die Karastraße vom Festland getrennt, stellt die Fortsetzung des Ural in den Arktischen Ozean dar.

OBEN Der Polarfuchs (Alopex lagopus) lebt überwiegend nördlich des Polarkreises, so auch im Ural. Wie die meisten arktischen Säugetiere trägt er zur Tarnung und zum Schutz vor Kälte einen dicken weißen Pelz. Dessen Haare sind hohl und bewahren deshalb optimal die Wärme.

RECHTE SEITE OBEN Nowaja Semlja ist ein Archipel im Nordpolarmeer. Die Inseln – zwei große und viele kleine – bilden die Nordspitze des Ural; sie sind gebirgig, und auf der Hauptinsel gibt es zahlreiche Gletscher.

RECHTS Eine frühwinterliche Schneedecke überzieht den Ural. Die niedrigen Berge wirken weniger beeindruckend als die Alpen oder andere europäische Gebirge, doch bergen sie eine wahre Schatzkammer an Mineralen.

Aufgefaltet wurde die Gebirgskette durch die Gestein zermalmende Kollision zweier großer kontinentaler Landmassen im späten Karbon, eine der letzten Entstehungsphasen des Superkontinents Pangäa. Damals rammte sich der sibirische Kontinent in die gigantische Landmasse, die bereits den größten Teil der irdischen Landfläche umfasste – den Verbund von Laurasia (Europa und Nordamerika) und Gondwana (Antarktika, Australien, Südamerika, Afrika und Indien).

EIN SEHR ALTES GEBIRGE

Zwar ist Pangäa schon lange in die heute existierenden Kontinente zerfallen, aber Europa und Sibirien blieben entlang der Linie des Ural fest verbunden. Der Ural ist das vielleicht älteste Gebirge der Welt, das als markante topografische Erscheinung erhalten blieb. Es ist in fünf willkürlich festgelegte Sektionen geteilt: Südural (von 51° N bis 55° N), Zentralural (55° N bis 61° N), Nordural (61° N bis 64° N), Subpolarural (64° N bis 66° N) und Polarural (66° N bis 69° N). Der höchste Gipfel ist die Narodnaja mit 1895 Metern. Auf dem Weg nach Norden verändert sich die Vegetation entlang dem Gebirge langsam von den borealen Wäldern der Taiga zum Grasland der Tundra bis sich schließlich arktische Bedingungen durchsetzen.

UMFANGREICHE METALLINDUSTRIE

Im Ural finden sich, durch Tiefenerosion der alten Gebirgskette freigelegt, Russlands bedeutendste Mineralvorkommen. Dazu zählen reiche Lagerstätten von Aluminium, Kohle, Kupfer, Gold, Eisenerz, Mangan und Pottasche. An den Flüssen Kama und Belaja im Westural gibt es Ölfelder und Raffinerien. Auch nach Edelsteinen wie Amethyst, Chrysoberyll, Smaragd und Topas wird geschürft. Das vielleicht seltenste und schönste Mineral ist die nach dem Zaren Alexander II. benannte Chrysoberyll-Varietät Alexandrit. Der Stein wechselt je nach Licht die Farbe: Unter Kunstlicht ist er rot, bei Tageslicht schimmert er grün.

Die metallurgische Industrie im Zentral- und Südural und in den angrenzenden Niederungen lebt von Wasser- und Kohlekraft. Beresniki, Tscheljabinsk, Magnitogorsk, Nischni Nowgorod, Orenburg, Orsk, Perm, Nischni Tagil, Ufa, Jekaterinburg und Slatoust wuchsen zu riesigen sowjetischen Industriezentren heran. Leider fordert die industrielle Konzentration einen hohen Preis – schwere Umweltschäden in vielen der gebirgigen Lebensräume dieser Region sind die Folge.

WELTERBESTÄTTE KOMI-URWÄLDER

Positiv ist im Hinblick auf den Ural zu bewerten, dass 1995 ein Gebiet von 32 600 Quadratkilometern zur UNESCO-Welterbestätte erklärt wurde. Es liegt in der russischen Republik Komi und umfasst einen der größten unberührten Nadelholzwälder Europas. Das intakte Ökosystem aus Sibirischen Fichten, Lärchen und Tannen, das Säugetieren wie Ren, Nerz, Zobel und Hase eine Heimat bietet, wurde durch diese internationale Aktion vor Rodung und Bergbau bewahrt.

ATOMBOMBENTESTS AUF NOWAJA SEMLJA

Während des Kalten Kriegs beschloss die UdSSR, die entlegene, kaum bewohnte Insel Nowaja Semlja eigne sich ideal für Atomwaffentests. Die Nord-Testanlage wurde 1955 fertiggestellt und war bis zum letzten sowjetischen Bombentest 1990 in Betrieb, danach wurde sie stillgelegt. Der Test der gewaltigen 50-Megatonnen-Bombe „Zar-Bomba" 1961 war die größte atmosphärische Explosion. Nach der Unterzeichnung des Abkommens zum teilweisen Verbot von Nuklearwaffentests 1963 wurden die Testsprengungen unter die Erde verlegt. Die größte unterirdische Explosion (4,2 Megatonnen TNT) auf Nowaja Semlja bedeutete die gleichzeitige Zündung von vier Atombomben am 12. September 1973. Die dabei freigesetzte Energie entsprach der eines Erdbebens der Stärke 7 auf der Richterskala; die Detonation löste einen Erdrutsch aus, der zwei Gletscherflüsse aufstaute, wodurch ein zwei Kilometer langer See entstand.

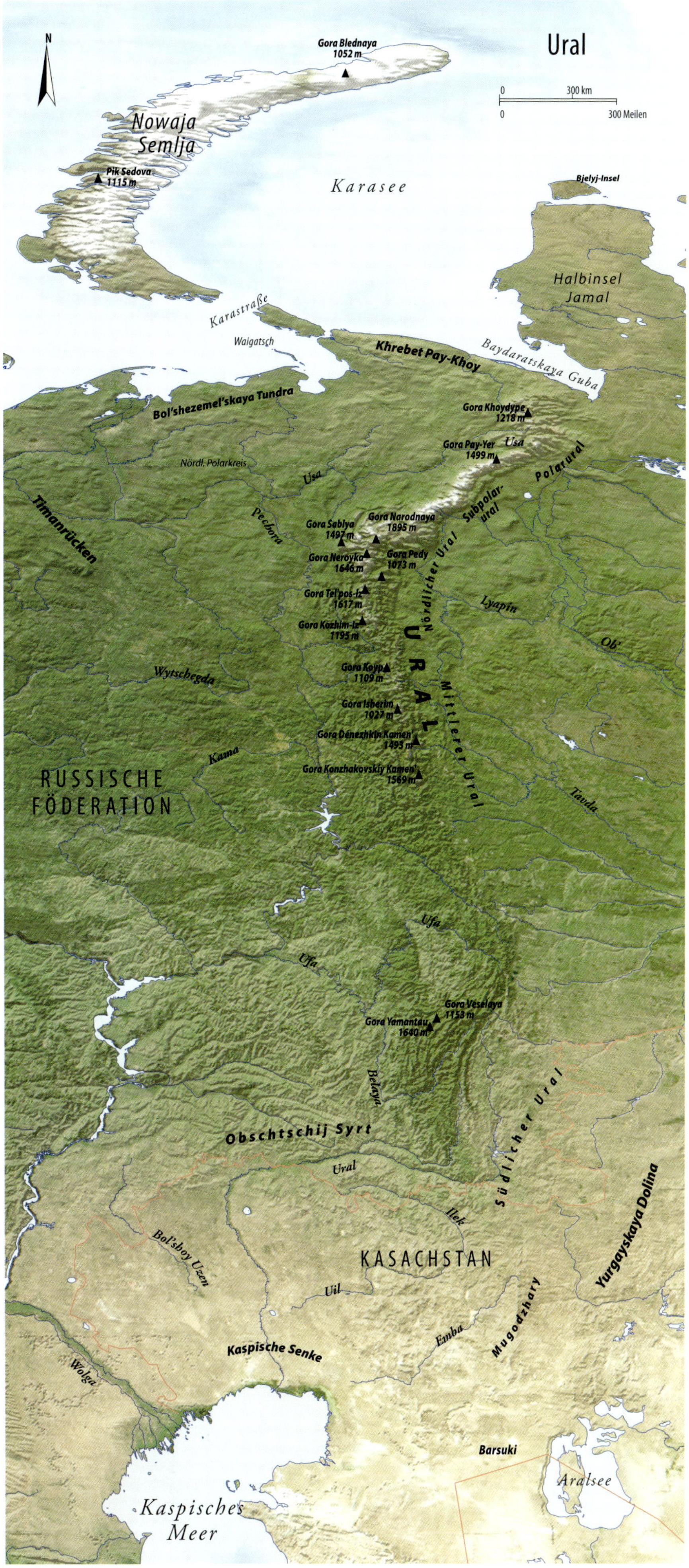

Das Atlasgebirge

Das Atlasgebirge erstreckt sich gut 2200 Kilometer weit über Tunesien, Algerien und Marokko im Nordwesten von Afrika. Es bildet eine Barriere zwischen dem feuchten Klima der Atlantik- und Mittelmeerküsten im Norden der Gebirgskette und der trockenen Sahara im Süden.

Der höchste Gipfel ist der Toubkal. Er erreicht 4168 Meter und liegt etwa 60 Kilometer südlich der geschichtsträchtigen marokkanischen Stadt Marrakesch. Der marokkanische Hohe Atlas teilt sich ostwärts in zwei Ketten, die das algerische Hochland der Schotts umgeben – den Tellatlas im Norden und den Saharaatlas im Süden. In Ostalgerien und Tunesien laufen sie wieder zusammen, gehen in das Auresgebirge über und setzen sich östlich durch das Mittelmeer fort, wo die Gebirgskette in Sizilien an den Apennin anschließt.

IN STEIN DOKUMENTIERTE GESCHICHTE

In den Felsen des Atlasgebirges ist die Geschichte zweier wichtiger geologischer Ereignisse festgehalten. Das erste trug sich vor etwa 300 Millionen Jahren zu, als im Karbon die beiden Kontinente Euramerika (Europa und Nordamerika) und Gondwana (das Afrika enthielt) kollidierten und den Superkontinent Pangäa bildeten. Die Kollision, die man als Alleghenische Orogenese bezeichnet, war so heftig, dass sich ein gewaltiges nordsüdlich verlaufendes Gebirge auftürmte, dessen Höhe weit über den heutigen Himalaya hinausreichte. Der Antiatlas in Marokko und die Appalachen in Nordamerika sind die winzigen, erodierten Überreste dieser ungeheuren Kollision.

Das zweite Ereignis liegt nicht so lange zurück. Im Tertiär kollidierte die afrikanische Kontinentallandmasse am südlichen Ende der Iberischen Halbinsel mit Eurasien. Als sich die Landmassen einander näherten, zerquetschten sie die Meeressedimente des dazwischenliegenden Beckens und falteten das Atlasgebirge auf. Bei derselben Kollision entstanden auch die Alpen und die Pyrenäen. Wie für Kollisionsgebirge typisch, sind die Berge des Atlas reich an Bodenschätzen, darunter Antimon, Kupfer, Gold, Eisen, Mangan, Blei, Marmor, Quecksilber, Phosphat, Steinsalz, Silber, Zink sowie Kohle und Erdgas.

IMMER WIEDER TÖDLICHE ERDBEBEN

Häufige Erdbeben zeigen, dass sich das Atlasgebirge immer noch hebt. Schwerere Beben zerstören regelmäßig die schlecht gebauten traditionellen Schlammziegel-Behausungen der Berber. 1716 kamen 20 000 Menschen ums Leben, als ein Erdbeben die algerische Stadt Medea im Tellatlas vollständig zerstörte. 1980 wiederholte sich diese Katastrophe in El-Asnam (danach in Ech Cheliff umbenannt), als bei einem Beben der Stärke 7,7 4500 Menschen starben. Das jüngste Erdbeben forderte 2003 in Zemmouri 2250 Menschenleben; seither gibt es Versuche zur Einführung strengerer Bauvorschriften.

ENTWICKLUNG DES ATLAS

Die fruchtbaren Hänge werden durch feuchte Luft, die nach oben über das Gebirge gelenkt wird, gut mit Wasser versorgt. Die einst verbreiteten grünen Wälder von Atlaszedern (Cedrus atlantica), die die Nordhänge bedeckten, wurden in den letzten paar Tausend Jahren gerodet und durch bewässertes Ackerland verdrängt. Die trockeneren Hänge im Süden sind mit Sträuchern und Gräsern be-

UNTEN Ruinen einer Kasbah bei Ait Arbi inmitten des erodierten Vulkangesteins der Dadesschlucht im marokkanischen Hohen Atlas. In der ariden Landschaft gibt es überraschend viele Oasen, zudem ist sie gesprenkelt mit Hunderten Kasbahs – antiken Festungen zum Schutz vor plündernden Eindringlingen.

wachsen; am Nordrand der Sahara liegen Salzseen und -ebenen. Hier weiden vor allem Schafe.

Die Einwanderung des Menschen in den Atlas hat zur Ausrottung vieler dort heimischer Arten geführt, hauptsächlich durch intensive Jagd und den Verlust von Lebensräumen. Die letzte Nordafrikanische Kuhantilope starb 1923 im Pariser Zoo. Der Berber- oder Atlaslöwe, durch die Tierhetzen im Kolosseum von Rom bekannt, wurde in freier Natur 1922 ausgerottet. Das größte Umweltproblem der Region ist die Desertifikation – der Verlust von fruchtbarem Grasland durch das Vordringen der Wüste nach Norden. Die Ursachen sind Bevölkerungsdruck, Überbewirtschaftung, Bodenerosion, sinkender Grundwasserspiegel und Klimawandel.

AMMONITEN IM ATLAS

Der Atlas ist bei Fossiliensammlern beliebt und insbesondere berühmt für die gut erhaltenen, spektakulären Fossilien von Ammoniten (siehe Bild), die man hier findet. Ammoniten waren urzeitliche Kopffüßer, tintenfischähnliche Meereslebewesen, die zugleich mit den Dinosauriern am Ende der Kreide ausstarben. Ihre Überreste blieben in Meeresbodensedimenten erhalten, die bei der Bildung des Atlasgebirges in die Höhe geschoben wurden.

OBEN Das thematische Falschfarben-Satellitenbild zeigt den Antiatlas, einen Teil des Atlasgebirges. Nördlich davon liegen einige der höchsten Berge Afrikas – manche Gipfel im Hohen Atlas sind über 4000 m hoch. Die Region ist reich an Mineralvorkommen.

Der Himalaya

Der Himalaya ist das am stärksten wachsende Gebirge der Welt. Sein Name bedeutet „Land des Schnees" und besteht aus den Sanskritwörtern *hima* (Schnee) und *alaya* (Heimat). Das steil aufragende Felsmassiv umfasst alle über 8000 Meter hohen Gipfel, die es auf der Erde gibt. Der höchste von ihnen ist der Mount Everest mit 8848 Metern Höhe.

OBEN Gebetssteine säumen die Wege zwischen den Dörfern im nepalesischen Himalaya. Sie tragen meist Inschriften buddhistischer Mantras, die Gläubige rezitieren, wenn sie vorbeikommen und den Stein berühren.

Zum Vergleich: Der höchste Gipfel der Anden, der Cerro Aconcagua, erreicht „nur" eine Höhe von 6960 Metern. Der Himalaya erstreckt sich über Bhutan, China, Indien, Nepal und Pakistan und ist Teil einer durchgehenden Gebirgskette, die sich quer durch ganz Asien und Europa zieht. Zu diesen Faltengebirgen gehören der Hindukusch, die Makrankette, das Zagrosgebirge und die Alpen, die allesamt durch die Kollision von kontinentalen Landmassen aufgeschoben werden.

EIN EINMALIGES GEOLOGISCHES SZENARIO

Die Geschichte des Himalaya begann vor etwa 130 Millionen Jahren in der frühen Kreidezeit, als sich Indien aus dem Gondwana-Verbund mit Australien und Antarktika löste und seine lange Reise nach Norden antrat, mit der geologisch sehr großen Geschwindigkeit von neun Zentimetern pro Jahr. Indem sich der Abstand zwischen indischem und asiatischem Kontinent verkleinerte, wurde das dazwischenliegende Tethysmeer schmaler und wärmer. Der Meeresboden wurde in einem Subduktionsgraben entlang dem Rand des eurasischen Kontinents verschlungen, und das dabei aufgeschmolzene Magma bildete eine Kette aktiver Vulkane – ähnlich zur Situation an den Küsten Japans und Chiles.

Vor etwa 50 bis 40 Millionen Jahren, als sich die Kontinentalschelfe Indiens und Asiens berührten, änderte sich die Lage dramatisch, da keiner der beiden Kontinente unter den anderen gleiten konnte. Sie prallten gegeneinander, und die kontinentalen Ränder falteten sich auf. Unter dem Meeresspiegel entstandene Sedimentgesteine wie Schieferton, Kalk- und Sandstein wurden gefaltet, metamorph überprägt und kilometerweit nach oben geschoben. Heute können Bergsteiger hoch droben in Nepal Muschelschalen und Korallen sammeln.

EIN ENDLOSES BAND PARALLELER KETTEN

Heute erstrecken sich parallel zur Schweißnaht der kollidierenden Kontinente hohe Ketten gefalteter Gesteinspakete und tiefe Täler. Der Himalaya besteht aus drei gut unterscheidbaren geografischen Einheiten. Von Süden nach Norden sind das die Siwaliks, die als äußerste Vorgebirgskette an die Ebenen Indiens grenzen, der hauptsächlich aus gefaltetem und überschobenem Sedimentgestein aus dem Tethysmeer bestehende Vordere Himalaya und der Hochhimalaya, der aus einem kristallinen Kern aus Graniten und Gneisen mit sedimentären Resten auf den Gipfeln aufgebaut ist. Der Hochhimalaya ist mit Höhen, die kaum unter 5500 Metern abfallen, die höchste der drei Gebirgsketten.

GESTEINSPORTÄT: GNEIS

Gneis ist ein grobkörniges, hochmetamorphes Gestein und zeigt eine helle (quarz- und feldspatreiche) und dunkle (biotit- und glimmerhaltige) gebänderte Struktur. Es entsteht unter extremem Druck und hohen Temperaturen aus Sedimenten oder Vulkangesteinen mit hohem Quarzanteil. Gneis bildet sich in heutigen Kollisionsgebirgen wie dem Himalaya und ist außerdem ein Indikator für Bergketten, die vor geologisch langer Zeit abgetragen wurden. Wenn man ihn schleift, ist Gneis ein höchst attraktiver und dekorativer Stein für Fliesen, Bänke und Tischplatten.

SCHRECKLICHE ERDBEBEN

Kollision, Auffaltung und Anhebung der Himalayakette setzen sich noch heute fort, wie gewaltige Erdbeben zeigen, die regelmäßig die Region erschüttern. Eines davon verwüstete 2005 Kaschmir, forderte mehr als 90 000 Menschenleben und zerstörte 570 000 mangelhaft gebaute Häuser. Nicht weniger enorm und gewaltig als die Kräfte des Erdinnern sind indes die der Erosion, die ständig daran arbeiten, die Berge bis auf den Meeresspiegel abzutragen.

MÄCHTIGE FLÜSSE, RIESIGE DELTAS

Schneeschmelze und Niederschläge im Himalaya speisen einige der mächtigsten Flüsse der Welt. Der Ganges entwässert die Südseite des Himalaya; seine sedimentreichen Wasser fließen westwärts in den Golf von Bengalen. Das gigantische Gangesdelta,

auf dem die Dörfer und Städte von Bangladesch erbaut wurden, erweitert sich ständig durch angeschwemmten Sand, Kies und Lehm. Indus und Brahmaputra nehmen Wasser und Sedimente von den Nordhängen des Himalaya auf. Der Indus trägt seine Ladung nach Nordwesten und dann nach Süden ins Indusdelta, der Brahmaputra macht einen Bogen nach Osten, Süden und Westen und fließt in den Ganges.

Das große Gewicht dieser gewaltigen Deltas am Meeresgrund des Golfs von Bengalen und des Arabischen Meers formt diese zu tiefen Senken um. Durch die andauernde Sedimentzufuhr zählen die Deltas zu den reichsten und fruchtbarsten Anbaugebieten der Welt. Millionen von Menschen plagen sich hier, um ihre Familien zu ernähren – unter der ständigen Bedrohung von verheerenden jährlichen Überflutungen.

OBEN Blick auf den Himalaya von einem Passübergang, der zum Mount Everest führt. Gesteine, die den Himalaya aufbauen, waren ursprünglich am Boden des Urmeers Tethys abgelagert worden.

UNTEN Vor etwa 130 Millionen Jahren, nach dem Zerbrechen von Pangäa, begann Indien nach Norden zu treiben und das Urmeer Tethys abzuriegeln. Vor rund 50 bis 40 Million Jahren rammte es Asien; als Folge wurde der Himalaya aufgefaltet.

GEFÄHRDETE WASSERRESSOURCE

Hunderte Millionen Menschen leben in den gewaltigen Beckenlandschaften rund um den Himalaya. Landwirtschaft und Industrie sind in höchstem Maße von den in den Bergen entspringenden Flüssen abhängig. Über Tausende von Jahren haben sich durch üppigen Schneefall in den Bergen mächtige Eisflächen entwickelt, etwa der Siachen, einer der größten Gletscher der Welt. Heute versorgen der saisonale Monsunregen und die Schneeschmelze in den Bergen die Flüsse der Region ganzjährig mit Wasser. Das Schrumpfen der Gletscher im Himalaya infolge der globalen Erwärmung bereitet jedoch vielen Wissenschaftlern Kopfzerbrechen. Es wird in den kommenden Jahrzehnten zu einer Verschlechterung der Wasserversorgung der ganzen Umgebung führen.

DAS LEBEN ZIEHT IN DIE HÖHE

Historisch bildete der Himalaya eine undurchdringliche Grenze für die dort lebende Bevölkerung, was zur Entwicklung unterschiedlicher Sprachen und Kulturen in den umgebenden Tiefländern führte. Bis zum Ende der Eiszeit vor etwa 10 000 Jahren waren die großen Bergketten gänzlich mit Schnee und Eis bedeckt. Erst die allmählich ansteigende Schneegrenze ermöglichte Flora und Fauna, immer höhere Zonen zu erobern.

Die ersten Menschen erreichten den Himalaya um 1500 v. Chr. Der Überlebenskampf in der Höhe war schwer, selbst wenn die dort lebenden Tiere und Menschen von Natur aus kräftige Lungen und Blut mit einer höheren Kapazität zur Sauerstoffaufnahme haben. Tiere wie der Schneeleopard entwickelten besonders große Pfoten und einen ausgezeichneten Gleichgewichtssinn, um sich im zerklüfteten, oft verschneiten Terrain flink bewegen zu können, sowie langes Fell mit dichtem, wolligem Unterfell gegen die Kälte. Das Leben war ganz auf die Jahreszeiten abgestimmt. Halbnomaden weideten ihr Vieh im Winter im Tiefland und zogen mit den Herden im Sommer bis in Höhen zwischen 3000 und 4000 Metern. Ackerbau ist unterhalb von 2100 Metern auf malerischen kleinen und flachen, an den Talhängen angelegten Terrassen möglich. Man bewässert sie zum Reisanbau oder pflanzt Mais, Hirse, Kartoffeln und Gerste.

In Teilen des östlichen Himalaya, wo die Vegetation üppiger ist, wird Wanderfeldbau betrieben.

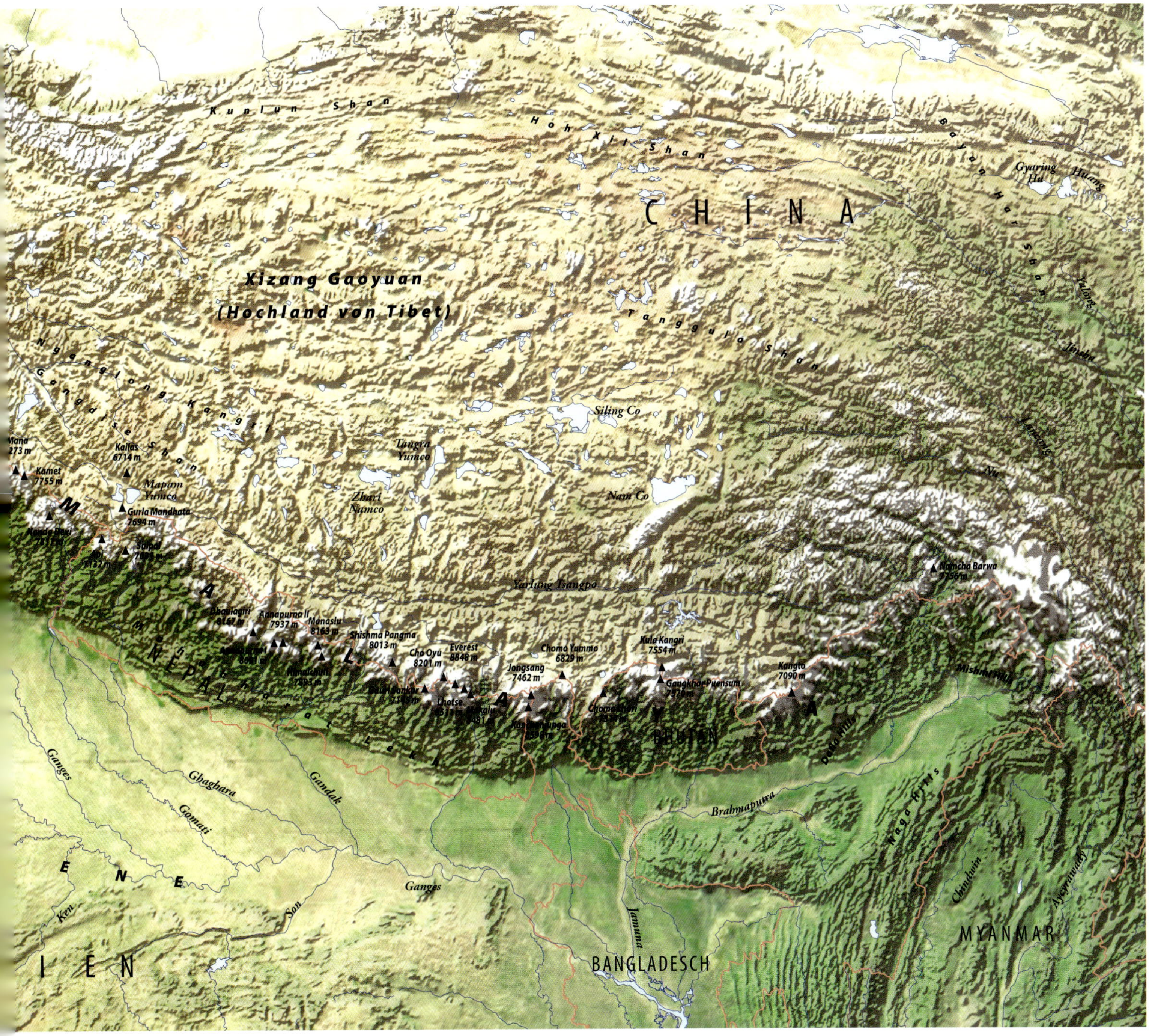

Kunlun Shan

Hoh Xil Shan

Bayan Har Shan

Gyaring Hu

Huang

CHINA

Xizang Gaoyuan
(Hochland von Tibet)

Tanggula Shan

Ngangong Kang

Gangdise Shan

Siling Co

Kailas Shan
6714 m

Tangra Yumco

Zhari Namco

Nam 173 m

Kamet 7755 m

Mavam Yumco

Gurla Mandhata 2694 m

Dolpo

Nam Co

Yarlung Tsangpo

Namcha Barwa 7756 m

Mishmi Hills

Dhaulagiri 8167 m

Annapurna II 7937 m

Manaslu 8163 m

Shishma Pangma 8013 m

Cho Oyu 8201 m

Everest 8848 m

Chomo Lhamo 6829 m

Kula Kangri 7554 m

Kangta 7090 m

Jongsang 7462 m

Gangkhar Puensum

Dhaulagiri

Makalu

Lhotse

Kangchenjunga

Chomolhari

BHUTAN

NEPAL

Daflo Hills

Naga Hills

Ganges

Ghaghara

Gandak

Gomati

Brahmaputra

Chindwin

Ken

Son

Ganges

Yamuna

Jamuna

MYANMAR

I E N

BANGLADESCH

Das ist die simpelste Form des Landbaus, bei der brauchbares Land vor der Bepflanzung gerodet und abgebrannt wird. Terrassierung und Pflügen sind nicht nötig; wenn das Land nach zwei oder drei Jahren unfruchtbar wird, gibt man es auf, lässt es ruhen, zieht weiter und rodet ein neues Gebiet.

EIN EINMALIGES ÖKOSYSTEM VERSCHWINDET

Die schnell wachsende Bevölkerung und ihr Kampf ums Überleben verursachen schwere Umweltprobleme. Exzessive Abholzung macht die Böden unfruchtbar und lässt sie leichter erodieren. Schwere Überflutungen der Täler und Deltas und Erdrutsche an den steilen Hängen werden zur tragischen Normalität. Ein Großteil der einmaligen Flora und Fauna der Region ist vom Aussterben bedroht.

Traditionelle Gebräuche, durch illegalen Handel gefördert, könnten zur Ausrottung vieler Arten führen: Tiger und Schneeleoparden sind sehr begehrt, nicht nur wegen ihrer schönen Felle, sondern auch wegen der Knochen, die für traditionelle asiatische Medizin verwendet werden. Männliche Moschushirsche jagt man wegen ihrer Moschusdrüse. Moschus, dem man aphrodisierende Wirkung zuschreibt, ist für die Parfümherstellung und in der chinesischen Medizin hochgeschätzt. Den Himalaya-Schwarzbär wiederum fängt man, um ihm Bärengalle zu entnehmen, eines der begehrtesten orientalischen Heilmittel. Die Liste der gefährdeten Arten ist lang – auf ihr stehen auch Panzernashorn, Barasingha, Zwergwildschwein, Elefant, Borstenkaninchen, Yak, Kleiner Panda und Gangesgavial.

Das Transantarktische Gebirge

Das Einzigartige an den Transantarktischen Bergen, die zu den bedeutendsten Gebirgszügen der Erde zählen, ist, dass sie fast vollständig unter Eis und Schnee begraben sind. Wie eine Wand hält die Kette das antarktische Inlandeis zurück, das in Form von Gletschern durch ihre Täler und über ihre Berge fließt.

UNTEN Das Luftbild zeigt den Rockgletscher im Beacontal und die Quartermain-Berge. Sie liegen im Viktorialand der Antarktis und sind eine der vielen Gebirgsketten, aus denen das Transantarktische Gebirge besteht. Der gößte Teil der Berge ist unter Eis begraben, aus dem nur die Gipfel sichtbar herausragen.

Das Transantarktische Gebirge erstreckt sich über 3500 Kilometer vom Weddellmeer zum Rossmeer (Kap Adare) und ist stellenweise bis zu 300 Kilometer breit. Die Kette läuft nahe am Südpol vorbei und trennt den Antarktischen Kontinent in zwei unterschiedliche geologische Regionen, Ostantarktika und Westantarktika.

Der höchste Gipfel ist mit 4528 Metern der Mount Kirkpatrick nahe dem Beardman-Gletscher, den Robert Falcon Scotts Team auf seiner schicksalsträchtigen Expedition zum Südpol 1911/12 als Weg durch das Gebirge nutzte. Es gibt auch einige Vulkane in der Gebirgskette, etwa den Mount Erebus und den Mount Terror, die beide auf der Rossinsel liegen.

DIE ANTARKTIS WAR BEWOHNBAR

Große Mengen Kohle, also komprimiertes organisches Material, und andere Fossilien aus den Bergen belegen, dass die Antarktis einst wärmer und eisfrei war. Ein wichtiges Fossil ist das 200 Millionen Jahre alte säugetierähnliche Reptil *Lystrosaurus*.

Dieses Tier aus dem Jura sah aus wie ein Nilpferd, war von der Größe eines Hundes und suchte in Sümpfen und Feuchtgebieten nach Futter. *Lystrosaurus* und andere Fossilien passen zu Funden in Südafrika, Australien, Südamerika und Indien. Sie beweisen, dass Antarktika einst im Zentrum des Superkontinents Gondwana lag. Während das Leben auf den anderen Gondwana-Bruchstücken erblühte, ging es in den antarktischen Wäldern zugrunde, als der Kontinent vor etwa 25 Millionen Jahren in polare Regionen trieb und unbewohnbar wurde.

DIE ENTSTEHUNG DES GEBIRGES

Eine Reihe von Faktoren führte zur Bildung des Transantarktischen Gebirges und seiner fortdauernden Existenz aufgrund hoher gegenwärtiger Hebungsraten. Die Gebirgskette begann während des Zerbrechens von Gondwana im späten Jura vor etwa 150 Millionen Jahren zu wachsen. Heute indes bildet sich ein Grabenbruch (der Transantarktische Graben), der dem Ostafrikanischen Graben ähnelt, zwischen dem präkambrischen Schild der Ostantarktis und dem Marie-Byrd-Land im Westen – vermutlich angetrieben von einem Manteldiapir oder Hotspot unter dem Kontinent. Der schnurgerade Verlauf und die parallelen Gürtel von aktiven und ruhenden Vulkanen stützen diese Theorie. Der Grabenbruch selbst ist bis weit unter Meereshöhe von der ausgedehnten Eisschicht der Westantarktis gefüllt und nicht zu sehen. Isostatischer Auftrieb, verursacht durch Entlastung der antarktischen Kontinentalkruste wegen des abschmelzenden Inlandeises, könnte ebenfalls zum rapiden Anstieg des Transantarktischen Gebirges beitragen.

ANTARKTIKAS MINERALE

Der Kontinent birgt eine Reihe von Lagerstätten, etwa Kohleschichten, potenzielle Ölfelder im Rossmeer und zahlreiche Metallminerale wie Kupfer, Chrom, Gold, Eisen, Blei, Mangan und Zink. Diese Ressourcen sind durch den Antarktisvertrag vor der Ausbeutung geschützt.

METEORITEN IN ANTARKTIKA

Erstaunlicherweise ist Antarktika einer der beliebtesten Orte für die Suche nach Meteoriten geworden. Mit Schneemobilen durchsuchen Forscher die Blaueiszonen entlang den Rändern des Eisplateaus westlich vom Transantarktischen Gebirge. Hier sind die Bedingungen ideal, um Meteoriten zu erkennen, die sich gegen das Eis absetzen, und man findet hier mehr als in anderen Teilen der Welt. Die Meteoriten werden rasch mit Schnee bedeckt und im Packeis eingefroren, das sie vor den Rost- und Verwitterungsvorgängen schützt, denen sie sonst unterliegen. Im Eis können sie unbegrenzt lagern, in wärmeren, feuchteren Regionen nur ein paar Jahrhunderte. Zudem transportiert die Eisschicht die Meteoriten, wenn sie von den Plateaus fließt, und lagert sie in Trockentälern wieder ab, wo die Verdunstung des Eises die Meteoriten langsam an der Oberfläche freilegt.

OBEN Luftaufnahme des Onyx River, der durch das Wright-Tal in Viktorialand fließt. Diese Landschaft liegt in den Trockentälern der Antarktis, wo der Zufluss von Eis vom antarktischen Inlandeis her durch das höhere westliche Ende des Gebirges blockiert ist. Eis, das sich dort bildet, wird von scharfen Winden umgehend abgetragen.

LINKS Lagen von dunklem Dolerit wechseln sich am Finger Mountain im Transantarktischen Gebirge mit hellerem Sandstein ab. Zu den Doleritintrusionen kam es im Jura, als Antarktika Teil des zerbrechenden Superkontinents Gondwana war. Damals war es dort wärmer und feuchter, es gab Wälder und sogar ein paar frühe Dinosaurier.

Scotia-Bogen und Antarktische Halbinsel

An der windgepeitschten Südspitze von Südamerika liegen äußerst ungewöhnliche tektonisch-topografische Verhältnisse vor. Hier wenden sich die südwärts gerichteten Anden scharf nach Osten und bilden den charakteristischen „Schwanz" von Feuerland. Wo die glazial überprägten Berge zum Meer hin abfallen, bilden sie Hunderte von Fjorden und Inseln, deren östlichster Punkt Cabo San Juan ist.

UNTEN Stark gekippte Felsschichten in den Bergen von Südgeorgien, einer von vielen subantarktischen Inseln im Scotia-Bogen, bezeugen die geologischen Kräfte.

UNTEN Der Prinz-Gustav-Kanal schneidet im Weddellmeer durch die Antarktische Halbinsel. Der Wasserweg liegt nahe an der Nordspitze der Halbinsel, die die Südgrenze des Scotia-Bogens bildet.

Ein markanter Unterwasserrücken setzt sich nach Osten über die Insel Südgeorgien und dann südwärts, in einem Bogen aktiver Vulkane, zu den Südlichen Sandwichinseln fort. Weiter nach Westen bildet der Rücken die Südlichen Orkneyinseln und die Südlichen Shetlandinseln. Er schließt dann an die Nordspitze der Antarktischen Halbinsel an.

EIN UNTERWASSERGEBIRGE

Die Scotia-Platte, eine kleine, D-förmige, ozeanische Platte zwischen dem Südende der Anden und der Nordspitze der Antarktischen Halbinsel, ist für diese Inselkette verantwortlich. Das größtenteils untermeerische Gebirge, das die beiden Kontinente miteinander verbindet und den östlichen Umriss der Scotia-Platte markiert, nennt man Scotia-Bogen. Das tektonische Szenario gleicht dem der Kleinen Antillen am Ostrand der Karibischen Platte.

DIE SÜDLICHEN SANDWICHINSELN

Die Scotia-Platte hat sich zusammen mit ihrem kleinen Ausschnitt des Grabenbruchs nach Osten in den Atlantik geschoben und die Spitzen von Südamerika und der Antarktis mitgezogen. Sie schiebt sich über die ozeanische Kruste des Atlantiks (die Südamerikanische und die Antarktische Platte) und zwingt sie in die Tiefseerinne des Süd-Sandwich-Grabens. Dort aufsteigendes Magma – von der Zerstörung der Atlantikkruste stammend – lässt die Sandwichinseln kontinuierlich wachsen.

Diese Kette von elf hauptsächlich vulkanischen Inseln bildet einen 400 Kilometer langen Bogen und ist weniger als fünf Millionen Jahre alt. Die von Robbenjägern erstmals 1818 besuchten Inseln sind wegen ihres extremen Klimas unbewohnt und größtenteils von Gletschern bedeckt.

DIE ANTARKTISCHE HALBINSEL

Der Großteil von Antarktika liegt innerhalb des Polarkreises (66,5 Grad südlicher Breite), wo einen Teil des Winters oder den ganzen Winter lang Dunkelheit herrscht. Die Halbinsel reicht über den Polarkreis hinaus, ihre Spitze ist der am weitesten vom Pol entfernte Teil Antarktikas. Da das Wetter hier das „mildeste" des Kontinents ist, gedeihen zusätzlich zur spärlichen Vegetation aus Moosen, Flechten und Algen ein paar Blütenpflanzen. Die Halbinsel läuft als ein langer, vergletscherter Gebirgszug durch Grahamland und Palmerland. Parallel zu ihr erstreckt sich im Westen ein Bogen vulkanischer Inseln (Südliche Shetlandinseln, Pal-

mer-Archipel, Alexander-Insel und Biscoe-Inseln). Auf der Ostseite der Halbinsel fließen Gletscher aus den Bergen zu den weitläufigen Ronne- und Larsen-Eisschelfen. Das Larsen-Eisschelf erlitt 2002 einen signifikanten Bruch; Studien des British Antarctic Survey und des US Geological Survey zeigen, dass auch die Gletscher der Halbinsel rapide schrumpfen, weil die Luft- und Wassertemperaturen steigen. Im Nordteil der Halbinsel und auf den davorliegenden Inseln wurden viele Forschungsstationen errichtet, was sie zu einer der betriebsamsten Gegenden des Kontinents macht. Die Bevölkerung schwankt zwischen 3000 im Hochsommer (Touristen nicht mitgezählt) und weniger als 1000 im dunklen Winter.

DIE SÜDGEORGISCHE INSELGRUPPE

Südgeorgien (auch San Pedro genannt) ist eine windige Insel, umgeben von einer Reihe kleinerer Inseln. Steile Klippen tauchen ins Meer, und von Gletschern erodierte Fjorde bilden zahlreiche große und kleine Buchten, was die Inseln zum natürlichen Lebensraum für Wildtiere und zum idealen Tiefwasserankerplatz macht. Über die Hälfte der gebirgigen Insel ist dauernd eisbedeckt, etwa vom Fortunagletscher, der Rest spärlich mit Gras, Moos und Flechten bewachsen. Geologisch unterscheidet sich Südgeorgien von den Südsandwichinseln. Es besteht aus metamorphem Gneis und Schiefer und ähnelt eher den Gesteinen aus den Anden.

Südgeorgien ist ein sehr bedeutendes Fortpflanzungsgebiet für Säuger wie Ohrenrobben und Seeelefanten. Zudem brüten hier Kolonien von Königspinguinen, Albatrossen und anderen Meeresvögeln, die die Hänge mit ihren Nestern überziehen.

OBEN Ein Südliches Seeelefanten-Weibchen und sein Junges an der Küste von Südgeorgien. Diese Robbenart pflanzt sich auf den subantarktischen Inseln fort.

Ohne Flüsse gäbe es auf der Erde keine Täler, keine Wasserfälle, keine Flussebenen und nur sehr wenig, wenn überhaupt, Leben an Land. Die Schwerkraft lässt das Wasser von hohen in tiefere Lagen fließen, erst als kleine Rinnsale, die sich zu Bächen und dann zu Flüssen vereinen. Das dabei entstehende Entwässerungsmuster erinnert an die Äste eines Baums, die am Stamm zusammenlaufen.

Wie aber gelangt das Wasser in die Höhe? Es kann nicht gegen die Schwerkraft nach oben fließen. Es verdunstet durch Sonnenenergie aus den Meeren, kondensiert in Wolken und fällt als Regen und Schnee auf das Land. 75 % der Erdoberfläche sind von Wasser bedeckt, aber 98 % davon bestehen aus dem Salzwasser der Ozeane. Bei der Verdunstung bleibt das Salz zurück, der Dampf ist reines Wasser,

OBEN Die Riesenseerose *Victoria amazonica* ist am Amazonas heimisch. In Feuchtgebieten gedeihen etliche unterschiedliche Seerosenarten, von denen einige jedoch durch Trockenlegung ihrer Biotope bedroht sind.

RECHTS Der Ganges entspringt im südlichen Himalaya und vereint sich bei den indischen Städten Patna und Sonepur (im Bild) mit dem Gandaki. Auf den fruchtbaren Überschwemmungsgebieten wird Landwirtschaft betrieben.

das wiederum kondensiert und uns mit frischem Regenwasser versorgt, der reinsten Form natürlichen Wassers.

Wasser, das in Gebirgen als Regen oder Schnee fällt, fließt als Oberflächenwasser zu Tale. Ein Teil davon versickert im Boden und bildet das Grundwasser. Die Schwerkraft sorgt dafür, dass Grundwasser hin und wieder in Quellen durch poröses Gestein austritt und so ins Flusssystem zurückgelangt. Wird es vom umgebenden Gestein eingeschlossen, bildet es Aquifere (Grundwasserspeicher).

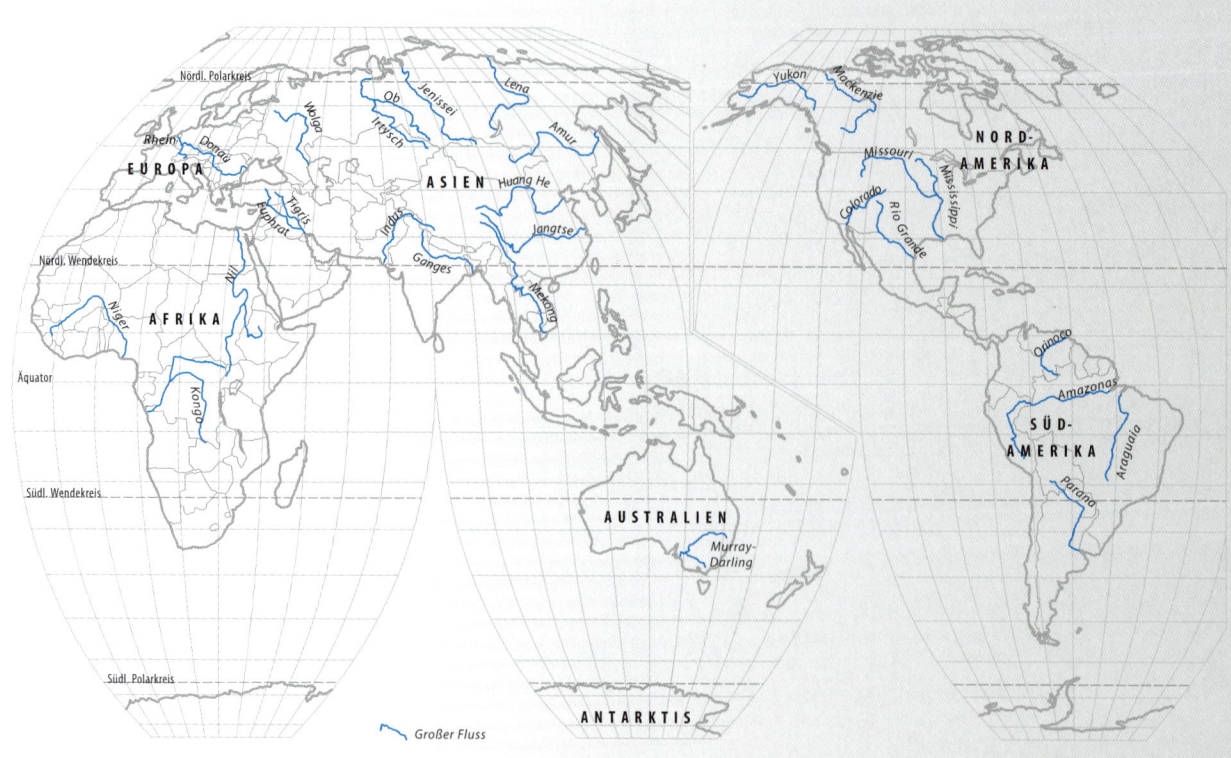

UNTERSCHIEDLICHE FLUSSTYPEN

Wenn der Wassernachschub nicht abreißt, fließt
ein Fluss die Hänge hinab in tiefere Lagen, bis er
schließlich seine Mündung erreicht, die üblicherweise am Meer liegt. Flüsse, die das ganze Jahr
über fließen, nennt man perennierend. Intermittierende Flüsse hingegen fließen nur in der feuchten
Jahreszeit. Wenn sie trockenfallen, hinterlassen sie
oft aufeinanderfolgende Wasserlöcher und Teiche.
In sehr trockenen Gegenden gibt es episodische
Gewässer, die nur strömen, wenn genug Regen
fällt. Manchmal sind die Niederschläge so reich-
haltig, dass die Kapazität von Flussbetten über-
schritten wird; dann treten Flüsse über ihre Ufer
und überschwemmen die angrenzenden Auen.

DIE EROSIONSKRÄFTE DES WASSERS

Wasser, ob flüssig oder fest, ist die stärkste Erosionskraft der Natur. Bei fluviatiler Erosion hängt ihr
Ausmaß von einer Reihe von Faktoren ab, etwa
der Härte des Grundgesteins, der Wassermenge
und der Stärke des Gefälles. Das vom Wasser erodierte Verwitterungsmaterial trägt der Fluss in sus-
pendierter Form als Sedimentlast mit sich. Bei
starkem Gefälle strömt Wasser mit größerer Geschwindigkeit als bei schwachem, und davon hängt
auch die Korngröße der Sedimente ab. Schneller

fließende Ströme können Partikel mit sich führen,
deren Größe von Felsbrocken und Steinen bis zu
Kies, Sand, Lehm und Schluff reicht; die langsamsten Flüsse weisen nur feine Lehm- und Schluff-
bestandteile auf. Je höher die Geschwindigkeit,
desto größer sind Erosionskraft und Sedimentlast.
Die Härte des Grundgesteins kann die Erosion
jedoch erschweren. Um härtere, beständigere Ge-
steinspartikel zu transportieren, sind beträchtliche
Kräfte nötig.

Wenn sich Schneefelder verdichten, bilden sie
„Flüsse aus Eis" oder Gletscher, die aufgrund der

OBEN Nashornpelikane versammeln sich an einer Biegung des
nährstoffreichen Mississippi. Der
mächtige Fluss entspringt aus
dem Gletschersee Itasca in Minnesota und transportiert seine
Sedimentlast rund 3700 km weit
in den Golf von Mexiko.

LINKS Das als Teufelsschlcht
bekannte U-förmige Kliff der
Iguaçu-Wasserfälle an der brasilianisch-argentinischen Grenze.
Der Iguaçu fließt hier sehr
schnell und trägt große Kiesel-
steine und Gesteinsbrocken
mit sich, die das Flussbett stark
erodieren.

Schwerkraft ebenfalls bergab fließen. Gletscher sind hocherosiv; sie wirken wie gigantische Raspeln und schleifen das darunterliegende Gestein zu U-förmigen Tälern aus, den sogenannten Trogtälern.

Steile, V-förmige Täler sind typisch für reißende Bäche und Flüsse in höheren Lagen, wo das Wasser über steile Hänge und Felswände rinnt und Stromschnellen, Kaskaden und Wasserfälle bildet. Diesen Abschnitt eines Flusssystems bezeichnet man als Oberlauf; er liegt nahe am Quellgebiet, wo die Erosionskräfte vertikal nach unten und rückwärts in die Hänge einschneiden. Die Erosion eines Flusses wird durch den Abrieb des Grundgesteins durch Sand und Kies verursacht. Im Oberlauf lagern sich wenig Sedimente ab, Felsbrocken und Steine werden stellenweise in Felsbecken sedimentiert.

Wenn das Gefälle schwächer wird und der Fluss daher langsamer fließt, weitet sich das Tal, da die Seitenerosion Sedimente von den Ufern und aus dem Flussbett abträgt. Die geringere Fließgeschwindigkeit führt jedoch auch zur Ablagerung seiner Fracht, wobei sich schwere Partikel zuerst und die feinsten in ruhigem Wasser absetzen, wo sie Auen, Sand- und Kiesbänke bilden können. Diesen Abschnitt bezeichnet man als Mittellauf; hier halten sich Erosion und Ablagerung die Waage.

Flussbetten verlaufen selten gerade; sie mäandrieren in einer gewundenen Bahn aus Schleifen und Biegungen. Wird das Ufer auf der einen Seite durch hohe Fließgeschwindigkeit zum steilen Prallhang erodiert, dann setzen sich auf der anderen Seite, wo das Wasser langsamer fließt, Sedimente ab und bilden dort den Gleithang. Auf flachen Flussebenen lagert der Fluss einen Großteil seiner Last ab. Es ist nicht ungewöhnlich, dass Flüsse über die ganze Breite ihrer Auen mäandrieren, wobei Flussrinnen ihre Richtung ändern und gleichsam über die Ebene wandern. Manchmal kann eine Windung komplett durch fluviatile Erosion abgetrennt werden und eine Altwasserschlinge bilden.

Wird ein Flussbett aufgrund der Verringerung von Geschwindigkeit und Gefälle vollsedimentiert, tritt er über die Ufer und bildet zahlreiche neue seichte, verflochtene Läufe. Solche Nebenarme

OBEN Dieses U-förmige Tal in der Schweiz formten Gletscher, die sich in die Berge einschnitten. Auf ihrem Weg abwärts schürfen die Eisströme alle möglichen Materialien vom Talboden aus und häufen sie an.

sind ein typisches Merkmal von Schwemmfächern, insbesondere solchen, die von Gletschern geschaffen wurden.

Den Unterlauf eines Flusses kennzeichnen ein schwaches Gefälle sowie weite Auen mit mäandrierenden Nebenarmen. Die Ablagerung übersteigt die Zufuhr von Sedimenten, weshalb es zur Akkumulation von Bodenmaterial kommt, da der Fluss seine Fähigkeit zum Sedimenttransport verliert. Die Sedimente lagern sich größtenteils als Delta an der Flussmündung ab.

WASSEREINZUGSGEBIETE UND WASSERSCHEIDEN

Als Einzugsgebiet bezeichnet man ein Gebiet, das durch einen Fluss mit allen seinen Nebenflüssen entwässert wird. In höheren Lagen kann es Tausende kleine Bäche geben, die sich zu größeren Flüssen vereinen oder auch Nebenflüsse bilden. Diese wiederum münden in den Hauptlauf des Flusses.

Die Größe eines Einzugsgebiets hängt von der Topografie, der Gesteinsart und den geologischen Strukturen der Wasserscheide ab. Das markanteste Einzugsgebiet ist das Hochland von Tibet, das höchste und größte Plateau der Erde und die Wasserscheide von sechs der größten Flüsse der Welt: Brahmaputra (China, Indien, Bangladesch), Indus (China, Indien, Pakistan), Saluen (China, Myanmar, Thailand), Mekong (China, Myanmar, Laos, Thailand, Kambodscha, Vietnam), Jangtse (China) und Huang He (der Gelbe Fluss in China). Über die Hälfte der Weltbevölkerung lebt in Ländern, die von den Einzugsgebieten dieser sechs Flüsse versorgt werden.

DIE ENTWICKLUNG VON FLÜSSEN

Auch Flüsse sind einem ständigen Entwicklungsprozess unterworfen, denn ihre Abflüsse, Nebenarme, Mäander, Schwemmkegel und Deltas verändern sich mit der Zeit. Die Erosion spielt eine

bettabschnitte lassen sich als Profil darstellen. Es verändert sich im Lauf der Zeit, indem die Erosion weiterhin das Fussbett tieferlegt. Über geologische Zeiträume werden auch Gebirge bis auf die örtliche Erosionsbasis der erodierenden Flüsse eingeebnet. Umgekehrt entstehen durch tektonische Prozesse neue Gebirge. Bisweilen ist der Grad der Heraushebung geringer als das Ausmaß der Flusserosion, weshalb der Fluss tiefer ins Grundgestein schneidet, während sich die Anhebung fortsetzt. Durch diesen Prozess entstehen Klammen und Schluchten. Mäandrierende Flüsse kommen meist im Tiefland vor, doch auch dort können sie Schluchten und tiefe Täler bilden. So haben sich etwa die Mäander des Colorado River in den letzten fünf Millionen Jahren fast 1,5 Kilometer tief in die angehobenen Schichten eingeschnitten und den Grand Canyon geschaffen.

Veränderungen an Flusssystemen haben nicht immer mit Anhebungen zu tun. Manche Einzugsgebiete wurden durch einen Anstieg des Meeresspiegels überflutet und unter marinen Sedimenten begraben. Die ursprünglichen Nebenarme des ver-

wichtige Rolle für die Entwicklung eines Flusssystems, jedoch kann ein Fluss nicht tiefer erodieren als bis zu seiner örtlichen Erosionsbasis, die eine harte Gesteinsschwelle im Flussbett oder etwa ein vom Fluss durchströmter See sein kann. Die unterschiedlichen Höhenlagen der einzelnen Fluss-

LINKS Flüsse lagern einen Großteil ihrer Sedimentfracht in Auen ab und machen diese so zu sehr gutem Weideland. Hier grasen Schafe in einer Flussaue in den schottischen Highlands.

LINKS Das NASA-Satellitenbild zeigt das riesige Delta der Wolga, die hier von den Waldaihöhen im Nordwesten Moskaus ins Kaspische Meer fließt. Das Wolgadelta besteht aus mehr als 500 Flussarmen.

OBEN Feluken segeln auf dem Nil bei Assuan in Ägypten. Bis zur Fertigstellung des Assuan-Damms und -Hochdamms (1902 bzw. 1970) wurde das Schwemmland zu Seiten des Nils jedes Jahr durch den Schlamm des Hochwassers erneuert.

RECHTE SEITE Diese Luftaufnahme zeigt deutlich die tiefen Canyons, die die hier zusammenfließenden Flüsse Colorado und Green River eingegraben haben. Nach ihrem Zusammenfluss wird das Wasser sehr reißend.

schütteten Beckens lassen sich manchmal unter den Sedimentschichten ausfindig machen, was zur Entdeckung von Millionen Jahre alten Ablagerungen, etwa angeschwemmtem Gold, führen kann.

FLUSSSYSTEME UND ZIVILISATIONEN

Viele alte Zivilisationen verdanken ihre Entstehung großen Flusssystemen, zum Beispiel die alten Ägypter am Nil, die Sumerer in Mesopotamien zwischen Euphrat und Tigris, die Harappakultur im Industal (heute ein Teil von Pakistan und Indien) und die Chinesen an den Ufern des Huang He.

Kennzeichen für diese Flusssysteme sind geringe Niederschläge, heiße Sommer und regelmäßige Überschwemmungen, wodurch sie die Versorgung der Menschen mit Nahrung, Wasser und anderen lebenswichtigen Dingen ermöglichen.

Überschwemmungen verteilen die Sedimentfracht der Flüsse über die Auen, wo Lehm und Schlamm den Gehalt der Böden an mineralischen Nährstoffen erhöhen. Mesopotamien wurde

„fruchtbarer Halbmond" genannt, weil die Überschwemmungen von Euphrat und Tigris den Boden fruchtbar und somit die Landwirtschaft ertragreich und verlässlich machten. In Ägypten sorgten die Nilhochwasser für ebensolche Vorteile. Da der Fluss jedoch von Wüste umgeben ist, verließen sich die Ägypter auch auf Fisch als wichtige Nahrungsquelle.

WELCHER FLUSS IST AM LÄNGSTEN?

Viele Nationen reklamieren den längsten, breitesten und wasserreichsten Fluss sowie das größte Wassereinzugsgebiet für ihr Land. Flüsse verändern sich jedoch ständig, deshalb sind die Messungen nicht immer zuverlässig. Die Länge eines Flusses zu messen ist ein schwieriges Unterfangen. Einige längere Flüsse entspringen in sehr zerklüftetem Gelände, wo ihre kleinen Quellen vielleicht noch gar nicht entdeckt wurden. Wie kann man die Länge eines Flusses messen, der in ausgedehnten Mäandern und als verwilderter Fluss mit unzähligen Nebenarmen verläuft, die sich ständig verändern? Zählen zur Länge eines Flusses auch all seine Nebenarme?

Auch mag es für eine bestimmte Zeit des Jahres korrekt sein, einen Fluss als wasserreicher als andere zu bezeichnen, aber derselbe Fluss kann in der Trockenzeit so gut wie verschwinden. Eine weitere Variable ist, ob der Fluss zum Messzeitpunkt Hochwasser führt oder nicht.

Die Flüsse der Welt miteinander zu vergleichen ist also extrem schwer. Listen der „zehn größten Flüsse" stimmen selten überein. Mit Sicherheit lässt sich jedoch sagen, dass der Nil in Afrika, der Amazonas in Südamerika sowie Jangtse und Huang He in Asien die vier längsten Ströme der Welt sind. Rechnet man allerdings zur Länge des Mississippi die des Missouri hinzu, so können die Vereinigten Staaten von Amerika den viertlängsten Fluss für sich beanspruchen.

DIE MEISTGESCHÄDIGTEN FLÜSSE DER WELT

Klimawandel, Eingriffe in den natürlichen Lauf von Flusssystemen – etwa der Bau von Dämmen und Kanälen – und Degradation durch Verschmutzung und andere menschliche Aktivitäten lassen viele Flüsse absterben oder austrocknen. Schlechte Planung und unzureichender Schutz machen weltweite Wasserknappheit zu einer sehr realen Gefahr. In einigen Teilen der Welt ist der Wassermangel so akut, dass er sogar Kriege auslösen könnte.

Der World Wide Fund for Nature (WWF) hat einen Report herausgegeben, der Regierungen und Wirtschaftsführern eindringlich klarmachen soll, dass der Klimawandel nicht die einzige Krise ist, die es zu bewältigen gilt, und dass gleichzeitig etwas gegen die Wassernot der Welt unternommen werden sollte. Laut WWF sind folgende zehn große Flüsse unmittelbar bedroht: der Saluen in Südostasien, die Donau in Europa, der La Plata in Südamerika, Rio Grande/Rio Bravo in Südamerika, der Ganges und der Indus in Asien, Nil und Viktoriasee in Afrika, Murray/Darling in Australien, der Mekong in Asien und der Jangtse in China.

Murray und Darling River sind durch den Klimawandel bedroht.

Missouri und Mississippi in Nordamerika

Der Missouri und der Mississippi teilen sich das größte Wassereinzugsgebiet Nordamerikas – nach dem Amazonas in Südamerika und dem Kongo in Afrika das drittgrößte der Welt. Zusammen sind die beiden nordamerikanischen Flüsse mehr als 6400 Kilometer lang und bilden somit das viertlängste Flusssystem der Welt.

UNTEN Der Mississippi verbreitert sich ab dem Black-River-Delta in die tief liegenden Nebengewässer und Marschen des Upper-Mississippi-River-Nationalparks. Das Schutzgebiet wurde als Zuflucht- und Brutstätte für heimische Wasservögel geschaffen; auch viele Zugvögel leben dort.

Die Längen von Missouri und Mississippi sind bemerkenswert ähnlich, allerdings auch äußerst schwer genau zu messen. Dies liegt daran, dass vielfach Kanäle erbaut wurden, um die beiden Flüsse besser schiffbar zu machen, und auch natürliche Prozesse, etwa Hochwasser, den Lauf verändern. Man könnte jedoch sagen, dass der Missouri mit 3767 Kilometern etwas länger ist als der Mississippi mit 3705 Kilometern.

Der Name *Mississippi* stammt aus der Sprache amerikanischer Ureinwohner: Das Anishinabe-Wort *misi-ziibi* bedeutet „großer Fluss". *Missouri* geht auf den Namen eines Indianerstamms zurück und bedeutet „Volk der Einbaum-Kanus".

DAS RIESIGE EINZUGSGEBIET DES MISSISSIPPI

Das Becken oder Einzugsgebiet des Mississippi entwässert ein gut über drei Millionen Quadratkilometer großes fächerförmiges Gebiet zwischen den Hochländern der Rocky Mountains im Westen und der Appalachen im Osten – es umfasst mehr als 40 % der kontinentalen Landfläche der USA mit 31 Staaten und zwei kanadischen Provinzen. Das Quellwasser des Mississippi entstammt einer Reihe kleiner Flüsse, die in den Itascasee münden. Dieser ist glazialen Ursprungs und liegt etwa 450 Meter hoch in Clearwater County in Nordwestminnesota. An den Saint-Anthony-Fällen in Minneapolis, dem einzigen größeren Wasserfall an seiner Flussstrecke, fällt er 23 Meter tief auf eine Höhe von 220 Metern über dem Meeresspiegel.

Der Missouri entspringt in Montana und mündet bei St. Louis im Staat Missouri in den Mississippi. Sein Unterlauf besteht aus weiten Mäandern. Sie winden sich durch ausgedehnte Flussebenen, deren Breite von 40 bis 200 Kilometer reicht. Viele Mäanderschleifen sind abgetrennt und bilden Alt-

ZÄHMUNG EINES FLUSSSYSTEMS

Zwar waren Verlauf und Natur des Missouri-Mississippi-Flusssystems in der jüngeren geologischen Vergangenheit gewaltigen natürlichen Veränderungen ausgesetzt, doch sind jene die signifikantesten Veränderungen, die der Mensch in den relativ wenigen Jahren seit seiner Ansiedelung verursacht hat. Umfangreiche technische Flussprojekte ließen kommerzielle Schifffahrt zu und brachten die Überflutungen unter Kontrolle.

Der menschliche Einfluss hat sich stark auf das Flusssystem ausgewirkt; man schätzt, dass nur 1 % der Gesamtlänge des Missouri nicht der Kontrolle des Menschen unterliegt. Momentan wird der Versuch unternommen, einige der umgestalteten Biotope, etwa Feuchtgebiete, zu renaturieren.

wässer. An diesen und den ausgedehnten Marschen lässt sich der frühere Verlauf des Flusses nachvollziehen. Der Mississippi setzt seine Reise südwärts nach Louisiana am Golf von Mexiko fort, wo er eines der größten Deltas der Welt bildet.

PRÄKAMBRISCHES RIFTING UND EISZEIT

Geologisch betrachtet ist das Mississippibecken eine gewaltige Synklinale, die sich zum Golf von Mexiko auffächert. Sie entstand durch Grabenbruchprozesse während umfangreicher tektonischer Aktivitäten im Präkambrium vor etwa 750 Millionen Jahren und bildet den Untergrund der Mississippitiefebene, die sich füllte, als der Meeresspiegel in der Kreide (vor rund 100 Millionen Jahren) anstieg. Als er wieder sank, verursachte dies den Rückzug des Ozeans. Die Tiefebene blieb als Tal des Mississippi zurück. Auf seinem Weg zum Golf von Mexiko lagerte der Fluss große Sedimentmengen ab.

Viele kurzfristige Änderungen der Meeresspiegelhöhe während der Vergletscherungen des Pleistozäns – vor 2,6 Millionen bis 10 000 Jahren – und das reichliche Schmelzwasser der Gletscher ließen den Mississippi bei niedrigem Meeresspiegel tiefe Täler und viele Nebenarme bilden; war der Spiegel auf dem Höchststand, entstanden Flussterrassen.

Nach der anfänglichen Grabenbruchbildung sank die Synklinale weiter ab und füllte sich mit gewaltigen Mengen von Sedimenten; heute hat sie eine Beckentiefe von mehreren Kilometern und ist mit mächtigen quartären Ablagerungen bedeckt, unter denen die vielen alten Nebenarme und andere Talstrukturen begraben sind.

Untersuchungen zeigen, dass sich Zahl und Verlauf der Flussarme seit ihren Anfängen viele Male verändert haben. Einige Richtungsänderungen wurden durch Erdbeben entlang der New-Madrid-Störungszone verursacht, die eine Folge des ur-

sprünglichen Grabenbruchs ist. Die heutige seismische Aktivität an der Bruchlinie hat einige der schwersten Erdbeben in der Geschichte der USA ausgelöst, etwa jene von 1811/12.

Im unteren Mississippidelta kommt es durch die Verlagerungen der Nebenarme etwa alle 1000 Jahre zu Änderungen der Laufrichtung. Da die Sedimente immer weiter ins Meer getragen werden, vergrößert sich das Delta in den Golf von Mexiko hinein; in den letzten 5000 Jahren verschob sich die Küstenlinie um bis zu 80 Kilometer meerwärts.

VIELFÄLTIGES FLUSSLEBEN

Eine große Bandbreite an Lebensräumen und enorme Artenvielfalt zeichnen den Mississippi aus. In einzigartigen Biotopen lebt eine außergewöhnliche Anzahl von Fischen, Reptilien und Wirbellosen. Einige Arten sind Relikte glazialer Umweltverhältnisse im Pleistozän. Flora und Fauna des Fluss-Ökosystems sind durch landwirtschaftliche Aktivitäten wie Abholzung, intensiver Anbau und Verschmutzung mit Dünger und Pestiziden stark gefährdet. Abwasser und Müllberge erhöhen die Bedrohung. Hinzu kommen umfangreiche technische Eingriffe in die hydrologischen Verhältnisse, durch die seit Beginn der Besiedelung durch die Weißen mannigfaltige Habitate zerstört wurden.

LINKS Das Mississippidelta erstreckt sich in den Golf von Mexiko. Das Satellitenbild zeigt die ungeheuren Massen von Sedimenten, darunter Humus, Sand und Vegetation, die nach einem großen Sturm an den Flussufern in Louisiana und im Golf abgelagert werden.

UNTEN Eine Gruppe von Mittelländischen Zierschildkröten (*Chrysemys picta marginata*) und ein Mississippi-Alligator (*Alligator mississippiensis*) sonnen sich auf einem Stamm im Unterlauf des Mississippi.

Missouri und Mississippi, Nordamerika

Die Niagarafälle in Nordamerika

Die Niagarafälle bestehen aus drei separaten Wasserfällen – den Horseshoe-Fällen in Kanada sowie den American Falls und den kleineren Bridal-Veil-Fällen in den USA. Der Niagarafluss stürzt an den Fällen 51 Meter tief in den Abgrund.

RECHTS Die riesigen Wassermengen der Horseshoe-Fälle erodieren das darunterliegende Gestein, wodurch die Fälle kontinuierlich zurückweichen. Seit 1842 wird die Erosionsrate gemessen. Bis 1905 schnitten sich die Fälle jährlich etwa 1,1 m pro Jahr rückwärts ins Gestein ein. Durch die Ableitung von Flusswasser sank die Geschwindigkeit der Erosion nach 1905 auf 0,7 m pro Jahr.

UNTEN Aus der Nähe betrachtet, wirken die American Falls konstant, doch der Wasserdurchfluss schwankt je nach Zeit und dem Bedarf der Wasserkraftwerke. Nachts und außerhalb der touristischen Hauptsaison werden die Fälle zur Energieerzeugung um etwa die Hälfte abgeschwächt.

Die nordamerikanischen Niagarafälle sind, in geologischen Zeitmaßstäben betrachtet, sehr jung. Erst vor etwa 12 500 Jahren – nach dem Ende der letzten Eiszeit – begann das Schmelzwasser von den riesigen Eisschilden im Becken der Großen Seen zum Atlantik zu fließen und den Niagarafluss zu bilden. Niagarafluss und -fälle markieren die Grenze zwischen den USA und Kanada; der Name „Niagara" kommt aus der Sprache der amerikanischen Ureinwohner und bedeutet „am Nacken".

Die Horseshoe-Fälle sind 670 Meter breit, die American Falls 328 Meter. Der Niagarafluss führt Wasser vom Eriesee über eine 100 Meter hohe Gefällsstufe, die größtenteils aus Stromschnellen und den Fällen besteht, nordwärts zum Ontariosee. Gemessen am Wasservolumen zählen die kanadischen Horseshoe-Fälle mit einer Schüttung von 2,4 Millionen Litern pro Sekunde zu den wasserreichsten Fällen der Erde. Die Kraft des Wassers erodiert die Felswand und verschiebt die Fallkante pro Jahr um rund 70 Zentimeter flussaufwärts. Im Fachjargon bezeichnet man dies als „rückschreitende Erosion".

DIE GROSSEN SEEN

Gestein aus dem Präkambrium, etwa drei Milliarden Jahre alt, bildet das Fundament der nordamerikanischen Region der Großen Seen. Die geologische Geschichte seit jener Zeit umfasst Phasen vulkanischer Aktivität, Gebirgsbildung und Sedimentation von Gesteinen in Meeren, die über Hunderte Millionen Jahre bis zu den Eiszeiten des Quartärs das Land viele Male überfluteten und sich wieder zurückzogen. Vor über einer Million Jahren entstand ein erster Gletscher, dann bildeten weitere nach und nach eine zwei bis drei Kilometer dicke Eisdecke aus, deren Gewicht das darunterliegende Land niederdrückte und vertiefte. Die gewaltigen Eisströme, die sich südwärts bewegten, wirkten wie gigantische Planierraupen. Sie scheuerten über das Land, schürften Täler aus, ebneten Hügel ein und lagerten riesige Mengen glazialer Sedimente ab.

Die Becken, aus denen die Großen Seen hervorgingen, entstanden aus voreiszeitlich geformten Tälern, die sich mit Schmelzwasser füllten, als das Klima wärmer wurde. Als sich die Gletscher zurückzogen und dadurch der Druck auf den Untergrund nachließ, kam es zu isostatischen Aufwärtsbewegungen des Landes und zu einer deutlichen Änderung der alten Entwässerungsmuster. Der jüngste Abfluss ist der Niagara über die Niagarasteilstufe, die durch unterschiedliche Erosion von Sedimentgesteinsschichten verschiedener Härte gebildet wurde. Über einen Zeitraum von etwa 5500 Jahren hat sich die Steilstufe um 0,6 bis drei Meter pro Jahr und insgesamt mehrere Kilometer südwärts zurückverlagert. Technische Eingriffe in jüngerer Zeit verlangsamten die Erosion, aber es ist gut möglich, dass sich die Klippe irgendwann

bis zum Eriesee zurückschiebt, der sich dann leeren würde, weil sein Grund höher liegt als der des Niagaraflusses.

DIE FRAGILEN NIAGARA-ÖKOSYSTEME

Die Ökosysteme am Niagara sind durch die Eingriffe des Menschen schwer geschädigt. So wurden die Entwässerungsmuster verändert und dadurch viele Feuchtgebiete und mit ihnen die Lebensräume von Wildtieren zerstört. Abwässer aus Landwirtschaft, Industrie und Haushalten verschmutzen den Fluss so sehr, dass der Bestand wild lebender Tiere und die Artenvielfalt zurückgehen. Auch ein Sumpfgebiet mit Zedern als ursprüngliche natürliche Vegetation ist davon betroffen.

1990 erklärte die UNESCO die Niagararegion in Ontario zum Biosphärenreservat. Das Schutzgebiet erstreckt sich über 725 Kilometer vom Ontariosee nahe den Niagarafällen bis zur Spitze der Bruce-Halbinsel. Es umfasst das Gebiet des provinziellen „Niagara Escarpment Plan" und zwei Nationalparks mit Wäldern, Feuchtgebieten, Klippen, Berghängen und Wasserökosystemen.

DIE ZUKUNFT DER GROSSEN SEEN

Die vier oberen der Großen Seen enthalten heute etwa 20 % des Süßwassers der Welt, das im Grunde fossiles Wasser ist, da es von der Eisschmelze vor vielen Jahrtausenden zurückblieb. Neues Wasser kommt nur in vergleichsweise geringen Mengen hinzu – Regen und andere Zuflüsse sorgen für nur ein Prozent Zugang pro Jahr. Es gibt Hinweise darauf, dass die Wasserspiegel der Seen sinken und durch den Klimawandel auch weiterhin sinken werden.

UNTEN Der Königslachs ist nur eine von 94 Fischarten, die sich regelmäßig die Niagarafälle hinunterstürzen. So gut wie alle Fische überleben den Sturz, weil sie das schnelle, unter großem Druck stehende Wasser gewohnt sind. Ein Tourist, der auf dem Holzsteg bei den Fällen spazieren ging, wurde einmal von einem Lachs getroffen.

Der Amazonas in Südamerika

Welcher Fluss der größte der Welt ist, lässt sich auf verschiedene Weise bestimmen. Die Länge gilt üblicherweise als entscheidendes Maß – aber so leicht ist das nicht immer. Der Amazonas ist laut jüngsten Berechnungen der NASA mit rund 6800 Kilometern etwas länger als der Nil mit 6693 Kilometern. Und es gibt noch weitere Faktoren, nach denen der Amazonas alle anderen Flüsse der Erde bei Weitem übertrifft.

UNTEN Das Satellitenbild zeigt einen kleinen Abschnitt des Amazonas. Er enthält 16 % des gesamten Flusswassers, das sich in die Ozeane der Erde ergießt. Umgeben ist der Fluss vom Amazonasregenwald, einer der ökologisch vielfältigsten Regionen der Erde, die jedoch durch ständige Abholzung stark geschrumpft ist.

Der Amazonas ist der breiteste aller Flüsse. An seiner Mündung schüttet er im Durchschnitt rund 120 000 Kubikmeter Wasser pro Sekunde in den Atlantik und damit mehr als die nächsten sechs größten Flüsse der Welt zusammen. Auf ihn entfallen ungefähr 16 Prozent des Gesamtabflusses an Süßwasser der Erde. So wundert es nicht, dass das Amazonasbecken auch das größte aller Wassereinzugsgebiete ist: Es umfasst 40 Prozent der gesamten Fläche des südamerikanischen Kontinents.

GESTEINSPORTRÄT: SCHIEFERTON

Schieferton, auch Tonstein genannt, ist ein weiches, graues bis schwarzes Sedimentgestein aus feinen Lehmpartikeln, die vom Wasser transportiert und unter äußerst ruhigen Bedingungen, etwa in Lagunen, Flussauen und küstenfernen Meeresbereichen, abgelagert wurden. Schieferton ist fein geschichtet, da sich die flachen Lehmteilchen beim Absetzen horizontal anordnen. Die Schichten lassen sich leicht spalten und enthüllen oft eine Schatzkammer an Fossilien. Schieferton wird zur Ziegel- und Keramikherstellung abgebaut.

EIN AUSSERORDENTLICH GEWALTIGER FLUSS

Das Amazonasbecken nimmt sieben Millionen Quadratkilometer ein. Es umfasst ausgedehnte Tiefländer und wird begrenzt von einer Reihe von Gebirgsketten wie den Anden im Westen, dem brasilianischen Hochland im Süden und Osten und dem Bergland von Guayana im Norden. Im größten Flusseinzugsgebiet der Welt liegen Brasilien, Bolivien, Peru, Ecuador, Kolumbien und Venezuela.

Ein großer Teil des Einzugsgebiets erhält seinen Wassernachschub durch die heftigen Niederschläge, die an den Osthängen der Anden niedergehen. Da die Anden der längste Gebirgszug der Welt sind, speisen riesige Wassermengen die weit verteilten Nebenflüsse – vom Äquator bis hinunter zum 20. südlichen Breitengrad. Die abgeschiedensten Zuflüsse erhalten ihr Wasser aus den Ostanden, nicht weit von der peruanischen Westküste, wo sich das Gebirge steil aus dem Pazifik erhebt. Tausende von Zuflüssen – davon 17 über 1600 Kilometer lang – sammeln sich, fließen ostwärts durch Peru und Brasilien und bilden den über 6400 Kilometer langen

Amazonas, Südamerika

0 — 300 km
0 — 300 Meilen

N

Karibisches Meer

Golf von Venezuela

Maracaibo-see

PANAMA

Golf von Panama

VENEZUELA

Llanos

Bergland von Guayana

KOLUMBIEN

GUYANA

SURINAM

FRANZÖSISCH-GUAYANA

ATLANTISCHER OZEAN

Orinoco

Pico da Neblina 2994 m

Branco

Içana

Uaupés

ECUADOR

Putumayo

Negro

Japurá

Amazonas-delta

Äquator

Amazonas

A m a z o n a s b e c k e n

Juruá

Madeira

Tapajós

Marañón

Ucayali

Purus

Aripuanã

Xingu

Araguaia

Tocantins

BRASILIEN

PERU

Madre de Dios

Mato Grosso

A N D E N

Titicacasee

BOLIVIEN

Brasilianisches Bergland

São Francisco

PAZIFISCHER OZEAN

Hauptstrom des Amazonas, der bis zu elf Kilometer breit wird. Am Äquator erreicht er den Atlantik, die Mündung ist ungefähr 300 Kilometer breit. Diese Ausmaße ändern sich jedoch schnell in der Regenzeit, wenn das Hochwasser die Überschwemmungsfläche verdreifacht und sich die Strombreite in einigen Regionen auf 40 Kilometer vergrößert.

Wegen seiner Größe wird der Amazonas bisweilen auch „fließendes Meer" genannt; sein Wasser ist bis weit hinaus in den Ozean trinkbar. Das führte zur Entdeckung des Amazonas durch Europäer im Jahr 1500. Vicente Yáñez Pinzón, der Befehlshaber einer spanischen Expedition, stellte fest, dass er, obwohl er kein Land sah, 300 Kilometer weit draußen im Meer in Süßwasser segelte. Er machte die Herkunft des Süßwassers an der Mündung des Amazonas ausfindig.

Da die meisten Salzwasserorganismen in Süßwasser nicht lange überleben können, gehen Schiffe am Ausfluss des Amazonas vor Anker und nutzen das frische bis brackige Wasser, um ihren Schiffsrumpf von anhaftenden Meereslebewesen zu reinigen.

DIE ENTSTEHUNG DES AMAZONAS
Der Amazonas folgte nicht immer seinem heutigen Flussmuster. Seit dem Paläozoikum vor über 300 Millionen Jahren flossen viele Nebenflüsse in eine riesige Meeresbucht am Pazifik. Der Abfluss nach Westen kehrte sich um, als die Anden im Miozän vor etwa 20 Millionen Jahren eine Höhe von annähernd 7000 Metern erreichten. Geologisch betrachtet war die Gebirgsbildung eine Folge der tektonischen Prozesse, die die Nazca-Platte entlang dem Westrand von Südamerika unter die Südamerikanische Platte schieben ließen. Nach den ersten Hebungen floss der Amazonas in die Karibik ab.

OBEN Fast die Hälfte Ecuadors ist von Flüssen durchzogen, die in den Amazonas münden. Die ecuadorianische Amazonasregion Oriente gilt als eines der Quellgebiete des Amazonas. Die Nebenflüsse entspringen hoch in den Ostanden und fließen ins Amazonasbecken.

Da die Hebung jedoch das Miozän hindurch an-
hielt, änderte er seine Richtung. Fortan floss er auf
den Atlantik zu und nutzte dafür das Tal, das zwischen den absinkenden präkambrischen Schilden –
dem guayanischen im Norden und dem brasilianischen im Süden – entstanden war.

In der jüngsten geologischen Periode, dem
Quartär, das vor 2,6 Millionen Jahren begann, gab
es eine Reihe von Klimaveränderungen, die den

DER AMAZONAS IN GEFAHR

Entwaldung und Überfischung stellen eine zunehmende Bedrohung für den Amazonas dar.
Viele Tier- und Pflanzenarten sind bereits verschwunden, weil ihre Lebensräume zerstört
wurden. Kommerzielle und landwirtschaftliche Interessen sowie die wachsende Besiedelung
– und die Infrastruktur, die sie mit sich bringt – haben die einst unberührte Natur des Regenwalds und ihr empfindliches ökologisches Gleichgewicht beschädigt.

Ökonomische Faktoren führten zur Ausbeutung der Umwelt und haben die Landschaft
der Region verändert. So machen sich etwa die Abholzung der Wälder und die Einführung
der Rinderzucht empfindlich bemerkbar. Die Überfischung der Gewässer und ihre Vergiftung
durch Quecksilber aus der Goldgewinnung lassen die Fischbestände schrumpfen. Zur Erzeu-
gung sauberer, erneuerbarer Energie wurden Dämme gebaut, und weitere sind geplant –
was schwere Folgen für das Becken nach sich zieht, da der Wasserdurchfluss beeinflusst und
gewohnte Wanderrouten von Tieren abgeschnitten werden. Als Folge davon geraten Arten
und Biotope noch stärker unter Druck.

Luftbild von Flussauen am Unterlauf des Amazonas in Brasilien, wo Rinder gezüchtet werden.

Wasserspiegel im Amazonasbecken als Reaktion
auf Schwankungen des Meeresspiegels steigen und
fallen ließen. Stieg der Meeresspiegel an, entstanden gewaltige Seen, in denen sich große Mengen
Sedimente ablagerten. Sie kennzeichnen das heutige Amazonasbecken. Mit fallendem Meeresspiegel wurden die Seen von Flüssen entwässert, die
sich in die Sedimentschichten eingruben und das
System weit voneinander getrennter, breiter,
flacher Flusstäler schufen, das wir heute kennen.

Wegen der geringen Höhenlage des Amazonasbeckens – über 40 Prozent liegen zwischen null
und 100 Metern über dem Meeresspiegel, weitere
29 Prozent unter 200 Metern – mäandrieren die
Flussarme über die Talebenen hinweg und lagern
Sedimente ab, die hauptsächlich von der Erosion
der Anden herstammen. Diese trüben das Wasser
und lassen es milchig erscheinen, weshalb die
Zuflüsse Weißwasserflüsse genannt werden. Es
gibt auch Schwarz- und Klarwasserflüsse, deren
Einzugsbereich in den Amazonaswäldern liegt.
Schwarzwasserflüsse wie der Rio Negro haben
ihre Farbe von gelösten organischen Stoffen und
Humus, während Klarwasserflüsse mehr gelöste
Minerale als Humussäuren enthalten. Mündet ein
Schwarzwasserfluss in das weiße Wasser des Haupt-
stroms, dauert es eine Weile, bis sich beide Wasser-
typen mischen, und für eine längere Strecke flussabwärts ist eine deutliche Grenze zwischen dunklem und hellem Wasser erkennbar.

Während des alljährlichen Hochwassers kommt
es in den Flussauen des Beckens zu großen Sedimentablagerungen. Sie machen jedoch nicht die
gesamte Sedimentfracht aus, die im Amazonas enthalten ist. Einige Milliarden Tonnen feinerer Sedimente gelangen jedes Jahr in den Atlantik, wo sie
sich am Kontinentalschelf absetzen. Anders als bei
anderen Flüssen lagern sie sich aufgrund der Fließgeschwindigkeit und der extremen Gezeitenströme
nicht als Delta ab. Strömungsschwankungen gestat-
ten die Ablagerung einiger Sedimente als Gürtel
von kleinen, alluvialen, mit Mangrovebäumen bewachsenen Inseln, die wiederum erodiert und ins
Meer hinausgetragen werden, wenn sich die Fließgeschwindigkeit erhöht.

WILDNIS IM ÜBERFLUSS

Da der Amazonas ein so gewaltiges Einzugsgebiet
mit so vielen unterschiedlichen Lebensräumen hat,
beherbergt er die größte Vielfalt an lebenden Organismen und den komplexesten aller Regenwälder. Die Klimazonen des Beckens reichen von den
riesigen tropischen Flussenenen bis zu den Hoch-
gebirgsregionen der Anden, wo das Klima je nach
Höhe und Niederschlagsintensität wechselt. Die
Temperaturen verändern sich von den dauernd

schneebedeckten Gipfeln der Anden über gemäßigte Nebelwälder zur schwülen Tropenhitze der niedrigeren Berghänge und den grasbedeckten Savannen in den Tiefländern hinweg.

Obwohl der Amazonas viele unterschiedliche Lebensräume umfasst, oft mit einzigartiger Flora und Fauna, verbindet man mit ihm am ehesten die tropischen Regenwälder. In diesen Regenwäldern und den aquatischen Biotopen leben mehr Arten als irgendwo sonst auf der Welt. Viele sind noch nicht entdeckt geschweige denn klassifiziert.

Ein wichtiges Charakteristikum dieser Regenwald-Ökosysteme sind ihre überfluteten Wälder. In der Regenzeit steigt der Fluss infolge von Hochwasser mehr als zehn Meter an, überschwemmt ausgedehnte Waldgebiete und bildet das weltweit größte Biotop dieser Art. Nur die Baumkronen ragen dann noch aus dem Wasser – Stämme und niedrigere Äste sind für Monate untergetaucht. Laub und Früchte fallen von den Bäumen und bieten Nahrung für Fische, Reptilien und andere im Wasser lebende Tiere, die alljährlich zu den Regenwäldern wandern. Die Bäume haben sich an den Sauerstoffmangel durch die Überflutung angepasst und bilden rasch neue Blätter, sobald das Wasser wieder zurückgeht.

EINZIGARTIGER AMAZONAS

Das Amazonasbecken zeichnet sich durch eine einzigartige Biodiversität aus, die eine riesige Bandbreite von Arten beherbergt – gut 30 % aller Tier- und Pflanzenarten der Welt leben hier. Es umfasst mit mehr als 3000 Spezies die weltweit größte Artenvielfalt an Süßwasserfischen. Weißfleckige Flussstachelrochen, die auf 40 cm Durchmesser heranwachsen, sind nur eine von vielen Arten hier heimischer Süßwasserstachelrochen. Im seichten Wasser schwimmen Piranhas und viele Welsarten. Zu den ungewöhnlicheren Amazonasbewohnern zählen mehrere Spezies von Flussdelfinen, eine der wenigen überlebenden Lungenfischarten, Seekühe und der Schwarze Kaiman.

In den Bäumen finden sich Baumsteiger oder Pfeilgiftfrösche, Hellrote Aras und Uakaris. Palmen, Orchideen und Bromelien wachsen unter den Kronen höherer Bäume wie Paranuss-, Kapok- und Kakaobaum.

Tiere des Amazonasbeckens: Baumsteigerfrosch (oben), Amazonasdelfin (Mitte) und Piranha (unten).

Die Iguaçufälle in Südamerika

Der Schweizer Botaniker Robert Chodat beschreibt Iguaçu sehr treffend: „Jählings stürzen die Wassermassen ins Herz der Welt, auf göttlichen Befehl, in eine Landschaft von unvergesslicher Schönheit, inmitten üppiger, fast tropischer Vegetation ... und tausend Arten von Bäumen, die Kronen über den Golf gebogen und mit Moosen, rosa Begonien, goldenen Orchideen, prächtigen Bromelien und Lianen mit Trompetenblumen geschmückt; all das und dazu der atemberaubende, ohrenbetäubende Donner des Wassers, noch aus weiter Ferne vernehmbar, hinterlässt einen unauslöschlichen Eindruck und ist ergreifender, als Worte sagen können.“

OBEN Ein Riesentukan *(Ramphastos toco)* auf einem Ast im argentinischen Iguazú-Nationalpark. Die größte der 37 Tukanarten bewohnt den ganzen Osten Südamerikas und lebt in den Baumkronen des Regenwalds.

RECHTS Der größte Teil der Fälle liegt in Argentinien, aber die 150 m weite und 700 m hohe Garganta del Diablo („Teufelsschlucht“) überspannt die Grenze zwischen Argentinien und Brasilien. Die Wasserfälle lassen sich von der brasilianischen Seite aus am besten betrachten.

Diese in der Tat bemerkenswerte Aneinanderreihung von Wasserfällen liegt im Dreiländereck von Argentinien, Paraguay und Brasilien. Die Iguaçufälle sind höher als die Niagarafälle, breiter als die Victoriafälle und werden oft als größter Wasserfall der Welt bezeichnet.

Das Quellgebiet des Iguaçu liegt in der Serra do Mar nahe dem Atlantik in Brasilien. Von dort fließt er mehr als 1300 Kilometer nach Westen und stürzt dann spektakulär über 80 Meter hohe und 2700 Meter breite Felswände in die Tiefe. Durch die jahreszeitlich variierende Abflussmenge unterteilt sich das Wasser in bis zu 275 Fälle und Stromschnellen. Der imposanteste Fall ist die Garganta del Diablo (Teufelsschlucht), wo das Wasser über eine 153 Meter weite U-förmige Felswand fließt. Dieser Abschnitt des Flusses bildet die Grenze zwischen Argentinien und Brasilien.

LAVASCHICHTEN ENTHÜLLEN DIE GESCHICHTE

Der Iguaçu stürzt an den Wasserfällen über eine große Zahl gewaltiger, flach liegender bis wellenförmiger Basaltdecken herab. Sie gehören zum

ausgedehnten Flutbasalten über Teilen von Brasilien, Paraguay, Argentinien und Uruguay. Die Paraná-Basalte entstanden, als die Superkontinente Gondwana und Laurasia auseinanderbrachen, wodurch Basaltlava aus Verwerfungen und Rissen an die Oberfläche drang, ohne Vulkankegel zu bilden. 19 Wasserfälle stürzen über die mächtigen Basaltlagen, die dabei entstanden. Unterhalb strömt der Fluss durch einen engen, 80 Meter tiefen, durch

Erosion entstandenen Canyon, der wiederum der Grund dafür ist, dass sich die Wasserfälle 27 Kilometer stromaufwärts an ihren gegenwärtigen Ort zurückverlagert haben. Vor etwa 20 000 Jahren lagen sie vermutlich am Zusammenfluss von Iguaçu und Paraná.

MANNIGFALTIGE BEWOHNER

Um die Iguaçufälle herum liegen der 55 000 Hektar große Iguazú-Nationalpark in Argentinien und der 182 000 Hektar umfassende Iguaçu-Nationalpark in Brasilien. Sie wurden 1984 bzw. 1986 von der UNESCO als Welterbestätten ausgewiesen.

In einem Gebiet, das zu einem Großteil abgeholzt wurde, um Flächen für die Landwirtschaft zu schaffen, bilden diese Parks Oasen der Wildnis. Die Feuchtigkeit der von den Fällen erzeugten Gischtwolken bringt eine üppige Vegetation hervor, darunter subtropische Regenwälder mit zahlreichen Lianen und Epiphyten. Zu diesen zählen zum Beispiel Bromelien und mehr als 60 Orchideenarten. Insgesamt gedeihen etwa 2000 Pflanzenarten in den Nationalparks, darunter viele über 30 Meter

hohe Baumriesen, aber auch mittelhohe Bäume sowie Sträucher und eine Vielfalt an Kräutern.

In dieser üppig bewachsenen Umgebung leben auch viele Tierarten, manche davon sind mittlerweile sehr selten geworden. In den Lüften kreisen Vögel wie der prachtvoll gefärbte Tukan und der brasilianische Rußsegler, der hinter den Fällen nistet; Schmetterlinge flattern zwischen den Bäumen. Weiter unten, abseits der Fälle, leben Riesenotter, Große Ameisenbären, Brüllaffen, Tapire, Jaguare, Ozelote, Krokodilkaimane und viele Schlangen.

OBEN Welch gewaltige Ausmaße die Iguaçufälle haben, zeigt am deutlichsten ein Blick von oben. Dramatisch stürzen die rotbraunen Wassermassen des Flusses in eine enge Schlucht mit einer durchschnittliche Tiefe von 70 m.

LINKS Kaimane lauern in den Pantanal-Feuchtgebieten in Brasilien auf flussabwärts kommende Fische. Die zur Familie der Alligatoren gehörenden Tiere leben nur in Mittel- und Südamerika. Der Mohrenkaiman (*Melanosuchus niger*) des Amazonas ist der größte und wird bis zu 6 m lang.

Die Donau in Europa

Die Donau könnte man ohne Übertreibung den „romantischen Fluss" nennen. Schriftsteller, Musiker und Künstler aus dem Donaubecken sind Symbole unseres klassischen und romantischen Erbes. Die Donau ist nicht der längste Fluss der Welt, aber ihr Einzugsgebiet – in dem 81 Millionen Menschen in 19 Ländern leben – ist das wohl internationalste Flussbecken der Welt.

OBEN Nachts spiegeln sich die Lichter des Parlaments von Budapest und der Kettenbrücke im ruhigen Wasser der Donau. Sie fließt durch Ungarn und bildet einen Teil seiner Grenze zur Slowakei.

Mit rund 2850 Kilometern ist die Donau der zweitlängste Fluss Europas – nach der Wolga mit 3688 Kilometern. Ihr Wassereinzugsgebiet umfasst ein Gebiet von etwa 800 000 Quadratkilometern in 19 Ländern: Albanien, Bosnien-Herzegowina, Bulgarien, Deutschland, Italien, Kroatien, Mazedonien, Moldawien, Montenegro, Österreich, Polen, Rumänien, Serbien, Slowakei, Slowenien, Schweiz, Tschechien, Ungarn und die Ukraine. Der Fluss selbst fließt durch zehn Länder bzw. bildet die Grenze zwischen einigen von ihnen. Er fließt von seiner westlichsten Quelle im Schwarzwald ostwärts bis zum Schwarzen Meer und mündet dort in einem ausgedehnten Delta, das sich Rumänien und die Ukraine teilen.

DIE ENTSTEHUNG DER DONAU

Das ursprüngliche Flusssystem der Donau war mit der Urdonau viel größer als das heutige. Vor den pleistozänen Eiszeiten führte die Urdonau zum größten Teil Wasser aus den Alpen mit sich, während der jüngere Rhein im südwestlichen Schwarzwald begann und nach Osten floss. Spuren der Urdonau finden sich in den jetzigen Trockentälern der Schwäbischen Alb, wo vorwiegend poröser jurassischer Kalkstein das größte Karstgebiet Deutschlands entstehen ließ. Karstlandschaften entstehen, wenn Wasser durch löslichen Kalkstein sickert und

dabei unterirdisch verlaufende Flüsse, Höhlen, Dolinen und viele andere Erscheinungen bildet.

Heute sind die Zuläufe der Donau viel kleiner, da deutlich mehr ihrer ursprünglichen Quellwasser in den Rhein fließen. Die Erosion im oberen Rheintal änderte die Fließrichtung alpiner Gewässer und führte sie in den Rhein. Da der Wasserspiegel des Rheins im Bodenseegebiet niedriger liegt als jener der Donau, kommt es zur sogenannten Donauversickerung. Hier verschwindet eine bedeutende Menge Donauwasser im Boden und gelangt schließlich in den Rhein. Die enorme Fül-

GESCHICHTE DER BESIEDELUNG

Die Donaulandschaften sind seit Jahrhunderten besiedelt – seit der Jungsteinzeit, aus der einige der frühesten Überreste menschlicher Kulturen von vor etwa 8000 Jahren erhalten sind, über die Eroberung durch die Römer um die Zeitenwende bis hin zu den 81 Millionen Menschen, die heute im Donaubecken leben. Der Fluss ist von enormer wirtschaftlicher Bedeutung. Er liefert Trinkwasser, versorgt Industrien, Land- und Fischwirtschaft, und er ist, da auf weiten Strecken schiffbar, für den Handel unverzichtbar. Leider wuchsen mit der Bevölkerung auch die Probleme: Wasserqualität und Artenvielfalt wurden durch Verschmutzung und andere menschliche Eingriffe beeinträchtigt.

le unterirdischen Wassers löst den Kalkstein kontinuierlich, und so könnte eines Tages der Oberlauf der Donau nach Flussanzapfung komplett in den Rhein fließen.

Heute trennt das Rheintal den Schwarzwald von den französischen Vogesen, und der Rhein fließt zur Nordsee. Diese süddeutsche Wasserscheide bezeichnet man auch als Europäische Wasserscheide, da jedoch durch die Versickerung Wasser in jahreszeitlich schwankenden Mengen und über unterschiedliche Entfernungen die Wasserscheide kreuzt, ist diese Linie etwas unscharf.

Von großer geologischer Bedeutung ist das Donaudelta. Es hat eine typisch dreieckige Form mit etwa 70 Kilometer langen Seiten und bedeckt eine Fläche von über 5000 Quadratkilometern. Da der Fluss alljährlich 74 Millionen Tonnen alluviale Se-

dimente ablagert, wächst es um etwa 40 Meter pro Jahr nach außen. Geologen haben nachgewiesen, dass das Delta aus zahlreichen Sedimentschichten zusammengesetzt ist, von denen die ältesten vor etwa 6000 Jahren entstanden sein dürften.

LEBENSRÄUME DER DONAU
Klima und Topografie des Donaubeckens sind sehr unterschiedlich. Zu etwa 30 Prozent besteht es aus gebirgigem Terrain, während sich der Rest auf Hügelland und Ebenen aufteilt. Das Klima differiert mit Niederschlagswerten zwischen 510 Millimetern pro Jahr in den Ebenen und 2000 Millimetern pro Jahr in höheren Regionen. Waldökosysteme herrschen im Becken vor, und dank einer Reihe von Wiederaufforstungsprojekten hat sich die Waldfläche wieder vergrößert: In Ungarn zum Beispiel stieg sie auf 20 Prozent an, in Slowenien und Bosnien-Herzegowina von 20 auf weit über 50 Prozent. Leider werden die Wälder durch Umweltverschmutzung, Schädlinge und extreme Witterungsbedingungen in Mitleidenschaft gezogen.

Auch im Karst gibt es eine Reihe einzigartiger Ökosysteme mit vielen endemischen Arten, die bedroht sind, weil der Kalkstein extrem empfindlich gegenüber Umweltverschmutzung ist.

Feuchtgebiete – speziell jene im Delta, die bisweilen jahreszeitlich überschwemmt werden – bieten wertvolle Lebensräume und beheimaten viele seltene und gefährdete Arten.

LINKS Das Donaudelta ist ein großes Feuchtgebiet im Nordosten Rumäniens und im Südosten der Ukraine. Das ökologisch einzigartige Biosphärenreservat liegt am Nordwestrand des Schwarzen Meers und hat eine Ausdehnung von über 5000 km².

UNTEN Ein Fuchs schwimmt im Donauhochwasser des Gemencer Waldes im Donau-Drau-Nationalpark. Im April 2006 traten in ganz Mitteleuropa Flüsse über die Ufer, vertrieben Tausende Personen aus ihren Häusern und forderten ein Dutzend Menschenleben.

UNTEN Die Donau fließt durch Wien. Mehr als zwei Millionen Menschen leben in der österreichischen Hauptstadt; das Herz der Altstadt liegt am Donaukanal oder der „Kleinen Donau".

Der Nil in Afrika

Der Nil streitet mit dem Amazonas in Südamerika um den Titel „längster Fluss der Welt". Mit einer Länge von 6693 Kilometern vom Quellgebiet in Burundi bis zur Mündung ins Mittelmeer hielt man ihn bislang für fast 300 Kilometer länger als den Amazonas mit 6385 Kilometern. Doch nach neueren Messungen der NASA zufolge ist der Amazonas tatsächlich rund 6800 Kilometer lang.

RECHTE SEITE OBEN Ein Wasserfall des Blauen Nils beim Tanasee in Äthiopien. Der See liegt auf dem äthiopischen Plateau, daher stürzt der Blaue Nil aus einer Höhe von etwa 1800 m durch eine steile Schlucht hinab zum Tiefland. In seinem Lauf gibt es eine Unmenge von Stromschnellen und Wasserfällen.

Der Nil hat zwei große Zuflüsse – den Weißen Nil und den Blauen Nil. Der Weiße Nil ist der längere Zufluss, während der Blaue Nil das meiste Wasser zusteuert. Ein weiterer Nebenfluss ist der Atbara, auch Schwarzer Nil genannt, der bisweilen ausgetrocknet ist und nur fließt, wenn es in Äthiopiens Hochland regnet.

Das Wassereinzugsgebiet des Nils beträgt mehr als 3 250 000 Quadratkilometer und umfasst etwa zehn Prozent der Gesamtfläche Afrikas. Im nördlichen Abschnitt fließt der Fluss vom Sudan bis Ägypten fast ausschließlich durch Wüste. An seiner Mündung ins Mittelmeer bildet er eines der größten Deltas der Welt. Es erstreckt sich über etwa 250 Kilometer Küstenlinie von Alexandria im Westen bis Port Said im Osten. Von Norden nach Süden hat es eine Länge von gut 160 Kilometern.

DER WEISSE UND DER BLAUE NIL

Früher hielt man den Viktoriasee im äquatorialen Ostafrika für die Quelle des Nils, aber der See wird selbst von einer Reihe großer Flüsse gespeist. Der am weitesten entfernte, der Luvironza, entspringt in den südlichen Hochgebirgen Burundis. Er fließt weiter über den Ruvuvu und den Ruvusu nordwärts und wird nach rund 350 Kilometern Länge Akagera genannt. Dieser mündet in Tansania nahe der Stadt Bukoba in den Viktoriasee. Vom Ausfluss aus dem Viktoriasee an den Riponfällen in Uganda fließt der Nil als Viktoria-Nil 500 Kilometer weiter durch den Kyogasee zum Albertsee. Ab hier heißt er Albert-Nil und passiert den Sudan, wo man ihn Bahr al-Dschabal nennt. Am Nosee vereint er sich mit anderen Flüssen zum Bahr al-Abyad oder Weißen Nil, so benannt aufgrund der Farbe, die ihm im Wasser schwebende Lehmpartikel verleihen. Von dort fließt er in Richtung der sudanesischen Hauptstadt Khartum.

Verglichen mit seinem trüben Gegenstück erscheint das Wasser des Blauen Nils klarer – daher hat er auch seinen Namen. Er entspringt im äthiopischen Hochland beim Tanasee, fließt etwa 1400 Kilometer nach Nordwesten und mündet dann bei Khartum in den Weißen Nil. Von da an trägt der Fluss den Namen Nil.

Das Wasser, das das gesamte Nilwasservolumen ausmacht, teilt sich zwischen den beiden Zuflüssen auf. Die Flüsse aus

LINKS Das Luftbild zeigt den Weißen und den Blauen Nil an ihrem Zusammenfluss bei Khartum, der Hauptstadt des Sudans. Ein arabischer Dichter nannte die Vereinigung der zwei Flüsse einst den „längsten Kuss der Geschichte".

Äthiopien fließen einen Großteil des Jahres nur schwach, und einige fallen ganz trocken, aber im Sommer, wenn Regen auf das äthiopische Plateau fällt, bringt der Blaue Nil fast die gesamte Menge an Wasser und Sedimenten in den Nil. In der Trockenzeit von Januar bis Juni trägt der Weiße Nil zwischen 70 und 90 Prozent zum Gesamtabfluss bei.

Der Atbara entspringt nördlich vom Tanasee in Äthiopien und legt rund 800 Kilometer zurück, bis er sich etwa 300 Kilometer nördlich von Khartum mit dem Nil vereinigt. Dieser Zusammenfluss markiert die ungefähre Mitte der gesamten Strecke des Nils, und von da an hat der Fluss aufgrund von Verdunstung zusehends weniger Wasser. Der Atbara gibt nur in der Regenzeit einen maßgeblichen Anteil zum Wasserdargebot des Nils, da er über einen Großteil des Jahres wenig Wasser führt.

DELTA IM WANDEL

Aus der Luft betrachtet, zeigt das Nildelta eine gebogene, lotusblütenähnliche Form – zur Zeit der alten Ägypter eines der Symbole für Oberägypten. Der berühmte Wasserweg des Nils und seines Deltas wurde jedoch sowohl durch natürliche als auch künstliche Entwicklungen geprägt. Erosion entlang der Meeresküste des Deltas ließ den Salzgehalt in der Region ansteigen, da das Salzwasser des Mittelmeers in den Boden einsickert. Die Errichtung des Assuan-Damms brachte den Herantransport nährstoffreicher Wasser und Sedimente zum Erliegen; seitdem müssen die einst reichen Flussauen gedüngt werden, um fruchtbar zu bleiben.

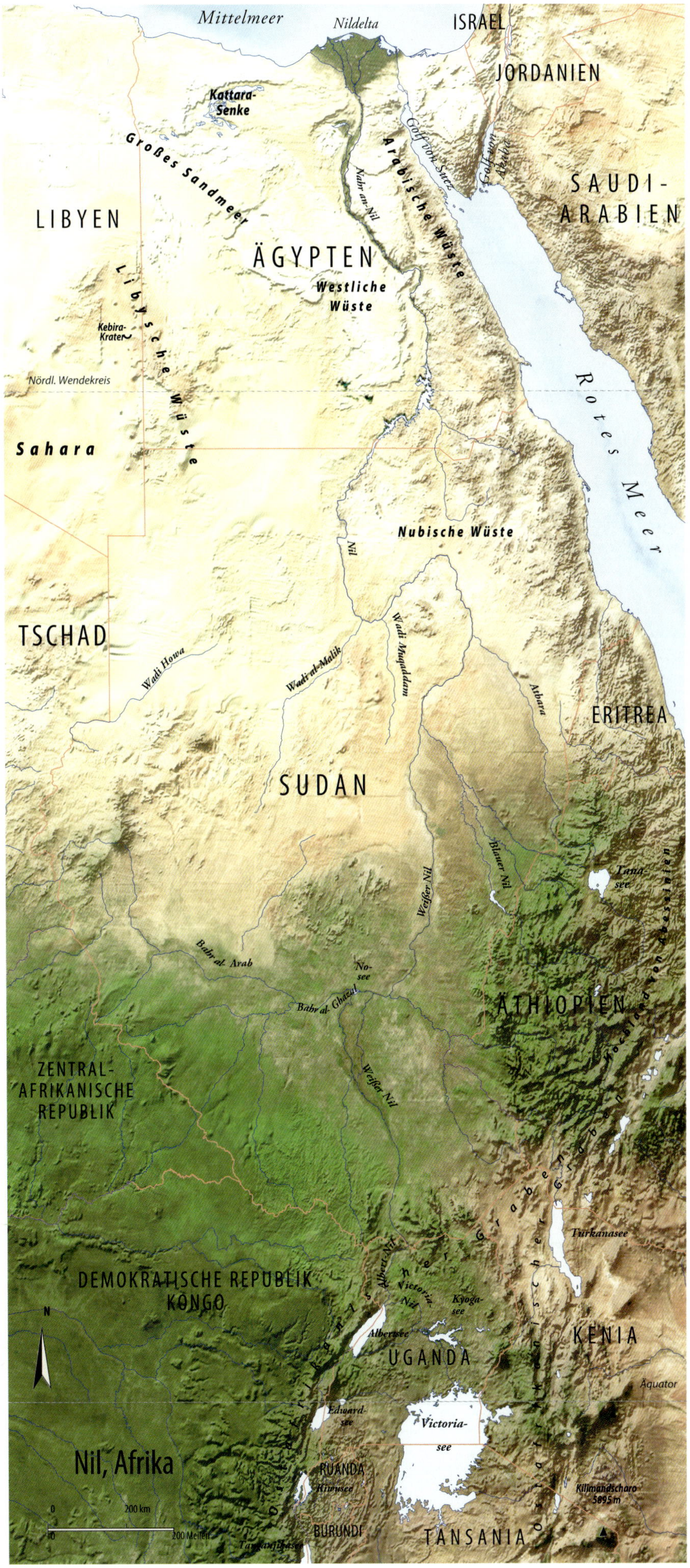

Nil, Afrika

tens fünf verschiedene Nil-Flussläufe von der West-flanke des Grabenbruchs in Richtung Norden ge-strömt.

Der älteste dieser „Paläoflüsse", Eonil genannt, wurde anhand von Satellitenbildern identifiziert, die seinen ausgetrockneten Wasserlauf in der Wüste westlich des heutigen Nils zeigen. Nilsedimente wurden ins Mittelmeer getragen, das im späten Mi-ozän ein geschlossenes Becken war. Sein Wasser-spiegel lag ungefähr 1500 Meter unter dem der Weltmeere, deshalb grub sich der Eonil tief ins Grundgestein ein und bildete einen Canyon, wäh-rend er seine Sedimente ins Mittelmeer trug. Die-ser Canyon hat sich seither mit bis zu 1400 Meter mächtigen Gesteinsschichten gefüllt.

Bis ins Pleistozän lassen sich drei weitere Fluss-läufe identifizieren. Vor etwa 130 000 Jahren stieß zum damaligen Nilsystem der Blaue Nil und bil-dete den Nil, wie wir ihn heute kennen.

Die Gegend ist tektonisch immer noch aktiv – seismische und vulkanische Aktivität entlang dem Ostafrikanischen Graben in Äthiopien halten an. Dies ist die Region Afrikas, von der man an-nimmt, dass sich dort hominide Spezies zum mo-dernen Menschen entwickelten, dem *Homo sapiens* – der einzigen noch existierenden homininen Art.

DER FLUSS IM LAUF DER ZEITEN

Das Niltal ist seit Urzeiten von der Geschichte des Menschen geprägt. Seit der Steinzeit bis heute stellt der Nil die Lebensader der ägyptischen Kultur

OBEN Die wuchernde ägyptische Metropole Kairo, eine Stadt mit mehr als 16 Millionen Einwoh-nern, wird vom Nil durchquert. Unmittelbar nördlich von Kairo weitet sich der Fluss zum Delta.

FÜNF NILFLÜSSE

Das Nil-Flusssystem ist stark durch tektonische Aktivitäten im späten Tertiär geprägt worden. Ihre Folge waren Brüche, Verwerfungen und Hebungen auf dem Kontinent, auch Veränderungen des Mee-resspiegels, wodurch das Rote Meer, der Golf von Aden und der Ostafrikanische Graben entstanden. Es bildeten sich entlang dem Grabenbruch Hoch-länder, und so sind vom späten Miozän (vor etwa zehn Millionen Jahren) bis zur Gegenwart mindes-

EIN FLORIERENDER WASSERWEG

Viele große und alte Städte liegen am Nil, darunter Khartum im Sudan und in Ägypten Assuan, das früher Swan hieß; ebenso Luxor, die Stätte des alte Theben, und Kairo, einst Gizeh. Der erste von sechs Katarakten befindet sich bei Assuan nördlich des Assuan-Damms und zur Mündung am nächsten; der sechste liegt bei Sabaloka, nördlich von Khartum. Unterhalb der Katarakte sind Kreuzfahrtschiffe und traditionelle Holzsegelboote, Felucken genannt, touristische Verkehrsmittel in den Norden und zurück. Der nördlichste Abschnitt ist leider seit vielen Jahren aus Sicherheitsgründen gesperrt.

dar. Die meisten ägyptischen Städte liegen im Niltal, und fast alle kulturellen und historischen Stätten der alten Ägypter säumen seine Flussufer.

Vermutlich vor 8000 Jahren wurden die ägyptischen Weideländer trocken, die Sahara entstand. Ursachen könnten Klimaveränderungen oder Überweidung oder beides gewesen sein. Die Menschen waren gezwungen, an den Fluss zu ziehen, wo sie in einem zentralisiert ausgerichteten Gesellschaftssystem Ackerbau betrieben. Die Hochwasser des Nils machten das Tal fruchtbar. Weizen und andere Getreide ernährten die Bevölkerung. Wasserbüffel und Kamele dienten als Fleischlieferanten sowie als Arbeits- und Transporttiere. Auch der Nil selbst bot einen günstigen und effizienten Weg für den Transport von Menschen und Gütern.

DIE NATURGESCHICHTE DES NILS

Da das Flusstal so fruchtbar ist, gibt es in ihm eine reichhaltige Flora und Fauna. Papyrusstauden wachsen am oberen Nil heute nicht mehr so reichlich wie früher. Aus der Papyruspflanze stellten die alten Ägypter, als die Geschichtsschreibung aufkam, Schreibmaterial her; ihr Name ist auch der Ursprung des Wortes „Papier".

Im Delta überwintern Hunderttausende von Zugvögeln, so etwa die weltweit größte Zahl an Zwergmöwen und Weißbartseeschwalben. Auch Graureiher, Seeregenpfeifer, Löffelenten und Kormorane nisten hier. Andere am Nil verbreitete Vögel sind Falken, Milane, Gänse, Kraniche, Silberreiher und andere Reiher sowie Regenpfeifer, Tauben, Ibisse, Geier und Eulen.

Viele am Nil lebende Tiere waren den Ägyptern heilig, etwa der Falke, den man als Hüter des Herrschers betrachtete und mit hinter dem Kopf des Pharaos ausgebreiteten Flügeln darstellte, und der Ibis, der als Kopf des Gottes Thoth erscheint. Verbreitung und Bestand des Ibis sind seit dem 19. Jahrhundert stark zurückgegangen.

Der Fischbestand des Nils umfasst Karpfen, Barsche und Welse; im Delta leben Meeräschen und Seezungen. Auch verschiedene Fische galten im alten Ägypten als heilig. Im Delta finden sich auch Frösche, Schildkröten, Mangusten und Nilwarane. Zwar gibt es hier keine Nilkrokodile mehr, doch anderswo im Fluss kommen die Reptilien noch vor und sind in ihrem Bestand nicht gefährdet.

OBEN Zwei Nilkrokodile (*Crocodylus niloticus*) rangeln um einen Knochen. Sie zählen zu den drei in Afrika heimischen Krokodilarten. Ihre Verbreitung reicht vom Nil bis Südafrika und von der West- bis zur Ostküste.

UNTEN Der Nil strömt am Tempel von Luxor vorbei. Er wurde zur Zeit des Neuen Reichs von mehreren aufeinanderfolgenden Pharaonen zu Kultzwecken erbaut.

Die Victoriafälle in Afrika

Mosi-oa-Tunya – „Rauch, der donnert" – ist der einheimische Name der Victoriafälle, die einen Teil der Grenze zwischen dem südlichen Sambia und Nordwestsimbabwe in Südafrika bilden. David Livingstone, der erste Europäer, der die Fälle zu Gesicht bekam, benannte sie 1855 zu Ehren von Königin Victoria.

UNTEN Wer als Tourist in Simbabwe die Victoriafälle vom Kamm der Schlucht aus betrachtet, wird vom Sprühnebel durchnässt. Er steigt von den ungeheuren Wassermassen auf, die über die Fälle in die Tiefe stürzen.

Der größte ebenmäßig fallende Wasserfall auf Erden zählt zu den spektakulärsten Wasserfällen überhaupt. Gut 1,6 Kilometer breit ist der Sambesi an der Stelle, an der er mit ohrenbetäubendem Lärm aus 90 Meter Höhe in eine Reihe von Basaltschluchten stürzt. Dabei wirft er einen gleißenden Sprühnebel auf, der noch in 30 Kilometer Entfernung zu sehen ist, immer wieder gekrönt von prächtigen Regenbogen. Dass pro Sekunde über 9000 Kubikmeter Wasser in die 30 Meter schmale Batokaschlucht stürzen, macht die Fälle umso beeindruckender. Von der gegenüberliegenden Seite der engen Schlucht aus hat man den besten Blick auf das Naturschauspiel.

NATIONALPARKS UND WILDTIERE

Die Fälle gehören zu zwei Schutzgebieten zu beiden Seiten des Sambesi – dem Mosi-oa-Tunya-Nationalpark in Sambia und dem Victoria-Falls-Nationalpark in Simbabwe. Beide sind mit 65 bzw. 23 Quadratkilometer Fläche relativ klein und stehen seit 1989 auf der UNESCO-Welterbeliste der Naturdenkmäler.

In der Gischt des Wasserfalls gedeiht Regenwald, der auf sandigem Schwemmland wächst und die Luftfeuchtigkeit, die zum Erhalt des fragilen Ökosystems nötig ist, vom Sprühnebel der Fälle geliefert bekommt. Zu den vielen Baumarten in diesem Wald zählen Akazien, Ebenholzgewächse, die Elfenbein-Steinnuss und Dattelpalmen.

In den Nationalparks leben eine beträchtliche Anzahl von Elefanten, Kaffernbüffeln und Giraffen sowie eine Vielzahl anderer Tiere, darunter Flusspferde. Es gibt etwa 400 Vogelarten in der Region, und die Schluchten unter den Fällen sind ein bevorzugter Brutplatz von Taitafalken, Kaffernadlern und Wanderfalken.

Die Victoriafälle bilden die physische Grenze zwischen den Gebieten des oberen und des mitt-

KULTURELLES ERBE

Um die Victoriafälle herum wurden mancherlei Steinartefakte gefunden, die man der homininen Spezies *Homo habilis* zuschreibt, die vor etwa drei Millionen Jahren dort gelebt hatte. Steinwerkzeuge zeigen, dass die Gegend in der Mittelsteinzeit vor 50 000 Jahren länger besiedelt war. Auf ein Alter von 10 000 bis 2000 Jahren datierte Gegenstände wie Waffen, Schmuck und Grabwerkzeuge lassen auf Jäger und Sammler der späten Steinzeit schließen. Erst in jüngerer Zeit verdrängten Landwirtschaft betreibende Gemeinschaften diese frühen Bewohner.

leren Sambesi; in beiden Flussabschnitten leben jeweils unterschiedliche Fischarten.

BRÜCHE UND RISSE

Der Sambesi fließt eine beträchtliche Strecke über flache Basaltdecken durch ein von niedrigen Sandsteinhügeln umgrenztes Tal. Im Fluss liegen mit Bäumen bewachsene Inseln, deren Zahl zu den Victoriafällen hin zunimmt. Diese markieren in etwa die Mitte des Flusslaufs.

Infolge der Hebung der als Makgadikgadi–Salzpfannen bekannten Region vor zwei Millionen Jahren schnitt der Fluss entlang Brüchen, die ostwestlich verlaufende Risse bildeten, in das Basaltplateau ein. Die Fälle weichen seit Tausenden Jahren stromaufwärts zurück; Überreste von sieben ehemaligen Wasserfällen bilden heute eine Reihe im Zickzack verlaufender Schluchten stromabwärts von den Fällen. Der Teufelskatarakt in Simbabwe ist gegenwärtig dabei, einen neuen, achten Wasserfall zu bilden, was dazu führen wird, dass der heutige Felskamm der Fälle hoch über dem Fluss liegen und jener tief unten im Canyon fließen wird.

Am Ausgang der ersten Schlucht hat der Fluss ein tiefes Becken – *boiling pot* (Hexenkessel) genannt – ausgehöhlt, das einen Durchmesser von 150 Metern erreicht. Dessen Wasseroberfläche ist bei geringem Durchfluss ruhig, wenn jedoch die über die Fälle stürzende Wassermenge ansteigt, bilden sich im wogenden Wasser langsame, gewaltige Wirbel. Flussabwärts nach dem *boiling pot* wendet sich der Flusslauf scharf nach Westen in die nächste der zickzackartig verlaufenden Schluchten, deren Seitenwände etwa 120 Meter hoch sind.

GANZ OBEN Je nach den klimatischen Bedingungen kann die Wassermenge des Sambesi beträchtlich schwanken. Zur Mitte des Jahres 2006 ließ eine schwere Dürreperiode den Fluss stark austrocknen und verminderte die Strömung so sehr, dass der Sambesi sich in einzelne Arme aufspaltete.

OBEN LINKS Eine Gruppe von Flusspferden (*Hippopotamus amphibius*) im Sambesi. Die Tiere haben sich an die afrikanische Sonne angepasst, indem ihre Haut ein orangerotes Pigment absondert, das als Sonnenschutz wirkt. Funde von 47 Millionen Jahre alten Walfossilien stützen die Theorie, dass Wale mit Flusspferden verwandt sind.

Der Ganges in Asien

Der Ganges ist der heilige Fluss Indiens. Seit Anbeginn der indischen Geschichte wird er als Göttin verehrt. In diesem Fluss zu baden hilft Hindus, Erlösung und Vergebung der Sünden zu erlangen. Deshalb ist es für sie unerlässlich, mindestens einmal im Leben in seine Fluten zu steigen.

Mit einer Länge von etwa 2700 Kilometern zählt der Ganges bei Weitem nicht zu den längsten Flüssen, doch immerhin findet sich in seinem Becken die höchste Bevölkerungsdichte auf der Erde – mehr als 500 Millionen Menschen, durchschnittlich 400 pro Quadratkilometer. Die Gesamtbevölkerung der Gegend, die eine Fläche von rund einer Million Quadratkilometer umfasst, repräsentiert ein Zwölftel oder 8,5 Prozent der Weltbevölkerung.

DAS WASSER DES GANGES SAMMELT SICH

Die Quelle des Ganges ist der gewaltige Gangotrigletscher auf 4300 Meter Höhe in den Vorbergen des Himalaya – des Gebirgszugs, der die Nordgrenze des Gangesbeckens darstellt. Gletscherschmelzwasser speist den Fluss Bhagirathi, der sich bei der malerischen, tief in einem rauen Himalayatal verborgenen Stadt Devprayag mit dem Alaknanda vereinigt und den Ganges bildet.

Das Gangesbecken ist Teil des größeren, komplexen Ganges-Brahmaputra-Meghna-Beckens und bezieht sein Wasser aus Bangladesch, China, Indien und Nepal. Das Aravalligebirge begrenzt das Becken im Westen, das Vindhyagebirge und das Chotanagpur-Plateau im Süden, die Brahmaputraberge im Osten.

Von September bis März lässt die Schneeschmelze den jetzt angeschwollenen Ganges durch die Himalayatäler in die Gangesebene donnern, wo Wildwasserfans Schlauchboottouren unternehmen. Die Einmündungen zahlreicher großer Nebenflüsse bringen weiteres Wasser in den Ganges, der an einigen von Indiens meistbevölkerten Städten vorbeifließt. Deren Einwohner sind auf sein Wasser für ihr wirtschaftliches Überleben angewiesen.

In dem gewaltigen Delta bildet der Fluss eine Vielzahl von Nebenarmen; der erste ist der enorm große Hugli, an dem die riesige Stadt Kalkutta mit ihren 14 Millionen Einwohnern liegt. Der Hauptarm des Ganges setzt sich nach Bangladesch fort, wird dort zum Padma und dieser wiederum nach dem Zusammenfluss mit dem riesigen Brahmaputra zum Meghna. Der Meghna bildet den Hauptkanal des Gangesdeltas und durchschneidet die Region auf seinem Weg zum Golf von Bengalen.

EINE JUNGE TEKTONISCHE GESCHICHTE

Die tektonische Geschichte Indiens erklärt, weshalb Ganges und Brahmaputra so mächtige Flüsse sind. Die Emporhebung des Himalayas ist geologisch gesehen ein relativ „junges" Ereignis. Als Pangäa vor etwa 200 Millionen Jahren zerbrach, bewegte sich

OBEN Die Region um das Delta wird nach den vorherrschenden Bäumen Sundarbans („Schöner Wald") genannt. Sie bilden das größte Mangroven-Ökosystem der Welt. Dort leben der gefährdete Königstiger (siehe Bild) ebenso wie Tigerpython, Asiatischer Elefant, Nebelparder und Gangesgavial.

DIE VERSCHMUTZUNG EINES HEILIGEN FLUSSES

Es wirkt ironisch, dass die Hindus das Wasser des Ganges benutzen, um sich zu reinigen, während das Wasser selbst alles andere als rein ist. Da das Gangesbecken die am dichtesten bevölkerte Region auf der Erde darstellt, verwundert es nicht, dass der Fluss stark verschmutzt ist, unter anderem durch Industriechemikalien und Müll. Gewaltige Mengen von ungeklärten Abwässern fließen ebenso hinein wie von unfachmännischen Einäscherungen stammende menschliche Überreste. Teilweise oder gar nicht verbrannte Leichen und tote Tiere treiben den Ganges hinab.

In jüngerer Zeit wurde mit dem „Ganga Action Plan" versucht, das Verschmutzungsproblem in den Griff zu bekommen. Mit niederländischer und britischer Hilfe arbeitet die indische Regierung an einer Reihe von Müllentsorgungsanlagen, und Anfang 2006 zeigten Satellitenbilder eine deutliche Verbesserung der Wasserreinheit.

die Indisch-Australische Platte nach Norden und kollidierte vor 50 Millionen Jahren mit der Eurasischen Platte. Die Stoßkraft der Kollision faltete beide Platten, drückte sie nach oben und bildete so die stark gestauchten, zerklüfteten Gipfel des Himalaya. Die Emporhebung dauert noch heute an und ist die Ursache verheerender Erdbeben, die von Zeit zu Zeit diesen Teil der Welt erschüttern.

Sowohl die Steilheit der Berge als auch extreme Niederschläge sorgen für starke Erosion und eine riesige Sedimentfracht, die der Ganges und seine Nebenflüsse mit sich führen. Diese Sedimente werden in dem nach unten geneigten Becken der Indisch-Australischen Platte abgelagert und gestalten dort die Gangesebenen.

Das bogenförmige Gangesdelta ist mit einer Fläche von über 100 000 Quadratkilometern das größte der Welt. Seine Schwemmebenen sind von einem Labyrinth ineinander verwobener Flussläufe, Sümpfe und Seen durchzogen. Über das Delta hinaustransportierte Sedimente bilden im Golf von Ben-

galen einen Schwemmfächer, die größte untermeerische Sedimentablagerung auf der Erde. Dort wurden wichtige Gasvorkommen entdeckt, wozu Erkundungsarbeiten laufen. Ist die Suche erfolgreich, könnte das für die Zukunft der Region eine große Rolle spielen und helfen, die Armut zu lindern.

ÖKOSYSTEME UND LEBEN AM GANGES

Das Gangesbecken wird auf der einen Seite vom höchsten Gebirgszug der Welt begrenzt und es weist das größte Mündungsdelta überhaupt auf. Kein Wunder also, dass sehr verschiedenartige Ökosysteme eine bemerkenswerte Flora und Fauna beherbergen. In den dichten Wäldern der Bergregionen, den spärlich bewaldeten Hügelgegenden und der fruchtbare Gangesebene gibt es eine Vielfalt von Pflanzen und Tieren. Im Ganges selbst lebt ein extrem seltener Süßwasserdelfin, der Gangesdelfin (*Platanista gangetica*), während der Irawadidelfin (*Orcaella brevirostris*), auch ein Süßwasserdelfin, aus dem Golf von Bengalen ins Delta vordringt.

OBEN LINKS Zahlreiche Flüsse fließen von den Höhen des Himalaya ins Brahmaputratal im indischen Assam. An der Grenze zu Bangladesch wendet sich der Fluss nach Süden, vereinigt sich mit dem von links kommenden Ganges und spaltet sich auf dem Weg zum Golf von Bengalen in Nebenarme auf.

UNTEN Der Ganges gilt seit Langem als heilig und ist regelmäßig Schauplatz religiöser Feierlichkeiten. Bei Allahabad versammeln sich Massen von Pilgern zum Kumbh Mela („Krugfest"), das alljährlich mehr Menschen anzieht als jedes andere religiöse Fest auf der Welt.

Der Jangtse in Asien

Der chinesische Name des Jangtse lautet „Chang Jiang" („Langer Fluss"). Mit etwa 6300 Kilometern ist er der längste Fluss Asiens und der drittlängste der Welt. Der Dichter Li Bai aus der Zeit der Tang-Dynastie beschrieb ihn als „Fluss, der an den Grenzen des Himmels fließt".

Der Jangtse ist einer von sechs großen Flüssen, deren Wasser aus dem Hochland von Tibet stammt – dem höchstgelegenen und größten Plateau der Erde. Der Fluss wird von einem Gletscher im Danglagebirge an der Ostseite des Hochlands von Tibet gespeist und fließt ins Sichuanbecken, wo zahlreiche Nebenflüsse sein Wasservolumen enorm erhöhen. Dort fällt der Fluss von etwa 5000 auf unter 1000 Meter über dem Meeresspiegel ab und fließt durch ein steilflankiges Tal südwärts nach Yunnan. Das Tal ist eine der drei sehr tiefen Schluchten im Schutzgebiet der „Drei parallelen Flüsse" von Yunnan, das von der UNESCO zur Welterbestätte erklärt wurde. Die „Drei Schluchten", wie die Region genannt wird, sind berühmt für ihre spektakulären Landschaften.

Die etwa 1 700 000 Hektar großen Schutzgebiete umfassen die Wassereinzugsareale dreier großer Flüsse – des Jangtse, des Mekong und des Saluen. Sie fließen von Norden nach Süden durch parallele, stellenweise bis zu 2000 Meter tiefe Schluchten mit steilen Wänden.

Nach den Drei Schluchten tritt der Fluss in die Jangtse-Ebene ein. Hier nimmt sein Volumen durch das Wasser zahlreicher Seen und Nebenflüsse zu, während er ostwärts nach Shanghai fließt und dort in einem Delta ins Ostchinesische Meer mündet. Mit mehr als 18,5 Millionen Menschen ist das Delta eine der am dichtesten besiedelten Regionen der Welt. In Shanghai selbst leben etwa 20 Millionen Menschen. Kein Wunder, dass das Delta auch eine der am stärksten verseuchten Gegenden der

OBEN In der chinesischen Provinz Sichuan werden entlang den Drei Schluchten des Jangtse Terrassen angelegt, um die raue Landschaft urbar zu machen. Das Rote Becken, wie die Gegend nach der Farbe der von einem urzeitlichen Binnenmeer hinterlassenen Boden heißt, wird intensiv bewirtschaftet, hauptsächlich mit Reis.

DIE GROSSE TALSPERRE

Regelmäßige schwere Hochwasser des Jangtse waren in der Vergangenheit eine Gefahr für Millionen Menschen, die in seinem Einzugsgebiet leben. Zur Hochwasserkontrolle, Energieerzeugung und Bewässerung wurde die Drei-Schluchten-Talsperre errichtet, das weltweit größte Bauwerk dieser Art. Viele Städte wurden dabei überflutet und die Ökologie der Region tiefgreifend verändert. Auch urzeitliche Kulturstätten wurden unter Wasser gesetzt. In der Drei-Schluchten-Region fand man zwei Millionen Jahre alte menschliche Fossilien, die Fragen nach dem Ursprung des chinesischen Volkes aufwerfen. Die Wissenschaftler gehen davon aus, dass sich der Mensch in Afrika entwickelte und erst viel später verbreitete. Daher wandten sich viele Organisationen ebenso wie Einzelpersonen gegen den Bau der Talsperre. Kritiker glauben zudem, dass sie wenig bis keine Auswirkung auf die Hochwasser haben wird oder sie sogar verschlimmern könnte.

Welt ist und man ihm einen Großteil der Verschmutzung des Pazifischen Ozeans zuschreibt.

EINE LANDSCHAFT WIE GEMEISSELT
Die Hebung des tibetischen Hochlands begann vor etwa 50 Millionen Jahren, zur Zeit der Kollision von Indisch-Australischer und Eurasischer Platte, die auch die Ursache der Auffaltung des Himalaya war. Der Druck der Indisch-Australischen Platte, die sich unter die Eurasische Platte schob, erzeugte Verwerfungen und Risse in der Kruste und schuf hohe, zerklüftete Berge mit spektakulärem Relief. Das Gebiet der Drei Schluchten wird von einem komplizierten System geologischer Brüche beherrscht; in einigen davon verliefen Flüsse und gruben tiefe Täler aus, während die Hebung über Dutzende Jahrmillionen weiterging.

Als vor etwa vier Millionen Jahren die letzte Eiszeit begann, war das tibetische Hochland von Gletschern bedeckt, die bis vor rund 10 000 Jahren mehrere Male vordrangen und wieder zurückwichen. Die glazialen Erosionskräfte verstärkten die wesentlichen topografischen Formen mit ihren gezackten Gipfeln und Felsgraten, und füllten die Täler mit großen Mengen glazialer Sedimente wie Schluff, Sand und Kies an. Wegen des geringen Gefälles fließen die großen Flüsse des tibetischen Plateaus vielfach verzweigt über diese Sedimente. Wenn sie den Rand der Ebene erreichen, hat sich ihr Volumen durch Zusammenflüsse erhöht, und infolge der enorm verstärkten Erosionskraft schneiden sie tiefe, schmale Canyons und Schluchten in das Grundgestein ein. Gewaltige Stromschnellen und dramatische Wasserfälle sind eine Begleiterscheinung dieses Prozesses.

DIE ERHALTUNG EINER VIELFÄLTIGEN UMWELT
Ein Fluss von der Größe des Jangtse umfasst eine ungeheure Vielfalt an Ökosystemen und beheimatet eine mannigfaltige Flora und Fauna. Zwar leben mindestens zwei gefährdete Arten in dem Fluss – China-Alligator und Schwertstör –, und der Chinesische Flussdelfin ist vermutlich ausgestorben, aber die im Yunnan-Nationalpark liegende Drei-Schluchten-Region macht das fast wieder wett. Als eines der am wenigsten vom Menschen beeinflussten Ökosysteme der Welt beherbergt das Schutzgebiet sehr viele Tier- und Pflanzenarten. Der Nationalpark umfasst eine Reihe ganz verschiedener Klimazonen und große Höhenunterschiede. Es sind noch umfangreiche Untersuchungen nötig, aber man vermutet, dass in dieser Region mehr als 25 Prozent der Tierarten der Welt heimisch sind.

UNTEN Löffelstöre nehmen mithilfe ihrer zu einem langen Paddel verlängerten Schnauze die elektrischen Felder wahr, die die im schlammigen Flussgrund versteckten Beutetiere aussenden. Der Schwertstör lebt im Jangtse, der Löffelstör im Mississippi.

UNTEN Blick auf den Jangtse bei den Drei Schluchten in der Volksrepublik China. Wenn die Talsperre betriebsbereit ist (voraussichtlich 2009), wird ein Großteil dieser Szenerie nicht mehr existieren. Mehr als zwei Millionen Ortsansässige mussten umgesiedelt werden.

OBEN Perito Moreno ist einer
von 47 großen Gletschern im
argentinischen Nationalpark Los
Glaciares, einer Welterbestätte.
Der Gletscher, der wie der Spe-
gazzini- und der Upsalagletscher
im Süden des Parks liegt, fließt
in den Lago Argentino.

RECHTS Buckelwale (Megaptera
novaeangliae) verbringen den
Sommer vor der Südküste von
Alaska, wo es viele Fjorde gibt.

Über einen Großteil ihrer Geschichte war die Erde eisfrei und relativ warm, auch an den Polen. Das empfindliche Gleichgewicht zwischen Eis und Wasser auf der Erdoberfläche verändert sich jedoch ständig. Wenn sich auf den polaren Landmassen Eis bildet, sinken die globalen Durchschnittstemperaturen ab, der Meeresspiegel fällt, und der Planet erlebt eine Eiszeit.

Seit der Entstehung der Erde vor 4,6 Milliarden Jahren gab es nur ein paar große Eiszeitalter: das Archaische vor 2,4 bis 2,1 Milliarden Jahren, das Kryogenische (Sturtisch-Marinoische) vor 850 bis 635 Millionen Jahren, das Silur-Ordovizische vor 450 bis 420 Millionen Jahren, das Permokarbonische (Gondwana-Vereisung) vor 360 bis 260 Millionen Jahren und das Känozoische Eiszeitalter, das vor etwa 30 Millionen Jahren begann – in der Epoche also, in der wir gegenwärtig leben.

Alle Eiszeiten machen zusammengenommen nur etwa zehn Prozent der geologischen Zeitspanne der Erdgeschichte aus. Während größerer Eiszeitalter bilden sich riesige Eisflächen mit immer mächtiger werdenden Gletschern, die sich äquatorwärts bewegen und bis zu 40 Prozent der Landoberfläche bedecken. Dann kann die Temperatur in mittleren Breiten um bis zu 14 °C fallen.

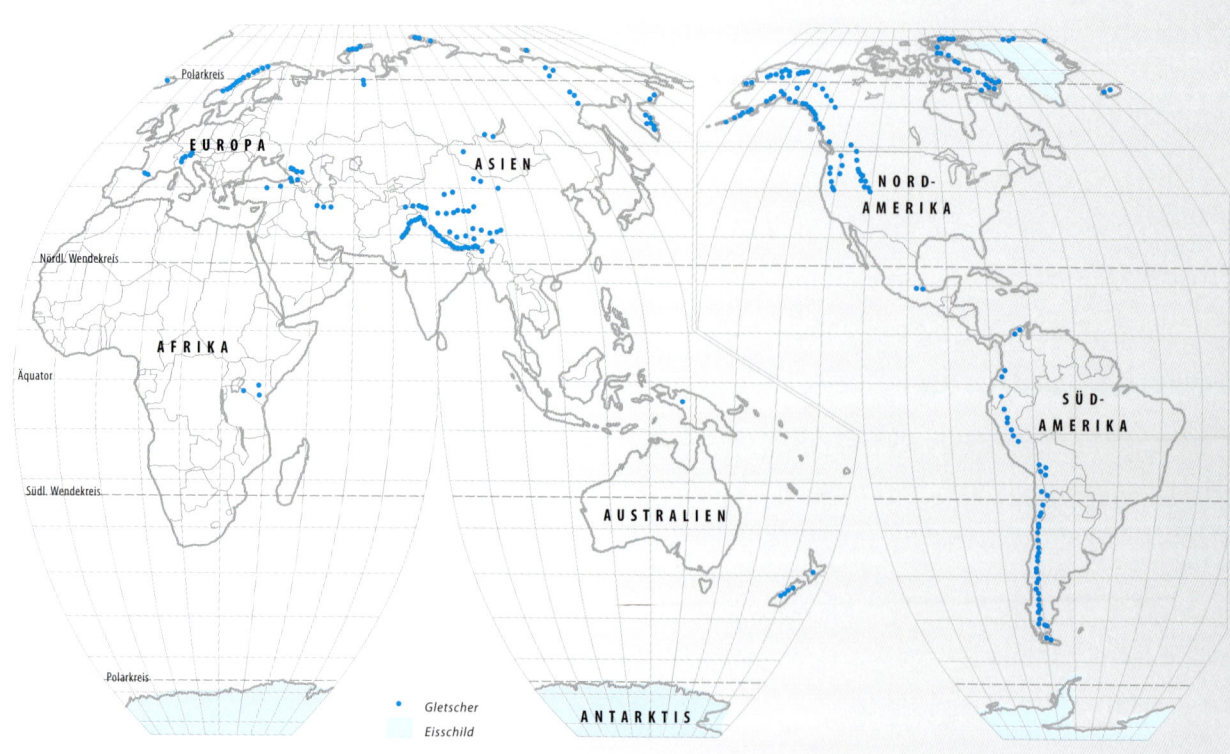

EISZEITALTER UND KONTINENTALDRIFT

Die Position der Kontinente im Verhältnis zu den Polen bestimmt, ob die Erde ein Eiszeitalter erlebt oder nicht. Normalerweise verteilen die Meeresströmungen die Wärme von den äquatorialen Zonen und sorgen für einigermaßen einheitliche globale Temperaturen; schiebt sich jedoch eine Landmasse über den Pol, wird dieses Gleichgewicht gestört. Da momentan Antarktika über dem Südpol liegt und die Kontinente der Nordhalbkugel sich um das Nordpolarmeer drängen, sind sowohl am Nord- als auch am Südpol Eiskappen entstanden. Das kommt äußerst selten vor.

Das Permokarbonische Eiszeitalter begann, als sich die Kontinente Laurasia im Norden und Gondwana im Süden zum Superkontinent Pangäa vereinigten. Die Landmasse unterbrach die Ozeanzirkulation und dehnte sich zudem in die antarktische Region aus. Bald bildete sich innerhalb des dortigen Polarkreises Eis, das sich nach Norden ausbreitete. Ebenso strömten nun aus höheren alpinen Gegenden Gletscher zu Tale.

KALTZEITEN UND WARMZEITEN IM WECHSEL

Im Laufe größerer Eiszeitalter wechseln sich Kaltzeiten und kürzere wärmere Phasen ab, die man Warmzeiten oder Interglaziale nennt. Gegenwärtig

erlebt die Erde eine Warmzeit, die auf die letzte Kaltzeit gefolgt ist. Das Klima begann sich vor etwa 18 000 Jahren zu erwärmen, vor 15 000 Jahren endete das Vordringen der Gletscher, und der Meeresspiegel stieg. Die Megafauna der Eiszeit – Säuger, Vögel und Reptilien – starb vor ungefähr 10 000 Jahren aus. Dann wurde vor gut 8000 Jahren die Landbrücke über die Beringstraße überschwemmt, wodurch Menschen und Tieren der Weg nach Nordamerika abgeschnitten war. Vor etwa 5000 bis 6000 Jahren erreichte das Interglazial des Holozäns seinen Höhepunkt.

OBEN Der Fjord des Milford Sound entstand in seiner heutigen Form in der letzten Eiszeit. Das Eis hat glatte Wände herausgemeißelt und eine einzigartige Unterwasserlandschaft geschaffen. Sie wird von unzähligen Seesternen, Fischen, Schwämmen und seltenen Korallen bewohnt.

LINKS Die Satellitenaufnahme zeigt, warum die Westfjorde über die Hälfte der isländischen Küstenlänge ausmachen, obwohl die Region nur ein Achtel des Landes umfasst. Die tertiären Basalte, die man hier findet, zählen zu Islands ältesten Gesteinen. Viele Wasserfälle säumen die Fjorde. Im Sommer bewohnen Vögel, vor allem Papageitaucher, die Kliffe.

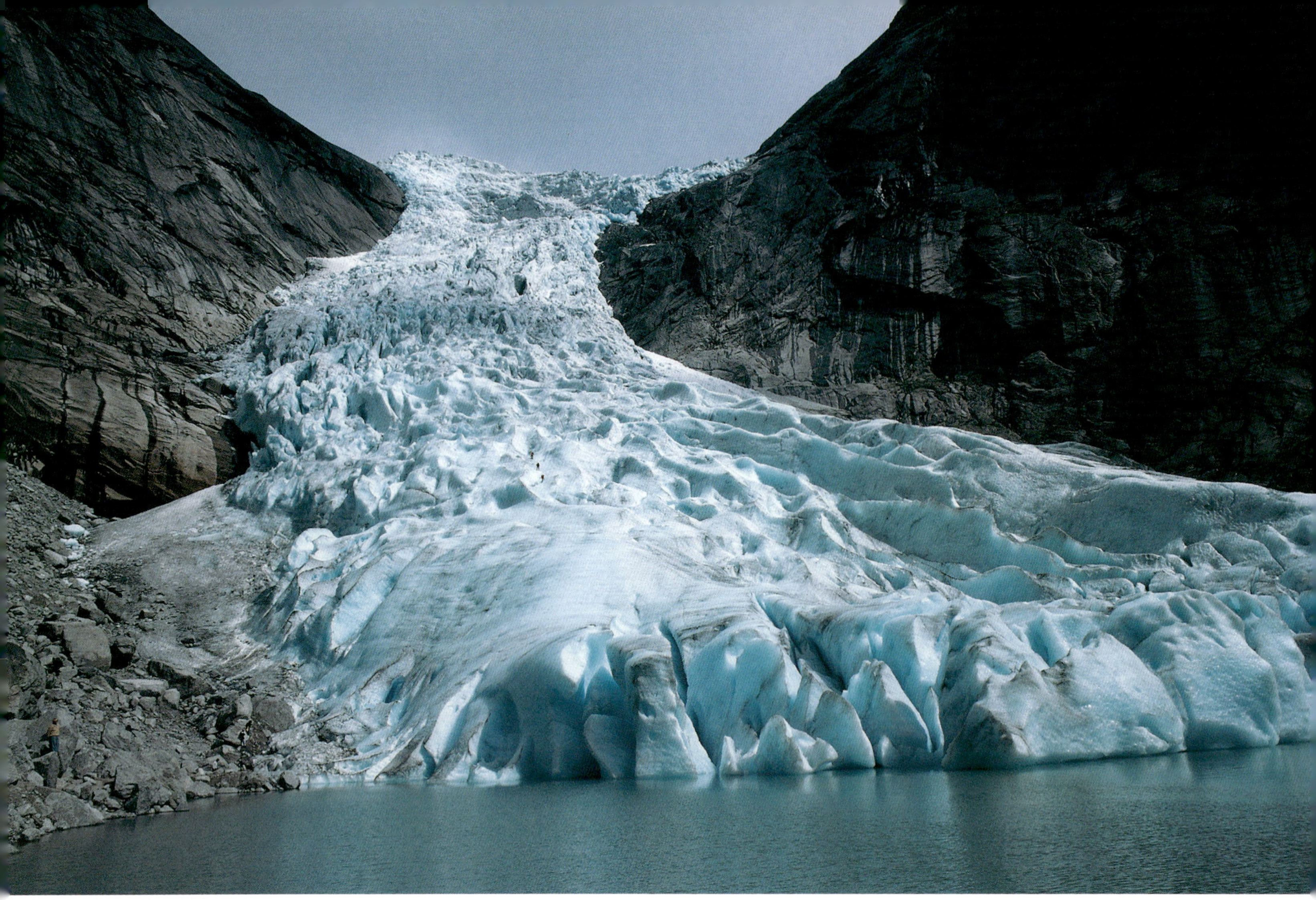

Heute weiß man, dass kaum bemerkbare Schwankungen der Erdumlaufbahn sich ungefähr alle 100 000 Jahre auf den Zyklus von Glazialen und Interglazialen auswirken. Das können Veränderungen der Ellipsenbahn der Erde sein, Neigungen ihrer Rotationsachse und eine Veränderung der Präzession der Erdachse. Benannt sind die Zyklen nach dem serbischen Mathematiker und Astrophysiker

Milanković, der als Erster die Theorie aufstellte, derartige Fluktuationen könnten für den Wechsel von Kalt- und Warmzeiten verantwortlich sein.

ABRUPTE MINI-EISZEITEN UND WARMPERIODEN
Innerhalb der gegenwärtigen Warmzeit, die vor etwa 15 000 Jahren begann, gab es noch einige kürzere Phasen kälteren und wärmeren Klimas.

ENTSTEHUNG DER FJORDE DURCH EROSION

Fjorde entstehen durch glaziale Erosion während Kaltzeiten. A. Kerbtäler mit steilen Flanken werden in die Landschaft eingeschnitten, meist entlang von geologischen Schwächezonen. Solche V-förmigen Täler sind typisch für junge, reißende Flüsse mit großer Erosionskraft. B. Während einer Kaltzeit erweitern Gletscher das Tal zur U-Form. Moränenmaterial am Gletschergrund oder Felsbrocken am Rand und im Innern des Gletschers schleifen und polieren das Felsgelände. C. Wenn sich der Gletscher zurückzieht, werden die leeren Trogtäler vom steigenden Meer überflutet und bilden Fjorde, spektakuläre Tiefwasserhäfen mit steilen, kahlen Wänden. Von den Seitentälern ergießen sich oft Wasserfälle ins Haupttal.

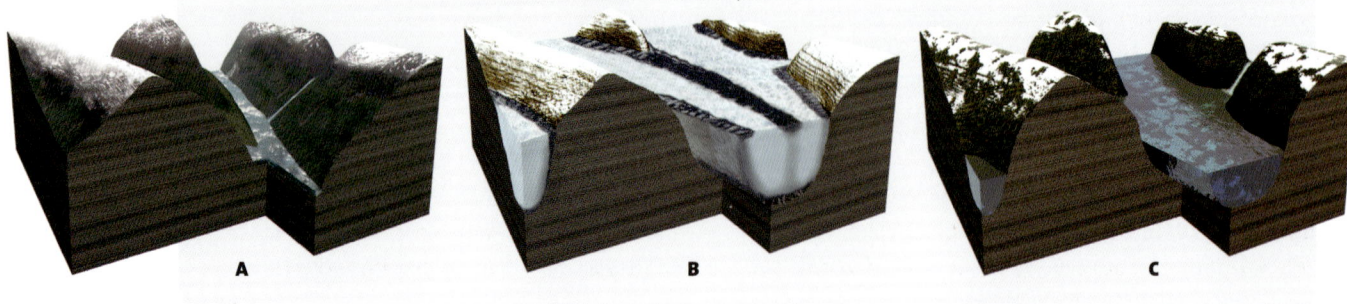

A   B   C

Vor etwa 5000 bis 6000 Jahren lagen die Interglazialtemperaturen im Durchschnitt 2 °C über den heutigen Temperaturen. Auf diese Phase folgte in der Eisenzeit, etwa 1000 bis 500 v. Chr., eine wesentlich kältere Zeit, in der Küstengebirge wieder vergletscherten. Dann stiegen die Temperaturen an und erreichten zwischen den Jahren 1000 und 1350, in der mittelalterlichen Wärmeperiode, einen Höhepunkt. Sie fielen während der „Kleinen Eiszeit" von etwa 1400 bis 1860 und sind seitdem bis heute wieder angestiegen; dies ist die Erwärmung des Industriezeitalters. Die treibende Kraft hinter den kürzeren Zyklen ist wohl eine Kombination mehrerer Faktoren wie Meeresströmungen, Vulkanausbrüche, Meteoriteneinschläge, Schwankungen der Sonneneinstrahlung und Konzentration von Treibhausgasen in der Atmosphäre.

Lange Zeit glaubte man, diese Zyklen kämen und gingen in Zeiträumen von Jahrhunderten. Jüngere Untersuchungen von Eisbohrkernen aus Gletschern haben jedoch gezeigt, dass sich die Temperaturen wesentlich schneller ändern können als bislang gedacht. Man spricht bei relativ großen Veränderungen des Weltklimas innerhalb kurzer Zeit von „abrupten Übergängen". Sie erklären sich durch die Entdeckung, dass die großräumige Meereszirkulation im Nordatlantik in zwei Mustern oder stabilen Zuständen erfolgt, die sich plötzlich verändern können. Zum einen fließt der warme Golfstrom an der Ostküste der USA entlang nach Norden an den britischen Inseln vorbei ins norwegische Meer und sorgt so für relativ warmes Klima in Nordwesteuropa. Zum anderen wird die nördliche Ausbreitung des Golfstroms „abgeschaltet", wodurch das Klima für die Bevölkerung Europas wesentlich kälter wird.

Anhand von Eiskernen aus Grönland lässt sich nachweisen, dass sich der Wechsel zwischen Warm und Kalt in der Vergangenheit in Zeitspannen von fünf bis zehn Jahren abgespielt hat. Die Abschwächung des Golfstroms wird durch eine Verringerung des Salzgehalts im nordatlantischen Oberflächenwasser ausgelöst. Dies hat möglicherweise mit dem Abschmelzen von Gletschern und Eisschilden zu tun, wodurch viel Süßwasser ins Meer gelangt und der Salzgehalt gesenkt wird. Weniger Salz bedeutet aber, dass das Meerwasser weniger dicht ist und daher während der winterlichen Abkühlung nicht zum Meeresgrund absinkt und nach Süden strömt. Der Mangel an Tiefenwasser, das nach Süden fließt, verhindert, dass warmes Wasser des Golfstroms nordwärts strömt.

Wir wissen heute, dass sich zumindest im Nordatlantik das Klima sehr schnell ändern kann, und das wird es sehr wahrscheinlich auch in Zukunft wieder tun.

KERBTÄLER UND TROGTÄLER

Auf ihrem Weg zum Meer entwässern Flüsse die Landschaft. Sie winden sich abwärts, suchen schwache Fugen, Brüche und Risse als Passagen und vermeiden alles, was Widerstand bietet. Auf diese Weise schneidet sich Wasser langsam und unaufhörlich durch das Gestein und bildet Täler, die sich zugleich verbreitern und vertiefen und so die gewohnte V-Form bilden. Ein Gletscher hingegen ist ein Eisstrom, der sich von oberhalb der Schneegrenze seinen Weg bahnt. Zwar bewegen sich die Eismassen nur ein paar Dutzend Meter pro Jahr, aber sie dringen unerbittlich vor und planieren alles, was im Weg steht. Auf diese Weise wird Felsgestein gebrochen und zu kleinen Steinen sowie Gletschermehl zermahlen. Der Moränenschutt wird kontinuierlich aus dem Tal getragen und vor dem Gletscher abgelagert. Das V-förmige Tal wurde so zu einem glatten, breiten U-förmigen Trogtal umgeformt.

Der Wokkpashsee füllt ein Trogtal im Muskwagebirge im kanadischen British Columbia aus.

DIE MECHANIK DER GLETSCHER

Eisschilde entstehen in kühleren Regionen der Erde, wenn über den Winter mehr Schnee gefallen ist als im folgenden Sommer abschmilzt. Bezüglich der tektonischen Verhältnisse können sowohl hohe Bergregionen als auch größere Kontinente, die in polare Regionen verdriftet wurden, als Zonen der Eisakkumulation fungieren. Die jährlichen Schneeablagerungen verdichten sich zu Eis, das vom Druck seines eigenen Gewichts nach außen oder bergab bewegt wird – so werden Gletscher geboren.

Gletscher wirken wie riesige Förderbänder, die Eis und enorme Mengen Gesteinsschutt aus der Akkumulationszone oberhalb der Schneegrenze in die Ablationszone in niedrigere Lagen oder Breiten bringen – unterhalb der permanenten Schneegrenze. Zwar bewegen sie sich langsam, aber sie verändern Landschaften, indem sie Gestein des überfahrenen Untergrunds zerbrechen und pulverisieren. So bilden sich Schuttbänder am Grund (Grundmoräne), im Gletscher selbst (Mittelmoräne), an seinen Rändern (Seitenmoräne) und als Blockauftürmungen an der Spitze (Endmoräne).

Gletscher sind auch verantwortlich für die mächtigen, nährstoffreichen Böden in Nordamerika und Nordeuropa, die die Entwicklung zahlreicher auf Landwirtschaft begründeter Gesellschaften förderten.

OBEN Aus einem Gletscher hervorströmender Wasserfall am Beaglekanal in Feuerland, an der Südspitze Südamerikas. Die kalten, feuchten Sommer in diesem Archipel vor Südchile tragen maßgeblich dazu bei, die Gletscher der Gegend zu erhalten.

Die große Zahl von Meteoriten an den Rändern von Antarktika machte Geologen lange Zeit stutzig. Bis sie herausfanden, dass das vom Zentrum nach außen fließende Gletschereis sie dorthin transportiert und abgelagert hatte.

GLETSCHERSCHWUND UND FJORDBILDUNG

Obwohl Gletschereis kontinuierlich im Trogtal hinabfließt, kann sich sein vorderes Ende oder die Gletscherzunge auch zurückziehen. Ob die Gletscherstirn vordringt oder zurückgeht, hängt davon ab, wie schnell das Eis im Vergleich zur Gletscherbewegung abschmilzt. In wärmeren interglazialen Phasen schrumpfen Gletscher und ziehen sich in ihre breiten, U-förmigen Täler zurück. Durch das überschüssige Schmelzwasser steigt weltweit der Meeresspiegel, niedrige Küstengebiete und Küstentäler werden überflutet.

Überflutete Gletschertrogtäler bezeichnet man als Fjorde. Sie sind gekennzeichnet durch glatte, annähernd vertikale Wände, die majestätisch aus dem Meer hervorragen. Ihre geschützten Buchten beheimaten oft reiches marines Leben. Nicht selten stürzen Wasserfälle in spektakulären Kaskaden von den Hängetälern herab.

Fjorde kommen häufig an den Küsten einst stark vergletscherter Länder wie Norwegen, Neuseeland, Chile und Alaska vor. Der berühmte neuseeländische Milford Sound ist ein Tiefwasserfjord, der entstand, als Neuseeland Teil des Superkontinents Gondwana war. Die außergewöhnliche Fjordlandschaft mit ihrer marinen Tierwelt macht solche Küsten zu extrem beliebten Kreuzfahrtzielen.

OBEN Lake Louise im kanadischen Banff-Nationalpark ist ein typischer Gletschersee. Im Wasser schwebende Lehmpartikel verleihen ihm seine blaue Färbung.

RECHTE SEITE Norwegen verdankt seine schönen Gletscher- und Fjordlandschaften den Eismassen, die einst ganz Nordeuropa und Nordasien bedeckten.

UNTEN Der Wrangell-St.-Elias-Nationalpark in Alaska wurde in hohem Maße von Gletschern geformt. Heute bedecken Gletscher ungefähr 20 % der 5,2 Millionen Hektar Fläche des Nationalparks.

VERGLETSCHERTE LANDSCHAFTEN

Wenn Eisschilde und Gletscher schrumpfen, hinterlassen sie markant geformte Landschaften. In höheren Regionen, von denen einst mehrere Gletscher ausgingen, bleiben pyramidenförmige Hörner zurück. An der Basis jeder Seite dieser Hörner findet man meist eine nischenförmige Vertiefung, das Kar. Es entstand durch das immense Gewicht des oben am Gletscher akkumulierten Eises. In Karen liegen heute oft Tümpel oder Gletscherseen, die aufgrund feiner, „Felsmehl" genannter Schwebeteilchen nicht selten wunderschön blau gefärbt sind. Gewöhnlich sind die früheren Gletschertäler durch messerscharfe Grate getrennt.

Das kahle Grundgestein der U-förmigen Täler ist oft mit Riefen überzogen, die vom Gletschereis mitgezerrte Felsbrocken hineingekratzt haben. Anhand dieser Spuren können Geologen die Fließrichtung urzeitlicher Eisschilde rekonstruieren.

HEUTIGE GLETSCHERKONFIGURATIONEN

Gegenwärtig befindet sich die Erde in folgender Gletscherkonstellation, dass eine große Landmasse – Antarktika – über dem Südpol liegt, eine weitere – Grönland – nahe dem Nordpol. Das heißt, dass selbst ein kleiner Rückgang der globalen Temperatur dazu führen kann, große Mengen Wasser als Eis auf den polaren Landmassen zu binden. In diesem Fall sinkt der Meeresspiegel, und Gletscher dringen aus den Pol- und Bergregionen vor wie während zahlreicher Kaltzeiten der Vergangenheit.

Momentan sind etwa 10 Prozent der Erdoberfläche mit glazialem Eis bedeckt – etwa 15,5 Millionen Quadratkilometer. Der überwiegende Teil davon liegt in Antarktika (13,5 Millionen Quadratkilometer) und Grönland (1,7 Millionen Quadratkilometer). Die übrigen Gletscher und Eisflächen der Erde, auch die in Gebirgsregionen, machen nur einen geringen Prozentsatz der Gesamtmenge aus.

Alle Gletscher der Erde verändern sich ständig; was in nächster Zukunft passiert, ist Gegenstand reger Diskussion. Die letzte große Eiszeit reicht 2,6 Millionen Jahre zurück. Die Erwärmung, die vor rund 18 000 Jahren einsetzte, und der damit verbundene Rückgang der Gletscher ermöglichten Wanderungen von Menschen und Tieren von Asien nach Amerika und quer durch Nordeuropa. Vor 3000 Jahren lösten sinkende Temperaturen eine erneute Vergletscherung der amerikanischen Küstengebirge aus. Jüngere Daten aus vielen Gletschergebieten zeigen, dass sich die Erde aufgrund der Zunahme atmosphärischer Treibhausgase in einem Stadium beschleunigter Gletscherschmelze befindet. Was immer die klimatische Zukunft bringen wird, Siedlungswesen und Landnutzung des Menschen werden sich letztlich anpassen müssen.

Die Fjorde und Eisschilde von Grönland

Grönland erlebt derzeit die Wiederkehr dessen, was mit seinem Klima im Vorfeld des Mittelalterlichen Klimaoptimums (MKO) passierte. Während dieser Phase ungewöhnlich warmen Klimas vom 10. bis zum 14. Jahrhundert wurden die Bedingungen dort günstiger. Die Gletscher gingen zurück, hinterließen Hügel von Schutt, offene Fjorde und weite Talsenken, in denen in den länger werdenden, milderen Sommern rasch Gras wuchs.

Während dieser vierhundertjährigen Warmzeit nutzten seefahrende Wikinger die eisfreien Bedingungen und kolonisierten die fruchtbare Südküste. Diese kleinen skandinavischen Gemeinschaften lebten bis zu ihrem mysteriösen Verschwinden 500 Jahre lang von Landwirtschaft, Jagd und Handel. Man glaubt heute, dass Ernteausfälle infolge der erneuten Abkühlung der Grund ihres Niedergangs waren. Die „Kleine Eiszeit" dauerte vom 16. bis zur Mitte des 19. Jahrhunderts. Ihr folgte anschließend die gegenwärtige Phase globaler Erwärmung.

UNTEN Der Gletscher bei Ilulissat (Jakobshavn Isbræ) ist Grönlands größter Auslassgletscher. Gewaltige Eiswände bilden seine Gletscherstirn, die in die Bucht kalbt.

DIE UREINWOHNER DER INSEL

Die Inuit gelangten vor mehr als 4500 Jahren nach Grönland. Sie kamen während der ersten von mehreren Migrationswellen aus Nordamerika über den schmalen Robesonkanal. Heute leben in Grönland – oder Kalaallit Nunaat, wie es bei den Einheimischen heißt – rund 56 000 Einwohner, größtenteils an der eisfreien Westküste. Die Inuit machen etwa 85 Prozent der Bevölkerung aus; viele von ihnen gehen wie seit jeher auf Jagd und Fischfang. Ihre traditionellen Kajaks jedoch werden immer mehr

von motorisierten Fischerbooten aus der wachsenden örtlichen Schiffbauindustrie verdrängt. 95 Prozent des Exportertrags des Landes kommen von der Krabbenfischerei, aber auch Handwerkskunst und Tourismus nehmen an Bedeutung zu.

GRÖNLANDS RIESIGER EISSCHILD

Ein gewaltiger Eisschild von 1,76 Millionen Quadratkilometer Fläche bedeckt etwa 80 Prozent des Landes. Er ist mindestens 100 000 Jahre alt und bildete sich relativ schnell, als im späten Pliozän oder frühen Pleistozän kleinere Eisschilde wuchsen und zusammenflossen. Größer als dieser ist nur der antarktische Eisschild.

Das Gewicht des in der Mitte über drei Kilometer mächtigen Eises ist enorm. Es ruht auf Grönlands Kontinentalkruste und hat den zentralen Teil der Landmasse zu einem riesigen Becken mit einer Tiefe von mehr als 300 Metern unter den Meeresspiegel niedergedrückt. Der immense Druck quetscht das Eis in Form von Gletschern radial nach außen. Diese Auslassgletscher haben überall

an den Gebirgsrändern des Kontinents U-förmige Täler ausgeschürft und sich ihren Weg hinunter zur Küste gebahnt, wobei atemberaubende Fjordlandschaften entstanden.

Die Auslassgletscher wirken wie Zapfhähne, die Grönlands Eisschild ins Meer ablaufen lassen. Ob der Eisschild in einem bestimmten Jahr wächst oder schrumpft, hängt vom empfindlichen Gleichgewicht zwischen der Schneefallmenge und dem (durch Kalben oder Schmelzen) über die Auslassgletscher ins Meer abgeführten Eisvolumen ab. Lange Zeit nahmen Wissenschaftler an, dieses Gleichgewicht sei ziemlich stabil und brauche Jahrtausende, um sich zu ändern, aber dem ist nicht so. Grönlands größter Auslassgletscher, der Jakobshavn Isbræ bei Ilulissat, verdoppelte seinen Eisabfluss in nur sechs Jahren (1997 bis 2003).

KLIMA UND MEERESSPIEGEL VERÄNDERN SICH

Eiskernbohrungen in der Mitte des grönländischen Eisschilds ermöglichten europäischen und US-Forschern, Klimaveränderungen der nördlichen Hemisphäre in den letzten 100 000 Jahren

OBEN Blick auf das Meer vom Ilulissat-Eisfjord; die in der Bucht treibenden Eisberge sind Überreste des kalbenden Gletschers. Die Eismenge, die ein Gletscher freilässt, kann sich über sehr kurze Zeit ändern.

GRÖNLANDS GLETSCHER BESCHLEUNIGEN SICH

Die aus dem grönländischen Eisschild abfließenden Gletscher sind aufgrund angestiegener dortiger Meeres- und Lufttemperaturen dramatisch zurückgegangen. Sie bewegen sich auch schneller, werden dadurch dünner, was den ganzen Rückzugsprozess wiederum beschleunigt. Von den 1970er Jahren bis 2001 blieb die Stirn des Helheimgletschers am selben Ort. Im Jahr 2001 schrumpfte er dann rapide, nachdem Grönlands Temperaturen über das vorherige Jahrzehnt um mehr als 3 °C gestiegen waren. Zwischen 2001 und 2005 zog sich die Gletscherstirn um mehr als 40 m zurück. Gletscher können in Fjorden nur bis zu einem kritischen Punkt ausdünnen – bis sie leicht genug sind, um auf dem salzigen Meerwasser zu treiben. Dann zerbrechen sie rasch und lösen sich in Eisberge auf. Die Beschleunigung des Helheimgletschers setzt sich schnell über den ganzen Gletscher fort, und da das Zentrum des Grönlandeisschilds nur 240 km landeinwärts liegt, sind Wissenschaftler besorgt, dass sich dadurch der ganze Schild verdünnen und in wenigen Jahrhunderten verschwunden sein wird.

NORDPOLARMEER

Spitz-bergen

Lincolnsee

Kap Morris Jesup

Frederick E Hyde Fjord

Independence Fjord
Hagen Fjord
Darimark Fjord

Ellesmere-Insel

J P Koch Fjord
Victoria Fjord

PEARY LAND

Flade
Isblink

Brikkerne
Glacier

Robeson Channel

Steensby
Glacier

Ryder
Glacier

Petermann
Glacier

Ingolf Fjord

Naresstraße

Humboldt
Glacier

Nioghalvfjerdsfjorden

*Grönland-
see*

Jøkel-bugten

Tracy
Glacier

Robertson Fjord

Heilprin
Glacier

Olrik Fjord

Storstrommen
Glacier

Inglefield

Dove Bucht

Wolstenholme Fjord

Bessel Fjord

Gade
Glacier

Docker Smith Glacier
Helland Glacier

Ardencaple Fjord

Dedødes Fjord

Dietrichson
Glacier

Nansen
Glacier

Gael Hamkes Bucht

Steenstrup
Glacier

Waltershausen
Glacier

*Baffin-
bai*

Kejser Franz Joseph Fjord

GRÖNLAND

(Kalaallit Nunaat)

Kong Oscar Fjord
Carlsberg Fjord

Nordvestfjord

*Baffin
insel*

Ukkusissat Fjord
Karrats
Uummannaq

Ofjord

Scoresby Sund (Kangertittivaq Fjord)

Daugaard-Jensen
Glacier

Fønfjord

Ilulissat
Glacier

Gåsefjord

Disko

Christian IV
Glacier

Diskobucht

Gunnbjorn Fjeld
3700 m ▲

Kangerlussuaq
Glacier

Davisstraße

Nansen Fjord

Nordre Strømfjord
Nordre Isortoq

Miki Fjord
Kangerlussuaq Fjord

Polarkreis

Danmarkstraße

Nigertuluk
Kangertittivatsiaq

Søndre Strømfjord

Helheim
Glacier

ISLAND

Søndre Isorta

Sermilik

Niaqunngunaq

Ivertivaq

Godthåbsfjord
Ameralik Fjord

Gyldenloves Fjord

Groedefjord

ATLANTISCHER OZEAN

Frederikshab
Isblink

Labradorsee

Fjorde und Eisschilde von Grönland

Kvanefjord

Sermiligaarsuk

Arsuk Fjord

Qoroq
Glacier

Kangerluluk Fjord

Danell Fjord

Bredefjord

Lindenow Fjord

Prins Christian Sund

Tasermiut Fjord

Kap Farvel

N

0   200 km

0   200 Meilen

aufzuzeichnen. Sie zeigen, dass das Erdklima selten über längere Zeit stabil bleibt.

Mit seiner gewaltigen Größe und Masse trägt der abschmelzende Eisschild erheblich zum Anstieg des globalen Meeresspiegels bei und wird ihn schließlich um etwa sechs Meter steigen lassen. Zwar ist ein totales Abschmelzen in diesem Jahrhundert unwahrscheinlich, doch werden schon kleinere Abschmelzraten jegliche niedrig liegenden Küstenstädte unter Wasser setzen und Meeresströmungen im nordatlantischen Raum verändern.

ILULISSAT – DIE STADT DER EISBERGE
Der 2004 zum Welterbe ernannte Ilulissat-Eisfjord und der Jakobshavngletscher sind die bekanntesten Touristenziele in Grönland. Der größte Gletscher der Nordhalbkugel kalbt majestätische Eisberge, die an der Stadt vorbei ins offene Meer treiben. In der Region kann man die Inuitkultur erleben und die arktische Tierwelt beobachten.

Als eines der größten Naturwunder der Erde stellt der Jakobshavngletscher auch eines der alarmierendsten Beispiele für die rapide Reaktion der Arktis auf die globale Erwärmung dar. Der vordere Ausläufer des Gletschers ist in wenigen Jahren um mehr als zehn Kilometer geschrumpft, nachdem er seit den 1960er Jahren relativ stabil war.

Das Arctic Climate Impact Assessment, das unter Beteiligung von 300 Wissenschaftlern entstanden war und im November 2004 vorgestellt wurde, ließ die Alarmglocken für einen schwerwiegenden Klimawandel in der Region schrillen. Das Gutachten warnte, in weniger als einem Jahrhundert würde das arktische Meereis im Sommer komplett abschmelzen, was das Leben der Inuit und vieler arktischer Arten gefährdete. Zu den Säugetieren Grönlands zählen Landtiere wie Polarfuchs, Schneehase, Hermelin, Lemming, Wolf und Moschusochse. Hinzu kommen jene, die auf dem Eis und im Meer leben, etwa Bart- und Ringelrobbe, Klappmütze, Grönlandwal, Narwal, Eisbär und Walross.

OBEN Das malerische Dorf Itilleq liegt auf einer kleinen Insel an der Mündung des Itilleq-Fjords an Grönlands Westküste. Diese Gegend mit ihren zahlreichen Fjorden ist bisher kaum erforscht. In der Region wird nach Öl- und Gasvorkommen gebohrt, vor allem vor der Küste im Nuussuaq-Becken.

PERFEKTE ANPASSUNG AN DIE ARKTIS: DER EISBÄR

Der Eisbär hat sich zu einem Tier entwickelt, das sich am besten an das Leben im Polareis und seine kalten Gewässer angepasst hat. Er ist der größte Fleischfresser zu Land und wird bis 800 kg schwer. Seine Krallen eignen sich ideal zum Laufen und Klettern auf glattem Eis, da sie kleiner, gekrümmter und schärfer als die anderer Bären sind. Vor Kälte schützen sich Eisbären mit einer dicken Fettschicht und einem wasserdichten Pelz aus langen, hohlen Haaren. Ihr Haar ist durchscheinend und lässt die Sonnenwärme zu ihrer schwarzen Haut durchdringen. Der weiße Pelz dient auch als Tarnung bei der Pirsch auf dem Packeis und unter Wasser. Die Hauptbeute bilden Ringelrobben, doch werden auch Bartrobben, Walrösser und manchmal Weißwale gerissen. Eine wichtige Anpassung an das Problem des regelmäßigen Futternachschubs ist die Fähigkeit, den Stoffwechsel zu verlangsamen, um Energie zu sparen. Die Verlangsamung setzt nach einer Woche ohne Nahrung ein und hält an, bis der Bär neue Nahrung findet.

Die Gletscher und Fjorde von Alaska

Die Eisschilde Alaskas erstrecken sich über die Gebirgsketten und die Südostküste. Sie sind Teil eines Gürtels von Gletschern, der von den Hochgebirgszügen herab den Pazifik umringt. Die Fjorde an der Südostküste entstanden, als mit ansteigendem Meeresspiegel die küstennahen Gletschertäler überflutet wurden.

Die Küstengebirge in Alaska bestehen zu einem Großteil aus vulkanischen Gipfeln, die kontinuierlich wachsen, da der pazifische Meerboden von den benachbarten tektonischen Platten überschoben und subduziert wird.

Der Subduktionsprozess lässt hier an den Plattenrändern Vulkane als Berggipfel entstehen. Die eisigen Bedingungen in den nördlichsten Breiten sind das beste Terrain für die Bildung von Eisschilden und Gletschern. Folglich ist hier eine immense Fläche mit Eis bedeckt: Die Gletscher Alaskas und des benachbarten Kanadas umfassen 90 600 Quadratkilometer – rund 13 Prozent der Gebirgsgletscherfläche der Erde.

Maritime Bedingungen wie hier an der Küste sind für die Gletscherbildung ideal. Die feuchten Küstenwinde kühlen sich ab, wenn sie nach oben über die Küstengebirge steigen. Die Luft kann dabei weniger Feuchtigkeit halten, und es kommt zu Schneefällen. Im Juneau-Eisfeld fallen jährlich über 30 Meter Schnee, und damit wesentlich mehr, als in den kurzen Sommern abschmelzen kann. Alaskas Gletscher liegen in unterschiedlichen Umgebungen – in Trog- und Hängetälern sowie in Karen. Zu den spektakulärsten jedoch zählen die sogenannten Tidewater-Gletscher.

TIDEWATER-GLETSCHER

Gletscher diesen Typs fließen ins Meer. In Alaska findet man sie zuhinterst von Fjorden – 16 allein in Glacier Bay. Wenn ein Gletscher zum Meer vordringt, lagert er vor seiner Stirn einen Wall aus Steinen und Sedimenten (Endmoräne) ab, die ihn vor der Wirkung der Gezeiten schützt. Zieht sich der Gletscher von der Endmoräne zurück, bricht die Barriere ein, und er verliert diesen Schutz. Da Gletschereis eine geringere Dichte als Salzwasser hat, kann es auf dem Meer treiben, was an der Gletscherfront große Belastung erzeugt. Daher lösen sich große Eisblöcke von der Gletscherstirn; diesen Vorgang nennt man Kalben. Die Blöcke fallen ins Meer und bilden einen instabilen senkrechten Wall. Der Gletscherrückzug durch Kalben läuft schnell ab, bis sich in einer dauerhaften Position vor dem Gletscher wieder eine Stirnmoräne ausbildet.

Gletscher, Fjorde und Nationalparks in Alaska

0 — 300 km
0 — 300 Meilen

Gletscher
1. Harding-Eisschild
2. Portagegletscher
3. Matanuskagletscher
4. Columbiagletscher
5. Valdezgletscher
6. Wortmansgletscher
7. Schwanglgletscher
8. Tickelgletscher
9. Tonsinagletscher
10. Nabesnagletscher
11. Bagley-Eisschild
12. Malaspinagletscher
13. Hubbardgletscher
14. Mendenhallgletscher
15. South-Sawyer-Gletscher
16. Dawesgletscher
17. Stikinegletscher
18. Le-Conte-Gletscher

Fjorde
1. College Fjord
   Endicott Arm Fjord

Nationalparks und -wälder
2. Kenai-Fjords-Nationalpark
3. Russell Ford Wilderness
4. Glacier-Bay -Nationalpark
5. Tracy Arm-Fords Terror Wilderness
6. Tongass National Forest
   Misty Fjords National Monument

GLAZIALE FLORA UND FAUNA

Viele Pflanzen und Tiere haben sich an das Leben im Umfeld der Gletscher und Fjorde angepasst. Robben und Seelöwen schlafen auf Eisbergen, in den Seen und Flüssen laichen Lachse. Der Nahrungsreichtum im Frühjahr lockt Bären an, und über den Gipfeln kreisen Adler.

Sehr interessant ist es zu beobachten, wie sich Pflanzen und Tiere ansiedeln, sobald sich nach dem Rückzug eines Gletschers der kahle Grund regeneriert. Dieser Prozess beginnt mit Flechten und Moosen, die die bloßen Felsen überziehen, dann folgen Erlen, die über ihre Wurzeln den nährstoffarmen Boden mit Stickstoff anreichern. Später werden sie von Pappeln und Fichten verdrängt und bringen durch ihre Verrottung weitere Nährstoffe in den Boden ein. Schließlich beschließen hohe Hemlocktannen die Entwicklung zu einer Schlusswald- oder Klimaxgesellschaft. Der ganze Prozess dauert mindestens 350 Jahre.

DAS LAND DER 100 000 GLETSCHER

Fünf Prozent von Alaskas Oberfläche sind mit Eis bedeckt; daher ist das Land ein beliebtes Ziel von Touristen, die Eisschilde, Gletscher, Fjorde sowie die dazugehörigen Landschaftsräume und wilden Tiere erleben möchten. Insgesamt gibt es hier etwa 100 000 Gletscher. Zu den bekannteren zählen Columbia- und Hubbardgletscher, zwei von Alaskas größten Tidewater-Gletschern. Der Malaspinagletscher ist mit 3800 Quadratkilometern der größte – er erstreckt sich über 80 Kilometer Länge vom Mount Elias zum Golf von Alaska. Im Glacier-Bay-Nationalpark gibt es einen Gletscher, der von 1794 bis 1916 um mehr als 100 Kilometer zurückgegangen ist. Der Portagegletscher bei Anchorage ist einer von vielen Hängegletschern um die Stadt Girdwood, und zwei Autostunden von dort entfernt liegt der 48 Kilometer lange Matanuskagletscher. Weitere bekannte Gletscher in Alaska sind der Mendenhall hinter der Hauptstadt Juneau sowie Nabesna, Tonsina, Tiekel, Valdez und Wortmans.

ALASKAS SCHRUMPFENDE GLETSCHER

Wissenschaftler haben festgestellt, dass Alaskas Gletscher schneller zurückgehen als ursprünglich vermutet. Ihre Oberflächen und Höhen wurden mit Lasergeräten von Flugzeugen aus vermessen. Anhand der dabei gesammelten Daten berechnete man den Volumenschwund von 67 Gletschern von den 1950er bis Mitte der 1990er Jahren. Während dieser Zeit zogen sich die Gletscher rapide zurück, und während der letzten fünf bis zehn Jahre beschleunigte sich ihr Abschmelzen noch merklich. Die Ursache ist wohl die Erhöhung der globalen Temperaturen durch den Menschen, etwa durch den Verbrauch fossiler Brennstoffe. Das Abschmelzen der Gletscher Alaskas ist für mindestens neun Prozent des weltweiten Meeresspiegelanstiegs im Lauf des letzten Jahrhunderts verantwortlich.

OBEN Der Hubbardgletscher, Alaskas größter Tidewater-Gletscher, dringt seit seiner ersten Kartierung 1895 weiter zum Meer vor. Sein Kalben treibt den Zyklus von Vordringen und Zurückschmelzen an; die meisten anderen Gletscher Alaskas schrumpfen.

OBEN Seiten- und Mittelmoränen des Shakesgletschers sind als dunkle Streifen deutlich zu sehen. Ebenso erkennt man auf dem Bild die Gletscherspalten.

Die Eisschilde und Gletscher von Kanada

Die kreisförmige Hudson Bay in Nordostkanada, die auf den ersten Blick an den Krater eines gewaltigen Meteoriteneinschlags erinnert, ist tatsächlich eine riesige, beckenförmige Senke in der Kontinentalkruste. Zusammen mit dem Foxe-Becken markiert sie das frühere Zentrum des nordamerikanischen (Laurentidischen) Eisschilds, der erst vor 8000 Jahren aus der Hudson Bay verschwand.

Während des Pleistozäns waren Kanada und Alaska mehrmals von Eisschilden bedeckt. Gewaltige Gletscher schoben sich südwärts in die nördlichen USA sowie ostwärts zur Labradorsee und strömten von den Kordilleren herab. Ein Großteil der fruchtbaren Böden der kanadischen Prärien und des Mittleren Westens ist glazialen Ursprungs. Sogar die Lage der Großen Seen und die Entwässerungsnetze der Flüsse Ohio und Missouri wurden durch den vordringenden und zurückgehenden Eisschild beeinflusst. In Nordamerika wird die letzte Kaltzeit Wisconsin-Glazial genannt; sie begann vor etwa 80 000 Jahren und endete vor rund 10 000 Jahren.

Infolge der gewaltigen Krustenentlastung durch das Abschmelzen des Eises wurde die Hudson Bay eine der am schnellsten sich anhebenden Gegenden der Welt.

EIGENARTIGE BELEGE DER HEBUNG

Ein Beleg für die isostatische Hebung der Hudson Bay sind die terrassenförmig übereinanderliegenden ehemaligen Küstenlinien, Meeresklippen und Strandriffe bis zu einige Hundert Meter über dem Meeresspiegel. Die Radiokarbondatierung von Muscheln und Treibholz der angehobenen Küsten zeigt, dass sie weniger als 14 000 Jahre alt sind. Die größten Hebungsraten wurden am Golf von Richmond südöstlich der Hudson Bay gemessen, wo das Eis am dicksten gewesen sein muss. Hier hebt sich die Küstenlinie der Hudson Bay gegenwärtig etwa 1,3 Meter pro Jahrhundert. Die Hebungsrate sinkt radial mit der Entfernung; so liegt sie etwa im Gebiet der Großen Seen bei null.

DIE HUDSON BAY UND IHRE UMGEBUNG

Die Hudson Bay ist eine relativ flache 1,23 Millionen Quadratkilometer große Meeresbucht, in der sich die Abflüsse des Großteils von Kanada sammeln. Sie ist nach Henry Hudson benannt, der die Bucht 1610 mit seinem Schiff *Discovery* erkundete. An ihrer unwirtlichen Küste gibt es nur wenige Siedlungen, von denen einige im 17. und 18. Jahrhundert als Handelsposten der Hudson Bay Company gegründet wurden. Die Einwohner dieser Orte, zu denen etwa Puvirnituq, Churchill und Rankin Inlet zählen, gehören größtenteils den Cree und Inuit an.

Die weiten Ebenen westlich und südlich der Hudson Bay bilden das Hudson-Bay-Tiefland. Im Sommer tauen sie auf und lassen ein Netz aus Tausenden miteinander verbundenen Seen, Teichen und Sumpflandschaften entstehen, in dem es

Kanadas Eiskappen und Gletscher

von Insekten nur so wimmelt. Solche Landschaften sind typisch für Verlandungszonen im Gletschervorfeld zurückweichender Gletscher.

VERBLIEBENE EISSCHILDE UND GLETSCHER

Überbleibsel des einst großflächigen Laurentidischen Eisschilds finden sich als Plateaugletscher auf den Inseln der kanadischen Arktis, etwa die Penny- und Barnes-Eisschilde auf Baffin Island, der Bylot-Eisschild auf Bylot Island, der Devon-Eisschild auf Devon Island und der Simmon-Eisschild auf Ellesmere Island. All diese Eisschilde gehen langsam zurück und werden dünner. So hat etwa der Simmon-Eisschild seit 1959 rund 47 Prozent seiner Fläche eingebüßt. Halten die gegenwärtigen Klimabedingungen an, wird er bis 2050 abschmelzen.

Obwohl relativ klein, machen Kanadas Eisschilde den Großteil des polaren Eises der Erde außerhalb von Antarktika und Grönland aus und können daher zum Anstieg des Meeresspiegels beitragen. Man geht davon aus, dass durch schmelzende Gletscher und Eisschilde außerhalb Grönlands und Antarktikas der Meeresspiegel in den kommenden 100 Jahren um 20 bis 40 Zentimeter steigen wird.

Die einzigen Reste des laurentidischen Eisschilds außerhalb des Polarkreises sind die Eisschilde und Gletscher der hohen Kordilleren in Kanada und Alaska. Diese Reste, etwa das Columbia-Eisfeld in Kanada, sind in den kälteren Höhenzonen erhalten geblieben.

OBEN Die Küste bei Pond Inlet (Mittimatalik) ist umgeben von Fjorden und Gletschern. Es liegt an der Spitze von Baffin Island und hat ein Ufer, das isostatisch gehoben wurde. Dieser geologische Prozess tritt auf, wenn der Druck von urzeitlichem Gletschereis nachlässt und sich das Land daraufhin anhebt.

OBEN Der Berggletscher liegt im nördlichen Teil des Mount Robson Provincial Park in British Columbia. Er ist einer der wenigen vordringenden Gletscher Kanadas und kalbt in die türkisfarbenen Wasser des Berg Lake.

OBEN Ein Karibu (*Rangifer tarandus caribou*) auf Baffin Island in der Hudson Bay. Dieser Paarhufer kann seinen Stoffwechsel drosseln, um die Kälte zu ertragen.

Fjorde, Eisschilde und Gletscher der Anden

Entlang der Achse der Anden liegen die Überreste eines viel größeren Eisschilds aus dem Letzten Glazialen Maximum (LGM) vor etwa 17 500 bis 18 000 Jahren. Damals befand sich hier ein lang gestreckter, schmaler Eisschild, der sich vom patagonischen Eisfeld in Südchile und Argentinien nach Norden bis zu den kolumbianischen Anden und Venezuela erstreckte.

OBEN Der Magellan-Erdleguan (*Liolaemus magellanicus*) ist die am weitesten südlich lebende Eidechse. Hier sonnt er sich auf einem Stein in Torres del Paine.

Der patagonische Eisschild strömte von den Gipfeln der Anden herab. Auf der chilenischen Seite bedeckte das Eis große Teile des Landes südlich des heutigen Puerto Montt. Gespeist vom Schneefall aus feuchten Luftmassen, die sich vom Pazifik heranbewegten, erreichten die Gletscher das Meer und schürften die spektakulären Täler und Fjordlandschaften aus, darunter die Spitzen der Torres del Paine. Auf der Ostseite der Anden schoben sich die Gletscher in die argentinischen Ebenen hinab und erreichten wegen des trockenen Klimas gerade noch den Atlantik. Diese Seite der Anden im Regenschatten der Berge war damals schon eine Wüste, nur vermutlich noch trockener als heute.

DIE STÄDTE DER ANDEN TROCKNEN AUS

Vom Dorf bis zur Großstadt sind im Sommer alle Bevölkerungszentren der Anden in trockenen Regionen auf das Schmelzwasser der Gletscher als einzige Süßwasserquelle angewiesen. In jüngerer Zeit, da die Gletscher beispiellos schnell schmelzen, gibt es Wasser im Überfluss. In einigen Gegenden Perus überflutet und beschädigt dieses Wasser das Netz alter Bewässerungskanäle, die Bauernhöfe und Mühlen versorgen. Das Problem ist, dass die Gletscher schneller schmelzen als sie sich regenerieren können. Und das bedeutet, dass diese Städte um das Jahr 2030 unter einer miserablen Wasserversorgung leiden werden.

ÜBERRESTE EINES GEWALTIGEN EISSCHILDS

Man schätzt, dass der patagonische Eisschild einst eine Fläche von 480 000 Quadratkilometern bedeckte. Heute sind nur noch vier Prozent davon übrig, das nordpatagonische und das südpatagonische Eisfeld. Sie bilden jedoch die größten Massen nicht antarktischen Eises auf der Südhalbkugel.

Das periodische Zurückweichen des gesamten patagonischen Eisschilds seit dem Pleistozän und sein Abschmelzen haben den Meeresspiegel weltweit um 1,2 Meter ansteigen lassen.

Von 1995 bis 2000 hat sich die Rate des Eisverlusts in den patagonischen Eisfeldern mehr als verdoppelt, womit sie die am schnellsten zurückgehenden Eismassen auf Erden darstellen. Als Ursachen werden steigende Temperaturen und sinkende Niederschlagsmengen vermutet, ebenso wie die Tatsache, dass die patagonischen Gletscher vorwiegend kalbende Gletscher sind, von denen zahlreiche Eisberge in Seen und ins Meer abbrechen. Diese reagieren indes viel empfindlicher auf den Klimawandel als jene auf dem Land, die durch Abschmelzen zurückgehen.

Das südpatagonische Eisfeld speist zahlreiche Gletscher, darunter Upsala-, Viedma- und Perito-

LINKS Vom Boot aus verfolgen Touristen das Kalben von Eisbergen am Greygletscher. Dieser befindet sich am Lago Grey im Norden des chilenischen Nationalparks Torres del Paine.

Moreno-Gletscher im argentinischen Los-Glaciares-Nationalpark sowie Bruggen-, O'Higgins-, Grey- und Tyndallgletscher in den chilenischen Nationalparks Bernardo O'Higgins und Torres del Paine.

DIE TROPISCHEN GLETSCHER DER ANDEN

In den Nordanden liegen die meisten tropischen Hochgebirgsgletscher der Erde. Dazu zählen Perus größter Gletscher, der Quelccaya, sowie der Chacaltayagletscher in Bolivien und der Antizanagletscher in Ecuador. Mehr als 80 Prozent der tropischen Eismassen befinden sich auf den höchsten Gipfeln in kleinen, isolierten Gletschern, die eine Fläche von weniger als einen Quadratkilometer aufweisen.

All diese Gletscher sind aufgrund der steigenden Temperaturen in den Hochanden im Schwinden begriffen. Der Chacaltayagletscher hat nur noch zehn Prozent der Ausdehnung, die er bei seiner

GESTEINSPORTRÄT: TILLIT

Tillit ist ein Sedimentgestein aus ungeordnetem, zementiertem Gletschergeschiebemergel. Die Mixtur aus Lehm, Sand, Kies und Geröll stammt aus den Gletscherrandbereichen, also End-, Seiten oder Mittelmoränen, die beim Rückgang des Gletschers übrig blieb. Vom Konglomerat unterscheidet sich Tillit durch die eckigen Gesteinsfragmente. Das Gestein ist wichtig, weil es die oberirdische Ausdehnung von Eisschilden während Eiszeiten markiert. Sekundärtillite entstehen durch fluviale Umarbeitung von Tillit, etwa in glazialen Schotterflächen.

ersten Erforschung 1940 besaß. Bei der gegenwärtigen Schwundrate wird er 2010 bis 2015 sehr wahrscheinlich nicht mehr existieren. Man geht davon aus, dass bis 2030 die meisten der großen Eiskappen der Anden verschwunden sein werden.

LINKS Die gletscherbedeckten Felsgipfel der Grupo-La-Paz-Berge ragen über einem Fjord auf. Die Gamboaberge der Cordillera Sarmiento erblickten Seefahrer als Erste; ihre steilen Gipfel sind durchschnittlich 2000 Meter hoch.

Die Fjorde und Gletscher Skandinaviens

Nordeuropa, besonders Norwegen, verdankt seine spektakulären Gletscher- und Fjordlandschaften dem gewaltigen kontinentalen Eisschild, der einst die gesamte Region bedeckte. Der Fennoskandische Eisschild erreichte seinen Zenit vor 18 000 bis 20 000 Jahren während des Letzten Glazialen Maximums (LGM). Damals erstreckte er sich von der Arktis nach Sibirien und über alle Länder um Ost- und Nordsee.

OBEN Rentiere (*Rangifer tarandus*) ziehen über ein Schneefeld in Norwegen. Rens sind in Skandinavien heimisch; in Norwegen leben noch wilde Herden. Sie kommen auch in anderen subpolaren und polaren Gegenden vor.

Treibeis verband den Eurasischen Eisschild mit dem auf Grönland und Nordamerika, dem Laurentidischen Eisschild. Das Zentrum des skandinavischen Teils des Eisschilds lag über dem heutigen Bottnischen Meerbusen, einem schmalen Ausläufer der Ostsee, der Schweden von Finnland trennt. Hier erreichte das Eis eine Stärke von etwa drei Kilometern. Von dort aus drängte Gletschereis nach außen und schürfte tiefe Trogtäler durch Skandinaviens Berge bis ins Europäische Nordmeer hinaus. Die riesigen, malerischen Fjorde an der norwegischen Küste, darunter Sognefjord, Trondheimfjord und Hardangerfjord, zeugen von der Erosionskraft der strömenden Eismassen. Die großen nordwärts fließenden Flüsse Europas wurden durch den wachsenden Eisschild von ihren Meeresmündungen abgeschnit-

ten, und riesige Seen überfluteten die Gebiete am Südrand dieses Eisdamms.

DER BOTTNISCHE MEERBUSEN
In seinem Zentrum drückte das immense Gewicht des Eises die Erdkruste um 800 bis 1000 Meter nach unten, ehe es sich vor etwa 18 000 Jahren mit beginnender Klimaerwärmung zurückzog. Als das Eis verschwand, hob sich die Kruste auf ihre ursprüngliche Höhe an, wenn auch nur sehr langsam; die Region blieb weiterhin als Depression unter dem Meeresspiegel liegen, was sich heute als Bottnischer Meerbusens widerspiegelt. Man schätzt, dass sich das Land weitere 100 bis 125 Meter anheben muss, um einen ausgeglichenen Zustand zu erreichen.

ANHALTENDER ISOSTATISCHER AUSGLEICH
Präzise Messungen von Gezeitenpegeln zeigen, dass die nördliche Ostsee sich um bis zu einem Meter pro Jahrhundert hebt. Diese Aufwärtsbewe-

gung wird umso langsamer voranschreiten, je näher das isostatische Gleichgewicht rückt. Vermutlich wird die Lithosphäre dieses Gleichgewicht erst in der nächsten Kaltzeit erreichen.

Am besten illustriert wird die deutliche Hebung der Region von einer Landschaft an der schwedischen Küste des Bottnischen Meerbusens, die nicht umsonst Höga Kusten (Hohe Küste) heißt. Wegen ihrer ungewöhnlich hohen Klippen und angehobenen Strände wurde die Gegend von der UNESCO als „Musterbeispiel" für Isostasie anerkannt, die dort erstmals entdeckt und erforscht wurde. Mit 285 Metern hält sie den Weltrekord für die größte isostatische Hebung nach der letzten Vereisung. Aus diesen Gründen wurde Höga Kusten im Jahr 2000 in die Liste der Welterbestätten aufgenommen. Die einzige vergleichbare Region ist die Hudson Bay in Kanada, wo ein Hebungsbetrag von 272 Metern erreicht wurde.

Die anhaltende Aufwärtsbewegung der Region wird letztlich eine Landbrücke zwischen Finnland und Schweden an der Meerenge von Kvarken entstehen lassen und den Bottnischen Meerbusen zu einem See degradieren.

HEUTIGE EISKAPPEN UND GLETSCHER

Als sich der Skandinavische Eisschild zurückzog, hinterließ er isolierte Eiskappen und Gletscher in Gegenden, wo sie dank der dort herrschenden Kälte erhalten blieben – vor allem im Gebirge zwischen Norwegen und Schweden und auf den Inseln innerhalb des Polarkreises, etwa Spitzbergen, Franz-Joseph-Land, Nordostland und Nowaja Semlja.

Studien in Schweden und Norwegen haben gezeigt, dass die meisten skandinavischen Gletscher, wie auch anderswo in der Welt, seit Ende der Kleinen Eiszeit geschrumpft sind. Einige norwe-

gische Gletscher erlebten interessanterweise kurze Phasen des Wachstums um 1910, 1925 und in den 1990er Jahren. Damals ergaben Forschungen an 25 norwegischen Gletschern, dass elf von ihnen wegen überdurchschnittlicher Schneefälle in mehreren aufeinanderfolgenden Wintern wuchsen. Seit 2000 indes sind die meisten dieser Gletscher signifikant zurückgegangen, da es über mehrere Jahre wenig schneite und die Sommer 2002 und 2003 ungewöhnlich warm waren. 2005 wuchs nur noch einer der 25 Gletscher. Der Engabreen ging von 1999 bis 2005 um 180 Meter zurück, der Brenndalsbreen um 116 Meter und der Rembesdalsskåka von 2000 bis 2005 um 206 Meter. Der Briksdalsbreen schrumpfte 2004 um 96 Meter; das ist der höchste jährliche Wert für einen Gletscher seit Beginn der Aufzeichnungen im Jahr 1900.

OBEN Ny-Ålesund ist eine internationale Forschungssiedlung auf Spitzbergen im Svalbard-Archipel. Es liegt auf der Südseite des Kongsfjorden („Königsfjord"), einem tiefen Fjord, in den zahlreiche Gletscher kalben.

UNTEN Der Efjord ist einer von vielen Fjorden südlich von Narvik im Nordwesten Norwegens, zwischen Tysfjord und Oftofjord. Er liegt im Verwaltungsbezirk Troms, dessen zerklüftete Küste zahlreiche tief ins Land reichende Fjorde und Buchten sowie Gletscher aufweist.

DIE KLEINE EISZEIT

Während der Kleinen Eiszeit vom 16. bis zur Mitte des 19. Jahrhunderts fielen die Durchschnittstemperaturen weltweit um 1 bis 1,5 °C unter die heutigen Werte. Diese Abkühlung führt man auf eine Kombination von sinkender Sonneneinstrahlung und gestiegener vulkanischer Aktivität zurück. Betroffen waren vermutlich viele Gegenden der Welt, aber am besten dokumentiert sind Elend und Not, die die Kleine Eiszeit über die Menschen brachte, in den historischen Aufzeichnungen aus Europa und Nordamerika. Sinkende Ernteerträge und Verluste von Vieh lösten in Europa Hungersnöte aus.

Fischer berichteten, die Hudson Bay sei jedes Frühjahr drei Wochen länger zugefroren geblieben und Treibeis habe den Nordatlantik abgeriegelt.

Alpine Gletscher wurden deutlich größer und rückten vor; mancherorts bedrohte ihr Eis sogar ganze Bergdörfer. Wie Baumringe belegen, hemmten die kürzeren Vegetationsperioden jener Zeit auch das Wachstum der Bäume.

EINE RIESIGE SEENPLATTE

Beim Abschmelzen hinterließ der Eisschild eine schuttübersäte Hügel- und Toteislandschaft. Von Moränen eingedämmt, konnten die Flüsse nicht

OBEN Ein Dorf an einem Fjord in Norwegen, vom Winterschnee bedeckt. Die Gemeinden an den Myriaden von Fjorden werden das ganze Jahr über regelmäßig von Fähren versorgt, die in den Fjorden verkehren.

Fjorde und Gletscher Skandinaviens

[Kartengrafik mit folgenden Beschriftungen:]

Nordkap
Sørøya
Lakselfjord
Laksefjord
Porsangerfjord
Senja
Vesterålen
Lofoten
Hinnøya
Ofoten
Haltiatunturi 1328 m
Inarijärvi
LAPPLAND
Karsavakka
Kebnekaise 2111 m
Torneträsk
Porttipahdan tekojärvi
Lokan tekojärvi
Frostisen
Riukonjeni
Mármaglaciären
Storglaciären
Torneälven
Vestfjord
Saltfjord
Engabreen
Svartisen
Almajjekna
Stourrajekna
Suottasjekna
Miktjekna
Pårtejekna
Sulitjelma
Kemijärvi
Yli-Kitka
Nördl. Polarkreis
Hornavan
Kiantajärvi
Oulujärvi
Uddjaure
Storavan
Europäisches Nordmeer
Umeälven
Luleälven
Rombak
SCHWEDEN
Bottnischer Meerbusen
FINNLAND
Kvarken
Storsjön
Indalsälven
Lappajärvi
Kivijärvi
Keitele
Kallavesi
Suuvesi
Tarjannevesi
Näsijärvi
Haukivesi
Romsdal
NORWEGEN
Lodalskåpa 2083 m
Glittertind 2472 m
Nordfjord
Briksdalsbreen
Jostedalsbreen
Sognefjord
Kyrösjärvi
Sääksjärvi
Längelmävesi
Päijänne
Puulavesi
Saimaa
Siljan
Vesijärvi
Åland
Pyhäjärvi
Bondhusbreen
Folgefonna
Bøvertsbreen
Hjälmaren
Vänern
Vättern
Hiiumaa
Saaremaa
Finnischer Meerbusen
ESTLAND
Peipussee
Gotland
Rigaischer Meerbusen
Skagerrak
Kattegat
Öland
LETTLAND
Düna
DÄNEMARK
Nord-see
Jylland
Fyn
Sjaelland
Bornholm
Ostsee
LITAUEN
RUSSISCHE FÖDERATION
Neman
NIEDERLANDE
DEUTSCHLAND
Elbe
POLEN
Oder
WEISSRUSSLAND
Pripyat

N

0 ────── 250 km
0 ────── 250 Meilen

richtig ablaufen und schufen ein ausgedehntes Labyrinth bewaldeter Inseln und miteinander verbundener Seen, Buchten und Kanäle in ganz Schweden,
Finnland und Westrussland. Am bekanntesten darunter ist die berühmte Finnische Seenplatte, wo
viele Finnen ihren Sommerurlaub mit Booten
und Kanus, beim Fischen und Wandern verbringen. Im „Land der tausend Seen" liegen mindestens 55 000 Seen mit einem Durchmesser von
mehr als 200 Metern verstreut. Der Saimaasee ist
mit über 4400 Quadratkilometer Fläche der größte von ihnen und der fünftgrößte See Europas.
Die Gletscherseen sind generell sehr flach, ihre
Durchschnittstiefe liegt bei sieben Metern.

Im Saimaasee, den die Linnansaari- und Kolo-
vesi-Nationalparks umgeben, lebt die Saimaa-Ringelrobbe *(Phoca hispida saimensis),* eine gefährdete
Hundsrobbenart, die man sonst nirgendwo findet.
Ihre Vorfahren blieben vermutlich am See zurück,
als dieser am Ende der letzten Kaltzeit von der
Ostsee abgeschnitten wurde.

In den finnischen Nationalparks sind außerdem
die Lebensräume verschiedener Tiere, etwa Birk-
huhn, Haselhuhn, Auerhuhn, Moorschneehuhn,
Saatgans, Hase, Biber, Elch, Ren und Braunbär geschützt.

NORWEGENS BERÜHMTE FJORDE

Norwegen ist weltberühmt für seine glazial geprägten Landschaften, etwa jene im Jostedalsbreen-Nationalpark. Der Park umfasst einen der größten Plateaugletscher Europas, den Jostedalsbreen, und bildet eines der ausgedehntesten Wildnisgebiete in Südnorwegen. Die spektakulären Landschaftskontraste über kurze Distanzen reichen von den prächtigen Fjorden bis zu den Trogtälern in eisbedeckten Bergen. Bauernhöfe in traditionellen Agrikulturlandschaften der Niederungen machen Gipfeln wie dem 2084 Meter hohen Lodalskåpa Platz. Im Sommer breiten sich unzählige Ströme, Flüsse und Wasserfälle an den Berghängen aus, gespeist werden sie von Eis- und Schneeschmelzwasser.

Der Sognefjord, Norwegens längster Fjord, erstreckt sich von den äußeren Küsteninseln mehr als 200 Kilometer weit landeinwärts zu seinen steilwandigen Kliffen. Die Region, wo dieser tiefe Fjord auf die Gletscher und Norwegens höchste Berge trifft, gilt als eines der schönsten Reiseziele der Welt. Ein anderer Fjord, der Hardangerfjord, ist 179 Kilometer lang und wird von malerischen Dörfern gesäumt. Touristen kommen im Frühling hierher, wenn die Obstbäume der Gegend vor dem Hintergrund schneebedeckter Berge erblühen.

OBEN Die Anströmkante der Austfonna-Eiskappe hat eine 200 km lange Eisfront. Sie bedeckt die Insel Nordaustlandet im Svalbard-Archipel, nördlich des norwegischen Festlands. Mit einer Fläche von mehr als 7800 km² ist sie die zweitgrößte arktische Eiskappe nach der von Grönland.

Die Fjorde und Gletscher von Neuseeland

Fjorde und Gletscher sind eine eindrucksvolle Erscheinung der neuseeländischen Landschaft. Der Fiordland-Nationalpark in der südwestlichen Ecke der Südinsel Neuseelands wurde 1952 ausgewiesen. Er ist das größte Wildnisgebiet des Landes und einer der größten Nationalparks der Welt.

RECHTE SEITE Anders als die meisten Gletscher ist der Fox-gletscher im Westland-National-park nach 100 Jahren Rückgang seit den 1990er Jahren leicht gewachsen, vor allem aufgrund niedrigerer Temperaturen und erhöhtem Schneefall. Dies schreibt man dem El- Niño-Phänomen zu, das sich jedoch bald wieder wenden wird.

UNTEN Der Blick auf den Lake Adelaide vor dem Hintergrund der Darranberge im Fiordland-Nationalpark zeigt das Trogtal, das während der letzten Kaltzeit im Pleistozän von Gletschern gegraben wurde.

Die 12.500 km² große Fläche des Fiordland-Nationalparks machen zehn Prozent der gesamten Landesfläche Neuseelands aus. Die 14 Fjorde innerhalb des Parks sind einige der spektakulärsten Beispiele für Übergänge zwischen Land und Meer, die man irgendwo auf der Welt finden könnte.

DIE TOPOGRAFIE VON FIORDLAND

Gemeißelt und geformt von Gletschern während des Pleistozäns, ist Fiordland eine komplexe Mischung aus lang gestreckten Bergseen und überfluteten Trogtälern. Die Höhenlagen reichen vom Grund des Doubtful Sound, der eine Tiefe von 128 Metern erreicht, bis hin zu Berggipfeln, die 2700 Meter über die vergletscherten Weiten plutonischer und metamorpher Gesteine aufragen. Diese wurden durch Bewegungen entlang der Verwerfungslinie der Südinsel gründlich umgeformt.

Die steile Topografie der Berge basiert auf harten Erguss- sowie metamorphen Gesteinen: Diorit, Granit und Gneis. Ihre außergewöhnliche Erosionsbeständigkeit hat die urzeitlichen Formen, Gefälle und annähernd senkrechten Felswände von Fiordland erhalten, die Höhen bis zu 1500 Metern erreichen.

SÜSSWASSERFJORDE

Mit jährlichen Niederschlägen von 8000 Millimetern ist Fiordland eine der feuchtesten Gegenden auf Erden. Zahlreiche Wasserfälle, die über die annähernd vertikalen Felswände stürzen, führen Laub, Sedimente und Tannine (Gerbstoffe) mit sich, die die oberen Wasserschichten der Fjorde in gelb-braunes Brackwasser verwandeln. Dieses treibt über dem dichteren, salzigeren und tieferen Meerwasser. Die Sedimente vermindern die Lichtdurchlässigkeit, erschweren die Photosynthese und senken die Grenze für marines Leben auf eine Tiefe von nur 40 Metern ab.

Gesteinsschutt an den Mündungen der Fjorde, der beim Gletscherrückzug während der letzten Kaltzeit abgelagert wurde, hat Dämme vor dem Ozean gebildet, die das Einströmen von Meerwasser beschränken und Neuseelands Fjorde salzarm machen – ihr Salzgehalt liegt bei 3,5 Prozent.

Trotz der schwierigen Bedingungen durch starke Sedimentierung, wenig Licht und geringen Salzgehalt beheimaten die Gewässer von Fiordland subtropische Fische, Schwämme, Armfüßer und Schwarze Korallen. Weitere Bewohner sind Fiordlandpinguine, Neuseeländische Seebären sowie Trupps von Tümmlern und Schwarzdelfinen.

GLETSCHER UND URZEITLICHE EISSCHILDE

Vor 100 000 Jahren, während des Waimaungan-Glazials, war Neuseeland von gewaltigen Eisschilden bedeckt, die von Fiordland bis zum Westen von Nelson am anderen Ende der Südinsel und sogar bis zum Tararuagebirge auf der Nordinsel reichten.

Alle Spuren der damaligen Vereisung sind längst durch die Erosion getilgt worden. Die Gletscher, die heute die Landschaft beherrschen, sind Überreste aus dem viel späteren Otiran-Glazial, das vor etwa 10 000 Jahren zu Ende ging.

Diese Gletscher schürften die Vertiefungen aus, in denen heute Seen wie der Te-Anau-See und der Wakatipusee liegen. Sie formten die großen Gipfel der Südalpen und meißelten die glazialen Täler von Fiordland aus, die am Ende der letzten Kaltzeit vom ansteigenden Ozean überflutet wurden. Otirangletscher schufen auch die Canterbury-Ebene, ein Tiefland aus Gesteinsschutt, der, aus den

Bergen herabgetragen, später von Flüssen erodiert und schließlich als breite Sand- und Kiesfächer abgelagert wurde.

VON DER ZEICHNUNG ZUM SATELLITENBILD

Neuseelands Gletscher wurden erstmals 1859 in Zeichnungen festgehalten, die ersten präzisen Messungen von Gletscherbewegungen und -ständen unternahm T. N. Brodrick 1889 in der Mount-Cook-Region. Erst in den 1950er Jahren begannen Forscher, Volumen, Wasserhaushalt und Abflussraten der Gletscher zu messen und aufzuzeichnen.

In den letzten Jahren wurden durch Satellitenaufnahmen mehr als 3000 Gletscher allein in den Südalpen entdeckt. Sie haben ein ungefähres Volumen von über 50 Kubikkilometern und erstrecken sich über eine Fläche von fast 1200 Quadratkilometern.

Fjorde und Gletscher
von Neuseeland

Tasmansee

Okarito Lagoon
Godleygletscher
Tasmangletscher
Franz-Joseph-Gletscher
Foxgletscher

Lake
Coleridge

Jackson
Bay

Aoraki/Mt. Cook
3754 m

NEUSEEL. ALPEN

Canterbury-Ebene

Cascade Point

Lake
Tekapo

Lake
Ellesmere

Lake
McKerrow

Lake
Pukaki

Halbinsel
Banks

Lake
Ohau

Canterbury-
Bucht

Milford Sound

Mitre Peak
1694 m

Lake
Wanaka

Lake Benmore

Südinsel

George Sound

Lake
Ala

North
Fiord

Lake
Hawea

Lake Aviemore

Caswell Sound
Thompson Sound
Secretary Island
Doubtful Sound

Middle
Fiord
South
Fiord

Lake
Wakatipu

PAZIFISCHER
OZEAN

Lake
Te Anau

Lake
Roxburgh

Breaksea Sound
Resolution Island
Dusky Sound

Lake
Manapouri

Lake
Mahinerangi

Halbinsel
Otago

Kap Providence
Edwardson Sound
Preservation Inlet
Puysegur Point

Lake Monowai

Lake Hauroko

Lake Poteriteri

Lake
Hakapoua

Te-Wae-
Wae-
Bucht

Foveaux-Straße-bucht

Toetoes-
Bucht

Stewartinsel

Paterson
Inlet

Doughboy Bay

Südwest-
kap

Port Pegasus

Süd-
kap

0 ——— 75 km

0 ——— 75 Meilen

Die Eisschilde und Gletscher der Antarktis

Antarktika, der kälteste, trockenste und windigste Kontinent, ist zu 98 Prozent mit Eis bedeckt. Der Eisschild ist mit durchschnittlich 2,5 Kilometer Dicke die mächtigste Eismasse auf Erden, seine Fläche macht 90 Prozent allen irdischen Eises aus. Ein vollständiges Abschmelzen würde den Meeresspiegel weltweit um 61 Meter erhöhen.

Die Akkumulation von Schnee in der Antarktis hat einen durchgehenden Schild von gut 26 Millionen Kubikkilometern Eis geschaffen. Dieser Eisschild ist zwischen 120 000 und 500 000 Jahre alt und stellenweise mehr als 4200 Meter dick. Sein Gewicht ist so gewaltig groß, dass er Teilbereiche der Kontinentoberfläche mehr als 2500 Meter unter den Meeresspiegel niedergedrückt hat. Unter seinem eigenen Gewicht schiebt sich der Eisschild vom Zentrum des Kontinents nach außen zum Meer vor, wobei einige Gebiete sich viel schneller bewegen als andere.

DIE GLETSCHER DER HALBINSEL SCHRUMPFEN RAPIDE

2005 veröffentlichten das British Antarctic Survey und das US Geological Survey eine gemeinsame Studie zu den Gletschern der antarktischen Halbinsel. Der Vergleich Tausender Satelliten- und Luftbilder seit den 1940er Jahren ergab, dass 87 % der Gletscher um durchschnittlich 50 m pro Jahr schrumpfen. Das ist ein relativ neues Phänomen, da noch bis zu den 1950er Jahren die meisten Gletscher vorrückten. Der Schwund der Gletscher, die größtenteils auf der Westseite der Halbinsel liegen, trifft mit dem Kollabieren des Schelfeises im Osten zusammen. Forscher halten den vom Menschen herbeigeführten Klimawandel für die Ursache.

SONDERBARE FLÜSSE AUS EIS

Ungewöhnlich schnell fließende Eisströme sind durch sich langsamer bewegende Eisgrate getrennt. Diese bis zu 50 Kilometer breiten Flüsse aus Eis bewegen sich ungefähr 1000 Meter pro Jahr und sind damit viel schneller als das Eis der Umgebung. Die Ursache dieses Phänomens ist, dass der Eisstrom auf einem wasserdurchtränkten Grund aus weichen Sedimenten gleitet, während die Grate am harten Grundgestein festgefroren sind. Eisströme sind in Antarktika keine Seltenheit, sie machen etwa ein Zehntel des Eisvolumens aus und bilden den Großteil des Eises, das den Schild Richtung Eisschelf verlässt.

TREIBENDE EISPLATTFORMEN IM OZEAN

Eisströme, die die Küste erreichen, schieben sich auf den Meeresboden hinaus, lösen sich schließlich ab und bilden eine dicke, schwimmende Eisplattform, das Schelfeis. Die größten Eisschelfe Antarktikas sind das Ross-Eisschelf im Rossmeer und das Filchner-Rønne-Eisschelf im Weddellmeer. Ein Eisschelf wächst nach außen, bis er seinen Gleich-

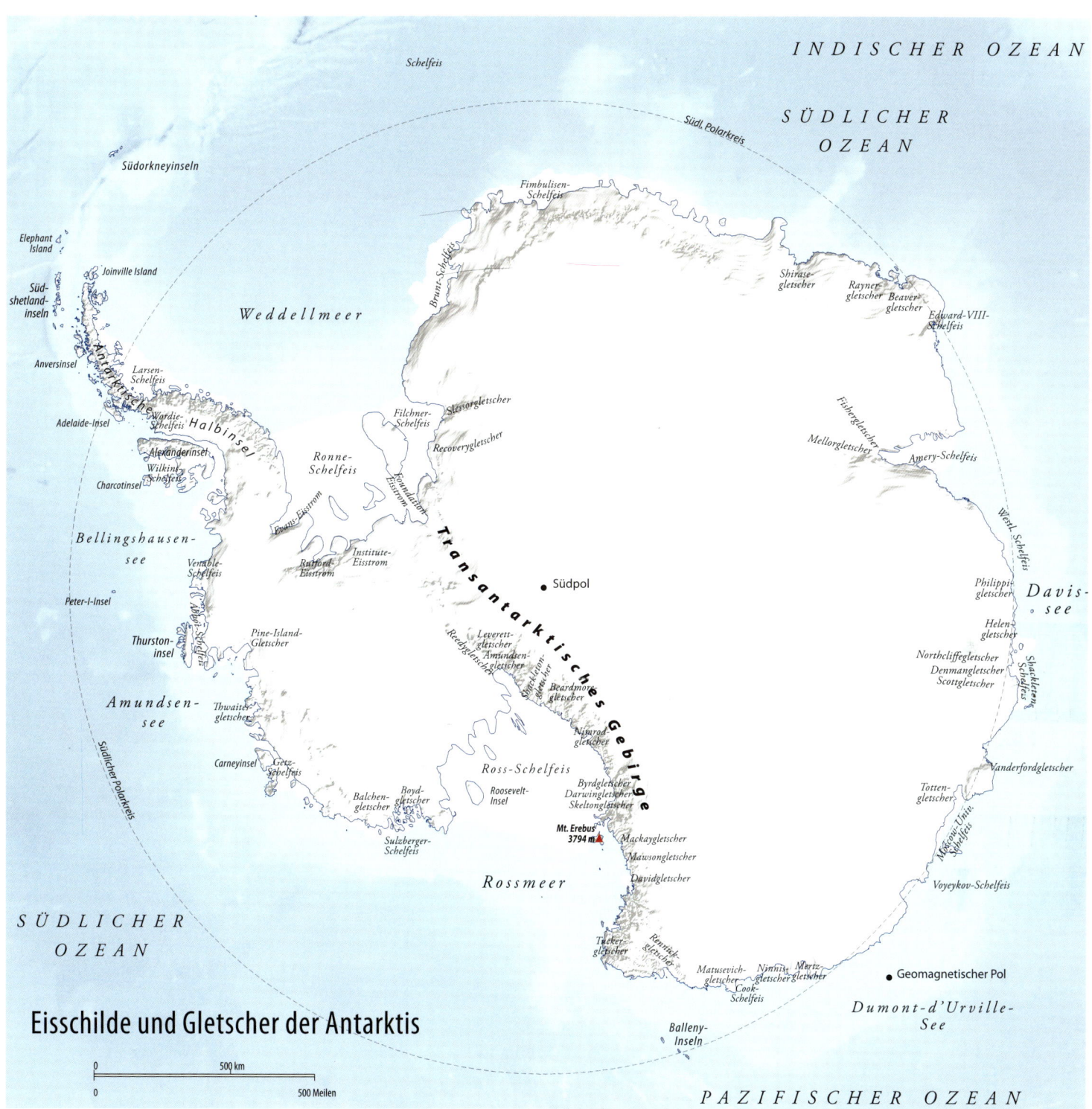

INDISCHER OZEAN

SÜDLICHER OZEAN

Schelfeis

Südl. Polarkreis

Südorkneyinseln

Fimbulisen-Schelfeis

Elephant Island

Joinville Island

Süd-shetland-inseln

Weddellmeer

Shirase-gletscher

Rayner-gletscher

Beaver-gletscher

Edward-VIII-Schelfeis

Anversinsel

Larsen-Schelfeis

Brunt-Schelfeis

Fisherletscher

Adelaide-Insel

Wardie-Schelfeis

Filchner-Schelfeis

Stessorgletscher

Mellorgletscher

Amery-Schelfeis

Alexanderinsel

Ronne-Schelfeis

Recoverygletscher

West. Schelfeis

Wilkins-Schelfeis

Charcotinsel

Evans-Eisstrom

Foundation-Eisstrom

Transantarktisches Gebirge

Philippi-gletscher

Davis-see

Bellingshausen-see

Rutford-Eisstrom

Institute-Eisstrom

Südpol

Helen-gletscher

Peter-I-Insel

Venable-Schelfeis

Northcliffegletscher
Denmangletscher
Scottgletscher

Abbot-Schelfeis

Pine-Island-Gletscher

Leverett-gletscher

Amundsen-gletscher

Thurston-insel

Reedygletscher

Beardmore-gletscher

Amundsen-see

Thwaites-gletscher

Nimrod-gletscher

Vanderfordgletscher

Carneyinsel

Getz-Schelfeis

Ross-Schelfeis

Byrdgletscher
Darwingletscher
Skeltongletscher

Totten-gletscher

Südlicher Polarkreis

Balchen-gletscher

Boyd-gletscher

Roosevelt-Insel

Moscow-Univ.-Schelfeis

Sulzberger-Schelfeis

Mt. Erebus
3794

Mackaygletscher

Mawsongletscher

Davidgletscher

Voyeykov-Schelfeis

Rossmeer

SÜDLICHER OZEAN

Tucker-gletscher

Rennick-gletscher

Geomagnetischer Pol

Matusevich-gletscher

Ninnis-gletscher

Mertz-gletscher

Cook-Schelfeis

Dumont-d'Urville-See

Eisschilde und Gletscher der Antarktis

Balleny-Inseln

PAZIFISCHER OZEAN

500 km

0

0

500 Meilen

---

gewichtspunkt erreicht, wo dann das Eis von den meerseitigen Kanten des Schelfs abbricht. Gewöhnlich ist das Schelf 100 bis 1000 Meter dick und dringt zwischen regelmäßigen großen Kalbungen jahre- oder gar jahrzehntelang ins Meer hinaus vor.

DAS SCHELFEIS KOLLABIERT

Seit 1995 sind mehrere große Stücke vom antarktischen Schelfeis abgebrochen. In jenem Jahr begann sich das 1600 Quadratkilometer große Larsen-A-Schelfeis vom Kontinent zu lösen. 1998 gab das 1100 Quadratkilometer große Wilkins-Schelfeis nach. Als bislang größtes Stück brach im März

2002 ein 3250 Quadratkilometer großes Teil des Larsen-B-Schelfeises vom Grundeis los. Der wahrscheinliche Auslöser dafür sind höhere Lufttemperaturen und wärmere Wasserströmungen unter den Eisschelfen.

ANTARKTIKAS GLETSCHER BESCHLEUNIGEN SICH

Radarmessungen von Satelliten aus den Jahren 2000 bis 2003 haben erwiesen, dass die Gletscher heute viel schneller ins Schelfeis fließen als zuvor, vermutlich weil sie von den umgebenden Eisschelfen nicht mehr zurückgehalten werden. So bewegen sich etwa mehrere Gletscher, die in das zusam-

LINKE SEITE Der russische Eisbrecher *Kapitan Khlebnikov* bahnt sich seinen Weg durch das antarktische Treibeis nahe der Ross-insel. Passagiere können hier aussteigen und sich auf das stellenweise Hunderte Meter dicke Eis begeben. Das Ross-Schelfeis ist das größte der Antarktis und etwa so groß wie Spanien.

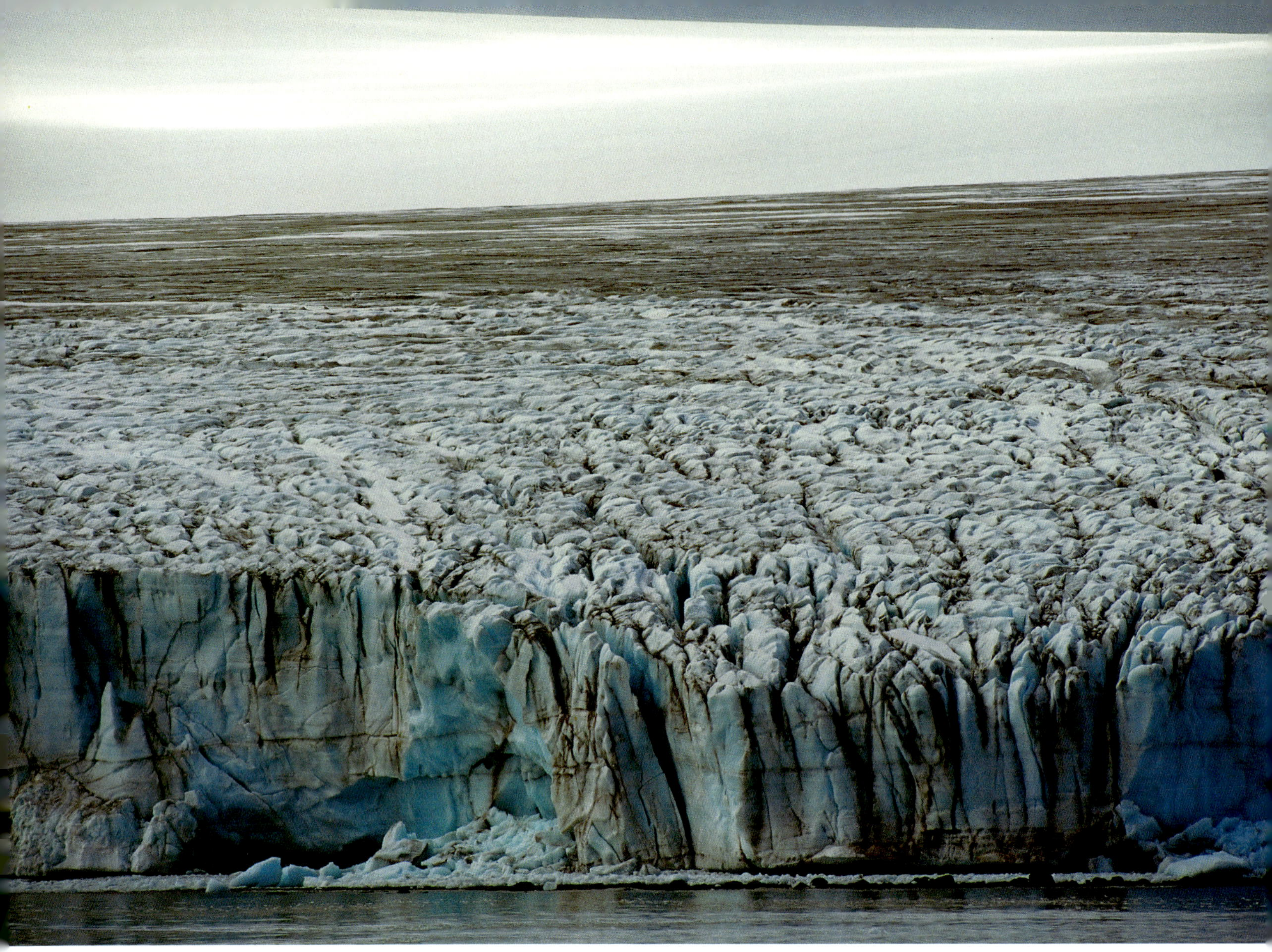

OBEN Eine gewaltige Gletscherwand erhebt sich vor Yankee Harbor auf der Greenwichinsel vor der Antarktischen Halbinsel. Diese gehört zu den Südshetlandinseln, von denen viele mit Eiskappen bedeckt sind.

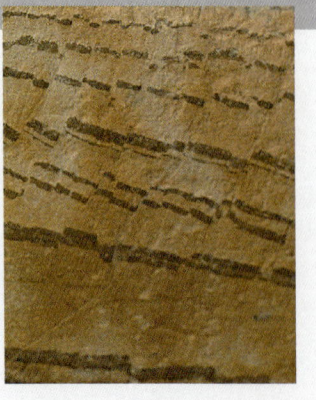

mengebrochene Larsen-B-Schelfeis fließen, zwei- bis sechsmal schneller als früher und haben sich bereits stark ausgedünnt.

SEEN UNTER DEM ANTARKTISCHEN EIS

Tausende Meter unter der Oberfläche des antarktischen Kontinentaleisschilds fand man ein aderförmiges Geflecht von über 100 Seen. Offenbar füllen sie sich, bersten plötzlich und verströmen ihr Wasser in Kaskaden den Sockel des Eisschilds entlang. Der 1996 unter der russischen Wostokstation entdeckte Wostoksee ist der größte dieser subglazialen Seen. Seismische Untersuchungen lassen ahnen, dass der See mit einer Tiefe von 500 Metern und einer Ausdehnung von 50 mal 225 Kilometern riesige Ausmaße erreicht. Ob das Wasser, das bis zu 35 Millionen Jahre alt sein könnte, Mikroorganismen enthält, müssen Bohrungen erst noch ergeben. Der See könnte jenen unter der gefrorenen Oberfläche des Jupitermondes Europa ähneln.

GESTEINSPORTRÄT: BÄNDERTON

Bänderton bildet sich in Gletscherseen. Jede Jahresschicht (Warve) besteht aus je einem hellen Schluff- und einem dunklen Lehmband aus den Seesedimenten. Im Sommer fließt mehr Gletscherschmelzwasser in den See und führt grobkörnigeren Gletscherschlamm und Sand mit. Im Winter geht der Zufluss zurück oder hört ganz auf, dann setzt sich feinkörniger Lehm am Grund ab und bildet eine dünne dunkle Schicht. Die Warven auf dem Bild sind von zahlreichen kleinen Verwerfungen unterteilt.

DIE VIELFALT DES ANTARKTISCHEN LEBENS

In Antarktika gibt es keine Wirbeltiere, die permanent an Land leben. Zu den wirbellosen Organismen zählen mikroskopisch kleine Milben, Läuse, Fadenwürmer, Bärtierchen, Rädertierchen und Springschwänze. Mit nur zwölf Millimetern ist eine flügellose Zuckmücke (*Belgica antarctica*) das größte antarktische Landtier. Seevögel und Meerestiere gibt es jedoch im Überfluss. Riesige Mengen an marinem Phytoplankton (Kieselalgen) gedeihen in der endlosen Sommersonne und bilden die Basis der Nahrungskette im Meer. Das Plankton wird vom Krill (*Euphausia superba*) verzehrt

und dieser wiederum von einer Reihe von Krill-fressern wie Pinguine, Robben und Bartenwalen. Am obersten Ende der Nahrungskette stehen der Schwertwal (*Orca orcinus*) und der Seeleopard (*Hydrurga leptonyx*), der sich von Pinguinen ernährt.

Meeresvögel bilden ein weiteres wichtiges Element in der antarktischen Nahrungskette. Die meisten von ihnen leben von Krill, die größeren von Tintenfisch und Fisch. Neben Pinguinen machen die Mehrheit der antarktischen Vögel vor allem Raubmöwen, Möwen, Seeschwalben, Albatrosse und Sturmvögel aus. Albatrosse und Sturmvögel nennt man wegen der röhrenartigen Nasenlöcher auf ihren Schnäbeln Röhrennasen. Die Löcher enthalten Drüsen, die das Blut der Vögel von überschüssigem Salz reinigen und es den Tieren ermöglichen, Meerwasser zu trinken. Die meisten dieser Meeresvögel nisten im antarktischen Sommer auf Meeresklippen dieses Kontinents und der umgebenden Inseln. Im Winter, wenn es kaum Nahrung gibt, wandern sie aus. Zu den Pinguinen von Antarktika und den subantarktischen Inseln zählen der Kaiserpinguin, der im Winter auf dem Festland brütet, der Adeliepinguin, der am weitesten südlich nistet, sowie Felsen-, Königs-, Esels- und Langschwanzpinguin.

DIE SUBANTARKTISCHEN INSELN

Zu ihnen zählen die Inseln des Südlichen Ozeans, die größtenteils südlich von Tasmanien, Neuseelands Südinsel, dem südafrikanischen Kap der Guten Hoffnung und dem südamerikanischen Kap Hoorn liegen. Verschiedene Nationen erheben Ansprüche auf die Inseln – entweder aus historischen Gründen, etwa der ersten Entdeckung, oder weil sie in dem Kreissegment der Antarktis liegen, auf den das jeweilige Land Anspruch erhebt. Dazu gehören die Falklandinseln, Gough, Tristan da Cun-

Südgeorgien ist eine von Kliffen gesäumte und von Gletschern geformte Insel. Der höchste Gipfel ist der Mount Paget mit 2935 m. Über die Hälfte der Insel ist mit Eis bedeckt, das sich seit etwa 17 000 Jahren kontinuierlich zurückzieht. Der Fortunagletscher im Cumberland Sound ist der größte Tidewater-Gletscher der Insel. Manche alte Strände, die landeinwärts von den heutigen Küsten liegen, wurden bis zu 10 m über den Meeresspiegel angehoben. Sie erscheinen als markante, grasbedeckte Terrassen, unterlegt mit Strandgeröll und Kies. Die Strände steigen wegen des nachlassenden Gewichtsdrucks der schwindenden Gletscher auf.

Südgeorgien liegt in der Subantarktis, östlich von Südamerikas Südspitze; seine zerklüfteten Landschaften wurden von Gletschern eingeschnitten. Auf der Insel gibt es elf über 2000 m hohe Berge.

ha, Südgeorgien, die Südsandwich- und Südorkneyinseln (alle von Großbritannien beansprucht), Peter-I.-Insel und Bouvetøya (Norwegen), die Campbell-, Chatham-, Bounty-, Auckland- und Snaresinseln (Neuseeland), Heard- und Macquarie-Inseln (Australien), Kerguelen und Crozet (Frankreich) sowie Südafrikas Marioninsel. Argentinien beansprucht die San-Pedro-Inseln (Südgeorgien) und Las Malvinas (Falkland) für sich, was 1982 zum Krieg mit Großbritannien führte.

Die meisten der unwirtlichen, windigen und eisbedeckten Inseln sind aus verschiedenen Gründen Welterbestätten: Sie beheimaten über die Hälfte der Seevögel der Welt, und einige Spezies findet man nirgendwo sonst. Auch seltene Pflanzen- und Tierarten, die sich von ihren Verwandten in den gemäßigten Klimazonen unterscheiden, leben auf den Inseln, und trotz der Eroberung vieler von ihnen durch den Menschen waren Versuche der ökologischen Revitalisierung sehr erfolgreich.

Die meisten der Inseln sind vulkanischen Ursprungs, viele noch aktiv. Am 10. Oktober 1961 mussten Hunderte Einwohner Tristan da Cunha verlassen, weil nicht weit von der Hauptsiedlung ein neuer Vulkan ausbrach. Zwei Jahre lang lebten sie in England, dann setzten sich die Inselbewohner für ihre Heimkehr ein und wurden am 10. November 1963 auf ihre Inseln zurückgebracht.

OBEN Ein nistendes Paar Schwarzbrauenalbatrosse (*Thalassarche melanophris*). Die Meeresvögel brüten auf subantarktischen Inseln im Südlichen Ozean. Sie werden bis zu 30 Jahre alt und ziehen pro Jahr immer nur ein Küken auf.

LINKS Das Satellitenbild des aktiven Stratovulkans Mount Erebus zeigt den Gletscher, der dort über das Ross-Schelfeis fließt. Dieser Gletscherstrom ist über 10 m hoch und 11 km lang.

OBEN Diesen von steilen Wänden eingefassten Mäanderabschnitt schuf geradezu lehrbuchmäßig der Colorado River im Canyonlands-Nationalpark in Utah, USA.

RECHTS An den Canyonwänden des Coloradoplateaus entdeckte man die Ruinen einer Stadt, die vor etwa 1500 Jahren vom Volk der Anasazi erbaut wurde und dicht bevölkert war.

Tiefe, von mächtigen Flüssen eingeschnittene Canyons und Schluchten führen uns eindrucksvoll vor Augen, dass wir auf einem aktiven Planeten leben. Die steilflankigen Täler gibt es nur dort, wo sich das Land schnell hebt und dem Wasser damit genug Energie verleiht, Felsgestein zu erodieren, Sedimentfracht mit sich zu tragen und gewaltige Kerben in die Landschaft zu schneiden. Sie unterscheiden sich von V- oder U-förmig eingeschnittenen Flusstälern durch ihre steilen bis senkrechten Wände.

Canyons sind Schluchten mit getreppten Hängen in Gebieten mit horizontal lagernden Schichten. Sie kommen meist in trockenen Regionen vor, weil die Felswände dort langsamer verwittern als unter feuchten, tropischen Bedingungen. Besonders enge Canyons nennt man im englischsprachigen Raum auch „Slot Canyons". Oft ist es möglich, beide Seiten gleichzeitig zu berühren, und manchmal stehen die glatten, polierten Wände so nah beieinander, dass sich ein Mensch nicht mehr hindurchzwängen kann.

Die meisten von uns kennen berühmte Beispiele wie etwa den Grand Canyon in den USA, den Fish River Canyon in Namibia und die Schlucht des Blauen Nils in Afrika. Doch es gibt noch viele andere spektakuläre Canyons und Schluchten auf der Welt zu entdecken.

▼ *Canyon oder Schlucht*

TEKTONISCH INSTABILE GEBIETE

Canyons und Schluchten findet man überall dort, wo durch tektonische Tätigkeit Gebirge und Vulkane entstehen. Diese Gebiete gibt es vor allem im Umfeld von kollidierenden Plattenrändern, wo Kontinente zusammenstoßen oder sich über den Ozeanboden schieben. Die aufsteigenden, vulkanisch aktiven Gebirgsketten rund um den Pazifischen Feuerring markieren die Linie, an der die Ozeanplatten des Pazifikbeckens von den angrenzenden Platten verschlungen werden. Der Grand Canyon in Arizona und der Kupfercanyon im mexikanischen Chihuahua sind zwei spektakuläre Beispiele für diese Landschaftsformen, die sich in solchen aktiven Gebirgmassive ausgebildet haben.

In den großen Kollisionsgebirgsgürteln, die sich vom Himalaya bis zu den europäischen Alpen erstrecken, liegen einige der größten und eindrucksvollsten Schluchten der Welt, etwa die Yarlung-Tsangpo-Schlucht in Tibet. Auch in Grabenbrüchen an den Rändern tektonischer Platten, wo sich die Erdkruste hebt und reißt, gibt es sie. Hier entfernen sich die Platten voneinander, wodurch eine Lücke entsteht. Solche von Verwerfungen gesäumten Landschaftsformen, wie die Olduvaischlucht im Serengeti-Nationalpark in Tansania, nennt man auch Grabentäler.

DIE EINDRUCKSVOLLSTEN CANYONS DER ERDE

Der Grand Canyon in Arizona ist der wohl bekannteste und meistbesuchte Canyon der Welt. Der Colorado River hat diesen spektakulären Canyon in die Sedimentschichten der Wüste eingegraben und dabei eine enorme Spanne geologischer Zeit freigelegt; das Grundgestein ist 1,7 Milliarden Jahre alter Vishnuschiefer. Der Grand Canyon wird oft als größter Canyon der Erde bezeichnet. Noch tiefer ist allerdings die Yarlung-Tsangpo-Schlucht, die der Brahmaputra bis zu 5,3 Kilometer tief in den Himalaya eingeschnitten hat. Sie lässt den

OBEN Der Grand-Canyon-Nationalpark in den USA ist berühmt für seine schönen, aus Navajosandstein gemeißelten Schluchten in leuchtenden Farben. Sie schimmern von Karminrot und Zinnober über Orange bis Gold und Weiß.

LINKS Die Geikieschlucht ist eine urzeitliche Klamm im äußersten Nordwesten Australiens. Die mehr als 30 m hohen Kalkwände am Fuß zeigen Hochwasserstände an, die bis zu 12 m über dem normalen Flussspiegel liegen.

Grand Canyon mit gerade einmal 2,4 Kilometer Tiefe vergleichsweise recht klein wirken. Zwei weitere riesige Schluchten sind die Kali-Gandaki-Schlucht in Nepal und die Polung-Tsangpo-Schlucht in China. Die gewaltige Hebungsrate in der Gegend infolge der anhaltenden Kollision zwischen dem indischen Subkontinent und Asien führte zur Bildung dieser unglaublich tiefen Canyons. Das Land hebt sich hier um eine Rate von mehr als 25 Millimetern pro Jahr.

Alle Schluchten der Erde verblassen, wenn man sie mit einigen der mächtigen canyonartigen Strukturen auf dem Mars vergleicht. Valles Marineris, das riesige Canyonsystem nahe dem Marsäquator, ist 200 Kilometer breit und ganze 7,7 Kilometer tief. Der Canyon ist nach der Marssonde Mariner 9 benannt, die 1972 Fotos davon zur Erde schickte. Man geht davon aus, dass Valles Marineris ein Grabenbruchsystem auf dem Mars darstellt.

TIEF EINGESCHNITTENE FLÜSSE

Canyons und Schluchten entstehen durch die Tiefenerosion von Flüssen, die ihren Lauf nicht mehr ändern können. Ein Fluss fräst sein Entwässerungsnetz nur dann dauerhaft in die Landschaft, wenn sein Erosionspotenzial der Hebungsrate der Region entspricht oder größer ist. In einigen Fällen können sich selbst langsam fließende Mäander, wie sie für alte Flüsse in ihren Auenlandschaften typisch sind, noch tief eingraben.

Klassische Beispiele für in engen Windungen mäandrierende Flüsse sind der Snake River im gleichnamigen Canyon in Idaho und der Colorado River im Canyonlands-Nationalpark in Utah, USA. Ein weiteres interessantes Beispiel findet sich in der Emu-Ebene westlich von Sydney in Australien. Hier fließt der Nepean River in die Blauen Berge und bildet eine Mäanderschlinge in einem engen Canyon, bevor er wieder an der Ebene heraustritt.

VIELFÄLTIGE CANYONMUSTER

Die vielen unterschiedlichen Muster, die Canyons in die Landschaft schneiden, hängen stark von der geologischen Beschaffenheit der jeweiligen Region ab. Ohne strukturelle oder tektonische Vorgaben, etwa in mächtigen, einheitlichen Sedimenten und weichen Gesteinsschichten, entsteht ein verzweigtes Entwässerungssystem. Von oben betrachtet ähnelt es riesigen Baumwurzeln, da die Nebenflüsse sich zu immer größeren Strömen vereinen und schließlich alle den Hauptflusses bilden. Üblicherweise gibt es jedoch ein vorgegebenes Entwässerungsmuster, da die meisten harten Gesteine, etwa Granit, in mindestens zwei Richtungen von Verwerfungen oder Klüften durchschnitten sind. Solche Schwachstellen bieten leichte Wege für flie-

OBEN Der älteste Fluss der Welt, der Yarlung in China, fließt über die Länge der Yarlung-Tsangpo-Schlucht von rund 3000 m Höhe auf etwa 300 m hinunter.

LINKE SEITE Der Matkatamiba-Canyon im Grand-Canyon-Nationalpark in Arizona ist ein klassisches Beispiel für einen Slot Canyon. Das Naturwunder entstand durch Erosion des Sandsteins über einen langen Zeitraum.

WIE EIN CANYON ENTSTEHT

A. Ein reifer Fluss mit geringer Erosions- und Transportkraft fließt langsam in seiner küstennahen Flussaue und bildet eine Reihe breiter haarnadelförmiger Mäander. B. Plötzliche Hebung des Landes verjüngt das Flusssystem, das sich nun schnell ins Gestein schneidet. Die Flüsse graben sich als Mäander ein, bilden einen Canyon und können sich nicht mehr frei bewegen. C. Hat der Fluss seine Eintiefung beendet, weitet sich das Tal infolge der allgemeinen Hang- und Landabtragung. Die Mäander bleiben an ihrem Platz erhalten.

A   B   C

GEFAHREN BEIM CANYONING

Canyoning ist eine Abenteuersportart, bei der Schluchten unterschiedlichen Schwierigkeitsgrades durchquert werden. Glitzernde Gumpen, zwischen Felsen hervorschießende Wasserfälle und feuchte, moosbedeckte, schattige Wände mit tropfenden Farnen sind nur einige der vielen Naturschönheiten, die Menschen in die Schluchten locken. Manche sind zu Fuß leicht zugänglich, andere erfordern technische Fertigkeiten wie Klettern, Springen, Abseilen, Schwimmen und Orientierungstechniken. Einige wassergefüllte Schluchten befährt man mit Luftmatratzen, z.B. jene in den Blauen Bergen in Australien. Das kalte Wasser macht es oft erforderlich, Neoprenanzüge zum Schutz zu tragen. Zu den größten Gefahren des Canyoning zählen plötzliche Überflutungen. Gewitter irgendwo im Einzugsgebiet des durch die Schlucht fließenden Flusses können den Wasserspiegel dramatisch und unerwartet ansteigen lassen: Aus ruhigen Bächen werden dann binnen Minuten reißende Ströme – selbst wenn der Himmel über der Schlucht klar bleibt. Eine solche Sturzflut kann zusammen mit dem steilen und felsigen Gelände eine tödliche Kombination bilden. Oft ist es unmöglich, zwischendrin den Canyon zu verlassen. Im Juli 1999 fiel eine Gruppe von 21 Touristen auf einer kommerziellen Canyoning-Tour in der Saxetenbachschlucht in der Schweiz einer Sturzflut zum Opfer.

Viele Menschen sind von den Reizen – und den Risiken – des Canyoning fasziniert.

ßendes Wasser, das die Spalten immer tiefer ausgräbt. Meist entsteht dabei ein rechtwinkliges Entwässerungssystem, in dem die Nebenflüsse im rechten Winkel aufeinandertreffen.

In Gegenden einfallender oder gefalteter Sedimentfolgen bestimmt die unterschiedliche Härte der Schichten das Entwässerungsmuster. Lange, gerade Gerinne bilden sich entlang den weicheren Schichten parallel zueinander und schneiden nur hier und da quer über die beständigeren Schichten ein, um größere Abflusse zu bilden. Kleinere, kurze Zuflüsse fließen von den umliegenden Bergkämmen zum Hauptfluss und bilden eine Art Gittermuster.

Schnell aufsteigende Dome oder anwachsende Vulkane zwingen Wasser, vom höchsten Punkt wegzufließen, wobei radial verlaufende Schluchten eingetieft werden. Umgekehrte Verhältnisse liegen vor, wenn das Zentrum eines Doms aus weichem Sedimentgestein besteht, etwa aus Salz. Dann bildet sich in der Mitte eine runde Vertiefung, in die das Wasser hineinfließt (zentripetale Entwässerung genannt).

DAS RÄTSEL DER SUBMARINEN CANYONS

Untermeerische Canyons sind Schluchten im Meeresboden des Kontinentalabhangs mit steilen bis senkrechten Wänden. An Steilabhängen verlaufen sie in engeren Abständen; sie durchschneiden jegliches Gestein ebenso wie lockere Sedimente. Entdeckt wurden sie erst in jüngerer Zeit, als man mit Tauchgeräten in größere Tiefen vordrang. Manche der größten Unterwasserschluchten stellen Fortsetzungen von großen Flüssen jenseits der Küste dar. Die größte davon ist der Kongocanyon, rund 800 Kilometer lang und 1200 Meter tief. Weitere Beispiele sind der Amazonascanyon, die Gangaschlucht, der Hudsoncanyon und die Indusschlucht – allesamt Verlängerungen der jeweiligen Flussmündungen.

Andere untermeerische Canyons haben nichts mit großen Flüssen zu tun, etwa der Monterey-

Canyon vor der kalifornischen Küste. Einer der längsten ist der nordwestatlantische mittelozeanische Canyon vor der Ostküste Kanadas. Man kennt inzwischen viele dieser Schluchten, die tief in die flache oder leicht ansteigende Tiefseeebene einschneiden, doch ist es schwer zu erklären, wodurch sie entstanden. Sie liegen weit unter den Bereichen, die je von fallenden Meeresspiegeln in Glazialzeiten freigelegt wurden, gehen also nicht auf die erodierende Wirkung von Flüssen zurück.

DES RÄTSELS LÖSUNG

Heute nimmt man an, dass submarine Canyons von dichten, sedimentbeladenen Strömen geschaffen werden, die sich wie Flüsse aus Sand durch die Schluchten wälzen. Diese werden so kontinuierlich mit Sedimenten aus den Deltas großer Flüsse oder mit Sand gespeist, den Küstenströmungen vom Strand wegspülen. Der Sedimenttransport durch einen Canyon kann auch plötzlich und sporadisch verlaufen. Nach Meinung einiger Forscher könnte dies etwa durch Erdbeben ausgelöst werden. Die Strömungen nennt man Trübeströme oder Unterwasserlawinen; riesige Sedimentfächer an den Mündungen submariner Canyons auf dem Tiefseeboden belegen diesee Vorgänge.

BEWOHNER VON CANYONS

Die Anasazi, die Urahnen der Pueblokultur, erbauten in den Canyonwänden des Coloradoplateaus im Südwesten der heutigen USA Tausende dicht bewohnter, appartmentähnlicher Behausungen und anderer Bauwerke, etwa Schachtanlagen und Getreidelager, runde Wachttürme aus Stein und kunstvolle Gebäude für Zeremonien, Kivas genannt. Die Steinstadt namens Cliff Palace geht zurück auf 500 v. Chr., als das Pueblovolk begann, Ackerbau zu betreiben. Es baute Mais, Bohnen und Kürbisse an und musste daher nicht mehr von Ort zu Ort ziehen.

Die Anasazi bewältigten den Wechsel der Jahreszeiten, indem sie Vorräte in geschlossenen Speichern aufbewahrten. Für Transport und Lagerung der Nahrung und anderer Dinge des täglichen Bedarfs stellten sie Körbe aus Pflanzenfasern und getöpferte Lehmgefäße her. Außerdem domestizierten sie Truthähne, ergänzten ihre Ernährung durch Jagdbeute und lebten so in Harmonie mit ihrem Land. Die verlassene Steinstadt wurde erst 1888 von zwei Cowboys, Richard Wetherill und Charles Mason, wiederentdeckt.

Heute durchkämmen Archäologen die vielen Behausungen und Höhlen nach Hinweisen auf eine natürliche, soziale oder religiöse Krise, die Ursache des Zusammenbruchs der großartigen Zivilisation im 13. Jahrhundert gewesen sein

könnte. Untersuchungen in den Ruinen gefundener menschlicher Knochen lassen darauf schließen, dass die Anasazi damals unter Mangelernährung, kürzeren Lebensspannen und gestiegener Kindersterblichkeit zu leiden begannen. Zehntausende verließen ihr Zuhause bei Mesa Verde, verstreuten sich in den Hopi-Tafelbergen in Nordwestarizona und den Zuni-Ländern im Westen von New Mexico. Sie bauten Ziegeldörfer im Einzugsgebiet des Rio Grande. Mangels schriftlicher Aufzeichnungen ist nicht gänzlich klar, wie und warum es dazu kam. Wieso zwang Hunger die Menschen der Region zur Auswanderung?

Die einleuchtendste Theorie besagt, dass eine lange Trockenphase im 12. Jahrhundert, die „Große Dürre", die Menschen aus ihrer Heimat vertrieb. Die Sachlage erscheint heute jedoch weitaus komplizierter. Baumring- und Pollenstudien ergaben, dass die Landwirtschaft der Anasazi auch von der als Kleinen Eiszeit bekannten weltweiten Abkühlung betroffen war und somit aus zwei Richtungen klimatisch unter Druck geriet. Niedrigere Lagen wurden zu trocken für den Anbau, höhere Regionen hingegen waren dafür zu kalt.

Eine weitere Theorie meint, dass das trockenere Wetter und die Nahrungsknappheit die Anasazi dazu brachte, sich gegenseitig auszuplündern, was zu Konflikten und Kriegen führte. Diese Theorie kann jedoch nicht erklären, warum die Sieger dieser Konflikte nicht in der Region ausharrten.

OBEN Die in den Fels eingemeißelten Behausungen der antiken Anasazi-Zivilisation im Marble Canyon in Arizona, USA, sind ein hochinteressantes Forschungsobjekt für Archäologen.

OBEN LINKS Diese Canyons aus rotem Gestein in Tansania liegen im Ostafrikanischen Graben, einer Region von großer archäologischer Bedeutung.

Canyons und Schluchten in den Vereinigten Staaten von Amerika

Das Klima der westlichen USA ist extrem: Im Sommer steigen die durchschnittlichen Temperaturen über 38 °C an, im Winter fallen sie weit unter den Gefrierpunkt. Es kommt zu schweren Dürren und Überflutungen, besonders in Gegenden, die von Wüste und mächtigen Flüssen wie dem Colorado und dem Gunnison beherrscht sind. Unter so herben Umweltbedingungen harren sagenhafte Canyons ihrer Erkundung.

Als sich die Pazifische Platte ihren Weg unter die Nordamerikanische Platte bahnte, führte dies vor etwa 70 Millionen Jahren zu großen Brüchen, die in Kalifornien begannen und sich ostwärts durch Utah, Arizona, Nevada, Idaho und Oregon bis Colorado fortsetzten. Im Lauf der Zeit entstanden Gebirgsketten wie die Rocky Mountains und die Sierra Nevada; die Berge wiederum lieferten Wasser in Flüssen und Eis in Gletschern. Zeitgleich hoben sich Hochebenen wie das Coloradoplateau über den Meeresspiegel. Flüsse und Gletscher schnitten sich in die Plateaus ein und bildeten atemberaubende Canyonlandschaften, in denen heute zahlreiche Arten von Pflanzen und Tieren leben.

VIELFARBIGE GESTEINE DES BLACK CANYON

Der Black Canyon in Colorado ist 610 Meter tief und fast so farbenprächtig wie ein Regenbogen. Vor beinahe zwei Milliarden Jahren bildeten sich in der Erdkruste grober schwarzer, metamorpher Gneis und Glimmerschiefer. Als sich Risse öffneten, drang in sie rosa Pegmatit ein – Vulkangestein aus glänzendem Muskovitglimmer und rosa Kaliumfeldspat. Ein Binnenmeer, das die Gegend bedeckt hatte, zog sich zwischen 285 und 70 Millionen Jahren vor heute zurück und hinterließ Schichten von rotem Sandstein und Lehm. Aus diesen entstand der sogenannte Mancos Shale, ein rutschiges Schiefertongestein, das noch immer Erdrutsche auslöst. Zwischen 30 und 18 Millionen Jahren vor heute brachen Vulkane aus. Asche mischte sich mit Gestein und Lehm zu grauen Sedimenten.

Als sich das Coloradoplateau anhob, grub sich der Gunnison hinein und legte dabei die vielen Felsschichten frei. So präsentiert sich der Canyon heute mit schwarzem, rosafarbenem, rotem und grauem Gestein, das das Grün der Ufervegetation und Wälder auf ganz besondere Weise ergänzt.

Sauropoden mit langen Hälsen und Schwänzen, Theropoden wie *Tyrannosaurus rex* und *Stegosaurus* lebten einst in der Gegend. Heute bevölkern Uhus, Wapitis, Goldmantelziesel und Kojoten die Espen-, Eschen- und Buscheichenwälder; der Wanderfalke, schnellster Vogel der Welt, stürzt mit über 150 Stundenkilometern durch die Lüfte.

HOODOOS UND STRUDELTÖPFE

Der Bryce Canyon in Utah besteht aus einer Reihe von Halbkesseln, deren größter, das Bryce-Amphitheater, 19 Kilometer lang, fünf Kilometer breit und 250 Meter tief ist. Der gewaltige Canyon ist

OBEN Im Navajosandstein des Monument Valley in Arizona finden sich wellenähnliche Muster. Die intensiv rote Bänderung entstand durch eisenhaltiges Wasser, das durch den ursprünglich weißen Sandstein sickerte.

RECHTS Eine frische Schneedecke verhüllt den Bryce Canyon im Bryce-Canyon-Nationalpark in Utah, hier von Inspiration Point aus gesehen. Dieser Halbkessel des Canyons weist eine Vielzahl beeindruckender Formationen auf, darunter etwa die sogenannten Hoodoos – Säulen und Pfeiler aus Stein, die durch die fluviatile Erosion geformt wurden.

nach dem Pionier und Rinderfarmer Ebeneezer Bryce benannt, der den Canyon einen „höllischen Ort, um eine Kuh zu verlieren" nannte.

Zwischen 63 und 40 Millionen Jahren vor heute wurden in seichten Seen über Dakotasandstein und tropischem Schiefer aus der Kreidezeit Kalkstein, Lehm und Sandstein abgelagert. Als sich das Coloradoplateau ungleichmäßig anhob, führte dies zu Spannungen und vertikalen Rissen, die in den letzten zehn Millionen Jahren von Wind und Wasser herausmodelliert wurden. Dabei bildeten sich bis zu 60 Meter hohe Felstürme, „Hoodoos" genannt. Sie sind rosa, orange, braun, rot, gelb und weiß, je nach Menge und Art der enthaltenen Sedimente, und tragen Namen wie Poodle oder Wall Street.

Ebenfalls in Utah liegt der Canyonlands-Nationalpark, eine Reihe mehr als 600 Meter tiefer Canyons, die der Colorado und seine Nebenflüsse eingeschnitten haben. Der schwarze Grund der Canyons besteht aus Blaualgen, Flechten, Moos, Grünalgen, Mikropilzen und anderen Bakterien. Blaualgen oder Cyanobakterien zählen zu den ältesten Lebensformen auf Erden und schaffen mit anderen Organismen sehr gute Standorte für

Bäume wie Wasserbirken, Tamarisken und Eschenahorn. Diese Bäume bieten Lebensräume für Vögel wie Gelbbrustwaldsänger, Azurbischof und Grundammer; über den Wipfeln kreisen Steinadler und Weißkopfseeadler.

Natürliche Vertiefungen im Sandstein, Strudellöcher genannt, sammeln Regenwasser und Sedimente und bilden winzige Ökosysteme. Ihre Tiefe reicht von Zentimetern bis zu wenigen Metern, und je nach Klima unterscheidet sich die Wassertemperatur. Wenn das Wasser verdunstet, ziehen die Tiere zu größeren Tümpeln oder graben sich im Schlamm ein, um nicht auszutrocknen. In den Kolken leben Kiemenfußkrebse, Muschelschaler, Schaufelfußkröten und Schnecken.

Im Park stößt man auf eine Reihe von Felstürmen, die als The Needles bekannt sind. Sie bestehen aus Cedar-Mesa-Sandstein, der etwa 250 Millionen Jahre alt ist und abgelagert wurde, als ein Binnenmeer einen Großteil des westlichen Utah bedeckte. Die weißen Bänder im Sandstein sind Sand, die roten Bänder sind Sediment aus Gebirgsflüssen.

In den Canyons von Utah leben 50 Säugetierarten. Um den harten Wintern zu entkommen,

OBEN Ein Puma (*Puma concolor*) setzt leichtfüßig über eine Schlucht im Canyonlands-Nationalpark in Utah hinweg. Pumas sind an felsiges Gelände gut angepasst; sie springen über 5 m hoch. Die großen Tatzen und der lange Schwanz helfen, das Gleichgewicht zu halten.

K A N A D A

R O C K Y

M O N T A N A

M O U N T A I N S

WASHINGTON

Gorge Creek

Sunrift Gorge

Bedrock Canyon

Harker Canyon

Alberton Gorge

Ape Canyon

Salmon River Gorge

White Bird Canyon

Columbia

Columbia River Gorge

Innaha River Canyon

Hells Canyon

He Devil Peak 450 m

IDAHO

Big Horn Canyon

Grand Canyon (Yellowstone)

Snake

U S A

Cascade Canyon

Wind River Canyon

OREGON

WYOMING

Annie Creek Gorge

Owyhee Canyon

Malad Gorge

Columbia Plateau

Little Blitzen Gorge

Snake River Canyon

Fern Canyon

Großer Salz- see

Harkers Canyon

Flaming Gorge

Poudre Canyon

Phantom Canyon

Byers Canyon

De Beque Canyon

Clear Green Canyon

Sego Canyon

UTAH

Glenwood Canyon

COLORADO

NEVADA

Black Dragon Canyon

Colorado

Monument Canyon

Royal Gorge

Sierra Nevada

Ploche-Echo Canyon

KALIFORNIEN

Cathedral Gorge

Red Canyon

Brimstone Canyon

Spooky Gulch

Cataract Canyon

Niles Canyon

Kings Canyon

Owens River Gorge

Zion Canyon

Bryce Canyon

Rainbow Canyon

Echo Canyon

Spring Hollow

Kings

Monterey Canyon

Colorado Plateau

Rio Grande Gorge

Red Rock Canyon

Grand Canyon

Antelope Canyon

San Juan

Chaco Canyon

Frijoles Canyon

Black Canyon

Canyon de Chelly

Oak Creek Canyon

N

Rattlesnake Canyon

Eaton Canyon

Sycamore Canyon

Rio Grande

Bronson Canyon

Colorado

ARIZONA

NEW MEXICO

PAZIFISCHER OZEAN

Aravaipa Canyon

Pima Canyon

Canyons und Schluchten in den Vereinigten Staaten von Amerika

Texas Canyon

0 ____ 150 km

0 ____ 150 Meilen

M E X I K O

LINKS Der Cataract Canyon liegt im Herzen des Canyonlands-Nationalparks in Utah beim Zusammenfluss von Green River und Colorado. Die schmale Schlucht erstreckt sich über 80 km und überwindet 120 m Höhenunterschied.

OBEN Rotlachse (*Oncorhynchus nerka*) schwimmen im Snake River im Hells Canyon. Außerdem findet man im Fluss Neunaugen und Weiße Störe. An Vögeln gibt es Dreizehenspechte und Zwergkleiber. Säugetiere wie Wolf, Kalifornischer Vielfraß und Puma durchstreifen die Region. Die Vegetation besteht aus Büschelgräsern, Wildblumen und Mariposa-Lilien.

ziehen Maultierhirsche in niedrigere Lagen. Kängururatten überstehen die Sommerhitze, indem sie wasserreiche Pflanzen verzehren und in kühlen Erdbauten schlafen. Biber leben in Unterschlüpfen am Ufer, da die Flüsse zu groß sind, um sie mit Dämmen aufzustauen. Wenn der Colorado in den Cataract Canyon eintritt, folgen auf 23 Kilometer Stromschnellen, die bei Hochwasser mehr als sechs Meter hohe Wellen bilden können.

TIEF, DRAMATISCH UND DYNAMISCH

Zwischen den Bergen der Sierra Nevada in Kalifornien liegt der Kings Canyon, Nordamerikas tiefster Canyon. Hier erhebt sich der 3064 Meter hohe Spanish Peak über den Kings River. Die vorherrschenden Gesteinsarten sind Granit, Diorit und Monzonit. Sie bildeten sich, als geschmolzenes Magma – ein Nebenprodukt der Plattenkollision – tief unter der Erdoberfläche abkühlte.

Die Sierra Nevada ist ein junges Gebirge, vermutlich nicht mehr als zehn Millionen Jahre alt. Mindestens vier Gletscher entstanden in den Bergen, bedeckten die Hänge mit Eis und erodierten tiefe Täler, darunter auch den Kings Canyon, und schroffe Gipfel aus dem Gestein.

Der Hells Canyon an der Grenze zwischen Idaho und Oregon reicht von 2866 Meter Höhe, am Gipfel des He Devil über dem Snake River, bis zu 450 Metern am Granite Creek. Die meisten der dunklen Gesteine an den unteren Wänden des Canyons stammen von Vulkanen, die vor rund 300 Millionen Jahren auf Inseln im Pazifik ausbrachen. Nach Ende der vulkanischen Aktivität war die Gegend von Meer bedeckt, und Kalksedimente lagerten sich ab. Dann stieg geschmolzener Granit durch die Erdkruste in die älteren Sediment- und Lavaschichten auf und kristallisierte langsam aus. Vor 17 bis 15 Millionen Jahren strömte Lava in die Region und schuf ein annähernd ebenes Plateau, in das sich vor rund sechs Millionen Jahren der Snake River einzuschneiden begann. Seine Erosionskraft intensivierte sich in den letzten zwei Millionen Jahren durch Wasserzufuhr der abschmelzenden Gletscher, starke Niederschläge und Überflutungen, die von großen Seen ausgingen. Auch heute gräbt sich der Fluss weiter in das Plateau hinein.

Der Hells Canyon zeichnet sich durch karge Wüsten, Wälder und hochalpine Regionen aus, die eine verblüffende Vielfalt von Pflanzen und Tieren beheimaten.

FASZINIERENDE SLOT CANYONS

Im Südwesten der USA findet man viele Canyons, die 30 m tief, aber weniger als 1 m breit sind. Diese sogenannten Slot Canyons entstanden über 100 bis 200 Millionen Jahre durch heftige Sturzfluten und Stürme, die den Sandstein quasi durchgeschnitten haben. Viele Canyons auf dem Coloradoplateau wurden aus leuchtend gefärbtem Sandstein herausgearbeitet – Karminrot, Zinnober, Orange, Lachsrosa, Pfirsichfarben, Rosa, Gold, Gelb und Weiß. Die Farbe hängt von der Mischung und Menge der Mineralien Hämatit, Goethit und Limonit im Sandstein ab. Neben dem malerischen Antelope Canyon in Arizona gibt es noch Brimstone Canyon, Spooky Gulch, Echo Canyon und Spring Hollow mit seinen Petroglyphen.

DER GRAND CANYON

Jeder, der ihn besucht, ist vom Grand Canyon tief beeindruckt. Er zählt zu den größten Naturwundern der Erde, und man behält ihn für immer in seiner Erinnerung. Theodore Roosevelt sagte bei einem Besuch 1903: „Man kann ihn nicht verbessern ... [Er ist] die eine große Sehenswürdigkeit, die jeder Amerikaner sehen sollte."

Der Grand Canyon, eine Welterbestätte, umfasst 4900 Quadratkilometer Fläche. Seine Höhe reicht von 30 Metern über dem Meeresspiegel im Westen bis zu 2795 Metern im Norden. Sein Südrand liegt durchschnittlich 2100 Meter über dem Meeresspiegel, der höhere, feuchtere Nordrand 2400 Meter. Der Canyon schneidet ins Coloradoplateau ein, ist etwa 446 Kilometer lang und an der weitesten Stelle 24 Kilometer breit.

GEOLOGISCHE URGESCHICHTE

Am Grund des Grand Canyon finden sich sehr alte Gesteine. Der Vishnuschiefer etwa ist der Überrest einer zwei Milliarden Jahre alten Gebirgskette, die von der Erosion abgetragen wurde.

Flache Meere bedeckten das Gebiet im Präkambrium. Die Überreste von Algen führten zu Schichten aus Kalkstein. Als sich das Meer zurückzog, hinterließ es Ablagerungen aus Sand- und Tonstein. Erosion durch Wind und Wasser trug viele dieser Schichten über einen Zeitraum von 400 bis 500 Millionen Jahren ab. Vor etwa 600 Millionen Jahren, im Ediacarium, überfluteten erneut Meere die Region. Anders als ihre Vorgänger enthielten sie austern- und muschelähnliche Tiere. Deren Überreste bildeten enorme Kalksteinbänke. Als die Meere wieder zurückgingen, trug die Erosion einige dieser Schichten sowie die noch älteren Sandstein- und Schiefertonschichten ab, sodass in manchen Gegenden 250 Millionen Jahre altes Gestein zutage trat.

Der Zyklus von Überflutung, Meeresrückzug und Abtragung setzte sich bis vor 70 Millionen Jahre fort. Schließlich hoben vulkanische Aktivitäten, die auch die 110 Kilometer entfernten San Francisco Peaks und die Rocky Mountains schufen, die Schichten über den Meeresspiegel.

Wasser, das aus diesen Bergen strömte, bildete den Colorado, der sich nun seinen Weg durch das Gestein zu bahnen begann. Aufgrund des durch die Reibung zwischen Nordamerikanischer und Pazifischer Platte verursachten Drucks in der Kruste wurde vor etwa 17 Millionen Jahren das Coloradoplateau angehoben, während sich der Fluss weiter eingrub. Vor fünf Millionen Jahren endete die Hebung; der Fluss blieb bei seiner heutigen Strecke und erodierte und verbreitete weiterhin den Canyon.

OBEN Wer bei Sonnenaufgang vom Toroweep-Aussichtspunkt auf 915 m Höhe auf den Colorado blickt, erhält einen guten Gesamteindruck von der Tiefe des Canyons.

RECHTS Der Grand Canyon vom Südrand aus gesehen. 1540 wurde eine Gruppe Spanier, die die Gegend erkundeten, von Hopi-Führern in den Canyon geleitet. Die indigenen Amerikaner glaubten, der Mensch sei von der Erde erschaffen worden und aus einer *sipapu* genannten Öffnung, zum Beispiel dem Grand Canyon, hervorgetreten. Der Park hat alljährlich fünf Millionen Besucher.

BREITE VIELFALT AN FLORA UND FAUNA

Der Grand Canyon, Heimat von etwa einem Dutzend endemischer Pflanzenarten und vieler Tiere, liefert reichlich Belege für urzeitliches Leben. Sein Gestein birgt Fossilien von Armfüßern, Mollusken und Schwämmen sowie Haizähne.

Die Region umfasst drei großräumige Habitate: den Colorado-Flusskorridor und seine bewachsenen Uferbänke, das Buschland mit Sukkulenten und den farbigen Felsen sowie Nadelwälder. Auf Höhen zwischen 2000 und 2500 Metern wachsen Gelbkiefern mit zimtfarbener Rinde, die nach Vanille riecht; mit dieser hat der Baum eine chemische Komponente gemeinsam. In Höhenlagen oberhalb 2500 Metern wachsen Douglasfichten, Stechfichten, Lupinen und Astern.

In dem Canyon gedeihen etwa 1500 Pflanzenarten. Außerdem leben dort 355 Vogel-, 89 Säugetier-, 47 Reptilien-, neun Frosch- und 17 Fischarten.

Der Kalifornien-Kondor, eine gefährdete Art mit einer beeindruckenden Spannweite von drei Metern, steigt zusammen mit anderen Vogelarten wie Raben und Nacktschnabelhähern in die Lüfte.

Auf den felsigen Hängen des Canyons gibt es Dickhornschafe, die dort vor Kojoten und Pumas sicher sind. Ihre Hörner wachsen das ganze Leben lang und bilden bei männlichen Tieren imposante vollständig gedrehte Wirbel.

Die Gila-Krustenechse, die größte und einzige giftige Echse der USA, verbirgt sich unter überhängenden Felsen. Der Biss des scheuen Tiers ist schmerzhaft, aber nicht tödlich.

OBEN Die Gila-Krustenechse (*Heloderma suspectum*) ist eine von nur zwei giftigen Echsenarten der Welt. Sie ernährt sich von kleinen Nagetieren, Ameisen und Eiern anderer Tiere.

Canyons und Schluchten in Mexiko, Mittelamerika und Südamerika

Mexiko, Mittelamerika und Südamerika werden von topografischen und geografischen Extremen bestimmt. Viele Canyons und Schluchten, die von mächtigen, sedimentbeladenen Flüssen und Gletschern in die Landschaft gegraben wurden, durchschneiden die noch heute in Hebung begriffenen Gebirgsketten.

OBEN Das Wasserschwein (*Hydrochaeris hydrochaeris*), das größte Nagetier der Welt, lebt in vielen Gegenden Südamerikas. Es braucht die dichte Vegetation der Flussufer, Seen, Marschen und Sümpfe. Durch seine hocheffiziente Verdauung kann es den Pflanzen mehr Nährstoffe entziehen als andere Säugetiere.

RECHTE SEITE, OBEN RECHTS Yareta (*Azorella compacta*) – hier am Ceranipass im Colca-Canyon in Südamerika – ist eine kälteresistente, kompakte Polsterpflanze, die bis in Höhen von 4880 Metern blüht. Sie gedeiht selbst auf kargen Böden und benötigt sehr viel Sonne.

RECHTS Der Kupfercanyon in Chihuahua, Mexiko, wurde vom Rio Urique geformt. Der Canyon umfasst mehrere mikroklimatische Zonen – von den bewaldeten Hochflächen bis zur Wüstenvegetation des Talbodens.

In Mittel- und Südamerika wurde die Landschaft in erster Linie vom Wasser geformt. Es schuf tiefe Schluchten, in die Wasserfälle stürzen und in denen sich Gletscher ihren Weg zu Tale bahnen. Die Iguaçufälle, die zu den mächtigsten Wasserfällen der Welt zählen, stürzen an der brasilianisch-argentinischen Grenze auf 2,7 Kilometer Breite in einen Canyon. An dessen tiefster Stelle, Garganta del Diablo oder Teufelsschlucht genannt, erreichen sie eine Höhe von 70 Metern. Hinter den Fällen brüten die Rußsegler, während Nasenbären und Wasserschweine die Ufer durchstreifen.

In Chile tost weiß schäumendes Wasser durch die vielen Canyons und immergrünen Wälder des Parque Nacional Queulat. Ventisquero Colgante, ein schöner türkisfarbener Hängegletscher, wälzt sich die Klippen hinab und füllt eine tiefe Schlucht.

MEXIKOS VERBUNDENE CANYONS

Barranca del Cobre, der Kupfercanyon, ist ein 64 750 Quadratkilometer großes System von sechs miteinander verbundenen Canyons in der Sierra Tarahumara in Chihuahua, Mexiko. Die Canyons sind eng und steil und haben geschützte Talsohlen, an denen es wärmer ist als oben an den Kanten. Daher sind die hoch gelegenen Flächen zu beiden Seiten der Canyons mit Kiefernwäldern bedeckt, während an den Talsohlen Wüstenvegetation gedeiht. Mit 1871 Metern bildet der Barranca del Urique (Urique-Canyon) den tiefsten Canyon; der Barranca del Cobre ist immerhin 1760 Meter tief.

Als sich vor etwa 40 Millionen Jahren die Pazifische Platte unter die Nordamerikanische Platte schob, kam es zu gewaltigen vulkanischen Eruptionen, bei denen dickflüssige, rhyolithische Lava austrat. So bestehen die Canyonwände aus Schichten von rhyolithischer Vulkanasche und Lehm.

Zur selben Zeit wurde die Gegend des Kupfercanyons angehoben und gekippt und danach von einer Reihe von Flüssen erodiert, darunter Rio Verde, Rio Batopilas, Rio Urique und Rio Fuerte. Sie begannen vor etwa 29,5 Millionen Jahren mit ihrer Eintiefung. Die Canyons sind eine Oase für Vögel wie den Bandschwanzbussard, den Haarspecht, den Rotrückenjunko, die Grauflankenmeise und den Bunten Waldsänger.

VULKANISCHE CANYONS IN DEN ANDEN

Die Canyons der Zentralanden in Peru veranschaulichen das Wechselspiel von Wassererosion und Vulkaneruptionen. Gewaltige Flüsse haben Canyons gegraben, die ihre Namen tragen: Der Rio Cotahuasi schnitt den Cotahuasi-Canyon ein, der Rio Colca den Colca-Canyon. Die Wände der beiden Canyons bestehen hauptsächlich aus vulkanischem Ignimbrit. Die Region der Canyons ist Teil des Pazifischen Feuerrings – einer Verwerfungslinie an den Rändern des Pazifiks – und immer noch hochaktiv. Dort rauchen heute noch Vulkane, und es drohen Erdbeben und Überflutungen.

Der Cotahuasi-Canyon – der vielleicht tiefste Canyon Amerikas – erreicht Tiefen von bis zu 3535 Metern und gräbt sich Jahr für Jahr immer weiter ein. Forschungen haben ergeben, dass der Fluss vor 3,8 bis 15 Millionen Jahren – als der Canyon entstand – zwei bis drei Zentimeter Gestein pro Jahrhundert abtrug; seitdem ist die Erosion auf 0,5 cm pro Jahrhundert zurückgegangen.

Auch der Colca-Canyon ist eine spektakuläre geologische Formation – mit einer maximalen Tiefe von 3270 Metern und einer Länge von rund 60 Kilometern. Seine Wände bestehen aus buntem Ignimbrit, Sand- und Kalkstein und an seiner Sohle fließt der bei Wildwasser-Raftern beliebte, stromschnellenreiche, grüne Rio Colca.

Im Canyon lebt auch der Andenkondor (*Vultur gryphus*), ein großer, schwarz-weißer Vogel mit gewaltiger Spannweite, der hier einen idealen Lebensraum findet. Er schläft bevorzugt an hohen Stellen, von denen er starten kann. An den Canyonwänden entwickeln sich thermische Aufwinde, die ihn mühelos in die Lüfte steigen lassen, wo er – fast ohne Flügelschlag – nach Beute späht.

Canyons und Schluchten in Mexiko, Mittel- und Südamerika

Schluchten in Europa

Der geologisch abwechslungsreiche Kontinent Europa wartet mit einer breiten Vielfalt an Schluchten auf. Manche bestehen aus Kalkstein und enthalten türkisfarbene Flüsse oder Gletscherseen; andere sind lange, gewundene Korridore aus Granit, und wieder andere sind aus Sandstein, Oolith, Kreide oder Gips aufgebaut.

UNTEN Die Verdonschlucht in Frankreich entstand während der alpidischen Gebirgsbildung. Durch den Kalkstein schneidet sich der Fluss Verdon tiefer ein. Die Schlucht ist vor allem bei Kletterern sehr beliebt.

Viele Schluchten – darunter drei der tiefsten Europas – sind Karstformationen aus Kalkstein, einem Sedimentgestein, das hauptsächlich aus Kalziumkarbonat zusammengesetzt ist. Zur Verkarstung kommt es, wenn Regenwasser Kohlendioxid aufnimmt und Kohlensäure den Kalkstein löst. So bilden sich Risse, die sich bis zu Schluchten erweitern können.

DUFTENDE KRÄUTER UND WÄLDER

Europas tiefste Schluchten haben einiges gemeinsam: Herrlich türkis- oder smaragdgrüne Flüsse fließen zwischen steilen Wänden aus rotem und grauem Kalkstein; sie liegen alle in Nationalparks und sie beherbergen viele Pflanzen- und Tierarten.

Die Verdonschlucht in der Provence in Frankreich ist 700 Meter tief und 21 Kilometer lang. Kegelförmige Gipfel säumen ihre Ränder, gigantische Felswände fallen steil hinab zum Fluss, und der Duft von Rosmarin, Minze und Thymian durchzieht die ganze Schlucht. Bis im Jahr 1980 Schranken errichtet wurden, war sie ein bevorzugter Ort für Selbstmörder. Im November 2006 wurden die Wracks von zehn Autos entfernt, die teilweise noch aus den 1930er-Jahren stammten.

Im Pindosgebirge im nordwestlichen Epirus in Griechenland liegt die Vikosschlucht. Sie ist bis zu 1780 Meter tief, zwölf Kilometer lang und etwa 1100 Meter breit. In ihren Laubwäldern wachsen Orchideen, Buchen und Ahornbäume, und die Fauna umfasst Säugetiere wie Bären, Füchse und Rotwild.

Die Taraschlucht – 1300 Meter tief, 80 Kilometer lang, bisweilen sehr schmal und an anderen Stellen über fünf Kilometer breit – liegt im Durmitor-Nationalpark, einer Welterbestätte in Montenegro. Sie entstand im Zusammenspiel von Flusserosion und Tektonik, die die Berge anheben ließ, während sich der Fluss hineinschnitt. Europas tiefste und längste Schlucht besteht hauptsächlich aus Kalkstein der mittleren und späten Trias, dem späten Jura und der späten Kreidezeit. An die Wände schmiegt sich einer der letzten Schwarzkiefernwälder Europas. Manche der Bäume sind 50 Meter hoch und mehr als 400 Jahre alt. Wölfe, Wildkatzen und Wiesel durchstreifen die Gegend, während die Stimmen der Gelbbauchunken und die Gesänge von Drosseln und Schwanzmeisen durch die Wälder hallen.

DIE KALKSTEINHÖHLEN VON CHEDDAR GORGE

Cheddar Gorge ist die größte Schlucht Großbritanniens und eine der meistbesuchten obendrein. J. R. R. Tolkien besuchte sie 1916 auf seiner Hochzeitsreise, und man sagt, sie habe ihn zu Helms Klamm

Nord-
see

NORWEGEN
SCHWEDEN
Gotland
ESTLAND
RUSSISCHE
FÖDERATION
LETTLAND
DÄNEMARK
Ostsee
LITAUEN
Öland
Bornholm
RUSSISCHE
FÖDERATION
WEISSRUSSLAND
GROSS-
BRITANNIEN
NIEDERLANDE
POLEN
Lydford-
schlucht
Cheddar Gorge
DEUTSCHLAND
Dartmoor
Ärmelkanal
BELGIEN
UKRAINE
LUX.
Rhein
TSCHECH. REPUBLIK
Hornadu-
schlucht
Karpaten
SLOWAKEI
Schwäbische Alb
Donau
Donau-
tal
ÖSTERREICH
MOLDAWIEN
FRANKREICH
SCHWEIZ
LIECHT.
Galbena-
schlucht
Cheile
Turzii
Bicaz-
schlucht
UNGARN
Mont Blanc
4807 m
Bletterbach-
schlucht
SLOWENIEN
Drau
RUMÄNIEN
Golf von
Biskaya
Rhône
Verdon
KROATIEN
Ardèche
Schluchten der
Ardèche
Verdon-
schlucht
ITALIEN
Adriatisches Meer
Dinarische Alpen
BOSNIEN UND
HERZEGOWINA
Susaraschlucht
Donau
Apennin
SERBIEN
Tara
Tara-
schlucht
Schwarzes
Meer
Korsika
MONTENEGRO
BULGARIEN
ANDORRA
Restonica-
schlucht
Schluchten des
Tavignano
MAZEDONIEN
SPANIEN
Sardinien
Tyrrhenisches
Meer
ALBANIEN
Vikos-
schlucht
Ägäisches
Meer
TÜRKEI
Balearen
Pindhosgebirge
Ionisches
Meer
GRIECHENLAND
Mittelmeer
Sizilien
MALTA
Samariaschlucht
Kourtaliotiko-
schlucht
Cha-Schlucht
ALGERIEN
Imbrosschlucht
Kreta
N
TUNESIEN

Canyons und Schluchten in Europa

0 — 250 km
0 — 250 Meilen

in seinem Buch *Der Herr der Ringe* inspirierte. Hier wurde Großbritanniens ältestes menschliches Skelett gefunden, der 9000 Jahre alte „Cheddar Man".

Die in den Mendip Hills im englischen Somerset gelegene Schlucht ist bis zu 110 Meter tief. Sie entstand vor rund 425 Millionen Jahren, als die Kontinente Baltika und Laurentia kollidierten, wobei sich die Nord- und die Südhälfte Britanniens zusammenschlossen. Nachfolgende vulkanische Aktivität, Hebungen und Erosion von vor 408 bis 370 Millionen Jahren ließen Old-Red-Sandstein entstehen, eine bis zu 10 980 Meter mächtige Sedimentschicht. Aus Schalentieren der vordringenden und zurückweichenden Meere wurde zwischen

LINKS An den karbonischen Kalksteinwänden von Cheddar Gorge im englischen Somerset gibt es einige fossilreiche Kalksteinhöhlen. Auch das rund 9000 Jahre alte Skelett des „Cheddar Man" fand man in einer Höhle dieser Schlucht.

OBEN Blick über die Samaria-
schlucht und die umgebenden
Berge im Südwesten von Kreta.
Mit ungefähr 13 km ist sie die
zweitlängste Schlucht Europas.
Ihre 490 m hohen Seitenwände
verengen sich an der Eisernen
Pforte zu einem 3 m breiten Spalt.

Ein weiteres Kalksteinwunder ist das zerklüftete
Donautal in der Schwäbischen Alb, einem Mittel-
gebirge südöstlich von Stuttgart. Vor fast 200 Millionen Jahren war die Gegend vom Jurameer bedeckt, in dem dunkler Kalkstein, Lehm, Mergel
und Ölschiefer sedimentiert wurden. Schalen und
Skelette von Muscheln, Korallen und Schwämmen
bildeten eine dicke Schicht aus weißem Kalkstein.
Nach dem Rückzug des Meers kam es zu intensiver vulkanischer Aktivität. Im mittleren Jura, vor
180 bis 159 Millionen Jahren, setzte sich feinkörniger Lehm ab. Im Zusammenspiel mit der Verkarstung schnitt die Donau ihr tiefes Tal in das Gestein.

DIE VIELEN SCHLUCHTEN KRETAS

Kreta hat eine interessante geologische Geschichte,
die zur Entstehung von über 100 Kalksteinschluch-
ten führte. Vor etwa zehn Millionen Jahren überflutete das Mittelmeer die urzeitliche Landmasse
der Ägäis und schuf die Insel. Infolge der Kollision
der Afrikanischen mit der Eurasischen Platte hob
sie sich weiter. Die anhaltende Hebung führte zu
Verwerfungen und vulkanischer Aktivität. Durch
nachfolgende Klimaveränderungen bildeten sich
Gletscher und reißende Flüsse, die Kalkstein und
Marmor erodierten und so die Schluchten entstehen ließen. Viele davon liegen in der Gegend von
Sfakia, mehr als ein Dutzend führen nach Süden
ins Libysche Meer, so etwa die 13 Kilometer lange
Samariaschlucht als längste und meistbesuchte
Schlucht auf Kreta. Die hauptsächlich aus Dolomit
bestehende und mit Zypressen bewaldete Schlucht
entstand im Quartär durch Glazialerosion mit anschließender Verkarstung. Sie ist 500 Meter tief
und an einer Stelle nur drei Meter breit.

359 und 299 Millionen Jahren vor heute Kalk
über dem Sandstein abgelagert. In der damaligen
Eiszeit bildeten sich Gletscher, die später wieder
abtauten. Das Schmelzwasser grub Karren in den
Kalk und weitete die Risse zur Schlucht.

Die mit Linden, Haselbüschen und Hyazinthen
bewachsene Schlucht ist Heimat vieler seltener
Pflanzen und Tiere. Unter anderem leben dort Huf-
eisennasen, Raben, Waldkäuze und Schlangen.

Weitere Schluchten auf Kreta sind die elf Kilometer lange Imbrosschlucht, die 700 Meter tiefe Haschlucht und die Kourtaliotikoschlucht, in der der Gänsegeier (*Gyps vulvus*) einen geschützten Rückzugsort gefunden hat.

In den Schluchten finden sich 130 endemische Pflanzen, darunter der Diptam-Dost (*Origanum dictamnus*), ein Heilkraut, das schon der griechische Philosoph Aristoteles kannte, sowie die immergrüne Kretaplatane. Auch die Zahl endemischer Tiere ist groß. Unter anderem leben hier nur auf Kreta vorkommende Unterarten von Wildziege, Marder, Wildkatze, Dachs und Steinadler.

METAMORPHOSEN IM GESTEIN

Einige Schluchten Europas bestehen aus Granit, so etwa die von Dartmoor in England. Sie werden aus Dartmoorgranit, aufgebaut, einem grobkörnigen magmatischen Gestein aus Quarz, Feldspat, Biotit und Turmalin. Im späten Karbon und frühen Perm kam es durch Störungen in der Kruste zu Auffaltungen von Schiefer, Sandstein und Kalkstein. Zur selben Zeit brachte die von den Störungen erzeugte Hitze Gesteine zum Schmelzen; sie härteten aus und bildeten den Dartmoorgranit. Vor etwa 280 Millionen Jahren begann durch Hitze und Druck ein Metamorphoseprozess, wobei Metalle wie Zinn und Kupfer angereichert wurden. Ein Teil des Granits veränderte sich dabei, der Feldspat wurde zu Kaolinit.

Es kam zu einer fortgesetzten Landhebung und anhaltender fluviatiler Erosion. So entstanden zahlreiche Schluchten. Lydford Gorge ist die spektakulärste von ihnen – ein tiefer, enger Canyon mit dem 27 Meter hohen Whitelady-Wasserfall.

Die französische Insel Korsika besteht ebenfalls teilweise aus Granit. Die Schluchten der Insel sind tief und zerklüftet, smaragdgrüne Tümpel funkeln zwischen polierten weißen und korallenfarbenen Felswänden. Die Schlucht des Tavignano und das Restonicatal sind zwei der bedeutendsten Schluchten auf Korsika.

WIE SCHLUCHTEN ENTSTEHEN – DIE BLETTERBACHSCHLUCHT

Die Bletterbachschlucht in Südtirol ist acht Kilometer lang und bis zu 400 Meter tief. Ihre Gesteinsschichten lassen sich deutlich erkennen, daher ist die Schlucht zentraler Bestandteil eines geologischen Parks, in dem Besuchern ihr Aufbau erklärt wird.

Vor 280 bis 260 Millionen Jahren erkalteten von Vulkanausbrüchen herrührende Asche und Lava zu rötlich-grauem Bozner Quarzporphyr, der den Grund der Schlucht bildet. Dieses Gestein wird von 160 Meter mächtigem Grödner Sandstein überlagert. Er wurde gegen Ende des Paläozoikums sedimentiert. Damals bedeckte ein flaches Meer die Gegend, drang vor und wich anschließend wieder zurück. Im Lehm sammelte sich Gips und bildete 40 Meter mächtige dunkelgraue Schichten. Vor etwa 248 Millionen Jahren begannen sich in dem Meer Oolithe, Kreide, Mergel und Tonsteine in einer 400 Meter mächtigen Schicht abzusetzen. Diese enthält Muschel-, Schnecken- und Algenfossilien.

Der Scheitel der Bletterbachschlucht besteht aus hellem, porösem Dolomit, der in einem urzeitlichen, tropischen Meer aus Algen entstand.

OBEN Ein Gänsegeier auf der Suche nach den Überresten toter Tiere, von denen er sich ernährt. Die gefährdete Art brütet an den Steilwänden der Kourtaliotikoschlucht auf Kreta.

UNTEN Das zerklüftete orangefarbene Gestein der Calanche de Piana auf Korsika leuchtet rot im Sonnenuntergang. Das steilwandige Tal fällt 300 m zum Meer hin ab und bildet ein Tor zur engen Speluncaschlucht, die stellenweise 900 m tief ist.

Canyons und Schluchten in Afrika und dem Nahen Osten

Afrikas Canyons sind größtenteils in Dolomit eingeschnitten. Dieses rosafarbene oder graue Sedimentgestein ist ein Rätsel, weil es sich nach seiner Ablagerung aus kalzit- oder aragonitreichem Kalkstein in Dolomit umwandelt. In den Canyons leben nicht nur viele exotische und wilde Tiere, sondern es finden sich auch Fossilien von Dinosauriern und Urmenschen. Im Nahen Osten ist der Graben von Jordan und Totem Meer von Canyons durchschnitten.

OBEN Der Köcherbaum (Aloe dichotoma) zeichnet sich durch eine sehr spröde Rinde aus, die dem Volk der San dazu dient, Köcher für Pfeile herzustellen. Er wächst in Südwestafrika, besonders im Gebiet des Fish River Canyon in Namibia.

RECHTS Der Blyde River bahnt sich seinen Weg durch den gleichnamigen Canyon in der südafrikanischen Provinz Mpumalanga. Der Canyon gilt als drittgrößter der Welt. Zu seinen besonderen Merkmalen zählen gewaltige, bis zu 6 m tiefe Strudellöcher.

RECHTE SEITE, UNTEN Der Blaue Nil rauscht durch eine breite Schlucht in Äthiopien. Legenden künden von bösen Geistern im Fluss, die Unachtsame in seine tückischen Stromschnellen hinabziehen.

Der Blyde River Canyon in Südafrika entstand vor fast 200 Millionen Jahren, als sich Madagaskar und Antarktika von Afrika lösten. Die Bruchkante wurde allmählich um ein ausgedehntes Flachmeer gekippt, das mächtige Schichten von Dolomit und rotem Sandstein hinterließ. Heute bilden diese Schichten die Basis des Canyons, den der Blyde River eingrub, als sich das Land weiter hob. Der berühmte Canyon ist 26 Kilometer lang und rund 800 Meter tief.

Zu den Wundern des Canyons zählen die Three Rondavels, drei riesige Dome aus Dolomit, die mit orangefarbenen Flechten und anderer Vegetation bewachsen sind, sowie Bourke's Luck Potholes. Bei diesen handelt es sich um tiefe, zylinderförmige, wassergefüllte Vertiefungen in gelbem und rotem Sandstein. Im Umfeld des Canyons leben Affen, Flusspferde und Hunderte Vogelarten.

IN DOLOMIT EINGEGRABEN

Namibias Fish River Canyon zählt zu den meistbesuchten Attraktionen des südlichen Afrikas. Er ist 160 Kilometer lang, bis zu 27 Kilometer breit und stellenweise 550 Meter tief. Vor etwa 1,8 Milliarden Jahren wurden Sandstein-, Schiefer- und Lavaschichten durch vulkanische Aktivität verdichtet und auf 600 °C erhitzt. Lava durchschnitt vor rund 900 Millionen Jahren die Sedimente, und bald darauf begann die erosive Freilegung und Einebnung der Gesteine. Sie wurden von einem flachen Meer überschwemmt, das Kies, schwarzen Kalkstein, Schiefer und Sandstein hinterließ.

Vor etwa 650 Millionen Jahren kam es zu Verwerfungen in der Erdkruste, wobei sich rosafarbene Dolomitsedimente ablagerten, die

man an einer Nord-Süd-Störung entlang des Canyons immer noch freigelegt findet. Erosion durch Gletscher, Wind und den Fish River, der einst ein mächtiger, reißender Strom war und heute träge dahinfließt, erweiterten den Canyon.

Der Köcherbaum, ein Wahrzeichen Namibias, wird bis zu 300 Jahre alt und wächst im Canyon ebenso wie an die Trockengebiete angepasste Sukkulenten. Hier leben auch Tiere, die gut mit Dürre und Hitze zurechtkommen, etwa Leoparden, Klippspringer (Felsenantilopen), Bergzebras und Paviane. Außerdem beheimatet der Canyon Vogelarten wie Strauß, Fischadler und Unzertrennliche sowie Reptilien wie die Schwarze Speikobra und die Gehörnte Puffotter.

ÄTHIOPIENS GRAND CANYON

Die Schlucht, die der Blaue Nil in Äthiopien schuf, ist 400 Kilometer lang, 25 bis 30 Kilometer breit und rund 1500 Meter tief – etwa so tief wie der Grand Canyon in den USA. Das Grundgestein besteht aus 800 Millionen Jahre altem Granit, der von 150 Millionen Jahre altem, stellenweise mehr als einen Kilometer mächtigem Sand- und Kalkstein überlagert wird. Die oberste Schicht besteht aus 20 bis 30 Millionen Jahren altem schwarzem Basalt. Er lässt die Schlucht dunkel und abweisend erscheinen, besonders an seinen tiefen, engen Stellen. In ihr leben Krokodile und fischfressende Vögel wie Eisvogel und Adler, aber auch Grüne Meerkatzen. Man fand Fossilien von *Allosaurus* und *Pliosaurus*, Lungenfischen und Urschildkröten.

DIE WILDEN SCHLUCHTEN DES NAHEN OSTENS

Zu den schönsten Schluchten des Nahen Ostens zählen die Gamlaschlucht in Israel und der Koprulu-Canyon in der Türkei, durch dessen Felslandschaft sich ein wilder Fluss windet. Die eintönige ebene Wüstenfläche des Oman geht im Wadi Shab, dem „Grand Canyon von Arabien", plötzlich in eine imposante Oase mit Palmen, Wasserfällen und Höhlen über.

Das Dana-Schutzgebiet in Jordanien ist von Schluchten durchzogen und umfasst eigentümliche weiße Sandsteindome. Shag ar-Reesh, der „Canyon der Federn", heißt so wegen der Federn ähnelnden Felsen. Dana besitzt eine üppige Flora und Fauna; man findet dort Wölfe, Goldschakale, Streifenhyänen, Rotfüchse und den Syrischen Steinbock.

Nahe einer tiefen, engen Schlucht in Jordanien, dem Wadi-Mujib-Schutzgebiet entlang der bergigen Ostküste des Toten Meers, gibt es heiße Quellen.

GANZ OBEN Der Fish River Canyon in Namibia ist der größte Canyon Afrikas und der zweitgrößte der Welt. Die Strömung des Flusses schwankt saisonal. Am Ende der Regenzeit führt er reißendes Hochwasser, später verkommt er zum kleinen Rinnsal, fällt dann ganz trocken und hinterlässt nur kleine Tümpel.

Canyons und Schluchten in Asien

Was Canyons und Schluchten angeht, ist Asien ein Kontinent der Superlative. Hier liegen die tiefsten Canyons der Welt, und einige besonders spektakuläre befinden sich im höchsten und jüngsten Gebirge der Welt, dem Himalaya. Mit Wänden aus Marmor, Kalkstein, Granit und Gneis stellen die Schluchten ein buntes Kaleidoskop unterschiedlicher Landschaften, seltener Pflanzen und endemischer Tiere dar.

OBEN Der hitzeempfindliche Kleine Panda (*Ailurus fulgens*) lebt in den Schluchten des Himalaya und bevorzugt Höhenlagen, in denen die Temperaturen selten über 25 °C steigen. Er ist so groß wie eine Hauskatze und ernährt sich von Bambus.

Asiens Schluchten sind ein Ergebnis seiner turbulenten geologischen Geschichte. Vor 50 Millionen Jahren driftete die Indisch-Australische Platte nordwärts und kollidierte mit der Eurasischen Platte. Sie schob sich mit etwa fünf Zentimetern pro Jahr über 2000 Kilometer weit nach Asien vor und bewegt sich auch heute noch um etwa zwei Zentimeter pro Jahr nach Norden.

Die Kollision der Platten und der nachfolgende Druck stauchten und falteten die Erdkruste, was zu Aufschiebungen führte. Große Abschnitte der Kruste Asiens erhoben sich vor etwa fünf Millionen Jahren zu mächtigen Gebirgsketten. Flüsse nutzten die Verwerfungen und gruben sich tief ins Grundgestein ein. Eine Kombination aus Gletscherbewegungen und Überflutungen, anhaltenden Erdbeben und gleichzeitig sehr hohen Temperaturen in der Kruste ließ tiefe, enge Schluchten entstehen.

DIE GEWUNDENEN SCHLUCHTEN DES HIMALAYA
Im Regenschatten des Hoch-Himalaya hat in Nepal ein düster wirkender Fluss die Kali-Gandaki-Schlucht eingegraben. Die dunkle Färbung stammt von den schwarzen Steinen im Flussbett und den Sedimenten, die er enthält. Die Schlucht ist tief und schattig; sie führt zwischen dem Dhaulagiri- und dem Annapurnamassiv hindurch, die beide weit mehr als 8000 Meter hoch aufragen. Die Schlucht ist bis zu 5800 Meter tief.

Ihre Wände bestehen aus Glimmerschiefer und Gneis, die durch das Aufeinanderprallen der tektonischen Platten entstanden. Bergstürze trugen zu weiteren geologischen Charakteristika bei – so sammelten sich etwa vom späten Pleistozän bis zum Holozän eineinhalb bis drei Meter hohe Ablagerungen aus Geröll, Flusssand und Seesedimenten in der Schlucht an.

In höheren Lagen gedeihen Laubwälder. An Tieren findet man hier das seltene Namdapha-Gleithörnchen sowie Kleine Pandas, Nebelparder und Tiger. Indem sie mit einem kleineren Territorium zurechtkommen und ihre Fortpflanzungsrate offenbar einschränken, haben sich die Tiger hier an das Leben in den Wäldern angepasst, wo es weniger Beute gibt als anderswo.

In Pakistan trennt der 3200 Kilometer lange Indus den Himalaya vom Karakorum, der tiefe, enge Schluchten geschaffen hat, wie etwa die Indusschlucht. Sie liegt 1000 Meter über dem Meeresspiegel und schneidet durch das Massiv des Nanga Parbat im westlichen Himalaya, der mit 8125 Metern der neunthöchste Berg Asiens und der Welt ist. Die gefalteten Gesteinsschichten aus dunkel- und hellgrauem vulkanischem und metamorphem Gestein belegen ihre geologische Geschichte. Uralte Gneise und Basalte aus der kontinentalen Kruste Asiens kommen hier zusammen mit zwei Millionen Jahre altem Granit aus dem jungen Himalayagürtel vor.

Granit ist auch in den Wänden der Bhagirati-schlucht in Indien freigelegt. Der Bhagirati ist einer der Zuläufe des Ganges. Er entspringt aus einem Gletscher auf 4000 Meter Höhe und stürzt in die Schlucht hinab. Die enge Schlucht – 30 bis 40 Meter breit – verläuft zwischen den Ketten des Himalaya und ist bis zu 4000 Meter tief. Im Granit finden sich Rillen, die im Lauf der Zeit von Welsen erzeugt wurden, die sich von auf den Felsen wachsenden mineralreichen Algen ernährten. In sandigen Buchten fangen Kormorane Fische, und dort trifft man auch auf Rotschwänzchen und Muntjaks. Am Himmel schweben Bartgeier, die eine beeindruckende Flügelspannweite von 2,7 Metern aufweisen.

SEDIMENTSCHICHTEN VOM TETHYSMEER

Das Schutzgebiet der „Drei parallelen Flüsse" in Südwestchina umfasst eine Fläche von mehr als 34 000 Quadratkilometern: Berge, Gletscher, Karst, Wälder, Grasländer und spektakuläre Schluchten.

Die drei Flüsse – Jinsha (ein Zufluss des Jangtse), Lancang und Nu – fließen fast 300 Kilometer durch steile, parallel verlaufende Schluchten zwischen den Hengduanbergen hindurch. Stellenweise sind die Schluchten keine 20 Kilometer voneinander entfernt, doch sie treffen sich nicht. Ihre Wände zeigen eindrucksvolle Gesteinsfaltungen. Ursprünglich handelte es sich dabei um Vulkangestein

als Teil eines urzeitlichen Ozeanbodens, und die darauf abgelagerten Sedimente. Diese Schichten wurden zerquetscht und aufgeschoben, als die sich nähernde Indisch-Australische Platte langsam, aber sicher das Tethysmeer verschluckte.

Zu den Schluchten gehören das 315 Kilometer lange und bis zu 3800 Meter tiefe Tal des Nu, das von den zwei 4000 Meter hohen Bergen Gaoli und Biluo flankiert wird, und die Hutiao- oder Tigersprungschlucht, die der smaragdgrüne Fluss Jinsha eingrub. Sie ist 16 Kilometer lang, bis zu 3900 Meter tief und nur 30 bis 60 Meter breit. Ihr Name geht darauf zurück, dass einst ein gigantischer Tiger über sie hinweggesprungen sei.

OBEN Der chinesische Fluss Jinsha fließt durch das Jinshatal; ein Teil davon bildet die Tigersprungschlucht. Sie ist so tief, dass sich das Klima an Kante und Sohle deutlich unterscheidet.

UNTEN Auf weiten Flächen um den Berg Yaoshan bei Guilin blühen die farbenprächtigen Azaleen. Die bei Gärtnern so beliebten Büsche sind in China heimisch; allein in Yunnan gibt es mehr als 300 Arten.

Die tieferen Lagen der drei Schluchten sind mit Buschwerk bewachsen. In Höhen zwischen 2400 und 3000 Metern gedeihen Koniferen und Laubwälder, an den Berghängen alpine Matten, Heidelandschaften und Tundrenvegetation. Blütenpflanzen wie Mohn, Rhododendron, Enzian und Orchideen sind bunte Farbtupfer. In den Bergen leben Schneeleoparden, in den Wäldern Bengalische Tiger, Braune Stumpfnasenaffen und Yunnan-Goldstumpfnasen. Zu den auffälligsten Vogelarten zählen Blutfasan und Schwarzhalskranich.

Weitere faszinierende Schluchten in China sind die von Yangshuo und Guilin. Der Fluss Lijiang schnitt sie in die Kalkstein- und Dolomitschichten ein, die zwischen mittlerem Devon und unterem Karbon abgelagert wurden.

Zu den spektakulärsten Erscheinungen zählen vermutlich die Drei Schluchten in der chinesischen Provinz Hubei, die der Jangtse erodiert hat. Sie werden mittlerweile durch ein ehrgeiziges Talsperrenprojekt überflutet – das derzeit größte hydroelektrische Staudammprojekt der Welt.

Auch auf Taiwan gibt es faszinierende Schluchten, so etwa die Tarokoschlucht mit ihren schönen schwarzweißen Marmorwänden. Vor rund 100 Millionen Jahren war die Insel von einem Meer überflutet; aus den kalkigen Gehäusen mariner Schalentiere und den Skeletten von Korallen entstanden mächtige Kalksteinbänke. Vor 80 bis 90 Millionen Jahren verwandelten Hitze und Druck den Kalkstein zu Marmor um. Schließlich kollidierte die Philippinische Platte vor rund zwei Millionen Jahren mit der Eurasischen Platte; Druck, Faltung und Verwerfungen hoben die heutige Insel aus dem Meer und damit auch den Marmor an die Oberfläche. Die Tarokoschlucht entstand später durch den Liwu und seine Nebenflüsse. Bis heute nagt der Liwu an dem widerstandsfähigen Marmor sowie an Gneis und Schiefer, aus denen die Schlucht besteht.

Die Tarokoschlucht ist etwa 19 Kilometer lang, und ihre Wände ragen 1670 Meter hoch über die Talsohle auf. Flankiert wird sie in niedrigeren Lagen von tropischem Zuckerpalmen, während sich in größeren Höhen Wälder mit Zypressen, Fichten und Walnussbäumen ausbreiten. In dieser vielgestaltigen Umwelt lebt eine ganze Reihe von Tierarten, darunter der Formosa-Makak, das Gleithörnchen, die Rotschnabelkitta, der Mikadofasan und viele Spinnenarten.

Canyons und Schluchten
1 Yolin-Am-Canyon
2 Khermen-Tsav-Canyon
3 Kali-Gandaki-Schlucht
4 Indusschlucht
5 Bhagirathischlucht
6 Nuschlucht
7 Hutiaoschlucht (Tigersprungschlucht)
8 Oxschlucht
9 Xilingschlucht
10 Qutangschlucht
11 Wuschlucht
12 Tarokoschlucht
13 Yarlung-Tsangpo-Schlucht
14 Chaluut-Canyon

MARSLANDSCHAFT MONGOLEI

Forscher haben festgestellt, dass sich die Grabentäler auf
dem mongolischen Plateau (im Bild) und der Tharsis-Re-
gion auf dem Mars gleichen – sie wurden vorwiegend von
Wasser geformt. Dieses gab es auf dem Mars nur als Eis,
das jedoch schmolz, wenn es zu Störungen in der Kruste
kam. In beiden Gegenden finden sich Anzeichen für Glet-
scheraktivität und Wechselwirkungen zwischen Eis und
Magma bei Vulkanausbrüchen unter dem Eis. Beide Regionen können überflutet werden, in der Mongolei nach Eisschmelze, auf dem Mars durch Grundwassereruptionen.

Eine besonders interessante Schlucht in der Mongolei
ist der Canyon des Chulut, der sich durch Basalt (dunkles,
eisen- und manganreiches Vulkangestein) aus dem späten
Tertiär und Quartär gegraben hat. Der Basalt ist 30 bis
40 m mächtig und durch Gasbläschen in der Lava porös.

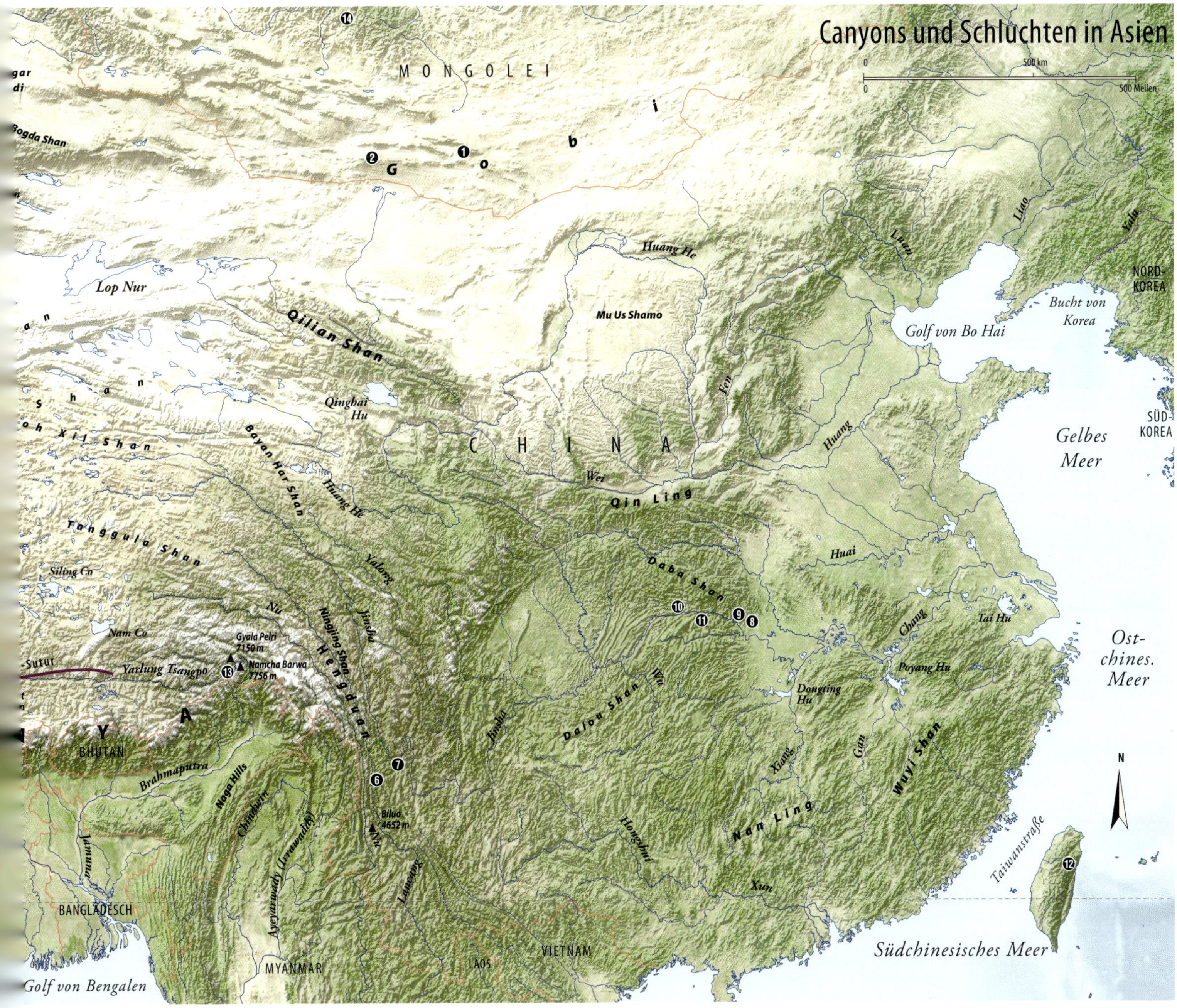

Canyons und Schluchten in Asien

0   500 km
0   500 Meilen

MONGOLEI

G o b i

Bogda Shan

Lop Nur

Qilian Shan

Huang He

Mu Us Shamo

Golf von Bo Hai

NORD-KOREA

Bucht von Korea

SÜD-KOREA

Gelbes Meer

Qinghai Hu

Bayan Har Shan

Shan

Hoh Xil Shan

Huang He

CHINA

Wei

Qin Ling

Huang

Fen

Tanggula Shan

Yalong

Silong Co

Daba Shan

Huai

Chang

Tai Hu

Ost-chines. Meer

Nam Co

Gyala Peiri 7150 m

Namcha Barwa 7756 m

Yarlung Tsangpo

Sutur

Nu

Jinsha

Nyainqing Shan

Hengduan

Dalou Shan

Wu

Dongting Hu

Xiang

Gan

Poyang Hu

Wuyi Shan

HIMALAYA

BHUTAN

Brahmaputra

Naga Hills

Chindwin

Ayeyarwaddy (Irrawaddy)

Lancang

Biluo 4652 m

Jinsha

Hongshui

Nan Ling

Xun

Taiwanstraße

N

Pianma

BANGLADESCH

MYANMAR

LAOS

VIETNAM

Südchinesisches Meer

Golf von Bengalen

Schluchten und Canyons in Australien

Manche von Australiens Sandsteinschluchten sind über 100 Millionen Jahre alt. In einigen befinden sich ausgetrocknete Flussläufe, die mit roten Felsbrocken und überraschend tiefen Wasserlöchern übersät sind. In den Schluchten gedeihen Pflanzen aus der Zeit der Dinosaurier, und Wasserfälle stürzen über verschrammte Wände.

OBEN Windjana, eine von vielen in urzeitliche Riffe gegrabenen Schluchten, liegt in den Kimberleys, einer entlegenen Region Westaustraliens. Dieses gewaltige Barriereriff bildete im Devon das Napiergebirge.

Als ältester, flachster und nach der Antarktis trockenster Kontinent der Erde ist Australien geologisch gesehen relativ stabil. Die meisten Schluchten sind daher über Jahrmillionen von Wind und Wasser geschaffen. Spektakuläre Schluchten sind über den Kontinent verteilt. So liegen etwa in Far North Queensland im Nordosten die Carnarvon-, Mossman- und Lawn-Hill-Schlucht, im Nordwesten die Geikie-, Windjana- und Mimbischlucht, in den feuchten Tropen von Top End die Schluchten von Kakadu. Etwas weiter südlich ist die Katherineschlucht ins Plateau eingeschnitten. Einige der spektakulärsten Schluchten sind im MacDonnell-Gebirge in Zentralaustralien und der Great Dividing Range entlang der Ostküste eingetieft.

FLAMMENDE SCHLUCHTEN IM OUTBACK

Das MacDonnell-Gebirge ist 160 Kilometer lang und entstand vor 350 Millionen Jahren, als sich durch Vulkanismus Berge aus scharlachrotem, eisenoxidreichem Quarzit entwickelten. Die Wände dieses kahlen Gebirges sind von Binnenmeeren, Wind und starker Hitze geformt. Im Talgrund hat der 100 Millionen Jahre alte Finke River – einer der ältesten Flüsse der Welt – zahlreiche Schluchten gegraben. In feuchterer, geschützter Umgebung gedeihen hier Pflanzenarten wie der MacDonnell-Palmfarn (*Macrozamia macdonnellii*), ein Relikt aus der späten Kreide vor etwa 65 Millionen Jahren.

In allen MacDonnell-Schluchten leben Arten, die sich an die Klimaunterschiede – bis zu 50 °C im Sommer und -10 °C im Winter – und den unfruchtbaren Boden angepasst haben. Viele sind hochspezialisiert und endemisch, so etwa die Red-Cabbage-Palme, die man nur in der Finkeschlucht findet, und die stark gefährdete Dickschwanzratte, ein hellgraues, 12 Zentimeter langes Nagetier mit ebenso langem, dickem Schwanz.

Durch die stellenweise 300 Meter tiefe Ormistonschlucht fließt ein Nebenfluss des Finke River. Die roten Felshänge zu beiden Seiten sind erosiv geprägt. In einem 14 Meter tiefen Wasserloch leben bis zu neun Fischarten, die so lange von der Außenwelt isoliert sind, bis der Fluss etwa einmal im Jahr Hochwasser führt. Große Felsblöcke mit lilafarbenen Manganstreifen liegen im größtenteils trockenen Flussbett. In den Kronen der Eukalyptusbäume, deren Wurzeln bis zum Grundwasser reichen, tummeln sich farbenfrohe Ringsittiche. Schwarzfuß-Felskängurus wärmen sich morgens auf den Felsen und suchen unter ihnen Schutz, wenn die Sonne gnadenlos niederbrennt.

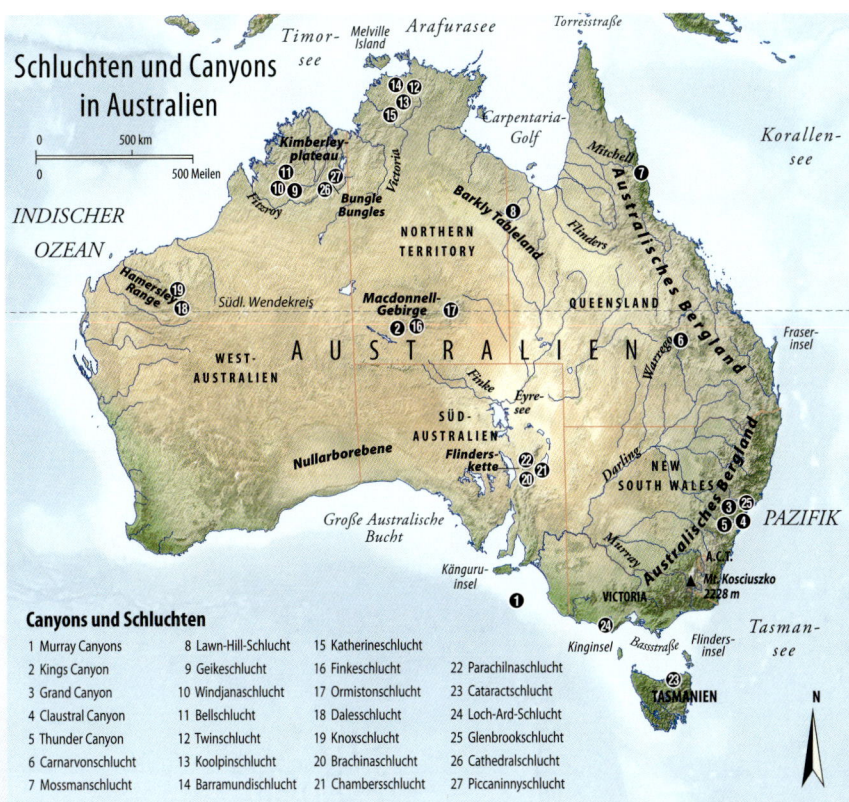

**Schluchten und Canyons
in Australien**

0   500 km
0   500 Meilen

Canyons und Schluchten

1 Murray Canyons	8 Lawn-Hill-Schlucht	15 Katherineschlucht
2 Kings Canyon	9 Geikeschlucht	16 Finkeschlucht
3 Grand Canyon	10 Windjanaschlucht	17 Ormistonschlucht
4 Claustral Canyon	11 Bellschlucht	18 Dalesschlucht
5 Thunder Canyon	12 Twinschlucht	19 Knoxschlucht
6 Carnarvonschlucht	13 Koolpinschlucht	20 Brachinaschlucht
7 Mossmanschlucht	14 Barramundischlucht	21 Chambersschlucht
		22 Parachilnaschlucht
		23 Cataractschlucht
		24 Loch-Ard-Schlucht
		25 Glenbrookschlucht
		26 Cathedralschlucht
		27 Piccaninnyschlucht

MAJESTÄTEN UNTER WASSER

Die tiefsten Canyons von Australien liegen unter Wasser.
Die 150 km langen Murray Canyons vor der australischen
Südküste reichen bis auf 4575 Meter unter den Meeresspiegel hinab. Hier entnommene Bohrkernproben erinnern an die geologische Struktur von Antarktika – mit
dessen Landmasse Australien vor über 50 Millionen Jahren verbunden war. In den Unterwasser-Canyons leben
Tiere wie Blauwal, Weißer Hai und Rundkopfdelfin.

SCHLUCHTEN IN DEN BLAUEN BERGEN

Das Australische Bergland ist ein relativ junger Gebirgszug; er wurde durch dramatische vulkanische
Aktivitäten vor etwa 170 Millionen Jahren aufgefaltet und weiter angehoben, als sich die Landmasse
von Neuseeland, Neukaledonien und den Küsteninseln vor 80 Millionen Jahren vom Festland löste.

Sie entstanden, als der Hawkesbury-Sandstein
des Sydneybeckens bis auf 1100 Meter über den
Meeresspiegel gehoben wurde und nun ein Plateau bildete. Darin schnitten sich tiefe Täler und
Schluchten ein, hauptsächlich durch fließendes

Wasser. Verwitterungsprozesse griffen nach und
nach die Tonstein- und Kohleschichten unter dem
Sandstein an und ließen riesige Stücke der Felswände abbrechen.

Die Schluchten sind unterschiedlich tief, maximal bis zu 760 Meter. In der kühlen, feuchten
Umgebung gedeihen Baumfarne. Die Vogelwelt
umfasst bemerkenswerte Arten wie den Seiden-
laubvogel, den Schwarzschopf-Wippflöter und
den Leierschwanz. Die Männchen der letztge-
nannten Art tragen dekorative harfenförmige, lange
Schwanzfedern.

OBEN LINKS Der Katherine River
schneidet entlang der Katherineschlucht durch ein Sandsteinpla-
teau im Nitmiluk-Nationalpark,
Northern Territory. In der Schlucht
leben Süßwasserkrokodile.

UNTEN Die Three Sisters bei
Katoomba überragen die spektakulären Blauen Berge, die von
zahlreichen Schluchten und
Slot Canyons durchzogen sind.

W üsten zählen zu den faszinierendsten und gleichzeitig zu den am wenigsten besuchten Landschaften der Erde. Die meisten Menschen haben den Kontrast zwischen glühender Hitze bei Tag und eisiger Kälte bei Nacht nie erlebt. Die Verdunstungsrate ist so hoch, dass man kaum schwitzt, aber schon nach kurzer Zeit ohne Flüssigkeitszufuhr eine gravierende Dehydration riskiert. Da sie so entlegen und lebensfeindlich sind, bleiben die Wüsten weiterhin eine der letzten unbewohnten Gebiete der Welt.

Der Definition nach sind Wüsten Regionen, in denen extrem wenig Niederschlag fällt – die willkürlich gesetzte Grenze liegt bei weniger als 250 Millimetern pro Jahr. Dieser Definition zufolge zählen auch die kalten, trockenen Polarregionen zu den Wüsten. Man bezeichnet sie als Kältewüsten. Mit rund 14 Millionen Quadratkilometern Fläche gilt die antarktische Eiswüste bei Weitem als größte Wüste der Erde. Die Sahara ist mit 8,7 Millionen Quadratkilometern sicherlich die größte heiße Wüste weltweit. Sie erstreckt sich über die Länder Ägypten, Libyen, Tschad, Mauretanien, Marokko und Algerien. Mit jeweils rund 400 000 Quadratkilometer Fläche zählen die Große Sandwüste in Australien und die Karakum in Turkmenistan zu den kleinsten der zehn größten Wüsten der Welt.

OBEN Obwohl die Namibwüste eine der trockensten Gegenden der Welt ist, lebt dort eine Vielfalt an Pflanzen und Tieren, etwa die Oryxantilope, die auch Spießbock genannt wird.

RECHTS Die Libysche Wüste bildet den Nordostteil der Sahara zieht durch die Länder Ägypten, Libyen und den Sudan. In diese unwirtliche, trockene Gegend wagt sich kaum je ein Mensch.

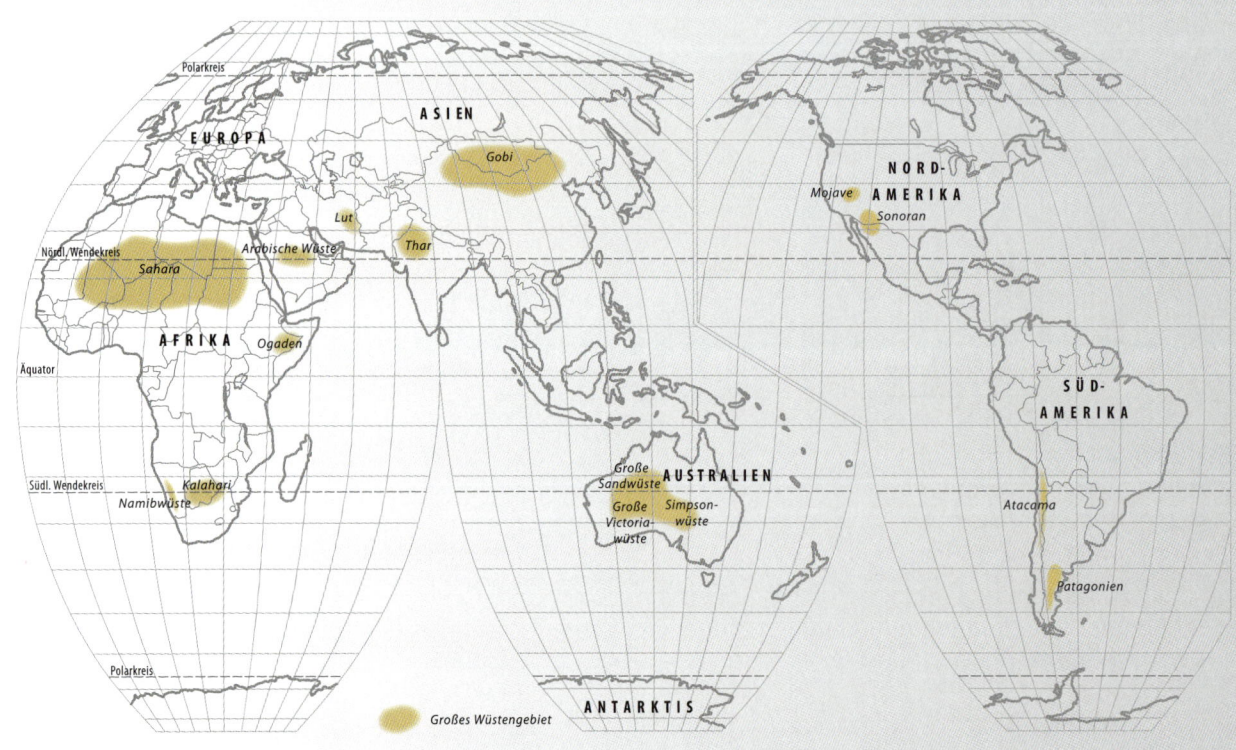

WÜSTENGÜRTEL NACH BREITENGRADEN

Etwa ein Fünftel der Landoberfläche ist Wüste, was an verschiedenen Umständen liegt. Die großen Trockengebiete, etwa die Sahara und die Große Australische Wüste, erstrecken sich in einem Gürtel zwischen dem 20. und dem 35. Grad nördlicher bzw. südlicher Breite. In diesen Bereichen herrscht wenig Wind und hoher Luftdruck; bei Seeleuten sind sie als Rossbreiten bekannt. Hier sinken die konvektiven Luftmassen aus äquatorialen und gemäßigten Breiten ab und werden trocken und warm, weshalb kaum Regen fällt.

Die Wüsten liegen außerdem meist im Zentrum und an den Westseiten großer Kontinente, und damit fern vom Einfluss der Passate. Darüber hinaus entstehen sie auf den Regenschattenseiten (Leeseiten) großer Gebirge, weil Aufsteigen und Abkühlung der anströmenden Luftmasse ihr auf der Luvseite alle Feuchtigkeit entziehen. Eine unglückselige Verbindung dieser Faktoren ist verantwortlich für einige der trockensten Gegenden auf Erden, etwa für die Atacamawüste im Norden von Chile.

UNTERSCHIEDLICHE WÜSTENTYPEN

Die wenigsten Wüsten sind „Meere aus Sand" wie die Rub al-Khali, das „Leere Viertel" in Saudi-Arabien. Es gibt auch Steinwüsten, etwa die Tirari-wüste und Sturt Stony Desert in Australien, die sich als ausgedehnte Ebenen mit Kies und kantigem, windgeschliffenem Geröll darbieten. Hier liegt das Geröll so dicht, dass es ein hartes, ebenes Pflaster bildet und den sandigen Untergrund vor Erosion schützt. Da in Geröllwüsten kaum Bodenbildung zustande kommt, steht das flache Grundgestein an der Oberfläche an. Der Verwitterungsschutt, der diese Flächen bedeckt, hat Faust- bis Kopfgröße. Ausgedehnte Wüsten dieser Art dehnen sich auch in der Sahara aus, besonders im libyschen Teil; man nennt sie Hammada oder Serir.

OBEN Die Sahara ist ein Tafelland, das durchschnittlich 200 bis 500 Meter über dem Meeresspiegel liegt. Inmitten der Sahara erhebt sich das bis zu 3400 m hohe Tibestigebirge.

LINKS Saguaro- und Cholla-Kakteen (*Carnegia gigantea*) finden sich zahlreich in der Sonorawüste in Arizona, USA. Diese Kakteen können mehr als 200 Jahre alt werden.

RECHTS Der Salar de Uyuni in Bolivien ist eine der berühmtesten Salzwüsten der Welt. Die Salzwüste entstand vor etwa 40 000 Jahren, als der prähistorische Minchinsee zu verdunsten begann.

RECHTE SEITE Diese Sanddünen im Namib-Naukluft-National-park in der Namibwüste sind Sicheldünen. Ihr orangefarbener Ton zeigt das Alter an: Je heller die Farbe, desto älter ist die Düne.

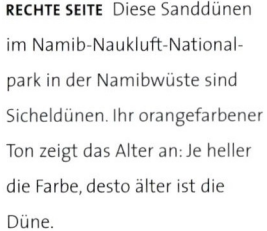

OBEN Ein Großteil der Atacama-wüste ist bar jeglicher Vegetation. Südlich des südlichen Wendekreises indes bringen Küstennebel, die man Camanchacas nennt, Feuchtigkeit in dieses extrem trockene Gebiet, die Wildblumen zum Wachsen und Blühen brauchen.

Plateauwüsten findet man auf flachen, vegetationslosen Tafelländern wie den Golanhöhen an der Grenze zwischen Israel, Libanon, Jordanien und Syrien. In diese zerklüfteten Plateaus sind oft steilwandige Klammen oder Wadis tief eingeschnitten. Gebirgswüsten mit kahlen, trockenen Felsgipfeln gibt es im Tibesti- und Ahaggargebirge der Sahara sowie im MacDonnell-Gebirge in Zentral-Australien.

VERSCHIEDENE DÜNENFORMEN

Mangels bodenstabilisierender Vegetation finden sich in vielen Wüsten große Mengen an losem Sand, der je nach vorherrschender Windrichtung und -stärke zu allen möglichen Arten von Dünen aufgehäuft wird. Weite Bereiche mit Sanddünen in der Sahara werden als Ergs bezeichnet.

Als häufigste Dünenart kommt der Barchan vor. Man nennt ihn wegen seiner eleganten Form, deren zwei Arme in Windrichtung zeigen, auch Sichel- oder Halbmonddüne. Barchane entstehen durch Winde mittlerer Stärke, die konstant aus einer Richtung wehen. Sandkörner werden den luvseitigen Hang der Düne hinaufgeblasen und rollen die windabgewandte Seite hinab. Auf diese Weise kriecht die Düne langsam vorwärts. In China wurde für Barchane eine Geschwindigkeit von 90 Metern pro Jahr gemessen; sie können Bäume, Häuser und alles andere, das sich ihnen in den Weg stellt, unter sich begraben.

In Regionen mit wechselnden Winden wandert der Sand nicht in eine einzige Richtung, sondern bildet sternförmige Dünen. Tatsächlich entsteht die Sternform aus einer Reihe von Barchandünenhörnern unterschiedlicher Ausrichtung. Diese Dünen häufen sich immer weiter auf; in der chinesischen Badain-Jaran-Wüste erreichen Sterndünen Höhen von etwa 485 Metern.

Longitudinal- oder Strichdünen bilden sich bei starkem Wind aus einer Richtung. Sie liegen parallel zur Windrichtung und bieten einen fantastischen Anblick. In der Sahara erreichen sie Längen von 320 Kilometern und werden 275 Meter hoch. Winddurchwehte Korridore aus Felsen oder Lehm trennen die parallelen Dünen.

Parabeldünen treten in etwas feuchteren Wüsten auf und sind zum Teil bewachsen. Die Hufeisenform kehrt ihren offenen Bogen dem Wind zu. Man findet diese Dünenform meist an Küsten.

URZEITLICHE SANDDÜNEN

Sanddünen können versteinern und somit regelrecht zu geologischen Fossilien werden. Dazu kommt es, wenn sie von Sedimenten bedeckt werden und mineralgesättigtes Grundwasser natürlichen Zement zwischen den Sandkörnern ablagert. Dadurch entsteht harter Sandstein. Hinweise auf die frühere Düne bildet dann eine Reihe schräger oder gekreuzter Schichten, die die Luvseite der Düne markieren. Die gekreuzten Schichten verlaufen meist im maximalen Reibungswinkel, in dem freier, trockener Sand noch liegen kann, ohne abzurutschen. Im Sandstein des Zion-Nationalparks in Utah findet man prächtige Kreuzschichtungen in fossilen Dünen.

SALZTONEBENEN UND PLAYAWÜSTEN

Salztonebenen bilden sich in geschlossenen, trockenen Becken, die nicht zur Küste entwässert werden, sondern nach innen zum Zentrum. Jeglicher Niederschlag in solchen Wüsten schwemmt lösliche Salze in temporäre oder Playaseen, die sich an den tiefsten Stellen des Beckens ausbilden. Manche der Seen sind nur alle paar Jahre oder Jahrzehnte mit Wasser gefüllt. Durch hohe Verdunstungsraten trocknen sie schnell aus und hinterlassen rie-

sige, weiß schimmernde Flächen von Salz und anderen Mineralen, etwa Gips und Kalzit. Einige bekannte Salzwüsten sind der Salar de Uyuni in Bolivien, Dasht-e Kavir im Zentraliran, das australische Lake-Eyre-Becken und die Große Salzwüste von Utah in den USA. Die ebene Oberfläche der Bonneville-Salzebene, eines Teils der Großen Salzwüste, ist am besten als Schauplatz vieler Geschwindigkeitsrekordversuche bekannt.

PFLANZEN IN DER WÜSTE

Wüsten sind eine extrem lebensfeindliche Umgebung, daher haben Pflanzen und Tiere eine Reihe von Strategien zur Wasserspeicherung entwickelt, um überleben zu können. Xerophyten etwa speichern Wasser und halten den Wasserverlust durch Transpiration gering, z.B. durch kleine, wächserne Blätter, weniger Poren (Stomata) oder fehlende Blätter. Lange Haare auf den Blättern, Trichome genannt, spenden Schatten, dienen als Windbrecher, da Wind die Blattoberfläche austrocknet, und sammeln im Morgennebel Feuchtigkeit. Kakteen können ihre Stomata tagsüber schließen, um die Transpiration zu minimieren. Andere Xerophyten mindern den Wasserverlust, indem sie in der trockenen Jahreszeit die Blätter abwerfen. Viele Arten haben entweder sehr fleischige Stängel oder eine große, fleischige Knolle im Boden, die viel Wasser speichern kann. Dornen oder Stechhaare halten Tiere davon ab, das Fruchtfleisch der Sukkulenten zu fressen, um ihren Durst zu stillen.

Das Wurzelsystem von Xerophyten kann weitverzweigt, flach und auf maximale Wasseraufnahme bei kurzem, sporadischem Regen ausgerichtet sein, wie etwa beim Kaktus. Oder es dringt tief in den Boden ein, um bis zum Grundwasserspiegel vorzudringen, wie bei Akazien und Oleander. Wüstenpalmen haben ebenfalls lange Pfahlwurzeln entwickelt, mit denen sie unter äußerst trockenen Oberflächenbedingungen überleben können.

Kurzlebige Ephemere verhindern das Austrocknen, indem sie in kurzen Regenperioden rasch wachsen, blühen und Samen abwerfen, die jahrelang ruhen und erst beim nächsten Regen keimen. Andere Pflanzen schießen aus Zwiebeln im Boden, sobald es regnet.

Mit etwas Geschick ist es möglich, mit den feinen, haarähnlichen Dornen auf der dicken Frucht des Feigenkaktus (Opuntie) fertig zu werden und das süße rote Fleisch zu genießen. Indigene Völker essen die Früchte dieser im tropischen Amerika heimischen Pflanze seit Langem und entfernen die Dornen, indem sie die Frucht kurz im Feuer rösten oder in einem Sack heißer Kohlen schütteln. Aus Opuntien stellt man auch Saft, Marmelade und Gelee her. In vielen Ländern wird der Feigenkaktus, der zu stattlichen Bäumen heranwachsen kann, als Plage betrachtet. In Mexiko findet man ihn auf dem Land in Reihen gepflanzt; dort isst man auch die flachen, blattförmigen Sprosse, die geschnitten und mit Eiern gebraten oder in Salat gemischt werden und „Nopales" heißen.

WÜSTENTIERE – ANGEPASST AN GROSSE HITZE

Auf den ersten Blick mag eine Wüste wie eine leblose Landschaft wirken. Das liegt daran, dass aufgrund der großer Tageshitze und der sengenden Sonne die meisten Tiere nachtaktiv sind. Sie schlafen tagsüber und kommen erst in der Dämmerung hervor, um zu jagen und zu fressen. Manche Arten, etwa Nagetiere, verbarrikadieren die Eingänge ihrer Schlupflöcher, damit die heiße Luft nicht in ihren Bau vordringen kann. Einige Tiere trinken nie, sondern versorgen sich über Pflanzen und deren Samen mit der benötigten Flüssigkeit.

Tiere wie die Wüstenkröte verbringen einen Großteil des Jahres tief im Erdboden vergraben. Sie ruhen, bis der saisonal niedergehende Regen Wasserpfützen bildet. Während dieser kurzen Phasen kommen sie an die Oberfläche, fressen, trinken, paaren sich und legen Eier, ehe sie sich wieder für lange Zeit in den Erdboden zurückziehen. Gliederfüßer wie die Salinenkrebse schlüpfen erst aus ihren widerstandsfähigen Eiern, wenn sporadischer Regen Salztümpel und Teiche füllt.

Die meisten Tiere haben wirksame Strategien gegen Überhitzung und Wasserverlust entwickelt. Manche Wüstensäuger, etwa die Kängururatte, verfügen über besonders effiziente Nieren, die ihrem Urin mehr Wasser entziehen, das dann wieder ins

Blut geleitet wird. Spezialisierte Organe in den Na-
senhöhlen fangen einen Großteil der Feuchtigkeit
auf, die sonst ausgeatmet würde. Große Ohren mit
kleinen Blutgefäßen wie beim Wüstenhasen dienen
der effektiven Hitzeabfuhr. Helle Färbung von Fell
oder Haut mindert ebenfalls die Wärmeaufnahme.

MENSCHEN DER WÜSTE

Die Bewohner der Wüste sind traditionell Nomaden. Sie ziehen täglich, monatlich oder halbjähr-
lich weiter. Jäger und Sammler wandern von Wasserloch zu Wasserloch, auf der Suche nach Tieren
und Pflanzen zum Essen. Auch Hirten führen ihre
Herden – etwa Kamele, Ziegen oder Schafe – von
Ort zu Ort, je nach ihren Bedürfnissen. Meist folgen sie berechenbaren, jahreszeitlich verfügbaren
Weidegründen mit verlässlicher Wasserversorgung.
Manche Volksgruppen bauen Getreide an und treiben Handel. Zur typischen Kleidung der Wüsten-
völker gehören lange, wallende Gewänder und
Kopfbedeckungen zum Schutz vor der Sonne.
Schleier dienen zur Abwehr von Sand und Staub.
Die Gewänder mögen warm wirken, aber sie sit-
zen locker, damit Luft den Körper kühlen kann,
um Transpiration und Austrocknung zu mindern.
Nachts, wenn es kälter ist, hält die Kleidung warm,
da sie wie eine Decke wirkt.

Manche Wüstenbewohner leben in festen Bauten, Nomaden hingegen haben eine Vielzahl raffi-
nierter, bequemer und leichter tragbarer Behausungen entwickelt. Das Zelt ist eine Erfindung der
Nomaden. In der Wüste müssen Zelte gut gegen
extreme Hitze und Kälte isolieren und auch wasserdicht sein. Traditionell verwendet man für diese
Zwecke gewobene Haare und Häute der Herden-
tiere, die mit Fett imprägniert werden.

OBEN Wüstenpalmen sind gut
an ihre Umgebung angepasst.
Sie bohren ihre langen Pfahlwurzeln in den Boden, um an das
Grundwasser unter dem trockenen Wüstenboden zu gelangen.

DIE ZEHN GRÖSSTEN WÜSTEN DER WELT

	NAME	GRÖSSE (KM²)	LÄNDER
1	Antarktische Wüste	14.000.000	Antarktika
2	Sahara	8.700.000	Ägypten, Libyen, Tschad, Mauretanien, Marokko und Algerien
3	Arabische Wüste	2.331.000	Saudi-Arabien, Jordanien, Irak, Iran, Kuwait, Katar, Vereinigte Arabische Emirate, Oman und Jemen
4	Gobi	1.300.000	Mongolei und China
5	Patagonische Wüste	673.000	Argentinien und Chile
6	Große Victoriawüste	647.000	Australien
7	Great Basin	520.000	USA
8	Chihuahuawüste	453.000	Mexiko und USA
9	Karakum	300.000	Turkmenistan
10	Große Sandwüste	285.000	Australien

Die Wüsten Nordamerikas

Zu den vier vorherrschenden Wüsten Nordamerikas zählen die Mojave-, die Chihuahua-, die Sonora- und die Great-Basin-Wüste. Alle vier sind, verglichen mit anderen Trockengebieten der Welt, klein und geologisch jung. Sie bilden einen Gürtel, der im Westen der USA zwischen der Sierra Nevada und den Rocky Mountains verläuft.

Weil Trockenheit und Niederschlagsmuster in den vier Gebieten variieren, haben sich vier unterschiedliche Lebensräume entwickelt. Außer dem Great Basin auf dem hohen Coloradoplateau, wo im kalten Winter ein Großteil der Niederschläge als Schnee fällt, gehören die drei anderen zum Typ der Hitzewüsten.

DIE MOJAVEWÜSTE

Amerikas kleinste Wüste liegt in Südkalifornien und erstreckt sich bis nach Arizona, Utah und Nevada. Die Wüste mit steilen Bergen im Wechsel mit sedimentbeladenen Tälern ist typisch für den Südwesten der USA und ein Ergebnis von sechs Millionen Jahren anhaltender Krustendehnung.

Obwohl sie aufgrund ihrer Unterschiede in Höhenlage, Vegetation und Klima schwer zu definieren ist, betrachtet man die Mojavewüste im Allgemeinen als eine von niedrigem Buschwerk bestandene Landschaft; ein Viertel der rund 2000 Pflanzenarten kommt endemisch vor. Bei weniger als 150 Millimetern Regen pro Jahr sind ausgetrocknete Seen keine Seltenheit. Im Death Valley existieren die größten Höhenunterschiede in den USA. Hier liegt der höchste Punkt der Region – Telescope Peak mit 3372 Metern – in unmittelbarer Nähe zum niedrigsten Punkt der

westlichen Hemisphäre – Badwater mit -86 Metern. Millionen Jahre, in denen es zu Erdbeben und Krustenbrüchen kam, haben die Berge geschaffen, die Becken tiefergelegt und Death Valley zu einer der heißesten und trockensten Regionen Nordamerikas werden lassen.

DIE CHIHUAHUAWÜSTE

Die Chihuahuawüste, die südlichste Wüste Nordamerikas, umfasst einen großen Teil von Nordmexiko und reicht bis in den Süden der USA hinein. Dank ihrer Höhenlage mit ausgedehnten Gebieten über 1200 Meter ist sie kalten Winden ausgesetzt, weshalb die Bodenkrume dünn und von Kies übersät ist. In den Grasländern dominieren Agaven, Blattsukkulenten und kleine Kakteen. Hohe Bäume und Säulenkakteen fehlen in dieser Wüste, in der der Boden zu 80 Prozent kalziumreich und aus Kalkgestein entstanden ist. Das wiederum zeigt, dass die Gegend einst überflutet war.

Die Chihuahuawüste ist reich an Fledermäusen; über 18 Arten sind bis heute wissenschaftlich beschrieben worden.

DIE WÜSTE DES GREAT BASIN

Das Great Basin, eine der letzten großen freien Flächen Nordamerikas, ist eine 520 000 Quadratkilometer umfassende trockene Wüste, die sich über einen Großteil von Nevada bis Utah und Nordarizona hinein erstreckt. Ihre etwas isolierten Gebirgsketten und weiten Ebenen sind immer noch dabei, sich auszudehnen und zu brechen.

PETRIFIED-FOREST-NATIONALPARK

Die 88 500 Hektar des Petrified-Forest-Nationalparks zählen zu den größten verbliebenen Arealen von intaktem Grasland im Südwesten der USA. Der Park liegt im Süden und Südwesten von Arizona neben der Painted Desert und weist die größte Ansammlung von versteinertem Holz weltweit auf. Die fossilisierten Überreste stammen von drei heute ausgestorbenen Baumarten – *Woodworthia arizonica, Araucarioxylon arizonicum* und *Schilderia adamanica*. Sie waren in der Trias (vor 250 bis 200 Millionen Jahren) verbreitet, als das Coloradoplateau nahe am Äquator lag und mit 60 m hohen Nadelbäumen und tropischer Flora bewachsen war. Diese urzeitlichen Bäume wurden durch Hochwässer in Flusssedimenten und Flussläufen abgelagert. Als vulkanische Asche in die Sedimente eindrang, wurden sie langsam umgewandelt. Das Grundwasser löste Silikat aus der Asche und trug es durch die toten Baumstämme, wo es die Zellwände ersetzte, kristallisierte und fossilierte Stämme entstehen ließ.

Die Zellwände dieser Urzeitbäume sind zu Quarz kristallisiert, was die Färbungen erzeugte, die wir heute sehen.

Wüsten in Nordamerika

300 km

300 Meilen

Typisch für das Great Basin ist ein Prozess, den man endorheische Entwässerung nennt; dabei sammeln sich die dürftigen Niederschläge mangels Abfluss zum Meer in tief liegenden Zonen wie dem Pyramid Lake oder der Humboldtsenke.

Das karge Bodensubstrat und niedrige Temperaturen führen zu einer geringen Vielfalt an pflanzlichem und tierischem Leben. Allerdings findet sich hier die Langlebige Kiefer, die die ältesten Bäume der Welt hervorbringt.

An einem 250 Kilometer langen sichelförmigen Bogen am südlichen Ende des Great Basin liegt Painted Desert, eine Region von abgeflachten Tafelbergen und Kuppen. Der Name bezieht sich auf die bunt gefärbten Sandstein- und Tonsteinschichten der Chinle-Formation.

UNTEN Aufziehende Gewitterwolken kündigen Regen im Antelope Valley an, einer Hochebene in der Mojavewüste. Wildblumen wie der Kalifornische Mohn blühen hier von Mitte März bis Mitte Mai, zusammen mit vielen Wüstengräsern.

Die Wüsten Südamerikas

Die Atacama in Chile und die Patagonische Wüste in Argentinien sind die zwei ausgedehntesten
Trockengebiete Südamerikas, könnten unterschiedlicher aber kaum sein.

Die extrem trockene Atacamawüste existiert seit rund 25 Millionen Jahren. Hier fällt nur ein Fünfzigstel der Regenmenge, die im kalifornischen Death Valley niedergeht. Manche ihrer vegetationsfreien Flussbetten haben seit 120 000 Jahren keinen Regen gesehen, und es gibt Gegenden, wo noch nie ein Regentropfen den Boden benetzte.

In der kalten Buschsteppe Patagoniens fallen dagegen 510 bis 610 Millimeter Regen pro Jahr. Dort wachsen Gräser und niedrige Sträucher, wie sie für solche kalten Buschsteppen typisch sind.

WARUM DIE ATACAMA SO TROCKEN IST

Forscher haben das trockene Klima der Atacama bis ins Miozän (vor fünf bis 23 Millionen Jahren) zurückverfolgt. Daneben fanden sie 200 Millionen Jahre alte Sedimente aus der späten Trias. Auch sie zeigen Spuren eines anormal hohen Evaporitanteils.

Die Atacama beginnt an der peruanischen Grenze und zieht als rund 970 Kilometer langer Korridor zwischen dem Pazifik-Küstengebirge und den Anden entlang südwärts. Damit verläuft sie im Regenschatten der Gebirge, wo nur winzige Niederschlagsmengen fallen. Der organische Anteil im Boden ist so gering, dass dort selbst unter Laborbedingungen keine Mikroorganismen leben können. In den 1970er Jahren wurde die Atacama von der

UNTEN Obwohl es in Teilen der Atacama seit Jahrtausenden nicht geregnet hat, gibt es in der extrem trockenen Wüste etwa ein Dutzend Seen. Infolge der hohen Verdunstung sind sie alle sehr salzhaltig.

URALTE KUNST IN DER ATACAMA

Geoglyphen sind eine prähistorische Kunstform, bei der die Landschaft als Leinwand benutzt wurde. Darstellungen von geometrischen Formen, Menschen und Tieren entstanden, indem man den Wüstenfirnis abschabte und dadurch den helleren Unterboden freilegte. Oder man stellte einfach Felsen und andere Objekte auf.

In der Atacamawüste wurden mehr als 5000 einzelne Glyphen gefunden. Sie entstanden zwischen 600 und 1500 n. Chr. vermutlich als eine Art kultische Ehrerbietung an Andengötter oder als Wegweiser für Lama-Karawanen, um diesen Hinweise auf Salztonebenen und Wasserquellen zu geben.

NASA für Experimente zur Mikrobensuche mit dem Viking-Marsfahrzeug ausgewählt, weil die Wüste den topografischen Verhältnissen auf dem Mars gleicht. Man fand keine Anzeichen von Leben.

Wegen ihrer durchschnittlichen Höhe von 2400 Metern ist die Atacama keine Hitzewüste. Die Tagestemperaturen liegen zwischen null und 25 °C; die Landschaft ist gebirgig und vulkanisch geprägt und mit Plateaus, großen Salzlagunen und trockenen Salztonebenen durchsetzt. Zum Pazifik hin geht das Land in große Becken über, die sich

in sanft gewellte, sandige Ebenen öffnen und an 250 bis 450 Meter hohen Hängen enden.

Ohne Feuchtigkeit kann nichts verwittern. Alles, was in der Atacama zurückbleibt, wird zum Artefakt, selbst Leichen von Menschen. 1983 fanden Arbeiter in der Stadt Arica im Norden der Atacama die ältesten Mumien der Welt. 96 Leichen wurden ausgegraben. Sie gehörten der Chinchorro-Kultur an, die vor 7800 bis 3800 Jahren existierte. Die älteste Mumie wurde auf über 7000 Jahre datiert, zwei Jahrtausende älter als die ältesten ägyptischen Mumien, konserviert von einer Kombination aus raffinierten Mumifizierungstechniken und der Aridität der trockensten Wüste auf Erden.

DIE PATAGONISCHE WÜSTE

Die Patagonische Wüste, eine der großen Wüsten der Welt, zieht sich von 2000 Meter Höhe an den Vorgebirgen der südlichen Anden zum Atlantik hinunter. Sie erstreckt sich von der Magellanstraße im Süden bis zur Valdez-Halbinsel im Norden.

Ein Abstand von lediglich 300 Kilometern sowohl zum Atlantik als auch zum Pazifik müsste einer Region eigentlich ein kühles, feuchtes Klima garantieren, aber tatsächlich ist die Patagonische Wüste das weltweit herausragende Beispiel einer Regenschattenwüste, da die Anden alle regenbringenden Westwinde vom Südpazifik abhalten.

Dennoch findet sich in dieser vielfältigen Landschaft mit ganzjährigem Frost, spärlichen Niederschlägen und starken Winden eine reiche Flora und Fauna. Locker bewaldete Andenhänge gehen in Buschsteppe und Tundra über, wo endemische Pflanzen wie die Büschelgräser wachsen und die Patagonische Beutelratte zu Hause ist.

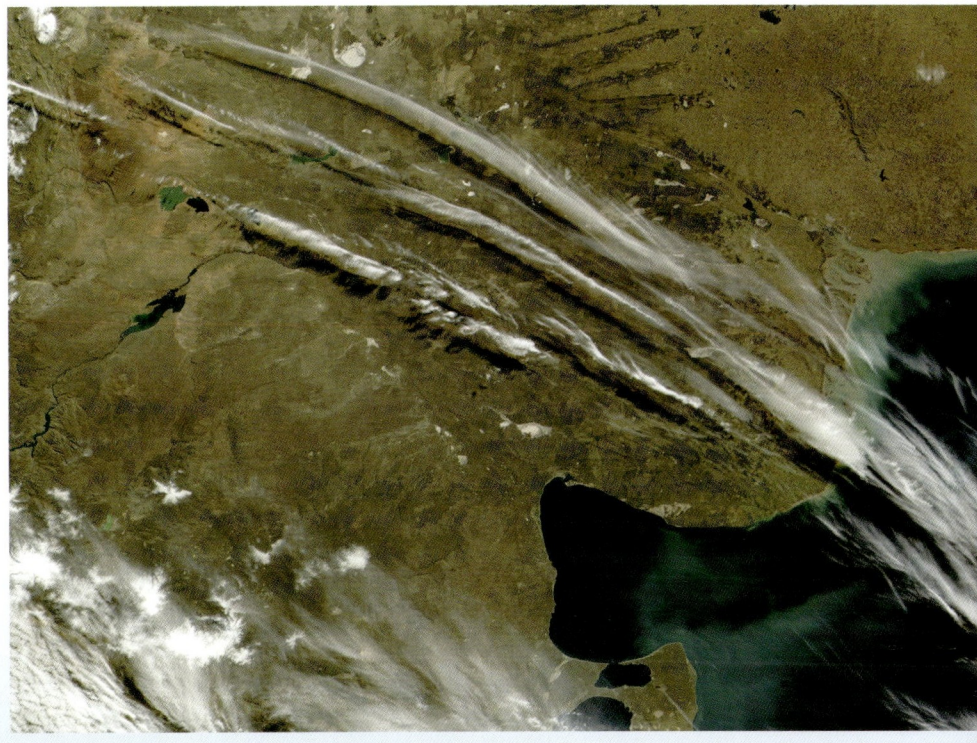

OBEN Das Satellitenbild zeigt die Nordgrenze der Patagonischen Wüste. Die Valdez-Halbinsel, rechts unten, ist eine mit Buschwerk bewachsene Halbwüste.

LINKS In den hohen Wüstenregionen von Südperu bei Arequipa liegt ein Meer perfekt ausgeformter Barchane. Diese sichelförmigen Dünen entstehen, wenn die vorherrschenden Winde immer in eine Richtung wehen.

Die Wüsten in Afrika und im Nahen Osten

Von der Kalahari mit ihrem Monsunklima bis zur dürren Sahara und den Urzeitschichten der Namib, der ältesten Wüste der Welt, bedecken Trockengebiete mehr als ein Viertel von Afrika. Die Wüsten des Nahen Ostens sind großteils arides Buschland; sie erstrecken sich von Saudi-Arabien, Jemen und den Vereinigten Arabischen Emiraten auf der Arabischen Halbinsel und weiter vom Iran, Irak, Jordanien, Syrien, Israel bis nach Ägypten.

OBEN Erdmännchen (*Suricata suricatta*) bewohnen die Kalahari im südlichen Afrika. Die kleinen Schleichkatzen leben gesellig. Während die Gruppe Futter sucht, hält mindestens einer immer Ausschau nach Feinden.

UNTEN Die Dünen der Namibwüste wurden vom Wind geformt. Die orangegelbe Färbung entsteht durch Oxidation von Eisen im Sand, ähnlich verrostendem Metall. Die hellsten Dünen sind am stärksten oxidiert und daher auch die ältesten.

Zu Afrikas größten Wüsten zählen die Kalahari und die Namib im südlichen Afrika sowie natürlich die bekannteste Wüste – die gigantische Sahara im Norden. Mit knapp neun Millionen Quadratkilometern ist sie die größte Hitzewüste der Welt. Ihre Sandmeere und Geröllebenen bedecken elf afrikanische Nationen ganz oder teilweise.

Der Nahe Osten umfasst mehr als 7,3 Millionen Quadratkilometer, wovon fast zwei Drittel als aride bzw. semiaride Regionen klassifiziert werden. Die Topografie wechselt zwischen Taurus- und Elburzgebirge in der Türkei und im Iran im Norden zu den Ebenen und Plateaus des Südens. Diese erstrecken sich von der Libyschen Wüste in Nordafrika bis zur Rub al-Khali auf der Arabischen Halbinsel.

DIE NAMIB IN NAMIBIA

Die Namib ist die älteste Wüste der Welt und eine der trockensten Regionen. Die Vorgeschichte ihrer Dürre reicht 50 Millionen Jahre zurück. Obwohl dort weniger Niederschläge fallen als in der Sahara, wartet sie doch mit reichen Lebensformen auf – dank der milden Küstentemperaturen und feuchten Nebel, die vom Atlantik her kommen.

Mit einer durchschnittlichen Breite von 100 Kilometern verläuft die Namib 2000 Kilometer lang parallel zur Atlantikküste. Sie zieht sich wie ein Band von der Mündung des Oranjeflusses in der südafrikanischen Nordkap-Provinz nordwärts

DER NAMIBISCHE WÜSTENKÄFER

In der Namib lebt ein kleiner endemischer Schwarzkäfer der Gattung *Stenocara*, der ein an seine Umwelt auf einzigartige Weise angepasstes Außenskelett an Rücken und Flügeln aufweist. Dieses ermöglicht es ihm, den gelegentlichen Morgennebeln Feuchtigkeit zu entziehen. Dazu dreht der Käfer seinen Körper in den Wind, und Wassertröpfchen, die normalerweise zu klein zum Kondensieren sind, sammeln sich um eine Reihe von Knötchen auf den Flügeldecken. Die Knötchen befinden sich auf unebener Oberfläche. Wenn die Tröpfchen einen Durchmesser von etwa 4 mm erreichen, rollen sie den Rücken des Käfers hinab und geradewegs in seine Mundöffnung.

durch Namibia bis Mossamedes in Angola. Entlang einer breiten, bis zum flachen Grundgestein erodierten Ebene steigt sie landeinwärts langsam bis auf eine Höhe von 1000 Metern am Great Western Escarpment an, das die östliche Grenze bildet.

Die höhere Luftfeuchtigkeit an den Hängen dieser Steilstufe und 200 Millimeter jährlicher Regen lassen dort einen dünnen bis moderaten Bewuchs mit einjährigen Gräsern in einer ansonsten unfruchtbaren Ebene aus Kiesflächen und Sanddünen zu. Meist ausgetrocknete Flussbetten ziehen sich als linienförmige Oasen durch die Namib und kanalisieren Oberflächen- und Grundwasser.

In der Zentralnamib erheben sich steile Granit-
hügel – Inselberge genannt – aus den umliegenden, weitgehend flachen Ebenen. Die Spitzkoppe,
ein Granitmassiv zwischen Usakos und Swakop-
mund, ist der bekannteste Berg des Landes und
wird oft als Matterhorn Namibias bezeichnet. Sie
ragt etwa 700 Meter über ihrem flachen Umland
auf, und ihr Gipfel erreicht 1784 Meter über dem
Meeresspiegel. Sie ist Teil des Erongogebirges und
einer von vielen Intrusivkomplexen im namibi-
schen Damaraland, die durch Magmatismus infolge der Öffnung des Südatlantiks entstanden.

DIE KALAHARI IM SÜDLICHEN AFRIKA

Der Name der Halbwüste Kalahari kommt von dem
Tswana-Wort *keir,* das „großer Durst" bedeutet.
Sie umfasst eine Fläche von rund 260 000 Quadratkilometern und erstreckt sich über die afrikanischen Länder Südafrika, Namibia und Botswana.

In den ausgedehnten Flächen mit feinem, rot-
braunem Sand gibt es kaum Oberflächenwasser.
Die Kalahari wird über temporär überflutete Becken, Trockentäler und Salzpfannen entwässert. Sie
bildet ein riesiges Plateau, das zwischen 500 und
1500 Meter über dem Meeresspiegel liegt. Die
Vegetation umfasst im sommerfeuchten Norden
Baumsavanne mit Maulbeerfeigen, Ebenholz- und
Affenbrotbäumen, während in den ariden südlichen Gebieten Busch- und Grasland dominieren.

Die Niederschlagsmengen schwanken zwischen
130 Millimetern im Südwesten und 500 Millimetern im Norden, was zum Ruf der Kalahari als
einer von Afrikas letzten echten Zufluchtsstätten
für wilde Tiere beiträgt. So finden sich hier nicht
nur die kleinen Erdmännchen, sondern auch Löwen, Schabrackenhyänen und Antilopen. Hunderte
Webervögel bauen große Gemeinschaftsnester mit
bis zu zwei Metern Durchmesser.

Die Kalahari ist auch die angestammte Heimat
der San (Buschmänner), Nachfahren von Afrikas
ältesten und vermutlich auch ursprünglichen Bewohnern des südlichen Afrikas. Ihre Gesellschaft
ist nicht hierarchisch strukturiert, sondern beruht
auf einer Familienkultur, in der Entscheidungen
in offener Diskussion gemeinsam getroffen werden. Höchstwahrscheinlich leben sie seit mehr als
20 000 Jahren als Jäger und Sammler. Sie ernähren
sich hauptsächlich vegetarisch – zu 80 Prozent von
Beeren, Wurzeln, Melonen und Nüssen.

DIE SINAIWÜSTE IN ÄGYPTEN

Die ägyptische Sinaiwüste am Übergang zwischen
Asien und Afrika ist ein 70 000 Quadratkilometer
großes Gebiet mit zerklüfteten Bergen und zahlreichen Wadis (Trockentälern). Hier liegt Felsgestein aus dem Präkambrium neben Kies- und
Kalksteinebenen, die von den salzigen Schlammebenen des Golfs von Suez im Westen sowie der
israelischen Negevwüste und dem Golf von Akaba
im Osten umgeben werden.

Der Sinai wird nach seiner Geologie und Topografie in einen Nord- und einen Südteil gegliedert. Im Norden sind die Berge wesentlich niedriger als in der Mitte und im südlichen Teil der

GANZ OBEN Eine Oase in der
Sinaiwüste zeigt Süßwasservor-
kommen an. Oasen dienen seit
Jahrhunderten als Zwischen-
stopps für Hirten und Händler,
die ihre Waren auf Karawanen
durch die Wüste transportieren.

OBEN Antilopen wie der Spießbock (*Oryx gazella*) durchstreifen
die Dünen der Kalahari und der
Namib. Sie sind bestens an die
Wüste angepasst und kommen
lange Zeit ohne Wasser aus.

EUROPA

AZOREN

SPANIEN

MALTA

MITTELMEER

TÜRKEI

Van-see

Kaspisches Meer

Taurusgebirge

ZYPERN

SYRIEN

LIBANON

Elbursgeb.

Qolleh-ye Dām 5671 m

Madeira

MAROKKO

Hoher Atlas

TUNESIEN

Chott Melrhir

Chott el Jerid

Westlicher großer Erg

Östlicher großer Erg

ISRAEL

Totes Meer

Negev

JORDANIEN

Ramon-Krater

Sinai

Syrische Wüste

IRAK

Tigris

Euphrat

Zagros

KUWAIT

KANARISCHE INSELN

ALGERIEN

LIBYEN

Großes Sandmeer

ÄGYPTEN

Arabische Wüste

Kattara-Senke

Westliche Wüste

An Nafūd

SAUDI-ARABIEN

ARABISCHE HALBINSEL

Ad Dahna

BAHRAIN

Persische

SAHARA

Nördl. Wendekreis

Tassili n' Ajjer

Hoggar

Erg Chech

Tanezrouft

S a h a r a

Kebira-Krater

Tibesti

Emi Koussi 3415 m

Libysche Wüste

Nassersee

Erg Selima

Nubische Wüste

Rotes Meer

Rub al-Chali

MAURETANIEN

MALI

Niger

NIGER

Grand Erg de Bilma

Ténéré

TSCHAD

Tschadsee

SUDAN

Weißer Nil

Blauer Nil

ERITREA

Danakil-Senke

Tana-see

DSCHIBUTI

Golf von Aden

Wadi Hajr

JEMEN

Senegal

SENEGAL

S A H E L

ÄTHIOPIEN

SOMALIA

KAPVERDISCHE INSELN

GAMBIA

GUINEA-BISSAU

GUINEA

SIERRA LEONE

LIBERIA

CÔTE D'IVOIRE

Schwarzer Volta

Weißer Volta

BURKINA FASO

BENIN

Volta-Stausee

GHANA

TOGO

Oti

NIGERIA

Niger

Benue

KAMERUN

ZENTRALAFRIKANISCHE REPUBLIK

Turkana-see

Jubba

Golf von Guinea

SÃO TOMÉ & PRÍNCIPE

ÄQUATORIAL-GUINEA

Kongo

KONGO

Albertsee

UGANDA

KENIA

Äquator

GABUN

DEMOKRATISCHE REPUBLIK KONGO

Eduardsee

Kivusee

RUANDA

BURUNDI

Victoria-see

Ngorongoro-Krater

Kilimandscharo 5895 m

Ascension

Congo

Kasai

CABINDA

Tanganjikasee

Mwerusee

TANSANIA

Sansibar

St. Helena

N

Cuanza

ANGOLA

Bangweulusee

Luangwa

Luangwa

Malawisee

MALAWI

KOMÖREN

ATLANTISCHER OZEAN

Cubango

SAMBIA

Sambesi

Lago de Cahora Bassa

Kariba-see

Sambesi

Straße von Mosambik

MOSAMBIK

MADAGASKAR

Etoschapfanne

Sossusvlei

Okavango

Makgadikgadi-Salzpfanne

ZIMBABWE

Save

NAMIBIA

Erongo-gebirge

Spitzkoppe 1784 m

Ngami-pfanne

Lake Xau

BOTSUANA

Limpopo

Namibwüste

Kalahari

SWAZILAND

Wüsten in Afrika und im Nahen Osten

Vaal

LESOTHO

Drakensberge

0   500 km

0   500 Meilen

Oranje

REPUBLIK SÜDAFRIKA

Große Karoo

Halbinsel. Dort gibt es weite Ebenen mit paläozoischen Sedimenten, Wadis, fossile Strände und Bereiche von wanderndem Sand. Nach Faltungen einsetzende Erosion schuf weite Schichtstufen aus Kalkstein – Grate mit sanften Hängen auf der einen und Steilabfällen auf der anderen Seite.

Der zentrale Sinai besteht hauptsächlich aus dem Et-Tih-Plateau, einer im Tertiär entstandenen Kalksteinregion. Im Südsinai fallen Berge aus Plutoniten und Vulkaniten steil zum Golf von Akaba und Suez ab. In ihren Wadis fließen kurzdauernde Flüsse zum Meer. Neun der Gipfel erreichen eine

Höhe von über 1983 Metern, darunter der Katharinenberg, mit 2639 Metern Ägyptens höchster Gipfel.

Der südliche Sinai zeigt große Pflanzenvielfalt. Über 700 Gefäßpflanzenarten wurden katalogisiert, darunter 28 endemische Spezies, die man vor allem in den Schluchten des Katharinenbergs findet.

DIE NEGEVWÜSTE IN ISRAEL

Die nur 13 000 Quadratkilometer große Negevwüste in Israel schließt mehrere Klimazonen ein. Im Norden herrscht mediterranes Klima mit fruchtbaren Böden und jährlichem Niederschlag von mehr als 300 Millimetern, der Westen hingegen ist gekennzeichnet durch sandige Böden und 30 Meter hohe Dünen. Die Hochplateaus der Zentralnegev ragen 550 Meter über den Meeresspiegel und erhalten nur 100 Millimeter Regen pro Jahr. Nach Osten stürzt das Negevplateau abrupt in das aride Aravatal ab, das sich von der Hafenstadt Eilat durch eine 160 Kilometer lange Senke an der jordanischen Grenze nordwärts zum Toten Meer erstreckt.

In den Hochländern findet man Leoparden, Gazellen, Wölfe, Rotfüchse und Hyänen. Wegen der salzigen Böden gibt es hingegen kaum Blütenpflanzen.

Der Machtesch Ramon ist der größte Erosionskrater der Welt und eine der wichtigsten Formationen in der Negev. Urzeitliche Flüsse formten den 40 Kilometer langen, zehn Kilometer weiten und bis zu 500 Meter tiefen Krater über Jahrmillionen. Wasser erodierte den Kratergrund und legte immer ältere Gesteinsschichten frei, die bis zu 200 Millionen Jahre alt sind.

DIE SYRISCHE WÜSTE

Die Syrische Wüste bedeckt zusammen mit der Wüstensteppe fast 60 Prozent des Landes und reicht bis in die Nachbarländer Jordanien und Irak

hinein. Der hauptsächlich aus Steinen und Kies bestehende Nordausläufer des riesigen Plateaus der Arabischen Wüste ist eine Gegend aus sanft gewellten Ebenen, in der es nur geringfügig und sehr unregelmäßig regnet. Die Höhenlagen liegen zwischen 300 und 500 Metern.

Raubbau, die Zerstörung von Lebensräumen und die starke Zunahme der Haustierhaltung in den letzten 50 Jahren haben der endemischen Artenvielfalt der Gegend verheerende Schäden zugefügt. Mehr als ein Dutzend heimische Tiere der syrischen Steppe sind ausgestorben, darunter der Syrische Esel und der Syrische Strauß.

Die spärliche Vegetation enthält *Artemisia*-Steppensträucher und verstreute *Pistucia*-Bäume. Obwohl nur wenige Vogelarten vorkommen, bieten die seminatürlichen und kultivierten Steppen dennoch wichtige Winterquartiere für etliche Vögel der Feuchtwiesenhabitate, darunter etwa für die als gefährdet eingestufte Zwergtrappe.

LINKS Kamele sind das Haupttransportmittel in den Wüsten des Nahen Ostens. Die nomadischen Wüstenbewohner gewinnen von ihnen Fleisch, rahmige Milch, Wolle und Leder. Darüber hinaus dienen die Tiere sogar als Schattenspender. Kamele können sich geschickt in Gegenden bewegen, die für Autos unpassierbar sind.

UNTEN Diese bizarre Sandsteinformation im Timna-Park im Südteil der israelischen Negevwüste ist als „Pilz" bekannt. Der Timna-Park liegt in einem Wadi, ist umgeben von steilen Felshängen und bietet vielfältige Landschaften. Dort befindet sich die vermutlich erste bekannte Kupfermine, die aus der Zeit des Königs Salomon stammen könnte.

DIE SAHARA IN NORDAFRIKA

Die Sahara in Nordafrika ist die größte Hitzewüste auf Erden, ein riesiges, gut neun Millionen Quadratkilometer umfassendes Gebiet von Sandmeeren, angehobenen Plateaus, Geröllebenen und Senken. Sie erstreckt sich von der marokkanischen Atlantikküste quer über den Kontinent bis zum Roten Meer in Ägypten.

UNTEN Die Sahara ist für ihre scheinbar endlosen Sandflächen bekannt. In Wirklichkeit bietet sie eine vielfältige Landschaft, in der sich auch Überreste von Vulkanen finden. Die dunklen Felsen des Tibestiplateaus im Tschad (unten links) sind Kegel und Calderen urzeitlicher Vulkane. Man sieht auch dunkle Lavaschichten nördlich von Tibesti in Libyen.

Schotterebenen und Sanddünen machen an die 90 Prozent der Sahara aus, drei Viertel der Bewohner leben in verstreuten Oasen, die insgesamt nur 2000 Quadratkilometer umfassen. Die zweithöchste jemals gemessene Temperatur im Schatten, 58 °C, wurde hier ermittelt. Es gab jedoch eine Zeit, als in der Sahara ein ganz anderes Klima herrschte.

IN DER VORZEIT TIEFE SEEN

Im Holozän, das vor rund 12 000 Jahren begann, gab es in der Sahara riesige, bis 500 Meter tiefe Süßwasserseen, wie etwa den Paläosee Megatschad, der größer war als das heutige Kaspische Meer. Vor 9000 Jahren begann sich das Klima Nordafrikas zu verändern. Die Sommertemperaturen stiegen, und die Niederschlagsmengen gingen zurück, was verheerende Folgen für die Zivilisationen hatte, die fast 500 000 Jahre lang an den urzeitlichen Küsten floriert hatten.

Veränderungen der Erdumlaufbahn und der Neigung der Erdachse führten zu einem Klimaumschwung in der Sahara. Pollenfossilien zeigen, dass sie sich in nur 300 Jahren von einer Region mit einjährigen Gräsern und niedrigen Büschen zur heutigen Wüste entwickelte.

Die Sahara ist eine sehr stabile Umwelt mit großen Unterschieden in der Topografie, hoher Aridität und trockenem, staubbeladenem Wind, dem Schirokko. Dieser erreicht oft Geschwindigkeiten von über 100 Stundenkilometern, erodiert Felsen durch Windschliff und verkürzt die Sicht auf null.

Im südostalgerischen Gebirge Tassili n'Ajjer fand man Petroglyphen von Flusstieren wie Krokodilen. Die Petroglyphen des Messakplateaus in der Zentralsahara zeigen Pferde, Kamele und zweirädrige Wagen, die um 1500 v. Chr. entstanden, neben groben Darstellungen von Strauß und Giraffe, die um 3000 v. Chr. in die Felsen geritzt wurden – Zeugnisse einer feuchteren Vergangenheit.

REGS, ERGS, HAMMADAS UND SCHOTTS

Endlose Flächen von Sand, gemischt mit schwarzem, rotem und weißem Kies sind als Regs bekannt und machen 70 Prozent der Sahara aus. Diese Überreste früherer Meere und Flüsse können sich über Tausende Kilometer erstrecken. So umfasst etwa das Tanezrouft-Reg westlich des Ahaggargebirges 500 000 Quadratkilometer Fläche.

Ergs oder Sanddünen bedecken ein Fünftel der Sahara; sie können über Hunderte Kilometer verlaufen und 300 Meter hoch werden. Das Selima-Erg im Sudan umfasst 7800 Quadratkilometer, das große Westliche und Östliche Erg schließen fast ganz Algerien ein. Die Sanddecken und Dünen der Sahara haben viele Formen – es gibt Transversal-, Knoten- und Barchandünen sowie die seltenen Pyramidendünen.

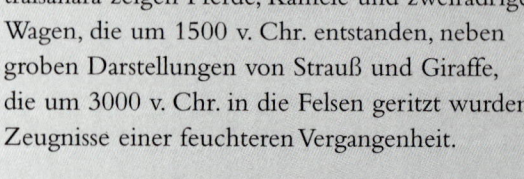

Hochebenen, die mit Geröll und Steinen bedeckt sind, werden Hammadas genannt und reichen im Tibestigebirge im Nordtschad und in Südlibyen bis auf über 3000 Meter. In dieser Gegend gibt es inaktive Vulkane und überdies den höchsten Gipfel der Sahara, den Emi Koussi. Sein Gipfel ist 3415 Meter hoch.

Schotts sind Salzwassersümpfe ohne Verbindung zu Wasserquellen. Man findet sie in der ganzen Sahara in Senken, in denen sich Grundwasser und jahreszeitlich niedergehender Regen sammelt. Die drei großen Salzsümpfe der Sahara sind das Schott el-Jerid in Tunesien, das Schott Melghir in Algerien und die 18 000 Quadratkilometer große Qattarasenke in Nordwestägypten.

EINE WÜSTE, DREI LANDSCHAFTEN

Die Sahara lässt sich in drei markante geografische Einheiten unterteilen. Die Westsahara besteht aus felsigen Ebenen und Sandwüsten, und es gibt kaum Regen und Oberflächenwasser. Vom marokkanischen Atlasgebirge aus leiten allerdings unterirdische Wasserbahnen Grundwasser zu Oasen. Dort sind auf fruchtbaren Böden gute Ernten möglich. Das Zentralplateau verläuft 1600 Kilometer auf einer Nordwest-Südost-Achse; seine Höhe liegt zwischen 600 und 800 Metern.

Es regnet kaum, aber auf einigen Bergen der Zentralsahara fällt manchmal sogar etwas Schnee. Die Libysche Wüste im Osten gilt als trockenste Zone der Sahara. Hier gibt es kaum Feuchtigkeit, und auch Oasen fehlen fast ganz. Öde Sandflächen, Geröllebenen und bis zu 120 Meter hohe Dünen breiten sich über anstehendem Grundgestein und horizontal gelagerten Sedimentschichten aus.

OBEN Ein Nomade läuft über die Sanddünen der Sahara. Die meisten Bewohner dieser Wüste sind Nomaden, so auch die Berber als Ureinwohner, die heute einen großen Teil der Bevölkerung von Marokko und Algerien ausmachen.

LINKS Die meisten Oasen der Sahara liegen unter dem Meeresspiegel, wo das Grundwasser aus unterirdischen Becken oder natürlichen Quellen an die Oberfläche sickert. Die Qattarasenke in Ägypten ist mit 130 m unter dem Meeresspiegel der tiefste Punkt. In Oasen baut man Früchte wie Datteln an.

OBEN Der Dickschwanzskorpion (*Androctonus australis*) ist fast so giftig wie die Kobra. Das Gliedertier überlebt in der Wüste, indem es sich während der Tageshitze eingräbt und erst bei Nacht zur Futtersuche hervorkommt.

SALZWÜSTEN

Salzwüsten, auch Salztonebenen oder Playas genannt, bestehen größtenteils aus alkalischen Salzen und feinkörnigen Sedimenten. Es gibt sie in Regionen, in denen Niederschlag sehr spärlich fällt oder ganz ausbleibt. Die hohen Verdunstungsraten hinterlassen Salzrückstände und bilden ausgedehnte Salzkrusten.

UNTEN Wie Farbwirbel auf einer Riesenleinwand liegen flache Seen, Schlammebenen und Salzmarschen in den gewundenen Tälern von Dasht-e Kavir, der Großen Salzwüste des Irans. Das Satellitenbild entstand unter Anwendung computergestützter thematischer Kartografie.

Die weltgrößte Salzwüste ist der Salar de Uyuni. Sie umfasst eine Fläche von rund 12 000 Quadratkilometern und liegt in der Region Potosí im Südwesten Boliviens. Schätzungsweise enthält sie zehn Milliarden Tonnen Salz. Weitere markante Salzwüsten sind die Dasht-e Kavir-Wüste im Zentraliran und die Große Salzwüste in Utah, USA.

DASHT-E KAVIR

Dasht-e Kavir ist ein 26 000 Quadratkilometer großes Becken inmitten des zentraliranischen Plateaus. Er reicht von der „Leeren Wüste" Dasht-e Lut im Südosten bis zu den Alborzbergen im Nordwesten des Landes.

Die niederschlagslose, aride Fläche mit verstreuten Wadis, Seen und Marschen ist nach den Kaviren oder Salzmarschen benannt, aus denen sie vor allem besteht – etwa dem Darya-ye Namak, einem Salzsee mit polygonförmigen Salzmustern, und dem Rig-e Jenn, einem bedrohlichen Dünengebiet, von denen örtliche Karawanenhändler glauben, es sei von bösen Geistern bewohnt.

Viele Kavire haben ähnliche Eigenschaften wie Treibsand, was die Dasht-e Kavir tückisch macht; daher ist die Region nach wie vor weitgehend unerforscht und nur in den umgebenden Hügeln und Bergen bewohnt. Die Sommertemperaturen erreichen oft bis zu 60 °C, was für extrem hohe Verdunstungsraten und die Bildung von Salzkrusten auf den Schlammböden und Marschen sorgt. Die Vegetation ist auf Pflanzen beschränkt, die auf solchen salzigen Böden überleben können, etwa Beifuß, eine mehrjährige Krautpflanze mit rötlichviolettem Stamm und kleinen gelben Blüten. Sie gedeiht auf stickstoffhaltigen Böden.

DER SALAR DE UYUNI

Hoch im bolivianischen Altiplano liegt eine der größten Salzwüsten der Welt, der Salar de Uyuni. Die Wüste ist durch die Verdunstung des prähistorischen Minchinsees vor etwa 40 000 Jahren entstanden und liegt in einer Höhe von 3700 Metern. Berge umgeben das nach innen entwässernde Becken. Die Klimageschichte dieser Salzwüste ist in den Sedimentschichten aus dem Quartär festgehalten. Sie liefern wertvolle Hinweise auf die paläoklimatische Entwicklung dieser Region. So haben regelmäßige Überflutung und Austrocknung ausgedehnte kalkreiche Seesedimente und bis zu

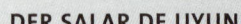

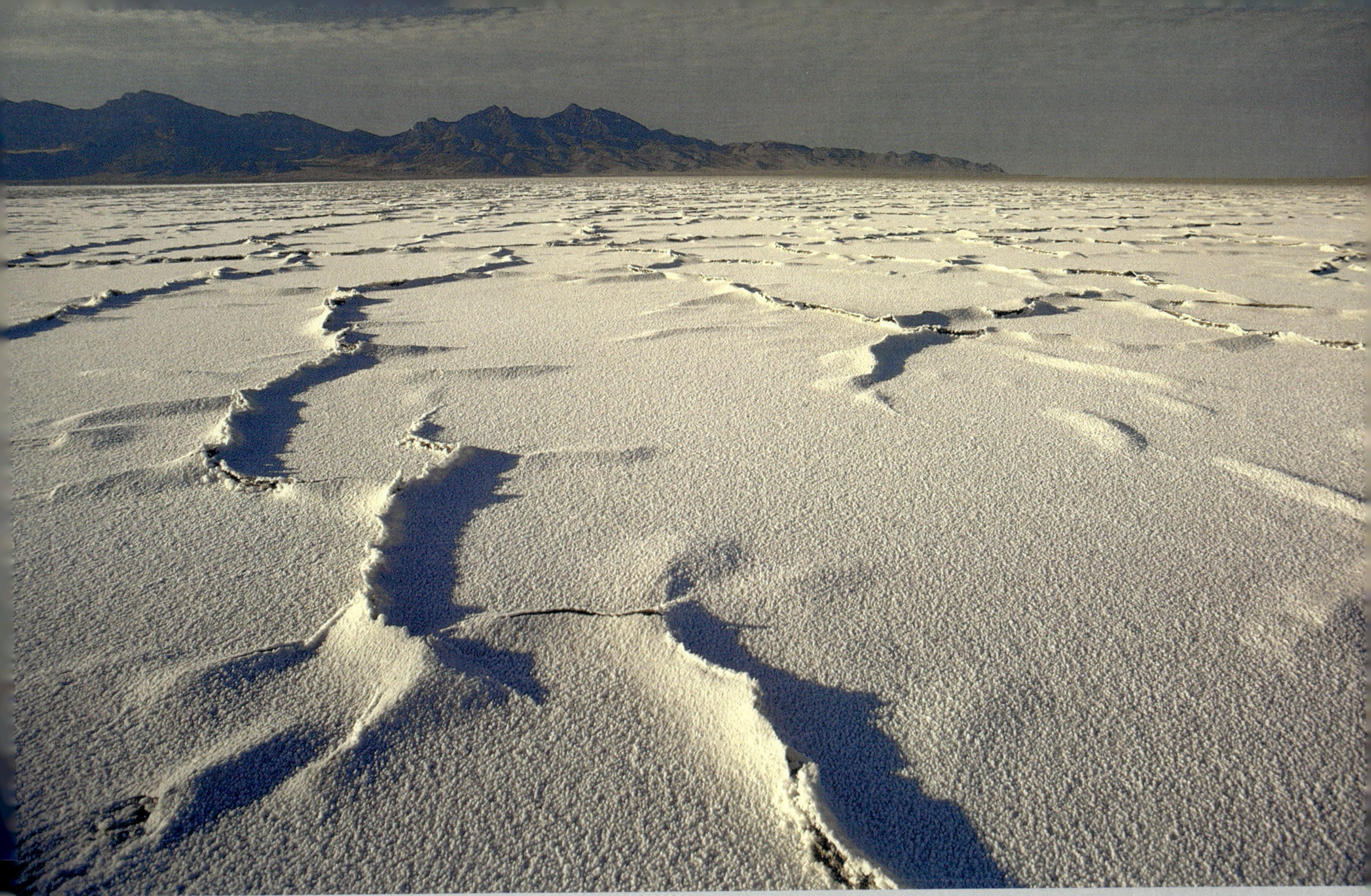

GESTEINSPORTRÄT: STEINSALZ

Minerale wie Halit und Gips bilden Sedimentschichten, wenn in isolierten Seen oder Meeren eingeschlossenes Meerwasser verdunstet. Füllt sich der See wieder auf und trocknet erneut aus, entstehen mit der Zeit dicke Salzlagen. Evaporite werden zur Gewinnung von Halit und Kaliummineralen wie Sylvin und Carnallit z.B. aus dem Toten Meer und dem Aralsee gewonnen. Unter Sand- und Tonsteinschichten begrabene Evaporitflöze können aufgrund ihrer geringen Dichte als Salzdome aufsteigen.

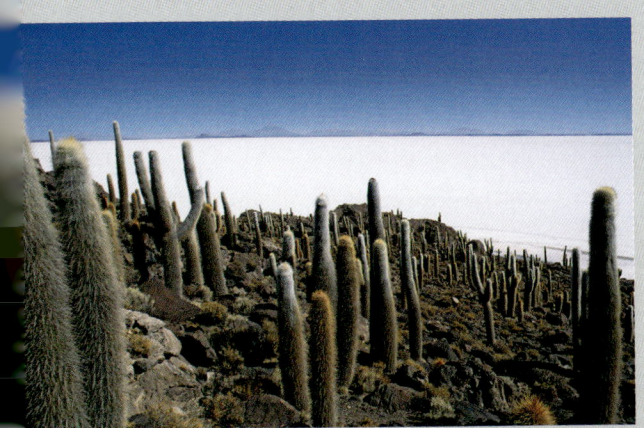

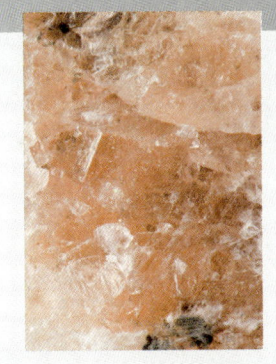

100 Meter mächtige Salzablagerungen erzeugt, außerdem große Lager von Gips, Halit oder Tafelsalz sowie Solen von Lithium und Bor. Auch Korallen sind unter den Strandterrassen des Paläosees in Kalkschichten eingeschlossen.

Ein inaktiver Vulkan, der Tunapa, befindet sich im Norden des Salars. Er trägt einen kleinen Gletscher, der von den Niederschlägen gespeist wird, die an seinen windgepeitschten Luvhängen fallen.

DIE GROSSE SALZWÜSTE

Diese Wüste erstreckt sich westlich vom Ufer des Großen Salzsees in Utah bis zur Grenze Nevadas. Aufgrund der hohen Salzkonzentration im Boden durch Verdunstungsablagerungen des ausgetrockneten Lake Bonneville zeigen sich die 10 400 Quadratkilometer der Salztonebene von blendendem Weiß. Vor 30 000 bis vor 15 000 Jahren bedeckte Lake Bonneville rund 520 000 Quadratkilometer von Westutah, bevor die Erosion dafür sorgte, dass er in den Snake River nordwärts entwässerte.

Der Große Salzsee, ein Überrest des Lake Bonneville, ist 4000 Quadratkilometer groß und ohne Oberflächenabfluss. Er wird von vier Flüssen aus einem Wassereinzugsgebiet von über 54 400 Quadratkilometern Fläche gespeist. Der Wasserverlust geht auf Verdunstung zurück. Seine durchschnittliche Tiefe beträgt nur zehn Meter. Im Großen Salzsee liegen mehr als elf anerkannte Inseln, darunter Antelope Island, die seit Pionierzeiten bewohnt ist.

GANZ OBEN Salzbetten bilden in der Großen Salzwüste eine Riesenfläche von salzverkrustetem Land.

OBEN LINKS Wie Wächter an einem einsamen Wüstenaußenposten beherrschen gigantische Kakteen die Ufer des Salar de Uyuni. Sie sind zäh und salztolerant. Überdies können sie 6 m hoch und über 1000 Jahre alt werden. Das Steinsalz in dem See wird in Blöcke geschnitten und als Baustoff benutzt.

Die Wüsten Zentralasiens

Als Zentralasien bezeichnet man das Gebiet zwischen der Ostküste des Kaspischen Meers und dem Altaigebirge in der Mongolei. Zu seinem Hauptformenschatz zählen das Pamir- und Tianshangebirge, das Kaspische Meer und der Aralsee, der Fluss Amudarja sowie die beiden Wüsten Kysylkum („Roter Sand") im nördlichen Usbekistan und Karakum („Schwarzer Sand"). Letztere macht 80 Prozent von Turkmenistan aus.

Definiert man Zentralasien nach klimatischen Gegebenheiten, werden die Grenzen weiter gesteckt. Dann gehören auch die Wüste Gobi sowie die Wüsten Taklaman und Ordos in China dazu.

KARAKUM UND KYSYLKUM
Die Karakum ist typisch für das Mosaik aus Lehm-, Stein-, Salz- und Sandwüsten, das man in Zentralasien findet. Sie ist eine weite, nackte Wüstenfläche mit Salztonebenen, wenig resistenten Sedimenten und Karsterscheinungen. Von der benachbarten Kysylkum und ihren Sandfeldern wird sie durch den 2400 Kilometer langen Amudarja, den längsten Fluss Zentralasiens, getrennt.

Kysylkum und Karakum zeichnen sich durch all die Merkmale aus, die man in einer ariden Umwelt erwartet. Die Böden sind geprägt durch geringe Anteile organischer Substanzen sowie einen

UNTEN Die Wüste Gobi in der Mongolei wirkt auf den ersten Blick nicht wie ein Trockengebiet. Ein Großteil der Landschaft besteht aus Felsregionen, und das übrige Gebiet wird von Steppen und semiariden Bereichen eingenommen. In einigen Schluchten fand man wichtige Dinosaurierfossilien aus der Kreidezeit, einschließlich Eiern und Trittspuren.

DER MONGOLISCHE TODESWURM

In seinem Buch *Auf der Fährte des Urmenschen* (1926) liefert der US-Paläontologe Roy Chapman Andrews einen fesselnden Bericht über den sagenhaften mongolischen Todeswurm, der angeblich Säure verspritzen und mit elektrischem Strom aus der Entfernung töten kann. Mongolische Stämme kennen ihn als Allghoi Khorkhoi („Darmwurm"), eine wurstähnliche Kreatur, dick wie ein Männerarm, mit dunklen Flecken und Stacheln an beiden Enden. Da er kein Gesicht habe, könne man Kopf und Ende nicht unterscheiden. Er solle an den Darm einer Kuh erinnern, und sein Gift sogar Metall korrodieren. Die meiste Zeit ruhe er unter den Dünen der Südmongolei und komme nur nach starkem Regen an die Oberfläche, wenn der Boden feucht sei. Alle nomadischen Hirten glauben an seine Existenz, und viele wollen ihn gesehen haben.

Wüsten in Zentralasien

RUSSISCHE FÖDERATION

500 km
500 Meilen

Ryn Peski
KASACHSTAN
Barsuki
Aral Garagumy
Balchasch-see
Chany-see
Tengis-see
Saissan-see
Höygöl Nuur
Uus Nuur
Baikal-see
Hulun Nuur
Amur

MONGOLEI

Gurbantunggut Shamo
ALTAI

Gobi

Aral-see
USBEKISTAN
Kysylkum
Saryesik Atyrau
Issyk-Kul-See
TIEN SHAN
KIRGISISTAN
Bosten Nür
Hami
Huang
NORD KOREA
Bucht v. Korea
Golf von Bo Hai

Kaspisches Meer
Zaunguzskiye Garagumy
TURKMENISTAN
Garagumy
Aydarkul-see
Tarim
Lop
Lop Nur
Tarimbecken
Taklamakanwüste
Badain Jaran Shamo
Hobq Shamo
Mu Us Shamo (Ordosgebirge)
Tengger
CHINA
Huang
SÜD KOREA
Gelbes Meer

TADSCHIKISTAN
Pamir
Karakorum
Yarkant
Hotan
Kunlun Shan
Qinghai Hu

Dasht-e Kavir
Havi Rud
AFGHANISTAN
Hindukush
Hochland van Tibet
Gyaring Hu
Huang
Ost-chinesisches Meer

IRAN
Hamun-e Saberi
Dasht-e Lut
Dasht-e Margoa
Rigestan
Helmand
HIMALAYA
Siling Co
Nu
Zhari Namco
Tangra Yumco
Nam Co
Yarlung Tsangpo
Jinsha
Yalong
Chang
Jinsha

Hamun-i las Murian
Cholisan
Sutlej
PAKISTAN
Thar
IN Ghaggar-Hakra
Aravaligebirge
Zbari Namco
NEPAL
Everest 8848 m
BHUTAN
Brahmaputra
Lancang
Jinsha

Dasht-e Makran
Nördl. Wendekreis
Rann von Kutch
Yamuna
GANGES-EBENE
Ganges
INDIEN
BANGLADESCH

OMAN
Arabisches Meer
MYANMAR
Golf von Bengalen
LAOS
VIETNAM
Golf von Tongking
Südchinesisches Meer

N

hohen alkalischen Mineral- und Salzgehalt. Der Jahresniederschlag kann manchmal bis auf 130 Millimeter steigen, was Karakum und Kysylkum zum niederschlagsreichsten Wüstenkomplex Eurasiens macht. Beide Trockengebiete sind Heimat für zahlreiche Wüstensäuger wie Langohrigel, Honigdachs, Sandluchs und eine Reiher nachtaktiver Nager wie Renn- und Springmäuse.

DIE RIESIGEN PLATEAUS DER WÜSTE GOBI

Die Gobi zählt zu den größten Wüsten der Welt. Sie erstreckt sich über mehr als 1600 Kilometer Länge vom Hinggangebirge in der Mongolei bis zum Tianshangebirge in Nordchina.

Chinesen nennen die Gobi auch *sha-mo* („Sandwüste"), wenngleich Sandwüsten nur etwa drei Prozent der Gobi ausmachen. Der Rest ist mit einer dünnen Kiesschicht bedeckt, die metamorphen Gesteinen aufliegt. Ihre Plateaus bestehen aus kahlen Felsen, über die stellenweise wandernder Sand hinwegzieht. Dafür trifft die mongolische Bezeichnung *gobi* (chinesisch *gebi*) zu: „ein kaum bewohnter Ort, dessen Landschaft von Kies und Fels bedeckt ist".

Die jährliche Niederschlagsmenge beträgt zwischen 80 Millimetern im Westen und 200 Millimetern im Osten. Die Temperaturen können im Winter unter –40 °C fallen, während sie im Sommer häufig bis auf 45 °C ansteigen.

DIE ORDOSWÜSTE IN WESTCHINA

Diese Wüste liegt auf einem windgepeitschten Plateau an der Südgrenze der Inneren Mongolei. Von der Nordschleife des Gelben Flusses im Norden, Westen und Osten nahezu eingekreist, ist sie durch die Chinesische Mauer von den fruchtbaren Lössflächen im Süden getrennt. Das Ordosplateau (Mu Us Shamo) zeichnet sich durch bitterkalte Winter, heiße Sommer und anhaltende Dürren aus. Die vielen Salzseen haben intermittierende Ströme. Jährliche Niederschläge von weniger als 250 Millimetern und alkalische Böden schaffen eine Wildnis aus überwiegend montanen Gras- und Buschländern.

OBEN Die zum Welterbe zählenden Mogao-Grotten liegen an einer Oase auf der antiken Seidenstraße nahe Dunhuang in China. Am Rand der Dunhuangwüste ist ein Labyrinth antiker Höhlen in den unfruchtbaren Boden geschlagen, in denen sich eine große Zahl früher buddhistischer Kunstwerke und Schreine findet. Viele Wandflächen sind mit Malereien bedeckt. Auch viele antike Manuskripte wurden hier entdeckt.

Die Wüsten Australiens

Australien, der nach Antarktika zweittrockenste Kontinent der Welt, ist auf mehr als 70 Prozent der Fläche semiarid bis arid. Hier finden sich die ausgedehntesten Wärmewüsten der südlichen Hemisphäre. Die Trockengebiete liegen hauptsächlich auf dem westlichen Plateau und in den Tiefländern im Landesinnern.

OBEN Wegen ihrer außerordentlich langen, leuchtend roten Sanddünen ist die Simpsonwüste Australiens bekannteste Wüste.

UNTEN Hohe Säulen erheben sich aus dem sandigen Boden der Pinnacleswüste in Westaustralien. Diese kleine Wüste umfasst nur eine Fläche von 400 ha.

Australiens Wüsten variieren von herkömmlichen Sandwüsten wie die Simpsonwüste in Südaustralien mit ihren charakteristischen, 160 Kilometer langen Dünen bis hin zu Steinwüsten, zu denen etwa die Tirariwüste und die Sturt's Stony Desert in Zentralaustralien zählen. Letztere sind für ihre roten Böden sowie ihre Kies- und Geröllebenen.

DIE SIMPSONWÜSTE

Diese Wüste liegt im Zentrum des australischen Kontinents, hat eine Fläche von 175 000 Quadratkilometern und weist die längsten parallel verlaufenden Sanddünen der Welt auf. Sie wird im Süden begrenzt vom Lake Eyre, einem großen Salzsee, und von einigen Flüssen: im Westen Finke und Todd, im Osten Diamantina, im Norden Warburton und Georgina.

Die Sanddünen sind stationär, denn Vegetation hält sie an ihrem Platz. Sie erreichen Höhen von 40 Metern, sind etwa 140 Meter voneinander entfernt und verlaufen parallel auf einer Nordwest-Südost-Achse mit Zwischenkorridoren, in denen Akazien, Eukalyptus und vereinzelte Bestände von

Blutholzmyrten und Ghost Gum, einer Eukalyptusart mit schneeweißer Rinde, wachsen. Durchschnittlich fallen 200 Millimeter Regen pro Jahr; die Temperaturen erreichen im Sommer 50 °C und sinken im Winter unter den Gefrierpunkt.

In dieser Wüste leben einige seltene Beuteltiere Australiens, wie etwa die Kammschwanz-Beutelmaus. Zur Vegetation, die sich an die unwirtliche Umgebung angepasst hat, zählen Süßgräser, die den losen Sand auf den Dünenkämmen festhalten. In den Gräsern hat der Eyre-Graswurm seine Heimat. Auch das Lappige Stachelkopfgras ist gut auf die ariden Bedingungen abgestimmt; seine Halme sind gekräuselt, um die Oberfläche zu reduzieren, und eine wachsähnliche Haut senkt den Wasserverlust. Es bietet Reptilien und Kleinsäugern Schutz vor Angriffen von Fressfeinden aus der Luft.

DIE PINNACLESWÜSTE

Aus dem gelben Sand des westaustralischen Nambung-Nationalparks erheben sich Tausende von Säulen aus Tamala-Kalkstein, die man auch als Pinnacles (Zinnen) bezeichnet. Geologen fanden heraus, dass es sich um kalkhaltigen, aus Muschelschill erodierten Sand handelt, der von einsickerndem Regenwasser zementiert wurde. Der Schill-

sand entstand vor rund 15 000 Jahren während der letzten Kaltzeit. Die kalkhaltigen Ablagerungen legten sich über den Kalkstein. Dieser wurde ausgewaschen und ließ schließlich die heutigen bis zu vier Meter hohen Säulen zurück. Die Pinnacles sind Überreste dreier alter Sanddünensysteme, die vor langer Zeit parallel zur westaustralischen Küste verliefen.

DIE TANAMIWÜSTE

Die 184 000 Quadratkilometer große Fläche der Tanamiwüste im Northern Territory zählt zu den isoliertesten und trockensten Gegenden auf Erden. Bis weit ins 20. Jahrhundert war sie nicht gänzlich erforscht. Die Wüste hat arides, subtropisches Klima und ist gekennzeichnet von flachwelligen Sandebenen, weiten Becken, in denen sich Wasser sammelt, und Ablagerungsflächen. Auf diesen wachsen Büsche und Bäume, niedrige Wälder mit Mulga, einer Akazienart, und Eukalyptusbäume neben offenem Grasland. Urzeitliche Flussbetten durchschneiden die Region auf einer Schicht kambrischer Sedimente und verstreuter Aufschlüsse von proterozoischen Granit.

Die Abgeschiedenheit der Tanami hat ihr die verheerenden Auswirkungen verwilderter Tiere wie Füchse und Hasen erspart, und so bietet sie vermutlich die vielfältigste Ansammlung einheimischer Tiere, darunter Bilbies oder Nasenbeutler, Beutelmulle sowie große Wüstenskinks.

AUSTRALIENS STEINWÜSTEN

Gesteinsproben aus den Steinwüsten ergaben, dass das Geröll vor rund vier Millionen Jahren entstand. Diese urzeitliche Landform der Kiespflaster, auch „Gibberplains" genannt, bedeckt ein Zehntel des australischen Kontinents.

Sturt's Stony Desert wurde so 1844 von dem Forschungsreisenden Charles Sturt während seiner gescheiterten Suche nach einem Binnenmeer benannt. Sie besteht aus steinigen Ebenen mit einigen geradlinig verlaufenden Dünen und ist mit Büschen besetzt, die dort trotz der äußerst trockenen und salzigen Umgebung gedeihen.

DIE GROSSE SANDWÜSTE

Die Große Sandwüste ist Australiens zweitgrößte Wüste. Sie liegt im Nordwesten des Kontinents. Das riesige Gebiet aus roten Sanddünen, Salzmarschen und Sandhügeln erstreckt sich über 285 000 Quadratkilometer, vom Eighty Mile Beach am Indischen Ozean durch das Pilbara- und Kimberleygebirge bis zur Gibsonwüste im Süden.

Die parallelen Sanddünen der so gut wie menschenleeren Gegend sind mit Stachelkopfgräsern und Wüsteneichen bewachsen. Die Landschaft aus Baumsteppe, Blutholzmyrten, Akazien und Grevilleen zwischen Sandsteinhügeln und Sandplateaus ist mit Salzmarschen und ausgetrockneten Seebecken durchsetzt.

Regen fällt sehr unregelmäßig. Der Norden, entlang der westaustralischen Küste und in den Kimberleys, profitiert von Monsun und tropischen Zyklonen mit jährlichen Niederschlagsmengen bis 300 Millimeter. Selbst der aridere Süden empfängt noch 250 Millimeter im Jahr. Das erscheint zwar viel für eine Wüste, doch ist der tatsächliche Nutzen wegen der gewaltigen Verdunstung gering.

Die sommerlichen Tagestemperaturen im Sommer schwanken zwischen 38 °C im Norden bei

OBEN Gesteinsbrocken in unterschiedlicher Größe bedecken die unendlichen Ebenen der australischen Steinwüsten. Diese entstanden bereits vor vier Millionen Jahren. Sturt's Stony Desert (im Bild oben) weist, wie andere Steinwüsten auch, die Gibberplains genannte Landform auf. Sie bedeckt ungefähr ein Zehntel des Kontinents.

RECHTS Die Geikieschlucht in der Kimberley-Region liegt am Rand der Großen Sandwüste. Dort leben Süßwasserkrokodile und Fische wie Barramundis und Sägefische. Hochwasser, ausgelöst durch regelmäßige Überflutungen in der feuchten Jahreszeit, erreichen ein Drittel der Schluchtenwandhöhe.

UNTEN Das Gebiet der Balgo Hills in der Großen Sandwüste weicht auffallend von anderen Wüstenlandschaften ab. Die über Jahrtausende von Wind und Wasser polierten Felswände reflektieren das Sonnenlicht. Von frischem Regen begrünt, sind die trockenen Bachbetten üppig mit Vegetation gesäumt.

Halls Creek in den Kimberleys und 42 °C weiter südlich. Die Winter sind kurz und warm, nur selten tritt an der Südgrenze zur Gibsonwüste Frost auf.

FAUNA IN DER GROSSEN SANDWÜSTE

Die Große Sandwüste beheimatet eine unglaubliche Vielfalt an Säugetieren, darunter Nasenbeutler, Rote Kängurus und Beutelmulle, die jedoch von verwilderten Katzen und Füchsen bedroht sind. An Vögeln gibt es Emus, Weißstirn-Honigfresser und Weißbauch-Stachelschwänze. Keine der Säugetier- und Vogelarten ist in der Region endemisch.

Amphibien wie die Schaufelfußkröte und der Wüstenbaumfrosch teilen sich den Lebensraum mit vielen Echsen und Reptilien, etwa mit der Geckoart *Heteronotia spelea* und der Wüstentodesotter.

DIE GEIKIESCHLUCHT

Zum Hauptformenschatz der Großen Sandwüste gehört die 30 Meter tiefe, von Hochwassern des Fitzroy River eingegrabene Geikieschlucht in der Kimberley-Region, wo sich das Geikie- und das Oscargebirge treffen. Sie liegt unterhalb der Klippen eines urzeitlichen Riffs. Dieses wurde im Devon von Algen und ausgestorbenen, Kalk absondernden Organismen aufgebaut und hat sich zu den heutigen Kalksteinketten entwickelt.

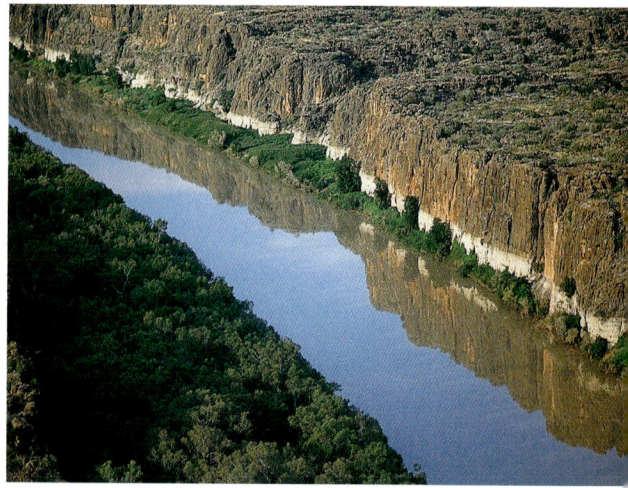

Als sich vor 50 Millionen Jahren die Ozeane zurückzogen, erhöhten die Meeresorganismen das Riff weiterhin, und heute verlaufen die Überreste des Riffs durch die Landschaft. Unter den Pflanzen, die hier wachsen, sind einheimische Feigen und Süßwassermangroven, die die Ufer des Fitzroy River säumen. In ihm tummelt sich eine Vielzahl von Tieren, etwa Schützenfische, Stechrochen und Süßwasserkrokodile. Das Schilfufer des Flusses liefert Nahrung für Rohrsänger und den seltenen Purpurkopf-Staffelschwanz sowie andere Arten wie Kräuselscharbe und verschiedene Reiher.

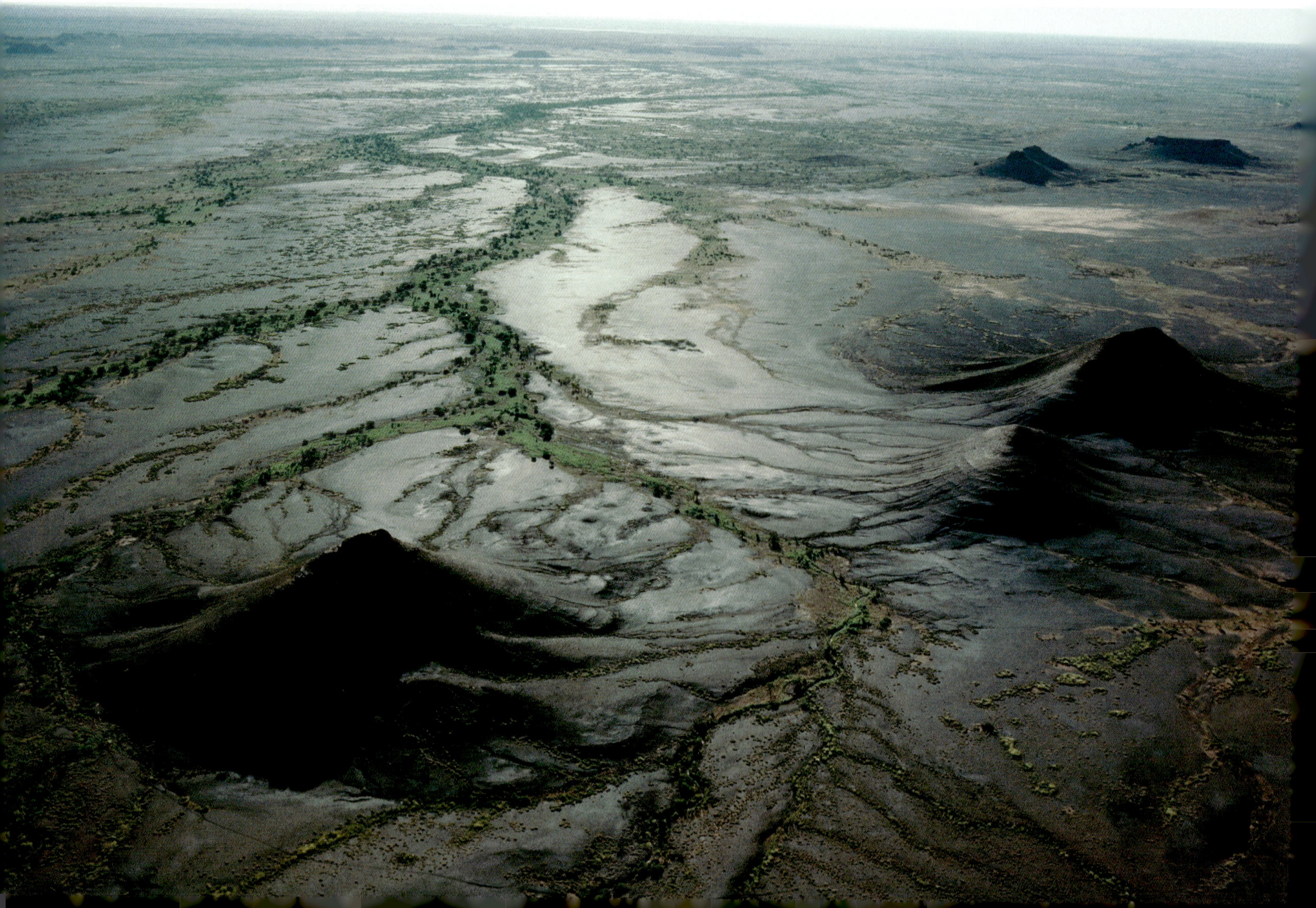

INDISCHER
OZEAN

*Timor-
see*

Arafurasee

Torresstraße

*Korallen-
see*

Melville-
Insel

Bathurst-
insel

Groote
Eylandt

*Carpentaria-
golf*

PAZIFISCHER
OZEAN

Victoria

Fitzroy

Wolfe
Creek
Krater

**Tanami-
wüste**

NORTHERN TERRITORY

Australisches Bergland

Flinders

QUEENSLAND

Große Sandwüste

**Kleine
Sandwüste**

Georgina

Südl. Wendekreis

Gibsonwüste

A U S T R A L I E N

Gascoyne

WESTAUSTRALIEN

▲ Uluru (Ayers Rock)
863 m

**Simpson-
wüste**

Todd

Diamantina

Warrego

*Fraser-
insel*

Finke

**Pedirka-
wüste**

Warburton

**Sturt
Stony
Desert**

**Große Victoria-
wüste**

*Eyre-
see*

Pinnacles

Swan

**Nullarbor-
ebene**

SÜDAUSTRALIEN

**Strzelecki-
wüste**

Darling

NEW SOUTH WALES

*Große Australische
Bucht*

Murray

Murrumbidgee

AUSTRALIAN CAPITAL
TERRITORY

Australisches Bergland

▲ Mt. Kosciuszko
2228 m

*Känguru-
Insel*

VICTORIA

*Tasman-
see*

Wüsten in Australien

N

SÜDLICHER OZEAN

Kinginsel

*Bass-
straße*

*Flinders-
insel*

TASMANIEN

0 ——— 300 km
0 ——— 300 Meilen

DER METEORITENKRATER AM WOLFE CREEK

In den ausgedehnten Spinifex-Grasländern im Osten Kimberleys, an der Nord-grenze der Großen Sandwüste, liegt der Wolfe-Creek-Meteoritenkrater, einer der größten der Welt. Aborigines nennen ihn „Kandimalal" und glauben, aus den Tiefen des Kraters sei einst eine Regenbogenschlange gekrochen, die, als sie sich davonschlängelte, den angrenzenden Wolfe Creek bildete. Europäer fanden den Krater zufällig 1947 bei einer Erkundung aus der Luft. Er stammt von einem rund 50 t schweren Eisenmeteoriten, der mit 14,5 km/s von Nord-ost nach Südwest schoss und vor etwa 300 000 Jahren auf die Erde krachte. Noch heute findet man rostige Gesteinsstücke in der Lateritkappe an den Hängen des Kraters. Der Meteorit verdampfte beim Aufprall größtenteils und verformte den örtlichen Quarzit. Mehr als 600 kg Meteoritensubstanz wur-den 1953/54 ausgegraben, Bruchstücke fand man noch in 4 km Entfernung. Der Krater hat einen Durchmesser von 885 m und ist 50 m tief. Seine erodier-ten Wände erheben sich mehr als 31 m über die umgebende Wüste.

Auf dem Luftbild des Wolfe-Creek-Kraters ist der Einschlagpunkt deutlich zu sehen.

Die Eiswüsten von Antarktika

Unter Wüsten versteht man im Allgemeinen Regionen, die weniger als 250 Millimeter Niederschlag pro Jahr aufweisen. Dieser Definition zufolge kann sich auch Antarktika, der fünftgrößte der sieben Kontinente, mit seinen wärmeren, sandigeren Verwandten messen. Wüsten wie diese nennt man Eiswüsten.

OBEN Katabatische Winde sind typisch für Antarktika. Diese trockenen Fallwinde wehen von den Hochlagen hangabwärts zur Küste. Sie verdunsten jegliches Eis in den Trockentälern der Antarktis, kaum dass es sich gebildet hat. Die Winde gestalten das Eis mitunter zu außergewöhnlichen Formen.

Im Innern Antarktikas fallen weniger als 60 Millimeter Niederschlag pro Jahr, und damit weniger als in der Sahara. Da es aufgrund der Kälte so gut wie keine Verdunstung gibt, haben Regen und Schnee über die Jahrtausende die gewaltigen Eisschilde gebildet, die wir heute sehen. Doch der Kontinent trug nicht immer Eis. 500 Kilometer vom Südpol entfernt fand man in Sandsteinschichten Kohleablagerungen, die unter kühl-feuchten Klimabedingungen sedimentiert worden waren.

DIE TROCKENTÄLER DER ANTARKTIS

In vielen Trockentälern gibt es so gut wie keine Niederschläge. Die eisfreien Täler liegen von Kamm zu Kamm fünf bis zehn Kilometer auseinander und sind bis zu 50 Kilometer lang. Im lockeren Sand und Kies entwickeln sich die für gefrorenen Grund typischen Permafrostmuster. Zu den wichtigsten eisfreien Tälern zählen Victoria-, Taylor-, Wright- und Balhamtal. Am Kopf des Taylor- und Wrighttals sitzen Gletscher, die mit dem Eisschild verbunden sind. Vertikale Gletscherfronten, wenig oder gar kein Gesteinsschutt sowie das generelle Fehlen von Gletscherspalten sind typische Merkmale der Trockentalgletscher.

Die Seen dieser Täler weisen einen dreimal so hohen Salzgehalt wie das Meerwasser auf. Die meterdicke Eisdecke auf den Seen erzeugt bei Sonnenschein einen Glashauseffekt, sodass das Wasser in den tieferen Schichten bis zu 25 °C warm wird.

LEBEN AUF UND UNTER DEM EIS

Die gewaltigen Eisschilde bilden eine wirksame Barriere zwischen zwei sehr unterschiedlichen Lebensregionen. Unter dem Eis ist das Leben reich und komplex, über dem Eis hingegen auf rund 350 Arten von Flechten, Moosen und Algen beschränkt. Algen und Flechten wurden auch im

Sandstein gefunden, und die Böden der Trocken- täler enthalten Bakterien, Pilze und Algen. Es gibt weder Bäume noch Sträucher und auch keine ganz- jährig an Land lebenden Wirbeltiere. Nur Kaiser- pinguine brüten im Winter auf dem Eis. Verschie- dene Wirbellose besiedeln die Antarktis, darunter Milben, Zecken und Fadenwürmer. Sie sind nur wenige Millimeter groß. Ihr Körper enthält eine Art Gefrierschutz, sodass sie den Winter isoliert ruhend in Eis- und Felsspalten überleben und erst aktiv werden, wenn die Temperaturen steigen.

Unter dem Eis tummelt sich das Leben. Der antarktische Ozean ist viermal so produktiv wie die anderen Ozeane der Welt. Seine Nahrungskette reicht von mikroskopisch kleinen Algen und Zoo- plankton wie Krill über Kalmare und Fische bis hin zu Pinguinen, Robben und Walen.

Würden die Eisschilde Antarktikas schmelzen, stiegen alle Ozeane um mehr als 60 Meter an. An einigen Stellen ist das Eis über fünf Kilometer dick, wodurch Antarktika die größte Durchschnittshöhe aller Kontinente hat. 14 Millionen Quadratkilome- ter oder 97 Prozent der Oberfläche sind mit Eis bedeckt – das macht 90 Prozent des auf der Erd- oberfläche verteilten Eises aus. Die Wintertempera- turen liegen bei durchschnittlich -60 °C. Die nied- rigste je gemessene Temperatur wurde mit -89,6 °C an der russischen Station Wostok ermittelt.

KAISERPINGUINE

Der Kaiserpinguin (*Aptenodytes forsteri*) ist mit 1,2 m und einem Gewicht von bis zu 41 kg der größte Pinguin der Welt. Man schätzt, dass auf dem be- ständigen Eis um den antarktischen Kontinent gut 200 000 Paare leben und brüten – im Winter bei Durchschnittstemperaturen um -60 °C.

Mit den kleinen Flügeln können die Vögel nicht fliegen, aber gut 275 Me- ter tief tauchen, weil sie sie wie Paddel einsetzen. Sie erreichen Schwimm- geschwindigkeiten von über 15 km/h und können so ihrem Hauptfeind, dem Seeleoparden, entkommen. Körperfett und eine dicke Schicht flaumiger Fe- dern halten die Körperwärme fest und Wasser ab.

Das Weibchen legt ein einziges Ei, das sofort auf die Füße des Männchens gerollt und mit der Bauchfalte bedeckt wird. Dann scharen sich Gruppen von Männchen zusammen und brüten die Eier zwei Monate lang aus, wobei die Vögel die Hälfte ihres Körpergewichts verlieren. Unterdessen suchen die Weib- chen im Meer nach Nahrung. Die Küken sind nach sechs Monaten erwach- sen und kehren mit ihren Eltern im Lauf des Sommers ins Meer zurück.

OBEN Als einige der wenigen Ge- genden von Antarktika, die nicht von kilometerdickem Eis bedeckt sind, heben sich die McMurdo- Trockentäler auf dem Satelliten- bild deutlich gegen die Gletscher ab. Jeden Sommer sind die Tem- peraturen ein paar Wochen lang hoch genug, um Gletschereis zu schmelzen. Dieses speist Süß- wasserseen am Ende der Täler.

LINKE SEITE Der Blick in die Tro- ckentäler zeigt die Ausdehnung des freigelegten Gesteins. Die riesigen eisfreien Flächen nennt man auch antarktische Oasen. Dort kann man Fossilien sam- meln. Fossilisierte Blätter und Holz belegen, dass Antarktika einst wärmer und bewaldet war.

Im Landesinnern großer Kontinente gibt es vielfältige, topografisch oft markante Geländeformen. Sie entstanden durch das Zusammenwirken von tektonischer Aktivität, Erosions- und Klimaeinflüssen. Die aus dem Erdinnern an die Oberfläche strömende Wärme hält die mächtige kontinentale Kruste praktisch ständig in Bewegung. So wie siedende Suppe einen Topfdeckel nach oben drückt, wölbt die Erdwärme große Teile der Kontinentalflächen kuppelförmig auf. Dabei können sich Risse und Spalten in der Erdkruste bilden. Sobald Gebiete den Meeresspiegel überragen, entwickeln sich für die jeweilige Region typische Geländeformen. Viele davon sind so spektakulär, dass sie heute als Nationalparks oder Weltnaturerbe geschützt sind.

Zu den topografischen Formationen im Landesinnern gehören unter anderem Ebenen, Plateaus, Tafelberge, Felsnadeln und Felsbögen, Falten, Horste, Dome, Kessel, mehrere Arten von Verwerfungen, Schichtstufen und Grate. Viele dieser faszinierenden Naturphänomene waren schon den Ureinwohnern der Kontinente vertraut und

oft heilig. Im Zuge der Kolonisierung der Erde entdeckten Siedler in den letzten Jahrhunderten voller Verwunderung diese uralten Wunderwerke der Natur aufs Neue.

SEDIMENTFORMATIONEN –
HARTE UND WEICHE SCHICHTEN

Dass viele der seltsamsten Geländeformen aus Sedimentgestein bestehen, ist kein Zufall, denn viele Sedimente zeigen eine Schichtung unterschiedlich schnell verwitternder Gesteine. Konglomerate und Sandsteine etwa sind sehr hart und widerstandsfähig, solange ein starker Zement Geröll, Kies und Sand zusammenhält. Das Bindemittel besteht selbst aus Quarzsandkörnern, die im Zuge von Überlagerung und Kompaktion durch Reibung aneinander ein wenig anschmelzen. Unter Kompaktion versteht man in der Geologie die Verfestigung und Volumenverkleinerung von Sedimenten, den der Druck darüberliegender Gesteinsschichten bewirkt.

Die Verfestigung lockerer Sedimente zu Sedimentgestein nennt man Lithifizierung. Kalksteinschichten sind meist sehr hart, verhalten sich aber in den Klimata je nach Temperatur- und Niederschlagsverhältnissen verschieden. In einem ariden Umfeld bildet Kalkstein extrem widerstandsfähige Felshänge, zersetzt sich in feuchtwarmen Tropen jedoch rasch, bis der Fels mit Höhlen durchlöchert ist. Schieferton und Schluff verwittern sich generell sehr schnell, weil sie aufgrund ihres höheren Tonanteils erheblich weicher und anfälliger für Verwitterungsprozesse sind: Bei Nässe saugen sich die

Tonmoleküle voll Wasser, die Masse quillt etwas auf und zieht sich beim Trocknen wieder zusammen; durch den ständigen Wechsel entstehen zwischen den Körnern winzige Risse, die das Gestein brüchig machen und weiteres Wasser eindringen lassen. Der Prozess schreitet rasch voran: Immer mehr ungeschützte Felsflächen bröckeln weg. Wer ein auf Ton- oder Schieferboden gebautes Haus besitzt, kann ein Lied davon singen, denn durch die ständigen Veränderungen des Erdbodens unter dem Fundament entstehen immer wieder neue Risse.

OBEN Die „Drei Schwestern" in den Blue Mountains, New South Wales (Australien), bestehen aus hartem Sandstein, der den vereinten Kräften von Wind, Regen, Hitze und Kälte, vor allem aber den Einflüssen der Schwerkraft widerstanden hat.

LINKS Autana Tepui ist einer von über hundert Tafelbergen aus Sandstein und Quarz, die sich über La Gran Sabana, einer Hochfläche im südöstlichen Venezuela, erheben. Dieser schroffe Tafelberg ragt rund 1400 m hoch über den Amazonas-Regenwald hinaus.

EBENEN, PLATEAUS, TAFELBERGE, FELSNADELN

Eine Ebene ist eine große, flache Landfläche. Auf Meeresspiegelhöhe hat ein träge dahinströmender Fluss nicht mehr die Kraft, sich in seine Talaue weiterhin einzugraben. Bei einer Hebung des Landes aber kann die Erosionskraft wiederbelebt werden. Eine angehobene Ebene bezeichnet man als Plateau. Härtere Gesteinsschichten bilden oft eine Art Schutzkappe über weichem Gestein darunter und lassen spektakuläre Landformen entstehen, wenn sich Bäche und Flüsse durch die widerstandsfähige oberste Schicht fressen und das Plateau rasch in eine Reihe von Tafelbergen mit flachen Gipfeln und schroffen Wänden zerlegen. Ein grandioses Beispiel für solche Tafelberge sind die venezolanischen Tepuis, deren Gipfelbereich aus uralten, sehr harten Sandsteinschichten besteht.

Die weicheren Anteile einer horizontalen Sedimentabfolge bilden quasi die Achillesferse eines Felsens, denn dort kann die Verwitterung die festeren Schichten untergraben. Ohne Abstützung brechen die harten Lagen schließlich weg und rutschen an den Hangfuß hinab, wo sie eine geneigte Schutthalde bilden. Erosion setzt also nicht von oben durch die schützende Felskuppe an, sondern trägt ringsum die weichen Hänge ab. Die Folge ist, dass die Tafelberge nicht an Höhe verlieren, sondern an Umfang. Ist der Durchmesser der Plattform schließlich kleiner als die Höhe des Tafelbergs über der Ebene, spricht man auch von einer Spitzkuppe. Sehr dramatisch wirkt es, wenn von der Felskuppe nur noch ein großer Felsblock übrig bleibt, der auf einer dünnen Säule aus weicherem Gestein balanciert. Manche dieser „Pilzfelsen" sehen so wacklig aus, als könnte man sie mit einem leichten Stoß abstürzen lassen. Sie bilden das letzte Stadium vor ihrem völligen Verschwinden. Die bunten, bizarren Formationen im Bryce Canyon (Utah) zeigen die einzelnen Erosionsstadien sehr anschaulich.

NATÜRLICHE FELSBÖGEN

Bögen sind kurzlebige geologische Strukturen. Anders als im Normalfall verwittert der Fels aufgrund dicht beieinanderliegender Klüfte zu dünnen Felswänden, die anschließend von den Seiten her ausgehöhlt werden, bis nur noch ein Bogen aus hartem Fels stehen bleibt. Verantwortlich für die Erosion solcher Felsbögen sind vor allem Wasser und Wind. Der Arches-Nationalpark in Utah (USA) bietet eine einmalige Ansammlung von rund 2000 natürlichen Felsbögen in allen Größen

– von winzigen Löchern bis hin zum fragilen Landscape Arch, einer der Hauptattraktionen des Parks. Es dauerte rund 100 000 Jahre, bis sich der Bogen so weit entwickelte; heute besteht akute Einsturzgefahr. Felsbögen an Küsten sind ähnlich strukturiert, entstehen jedoch durch Brandungserosion an der Basis der Klippen.

FALTEN UND VERWERFUNGEN

Ähnlich wie ein Teppich, der gegen eine Wand geschoben wird, kann Sedimentgestein in Falten gelegt werden. Den nach oben gewölbten Sattel einer Falte nennt man Antiklinale, die Mulde zwischen zwei Sätteln Synklinale. Da der Prozess extrem langsam abläuft, passen sich die Sedimentschichten der allmählichen Biegung an. In besonders harten Schichten entstehen dabei allerdings parallele Spannungsrisse am Faltenrücken, der am stärksten gewölbt wird. Weil die Risse aber die Schichten beanspruchen, werden die Sättel rasch zu einer Reihe von Tälern erodiert, die schließlich tiefer sind als die angrenzenden Mulden. Dieses Phänomen nennt man Reliefumkehr oder Inversion. Viele anschauliche Beispiele für solche Falten findet man hoch oben an den Bergflanken der Rocky Mountains.

GRABEN-UND-HORST-TOPOGRAFIE

Interessante Geländeformen entstehen, wenn Sedimentschichten sich entlang Störungen in unterschiedlichen Winkeln gegeneinander verschieben und dann erodieren. In großem Maßstab können Erdkrustenblöcke in Dehnungszonen entlang mehrerer Abschiebungsebenen großflächig rotieren. Die Kanten der nach oben verkippten Scholle bilden parallele Grate zwischen langen, geraden Tälern. Ein gutes Beispiel hierfür ist die Basin and Range Province, die sich über weite Teile der südwestlichen USA und des nordwestlichen Mexiko hinzieht: Zwischen parallel verlaufenden Trocken-

tälern erstrecken sich vorwiegend in Nord-Süd-Richtung lange Bergketten. Das kalifornische Death Valley – einer der heißesten, trockensten und tiefsten Orte der USA – ist eine klassische Graben-und-Horst-Struktur. Seinen Namen erhielt das „Todestal" 1849 von Goldsuchern, die auf dem Weg zu den heiß begehrten Goldfeldern die unwirtliche Ebene durchqueren mussten. Es war nicht immer so lebensfeindlich wie heute. Im späten Pleistozän (vor ca. 2,6 Mio. bis 10 000 Jahren) füllte der prähistorische Manlysee das Tal.

KUPPEN UND BECKEN

Verläuft die Faltung in mehr als einer Richtung, entstehen in Sedimentgestein interessante Kuppen- und Beckenstrukturen. Mineralölkonzerne suchen unter den Erd- und Meeresböden eifrig nach antiklinalen Domen, weil sich darin oft aufsteigendes Öl und Gas sammelt. Erodieren solche Strukturen, bestimmt die relative Lage der härteren und wei-

OBEN Das Death Valley in Kalifornien (USA) ist eine typische Graben-und-Horst-Struktur. Dieser Blick vom Zabriskie Point (im Hintergrund die Panamint Range) zeigt sogenannte Badlands – ein arides Gebiet, dessen weicher Boden weitgehend der Erosion zum Opfer fiel.

UNTEN Wasser und Wind formten mindestens 2000 Sandsteinbögen im Arches-Nationalpark in Utah (USA). Das Foto zeigt Turret Arch durch das North Window. Der natürliche Prozess ist nicht abgeschlossen: Alte Bögen stürzen ein, neue entstehen.

RECHTS Felsformationen im Nationalpark Sächsische Schweiz bei Dresden. Diese und andere Felstürme im Park bestehen aus brüchigem Elbsandstein.

STEINWERKZEUGE, OCKER UND PIGMENTE

Kunst und Traditionen indigener Völker sind nachhaltig beeinflusst durch ihr geologisches Umfeld, insbesondere die Verfügbarkeit von Ocker, Pigmenten und bestimmten Gesteinen. Kompakte harte Steine, die man durch Abschlagen schärfen konnte, waren sehr begehrt für die Fertigung von Waffen und Werkzeugen wie Mahlsteine, Messer, Äxte, Pfeil- und Speerspitzen. Obsidian, ein vulkanisches Glas, galt in Amerika als Kostbarkeit, vor allem bei den Azteken, die daraus Werkzeuge und sogar auf Hochglanz polierte Scheiben herstellten, die als Spiegel dienten.

Die gängigsten Farbpigmente der Urvölker waren Weiß (Ton), Rot, Braun und Gelb (aus Eisenoxiden) sowie Dunkelbraun und Schwarz (Manganoxid). Blau und Grün wurden gelegentlich aus Mineralien gewonnen, die man im Umfeld von Kupfererzlagerstätten fand. Nur in bestimmten Gegenden vorkommende Pigmente dienten oft als wertvolle Waren für den Tauschhandel mit Menschen anderer Siedlungsräume. In den Clearwell Caves im englischen Gloucestershire wurden schon vor 7000 Jahren natürliche Erdpigmente geschürft, denn diese Minen lieferten die meisten Farben einschließlich des seltenen Violetts. Später lernten viele Kulturen, Tongefäße durch Brennen mit farbigen Glasuren aus Pigmenten wasserdicht zu machen, sodass sie zum Aufbewahren von Flüssigkeiten taugten. Diese oft erstaunlich bunten Glasuren setzte man vielfach auch zu rein dekorativen Zwecken ein. Noch heute spielen Porzellan und Keramik in unserem Alltag eine wichtige Rolle.

cheren Schichten das letztendliche Aussehen des Geländes. Widersteht der Kern des Doms der Erosion gut, dann entsteht ein Hochland mit radial erfolgender Entwässerung. Ist das Kerngestein jedoch weich, bildet sich in der Mitte eine Mulde, in der sich Wasser sammelt. Nicht selten schließen stehen gebliebene harte Felsteile als imposante Wandfluchten ein solches Tal halbkreisförmig ein. Ein spektakuläres Beispiel hiefür ist der südaustralische Wilpena Pound. In kleinerem Maßstab wirken abgetragene synklinale Becken oft wie altertümliche, gezackte Bootsrümpfe aus Stein.

AB-, AUF- UND ÜBERSCHIEBUNGEN

Durch Kompression oder Dehnung der Erdrinde entstehen Risse und Spalten im Gestein, bis schließlich eine Scholle abbricht und entlang den parallelen Bruchflächen abrutscht. Dies nennt man Verwerfung oder Störung. Bei Spannungen schieben sich Erdkrustenblöcke stufenweise in parallel streichenden, steil abfallenden Verwerfungsflächen nach

LINKS Nach Jahrmillionen der Erosion bildet allein der präkambrische Sandstein des Wilpena Pound im südaustralischen Flinders-Ranges-Nationalpark noch eine gewaltige Schutzmauer rings um das natürliche Becken.

unten. Solche Abschiebungen sind als normale Störungen bekannt und sie markieren üblicherweise die Entstehung eines Grabenbruchs. Bei Kompression bewegt sich die Störung in die entgegengesetzte Richtung, es entsteht eine Aufschiebung.

Von einer Überschiebung spricht man, wenn eine extreme horizontale Kompression eine riesige Krustenscholle über den flachen Rand eines angrenzenden Krustenstücks schiebt. Bei kleineren Verwerfungen an Kliffen oder Straßenböschungen erkennt man oft noch die Bewegungsrichtung anhand identischer Schichtenfolgen auf beiden Seiten des verschobenen Blocks.

SCHICHTSTUFEN UND SCHICHTRIPPEN

Je nach dem Winkel, in dem die Gesteinsschichten gefaltet oder gekippt werden, können aus Sedimentgestein faszinierende Landformen entstehen. Bei flachen Winkeln sehen sie Tafelbergen oft sehr ähnlich, wenn auch mit dem Unterschied, dass sie aufgrund des deutlichen Gefälles ihrer Plattformen

eigentümlich schief wirken. Diese Formen nennt man Schichtstufen. Die Ureinwohner Amerikas benutzten sie teilweise als „Buffalo jumps", über die sie Bisonherden in den Tod hetzten.

Bei steileren Winkeln bilden die härteren Schichten erheblich schroffere Kämme. Die beiden Hänge sehen völlig unterschiedlich aus: Die Seite, an der das Grundgestein – der Sockelbildner – flach abfällt, nennt man die Stufenfläche, und die steilere Seite, an der sämtliche Sedimentschichten im Querschnitt exponiert liegen, die Stufenstirn. Ist der Sockel fast senkrecht gekippt, sind die Kämme so gut wie symmetrisch und die harte Gesteinsschicht ragt nicht selten wie ein vertikaler Gang aus dem Boden. Der Uluru (Ayers Rock) in Zentralaustralien ist ein gutes Beispiel für eine fast senkrecht verlaufende Sedimentformation, die steil aus einer Wüstenebene aufragt. Seine markante Gestalt erhielt der Monolith, als der widerstandsfähige Sandstein von Verwitterungseinflüssen rund geschliffen wurde.

OBEN Das Sedimentgestein des monolithischen Uluru in Australien fällt fast senkrecht ab. Das Foto zeigt die riesige Sandsteinplattform. Das Massiv erstreckt sich mindestens fünf Kilometer tief in den Erdboden hinein.

Monument Valley in Arizona und Utah, USA

Das Monument Valley ist eigentlich gar kein Tal, sondern vielmehr eine weite Ebene, in der 120 bis 360 Meter hohe Tafelberge und Felsnadeln verstreut stehen. Das uralte Flachlandbecken aus 270 Millionen Jahre altem Cedar-Mesa-Sandstein stammt aus dem Perm und gibt eine sehr genaue Vorstellung davon, wie es an der Westgrenze der zivilisierten amerikanischen Welt einst aussah.

OBEN Ein Kojote *(Canis latrans)* auf sandigem Terrain im Monument Valley. Kojoten bevorzugen Prärie- und Tafelberglandschaften.

UNTEN Der Blick vom Besucherzentrum auf den linken und rechten „Fäustling" sowie auf Merrick Butte (rechts) gehört zu den bekanntesten Panoramabildern der Welt.

Der 1958 gegründete Monument Valley Navajo Tribal Park erstreckt sich im Grenzgebiet zwischen Utah und Arizona auf rund 1700 Meter Höhe über 12 000 Hektar. Eine Ringstraße führt an einigen der bekanntesten Felsformationen des Parks vorüber, darunter dem linken (östlichen) und dem rechten (westlichen) „Fäustling" (Left und Right Mitten) sowie Merrick Butte. Den größten Teil des Parks kann man nur mit offiziellen Navajo-Führern besichtigen.

INTERESSANTE GESTEINSSCHICHTUNG

Monument Valley erstreckt sich über den Kamm eines weiten Sattels. Im Eozän lagerten sich darauf dicke Schichten von Rocky-Mountain-Sedimenten, Schluff und Schieferton ab, während sich das Terrain zugleich weiter anhob und gefaltet wurde. Dadurch wurden die unteren Schiefertonschichten freigelegt, sodass die Erosion den darüberliegenden Sandstein unterhöhlte, bis Felsbrocken von den Wänden abbrachen und die Hochebene zu mehreren Plateaus, Tafelbergen und Felsnadeln erodierte.

All diese Formen setzen sich aus drei unterscheidbaren Gesteinsschichten zusammen. Die unterste davon ist Schieferton, während sich die mittleren aus härterem De-Chelly-Sandstein aufbauen.

Im oberen Teil bestehen die Tafelberge und Felsnadeln dagegen aus triassischem Moenkopi-Schieferton mit einer Kappe aus Shinarump-Konglomeraten. Diese kompakte Schicht schützte den darunterliegenden Sandstein vor Regen. Wo aber die oberste Schicht erodierte, setzte sich der Verwitterungsprozess an den zuvor schon vorhandenen Rissen im Sandstein fort und führte letztlich zur Entstehung der unzähligen Tafelberge, die man heute sieht.

PLATEAUS, TAFELBERGE, KUPPEN, FELSNADELN

Der Sockel vieler Kuppen ist von einer breiten, sanft abfallenden Schutthalde umgeben, die sich ihrerseits mit der Zeit verfestigen und dann erneut der Erosion ausgesetzt sein wird.

Der Park weist zahlreiche spektakuläre Tafelberge, Kuppen und Felsnadeln auf, die unverrückbar und unvergänglich wirken. Aus geologischer Sicht ist jedoch keine Landschaft je „fertig". Erosions- und Verwitterungsprozesse im Monument Valley sind seit rund 50 Millionen Jahren im Gang.

DAS MONUMENT VALLEY UND DIE NAVAJO

Im Monument Valley leben rund 300 Navajo (Diné) wie seit eh und je in sechseckigen Lehm-Hogans, deren Türen stets nach Osten zur Morgensonne zeigen. Die Diné kochen über offenem Holzfeuer und verzichten auf modernen Komfort wie elektrischer Strom und fließendes Wasser. Innerhalb der Parkgrenzen gelingt es ihnen, ihr kulturelles und künstlerisches Brauchtum wachzuhalten, indem sie dem Land und ihrer Lebensweise als Hirten treu bleiben. Das Navajo-Reservat erstreckt sich über 70 000 Quadratkilometer und verteilt sich über die US-Bundesstaaten Arizona, Utah und New Mexico.

Ein Hogan, ein traditionelles Navajo-Wohnhaus, im Monument Valley Navajo Tribal Park.

Hochebenen sind riesige Flächen, die an mindestens einer Seite steil abfallen. Durch Erosion werden sie letztlich zu Tafelbergen. Ihre oberste Gesteinsschicht ist härter und verwitterungsresistenter als die Lagen darunter. Erodiert diese Schicht, brechen Blöcke ab und fallen zu Boden. Sind die Tafelberge schließlich höher als breit, bezeichnet man sie als Kuppen. Diese verwittern jedoch im Laufe der Jahrtausende weiter, bis nur noch eine schlanke Felsnadel übrig ist, die ihrerseits eines Tages einstürzt und sich zu den Sedimenten auf der Talsohle gesellt.

Der Boden des Monument Valley besteht überwiegend aus Cutler-Red-Schluffstein und sandigen Hinterlassenschaften der einst zahlreichen Flüsse. Die rote Farbe von Sand und Gestein beruht auf Eisenoxid. Schwarze vertikale Lagen, Wüstenlack genannt, verdanken ihre Farbe Manganoxid.

ÜBERLEBENSKÜNSTLER
Wegen der extremen Trockenheit gedeihen auf der Hochebene kaum Bäume. Nur an den Parkgrenzen findet man hier und da Wacholder. Fällt etwas Regen, sprießen Goldastern, Kreuzdorn und Salbei.

OBEN LINKS Das Monument Valley besitzt viele natürliche Felsbögen. Teardrop Arch (Tränenbogen) jedoch ist kein Felsbogen, sondern ein Spalt in den Felswänden nahe Gouldings im südöstlichen Utah.

Ockersteinbrüche bei Roussillon, Frankreich

Die Ockersteinbrüche des Vaucluse bildete sich am Ende der Kreidezeit. Im zunehmend tropischen Klima verdichteten sich die mächtigen Sandschichten, wobei sich ihr Mineralgehalt zu Eisenhydroxiden und Tonen hin verschob. So entstanden die bis zu 25 verschiedenen Farbnuancen, die man heute in den Felsen des Vaucluse findet.

RECHTE SEITE Die alten Ockersteinbrüche bei Roussillon leuchten im Sonnenuntergang. Vor der Entwicklung synthetischer Farben standen Künstlern ausschließlich Naturpigmente zur Verfügung. Die Steinbrüche lieferten teilweise bis zu 25 verschiedene Farbtöne.

OBEN Das malerische Örtchen Roussillon liegt hoch oben auf den ockerhaltigen Felswänden des Plateau de Vaucluse in der Provence. Es heißt auch das „rote Dorf", weil viele Häuser aus dem nahe befindlichen Gestein erbaut wurden.

Der Überlieferung nach verliebte sich Sermonde, die Gräfin von Roussillon, in einen durchreisenden Troubadour. Als ihr Gatte von der Liebschaft erfuhr, war er rasend vor Eifersucht und erdolchte den Nebenbuhler.

Dann ließ er das Herz des Minnesängers in der Küche zubereiten und seiner ahnungslosen Frau als Speise vorsetzen. Als er ihr nach dem Mahl sagte, was sie da gegessen hatte, stürzte sich Sermonde aus einem Fenster der Burg. Ihr Blut färbte die Felsen des Roussillon, die seither ein kräftiges, beständiges Rot aufweisen.

DIE OCKERSTEINBRÜCHE

Zwischen Saint-Pantaléon und Gignac verläuft nördlich von Apt ein 24 Kilometer breiter Gürtel mit bis zu 15 Meter mächtigen ockerhaltigen Schichten. Der Sentier des Ocres (Ockerweg) beginnt östlich des Städtchens Rustrel im provençalischen „Colorado", einem der eindrucksvollsten Ockersteinbrüche Frankreichs. Ein Fluss grub sich tief in die Landschaft zwischen Gignac und Apt ein und legte weißen Kalkstein, grünen Ton und rote ockerhaltige Flöze frei, die man andernorts kaum findet.

DIE NUTZUNG VON OCKER

Einst hieß es, Ocker sei der „rote Lehm", aus dem Gott der Bibel zufolge den ersten Menschen geschaffen habe. Tatsache ist, dass Menschen seit prähistorischer Zeit Ocker zum Färben von Töpferwaren, für Gerätschaften sowie dekorative Zwecke benutzt haben. Die ältesten Zeugnisse des Ockerabbaus sind 40 000 Jahre alte Funde in der „Löwenhöhle" in Swaziland. Sogar manchen Neandertalergräbern war Ocker beigelegt.

Auch die Römer verwendeten Ocker. Im Vaucluse wurde er 1780 von der damals blühenden Textil- und Seifenindustrie wiederentdeckt.

LEUCHTENDE VEGETATION

In den kühleren Talsenken entlang des Ockerwegs wachsen Schirmpinien und Kastanien, und im Herbst öffnet die Besenheide ihre leuchtend rosafarbenen Blütenglöckchen. Während auf den roten Böden 26 Wildorchideenarten gedeihen, fühlen sich viele sonst in der Region ansässige Arten, darunter Trauben- und Steineiche, Föhre und Buchsbaum, in den silikatreichen Substraten des Roussillon nicht besonders wohl.

EINE AKADEMIE FÜR DEN OCKER

Am Rand von Roussillon liegt „Das Konservatorium für angewandten Ocker und Pigmente", das sich um die Erhaltung der traditionellen Ockergewinnung bemüht. Der Sand wird durch Steinrohre gefiltert und der ausgewaschene Ocker anschließend in Becken getrocknet. Die verfestigte Masse wird in Blöcke geschnitten, gebrannt, gemahlen und nochmals gefiltert.

Die Vermarktung von Naturocker in Frankreich erfolgt nur noch durch die Société des Ocres de France im provençalischen Städtchen Apt. Die 1901 gegründete Gesellschaft hat sich inzwischen auf Ockertünche spezialisiert.

WAS IST OCKER?

Ocker ist im Wesentlichen ein Gemisch aus Kieselerde und Ton, dessen Färbung auf natürlichen Pigmenten und wässrigen Eisenoxiden wie Brauneisenerz, Goethit, Gips und Mangankarbonat beruht. Bei echtem Ocker muss der Eisenoxidgehalt mindestens 12 % betragen; er kann aber bis 70 % hoch sein. Die Farbpalette reicht von Gelb über Purpur und Rot bis Braun. Zur Pigmentherstellung wird das Gestein fein gemahlen. Grobe Partikel werden ausgewaschen, und die Masse wird entweder getrocknet oder gebrannt, um Eisengehalt und Farbe zu intensivieren.

Ocker setzt man für Farbtünche und in der Papierherstellung ein. Es gehört zu den beständigsten Künstlerpigmenten. Rote Oxidpigmente sind sehr oft in Speziallacken für Autokarosserien, Stahlträger und Schiffsrümpfe enthalten. Ausschlaggebend für die Qualität des Pigments sind seine Leucht- und Färbekraft und die feine Textur.

Das Elbsandsteingebirge in Deutschland

Der Nationalpark Sächsische Schweiz ist geologisch gesehen eine Arche Noah mitten im Herzen Europas –
ein weitgehend unbewohntes Gebiet aus Sandsteinnadeln, tief eingeschnittenen Tälern, Tafelbergen und
Schluchten 20 Kilometer südöstlich von Dresden. Die Felsregionen liegen innerhalb des Parks.

Das Elbsandsteingebirge ist mehr eine 36 000 Hektar große, tief eingefurchte Hochebene aus Elbsandstein als ein Gebirgszug. Die zerklüftete Landschaft wurde im Lauf von mehr als 100 Millionen Jahren von der Elbe und ihren Zuflüssen gestaltet.

ZWEI PARKS, EINE GESCHICHTE

Vor 100 Millionen Jahren gab es an dieser Stelle nicht viel mehr als ein Binnenmeer, unter dessen Boden ein 600 Meter mächtiges Sandsteinmassiv lag. Durch Erosion entstanden darin nach und nach Spalten und Fugen. Die Elbe und ihre kleineren Nebenflüsse wuschen diese Einschnitte weiter aus und gestalteten den weichen Elbsandstein zu bizarren Felsformationen um.

Die Landschaft erstreckt sich über den Nationalpark Sächsische Schweiz hinaus über die Grenze bis nach Tschechien, wo sie Böhmische Schweiz heißt. Zusammen bilden beide Teile ein rund 700 Quadratkilometer großes grenzübergreifendes Landschaftsschutzgebiet diesseits und jenseits der deutsch-tschechischen Grenze.

IMPOSANTE BURG AUF EINEM FELSSPORN

Eine der bekanntesten Sehenswürdigkeiten des Elbsandsteingebirges ist die Festung Königstein, die auf einer 230 Meter steil abfallenden Sandsteinformation steht und von der aus Besucher die Elbe und die mittelalterliche Stadt Königstein überblicken.

Gebaut wurde die Burg Mitte des 13. Jahrhunderts von den böhmischen Königen. 1408 gelangte sie in die Hände der Sachsen, die sie in Krisenzeiten mehrfach als Fluchtburg nutzten. Immerhin wurde die seit jeher als uneinnehmbar geltende Feste nie erobert.

Architektonisch ist Königstein ein Stilgemisch aus 750 Jahren. Sie weist Elemente von der Spätgotik über Renaissance und Barock bis zum 19. Jahrhundert auf.

Hauptattraktionen der 23,5 Hektar großen Festung sind das Eingangsportal von 1590, das Alte Zeughaus von 1594 mit seinen Kreuzgratgewölben und wuchtigen Säulen, und das Brunnenhaus von 1735 mit seinem 150 Meter tiefen Brunnenschacht.

Das Elbsandsteingebirge erstreckt sich über 700 Quadratkilometer am rechten Elbufer entlang. Es liegt bis 730 Meter über dem Meeresspiegel und besteht aus drei Sandsteinschichten. Die eiszeitlichen Sedimente, die darauf abgelagert wurden, verwitterten und ließen über 1100 bis zu 450 Meter hohe Felsnadeln zurück. Granit und Basalt sind am Rand vorhanden.

NATURSCHUTZ VON ANFANG AN

Von 1873 bis 1930 wurde der Bau von Bergbahnen auf Bastei und Lilienstein mehrmals erfolgreich verhindert. 1911 stellte man eine Teilfläche nahe Hohnstein unter Naturschutz, 1938 und 1940 folgten dann die Bastei und das Polenztal. 1956 wurde die Sächsische Schweiz offiziell zum Landschaftsschutzgebiet und 1990 schließlich zum Nationalpark erklärt. Über 4000 Beobachtungsstationen im Parkgebiet überwachen den Naturraum – von der Lebensweise des Borkenkäfers in Nadelwald bis zum Einfluss von Hirschen auf das Unterholz.

EINE ARCHE NOAH DER ARTENVIELFALT

Die feuchten Schluchten und Täler des Parks bieten ideale Lebensbedingungen für eine Vielzahl von Farnen und Moosen sowie die Schwefelflechte und den sonst nur im Gebirge heimischen Stängelumfassenden Knotenfuß. In den Bächen tummeln sich Bachforellen und Feuersalamander. Die trockenwarmen Kiefernwälder mit ihren Heiden sind Lebensraum für Eulen und höhlenbewohnende Spechte.

Wanderfalken und Schwarzstörche bekommt man zwar nur selten zu Gesicht, dafür stellen sich in der Dämmerung Rotwild, Schwarzwild und gelegentlich auch Fischotter ein. Sogar der Luchs soll wieder heimisch werden. Gelegentlich wandern einzelne Tiere dieser eleganten Katzenart von Böhmen her in die Sächsische Schweiz ein.

Auf den Basaltkegeln breiten sich ausgedehnte Buchenwälder aus, die Schwarzspechten und Hohltauben Schutz bieten und im Frühling mit Korallenwurz und Buschwindröschen übersät sind.

OBEN Die leuchtend gelbe Schwefelflechte hebt sich auffällig von den dunklen Felsen ab. Flechten sind keine Pflanzen, sondern ein symbiotisches System aus Pilz- und Algenzellen, die gemeinsam einen Organismus bilden. Die Pilzzellen resorbieren die Mineralien aus dem Fels, auf dem die Flechte wächst.

LINKS Wie Puderzucker überzieht Schnee die Kuppen der Elbsandsteinformationen im Nationalpark Sächsische Schweiz.

Das Äthiopische Hochland

Das Äthiopische Hochland, auch Hochland von Abessinien genannt, gehört zu den am dichtesten besiedelten Agrarregionen Afrikas. Es erstreckt sich über eine Fläche von 520 000 Quadratkilometern, auf der 80 Prozent der höchsten Berge des Kontinents stehen. Viele der zum „Dach Afrikas" gehörenden Gipfel erreichen Höhen zwischen 4600 und 4900 Metern, und nur ein kleiner Teil der Hochfläche liegt unterhalb von 1500 Meter Höhe.

OBEN Dscheladas auf einem Felsen im Hochland. Die auch als Blutbrustpaviane bezeichneten Affen sind mit Pavianen eng verwandt.

UNTEN Dieses Hochland liegt in der Provinz Shoa im Norden Äthiopiens. Durch die verheerende Dürre der letzten Jahrzehnte in Verbindung mit der intensiven Bodennutzung wurde das Tiefland dauerhaft degradiert. Heute leben über 90 % der Äthiopier im Hochland.

Das zerklüftete Bergland wird in Nordwest-Südost-Richtung vom Großen Afrikanischen Grabenbruch durchschnitten. Im Nordwestteil liegen der Ras Dashan, mit 4620 Metern höchster Berg Äthiopiens, und der Tanasee, die legendäre Quelle des Blauen Nils. Den Südostteil bilden das Balegebirge, in dem viele endemische Arten Äthiopiens zu Hause sind, sowie der noch weitgehend unerforschte Harenna-Wald.

DAS DACH AFRIKAS

Vor 75 Millionen Jahren hob aufsteigendes Magma einen Teil des afrikanischen Kratons allmählich an, einen großen Bereich der afrikanischen Kontinentalscholle, der seit dem Präkambrium weitgehend stabil gewesen war. Lavaströme ergossen sich über kreidezeitliches Gestein und bildeten in der Folge bis zu 3000 Meter mächtige Basaltlagen. Durch die anschließende Dehnungstektonik entstand der Äthiopische Dom, der seinerseits im Miozän und Pliozän in zwei große Bergmassive aufgespalten wurde.

Aus geologischer Sicht ist das Äthiopische Hochland noch jung. Vor fünf Millionen Jahren formte aktiver Vulkanismus den Dom. Noch vor rund 14 000 Jahren waren die trockenen Bergwälder und die offenen Gras- und Heideflächen stattfindenden Eiszeiten ausgesetzt.

LEBENSRAUM HOCHGEBIRGE

Im Osten und Westen besteht das Hochland vorwiegend aus Savannen, in denen zahlreiche seltene Vogelarten und Säugetiere leben, darunter 250 der vom Aussterben bedrohten Äthiopischen Steinböcke, einer mit dem Alpensteinbock eng verwandten Wildziegenart mit riesigen gebogenen Hörnern.

Die im Pleistozän in ganz Afrika weit verbreiteten Dscheladas *(Theropithecus gelada)* findet man heute nur noch im Äthiopischen Hochland. Sie leben oft zu Hunderten in einer komplexen Gemeinschaft und schlafen als Schutz vor nächtlicher Kälte dicht aneinandergekuschelt. Sie fressen im Sitzen und rutschen einfach ein Stück weiter zum nächsten Grasbüschel. Die kahlen Stellen, die sie im Grasland hinterlassen, nennt man auch „Dschelada-Felder".

Zu den endemischen Vogelarten gehören der als gefährdet eingestufte Ankobergirlitz *(Ankober serin)*

DER ÄTHIOPISCHE WOLF

Der Äthiopische Wolf *(Canis simensis)* ist der seltenste aller Wildhunde und eines der rarsten Säugetiere der Erde. Die Tiere mit dem markanten kastanienbraunen Fell, den hohen Läufen und der schmalen Schnauze leben auf verstreuten Graslandflächen oberhalb 3000 Meter in komplexen Erdbauten, die sich meist unter überhängenden Felsvorsprüngen hinziehen. Obwohl man nicht selten bis zu 13 ausgewachsene Tiere im Rudel umherstreifen sieht, sind die Wölfe im Wesentlichen Einzelgänger, die auch allein jagen. Ihre Beute besteht zu 90 % aus Blindmäusen und anderen kleinen Nagetieren. Aufgrund des Verlusts an Lebensraum ist die in Äthiopien endemische Wolfsart zunehmend gefährdet.

Im Hochland leben Äthiopische Wölfe in sieben separaten Rudeln, die meisten von ihnen im Balegebirge.

UNTEN Zerklüftete Gipfel ragen aus den Tälern unterhalb des Hochlands im Simien-Nationalpark auf. In mehreren Klima- und damit Vegetationszonen, die von (heute abgeholzten) Bergwäldern bis zu alpinem Moorgebieten reichen, ist eine artenreiche Pflanzenwelt heimisch.

und der ebenfalls seltene Einfarbschmätzer *(Myrmecocichla melaena)*. Der schwarze Vogel mit je einem weißen Fleck auf der Innenfläche der Flügel bewohnt die Felskanten und Hänge der ausgedehnten steilen Schluchten mit ihren Wasserfällen in über 900 Meter Höhe.

SIMIEN-NATIONALPARK

Der 136 Quadratkilometer große Simien-Nationalpark erstreckt sich über eine breite, hügelige Hochebene am Nordrand des äthiopischen Amharaplateaus. Im Süden und Nordosten grenzt er an die tiefen Schluchten des Tekeze.

Der Park ist Teil des 25 Millionen Jahre alten Simienmassivs. Seine Basalte sind seit Langem verwittert und bilden heute bis zu 1500 Meter tiefe Canyons und imposante Steilabbrüche wie im Norden, wo sich eine Steilstufe über 35 Kilometer hinzieht. Die berühmten Felsnadeln sind Säulen aus gehärteter Lava, Überreste von Vulkanausbrüchen vor 40 Millionen Jahren.

Kappadokien in der Türkei

Auf Türkisch bedeutet Kappadokien „Bild, das die Natur in die Erde ritzte". Die Landschaft liegt im anatolischen Hochland in der Zentraltürkei und erstreckt sich zwischen den Städten Nevşehir, Ürgüp und Avanos.

OBEN Nahaufnahme der „Feenkamine", einer Besonderheit Kappadokiens, die sich aus verwittertem vulkanischem Tuff entwickelte. Diese einmaligen Felsformationen werden seit historischer Zeit als Wohnstätten genutzt.

Wie ein Freiluftmuseum bietet Kappadokien ein geologisches Wunderland aus verschachtelten Felskegeln und -pyramiden, wie es Gaudí nicht schöner hätte bauen können. Es ist das Ergebnis der Jahrtausende anhaltenden Erosion. Nach dem Wirken der Natur taten die Anatolier das Ihre dazu: Mit einfachsten Werkzeugen gruben sie in den porösen Tuff über 120 Höhlensiedlungen, darunter die Stadt Özkonak mit heute gut 60 000 Einwohnern.

ERCIYES DAĞI – DER „VATER KAPPADOKIENS"

Im frühen Miozän, vor zehn bis sieben Millionen Jahren, steckte Kappadokien mitten in einer Phase intensiver vulkanischer Aktivität. Asche regnete vom 3916 Meter hohen Erciyes Daği und den be-nachbarten Vulkanen Hasan Daği und Gölludağ herab und lagerte sich bis zu 150 Meter hoch ringsum auf der Steppe ab.

Im mittleren Pliozän, vor 2,9 Millionen Jahren, bildete sich in Ostkappadokien eine geräumige Caldera. Basaltische Laven türmten sich zwischen dem weichen Tuff auf. Dieser erodierte und wurde von Wind, Regen und anderen atmosphärischen Einflüssen zu den „Feenkaminen" geformt.

DIE FEENKAMINE KAPPADOKIENS

Das Klima in dieser Region neigt zu Extremen mit heißen, trockenen Sommern und kalten, feuchten Wintern. Im Frühling setzen nicht nur plötzliche Temperaturwechsel dem Gestein zu, sondern auch Schneeschmelze und schwere Regengüsse. Die Feenkamine bilden sich, wenn die über dem Tuff liegende Lava entlang vorgezeichneten Klüften wegbricht und nur Felsnadeln stehen bleiben.

Diese Formationen sind bis zu 40 Meter hoch und meist kegelförmig. Die Kappen bestehen aus härterem Gestein wie aus verfestigten Laharen

DIE BERÜHMTEN HÖHLENKIRCHEN

Die meisten der über 600 Felsenkirchen in Kappadokien entstanden zwischen dem 7. und 13. Jahrhundert. Ihre Bauform reicht von der schlichten rechteckigen Kammer mit Gewölbedecke und einer Apsis, die von einem vorspringenden Bogen überragt wird, bis zu kreuzförmigen Grundrissen mit drei Apsiden und Kuppeln. Die ursprünglich vorwiegend mit rotem Ocker direkt auf dem Fels oder auf einer dünnen Putzschicht ausgeführten Wandmalereien haben sich im gedämpften Licht der Höhlen hervorragend erhalten; die meisten stammen aus dem 11. und 12. Jahrhundert. Die in vielen kappadokischen Höhlenkirchen vorhandenen byzantinischen Bauelemente wie Bögen, Säulen und Kapitelle dienen rein dekorativen Zwecken, denn die Kirchen sind direkt aus dem Tuff herausgeschlagen und benötigen keinerlei Stützen. Die besterhaltenen Wandmalereien finden sich in der „Dunklen Kirche" im Freiluftmuseum Göreme. Gelber Ocker dominiert den überwölbten Innenraum der Elmali-Kirche aus dem 11. Jahrhundert. Es heißt, in seiner Glanzzeit habe es in Göreme für jeden Tag des Jahres eine eigene Kirche gegeben.

Einige der Höhlenkirchen, -wohnungen und -festungen des Göremetals wirken von außen völlig unzugänglich.

herrührendem Gesteinsschutt oder Ignimbrit, die den weicheren Tuff vor Erosion schützen. Die meisten Feenkamine liegen in der Nähe der Stadt Cat in Nevşehir im Soğanlıtal und in den Tälern des Dreiecks Üçhisar-Ürgüp-Avanos.

DER GÖREME-NATIONALPARK

Der Göreme-Nationalpark ist seit 1985 ein Weltnaturerbe. Seit dem 16. Jahrhundert wohnen dort ständig Menschen. Das Göremetal hat einen Umfang von 40 Kilometern und ist überwiegend eine Agrarregion mit Obstplantagen, Weingärten, Äckern und Wiesen. Die von Menschenhand ge-

schaffenen Anlagen fügen sich harmonisch in die Landschaft ein. Die ersten Felswohnungen entstanden schon 4000 v.Chr., und die Stadt Göreme selbst ist von zahllosen Kegeln und Feenkaminen eingerahmt. Im Stadtzentrum bezeugt ein riesiges römisches Grab mit Zwillingssäulen in einem ausgehöhlten Feenkamin, dass die Tufflandschaft um Göreme den Menschen im benachbarten Avanos während der römischen Besatzung als Nekropole diente. Nach dem Bildersturm des 8. und 9. Jahrhunderts, als der Islam Abbilder von Gott und Mensch kategorisch verbot, war das Tal von Göreme als bedeutendes Kirchenzentrum berühmt.

OBEN Das Luftbild des Baglideretals in Kappadokien macht deutlich, wie ausgedehnt das Gebiet mit den seltsamen Felsformationen ist. Sie sind tatsächlich erodierte Überreste alter vulkanischer Ablagerungen.

Masada in Israel

Masada spielte in der Geschichte Israels eine wichtige Rolle und gilt heute als Nationaldenkmal. Aufgrund seiner abgeschiedenen Lage und der senkrechten Felswände ließ Herodes I. sich dort einen prachtvollen Palast im klassisch-römischen Stil bauen. 70 n.Chr. diente der Fels als letzte Fluchtburg der Zeloten während der Belagerung durch die Legionen des römischen Feldherrn Flavius Silva.

UNTEN Luftaufnahmen von Masada zeigen die antike Festung auf der Plattform eines gewaltigen Tafelbergs. Die erodierten Felsen bestanden ursprünglich aus alten Seesedimenten.

Masada ist ein teilweise isolierter Tafelberg in der Nähe des Toten Meers im Süden Israels am Ostrand der judäischen Wüste. Er befindet sich ungefähr 18 Kilometer südlich von En Gedi. Das Massiv gilt als Hauptattraktion des rund 275 Hektar großen Masada-Nationalparks und liegt in einer geografischen Übergangszone aus Steppen, Wüsten und mediterran geprägten Landschaften. Die Stätte ist seit 2001 Weltkulturerbe.

TAFELBERG UND STEILHANG

Der acht Hektar große rautenförmige Tafelberg überragt das Gelände um bis zu 400 Meter und liegt auf einem tektonisch angehobenen Stück Erdkruste eines Grabenbruchs. Dieser bildet die Verlängerung des Großen Afrikanischen Grabens, der sich von Nordsyrien durch die Bekaa-Ebene im Libanon bis zum Golf von Akaba und nach Südosten zum Indischen Ozean zieht.

Der Tafelberg besteht vorwiegend aus massivem Dolomit und Kalkstein marinen Ursprungs, die über weniger widerständigem Kalk liegen. Im Osten grenzen daran bis zu 80 000 Jahre alte Schichten aus Schluff, Kies, Konglomerat und Sandstein. Dies waren Sedimente eines riesigen Sees, des Vorläufers des Toten Meers. Im Westen schließen sich die Terrassen, Hügel und Wadis der Hochebene von Judäa an.

An der Westseite des Tafelbergs bietet ein natürlicher Felssporn den bequemsten Zugang zur Gipfelplattform. Als Teil der abwärts gerichteten Westlichen Masada-Verwerfung ist der Sporn am Fuß 215 Meter lang und bis zu 200 Meter tief. Heute reicht er bis knapp zwölf Meter unterhalb der Plattform und besteht aus fast 255 000 Kubikmetern Fels und Erde zwischen den Schichtenfolgen des lokalen Grundgesteins. Er ist mit Schutt und den Resten römischer Erdbauten überdeckt, denn die Römer legten 73 n. Chr. am Sporn ent-

lang eine Rampe an, um die Verteidigungsanlagen von Masada zu durchbrechen und den Aufstand der Zeloten niederzuschlagen.

DER GRUNDGESTEINSSOCKEL

Masada liegt am Nordrand eines 500 bis 900 Meter hohen Horstes, der sich in Nord-Süd-Richtung zehn Kilometer nach Süden zieht. Vom südlichen Teil des Horstes ist es durch tief eingeschnittene Flusstäler getrennt.

Der Tafelberg steht auf drei unterschiedlichen Grundgesteinslagen. Die oberste, jüngste Schicht, die 71 bis 83 Millionen Jahre alte Mishash-Formation, enthält dünne Lagen aus dunkelgrauem Feuerstein, weichem Kalk und Mergel. Der weiße Kalk der älteren Menuha-Formation (vor 83 bis 86 Millionen Jahren) ist bis zu 45 Meter mächtig. Diese in der Landschaft gut erkennbare Schicht ist stratigrafisch sehr wichtig und hilft, die komplexe geologische Geschichte von Masada zu entschlüsseln. Die vermutlich 89 bis 93 Millionen Jahre alte Bina-Formation, eine 150 Meter mächtige Lage Dolomit und Kalkstein, ist die älteste und unterste der drei Schichten.

OBEN Anhand archäologischer Grabungen weiß man einiges über die Festung Masada. Es handelte sich ursprünglich um einen Palast, der später als römische Garnison und schließlich als Fluchtburg für Verfolgte diente.

LETZTE ZUFLUCHT VOR DEN RÖMERN

Als die Römer 70 n. Chr. Jerusalem zerstörten, flüchteten 960 jüdische Zeloten nach Masada, wo sie drei Jahre lang dem römischen Feldherrn Flavius Silva mit seiner 10. Legion erbitterten Widerstand leisteten. Zur Zeit der Belagerung besaß Masada um die Plattform herum eine 1400 Meter lange und vier Meter dicke hohle Kasemattenmauer. Auf der Nordwestseite lieferten in den Fels geschlagene Zisternen reichlich Trinkwasser. Es gab Bäder, Lager, Wohnräume und sogar eine Synagoge. Am Nordrand stand der dreistöckige Palast, den Herodes mit Marmorböden, schwarzweißen Mosaiken und Gipssäulen prächtig ausschmücken ließ. Als die Römer schließlich die Schutzwälle des Plateaus durchbrachen, nahmen sich die Zeloten das Leben, anstatt sich zu ergeben und als Sklaven verkauft zu werden. Dem Historiker Flavius Josephus zufolge verbrannten sie zuvor alles mit Ausnahme ihrer Nahrungsvorräte, um den Römern zu beweisen, dass nicht der Hunger sie in den Selbstmord getrieben hatte.

Badewanne in einem verfallenen Gebäude von Masada.

Uluru und Kata Tjuta in Zentralaustralien

Nahe der geografischen Mitte Australiens befinden sich zwei der bekanntesten Naturräume des Kontinents: das früher als Ayers Rock bezeichnete Ulurumassiv und die nebeneinander aus der riesigen, leuchtend roten Ebene ragenden Olgas, deren heutiger Name Kata Tjuta in der Anangu-Sprache „viele Köpfe" bedeutet.

Gemeinsam bilden sie den Uluru–Kata-Tjuta-Nationalpark, der seit 1987 Weltnaturerbe ist und von Aborigines als ursprüngliche Bewohner des Landes gemeinsam mit Parks Australia verwaltet wird. Uluru und Kata Tjuta liegen in einer sandigen Ebene, in der Stachelkopfgras, Akazien, Mulgabüsche und andere Kleinsträucher dominieren.

MOUNT CONNER: DER VERGESSENE BERG

Südöstlich vom Lake Amadeus und westlich vom Uluru liegt der „vergessene" Berg Zentralaustraliens, der 700 Millionen Jahre alte Mount Conner. Er wird oft mit dem Uluru verwechselt. Viele Einheimische halten ihn für größer als seinen berühmten Vetter. Mount Conner ist ein hufeisenförmiger Tafelberg am Rand der riesigen Curtin-Springs-Rinderfarm. Er besteht aus Konglomerat und Quarzit und ist von einer 150 Meter hohen Geröllhalde umsäumt. Darüber steigen nackte Felswände weitere 90 Meter bis zur Gipfelplattform an. Der Berg ist 3,2 Kilometer lang und 1,2 Kilometer breit, doch seine Sand- und Kalksteingrate ziehen sich sternförmig bis zu 2,4 Kilometer in die Umgebung hinaus. Die Aborigines nennen den Berg „Artilla" und halten ihn für die Wohnung der „Eismenschen", die kaltes Wetter schufen.

EINE AUSGEFALLENE MISCHUNG

Der Uluru ragt 345 Meter aus der Ebene auf, bedeckt eine Grundfläche von 3,3 Quadratkilometern und hat unten einen Umfang von gut neun Kilometern. Das Massiv besteht aus Arkose, die sich zu 75 Prozent aus Sand und zu 25 Prozent aus Feldspat zusammensetzt. Als die nahe gelegenen Petermann-Ketten vor 550 Millionen Jahren verwitterten, wurden Sand und Geröll als bis zu 2,4 Kilometer mächtiger riesiger Schwemmfächer abgelagert. Unter den Sedimenten eines Urmeers verdichteten sich der Sand zu Sandstein und die Gerölle zu Konglomerat. Durch weitere Störungen und Faltungen im Zuge der Alice-Springs-Orogenese vor 400 bis 300 Millionen Jahren wurden die Arkoselagen um 90 Grad gegenüber ihrer ursprünglichen Horizontalschichtung verkippt.

Die Uluru-Arkose ist ein halbmetamorpher grobkörniger Sandstein, der extrem verwitterungsbeständig ist und über Jahrmillionen der Erosion widerstand. Längst wieder verschwundene Ablagerungen auf dem uralten Sandstein ließen den Arkose-Komplex des Uluru zurück, der sich durch oxidierende Eisenbestandteile rot färbte. Dass der noch nicht „verrostete" Sandstein ursprünglich grau war, sieht man in den zahlreichen Höhlen, die sich durch ungleichmäßige Verwitterung und fluviatile Erosion im Massiv bildeten, als die Umgebung noch viel höher lag als heute.

Zu den Oberflächenstrukturen des Uluru zählen viele Beispiele für eine flächenhafte Denudation, darunter tiefe parallele Rinnen und Überhänge am Felssockel durch Sandstrahlerosion und chemische Verwitterung.

DIE „VIELEN KÖPFE" DER OLGAS

Die 3500 Hektar große Fläche von Kata Tjuta ist mit 36 Inselbergen mit fast vertikalen Hängen und pilzförmigen Gipfeln besetzt. Der höchste ist der 500 Meter hohe Mount Olga. Das hier vorherrschende Mount-Currie-Konglomerat ist ein Gemisch aus Granitgeröll und alkalischem Gestein. Auf den angrenzenden Schwemmfächern und Schutthalden haben sich stellenweise Rohböden, kalkhaltige Roterden und Sand entwickelt. Oft sieht man Wellensittiche *(Melopsittacus undulatus)* in großen Schwärmen zwischen den Felsköpfen umherflattern.

Wie der Uluru sind auch die Kata-Tjuta-Inselberge das Ergebnis von Auffaltung und anschließender Erosion. Ihr Konglomerat und Sandstein sind erheblich grobkörniger als die feine Arkose des Uluru. In beiden Naturräumen sieht man nur die Spitze riesiger Felsplatten, die mehrere Kilometer tief in die Erde reichen.

Durch die Störungen entstanden Klüfte, durch die Wasser in den Fels eindrang, darin nach und nach Schluchten erodierte und ihn schließlich in zwei Blöcke aufteilte. So entwickelten sich die heute vertrauten Berge des Uluru und der Olgas. Die unterschiedlichen Formen sind ein gutes Beispiel dafür, wie nachhaltig sich Faltungen auf die Gestalt von Geländeformen auswirken.

Das Landesinnere Neuseelands

Dass Neuseeland auf eine lange und abwechslungsreiche geologische Vergangenheit zurückblickt, liegt an seiner Lage am Pazifischen Feuerring. Dieser schuf durch Vulkanismus und Erdbeben auch auf den neuseeländischen Inseln geothermisch höchst aktive Regionen und gewaltige Gebirge.

Tiefer liegende Elemente wie Becken, Senken und ganze Gesteinspakete wurden im Sog dieser Prozesse angehoben und mit Sedimenten überdeckt. Obwohl auf den ersten Blick weniger deutlich als andere Landschaften, bieten diese Kessel wertvolle Einblicke in die turbulente Entstehungsgeschichte des Landes, das weiterhin in starkem Maß tektonischer Aktivität ausgesetzt ist.

DIE CANTERBURY PLAINS

Wegen der Dominanz von Bergketten hat Neuseeland nur wenig Flachland vorzuweisen. Die Canterbury Plains an den Ausläufern der Neusee-

ländischen Alpen auf der Südinsel ist die größte fruchtbare Schwemmebene. Sie entstand aus den Sedimenten der Südalpen und der Bergketten im Landesinnern, die durch Flüsse einst als Sand- und Geröllfächer abgelagert wurden. Das Gebiet zwischen den Vorbergen und der Canterbury-Ebene besitzt einen Sockel aus Kalkstein und marinen Sanden, etwas Kohle und älterem Vulkangestein. Die Schwemmebene erstreckt sich bis zur Küste. Ihre Böden haben sich über Grauwacke und Löss entwickelt – einem feinen Schluff, den der Wind aus trockenen Flussbetten herbeiweht. Schichten aus durchlässigem Kies, den Flüsse bei niedrigem

UNTEN Die Canterbury Plains sind ein ausgedehntes Gebiet fruchtbarer Sand- und Kiesebenen, die seit Langem als Schafweiden und Äcker dienen.

Meeresspiegel abgelagern, wechseln sich mit Lagen von feineren wasserundurchlässigen Sedimenten ab, die bei hohem Meeresspiegel akkumuliert werden.

DAS OBERE WAITAKIBECKEN

Mit einer Fläche von 1500 Quadratkilometern ist das Upper Waitaki Basin im Zentrum der Südinsel ein Beispiel für eine tektonisch entstandene kiesgefüllte Senke. Zu ihren Besonderheiten gehören die Tonhänge bei Omarama und der 800 Meter mächtige Schwemmkegel am Fuß des Ben-Ohau-Gebirges. In der welligen Hügellandschaft sieht man Hinweise auf Geschiebe, die Gletscher im Holozän hier hinterließen. Die zum Auslass der Senke in Richtung Waitaki-Fluss hin geneigte weite Ebene liegt über älteren glazialen Ablagerungen.

Die im Becken anhaltende tektonische Aktivität öffnet einzigartige Einblicke über drei Gletschervorstöße: Wolds Advance (vor 135 000 Jahren), Balmoral Advance (vor 70 000 Jahren), Mount John Advance (vor 25 000–18 000 Jahren), und schließlich über den Rückzug des Inlandeises gegen Ende der letzten Eiszeit vor rund 8000 Jahren.

DIE GESTEINSEINHEITEN BEI NELSON

Die vielfältigen Gesteineinheiten östlich und westlich von Nelson an der Nordspitze der Südinsel decken mehr geologische Perioden ab als irgendein anderes Gebiet im Landesinnern. Der Ostteil wird breitflächig vom nordöstlichen Ausläufer der alpinen Verwerfung zerschnitten und ist durch alt- und jungpaläozoische Grauwacken und Argillite gekennzeichnet, die von den Spencer- und Bryant-Bergketten her stammen. Im Norden herrschen metamorphe Gesteine und paläozoische Granite vor.

Im Westen liegen die größten Granitmassive Neuseelands. Sie erstrecken sich in Nord-Süd-Richtung als Reihe paralleler Gürtel, von denen der längste über 190 Kilometer erreicht, vom Ahaura River im Westland bis zur Victoria Range. Präkambrische Grauwacken gibt es in der Paparoa Range. Im Nordwesten bilden altpaläozoische metamorphe und Sedimentgesteine nach Süden hin eine komplexe Abfolge von Überschiebungen, Falten und tektonischen Decken (großen Gesteinskörpern in Faltengebirgen). Hier liegen die ältesten Gesteine.

FOSSILIENFUNDE IM KOKOAMU-GRÜNSAND

Auf rund 3000 Quadratkilometern in Nordotago und Südcanterbury auf der Südinsel Neuseelands erstreckt sich der Kokoamu Greensand, eine Formation aus fein- bis mittelkörnigem Sandstein aus dem späten Oligozän. Der Grünsand bildet eine großflächige dünne Decke aus erosionsanfälligem Kalksandstein. Name und Aussehen des Grünsands beruhen auf seinen Glaukonit-Ablagerungen, einem blaugrünen wasserhaltigen Silikat.

Der Kokoamu-Grünsand ist eine fossilienreiche oligozäne Gesteinseinheit mit zahlreichen Versteinerungen von Wirbeltieren wie Fische und Pinguine. Sie bezeugen, dass das heutige Nordotago einst großenteils unter Wasser lag. Entlang des nahe gelegenen Vanished World Trail sieht man einige der Fossilien aus Kokoamu, darunter einen teilweise freigelegten Bartenwal. Auch der Waitaki-Kalkstein in Kokoamu enthält hervorragend konservierte Exemplare versteinerter Riesenpinguine und Urdelfine. Die nahe gelegenen Elephant Rocks sind Reste von 24 Millionen Jahre altem Otekaike-Kalkstein, der in den letzten Millionen Jahren aufgefaltet wurde und zu bildschönen Formationen verwitterte.

OBEN Magellanpinguine *(Spheniscus magellanicus)* brüten in Höhlen an den Küsten Argentiniens, Chiles und der Falklandinseln. Ihre Kolonien erstrecken sich manchmal kilometerweit die Küste entlang.

MITTE Die zu Ecuador gehörige Galapagosinsel Fernandina besteht aus einem heute noch aktiven Vulkan. Ihre Küsten sind von Stränden aus schwarzem Vulkansand gesäumt.

RECHTS Whitehaven Beach auf den Whitsunday Islands (Australien) ist einer der makellosesten Strände der Erde. Der schneeweiße Silikatsand erstreckt sich kilometerlang am tiefblauen Wasser entlang.

Eine Küste ist eine markante Grenzlinie mit einer Vielzahl unterschiedlicher Landformen. Durch das Aufeinandertreffen von Meer und Land, aber auch durch die Erosionskräfte von Brandung, Wind und Gezeiten entstehen äußerst eindrucksvolle Formationen. Küsten sind sehr unterschiedlich. Das Spektrum reicht von breiten Sand- oder Kiesstränden über Wattenmeere und steile Kliffküsten, manchmal mit kleinen Buchten und halbmondförmigen Stränden, bis hin zu Landzungen mit typischen Nehrungen und Haffs.

In Abhängigkeit von Gezeiten und Flussmündungen gestalten Brandung und Strömungen solche Küstenformen im Wechselspiel mit dem Wind. Stürme und Flutwellen beschleunigen die Erosion. Das Ausmaß der Abtragung bestimmen mehrere Faktoren: die Exposition gegenüber den Erosionskräften, die Stärke der Strömungen sowie die Zusammensetzung des Gesteinssockels. Magmatische und metamorphe Gesteine sind in der Regel widerstandsfähiger als Sedimentgesteine

wie Sandstein und Schieferton. Erosion an den Küsten und Sedimenttransport durch Flüsse zu den Küsten hin führt dort zu Sedimentablagerungen. Auch entstehen durch Ablagerung Saum- oder Barriereriffe.

DIE ROLLE DER PLATTENTEKTONIK

Man unterscheidet Küstenformen danach, ob sie durch Ablagerung oder durch Erosion entstanden sind. In beiden Fällen spielt Wasser die Hauptrolle. Entscheidend dafür, welcher der beiden Prozesse im Vordergrund steht, ist die Lage der Küste auf der jeweiligen tektonischen Platte.

Die Plattengrenzen können mit anderen kollidieren (oder konvergent sein), auseinanderdriften (divergent sein) oder seitlich aneinander vorbeigleiten (konservativ sein). Die Kontinente auf diesen Platten weisen unterschiedliche Arten von Rändern auf, je nachdem, wo sie im Verhältnis zu den Plattengrenzen liegen. Man unterscheidet dabei aktive und passive Schelfränder und Randmeerküsten. Aktive Plattenränder sind die Kollisionskanten konvergierender Platten, wie man sie an der Pazifikküste Amerikas findet. Für sie sind zerklüftete, topografisch unregelmäßige Küstenformen typisch, oft mit hohen Kliffen, die steil aus dem Meer aufragen. Solche Küsten sind der Erosion schutzlos ausgesetzt; ihr Schutt sammelt sich in Buchten in Form kleiner Strände an. Da das Meer vor der Küste sehr tief ist, entstehen hohe Wellen. Sie schürfen Plattformen, Höhlen und Felstürme aus den Kliffen. Dies nennt man Brandungserosion oder Abrasion.

Der zweite Typus, der passive Plattenrand, liegt fernab der aktiven Plattenseite und ist deshalb tektonisch relativ stabil. Ein typisches Beispiel hierfür ist die Atlantikseite Nordamerikas, wo die Brandung weitaus ruhiger an den sanft geneigten, breiten Plattenrand schlägt. Diese von Sedimentablagerungen geprägten Küstenränder zeichnen sich durch geringes topografisches Relief und weite Küstenebenen aus. Flüsse lagern an ihrer Mündung Schlamm, Schlick und Sand ab und gestalten dabei Deltas, Ästuare, Barriereinseln, Priele, Wattenmeere, Feuchtgebiete und Salzsümpfe.

OBEN Die „Tatami"-Felsformationen an der Südküste der zu Okinawa (Japan) gehörenden Insel Okutake sehen bei Flut wie Schildkrötenpanzer aus. Bei Ebbe zeigt sich, dass es sich um rund tausend fünf- bis sechsseitige flache Felsen handelt. Die Risse im Gestein sind typisch für Magmaströme, die beim Eintritt ins Meer schnell abkühlten und dabei Abkühlungsrisse bildeten.

LINKS Die korsische Stadt Bonifacio thront auf einem Kliff hoch über dem Mittelmeer. Dessen Becken liegt inmitten einer komplexen Gruppe tektonischer Platten und aktiver Subduktionszonen.

Randmeerküsten als dritter Küstentypus sind relativ stabil, weil sie vor dem offenen Meer geschützt liegen. Dank der schwächeren Wellen werden in der Küstenzone Schlamm und Schlick abgelagert. An der zum Meer gelegenen Plattengrenze bilden sich oft Inselbögen und Vulkane, wie es in Japan der Fall ist. Das Gelände an Randmeerküsten weist Eigenschaften sowohl von aktiven als auch passiven Plattenrändern auf. Deltas an diesen Küsten sind meist besonders groß, etwa das Mississippidelta am Golf von Mexiko. Australiens Plattengrenzen zeigen alle zum Meer hin, sodass die gesamte Küstenlinie relativ stabil ist. Allerdings findet man dort eine enorme Vielfalt an küstentypischen Landformen, von extrem zerklüfteten Steilküsten bis zu Wattenmeeren und Prielen.

Die Tektonik kann Küsten dramatisch verändern. Durch Deformationen der Erdkruste werden Strände über den Meeresspiegel angehoben oder abgesenkt, sodass die Landfläche überschwemmt wird. Die damit verknüpfte seismische und vulkanische Aktivität lässt neue Küstenformen entstehen, die nicht mehr maßgeblich von Brandung und Strömungen verändert werden. Solche „ertrunkenen" Becken sind auch vor der Meereserosion geschützt. Küsten, die zunächst nicht durch marine Vorgänge gestaltet werden, bezeichnet man als primäre Küsten, im Gegensatz zu Küsten, die sich unter der Einwirkung der Meereserosion formen.

Tsunamis sind eine Begleiterscheinung von Seebeben und richten in den betroffenen Küstengebieten große Verwüstungen an: Sie überschwemmen tief gelegenes Land, zerstören Wohnhäuser und fordern zahllose Menschenleben. Die Erdstöße, die sie auslösen, können die Küste sogar anheben, sodass Strände und andere Küstenstreifen auf einmal deutlich über dem Wasserspiegel liegen.

Bedingt durch den Klimawandel steigen weltweit die Meeresspiegel an. Diese globalen eustatischen Schwankungen beruhen darauf, wie viel Wasser an den Polkappen als Eis gebunden vorliegt. Die Erde durchläuft zurzeit eine Phase globaler Erwärmung, die mit Klimaveränderungen einhergeht und das Abschmelzen der Polkappen offenbar in beängstigendem Maß beschleunigt. Sollte sich der Prozess unverändert fortsetzen, werden gewaltige Schmelzwassermengen den Meeresspiegel möglicherweise meterweit anheben und die Küstenlinien weltweit drastisch verändern.

Die letzte Eiszeit, deren Höhepunkt ins Pleistozän fiel, bewirkte das Gegenteil: Vor 18 000 Jahren lag der Meeresspiegel um rund 115 Meter niedriger als heute. Neuguinea und Australien bildeten damals eine durchgehende Landmasse zusammen mit der heutigen Insel Tasmanien. Gegen Ende der Eiszeit vor 10 000 Jahren stiegen der Meeresspiegel und die Küstenlinien zur heutigen Höhe an.

Auch isostatische Bewegungen innerhalb der Erdkruste können einen Anstieg des Wasserspiegels zur Folge haben. Ein gutes Beispiel dafür ist die derzeitige Hebung von Teilen der skandinavischen Küste. Hier befindet sich die kontinentale Kruste infolge des Wegfalls riesiger Eismengen dank der anhaltenden Warmzeit in langsamer Hebung. Diese postglaziale Landhebung ist unter anderem für erhöhte Strände und Felsterrassen verantwortlich, die Veränderungen des Meeresspiegels während der gesamten bekannten Erdgeschichte belegen.

DIE KÜSTE IN NAHAUFNAHME

Der Küstenbereich wird in mehrere Zonen unterteilt. Als Ufer bezeichnet man die Brandungszone und den von ihr geformten Küstenstreifen. Die Uferlinie ist die Linie des mittleren (Tide-)Hochwassers. Die Gezeitenzone, auch Litoral genannt, ist der Teil der Küste, der bei Flut überschwemmt wird und bei Ebbe trockenfällt. Man nennt diesen Teil auch Vorstrand, der an manchen Gezeitenküsten viele Meter breit sein kann.

Küstennahe Strömungen befördern manchmal Sedimente an den Rand des Kontinentalschelfs und an seinem Hang hinab, doch meist tragen

KORALLENRIFFE

Korallenriffe sind spezielle Küstenformen, die durch Ablagerungen biogener Sedimente entstehen – von den Resten von Korallen und anderen Organismen, aus deren Kalkgerüsten sie heranwachsen, z.B. Korallenmoos. Meist kommen sie an mäßig tiefen, stabilen Kontinentalrändern vor, sei es als Saumriffe vor Inseln oder dem Festland oder als weiter von der Küste entfernte Barriereriffe. Ein Beispiel ist das Great Barrier Reef vor Australien. Doch auch an anderen Stellen der australischen Nordküste haben sich Saumriffe entwickelt.

UNTEN Eine Basstölpelkolonie bevölkert einen erodierten Felsturm vor Muriwai Beach. Der schwarze Sandstrand, einer der schönsten Neuseelands, gehört zum Muriwai Regional Park, einem rund 60 Kilometer langen, stark zerklüfteten sturmgepeitschten Küstenstreifen.

Wellen sie in die Brandungszone und lagern sie an Stränden ab. Ein Strand ist Teil der Küste. Er entsteht, wenn Wellen und Strömungen über und unter der Uferlinie Sedimente ablagern. Brandung und Strandrückversetzung bearbeiten ständig das Küstenvorland, doch vor allem in den flachen küstennahen Gewässern werden die Sedimente kontinuierlich umgelagert. Branden die Wellen seitlich ans Ufer, entsteht eine Brandungsströmung mit der Folge einer Strandversetzung.

Ob Wellen konstruktiv oder destruktiv sind, hängt von Form und Zusammensetzung des Strands ab. Jahreszeitliche Wetterveränderungen wirken sich auf die Wellenmuster und -stärke aus, sodass Sedimente entweder in Richtung Strand (konstruktiv) oder davon weg (destruktiv) bewegt werden. Extreme Wetterbedingungen können unter Umständen den kompletten Sand von einem Strand spülen und vor der Küste ablagern. Manchmal legen sie dabei seit Urzeiten verschüttete Gesteinssockel aus weit älteren geologischen Epochen frei.

Mehrere Küstenformen gehen mit Stränden einher. Manche bilden Barrieren oder Nehrungen vor Lagunen, Haffs, Feuchtgebieten und Ästuaren. Barrieren kommen in Gestalt von Landzungen, Watten, Inseln und Tombolos vor. Das Profil eines Strands richtet sich nach der Zusammensetzung der Sedimente. Kiesstrände sind meist steiler als Sandstrände, bei denen die Rückversetzung durch die Wellen eine sanft geneigte Fläche schafft. An Kiesstränden versickert die Brandung, sodass sich die Rückversetzung weiter abbaut. Allerdings ändert sich das Profil aller Strände auch entsprechend der Brandung selbst, die Gezeiten, Wetter und Jahreszeiten unterliegt. All diese Faktoren können kurzfristig erhebliche Veränderungen herbeiführen.

Sanddünen finden sich an vielen Küsten, vor allem dort, wo es reichlich Sand gibt. Dünen sind Sandablagerungen. Die Hauptrolle bei ihrer Entstehung spielt der Wind, der Sand vom Ufer weg ins Küstenvorland weht und dort ablädt. Dies ist abhängig von Faktoren wie der Korngröße der Sedimente, der Form von Küste und Strand, Brandung und Strömungen, den vorherrschenden Winden und ihrer Stärke sowie der Häufigkeit von Unwettern. Sanddünen spielen eine wichtige Rolle bei der Stabilisierung der Küste, doch dazu müssen sie völlig unberührt bleiben oder wenigstens bewachsen sein. Dort, wo auf Dünen Häuser gebaut werden, entstehen Freiflächen, die das Gebiet erosionsanfälliger machen.

Auch ein Flussdelta ist das Ergebnis eines Sedimentationsprozesses. Was der Fluss an seiner Mün-

SO ENTSTEHEN BRANDUNGSHÖHLEN, BRANDUNGSTORE UND FELSTÜRME

A. Im Kliff vorhandene Klüfte werden von der heftigen Brandung mit der Zeit zu Brandungshöhlen verbreitert, bis sie schließlich zu einer benachbarten Höhle durchbrechen und ein bogenförmiges Brandungstor bilden. B. Das Brandungstor verbreitert sich kontinuierlich, bis der Bogen für die Spannweite zu schwach ist und schließlich einstürzt. Es bleibt eine Reihe einzelner Felssäulen oder -türme zurück. C. Die Erosion setzt sich am Sockel der Felstürme fort, bis auch sie zuletzt einstürzen. Sind diese Hindernisse erst ausgeräumt, attackiert die Brandung das Kliff erneut.

A   B

C

Abrasionsplattformen entstehen meist in den Gezeitenzonen am Fuß der Kliffe durch herabfallende Felsblöcke. Mit fortschreitender Verwitterung wird die Plattform niedriger und breiter, während sich das Kliff landeinwärts zurückzieht.

Aus Kliffen entstehen oft Landzungen, die sich mit Buchten abwechseln. Der von der Wand heruntergefallene Schutt bildet am Fuß des Kliffs eine Schutthalde und schützt es vorübergehend vor Brandung, Wind und Regen, sodass es langsamer zurückweicht. Die Landzunge bleibt auch wegen größerer Erosionswiderständigkeit besser erhalten, während weniger resistentes Gestein schneller zu Buchten erodiert. Da Landspitzen die Brandung von Buchten fernhalten, bilden sich dort oft Strände.

LEBEN AN DER KÜSTE – EXTREME BEDINGUNGEN

Küstenökosysteme sind so vielfältig wie die Küstenformen, die ihren Bewohnern einen Lebensraum bieten. Uferlebensgemeinschaften unterliegen Veränderungen des Meeresspiegels und des Klimas sowie menschlichen Eingriffen. Viele Organismen passen sich verblüffend gut sogar an extrem lebensfeindliche Umweltbedingungen an. Trotz heftiger Brandung sitzen beispielsweise Seepocken unverrückbar auf Felsplattformen fest; selbst hoher Seegang macht ihren dicken Schalen nichts aus. Kliffe bieten Vögeln Nistplätze, und in geschützten kleinen Buchten zwischen den Landzungen leben Robben und Pinguine.

Strände sind relativ instabile Lebensräume. Tidenhub, Brandung und sich verlagernde Sedimente machen es den Tieren nicht leicht, doch auch hier gibt es gute Anpassungen: Würmer und kleine Schalentiere graben sich in den Sand ein und ernähren sich von dem, was die Wellen anspülen. Sie selbst dienen Krabben, Fischen, Insekten und Vögeln als Nahrung. Meeresschildkröten vergraben ihre Eier an Stränden.

In ruhigeren, flachen Gewässern gedeihen Seegräser. Diese Lebensräume erweisen sich für die Erhaltung der Artenvielfalt als enorm wichtig, denn die Lebenszyklen vieler Fisch- und Krebstiere sind ganz oder teilweise auf Seegraswiesen angewiesen. Dasselbe gilt für Mangroven, die an geschützten tropischen und subtropischen Küsten weltweit vorkommen, und für Seetangwälder (Kelp genannt), die ebenfalls artenreiche Lebensräume darstellen. In höheren Breiten bilden manche Kelparten mit einer erstaunlichen Wachstumsrate von rund 30 Zentimetern pro Tag bis zu 40 Meter hohe riesige Wälder.

dung noch an Material mitführt, lädt er vor der Küste ab. Diese Anschwemmungen bestehen vorwiegend aus feinkörnigem Schluff, Schlamm und Ton. Dass viele Deltas ungefähr dreieckig sind, erklärt ihren Namen, denn der griechische Buchstabe „Delta" hat die Form eines gleichschenkligen Dreiecks, genau der Umriss der Nilmündung, die als Erste so genannt wurde.

Die Entstehung von Deltas ist abhängig von der Brandungsdynamik, von den Gezeiten und dem Fließverhalten des Flusses. Wird ein Delta eher vom Fluss als von Wellen und Gezeiten bestimmt, sieht es wie ein offener Fächer aus, da der Fluss die Sedimente in mehreren Loben entlang seinen vielen Armen deponiert.

Kliffe entstehen, wenn Brandung und Wind Küstenfelsen erodieren. Sie weisen steile bis vertikale, nicht selten Hunderte Meter hohe Wände auf. Unterhöhlt die Brandung eine Wand an der Küste, wird sie instabil. Durch die Schwerkraft fallen Felsblöcke herunter, und es kommt zu Erdrutschen: Das Kliff sackt ab oder stürzt ein. Die Schuttmassen bilden ihrerseits wieder Sedimente, die von Wellen und Strömungen letztlich an Stränden abgelagert werden. Die Gesteinsart und ihre geologischen Strukturen wie Schichtung und Klüftung sind für das Erosionstempo und die Form der Kliffe maßgeblich.

Die Küsten der Arktis

Obwohl sowohl die Nord- als auch die Südpolarregion ausgedehnte Eiskappen besitzen, gibt es gravierende Unterschiede zwischen beiden. Erstere liegt im vereisten Wasser des Nordpolarmeers, während Letztere weitgehend das Festland der Antarktis und damit einen riesigen Kontinent einnimmt.

OBEN Drei riesige Karibuherden – die westarktische, die zentralarktische sowie die Porcupine-Herde – wandern jedes Jahr zum Kalben in die Arktis.

RECHTE SEITE Das Luftbild zeigt die Ausdehnung des kanadischen Mackenzie-Deltas. Auf ihrem Weg zur Beaufortsee teilen sich die Flussmäander in unzählige Nebenflüsse und Seen auf.

UNTEN Brandungstor im Togiak National Wildlife Refuge, Alaska. Das Schutzgebiet dient der Erhaltung der Säugetier- und Fischpopulationen sowie ihrer Lebensräume.

Am Nordpolarkreis gibt es keinen Kontinent; aber er wird von Teilen Nordamerikas, Nordasiens und Nordeuropas sowie der Insel Grönland gesäumt. Insgesamt weist er rund 200 000 Kilometer durchweg spektakulärer Küste auf. Der Nördliche Polarkreis selbst ist ein gedachter Breitengrad (66°33'N) rings um den Globus. Er markiert grob die Grenze der Arktis und damit den Beginn der Zone, wo die Sonne an je einem Tag im Jahr nie völlig untergeht (21. Juni) oder aufgeht (22. Dezember).

INNERHALB DES POLARKREISES

Obwohl viele arktische Küsten monatelang oder ganzjährig mit Eis überzogen sind, stellt die Einflussnahme des Menschen eine potenzielle Gefahr für die Stabilität dieser Lebenswelt dar. Selbst unter günstigen Bedingungen unterliegen das Ausmaß der Erosion und andere meerwasserbedingte Prozesse starken Schwankungen. Im arktischen Klima tauen die Böden niemals auf. Gekoppelt mit dem Meereis wirkt sich der Permafrostboden nachhaltig auf die Küstenerosion aus. Meereis kann gefrorene Sedimente anheben und mit Hilfe von Brandung oder Gezeiten ins offene Meer transportieren. In den hohen Breiten zeigt der Klimawandel bereits jetzt deutliche Folgen: Der Permafrostboden taut. Es bilden sich große Senken, aus denen das Schmelzwasser Boden und Gestein fortgeschwemmt hat.

KLIMAWANDEL

Die Arktis reagiert sehr sensibel auf den Klimawandel und ist deshalb Gegenstand internationaler Forschungsprojekte. Die arktischen Küstenzonen zeigen schon heute dramatische Veränderungen, die nicht nur Land und Meer, sondern vor allem auch ihre Bio- und Kryosphäre (Eisdecke) betreffen. Vorhersagen gehen davon aus, dass der Klimawandel in der Arktis schneller vonstatten gehen wird als in niedrigeren Breiten. Die bereits jetzt mit bloßem Auge erkennbare Küstenerosion wird durch die immer längeren eisfreien Perioden im Sommer verschärft. Weitere Begleiterscheinungen des Klimawandels sind der Anstieg des Meeresspiegels, die zunehmende Häufigkeit und Intensität extremer Unwetter und das Tauen des Dauerfrostbodens. In einigen Gebieten gehen durch Erosion ein bis zehn Meter Küstenland pro Jahr verloren, während das Meer immer weiter auf das Festland vordringt.

Zur nordamerikanischen Arktis gehören die Küsten Alaskas und Kanadas. Unzählige Inseln bilden den größten Archipel der Erde. Über zwei Drittel der kanadischen Küste mit ihrem vielfältigen Formenschatz liegen innerhalb des Nordpolarkreises. Der kanadische Mackenzie-Strom hat an seiner Mündung in die Beaufortsee mit einer Fläche von 18 000 Quadratkilometern eines der weltweit größten Deltas mit zahllosen Rinnen und Inseln.

Der russische Teil der Arktis erstreckt sich von der norwegischen Grenze im Westen bis zur Beringstraße im Osten. Den breitesten Schelfbereich der Erde besitzt Sibirien: Der nur 100 Meter tiefe Flachmeerstreifen reicht von der Küste aus 1200 Kilometer weit meerwärts. Ebenso wie bei Kanada sind auch der russischen Küste Inseln vorgelagert.

Das europäische Segment des Nordpolarkreises umfasst Teile von Norwegen, Finnland und Schweden einschließlich Lappland. Typisch für diese Region sind Sümpfe, Seen, Wattenmeere und Tundren. Die Felsen wurden von wiederholten Eiszeiten stark abgeschliffen.

Grönland liegt großenteils unter einem riesigen, bis zu 3000 Meter mächtigen Eisschild, der das bergige Festland überzieht. Gletscher schufen auf ihrem Weg zum Meer eine zerklüftete Küstenlinie.

DRAMATISCHE TEKTONIK

Das Nordpolarmeer wurde durch spektakuläre tektonische Ereignisse geprägt, die im Devon vor über 350 Millionen Jahren einsetzten, als die Kollision ganzer Kontinente und dadurch ausgelöste Grabenbrüche den Ozean bildeten. Weitere Kollisionen und Grabenbrüche im Jura und in der Kreidezeit ließen an den Stellen, wo die Kontinentalplatten auseinanderdrifteten und aufgeschmolzenes Gestein in die Spalten aufstieg, eine Reihe untermeerischer Rücken entstehen. Diese extrem steilen Grate teilen heute die Tiefsee in mehrere Becken. Ei-

nige der Rücken sind mehr als 1500 Kilometer lang, aber nur 200 Meter breit; ihre Gipfel ragen bis zu 1000 Meter über dem Meeresboden auf.

Das Aussehen von Küsten ist abhängig von geologischen und topografischen Gegebenheiten, aber auch davon, wie viel Sediment vorhanden ist. Die Gestalt von Küstenformen kann das Ergebnis geologischer Abläufe wie Vulkanismus, Verwerfungen und Auffaltungen, Vergletscherungen oder von Verwitterung durch Eis, Wind und Wasser sein. Wo gebirgige Arktisküsten von Gletschern gestaltet wurden, finden sich tief eingeschnittene steile

Fjorde, etwa in Norwegen. Reliefarme Küsten mit starker Sedimentzufuhr bilden Ablagerungsformen wie Strände, Landzungen und Barrieren.

Die arktische Küste unterliegt vor allem zwei Umweltvariablen: dem Anstieg des Meerwasserspiegels und der Verkleinerung der Meereisfläche. Beide Faktoren können die Brandungsenergie verändern, was wiederum Überschwemmungen auslösen oder den Rückzug der Küsten durch vermehrte Erosion beschleunigen kann. Dort, wo es ganzjährig Meereis gibt, ist die Küstenerosion weniger ausgeprägt. Küsten, die wenige Wochen bis maximal vier Monate im Jahr eisfrei sind, unterliegen dagegen einer stärkeren Erosion. Das gilt vor allem dann, wenn bei extremen Wetterbedingungen Sturmfluten große Mengen an getautem Lockersediment ausschwemmen. Innerhalb des Nordpolarkreises nehmen Häufigkeit und Schwere von Sturmfluten seit Beginn des Klimawandels zu.

Lässt der Druck eines Eisschilds durch Abschmelzen nach, steigen Teile der Küste an, zugleich sinkt der Meeresspiegel. Das Gewicht der Eismassen drückt die Erdkruste nach unten. Fällt es weg, weil sich Gletscher zurückziehen oder abtauen, hebt sie sich wieder an. Dieser Vorgang ist vor allem in Teilen der skandinavischen Arktisküste und an den Küsten Russlands und Alaskas zu beobachten.

Zu Schwankungen der Meeresspiegel kommt es gelegentlich auch, wenn massive Grundeisblöcke im Permafrostboden schmelzen und riesige Hohlräume hinterlassen, die sich mit Meerwasser füllen. Das Meer dringt tief auf das Land vor, und die Küste verändert sich folglich in Ausdehnung und Form deutlich. Auch diese Vorgänge treten mit zunehmendem Klimawandel immer häufiger auf.

LEBEN IM EWIGEN EIS

Eis formt nicht nur unablässig die Küstenstriche, sondern beschränkt auch in erheblichem Maß die Lebensmöglichkeiten. Dennoch weist die Ökoregion Arktis eine große Artenvielfalt auf. Die gesamte Küstenebene ist ein wichtiges Brut- und Aufzuchtgebiet vieler Tierarten.

Der WWF stuft die Arctic Coastal Plain of Alaska als Region von so enormer biologischer Wichtigkeit ein, dass sie zu den Ökoregionen der „Global 200"-Liste zählt. Sie enthält die 200 für die Erhaltung der Biodiversität entscheidenden Gebiete der Erde. Die Küste ganz im Nordosten Alaskas ist Teil des Arctic National Wildlife Refuge. Aufgabe des Schutzgebiets ist die Bewahrung der gesamten subarktischen und arktischen Flora und Fauna.

Da die arktische Küstenebene durch den geplanten Ausbau der Ölförderung akut bedroht ist, wurde ein Bereich als biologisches Kernstück des Naturparks unter besonderen Schutz gestellt. Riesige Karibuherden äsen und kalben in der Ebene, doch finden sich dort auch viele weitere Säugetiere wie Eis- und Braunbär, Wolf, Vielfraß, Moschusochse, Polarfuchs und Dall-Schaf sowie rund 160 Vogelarten. Die Schneegans brütet an einigen Stellen – sie hat hier ihr einziges Brutgebiet in Alaska.

Die typische Vegetationsform der arktischen Küstenebene ist die Tundra mit ihren Zwergsträuchern und Seggen. Vielerorts gibt es Sümpfe, Torfmoore und Feuchtwiesen, die einer Vielzahl von Zugvögeln einen Lebensraum bieten. Die durch Klimawandel und menschliche Eingriffe verstärkte Küstenerosion bedroht zahlreiche dieser arktischen Habitate im Salz- oder Süßwasser oder zu Land.

OBEN Die Andrew Gordon Bay auf Baffin Island, Nunavut (Kanada) ist Teil des Kanadischen Schilds. Die Insel besteht aus präkambrischem Gestein und besitzt reiche Bodenschätze.

OBEN LINKS Am sibirischen Küstenabschnitt an der De Long Strait vor der Wrangelinsel bieten diese zerklüfteten Felsen ideale Nistplätze für rund 50 Zug- und Wasservogelarten.

OBEN Lärchenwälder sind typisch für die arktische Flora. Die American Geophysical Union untersucht derzeit die Auswirkungen der Erderwärmung auf die Lärchenwälder Ostsibiriens.

Die Küsten der USA

Die Ost- und Westküste Nordamerikas wurden durch tektonische und strukturelle Kennzeichen geformt, die zu zwei unterschiedlichen Schelfformen führten. Die Pazifikküste wird von der untertauchenden Pazifikplatte angehoben und komprimiert und besitzt deshalb eine schmale Schelfzone; Bergketten verhindern Entwässerung und damit Sedimenteintrag. Da hohe Wellen über das schmale Schelf hinwegschlagen, ist die Brandung heftig.

RECHTE SEITE Das Santa-Lucia-Gebirge ist Teil einer grandiosen Granitküste in Kalifornien (USA). Ihr Name Big Sur leitet sich vom spanischen *el sur grande* ab – das bedeutet „großer Süden".

OBEN Durch Erdrutsche und Erosion der Küstenkliffe gelangen riesige Sedimentmengen bei Big Sur ins Meer. Diese bedrohen küstennahe Lebensräume, so etwa die von Bodenbewohnern wie Seesterne.

Die Atlantikküste dagegen bewegt sich vom Mittelatlantischen Rücken weg und bewirkt eine Absenkung des Kontinentalrands. Die breiteren Küstenebenen mit entsprechend schwächerer Brandung entstehen dadurch, dass Flüsse ständig Sedimente ins Meer transportieren, wo sie sich ansammeln.

DIE WILDE KÜSTE VON BIG SUR

An der Big-Sur-Küste in Zentralkalifornien erstreckt sich das schroffe Santa-Lucia-Gebirge rund 160 Kilometer von Carmel bis San Luis Obispo. Die Kette ist bis zu 30 Kilometer breit und nimmt von Nord nach Süd in der Höhe ab. Von ihren 1500 Meter hohen Gipfeln, die nur gut drei Kilometer landeinwärts aufragen, fällt das Gebirge steil zum Pazifik hin ab. Aus der Luft zeigt es ein Gewirr von Canyons und Graten, die meist parallel zur Küste in Nordwest-Südost-Richtung verlaufen.

Innerhalb der Bergkette gibt es neben wüstenartig trockenen Canyons zerklüftete Gipfel, aber auch fruchtbare Täler mit Grasland, Wäldern und Strauchvegetation von Kiefern über dichtes Chaparral bis zu uralten Küstenmammutbäumen.

Big Sur hat einen komplexen geologischen Aufbau: Ein Labyrinth von Verwerfungslinien zerschneidet die Bergkette. Die Palette der Felsen reicht von Überresten submariner Vulkane über steile Konglomeratkliffe bei Esalen und die grau

gestreiften Sedimente von Gorda bis zu den hellgrauen Granitfelsen im Garrapata State Park zehn Kilometer südlich von Carmel, die man vom Highway No. 1 aus sieht.

DIE FELSTÜRME VON OREGON

Haystack Rock südlich von Cannon Beach im Clatsop County ist einer der typischen Felstürme, wie man sie entlang der stark zerklüfteten Küste von Oregon sehr häufig findet.

Der 77 Meter hohe Basaltmonolith ist die dritthöchste Landform dieses Typs auf Erden. Er besteht aus einem Gemisch von Sediment- und Vulkangestein. Es sind Reste von Columbia-River-Basalt und Lava, die sich aus den Grande Ronde Mountains über damaliges Tiefland und Flussbetten in den Pazifik ergossen haben.

Direkt südlich vom Haystack Rock ragen drei kleinere Felstürme auf, die zusammen als The Needles bezeichnet werden. Sie waren früher fest mit der Küste verbunden und wurden alle vier über Millionen Jahre hinweg erodiert.

BARRIEREINSELN AN DER OSTKÜSTE

Barriereinseln sind an der Südostküste Nordamerikas vom Golf von Texas bis nach Long Island (New York) ein vertrauter Anblick. Sie entstehen, wenn die Brandung über einen flachen Strand ans

DIE HÖHLE DER SEELÖWEN

Die Sea Lion Caves 17 Kilometer nördlich von Florence an der zentralen Küste von Oregon (USA) ist eine der größten Brandungshöhlen der Welt. In einem 25 Millionen Jahre alten erodierten Amphitheater aus Basalt erstreckt sich das Höhlensystem 38 Meter hoch und rund 90 Meter breit. Bewohnt wird es hauptsächlich von 200 sesshaften Stellerschen Seelöwen, die man auf den Inseln vor British Columbia und Alaska häufig antrifft, rund 1000 davon allein an der Küste von Oregon. Die Bullen wiegen bis zu 900 Kilogramm. Ein typisches Merkmal des Seelöwen sind die äußeren Ohrmuscheln, die ihn vom Seehund unterscheiden.

Ufer schlägt und dabei Sand landwärts schiebt. Der anschließende Rücksog trägt einen Teil des Sands wieder zurück. Im Schutz von Inseln kommt es zur Ablagerung in Form von Sandbänken und Nehrungen.

Barriereinseln liegen parallel zum Festland und sind von der Küstenlinie durch ein Haff oder ein Ästuar getrennt, wo der Kontinentalschelf zum Meer hin sanft abfällt. Die Form dieser Barren wird unter anderem durch Tidenhub, Wellenenergie und vorhandene Sandmenge bestimmt. Fehlende Dünen und die spärliche Vegetation machen die Inseln erosionsanfällig. Wenn der Sand an der Landseite der Inseln auf die Küste zu anwächst, scheinen sie regelrecht zu wandern. Dass auf den nordamerikanischen Barriereinseln immer mehr Appartmenthäuser und Hotelanlagen entstehen, ist aus ökologischer Sicht sehr bedenklich.

UNTEN Haystack Rock und The Needles sind vom Ufer der Cannon Beach in Oregon (USA) gut sichtbar. Zugvögel wie Gelbschopflund, Schwarzer Austernfischer oder Meerscharbe nisten alljährlich auf den Basaltfelsen.

Kap Hoorn in Südamerika

Eine alte Seemannsweisheit lautet: „Jenseits vom 40. Breitengrad gibt's kein Gesetz, jenseits vom 50. Breitengrad keinen Gott." Kap Hoorn liegt auf 56 Grad südlicher Breite. Seeleute aus aller Welt fürchten die Gewässer um das Kap als die gefährlichsten und unberechenbarsten der Erde.

RECHTE SEITE Unzählige Schiffe versuchten während des kalifornischen Goldrausches Mitte des 19. Jahrhunderts Kap Hoorn zu umrunden, wurden aber zwischen felsigen Landspitzen zum Spielball gewaltiger Brecher und rasender Stürme. Heute ist der Meeresboden mit Wracks übersät.

OBEN Dieser geradezu surreal wirkende Eisberg befindet sich vor der Palmer-Halbinsel in der Drake-Passage. Benannt wurde die Halbinsel nach ihrem Entdecker Nathaniel Palmer.

Das südlichste der großen Kaps gilt noch heute als eines der entlegensten und am wenigsten erforschten Gebiete der Erde. Hinsichtlich seiner Ozeanografie, Geologie sowie marinen Flora und Fauna sind noch viele Fragen offen.

DAS BERÜCHTIGTE KAP

Kap Hoorn ist eine felsige Landspitze am Südende der zu Feuerland gehörenden Felseninsel Isla Hornos. Benannt ist sie nach Hoorn, der Geburtsstadt des holländischen Seefahrers Willem Schouten, der 1616 angeblich als Erster das Kap umsegelte.

Die acht Kilometer lange, bis zu 425 Meter hohe Isla Hornos ist das südlichste Ende eines äußerst abwechslungsreichen Ökosystems aus Fjorden, Kanälen, Meerengen und Inseln, das sich nach Norden hin bis zu den voll entwickelten geschlossenen Waldgebieten der chilenischen Halbinsel Taitao erstreckt. Form und Vegetation von Hornos sind mit den übrigen Hermiteninseln vergleichbar. Viele auf Feuerland heimische Vogelarten leben hier, obwohl Bäume nur gut geschützt vor der rauen Witterung in tiefen Schluchten wachsen. Torfmoose und Büschelgräser bedecken die offenen Flächen.

Während Tiere und Pflanzen in der Region südlich der Magellanstraße im 19. und 20. Jahrhundert von diversen Expeditionen eingehend erforscht wurden, ist das einzigartige Mosaik an intakten Landschaften dieser Kapregion bis heute großenteils nicht wissenschaftlich erfasst.

Das Kap Hoorn wird unablässig von Sturmwinden umtost, die seit jeher der Alptraum jedes Seemanns sind. Im Westen von keinerlei Landmassen gebremst, brausen sie mit 185 Stundenkilometern durch die Drake-Passage in Richtung Kap. Im Sommer machen Schiffen „nur" die heftigen Böen zu schaffen, doch im Winter kommen noch grimmige Schneestürme von Kaltfronten aus Südwesten hinzu. Da es auf den Hermiteninseln keine Wetterstationen gibt, stammen die einzigen Aufzeichnungen aus einer Studie von 1882/83. Danach fallen in der Region im Schnitt 1400 Millimeter Niederschläge bei einer Durchschnittstemperatur von 5 °C.

Die indigenen Yamána (Yagan) können ihre Ursprünge bis in die Zeit vor Kolumbus zurückverfolgen. Das Nomadenvolk besiedelt die Küstenebenen und beschafft sich auf den subarktischen Inseln und aus den vorgelagerten Gewässern seine Nahrung. Die Yamána gelten als eines der am stärksten bedrohten indigenen Völker Chiles.

EINE INTAKTE ÖKOREGION

Dass der Archipel am Kap Hoorn als einer der wenigen Gegenden der Erde von menschlichen Eingriffen vergleichsweise verschont geblieben ist, verdankt er seiner abgeschiedenen Lage und dem Status als chilenischer Nationalpark.

Seit einiger Zeit gehört die Inselgruppe als UNESCO-Biosphärenreservat zu einer von 37 noch intakten Ökoregionen der Erde. Ihre Ökosysteme reichen von Laub- und Mischwäldern inmitten eines vernetzten Systems von Gletschern und Fjorden im Norden bis zur subarktischen Ökoregion Magallanes im Süden Chiles, zu der auch die Isla Hornos mit ihrer beeindruckenden Vielfalt an Moosen und Algen gehört.

In den Gewässern rings um das Kap tummeln sich wirbellose Tiere, Meeressäugetiere wie Große Tümmler, Schwert- und Zwergwale sowie Magellan- und Felsenpinguine.

DIE MINIATURWÄLDER VON KAP HOORN

Auf den windgepeitschten kargen Inseln des Archipels von Kap Hoorn, vor allem auf Hornos, wachsen sehr wenige Baumarten. Dafür gedeiht dort eine enorme Vielfalt an seltenen, teilweise einzigartigen Moosen. Fünf Millionen Hektar Fläche wurden deshalb 2005 zum UNESCO-Biosphärenreservat erklärt, um hoffentlich einen Ausgleich zwischen den jüngsten wirtschaftlichen Interessen und der Erhaltung des biologischen Erbes zu schaffen.

Je höher der Breitengrad, desto geringer die Artenvielfalt von Flora und Fauna – für Nichtgefäßpflanzen gilt genau das Gegenteil: 5–7 % der Horn-, Leber- und Laubmoose der Erde wachsen auf dem Hornos-Archipel. Diese Moose nennt man auch die „Miniaturwälder von Kap Hoorn". In enger Zusammenarbeit mit der chilenischen Regierung bemühen sich Forscher und Umweltschützer, die Kenntnisse über die Moose zu erweitern und zu verbreiten, unter anderem durch die Ausbildung lokaler Führer, die zur Bestimmung der einzelnen Moosarten und zum Schutz der empfindlichen Lebensräume beitragen sollen.

OBEN Felsenpinguine *(Eudyptes chrysocome)* brüten auf den sturmgepeitschten felsigen Inseln bei Kap Hoorn. Die kleinen Schopfpinguine ernähren sich von Fisch, Krill und Tintenfisch.

LINKS Im glasklaren Wasser bei Kap Hoorn tummeln sich vielfältige Meeressäugetiere. Zu den hier heimischen weniger bekannten Walarten gehört der Cuvier- oder Gänseschnabelwal *(Ziphius cavirostris).*

Die Küsten am Mittelmeer

Vor fünf Millionen Jahren existierte noch kein Mittelmeer – es ist aus geologischer Sicht sehr jung. Alte Sedimente belegen, dass der Meeresboden aus Salz, das sich bei der Eindampfung von Meerwasser bildete, und Wüstensand besteht. Das Mittelmeerbecken trocknete also einst so stark aus, dass es zur Wüste wurde. Ob es sich danach allmählich oder rasch durch eine Naturkatastrophe wieder mit Meerwasser füllte, ist heiß umstritten.

UNTEN Schroffe Kalksteinkliffe umrahmen die Schmugglerbucht auf Zakynthos. Die Insel entstand bei einer Reihe von Erdbeben und gehört zur Ionischen Inselkette, die vor der Westküste Griechenlands liegt.

Wie der Name andeutet, liegt das Mittelmeer „inmitten von Land"; das Gleiche bedeutet auch der Begriff „mediterran", der sich gleichermaßen auf das Meer, die ganze Region und das Klima bezieht. Das typische Mittelmeerklima ist im Nordteil ausgeprägter als im ariden Süden des Beckens.

EIN MEER UMGEBEN VON LAND
Die nur 15 Kilometer breite und durchschnittlich 300 Meter tiefe Straße von Gibraltar verbindet das

Mittelmeer nach Westen zum Atlantik. Durch extrem schmale Meerengen ist es im Osten an das Marmarameer und durch den Suezkanal an das Rote Meer angebunden. Das Mittelmeer ist damit zu allen Seiten von Land umschlossen und verliert Wasser, weil mehr verdunstet, als zufließt. Deshalb ist sein Salzgehalt ziemlich hoch.

Die Küstenlinien der drei angrenzenden Kontinente – Afrika im Süden, Asien im Osten und Europa im Norden – sind insgesamt rund 46 000 Kilo-

meter lang und verteilen sich auf 19 Länder, von denen Griechenlands unzählige Inseln mit rund 16 000 Kilometern bei Weitem den Löwenanteil ausmachen. Die Mittelmeerküste ist von Halbinseln, Buchten und Inseln geprägt. Über die Hälfte seiner Kliffe besteht aus Kalkstein. Höhlen und wunderschöne Grotten mit glasklarem türkisblauem Wasser sind typisch für die Kliffküsten, die in geschützten Buchten am Fuß der Kliffe oder an Meeresarmen oft halbmondförmige Strände aufweisen. Abgesehen von den felsigen Kliffen gibt es Küstenebenen mit Feuchtgebieten, Haffs und flachen Sandstränden, vor allem dort, wo aus angrenzenden Gebirgen reichlich Sedimentmaterial heruntergeschwemmt wurde.

Eine weitere Besonderheit der Mittelmeerküste sind einige der größten Deltas weltweit: von Rhône (Camargue), Ebro und Po in Europa sowie vom Nil in Ägypten. Zur abwechslungsreichen Topografie der Mittelmeerländer zählen einige der schönsten Küstenlandschaften der Erde, die Touristen aus aller Welt anlocken. Die massive Erschließung im Zuge des rasch wachsenden Fremdenverkehrs verschandelt leider nicht nur erhebliche Teile der Küsten, sondern wirkt sich vielerorts auch äußerst nachteilig auf das Hinterland aus.

EIN SEISMISCH AKTIVES GEBIET

Das Mittelmeerbecken ist seismisch ausgesprochen unruhig. Es umfasst mehrere tätige Vulkane und wird nicht selten von Erdbeben heimgesucht. Der Grund dafür ist, dass das Becken im Zentrum einer komplexen Ansammlung tektonischer Platten liegt, die sich weiterhin über- und untereinanderschieben.

Die tektonischen Vorgänge begannen im Jura vor rund 170 Millionen Jahren mit der Kollision der Afrikanischen und Eurasischen Platte und nachfolgender Subduktion und Grabenbildung. Dabei bildete sich ein Meeresbecken, das man als Neotethys bezeichnet. Als die anhaltende Konvergenz der Platten Afrika und Europa im Miozän noch näher aneinanderrücken ließ, entstand das zum Atlantik hin geschlossene Mittelmeer.

Durch das Aufeinanderprallen der beiden Platten presste sich die Erdkruste zu einem riesigen Kettengebirge auf, das sich von den

spanischen Pyrenäen bis zum Zagrosgebirge im Iran erstreckte. Der größte Teil dieses Vorgangs erfolgte im Oligozän vor rund 34 bis 23 Millionen Jahren und setzte sich im Miozän fort. Viele dieser einstigen Bergketten bilden heute die typischen Kliffs der Mittelmeerküste. Folge dieser geologisch „jungen" Gebirgsbildungsphase ist auch das weitgehende Fehlen großer Ebenen, guter Ackerflächen und günstiger Häfen im Mittelmeerraum. Die meisten Häfen liegen an Meeresarmen zwischen den Felsspornen. Eine Ausnahme bildet allerdings der südöstliche Teil: Entlang 3000 Kilometern der libyschen und ägyptischen Küste steht die ältere Sahara-Plattform in direktem Kontakt mit dem Meer und bildet eine vergleichsweise reliefarme Küste.

Im späten Miozän vor elf bis fünf Millionen Jahren trocknete das Mittelmeer vollständig aus. Das Wasser verdunstete, und die schon erwähnten Salzschichten blieben zurück. Auf dem Höhepunkt dieser Verdunstungsphase – der Messinischen Salinitätskrise – muss das Mittelmeer eine Wüstenlandschaft mit kleinen Seen und ein paar Flüssen gewesen sein, die von den angrenzenden Berg-

OBEN Felsblöcke und -nadeln aus orangerotem und rosafarbenem Porphyr türmen sich bis zu 300 Meter hoch in den Calanche über der Bucht von Porto an der Westküste Korsikas auf. Durch Erosion entstanden wundersame Gesteinsformationen wie der „Hundskopf", der „Bär", die „Schildkröte" und der sogenannte „Mohrenkopf".

KLIMAWANDEL UND WASSERSPIEGEL

Durch die Erderwärmung steigen die Meeresspiegel weltweit. Im Mittelmeer wird dieser Prozess dadurch beschleunigt, dass der Wasserstand aufgrund stetiger tektonischer Bewegungen und menschlicher Eingriffe ohnehin schwankt. Besonders betroffen sind die Flussdeltas, die mit Erosion und Überschwemmungen zu kämpfen haben. Vielerorts wurde die Sedimentzufuhr in Deltas und andere küstennahe Feuchtgebiete unterbunden, was eine lokale Absenkung und das Eindringen von Salzwasser in Süßwasserfeuchtgebiete nach sich zieht.

OBEN Ein Rallenreiher *(Ardeola ralloides)* nistet am Ufer. Diese Reiherart brütet rings um das Mittelmeer sowie am Schwarzen und am Kaspischen Meer.

RECHTS Das mallorquinische Cap Formentor besteht aus Kalkstein, der zwischen dem Jura und dem Tertiär hier abgelagert wurde. Mallorca ist eine der Balearen-inseln und liegt im Mittelmeer zwischen Spanien und Algerien.

Küsten am Mittelmeer

0   200 km
0   200 Meilen

FRANKREICH
LIECHTENSTEIN
SCHWEIZ
ÖSTERREICH
UNGARN
Mont Blanc
4807 m
Po
Etsch
SLOWENIEN
KROATIEN
RUMÄN
ALPEN
Podelta
Dinarische Alpen
BOSNIEN UND
HERZEGOWINA
SERBIEN
Donau
BU
Bojana
Camargue
(Rhône-Delta)
Korsika
ITALIEN
MONTENEGRO
MAZEDONIEN
ANDORRA
Pyrenäen
Ebro
ALBANIEN
Pindosgebirge
Sporade
PORTUGAL
SPANIEN
Ebrodelta
Sardinien
Balearen
M i t t
GRIECHEN-
LAND
Ionische Inseln
Straße von Gibraltar
e
l
Sizilien
m
ATLANTISCHER
OZEAN
Mejerda
e
MALTA
Mellegue
r
Moulouya
MAROKKO
A
T
L
A
S
TUNESIEN
N
ALGERIEN
LIBYEN

ketten ins Becken abflossen. Gegen Ende des Miozäns wurde es vom Atlantik aus wieder geflutet, als dessen Wasserspiegel anstieg.

Einige Fossilienfunde aus dem Miozän passen allerdings nicht in dieses Konzept, denn nachweislich herrschte im Mittelmeerbecken zumindest in einer Phase ein relativ feuchtes subtropisches Klima mit sommerlichen Regenfällen, das Lorbeerwälder sprießen ließ. Im östlichen Teil herrschte offenbar ein ausgeprägtes Monsunklima, das vermutlich während der Messinischen Salinitätskrise seinen Höhepunkt erreichte. Die Verschiebung zum heutigen mediterranen Klima erfolgte im Pliozän vor 3,2 bis 2,8 Millionen Jahren mit der Abnahme sommerlicher Niederschläge.

GEFÄHRDETE ARTENVIELFALT

Durch seine Lage zwischen dem europäischen und dem afrikanischen Kontinent ist die Artenvielfalt im Mittelmeerbecken sehr hoch. Der Umweltverband Conservation International stuft die Region dennoch als „Biodiversity Hotspot" ein, denn viele der Spezies sind durch den Verlust ihres Lebensraums bedroht. In den letzten 8000 Jahren hat der

Mensch die Habitate des Mittelmeerraums drastisch verändert. Inzwischen ersetzen hartlaubige, an Trockenheit angepasste Pflanzen wie Wacholder weitenteils schon die frühere Vegetation aus typisch mediterranen immergrünen Eichenwäldern und Koniferen.

Als sich das Mittelmeerbecken nach der Messinischen Salinitätskrise vom Atlantik aus wieder mit Wasser füllte, entwickelten sich die meisten Arten der Meeresflora und -fauna. Noch heute sind rund 67 Prozent der marinen Arten im Mittelmeer ursprünglich atlantische Spezies. Sie stammen aus dem älteren, nährstoffreicheren Atlantik, passten sich jedoch im Lauf von fünf Millionen Jahren an die nährstoffärmeren, wärmeren und salzigeren Verhältnisse an. Im westlichen Teil ist die Biodiversität höher als im östlichen.

Einige Arten gelangten durch den Suezkanal ins Mittelmeer, der seit seiner Eröffnung 1869 erstmals einen Zuzug von Lebewesen aus dem Roten Meer ermöglichte. Sie machen insgesamt fünf Prozent der Arten aus, jedoch zwölf Prozent derjenigen im südöstlichen Teil.

Es gibt zahlreiche endemische Spezies, darunter allein rund 22 500 nur im Mittelmeerraum vorkommende Gefäßpflanzenarten, mehr als viermal so viele wie im gesamten übrigen Europa. An flachen oder sandigen Küsten sind ganz andere Arten heimisch als an hohen, steilen Felsküsten. In vielen Gegenden bilden Felsen unter Wasser einen harten Untergrund, auf dem eine große Vielfalt mariner Lebensgemeinschaften siedeln kann.

Die wichtigsten Ökosysteme der Küstengebiete sind die felsigen Gezeitenzonen, Ästuare und die überwiegend aus Neptungras (*Posidonia oceanica*) bestehenden Seegraswiesen. Gerade sie spielen für die Artenvielfalt eine extrem wichtige ökologische Rolle, und gleichzeitig dienen sie auch als Brutgebiete vieler Fischarten, die als Speisefische einen erheblichen Wirtschaftsfaktor darstellen.

OBEN Häuser kleben in gefährlicher Position an den zerklüfteten Kalksteinkliffen der italienischen Amalfiküste. Unterwasserforscher entdeckten dort von Menschenhand geschaffene Bauten auf dem Meeresgrund, darunter eine jahrhundertealte Schiffswerft und eine Ufermauer aus dem 14. Jahrhundert.

INSTABILITÄT UND EROSION

Die Mittelmeerküsten sind in jüngerer geologischer und historischer Zeit stets instabil gewesen. Nur rund fünf Prozent des Mittelmeerraums sind ungestört. Sein Naturraum hat sich durch die Erschließung der Ufer grundlegend gewandelt, mit oft katastrophalen Folgen für die natürlichen Erosionsprozesse. Mit wachsender Beliebtheit des Mittelmeerraums als Reiseziel tragen neu gebaute Ferienanlagen, schlechtes Strandmanagement und die zunehmende Umweltverschmutzung zur Zersplitterung und Isolation vieler Populationen bedrohter Arten bei.

Die Küste der Bretagne

Die bretonische Halbinsel im Nordwesten Frankreichs grenzt im Norden an den Ärmelkanal und im Süden an den Golf von Biscaya. Zahlreiche Flüsse münden an der zerklüfteten, tief eingeschnittenen Küste ins Meer und bilden zwischen Kliffen und Dünen Ästuare, Wattenmeere und Marschen.

OBEN Die Hafenstadt Saint-Malo liegt am Ästuar der Rance. Die Stadtmauer wurde im Mittelalter aus dem gleichen grauen Granit gebaut, den man auch für Mont-Saint-Michel verwendete.

Die Bretagne besitzt ein einzigartiges keltisches Kulturerbe. Rund ein Viertel ihrer knapp drei Millionen Einwohner spricht noch Bretonisch, eine mit dem Gälischen verwandte Sprache. Keltisches Brauchtum wird vor allem im abgeschiedenen Westen der Halbinsel noch heute praktiziert.

DIE BRETONISCHEN KLIFFE

Zu den bekanntesten Wahrzeichen der Bretagne gehören seine Kliffe. Aufschlüsse kreidezeitlicher Felsen säumen den Norden der Halbinsel. Dieses Gebiet mit seinem weißen, weichen Kalkstein, den der impressionistische Maler Claude Monet so liebte, liegt im Umkreis von Étretat.

An der gesamten 1200 Kilometer langen Küstenlinie gibt es viele Steilküsten. Die höchsten erreichen an der Pointe du Finistère auf der Halbinsel Crozon bis zu 100 Meter, am Cap Fréhel und bei Goëllo im Département Côtes-d'Armor bis zu knapp 70 Meter.

Die bretonischen Kliffe sind bedeutende Brutgebiete für Kormorane, Basstölpel und andere Seevögel. Die Vegetation besteht aus typischen Küstenpflanzen wie Strand-Leimkraut und dem in Westeuropa weit verbreiteten immergrünen Stechginster.

DIE HALBINSEL CROZON

Die Halbinsel Crozon hat eine eindrucksvolle Küstenlandschaft vorzuweisen. Die großen Mengen paläozoischer Gesteine machen die unterschiedlichen Verwitterungsvorgänge an geschichtetem Sandstein, Schlammstein und Kalkstein deutlich und lassen komplexe Störungen und Auffaltungen erkennen. Der schroffe Ausläufer der bretonischen Halbinsel bildet ihr Herzstück im Wirrwarr der Ästuare und Vorberge des Kaps Finistère. Ein Gemisch aus harten Quarzen und Sandstein macht sie so gut wie immun gegen Erosion.

Wie ein riesiges steinernes Kreuz streckt die Halbinsel ihre „Arme" von der Pointe des Espagnols bis zum Cap de la Chèvre aus. Crozon liegt innerhalb des Parc Natural Régional d'Armorique, der sich von den Monts d'Arrée im Osten bis zur Westküste der Halbinsel Crozon erstreckt. Die präkambrischen Monts d'Arrée besitzen einige der ältesten geologischen Formationen Europas.

ZERKLÜFTETE WILDNIS – CAP FRÉHEL

Das Cap Fréhel im Norden der Bretagne gehört zu einem 300 Hektar langen wilden Küstenstück. Die mit Heidekraut und Stechginster überzogenen Steilküsten fallen 70 Meter zum Atlantik hinab. Die Felsen aus rosa Sandstein und Porphyr erschweren den Zugang zum Kap vom Meer aus. Das wellige Hinterland der winzigen Halbinsel besteht vorwiegend aus Marschen und Mooren. Es gibt keine Ortschaften und nur zwei Leuchttürme, von denen einer aus dem 17. Jahrhundert stammt.

Das nahe gelegene Fort la Latte oben am berühmten Cap Fréhel ersetzte im 14. Jahrhundert eine Burg aus dem 10. Jahrhundert. Im 16. Jahrhundert brannte es bis auf die Grundmauern ab. Ludwig XIV. ließ es im 17. Jahrhundert wieder aufbauen. Seine Besitzer verkauften es 1892 in halb verfallenem Zustand. Heute erstrahlt die Festung wieder im alten Glanz.

MONT-SAINT-MICHEL

Die Insel Mont-Saint-Michel liegt im Ärmelkanal vor der bretonisch-normannischen Küste. Benediktiner gründeten 966 n.Chr. eine Abtei hoch oben auf der „Quasi-Insel" von rund 1000 Meter Durchmesser und 80 Meter Höhe, die mit dem französischen Festland durch eine schmale Sanddüne verbunden ist, einen sogenannten Tombolo. Der ursprünglich italienische Begriff Tombolo leitet sich vom lateinischen Wort für „Grabhügel" ab und bezeichnet eine Sediment- oder Sandbank, die direkt zu einer der Küste vorgelagerten Insel führt.

Der Klosterbau zeugt von bemerkenswerter Courage, denn rings um die Insel wird der größte Tidenhub Frankreichs erreicht. Zwischen dem höchsten und tiefsten Wasserstand liegen 14 Meter, und die Gezeiten können die Sandmassen unvorhersagbar verschieben.

Die Abtei entstand in diversen Bauphasen. Die erste davon begann 1020 unter Abt Hildebert. Ab 1170 entstand an der Westseite eine neue Fassade; 1210 wurden Refektorien und Kapitelsäle sowie Küchen, Kreuzgänge und ein Dormitorium angefügt.

RECHTS An der „Alabasterküste" (Côte d'Albâtre) bei Étretat steht dieses Brandungstor. Es heißt „Elefantenrüssel", weil es wie ein Dickhäuter aussieht, der seinen Rüssel ins Meer taucht. Alabaster ist eine feinkörnige und kompakte Gipsvariante.

Die Küsten Großbritanniens und Irlands

Großbritannien und Irland sind generell sehr hohen Tiden und einem rauen, stürmischen Klima ausgesetzt. Diese Faktoren erzeugten im Lauf der Zeit eine dynamische, abwechslungsreiche Küstenlinie, darunter auch die spektakuläre „Juraküste" am Ärmelkanal.

RECHTE SEITE Aus der Luft erkennt man sehr gut die weißen Kreidekliffe der Old Harry Rocks bei Handfast Point in Dorset, England. Zwar ist umstritten, welcher der Felstürme denn nun „Harry" ist, doch gilt als gesichert, dass er bis vor rund 50 Jahren eine „Frau" hatte, die neben ihm verwitterte, bis sie einstürzte.

Großbritanniens Küste zeigt einen vielfältigen Aufbau an Gesteinen, die unterschiedlich alt sind. Ihre Spannweite reicht von harten präkambrischen bis frühpaläozoischen Gesteinen im Westen und Norden bis zu jungtertiären Formationen im Südosten.

ENGLANDS „JURAKÜSTE"

2001 wurde ein 60 Kilometer langes Stück Küste zwischen den Old Harry Rocks im östlichen Dorset und Orcombe Point bei Exmouth im Osten von Devon als Jurassic Coast (Juraküste) zu Großbritanniens erstem und einzigem Weltnaturerbe erklärt. Die Steilküste bietet nicht nur fantastische Ausblicke auf das Küstenland, sondern gibt Aufschluss über eine lückenlose Abfolge von Gesteinsformationen aus 185 Millionen Jahren Erdgeschichte.

Zu diesen Küstenformen gehören unter anderem Abschnitte mit konkordanter und diskordanter Lagerung, Beispiele für Buchten und Kalksteinauffaltungen, Tombolos und Brandungstore, die derzeit Gegenstand internationaler Feldstudien sind. Der Name „Juraküste" bezieht sich darauf, dass in dieser Region zahlreiche Fossilien aus dem Jura gefunden wurden. Der Geologe John Ray erkannte diesen Reichtum 1673 als Erster anhand diverser Funde aus der Nähe von Lyme Regis.

Saurier-Fußabdrücke, ein versteinerter Wald und große Ammoniten bilden nur einen Bruchteil der zahlreich vorhandenen Fossilien. In den Schieferkliffen der Chippel Bay fand man Bruchstücke von *Ichthyosaurus*- und *Plesiosaurus*-Knochen, während Ammoniten, Muscheln und Armfüßer im Kalkstein und Schieferton der Church Cliffs bei Charmouth häufig auftreten.

ARCHÄOLOGIE AUF DER DINGLE-HALBINSEL

Keine andere Region Westeuropas besitzt so viele archäologische Stätten wie die irische Halbinsel Dingle (Corca Dhuibhne). Über 2000 Monumente aus 6000 Jahren Menschheitsgeschichte kamen dort zutage, von den ersten Jägern und Sammlern der Mittleren Steinzeit (8000–4000 v.Chr.) über Jungsteinzeit, Eisen- und Bronzezeit, frühchristliche Epoche und Wikingerzeit bis zum Mittelalter: steinzeitliche Ganggräber und sogenannte Cup-and-Ring-Felszeichnungen, bronzezeitliche Gerätschaften und Waffen, das eisenzeitliche Fort Cathair Con Ri sowie allein 70 Ogam-Steine mit Zeugnissen der ältesten irischen Schrift. Dank ihrer Abgeschiedenheit blieben auf der Halbinsel zudem die Reste von mehr als 30 frühchristlichen Klöstern erhalten, darunter Oileain tSeanaigh, das seit seiner Aufgabe im 12. Jh. so gut wie unberührt blieb.

Die Dingle-Halbinsel mit den zerklüfteten Sandsteinkliffen bildet den westlichsten Punkt Irlands.

VIELFALT DER REGIONEN UND GESTEINSARTEN

Während im östlichen Teil von Devon das kontinentale rote Grundgestein aus Perm und Trias vorherrscht, sind im zentralen und südlichen Teil der Küste vielerorts mesozoische und känozoische Schichten verbreitet. Im Südwesten gibt es reichlich devonischen und karbonischen Schieferton, Tonschiefer und Kalkstein, weiter nördlich in Schottland dagegen vorwiegend ältere, härtere präkambrische und kambrische Gesteine. Ganz im Norden in der Grafschaft Caithness herrscht wiederum devonischer „Old-Red"-Sandstein vor.

OBEN „The Burren" ist eine von Gletschern gestaltete Karstlandschaft an der irischen Küste, die geologisch der slowenischen Karstregion ähnelt. Der nackte Kalkstein ist von tiefen Karren durchzogen. Unter der Oberfläche erstreckt sich ein verzweigtes Entwässerungssystem mit Höhlen, Schluchten und Schlucklöchern. Vielfach finden sich jahreszeitlich mit Wasser gefüllte Turloughs (Winterseen).

OBEN Die Heidelandschaften Dorsets sind Teil der Juraküste. Wesentliche Attraktion ist die farbenfrohe Blüte von Heidekraut und Stechginster. Beide kommen mit sauren, mageren Böden gut zurecht und sind wie alle Küstenpflanzen unempfindlich gegen Salz.

IRLANDS RAUE FELSENKÜSTEN

Der spektakuläre Giant's Causeway in Nordirland gehört zu einem Plateau mit Steilküsten aus tertiärem Basalt, der streckenweise unter Ulster-Kreide liegt. Die ausgesetzte, tief eingekerbte Küste weist Vulkanschlote, Verwerfungen und Doleritgänge zwischen weitläufigen Sandstränden und Dünen auf, die an Geröll- und Schotterhalden grenzen. Die Causeway Coast ist kontinuierlichen Erosionsprozessen unterworfen. Rutschungen und Erdschlipfe, Steinschläge und Einstürze von Basaltsäulen sind alltägliche Vorgänge. Herabstürzende Kliffpartien bedrohen die mittelalterlichen Burgen Kinbane und Dunluce.

Vor 400 Jahren war die Dingle-Halbinsel in der Grafschaft Kerry ein weitläufiger Talkessel, umgeben von Bergen, aus denen Flüsse Kies und Sand anschwemmten. Es bildeten sich Flusssohlen, Sanddünen und flache Süßwasserseen. Die Anhebung der Erdkruste führte zu Verwerfungen, Erosion und zur Anhäufung der Skelettreste von Mollusken, Algen und Korallenpolypen. Gegen Ende des Oberkarbons vor 290 Millionen Jahren setzte sich die Gebirgsbildung fort. Zwischen 200 000 und 10 000 Jahren vor heute erhielt die Halbinsel durch Glazialerosion ihr heutiges Aussehen. Die irische Küste besitzt viele Granitaufschlüsse, darunter am Conorpass, Irlands höchstem Bergpass.

Die Great Ocean Road in Australien

Die Great Ocean Road in Victoria im Südosten Australiens verläuft an einem Teil der Südküste entlang, aus der ein Riese ein Stück herausgebissen zu haben scheint, nämlich an der Großen Australischen Bucht. Die Great Ocean Road ist berühmt für ihre wunderschönen geologischen Formationen, zu denen etwa die eindrucksvollen Felstürme der „Zwölf Apostel" zählen.

OBEN Das Östliche Graue Riesen-känguru *(Macropus giganteus)* ist ein vertrauter Anblick in den Wäldern des Port-Campbell-Nationalparks. Weniger leicht zu erspähen sind Kleinsäuger wie die Bandicoots oder Austra-lischen Nasenbeutler.

Obwohl diese Formationen nicht zur Großen Australischen Bucht gehören, verlief die Erdge-schichte in beiden Gebieten weitgehend gleich: Die Region war Teil von Antarktika, bis die bei-den Kontinente vor über 100 Millionen Jahren auseinanderzubrechen begannen.

Die Great Ocean Road zieht sich 250 Kilometer an der Küste von Victoria entlang durch spektaku-läre Küstenlandschaften. Das gilt vor allem für die 50 Kilometer lange Strecke durch den Port-Camp-bell-Nationalpark zwischen Princetown und Peter-borough. Das Besondere daran sind die bizarren For-men, die Brandung und Wind aus dem weichen Port-Campbell-Kalkstein herausmodellierten.

HÖHLEN, DOLINEN, FELSNADELN, SPRITZLÖCHER

Durch Lösungsverwitterung von Kalkstein entste-hen Karstlandschaften mit typischen Formationen wie Höhlen und Schlucklöcher. Die Korrosion er-weitert die zahlreichen Klüfte der Kalksteinkliffe, und die hohen Wellen und Stürme des Indischen Ozeans vergrößern sie letztlich zu Bögen wie „The Arch" oder „London Bridge". Bricht ein Bogen ein, bleiben einzelne Felstürme wie die „Twelve Apostles" zurück. Spritzlöcher, Höhlen und

Schluchten wie Loch Ard Gorge sind ebenfalls typisch für die Lösungsverwitterung und Bran-dungserosion an der Steilküste bei Port Campbell.

Hinter den „Zwölf Aposteln" – der höchste erreicht 45 Meter – steigt das Kliff auf imposante 70 Meter an. Mehrere der Felstürme sind bereits eingestürzt, sodass nur noch acht davon stehen. Irgendwann in den nächsten Jahrtausenden wird die Küste zu Abrasionsplattformen abgetragen sein, die kaum noch aus dem Wasser herausragen.

Weitere Felsnadeln und andere eindrucksvolle Küstenformen gibt es westlich von Port Campbell im Bay of Islands Coastal Park. Die sensationelle Aussicht auf Ozean und Steilküste macht die ge-samte Great Ocean Road zur beliebten Touristen-attraktion. Steinfragmente und Abfallgruben erin-nern an die Ureinwohner der Region: Aborigines leben und jagen dort schon seit Jahrtausenden.

DER GETEILTE KONTINENT

Diese Region im Süden Australiens ist Teil des Südlichen Grabensystems, das entstand, als Austra-lien und Antarktika sich im Zuge des Auseinander-brechens von Gondwana im späten Jura und der frühen Kreide – also vor 150 bis 120 Millionen

Jahren – voneinander entfernten. Gegen Ende der Kreidezeit vor rund 95 Millionen Jahren wurde der Grabenbruch zwischen den beiden Kontinenten von Meerwasser überflutet. Sedimente lagerten sich auf dem aufspreizenden Meeresboden ab. Im mittleren Eozän beschleunigte sich die Spreizung, bis die Straße zwischen Australien und Antarktika schließlich so breit war, dass dort Port-Campbell-Kalkstein abgelagert wurde. Er besteht aus fossilen Muscheln und anderen Meerestieren.

Dieser Vorgang setzte sich im Eozän vor rund 20 Millionen Jahren in dem noch flachen Meer fort, bis der Kalk beim Zurückweichen des Meeres und Anhebung des Landes gegen Ende des Miozäns über den Meeresspiegel angehoben wurde. Im Pleistozän vor rund 2,6 Millionen Jahren kamen terrestrische Ablagerungen von Binnendünen und angewehter Schillsand hinzu. Brandung und Wind modellierten anschließend die Küstenlinie zu den heute bekannten Formen.

EINE GANZ BESONDERE FLORA UND FAUNA

Der Port-Campbell-Nationalpark umfasst die unterschiedlichsten Lebensräume. Abgesehen von dem einzigartigen Formenschatz an der Küste gibt es dort Wälder, Dünen und Feuchtgebiete. Trotz der rauen Wetterverhältnisse beherbergt das Gebiet viele Landtiere und nistende Vogelarten.
Zu den Tierarten dieser Region gehören der Kappenregenpfeifer, der für Australien von großer Bedeutung ist, und der in den Teebaumheiden heimische Rotkopf-Lackvogel. Die Feuchtgebiete sind die Heimat der Hammock-Breitfußbeutelmaus und des Stachelskinks *Egernia coventryi*.

Viele Zugvögel machen im Park Station, darunter der Kurzschwanzsturmtaucher, der auf seinen

BRÖCKELNDE PRACHT

Die „Twelve Apostles" sind eine so beliebte Touristenattraktion, dass die Parkbetreiber große Sorge haben, sie könnten in nicht allzu ferner Zukunft der Schwerkraft zum Opfer fallen. Unvergessen ist der Sonntagmorgen Anfang Juli 2005, als Augenzeugen ansehen mussten, wie die ersten Türme im Meer versanken – ein seit der Besiedelung des australischen Kontinents durch Europäer nie dagewesenes Ereignis. Inzwischen sind weitere Felstürme eingestürzt, sodass nur noch acht übrig sind. Als 1990 der Brückenbogen des als „London Bridge" bekannten Brandungsbogens einbrach, saßen zwei Touristen unverhofft auf der gerade entstandenen Insel fest, die nun ihrerseits einen neuen „Apostel" darstellt. Ob es ursprünglich wirklich ein rundes Dutzend Felstürme war, bleibt umstritten, denn dann müsste man The Bakers Oven und Elephant Rock auch dazuzählen.

Die „London Bridge" nach dem Einsturz von 1990. Übrig blieb nur noch ein Haufen Steine im Meer.

jährlichen Flügen über den Pazifik zwischen Nordamerika und Südaustralien rund 32 000 Kilometer zurücklegt. Von Oktober bis April gibt es auf Muttonbird Island nahe Loch Ard Gorge eine Kolonie mit Tausenden nistenden Vögeln, die tagsüber zur Jagd aufs offene Meer fliegen und erst abends zu ihren Nistplätzen zurückkehren.

UNTEN Die berühmten „Zwölf Apostel" waren einst Teil eines ausgedehnten Höhlensystems. Die Erosion der Kalksteintürme ist noch immer voll im Gange, und gar nicht selten kommt es zu Steinschlägen.

Die Küsten von Neuseeland

Die Küste Neuseelands besitzt zahlreiche tief eingeschnittene Fjorde, Meerengen, Häfen und
Buchten. Sie erstreckt sich von den warmen subtropischen Gewässern der schmalen Halbinsel Aupouri auf der Nordinsel bis zu den subarktischen Gewässern bei Stewart Island.

UNTEN Gelbe Krustenanemonen
leuchten in einer dunklen Ecke in
der Riko-Riko-Brandungshöhle im
Poor Knights Marine Reserve. Das
Meeresschutzgebiet umfasst die
Inseln Tawhiti Rahi und Aorangi
sowie die Brandungstore Blue
Mao Mao Arch und Northern Arch.

UNTEN Das komplexe Netz er-
trunkener Täler im Marlborough
Sound entstand vermutlich zu
einer Zeit, als der Meeresspiegel
im Pleistozän aufgrund der
Gletscherschmelze insgesamt
anstieg. Die Täler bestehen aus
Schiefer und Grauwacke.

Besonders unregelmäßig ist die 15 000 Kilometer
lange Küstenlinie Neuseelands in der Region Northland nordwestlich von Auckland. Auf der Südinsel
ist der Küstenverlauf meist gerader, mit Ausnahme
des fantastisch zerklüfteten Fiordlands im Südwesten und den bizarren ertrunkenen Tälern im Marlborough Sound an der Nordspitze der Südinsel.

DIE FJORDKÜSTE VON NORTHLAND

Die dünn besiedelte Region Northland erstreckt
sich von Auckland nach Norden. Sie weist alte
Sanddünen und schroffe Felsen auf. Eine Besonderheit ist die 350 Kilometer lange Küste der Bay of
Plenty, die 200 Kilometer Sandstrand mit Dünen
umfasst. Die Zahl aktiver Dünen ist in Neuseeland
um 70 Prozent gesunken: Nahmen sie zu Beginn
des 20. Jahrhunderts noch 129 000 Hektar ein, sind
es heute weniger als 39 000. Schuld ist vor allem
der von Menschen eingeführte Strandhafer, denn
er verdrängt die indigene Dünenvegetation, die
aber für die Stabilisierung und Vitalität der Dünen
eine wichtige Rolle spielt.

Große Mengen fossiler Ablagerungen wurden
in Northland und unter der Vegetationsdecke der
Doubtless Bay entdeckt, etwa an mehreren Stellen
entlang der Ostküste der Halbinsel Aupouri und
in der Karstlandschaft der Waitomo Caves an der
Westküste. Die Taranaki-Kliffe an der Westküste
von Northland entstanden durch verfestigte
Schlammströme, die vom nahe gelegenen Mount
Egmont abgingen. Sie türmen sich 200 Meter
hoch über den schwarzen eisenhaltigen Sandstränden an einem 40 Kilometer breiten Gürtel auf.

PANCAKE ROCKS

Die markanten „Pfannkuchenfelsen" liegen in der
Nähe des Städtchens Punakaiki auf halber Strecke
zwischen Westport und Greymouth an der Westküste der Südinsel. Sie sind die verwitterten Reste
eines einzigartigen oligozänen Kalksteinriegels, der
50 Meter mächtig und 30 Millionen Jahre alt ist.
Die Pancake Rocks bestehen aus den verkieselten
Resten mariner Organismen, die sich am Meeresboden zu Gestein verdichteten, durch seismische
Vorgänge angehoben und anschließend durch sauren Regen, Wind und fluviatile Erosion umgeformt wurden. Die dabei entstandene Formation
erinnert an einen Stapel Pfannkuchen, der bei der
Bildung der Kliffe oberhalb des Pororari River
zerschnitten wurde.

DIE GRÖSSTE BRANDUNGSHÖHLE DER WELT

Die Riko-Riko-Brandungshöhle liegt an der
Nordwestseite von Aorangi, einer der Poor-
Knight-Inseln knapp 24 Kilometer vor der Ost-
küste der Nordinsel. Dank ihrer riesigen ovalen
Halle ist sie vermutlich dem Volumen nach die
größte Brandungshöhle der Erde.

Die „Arme-Ritter-Inseln" sind die Reste
großer Lavadome, die vorwiegend aus

Küsten von Neuseeland

The Three Kings Islands
Spirits Bay
Nordkap
Kap Reinga
Kap Maria Van Diemen
Great Exhibition Bay
Halbinsel Karikari
Doubtless Bay
Halbinsel Aupouri
Bay of Islands
Kap Brett
Ahipara Bay
Tauroa Point
NORTHLAND
Airbubble Cave
Poor Knight Islands
Riko Riko Sea Cave
Hokianga Harbour
Aorangi Island
Hauraki Gulf
Great Barrier Island (Aotea Island)
Kaipara Harbour
Kap Colville
Firth of Thames
Koromandel-Halbinsel
Manukau Harbour
Bay of Plenty
Ost-kap
Kawhia Harbour
Albatross Point
Waitomo Caves
Nordinsel
North Taranaki Bight
Taranaki
Hawke Bay
Halbinsel Mahia
Kap Egmont
Mt. Egmont (Mt. Taranaki) 2518 m
Kap Kidnappers
South Taranaki Bight
Golden Bay
Separation Point
Marlborough Sounds
Kap Turnagain
Kap Farewell
Kap Stephens
Tasman Bay
Cookstraße
Karamea Bight
Kap Palliser
Kap Palliser
Kap Campbell
Palliser Bay
Turakirae Head
Kap Foulwind
Pancake Rocks
Okarito Lagoon
Pegasus Bay
Jackson Bay
Südinsel
Halbinsel Banks
Cascade Point
Aoraki/Mt. Cook 3754 m
Arakoa Harbour
Milford Sound
Canterbury-Bucht
PAZIFISCHER OZEAN
George Sound
Caswell Sound
Thompson Sound
Doubtful Sound
Breaksea Sound
Dusky Sound
Kap Providence
Preservation Inlet
Puysegur Point
Halbinsel Otago
Te Waewae Bay
Foveaux-Straße
Toetoes-Bucht
Stewart-Insel
Doughboy Bay
Paterson Inlet
Südwest-kap
Port Pegasus
Bounty Islands
Südkap
N
Tasman-see
Antipodes Islands

Rhyolith-Brekzien und Tuff aus dem späten Miozän bestehen. Sie erstrecken sich von der Coromandel-Halbinsel bis zur Ostküste von Northland. Die Riko-Riko-Höhle entstand vermutlich durch eine Gasblase, die in der abkühlenden Lava aufstieg.

Insgesamt sind mehr als 25 Brandungshöhlen und -tore auf den Poor Knight Islands zu bewundern, darunter die vollständig untergetauchte Airbubble Cave.

ANGEHOBENE STRÄNDE BEI TURAKIRAE HEAD

An der Südküste der Nordinsel nahe der Hauptstadt Wellington ragt die Landzunge Turakirae Head an der Südspitze der Rimutaka Range ins Meer. Durch tektonische Hebung im Zuge massiver Erdbeben entstanden im Holozän vier Terrassen, die auch als Strandterrassen bezeichnet werden. Sie stellen eine komplette Chronik der Hebungsvorgänge in den letzten 7000 Jahren dar.

Das jüngste Ereignis war die Folge des schweren Erdbebens, das 1855 Wairarapa erschütterte und die Küste um 6,4 Meter anhob. Der größte einzelne Hebungsvorgang hob die Küstenlinie zwischen

200 und 382 v.Chr. um neun Meter an. Die älteste noch erhaltene Terrassenkante der Gruppe wurde zwischen 5100 und 5400 v.Chr emporgehoben. Alle vier Terrassen sind zum Meer hin verkippt.

Die Turakirae-Landzunge wird im Winter von rund 500 Neuseeländischen Seebären bevölkert.

OBEN LINKS Bei den Pancake Rocks nahe der Ortschaft Punakaiki auf der Südinsel spritzen zwischen stark zerklüfteten Kalksteintürmen Wasserfontänen in die Luft.

OBEN Unter der Nullarbor-ebene an der Südküste Austra-liens liegen riesige Höhlen mit Karstseen, die als unterirdische Süßwasserreservoirs dienen.

RECHTS Eine Besucherattraktion sind die Stalaktiten und Stalag-miten in den Buchan Caves im östlichen Hochland von Austra-lien. Die über 150 Karstschei-nungen in dieser Region bildeten sich in paläozoischem Kalkstein.

D ie senkrechten, nebelverhangenen Gipfel Chinas oder Vietnams, die zerklüfteten kirchturmartigen Inseln im Süd-chinesischen Meer und die von gleißenden Lichtstrahlen erhell-ten unterirdischen Seen der Halbinsel Yucatán haben etwas ge-meinsam: Sie bestehen aus bizarr verwittertem Kalkstein.

Der Formenschatz des Karstes tritt überall dort auf der Erde auf, wo Kalkstein durch tektonische Hebung über den Meeres-spiegel gerät. Kalk ist hart und widerstandsfähig, jedoch im Ver-gleich zu anderen Gesteinsarten sehr leicht löslich. Besonders empfindlich reagiert er auf leicht sauren Regen oder Grundwasser. Schon nach kurzer Zeit zerfrisst Oberflächenwasser den Kalk zu typischen Landschaften, und es ent-stehen eine Reihe von unterirdischen Kam-mern und Gängen, durch die das Wasser abfließen kann.

Karsterscheinungen finden sich an vielen Stellen der Erde und erreichen oft riesige Ausmaße. Auf den Karibikinseln beispielsweise sind gewaltige Höhlensyste-me, Dolinen und andere Karstformationen weit verbreitet. In Nordamerika sind zahlreiche Kalksteinhöhlen und Karst-systeme inzwischen als Nationalparks geschützt. Australiens Nullarbor-ebene zählt zu den ausgedehntesten Karstgebieten weltweit.

Höhlensystem

TROCKENER, ZERKLÜFTETER KARST

Schon ein geringfügiger Säuregehalt im Regenwasser reagiert mit dem Kalziumkarbonat im
Kalkstein und lässt lösliche Kalkminerale und
Kohlendioxid entstehen. Unzählige Regentropfen
nagen mit der Zeit Tausende winziger Dellen und
Rillen in die Oberfläche des Gesteins, die sich immer mehr zuspitzen, bis die ganze Fläche schließlich mit rasiermesserscharfen Graten überzogen ist.
An denen kann man sich schneiden und robuste
Stiefelsohlen in wenigen Stunden zerfetzen. Diese
klassischen Formen der Lösungsverwitterung
nennt man Karren oder Schratten.

Oberirdische Flüsse sieht man in Kalkgebieten
selten, da Wasser rasch durch diverse, sich durch
Kalklösung erweiterte Klüfte versickert und unterirdische Höhlensysteme zum Meer hin abfließt.
Wegen des Verschwindens des Wassers sind Karstlandschaften an ihrer Oberfläche meist extrem
trocken. Selbst in an sich niederschlagsreichen Gebieten muss die Vegetation Strategien entwickeln,
um Wasser zu speichern. So sieht man in Höhlen
manchmal Baumwurzeln wie Seile von der Decke
herabhängen, die zu unterirdischen Wasserflächen
reichen. Oberhalb des Karstwasserspiegels gelegene
Höhlen nennt man vados. Bei ihnen sind Decken
und Wände meist nicht verwittert.

UNTERHALB DES GRUNDWASSERSPIEGELS

In niederschlagsreichen Gegenden fließt unterhalb
des Grundwasserspiegels Wasser der Schwerkraft
folgend ständig hangabwärts in Richtung Meer.
Wasser sucht sich immer den Weg des geringsten
Widerstands, sei es zwischen den Körnern eines
Sedimentgesteins oder an Fugen, Klüften oder Verwerfungsflächen entlang. Bei Kalk hat dieses Verhalten deutliche Folgen, denn das Grundwasser
erweitert zunächst winzige Ablaufrinnen in gewaltige unterirdische Röhren, durch die Süßwasser-
flüsse manchmal kilometerweit unterirdisch bis

OBEN Devil's Ear ist Teil des
Devil-Spring-Systems im Ginnies-
Springs-Becken (Florida, USA).
Aus der Tiefe der Höhle können
Taucher zu bestimmten Zeiten
beim Blick nach oben die Sonne
durchschimmern sehen. Die
braune Wasserfärbung rührt von
Tanninen her.

LINKS Weitläufige Höhlen und
oberirdische Karsterscheinungen
bildeten sich im stark verkarste-
ten Kalkstein am Margaret River
in Western Australien aus.

zum Meer fließen und dort erst unter Wasser als Süßwasserquellen entspringen. Wassergefüllte Hohlräume unterhalb des Grundwasserspiegels nennt man phreatische Höhlen. Oft fallen sie nach einem Absinken des Grundwasserspiegels trocken, sodass man sie ohne Taucherausrüstung erkunden kann.

DOLINEN

Eine Höhle kann riesengroß werden. Liegt sie dicht unter der Oberfläche, wird ihre Decke mit der Zeit immer dünner und löst sich letztlich völlig auf. Bei großen Hohlräumen kann sie auch einstürzen. Den dabei entstehenden Kessel nennt man Einsturzdoline. Dolinen kommen als kleine grasbewachsene Mulden bis hin zu ganzen Talsenken mit Wäldern oder Seen vor, die von hohen Wänden umschlossen sind. Es lohnt, solche Erscheinungen gründlich zu untersuchen, da sie oft Zugang zu weitläufigen Höhlensystemen bieten. Auf der Insel Neubritannien vor Papua-Neuguinea etwa erkundeten Speläologen ein Höhlensystem von der Ora-Doline aus. An ihrem dicht bewaldeten Hang tritt ein bis dahin unterirdisch fließender reißender Sturzbach aus, quert die Talsohle und verschwindet in einer Höhle auf der gegenüberliegenden Seite.

DIE BLAUEN LÖCHER DER KARIBIK

Blue Holes sind fast kreisrunde Dolinen vor allem in karibischen Unterwasserkarstgebieten. An ihrem Rand wechselt die Wasserfarbe unvermittelt vom Helltürkis der flachen Gewässer zu Dunkelblau; dort führen die Hänge des Kessels vertikal in die Tiefe. Vor allem aus der Luft bieten diese kreisrunden Formen einen spektakulären Anblick, der die Bezeichnung „blaue Löcher" verständlich macht.

Das Great Blue Hole am Lighthouse Reef 100 Kilometer vor der Küste bei Belize City ist ein beliebter Tauchplatz. Es hat einen Durchmesser von 400 Metern und ist bis zu 145 Meter tief. Seine Wände sind mit Tropfsteinen überzogen. Es bildet den Zugang zu einem Netz unterseeischer Höhlen und Kanäle, die vermutlich bis zum Festland durchreichen. Stalaktiten deuten darauf hin, dass die Höhle noch luftgefüllt war, als der Meeresspiegel in der letzten Eiszeit niedriger war. Der Gesteinsschutt an der Sohle lässt vermuten, dass es sich um eine Einsturzdoline handelt. Sinterabsätze an den Kalksteinwänden rings um die ganze Höhle belegen, dass der Meeresspiegel nicht stetig, sondern in mehreren Schüben wieder anstieg.

SPEKTAKULÄRE HÖHLENFORMATIONEN

Die bei der Lösungsverwitterung aus dem Kalkstein ausgewaschenen Substanzen werden oft im Innern der dabei entstehenden Hohlräume wieder abgelagert. Vor allem im tropisch-feuchten Klima

OBEN Im Süden des Inselstaats Palau ragen rund 200 dicht bewaldete Kalksteinkegel aus dem Pazifik. Diese Kegelkarste sind die Überreste von Hügeln zwischen Dolinen.

RECHTS Die Luftaufnahme des Great Blue Hole bei Belize City zeigt deutlich das tintenblaue Wasser der Höhle. Die fast kreisrunde Kalksteindoline ist als Naturdenkmal ausgewiesen.

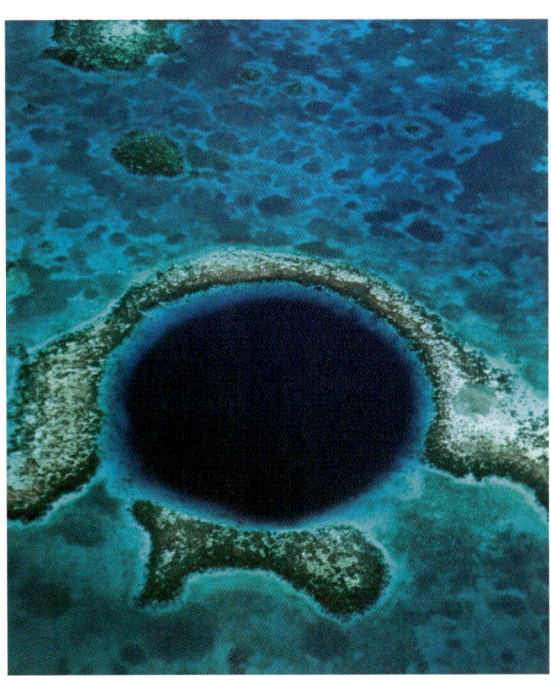

bilden sie glitzernde Krusten an Wänden, Decken und Böden. Man bezeichnet diese Überzüge als Höhlensinter. Dieser wächst sehr langsam, meist nur in Form mikroskopisch kleiner Kristalle. Tropfsteine entstehen, wenn kalkhaltiges Wasser tröpfchenweise von der Höhlendecke fällt oder an den Wänden herunterrinnt. Stalaktiten wachsen von der Decke nach unten auf dickere runde Stalagmiten zu, die ebenso langsam von der Höhlensohle nach oben wachsen, bis sich die beiden treffen und zur Säule verschmelzen. Angesichts der oft mächtigen Formationen fällt es schwer zu glauben, dass sie alle einmal als zerbrechliche dünne Sinterröhrchen („Strohhalme") begannen.

Gewellte oder gefaltete Sinterfahnen und -vorhänge bilden sich an schrägen Höhlenwänden. Beleuchtet man die dünnen, durchscheinenden Gebilde von der Rückseite, sieht man die wunderschöne Bänderung der Wachstumsstreifen. Die Farbpalette reicht von Dunkelbraun bis Weiß, je nach den im Grundwasser enthaltenen Verunreinigungen. Sinter bildet auch runde Scheiben, die an Gesteinsklüften aus der Höhlenwand vorkragen. Sie wachsen in einem steilen Winkel nach oben und sind an der Unterseite oft mit Stalaktiten garniert. Außer in den Lehman Caves in Nevada (USA) sind solche Formationen allerdings selten.

Vor allem Helictite (auch Excentriques genannt) sind rätselhafte Sinterbildungen, weil sie scheinbar die Schwerkraft ignorieren. Sie wachsen weder nach oben noch nach unten, sondern bilden zweigartige Formen. Im engen Lumen verdrehter Sinterröhrchen läuft das Wasser durch Kapillarwirkung bis zur Spitze, sodass die Struktur in scheinbar beliebiger Richtung immer länger wird.

Auf Höhlensohlen entstehen oft niedrige Sinterwälle, zwischen denen sich Wasser sammelt und so Sinterbecken bildet. Die Wälle wachsen durch Ausfällung löslicher Minerale bei kurzfristigen Veränderungen wie Turbulenzen oder der Freisetzung von Kohlendioxid heran. Als Sohlensinter bezeichnet man Formationen am Höhlenboden. Sekundäre Höhlenablagerungen bestehen meist aus Kalzit (Kalziumkarbonat), aber auch aus verschiedenen anderen wasserlöslichen Mineralen wie Gips (Kalziumsulfat) oder Halit (Steinsalz, Natriumchlorid).

WAHRE SCHATZKAMMERN

Gelegentlich findet man in Höhlen Sinterformationen aus bunten Kalziten wie grünem Malachit, blauem Azurit (beides Kupferkarbonate) oder rosafarbenem Rhodochrosit (Mangankarbonat). Ein spektakuläres Beispiel sind die Höhlen in der argentinischen Provinz Catamarca mit ihren hübschen Stalaktiten und Stalagmiten aus rosa und weiß gebändertem Rhodochrosit. Leider wurden

DIE HEILIGEN CENOTES DER MAYA

Die mexikanische Halbinsel Yucatán ist mit tiefen runden Einsturzdolinen übersät, die man dort als Cenotes bezeichnet. An der Sohle der senkrecht abfallenden, ringsum begrünten Schächte erstreckt sich meist ein tiefer See, der an das unterirdische Entwässerungssystem der Halbinsel angeschlossen ist. Die Maya bauten rings um die Cenotes Städte und Tempel und nutzten die Seen als Trinkwasserreservoirs. Weil Cenotes eine so lebenswichtige Rolle spielten, hatten sie für die Maya eine religiöse Bedeutung. Einer der berühmtesten ist der Cenote Sagrada von Chichén Itzá bei Merida mit einem Durchmesser von ca. 60 Metern. Hier opferten die Maya ihrem Regengott Chac Schmuck, Tongefäße und Figürchen, manchmal sogar Menschen. Bodenuntersuchungen und Tauchexpeditionen brachten seit dem Ende des 19. Jahrhunderts Tausende Artefakte sowie Gebeine von etwa 50 Menschenopfern hervor. Die Halbinsel Yucatán bietet einige der schönsten Höhlentauchplätze der Welt.

Die Einsturzdoline „Cenote Sagrada" in der alten Maya-Stadt Chichén Itzá ist 35 Meter tief.

und werden solche Höhlensinter meist abgeschlagen und zu Schmucksteinen verarbeitet.

Die dicken Wand- und Sohlensinter, die in Mexiko als Rohstoff für Schmuck und Zierrat abgebaut werden, heißen auch Mexikanischer Onyx oder Höhlenonyx. Sie bestehen aus hellgrün und weiß gebändertem durchscheinendem Kalzit und sind relativ weich, sodass sie sich gut zum Schleifen und Bearbeiten eignen.

GIPS UND KRONLEUCHTER

Gipshöhlen sind erheblich seltener als Kalksteinhöhlen, obwohl interessanterweise ausgerechnet das zweitgrößte Höhlensystem der Erde in diese Kategorie fällt. Die Optymistytschna-Höhle in der westlichen Ukraine umfasst rund 300 Kilometer Stollen und Schächte. An Wänden und Decken bilden sich sekundäre Gipsformationen, die man Gipsrosen oder in der Wüste auch Wüstenrosen nennt. Sehr ausladende Exemplare wie die unter der Decke der Lechuguilla Cave in New Mexico bezeichnet man als „Kronleuchter". Anders als Sinter wachsen Wüstenrosen von ihrem Ansatzpunkt aus nach außen. Dabei wird das Kristallgit-

OBEN Der „Steinerne Wald" des Shilin-Nationalparks in der chinesischen Provinz Yunnan bietet eine reiche Ansammlung von Karsterscheinungen. Sie reichen von Türmen über Pilze und Säulen bis hin zu pagodenartigen Formen. Daneben gibt es zahlreiche unterirdische Flüsse, Seen und Wasserfälle.

ter deformiert, und die blattförmigen Konkretionen biegen sich zu einer Rosette zusammen.

REICHE FOSSILIENFUNDE

Versteinerte Überreste von Tieren, die das Pech hatten, sich in eine Höhle zu verirren oder durch die Öffnung einer Höhlendecke zu fallen, gibt es in Massen. Im Innern der Höhle trocknen die Kadaver rasch aus und werden bestens konserviert, bevor sie letztlich in Sinter eingeschlossen werden. In Australien fanden Amateur-Höhlenforscher in der Naracoorte Cave unterhalb der Nullarborebene die gut erhaltenen Fossilien ausgestorbener Riesenkängurus, Mega-Wombats und Beutellöwen.

Diese Tiere bevölkerten Australien im Pleistozän (vor 2,6 Millionen bis vor 10000 Jahren) und verschwanden dann von der Bildfläche. Anhand solcher Funde lassen sich Theorien darüber, weshalb die Megafauna in Australien ausstarb, diskutieren. Inzwischen vermutet man, dass nicht Klimawandel daran schuld war, sondern dass Frühmenschen die Tiere durch Überjagung ausrotteten.

Auch Knochen von Frühmenschen wurden in Höhlen entdeckt, in denen sie starben oder bestattet wurden. Wichtige Funde wie die 30000 Jahre alten Gebeine aus der Höhle von Pestera Muierii in Rumänien geben Aufschluss über die Entwicklung des Menschen in Europa. Ob diese Frühmen-

WERDEGANG EINER KARSTLANDSCHAFT

A. Verkarstung findet auf Oberflächen von Kalksteinplateaus statt, die über den Wasserspiegel angehoben wurden. Die Landschaft ist trocken, weil alles Wasser in Fugen und Klüften versickert und als unterirdische Flüsse zum Meer abfließt. B. Mit zunehmender Lösung ragen nur noch kegelförmige, mit Höhlen durchsetzte und mit messerscharfen Karren überzogene Hügel auf, während der Kalk dazwischen weiterhin gelöst wird und zu Dolinen zusammenbricht. Breite Mulden zwischen den Hügeln werden zu weitläufigen flachen Tälern. C. Die reife Karstlandschaft bildet schließlich eine weite, flache Ebene etwa in Höhe des Grundwasserspiegels.

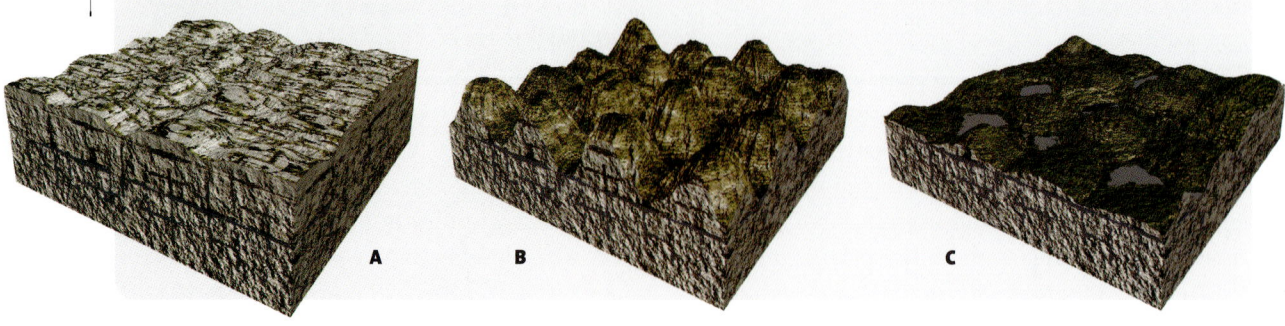

A   B   C

schen sich mit den Neandertalern vor deren Aussterben kreuzten, wird derzeit noch diskutiert.

REIFE KARSTLANDSCHAFTEN

Erodiert eine Kalksteinlandschaft weiter, verbreitern und vertiefen sich die vorhandenen Klüfte, bis nur noch senkrechte Türme oder steile Kegel übrig sind. Solche Gebilde bezeichnet man als Karstturm, die ganze Landschaft als Turm- oder Kegelkarst. Einige der imposantesten Beispiele hat die südchinesische Provinz Guangxi vorzuweisen. Dort gibt es so viele Kalksteintürme, dass der Ortsname Fenglin („Wald aus Steingipfeln") weltweit für solche Erscheinungen benutzt wird. Die Halongbucht mit ihren 1600 turmförmigen Inseln entstand, als eine solche Fenglin-Landschaft vor der vietnamesischen Küste beim Anstieg des Meeresspiegels überflutet wurde. Jede Insel weist auf Höhe des Wasserspiegels eine tiefe Hohlkehle auf, die oft groß genug ist, dass Boote bei Ebbe darunterpassen. Ursache für diese Auskehlungen ist eine erhöhte Löslichkeit des Kalksteins in diesem Bereich. Sie lassen die Inseln etwas windschief wirken.

Ohne spätere tektonische Hebungen oder Veränderungen des Meeresspiegels lösen sich die Kegel mit der Zeit langsam auf, bis nur noch eine Reihe stumpfer Kuppen inmitten einer weiten Senke stehen bleibt. Solche Hügel, unter denen sich meist Höhlensysteme verbergen, haben überall auf der Welt andere Namen, etwa *pepinos* oder *haystack hills* („Heuhaufen") in Puerto Rico, *mogotes* auf Kuba oder *hum* in Serbien und Montenegro.

OBEN Die 113 unterirdischen Höhlen des Carlsbad-Caverns-Nationalpark in New Mexico (USA) bildeten sich, weil Schwefelsäure den vorherrschenden Kalkstein auflöste. In den riesigen Höhlen gibt es faszinierende Sinterformationen.

LINKS Dieses imposante Felsgebilde gehört zur reifen Karstlandschaft auf der Coromandel-Halbinsel auf Neuseelands Nordinsel. Hier sind zudem viele inaktive oder längst erloschene Vulkane zu bewundern.

Karstgebiete und Höhlen in Nordamerika

Kalksteinhöhlen und Karsterscheinungen findet man in vielen Nationalparks der USA, von einem knappen Dutzend im Chesapeake und Ohio Canal National Historic Park bis zu Hunderten, die in Arizona den gesamten Grand Canyon durchziehen.

Das System Mammoth Cave-Flint Ridge in Kentucky ist das weitläufigste bekannte Höhlensystem der Erde. Bisher wurden Gänge mit einer Gesamtlänge von über 480 Kilometern vermessen.

Das Spektrum kanadischer Höhlen reicht von der Castleguard Cave im Banff-Nationalpark (Alberta) mit gut 25 Kilometer Länge bis zu den über 1000 Höhlen auf Vancouver Island an der Westküste Kanadas.

CARLSBAD CAVERNS (NEW MEXICO, USA)
Die Carlsbad Caverns im nördlichen New Mexico sind eines der ältesten und berühmtesten Höhlensysteme der Welt. Sie umfassen 83 einzelne Höhlen, die vor 250 Millionen Jahren noch ein rund

640 Kilometer langes Riff in einem Binnenmeer darstellten. Seit 1923 ist die Gegend Nationalpark, seit 1995 gehört sie zum Weltnaturerbe.

Der Big Room ist rund 600 Meter lang und im Schnitt 180 Meter breit und damit eine der größten natürlichen Höhlen der Erde. Hier finden sich unter den berühmten Attraktionen der Carlsbad Caverns der Giant Dome und der gewaltige Rock of Ages.

Lechuguilla Cave ist die fünftlängste Höhle der Erde und die tiefste der USA. Erst 1986 wurde sie vollständig erforscht. Sie weist eine Vielzahl seltener Sinterformationen auf, etwa Höhlenperlen, lange „Makkaroni" (dünne Sinterröhrchen) und gewaltige Gipsrosen in Form riesiger „Kronleuchter",

UNTEN Die Carlsbad Caverns weisen viele spektakuläre Karsterscheinungen vor. Im „Großen Saal" (Big Room), einer der größten unterirdischen Einzelhöhlen der Erde, gibt es eine Menge zu bestaunen, etwa den über viele Jahrhunderte angewachsenen Rock of Ages.

die größer, tiefer und vielfältiger sind als die Formationen in der benachbarten Carlsbad Cavern.

Das Höhlensystem wird von rund einer Million Fledermäusen bewohnt. Die in riesigen Kolonien lebenden Tiere ernähren sich ausschließlich von Insekten. Jeweils im Juni/Juli werden die Jungen geboren, und im Oktober ziehen die Tiere zu ihren Winterquartieren nach Mexiko.

LEHMAN CAVES (NEVADA, USA)

Trotz des Plurals „Caves" handelt es sich hier nur um eine einzelne Höhle mit besonders vielfältigen Tropfsteinen. Ein Bergmann und Rancher namens Absalom S. Lehman entdeckte sie um die Mitte der 1880er Jahre und kassierte schon bald Eintritt von Besuchern, die die Höhle besichtigen wollten. 1922 wurde sie zum Nationaldenkmal erklärt und 1986 in den Great-Basin-Nationalpark eingegliedert.

Berühmt ist sie wegen ihrer vielen ebenso seltenen wie bizarren *shields* („Schilde"), die sich meist nur in Höhlen mit stark zerklüftetem Kalkstein bilden. Flachgedrückten Muschelschalen ähnelnd, bestehen sie aus zwei runden bis ovalen parallelen Tellern, zwischen denen ein schmaler Riss verläuft. Das kalzithaltige Wasser gelangte durch Kapillarwirkung in die Höhle und ließ an die derzeit rund 300 „Schilde" entstehen, von denen ihrerseits unzählige Tropfsteine herabhängen.

VANCOUVER ISLAND, KANADA

Vancouver Island ist die größte Insel vor der nordamerikanischen Westküste. Rund 1200 Quadratkilometer der Inselfläche sind Karstgebiet mit der höchsten Höhlendichte Kanadas.

Aufgrund starker Niederschläge und der gebirgigen Topografie liegen viele der längsten und tiefsten Höhlen des Landes im Norden von Vancouver Island, wo leicht saurer Oberflächenabfluss aus den umliegenden Nadelwäldern den örtlichen Quatsino-Kalkstein lösten und zu komplexen Karsterscheinungen umwandelten. Zu diesen gehören etwa die riesigen Dolinen Devil's Bath und Eternal Fountain sowie zahlreiche Formationen im Bonanza Valley und im Süden und Westen von Port Hardy.

Die meisten der rund 1000 Höhlen und anderen Karsterscheinungen auf Vancouver Island befinden sich in Kalkstein und Marmor (metamorphem Kalkstein) innerhalb der Provinzparks. Gut erreichbar sind unter anderem Horne Lake, Upana Caves und Little Huston.

GANZ OBEN Bei Sonnenuntergang verlassen Tausende Fledermäuse gleichzeitig eine Höhle, um zu ihren nächtlichen Jagdausflügen aufzubrechen. Bei Sonnenaufgang kehren sie in den Schutz der Höhle zurück.

OBEN Die Decken der Carlsbad Caverns sind mit Stalaktiten übersät. Die eindrucksvollen herabhängenden Stalaktiten und die vom Boden aufragenden Stalagmiten, für die das Höhlensystem berühmt ist, bilden sich durch Kalkausfällung aus Tropfwasser.

Karstgebiete und Höhlen in Nordamerika

Höhlen
1 Cosmic Caverns
2 Marvel Cave
3 Hurricane River Cave
4 War Eagle Cavern
5 Crystal Oryx Cave & Mammoth Cave
6 Wyandotte Caves
7 Marengo Cave
8 The 7 Caves
9 Cherokee Caverns
10 Lost Sea
11 Tuckaleechee Caverns
12 Russell Cave

Karstgebiete und Höhlen in Mittel- und Osteuropa

Mit seiner klassischen und namengebenden Karstlandschaft im Süden des Staates ist Slowenien die ultimative Karsthochburg. Insgesamt sind 43 Prozent des Landes verkarstet, und die Hälfte der Bevölkerung bezieht ihr Trinkwasser aus Karstgewässern.

OBEN Der Berg Kanin in den Julischen Alpen Sloweniens ist ein Karstgipfel und mit 2585 Meter Höhe einer der höchsten Punkte der Bergkette. Die Julischen Alpen sind nach Julius Caesar benannt – als Erinnerung an die römische Besetzung des Gebiets in der Antike.

RECHTS Unterhalb der slowenischen Landoberfläche erstreckt sich ein Netz spektakulärer Höhlen, die mit ihrer oft sehr effektvollen Ausleuchtung eine der wichtigsten Touristenattraktionen der Region darstellen.

Bevor die Eisenbahnlinie zwischen Wien und der Hafenstadt Triest 1857 fertiggestellt war, sahen Reisende mit Schrecken der holperigen letzten Teilstrecke durch das karge, felsige Karstgebiet entgegen. Heute würden sie kopfschüttelnd vor den Wäldern Südsloweniens stehen, unter denen sich der einst gefürchtete graue Felsboden verbirgt.

Eine der bekanntesten Karsterscheinungen sind die teils mit einer Höhlenbahn befahrbaren Postojna Jama (Adelsberger Grotten) und die zum Weltnaturerbe zählenden Höhlen von Škocjan (Sankt Kanzian). Praktisch jede nicht tropische Karsterscheinung ist in Slowenien vertreten – von Trockentälern über Karstplateaus, Schlucklöcher, riesige Einsturzdolinen, Höhlen mit und ohne Decke, Poljen und Karren bis hin zu Karstbächen und -quellen. Wissenschaftlern dient es deshalb oft als Musterbeispiel.

Karstlandschaften erstrecken sich über den ganzen Balkan von der dalmatischen Küste quer durch Griechenland bis nach Italien. Die einstigen Wälder fielen in erster Linie dem Kahlschlag für den griechischen und römischen Schiffsbau sowie grasenden Schafen und Ziegen zum Opfer.

Triassische und paläozoische Kalksteine, Produkte der mesozoischen Tethys, kommen nicht nur in Süd-, sondern in ganz Europa vor. Überreste aus dem Mesozoikum sind unter anderem Saurierfossilien aus den uralten Höhlen Sloweniens und dem Kalkstein des Meeresbodens vor der kroatischen Küste. Kräftige Krustenbewegungen falteten einen Teil der Kalksteinmassen zu schroffen Bergen auf, wie sie für die Karpaten und Alpen typisch sind. In diesen Gebirgen und den dazugehörigen Kalkhochflächen liegen tiefe Höhlen wie etwa die Dachstein-Mammuthöhle.

Kalkstein aus dem Altpaläozoikum findet sich in den Böhmisch-Mährischen Gebirgen (Tschechien). In Mittelböhmen südlich von Prag liegen die Koněpruské-Höhlen. Diese Region hat einige der ältesten Höhlensysteme von ganz Europa vorzuweisen, die teilweise auf 70 Millionen Jahre zurückdatiert werden. Riesige Höhlen und tiefe Schächte wie

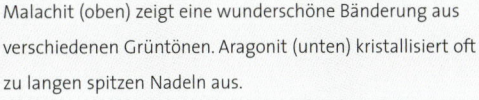

BESONDERE MINERALE: MALACHIT UND ARAGONIT

Die meisten Tropfsteine bestehen aus Kalzit, aber man findet auch andere, teilweise seltene Minerale. Stalaktiten aus grünem Malachit etwa gibt es in den österreichischen Alpen, der Demokratischen Republik Kongo und Arizona (USA). Da das Kupferkarbonat Malachit aufgrund seiner attraktiven hell- und dunkelgrünen Bänderung ein beliebter Schmuckstein ist, werden solche Höhlenbildungen vielfach abgeschlagen. Ebenso wie sein blauer „Vetter" Azurit war Malachit einst ein wichtiger Kupferlieferant. In der Ochtinaer Aragonithöhle in der Slowakei gibt es wunderbare Ablagerungen von Aragonit. Er kommt hier in Form glitzernder Nadeln, Spiralen oder stacheliger Kissen vor und wächst wie Blumen an den blauen Kalksteinwänden der „Milchstraße" heran. Aragonit ist wie Kalzit zusammengesetzt, kristallisiert aber im orthorhombischen Kristallsystem aus. Aragonitstalaktiten finden sich auch in den Carlsbad Caverns in New Mexico (USA).

Malachit (oben) zeigt eine wunderschöne Bänderung aus verschiedenen Grüntönen. Aragonit (unten) kristallisiert oft zu langen spitzen Nadeln aus.

pest (Ungarn) erstrecken. In ihrem Labyrinth aus Gängen und Kuppelsälen finden sich spektakuläre Kristallformationen. Die Szemlőhegyi- und Pálvölgyi-Höhlen enthalten große Mengen von Sinterplatten, Korallith und komplexem Wandsinter.

Sprudelndes Mineralwasser, aus dem Kohlendioxid freigesetzt wird, formte die Zbraschauer Aragonithöhlen und den benachbarten tiefen Weißkirchener Abgrund (Hranická Propast) im Westen Tschechiens. Sensoren und eine computergesteuerte Pumpe überwachen für Besucher die Atemluft in der Höhle. Thermalhöhlen gibt es auch am Plattensee in Ungarn und bei Krakau in Polen.

Bei Probebohrungen auf der Suche nach Minerallagern in den bulgarischen Rhodopen stieß man auf eine der größten Einzelhöhlen der Erde. Der riesige Hohlraum ist mindestens 1340 Meter hoch, besitzt ein geschätztes Volumen von 238 Kubikmetern und ist mit mineralhaltigem Wasser gefüllt.

Auch im rumänischen Movile gibt es eine ungewöhnliche Thermalhöhle. Die Luft in ihr ist reich an Methan und Schwefelwasserstoff, und das Wasser ist abgesehen vom obersten Millimeter extrem sauerstoffarm. Alles Leben in der Höhle ist abhängig von Bakterien, die den Schwefelwasserstoff oxidieren. Die Höhle ist das einzige bisher bekannte komplexe terrestrische Ökosystem, das völlig unabhängig vom Sonnenlicht funktioniert.

EISHÖHLEN

Unter bestimmten klimatischen Bedingungen kann sich in Kalksteinhöhlen Eis bilden. Bekannte Bei-

LINKS Die Baradla-Höhlen im Aggtelek-Nationalpark im Norden Ungarns bilden dank ihrer exzellenten Akustik und spektakulären Tropfsteine den idealen Rahmen für Konzerte.

die Macocha („Stiefmutterschlucht") prägen die Mährische Schweiz. Bei Touristen sind die Bootsfahrt durch die Punkvahöhlen (Punkevní jeskyně) und die riesige Halle der Kateřinská jeskyně beliebt.

THERMALHÖHLEN

Die meisten europäischen Höhlen entstanden durch einsickerndes Oberflächenwasser. Einige Höhlen Mitteleuropas bildeten sich jedoch durch entspringendes Thermalwasser. Die bekanntesten von ihnen sind wohl die Budaer Höhlen, die sich bis unter die Straßen und Häuser im Burgviertel von Buda-

DEUTSCHLAND

POLEN

Elbe

TSCHECH. REPUBLIK

Drachenhöhle Syrau
Zbrasovské Aragonitové Jeskyne
Koneprusca Jeskyne
König-Otto-Tropfsteinhöhle
Chynovske Jeskyne
Großes Schulerloch

Backovske Dolomitové Jeskyne
Jaskinia Niedzwiedzia
Jeskyne Na Spicaku
Jeskyne Na Pomezi
Javoričské Jeskyne
Mladecske Jeskyne
Katerinska Jeskyne
Punkevni Jeskyne
Sloupsko-Sosuvske Jeskyne
Jeskyne na Turoldu
Jeskyne Balcarka
Bojnicka Hradna Jeskyna
Jaskyna Driny

Jaskinia Lokietka
Jaskinia Nietoperzowa
Smocza Jama

Jaskinia Raj

Optimisticheskaya Pestera
Ozernaja Pestera

Dnestr (Dnister)

Morava

Belianska Jaskyna
Dobsinska Ladová Jaskyna
Harmanecka Jaskyna
Demanovska Jaskyna Slobody
Ochtinska Aragonitova Jaskyna
Jasovska Jaskyna
Jaskyna Domica
Rakoczi-barlang

SLOWAKEI

Szt. Istvan Barlang

Karpaten

Donau

Tisza

Hochkarschacht
Nixhöhle
Elsriesenwelt
Gassel-Tropfsteinhöhle
Dachstein-Rieseneishöhle
Hermannshöhle
Lamprechtsofen
Dachstein Mammuthöhle
Knausshöhle
Lurgrotte Semriach Grasshöhle
Katerloch

Allander Tropfsteinhöhle

Neusiedler See

Budaer Berge
Szemlohegy-barlang
Palvolgyi-barlang

UNGARN

ALPEN

ÖSTERREICH

Mur

Enns

Drau

Traun

Griffener Tropfsteinhöhle
Obir Tropfsteinhöhle

SLOWENIEN

Loczy-barlang
Tapolcai-Tavasbarlang
Plattensee

Pestera Meziad
Pestera Ursilor

Mures

Grotta Nuova
Grotta di Oliero

Predjamska Jama
Škocjanske Jame
Postojnska Jame
Grotta Gigante

Spilja Veternica
Spilja Vrlovka

KROATIEN

Drava

RUMÄNIE

Po

Reno

Golf von Triest

Golf von Venedig

Kupa

Sava

Donau

Dinarische Alpen

Pestera Mulerilor

Spiljo Lokvarka
Krk
Spilja Biserujka
Cres

Golubinjaca Pecina
Samograd Spilje
Manita Pecina
Cerovacke Spilje

BOSNIEN & HERZEGOWINA

Risovaca Pecina
Petnicka Pecina

Rajkova Pecina
Resavska Pecina
Zlotske Pecina

Pestera Magura

Appennin

Arno

Grotta dell'Onferno
Grotta Grande del Vento

Lago Trasimeno

Spilja Vranjaca

Pecina Bljambare

Stopica Pecina

SERBIEN

Pestera Ledenika
Stara Planina
Temnata Dupka
Surva Dupka

BULGARI

Izvor Buna

Lago di Bolsena

Modra Spilja
Bisevo
Hvar

Pecina Vjetrenica

MONTENEGRO

Mermernd Pecina

Bacho Kiro

La Grotta di Stiffe
Lago di Bracciano
Grotta di Beatrice Cenci
Grotta di Pastena

Grotta del Cavallone

Adria

Skadarsko Jezero

Spella e Gjolave

Vrelo Spilja

Maritsa

Snezhanka Pestera

Rhodopen

Jagodinska Pestera

Dyavolska Garlo
Uhlovitsa Pestera

Promontorio del Gargano

Drin

MAZEDONIEN

Capri

ITALIEN

Grotta della Smeraldo
Grotta Azzurra
Grotta dell'Angelo

Grotta di Putignano
Grotta di Castellana

Ohridsko Jezero

ALBANIEN

Pesterna Crkva Sveti Erazmo
Pesterna Crkva Sveti Stefan

Pestera Alistratis

Spilaio Agios Georgios

Samothraki

Tyrrhenisches Meer

Grotta delle Meraviglie

Golf von Tarent

Grotta Zinzulusa

Straße von Otranto

Prespansko Jezero

GRIECHEN LAND

Pindos-Gebirge

Spilaio Petralona

Kerkira

Spella e Kercmait

Ägäisches Meer

Les

Straße von Sizilien

Sizilien

Ionisches Meer

Ionische Inseln

Kefalonia

Katavothres
Spilaio Drogkarati
Limni Melissani

Limni Trikhonis

Euböa

Spilaio Paramatos

Spilaio Glifada

PELOPONNES

Kykladen

Straße von Malta

MITTELMEER

Milos

Spilaio Andipc
Andiparos

Santorin

MALTA

WEISSRUSSLAND

Karstgebiete und Höhlen in Mittel- und Osteuropa

N

0   250 km
0   250 Meilen

RUSSISCHE FÖDERATION

U K R A I N E

Dnepr

MOLDAWIEN

Don

Asowsches Meer

Emine Bair Khasar   Mramornaja Pestera

Pestera Movile

S c h w a r z e s   M e e r

Kaukasus
Woronja
(Krubera)
Pestera

GEORGIEN

Marmarmeer

Karaca Magarasi

Kelkit

Ayvaini Magarasi   *İznik Gölü*   *Sakarya*

T Ü R K E I

Murat

Kizil Irmak

Tuz Gölü

Gediz

Inkaya Magarasi   Hayran Gölü

Aslanli Magarasi   Pinargozu Magarasi

Büyük Menderes   Pamukkale   Insuyu Magarasi

Seyhan

Dicle (Tigris)

Firat (Euphrat)

Beysehir Gölü

Hislayik Magarasi

Spilio Epta Parthena   Karain Magarasi   Zeytintasi Magarasi   Altinbesik Magarasi

ös   Papazkayasi Magarasi

Molla Deligi Magarasi   Damlatas Magarasi

Taurusgebirge

Cennet ve Cehennem Cokukleri

Rhodos

S Y R I E N

OBEN Die bis zu einer Tiefe von
2190 Metern erforschte Krubera-
Voronya-Höhle in Abchasien hält
derzeit den Rekord als tiefste
Höhle der Erde. Der hier gezeigte
„Große Wasserfall" ist einer der
größten Schächte innerhalb der
Höhle.

RECHTE SEITE Den grandiosen
kroatischen Nationalpark Plitvicer Seen durchfließt ein Karst-
fluss, in dem sich durch Ablagerung von Kalziumkarbonat
natürliche Dämme bildeten. Die
Seen zählen zum Weltnaturerbe.

RECHTS Die Höhlenburg Predjama wurde in eine Steilwand hineingebaut. Unter der Festung
liegt ein Höhlensystem mit diversen Attraktionen, darunter ein
Stollen, an dessen Wänden Besucher seit dem 16. Jahrhundert
ihre Namen hinterlassen haben.

spiele sind die Dachstein-Eishöhle und die Eisrie-
senwelt in den österreichischen Alpen. Das mit
110 132 Kubikmetern größte Eisvolumen einer
Kalksteinhöhle existiert jedoch nicht in den Alpen,
sondern in der zum Weltnaturerbe zählenden
Dobschauer Eishöhle (Dobšinská ľadová jaskyňa)
in der Slowakei in nur 969 Meter Höhe.

REKORDVERDÄCHTIGE HÖHLEN

Die längsten Höhlen Europas bestehen nicht aus
Kalkstein, sondern aus Gips. Die unterirdischen
Höhlenlabyrinthe am Dnjestr im Westen der
Ukraine entstanden durch artesische Brunnen,
die das Wasser durch Klüfte in einer horizontalen
Gipsschicht nach oben drückten. Die längste dieser
Höhlen (Optymistytschna) ist mit über 300 Kilo-
metern die zweitlängste der Welt.

Die tiefste Höhle der Erde vermutete man schon
in vielen Gebirgen, vom Hochland von Neuguinea
über die Pyrenäen bis nach Mexiko. Ukrainische
und russische Höhlenforscher entdeckten erstmals
Höhlen von mehr als zwei Kilometern Tiefe im
Arabikamassiv der Kaukasuskette in Abchasien
(Georgien). Im September 2007 waren sie in der
Voronya-Höhle 2190 Meter tief vorgedrungen.

BURGEN IN HÖHLEN

Höhlen wurden auch für die Anlage von Burgen
miteinbezogen. In Polen verwendete man etwa ehemalige Korallenriffe als Fundamente für Burgen wie
die von Podzamcze, wo der harte Kalksteinrand als
Wall und die Lagune als Bergfried dient. Das ein-
drucksvollste Beispiel dafür ist die „Höhlenburg"
Predjama (Luegg) in Slowenien. Die Festung aus
dem 15. Jahrhundert wurde in den Eingang einer

NEANDERTALER IN DEN HÖHLEN

Vor allem während der Eiszeiten boten Höhlen sowohl
den Menschen als auch vielen Tieren Schutz. Höhlen-
bären (*Ursus spelaeus*) etwa lebten tief in Höhlen und
orientierten sich in der Dunkelheit mit der Nase. Die Jun-
gensterblichkeit bei den Bären war aber offenbar hoch.

Neandertaler bewohnten Höhlen natürlich im Nean-
dertal, aber auch in Slowenien fand man eine von ihnen
gefertigte Flöte, die das gängige Bild von ihrer Kultur auf
den Kopf stellte. Außerdem entdeckte man einen Fußab-
druck in einer rumänischen Höhle, der auf ein Alter von
64 000 bis 97 000 Jahren geschätzt wird.

Höhle hineingebaut, die im Belagerungsfall Wasser
und einen Geheimgang für den Nachschub bot.
Eine noch frühere Burganlage bewohnte dort der
Raubritter Erasmus von Luegg. Um die Belagerung
von 1484 und den Tod des Ritters durch eine steinerne Kanonenkugel ranken sich viele Legenden.

MALERISCHE KARSTSEEN

Von steilen Hügeln umschlossene flache Täler vor
allem in den südeuropäischen Karstlandschaften
bezeichnet man als Poljen. Wie die „Faulebene"
(Nestani polje) auf dem griechischen Peloponnes
sind sie oft wichtige landwirtschaftliche Gebiete.
Viele Poljen sind jahreszeitlich überflutet und haben sogar Seen. Zu den bekanntesten zählt der
temporäre See bei Cerknica in Slowenien. Manchmal stehen Überreste runder Kalksteinhügel mitten auf der Poljensohle. Karstseen entstehen aber
auch, wenn sich in Bächen Tuffdämme bilden. Imposante Beispiele hierfür sind die Plitvicer Seen in
Kroatien, eine zauberhafte Kombination aus tiefblauen Seen, tosenden Wasserfällen und sattgrünen
Tuffdämmen. Am Flusslauf des Korana entlang gibt
es 16 solcher Seen. Der größte davon, Kozjak Jezero, ist 2,5 Kilometer lang und bis zu 67 Meter breit.

KARSTQUELLEN UND SCHLUCKLÖCHER

Während die Oberflächen von Karstgebieten oft
trocken sind, gibt es darunter Wasser in Hülle und
Fülle. Karstquellen sind wichtige Wasserlieferanten
für die Städte und Dörfer in Karstgebieten, aber
nicht nur auf dem Festland. Süßwasserquellen im
Meer findet man vor den Kalksteinküsten der
Balkanländer, Griechenlands und Italiens. Einige
sind von so viel Süßwasser umgeben, dass man es
direkt aus dem Meer abpumpen kann.

In Schlucklöchern oder Ponoren verschwinden
Bäche und Flüsse in Höhlen. Dabei kann es sich
um vertikale Schächte oder horizontale Höhlen-
eingänge handeln. Verändern sich die hydrologischen Bedingungen, können Löcher, die normaler-

weise Wasser schlucken, auch Wasser speien. Solche Schluck-Speilöcher nennt man Estavellen.

Die seltsamsten Ponore und Quellen gibt es auf der griechischen Insel Kefalonia. An ihrer Südküste verschwindet Meerwasser im Boden und kommt – leicht mit Süßwasser verdünnt – an der Nordküste über dem Meeresspiegel wieder hervor. Die Meer-wassermühlen von Agastoli werden von Salzwasser angetrieben, das durch den Kalkstein versickert und auf der anderen Seite wieder herausfließt.

LINKS Die griechische Insel Kefalonia besitzt mehrere unge-wöhnliche Höhlen wie hier die Melissani- oder Nymphenhöhle. Sonnenlicht reflektiert vom hin-durchfließenden Brackwasser und taucht die Höhle in über-irdisches Blau.

Karstgebiete und Höhlen in Asien

Asien besitzt eine große Vielfalt an Karsterscheinungen. Sie sind die Überreste eines alten Meers, das sich im Perm vor 250 Millionen Jahren von Guilin in China ostwärts über Vietnam und Thailand bis nach Borneo und zu den Philippinen erstreckte.

In ganz Südostasien sind rund 400 000 Quadratkilometer von Karst bedeckt, dessen Entstehungszeit vom Kambrium bis zum Quartär reicht. Da die komplizierten Karsterscheinungen am zerstückelten Sundaschelf entlang jede intensive landwirtschaftliche Nutzung verhindern, blieben die natürlichen Landschaften erhalten. Sie bieten heute breiten Raum für biologische und ökologische Forschungen.

OBEN Das bizarre Karstgebirge von Guilin im Südosten Chinas liegt in einer üppigen grünen Landschaft und ist von Wasserläufen durchzogen. Die Namen der eigentümlichen Formationen – etwa der „Elefantenrüsselhügel" – verweisen auf Formen, denen die Hügel ähneln.

URALTER KÜSTENKARST IN THAILAND
Vom Tarutao Marine National Park an der Grenze zu Malaysia bis Chiang Mai im Norden zieht sich Karst durch Thailand. Er entstand, als der indische Subkontinent vor 30 Millionen Jahren mit dem asiatischen Festland kollidierte. Dabei wurden Südthailand und die Malaiische Halbinsel im Uhrzeigersinn gedreht, wobei ein altes Korallenriff, das sich über 5000 Kilometer von den Philippinen bis zum chinesischen Festland hinzog, auseinanderbrach.

Vor allem in den südthailändischen Provinzen Krabi und Phang Nga sieht man heute spektakuläre Karstformationen. Karstkegel ragen nicht nur vor der Küste aus mangrovengesäumten Wattenmeeren und den flachen Gewässern der Bucht von Phang Nga auf, sondern auch im Landesinnern.

Der Karst an der Küste vor Krabi entwickelte sich aus Dolomit und permischem Kalkstein zu Turm- und Kegelkarst. Dieser zeigt sich entweder als eine Mischung aus einzeln stehenden, meist hohen zylindrischen Karsttürmen und mäßig steilen Karstkegeln, die sich zwischen 60 und 210 Meter über dem Meeresspiegel erheben, oder aus 240 bis 400 Meter hoch aufragenden Kegeln oder Zylindern, die auf weitläufigen Kalksteinebenen stehen. Deren Ränder bilden vertikal abfallende Felswände.

Monsunregen und Brandungserosion höhlten die weichen Sedimentschichten zwischen den Karsttürmen aus. Die Durchgänge zusammen mit kargen, trockenen Kalkrohböden bieten einer vielfältigen Flora und Fauna Lebensraum. Stürzen die Decken der Höhlen ein, bilden sie sogenannte

hongs, eine der faszinierendsten Karsterscheinungen überhaupt. Je nachdem, ob die Höhlensohle ober- oder unterhalb des Meeresspiegels liegt, werden sie zu Lagunen oder Wäldern.

Die Karstvegetation übersteht auch längere Trockenperioden und kommt fast völlig ohne Bodenauflage aus. Verrottendes Laub macht das Oberflächenwasser leicht sauer und beschleunigt die Lösungsverwitterung des Kalksteins. Laub fällt auch in Felsspalten und bildet dort ein Substrat für Farnpalmen und andere Pflanzen. Im thailändischen Karst gedeihen mehrere Feigenarten, deren Früchte viele Tiere wie Langschwanzmakaken anlocken. In größeren Karstsystemen mit 50 Hektaren zusammenhängendem Wald siedeln Gibbons, in kleineren leben Schlankaffen, die sich von Blättern ernähren und deshalb mit begrenzteren Lebensräumen auskommen.

„BUCHT DES UNTERTAUCHENDEN DRACHENS"

Einer Legende nach wurde Vietnam vor langer, langer Zeit von einem bösen Feind belagert. Ein Drache eilte aus den Bergen zu Hilfe, spaltete mit Schwanzschlägen ganze Bergzüge und versperrte so den Feinden den Weg. Dabei entstand auch die Halongbucht mit ihren knapp 2000 Dolomitinseln – der Name Vinh Ha Long bedeutet „Bucht des untertauchenden Drachens".

Die seit 1994 zum Weltnaturerbe zählende Bucht an der Nordostküste Vietnams ist eine wahre Karst-Märchenwelt, die im Westen an das Delta des Roten Flusses und im Südwesten an die Insel Cát Bà grenzt. Auf insgesamt 1555 Quadratkilometern ragen 1970 Inseln aus dem flachen Wasser.

Der Meeresboden der Halongbucht ist eine überflutete Karstebene aus überwiegend klastischen Sedimenten. Die Inseln haben sich aus einer über 1000 Meter mächtigen Schicht feinkörnigem Kalkstein aus dem Karbon und Perm herausgebildet, der ideale Bedingungen für die Verkarstung bot. Die komplexe geologische Unterkonstruktion der Bucht besteht aus entlang Verwerfungen ertrunkenen Tälern zwischen den Inseln; die Gesteinsschichtung ist im Osten horizontal und geht zu überkippten Falten im Westen über.

Die Inseln der Halongbucht sind teils einzeln, teils in Gruppen stehende Felstürme. Diese sind bis zu 200 Meter hoch und zeichnen sich durch eine steile Kegelform aus. Die meisten einzeln aufragenden Karsttürme erreichen eine Höhe zwischen 50 und 100 Meter und weisen an (fast) allen Seiten vertikale Felswände auf.

OBEN RECHTS In den Karstlandschaften der Halongbucht bieten die Pflanzen ein reiches Nahrungsangebot für viele Tierarten, darunter mehrere Sippen von Javaneraffen (Langschwanzmakaken). Über die Hälfte ihrer Nahrung besteht aus Früchten.

OBEN LINKS Zur atemberaubenden Silhouette von Krabi an der Westküste Thailands gehören riesige Karsttürme, die hoch über die Andamanensee aufragen.

UNTEN Die Halongbucht in Vietnam schmückt sich mit fast 2000 bergigen Inseln. In den flachen Gewässern geben sich zahlreiche Fischerboote ein Stelldichein.

Die bei vielen Türmen sichtbaren Unterschneidungen sind rund drei Meter über dem mittleren Meeresspiegel als Hohlkehlen erkennbar. Hier setzt die Brandungserosion hauptsächlich an. Verursacht wurden die Hohlkehlen in einer ersten Erosionsphase vermutlich dadurch, dass sich in den Klüften der Inseln Meer- und Süßwasser vermischten.

Die Karsterscheinungen bestehen überwiegend aus weiten Klüften, Felsnadeln, Kämmen und korrodierten Kalksteinresten, die gemeinsam eine recht unwirtliche Landschaft bilden. Auf vielen der Inseln gibt es Seen, in der Regel überflutete Dolinen, die *hongs* ("Kammern") heißen. Die meisten sind von den Gezeiten abhängig: Bei Flut strömt Meerwasser durch Höhlen auf Meereshöhe oder ein verzweigtes Kluftsystem in die Seen ein und bei Ebbe wieder zurück ins Meer.

Die zerklüftete Karstlandschaft der Halongbucht beherbergt einer Vielzahl einzigartiger Pflanzen und Tiere. Eine 1988 von der Weltbank in Auftrag gegebene biologische Expedition registrierte über 80 neue Arten, darunter an Höhlenbedingungen angepasste Spinnen, Tausendfüßler, Asseln und allein 17 meist endemische Nacktschneckenarten. Was Höhlenschnecken angeht, ist die Halongbucht der bei Weitem artenreichste Lebensraum Südostasiens.

Möglicherweise war die extreme Zergliederung der Karsterscheinungen in der Bucht der Grund für die frühe Artenbildung, denn zwischen eng verwandten Spinnen, Tausendfüßern und Springschwänzen aus verschiedenen Kalksteinschichten bestehen deutliche Übereinstimmungen. Die Pflanzenwelt der Inseln umfasst mehrere Arten von Usambaraveilchen, einige sehr seltene Orchideen, Springkräuter und sogar eine Ingwerart.

DER PUERTO-PRINCESA-SUBTERRANEAN-RIVER-NATIONALPARK

Der zum Weltnaturerbe zählende Puerto-Princesa-Subterranean-River-Nationalpark befindet sich auf der Philippineninsel Palawan. 90 Prozent der Karstlandschaft um den Mount St. Paul besteht aus scharfkantigen Kalksteingraten mit einer Reihe verwitterter Gipfel entlang der Westküste der Insel.

Die Hauptattraktion des Parks verbirgt sich jedoch unter der Erde: der längste schiffbare unterirdische Fluss der Welt. Mehr als acht Kilometer fließt er unter der Insel hindurch, wird südwestlich des Mount St. Paul fünf Kilometer breit und ergießt sich schließlich in der St. Paul's Bay ins Meer. Auf seinem Weg passiert er zahllose Stalaktiten, Stalagmiten und mehrere riesige Hallen von bis zu 120 Meter Breite und 65 Meter Höhe. Im Unterlauf ist der Wasserpegel des Flusses stark von den Gezeiten beeinflusst.

In den unzähligen Kammern und Stollen von Puerto-Princesa tummeln sich Tausende Salanganen (eine Seglerart) und viele Fledermausarten.

BEDROHTE UMWELT
Nur 13 Prozent der asiatischen Karstlandschaften stehen unter Naturschutz. Der Rest wird durch die enorme Nachfrage nach Kalkstein für die Zementproduktion bedroht. Die Ausbeutung der Kalksteinbrüche nimmt pro Jahr um fast sechs Prozent zu, und sogar die Nationalparks müssen Abbaukonzessionen vergeben. Für die empfindlichen Ökosysteme und ihre Bewohner stellt dies jedoch eine ständige ernste Gefahr dar.

Über 30 im Karst heimische Tierarten listet die Weltnaturschutzunion (IUCN) derzeit als bedroht auf, darunter den Blindfisch, diverse Mollusken und seltene Fledermäuse. Viele der Tiere und Pflanzen aus Karstgebieten tauchen gar nicht erst auf solchen Listen auf, weil man zu wenig über sie weiß und ihre Lebensräume für gezielte vergleichende Studien nur schwer zugänglich sind.

Seit 1988 wurden in Karsthöhlen Südostasiens 13 neue Fischarten entdeckt, darunter eine blinde Schmerle, die mit Hilfe ihrer Flossen an Felswänden hinaufklettert. Leider sind der größte Teil der in Karsthöhlen heimischen Fisch-, Krabben- und Krebsarten sowie vieler kleinerer Organismen noch gar nicht erfasst geschweige ihr Gefährdungsstatus gezielt untersucht worden.

OBEN Der Puerto-Princesa-Subterranean-River-Nationalpark umfasst ein unterirdisches Flusssystem in einer Karstlandschaft mit Bergen an der Oberfläche und Höhlen im Untergrund.

LINKE SEITE Die extrem steil aus dem Wasser ragenden Karstinseln der Halongbucht sind zum größten Teil unbewohnt.

Karstgebiete und Höhlen in Australien

Die australischen Karstgebiete und Höhlen spiegeln die einzigartige Geschichte des Kontinents wider, der sich als letztes Teilstück Gondwanas von Antarktika trennte. Im Gegensatz zu den nördlicheren Kontinenten gibt es in Australien nur wenig mesozoische Karbonatgesteine, und hohe weiße Kalksteingebirge fehlen. Die letzte große Auffaltung erfolgte im Karbon, die letzte große Eiszeit (außer in Tasmanien) im Perm.

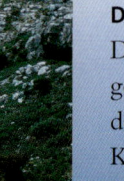

RECHTS Rund 100 Meter unter der Nullarborebene liegt die Cocklebiddy Cave, eine der längsten Unterwasserhöhlen der Erde.

Australien ist weitgehend flach, meist nicht höher als 300 Meter, und das Klima ist seit 15 Millionen Jahren arid. Da Kalkberge und Wasser, die beiden Triebkräfte für die Karstbildung, Mangelware sind, kommen in australischen Karstlandschaften eher unterirdische als oberirdische Formationen vor. Australiens tiefste Höhlen befinden sich in Tasmanien, die längste – die über 100 Kilometer lange Bullita Cave – liegt im Gregory-Karstgebiet im Northern Territory.

DIE NULLARBOREBENE

Diese Ebene ist das ausgedehnteste Karstgebiet Australiens und eines der größten der Erde. Sie erstreckt sich im Süden des Kontinents über rund 200 000 Quadratkilometer. Ihrer flachen, trockenen Oberfläche sieht man nicht an, dass es sich um eine Karstlandschaft handelt, bis sich fast unvermittelt der Grund zu einem großen Schluckloch öffnet und Zugang zur „Unterwelt" gewährt. Unter der Ebene liegen riesige Höhlen mit Seen. Früher nutzten Aborigines und Rinderzüchter sie als Wasserreservoirs, doch heute sind sie vor allem für Höhlentaucher interessant. In der Cocklebiddy Cave sind Taucher unter Wasser bis zur Kilometermarke 6,7 vorgedrungen.

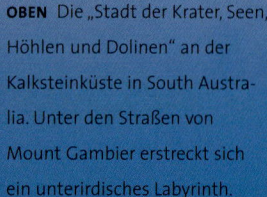

OBEN Die „Stadt der Krater, Seen, Höhlen und Dolinen" an der Kalksteinküste in South Australia. Unter den Straßen von Mount Gambier erstreckt sich ein unterirdisches Labyrinth.

AUSTRALIENS KALKSTEINKÜSTE

Die Limestone Coast im Westen von Victoria und South Australia bildet das australische Gegenstück zur Halbinsel Yucatán Mittelamerikas. Unter dem großen, flachen Gebiet liegt tertiärer Kalkstein mit zahlreichen Cenotes. Grundwasser fließt mit starker Strömung durch den Kalkstein zu Küstenquellen wie Ewen's Ponds und Piccaninnie Ponds und dient zum Bewässern von Weingärten, denn die Region ist eines der wichtigsten Weinanbaugebiete Australiens. Unter einem Bergrücken am Nordende des Karstgebiets erstrecken sich die zum Weltnaturerbe gehörenden Naracoorte Caves mit umfangreichen Ablagerungen pleistozäner Fossilien.

Die schroffen Kalksteinkliffe an der Südküste von Victoria wurden von der Brandung zu Schluchten, Felsbrücken und -säulen erodiert, von denen viele beliebte Touristenziele sind, wie beispielsweise die berühmte Formation der „Zwölf Apostel".

DAS HOCHLAND OSTAUSTRALIENS

Über 150 meist kleinere Karsterscheinungen entstanden im paläozoischen Kalkstein des Tasmanischen Faltengürtels, der sich über das ostaustralische Hochland von Tasmanien bis zum nördlichen Queensland zieht. Die Karsterscheinungen Tasmaniens sind durch das höhere Relief, vermehrte Niederschläge und die Vergletscherung im Pleistozän beeinflusst. Nördlich von Yessabah in New South Wales dagegen entstand im ausgeprägt tropischen Klima in Mitchell-Palmer und Chillagoe Turmkarst, darunter Touristenattraktionen wie Buchan, Jenolan, Mole Creek, Wellington und Wombeyan, die durchweg für ihre imposanten Sinterformationen berühmt sind. Auch für Wissenschafter erweisen sich diese Karsterscheinungen als sehr interessant, da sie einige der ältesten und komplexesten Höhlensysteme der Erde umfassen.

DIE KALKSTEINBERGE IN DEN KIMBERLEYS

Im Canning Basin im nordwestlichen Western Australia sind fossile Korallenriffe aus dem Devon erhalten geblieben. Höhlen, natürliche Brücken und kleine Karsttürme locken inzwischen zahlreiche Touristen in das entlegene Gebiet.

DÜNEN AUS DEM PLEISTOZÄN

Pleistozäne Kalkdünen finden sich entlang der Süd- und Westküste Australiens. Der Kalkstein ist extrem stark verkarstet und weist neben ausgedehnten Höhlen auch oberirdische Karstformen auf. Höhlen wie die am Margaret River in Wes-

tern Australia sind reich an Tropfsteinen, vor allem unzähligen „Makkaroni" (Sinterröhrchen).

ÜPPIGE FOSSILIENFUNDE IN DEN HÖHLEN

Viele Höhlen enthalten Fossilien der einzigartigen pleistozänen Megafauna Australiens und geben Einblick in die Entwicklung der Beuteltiere seit dem Tertiär. 1830 entdeckte man in Wellington Beuteltierfossilien aus dem Pleistozän. Seither kamen weitere wichtige Funde in Naracoorte und in Höhlen unter der Nullarborebene zutage. Noch ältere Beuteltierfossilien stammen aus Höhlen, dem Paläokarst und dem tertiären Kalksteinsockel bei Riversleigh in Queensland.

OBEN Am Margaret River in Western Australia gibt es viele Höhlen, doch nur wenige sind zu besichtigen. Eine davon ist Lake Cave. Sie hat außergewöhnliche Tropfsteine und einen unterirdischen See zu bieten.

UNTEN Kalksteinkliffe am Head of Bight am Rand der Nullarborebene. Südliche Glattwale (*Eubaleana australis*) kommen im Südwinter zum Kalben in diese Gewässer.

Glossar

Abschiebung: Verwerfung; relative Abwärtsbewegung einer Gesteinsscholle.

Alluviale Ablagerung: Ansammlung von schwererem Mineral- und Schottermaterial. Sie entsteht, wenn Ströme und Flüsse ursprüngliche Ablagerungen erodieren, diese als Sedimente transportieren und in einiger Entfernung wieder ablagern; oft geschieht dies in einem sogenannten alluvialen Fächer oder Schwemmkegel.

Altwasserschlinge: U-förmiges oder anderweitig gekrümmtes, oft seichtes Gewässer. Es entsteht, wenn ein Mäander oder eine Flusswindung durch Erosion vom Hauptstrom abgeschnitten wird und einen See bildet. Die englische Bezeichnung lautet Oxbow Lake, in Australien spricht man von Billabong.

Andesit: Dunkles, feinkörniges Effusivgestein vulkanischen Ursprungs, das ein oder mehrere mafische Minerale, etwa Biotit oder Pyroxen, und Feldspat enthält – oft Andesin. Andesit ist das eruptive Äquivalentgestein zum plutonischen Diorit.

Anhydrit: Orthorhombisches Mineral mit der chemischen Formel $CaSO_4$.

Antiklinale: Geologischer Sattel; konvexe Auffaltung von Felsschichten, bei denen sich die stratigrafisch älteren Gesteine im Faltenkern befinden. Wenn sie nicht überkippt wurden, sind Antiklinalen meist nach oben gewölbt.

Aquifer: Grundwasserspeicher; jedes Gestein, das in seinen Hohlräumen Grundwasser führen und halten kann und in dem Bohrungen nach Trinkwasser möglich sind.

Argon: Chemisches Element mit der Ordnungszahl 18 und dem Symbol Ar.

Artesische Quelle: Natürlicher Grundwasserleiter, der von undurchlässigem Material umgeben ist. Das Grundwasser fließt infolge Überdrucks an der Oberfläche aus. Die Stelle dieses Austritts liegt unterhalb des Grundwasserspiegels des Aquifers.

Asthenosphäre: Bereich unter der Lithosphäre, in der Magma gebildet wird. Die Asthenosphäre ist etwa 400 km dick und bildet den Hauptteil des oberen Erdmantels.

Aufschiebung: Relative Aufwärtsbewegung einer Gesteinsscholle gegenüber einer anderen.

Aulakogen: Kontinentaler Grabenbruch, der sich – anders als die benachbarten Bruchverzweigungen – nicht mehr weiterentwickelt hat; er ist meist mit mächtigen Sedimentschichten verfüllt.

Ausblasungsebenen (Deflationsebenen): Ebenen, die hauptsächlich vom Wind geschaffen wurden und ihm viel von ihrem topografischen Erscheinungsbild verdanken.

Barriere-Inseln: Lange, schmale Sandinseln, die parallel zur Küste verlaufen und die Flutlinie überragen. Ein besonders charakteristisches Merkmal ist ihre Vegetation.

Basalt: Dunkel gefärbtes, mafisches Ergussgestein, das hauptsächlich aus Clinopyroxen und kalziumreichem Feldspat (Plagioklas) besteht. Es ist meist effusiv, manchmal aber auch intrusiv, etwa bei der Bildung von Gesteinsgängen. Basalt stellt das feinkörnige Äquivalent zum plutonischen Tiefengestein Gabbro dar.

Batholith: Große bis sehr große, oft unregelmäßig geformte plutonische Gesteinsmasse mit einer Ausstrichbreite von mindestens 100 km^2 und unbekannter Tiefe.

Biogen: Durch biologische Vorgänge entstanden; Steinkohle und Muschelkalkstein werden beispielsweise als biogene oder organogene Sedimente bezeichnet.

Biom: Klimatisch abgegrenzter geografischer Bereich mit charakteristischer Vegetation, zum Beispiel Regenwald.

Brandungshohlkehle: Erodierte Hohlform am Fuß einer Steilküste, die hauptsächlich durch die Erosionskraft der Brandung entstanden ist.

Brandungsströmung: Für gewöhnlich auf Randzonen beschränkte küstenparallele Strömung, die auftritt, wenn Wellen schräg auf die Küste oder das Ufer treffen.

Brennende Naphthaquellen: Naphtha ist ein veralteter Begriff für Erdöl. Wenn dieses an die Erdoberfläche dringt und entzündet wird, spricht man von brennenden Naphthaquellen oder Naphthaflammen.

Buffalo Jumps (engl.): Gesteinsabbrüche, die von indigenen Völkern Nordamerikas zur Bisonjagd genutzt wurden. Dort trieb man die Tiere in großen Herden zusammen und anschließend über die Felsklippen, sodass sie zu Tode stürzten.

Caldera: Mehr oder weniger kreisförmiger, kesselartiger vulkanischer Einsturzkrater, der häufig einen oder mehrere vulkanische Schlote enthält.

Calderasee: Kratersee in einer Caldera.

Canyoning: Abenteuersportart, bei der Schluchten unterschiedlichen Schwierigkeitsgrads durchquert werden. Die Techniken reichen von einfachem Gehen oder Wandern bis zum Klettern und Schwimmen. Beim Abstieg in die Schlucht bedient man sich oft gewisser Techniken, für die Seile und Schlingen nötig sind.

Carnallit: Orthorhombisches Mineral mit der chemischen Formel $KMgCl_3 \cdot 6H_2O$.

Cenote: Natürliche, von steilen Wänden umgebene Wasserquelle, die unter dem Grundwasserspiegel liegt und oft durch Einsturz von Höhlen entstanden ist. In tropischen Karstgebieten sind Cenotes wichtige Süßwasserreservoirs.

Chlorite: Gruppe von monoklinen, scheibenartigen, meist grünlichen Mineralen; Chlorite sind Hauptbestandteil von metamorphem Chloritschiefer.

Chrom: Element mit der Ordnungszahl 24 und dem chemischen Symbol Cr.

Conservation International (CI): 1987 gegründete Nonprofitorganisation mit mehr als 900 Mitarbeitern und Sitz in Washington, DC. Ihr Ziel ist die weltweite Bewahrung der Natur in Wildnisgebieten und im Meer sowie der Schutz von Gebieten, in denen die Artenvielfalt stark bedroht ist.

Delta: Fächerförmige Mündung eines Flusses, die an der Küste eines Ozeans, Meeres oder Sees ebenso liegen kann wie mitten in der Wüste. Typisch für ein Delta sind die zahlreichen Nebenarme, in die sich der Flusslauf aufspaltet.

Dendritisches Muster: Strauch- oder farn- artige Muster und Strukturen, die man vor allem innerhalb von Rissen in Mine- ralen und Gestein sowie zwischen Schicht- flächen in manchen Sedimentgesteinen findet. Die Muster bestehen meist aus kristallisierten Oxiden und Hydroxiden, hauptsächlich von Eisen und Mangan. Es sind Scheinversteinerungen.

Diapir: Intrusion, ausgelöst durch Auftriebs- kräfte und Druckunterschiede zwischen der eindringenden Substanz und dem um- gebenden Material. Diapire können vul- kanischen Ursprungs sein, überwiegend handelt es sich jedoch um Salzstöcke. Die Salzgesteine werden beim Aufdringen stark verfaltet. Jede einigermaßen beweg- liche Masse, die in bestehende Schichten eindringt, wird als Diapir bezeichnet. Meist bilden sich Diapire vertikal nach oben an Brüchen oder schwach struktu- rierten Bereichen durch dichteres auflie- gendes Gestein hindurch. Der Dichte- unterschied wirkt als Auslöser von Auftriebskräften; den Prozess nennt man Diapirismus.

Diatrem: Eruptionsschlot; durch Gasexplosi- onen entstandener vulkanischer Kanal, der mit Brekzien oder Tuffen ausgefüllt sein kann.

Dikelet (engl.): Kleiner Dyke; es gibt keine allgemeingültige Vereinbarung, ab welcher Größe ein Dikelet als Dike bezeichnet wird.

Doline: Durch Lösungsvorgänge entstandene, trichter- oder schüsselförmige Mulde in Karstgebieten. Dolinen können einige wenige bis mehrere Hundert Meter tief und über 1000 Meter breit sein.

Dom: Kreisförmige bis elliptische, antiklinale Erhebung mit flachen Felsabhängen auf allen Seiten.

Düne: Durch äolische Prozesse entstandener Sandhügel. Durch die Interaktion mit dem Wind treten Dünen in unterschied- lichen Größen und Formen auf. Meist sind sie auf der Luvseite, wo der Sand an- geweht wird, länger und flacher und auf der Gegenseite kürzer und steiler. Die Senke zwischen Dünen nennt man Dü- nental, Gegenden mit ausgedehnten Dü- nen heißen Dünenfelder, die Sandmeere der Sahara werden als Erg bezeichnet. Auch in Sand- und Kiesbetten und auf dem Flachseegrund können unter dem Einfluss der Wasserbewegung durch Schwemmprozesse Dünen entstehen.

Düsenartige Geysire: Aus Hügeln oder Ke- geln aus silikatischem, Geyserit genanntem Sintergestein hervorbrechende Geysire. Neben den springbrunnenartigen Geysi- ren ist der düsenartige Geysir der zweite Haupttyp. Der Wasserausbruch erfolgt in konstantem Strahl und kann wenige Se- kunden bis mehrere Minuten anhalten. Der wohl bekannteste Geysir dieses Typs ist Old Faithful im Yellowstone-National- park (Wyoming, USA).

Dyke, Gang: Meist flache vulkanische Intru- sion, die als Gesteinsgang Schichtflächen schneidet.

Effusiver Ausbruch: Relativ stille, von ge- ringer Kraft getriebene Eruption von vul- kanischen Gasen und dünnflüssiger Lava.

Eisbohrkerne: Bohrkerne aus Eisschichten oder Gletschern, die es Klimatologen er- möglichen, das Klima der Vergangenheit zu erforschen und mit heutigen Bedin- gungen zu vergleichen. Sie dienen auch dem Studium der Eiskristallstruktur.

Eiswüste auch Kältewüste; *siehe* Polarwüste.

Eiszeit oder Glazial: Epoche oder Zeit- raum, in der die Temperaturen deutlich sanken und Gletscher weit vordrangen.

Eklogit: Ein metamorphes Gestein, das sich hauptsächlich aus Almandin (Eisentongra- nat) und dem Pyroxenmineral Omphazit zusammensetzt. Daneben können unter- schiedliche Mengen Kyanit, Quarz und Rutil enthalten sein.

Eluviale Ablagerung: Sekundäre Mineral- ablagerung, entstanden durch Zerfall oder Verwitterung des ursprünglichen Gesteins, wobei das Material nur minimal von sei- nem Ursprungsort wegtransportiert wird. Eluviales Material kann über geringe Stre- cken ausgewaschen werden, jedoch ohne dass es fluvial transportiert wird.

Endemit: Biologische Art, die nur in einem bestimmten Gebiet vorkommt, das räum- lich klar definiert ist.

Erdkern: Innerster Bereich der Erde zwi- schen 2900 und 6400 km Tiefe, der aus dem äußeren und dem inneren Kern besteht. Man nimmt an, dass der etwa 2200 km dicke äußere Kern aus flüssigem Metall – unter anderem vermutlich Eisen und Nickel – besteht, während der innere mit etwa 2600 km Durchmesser fest ist und sich hauptsächlich aus Eisen zusam- mensetzt.

Erdkruste: Die brüchige, spröde äußerste Schicht oder Haut der Erde, die den Mee- resboden und die Kontinente bildet. Sie ist unter den Ozeanen 5 bis 10 km und unter den Kontinenten 40 bis 70 km dick.

Erdmantel: Die Schicht oder Schale der Erde, die zwischen der Erdkruste und dem Erdkern liegt; sie ist ungefähr 2900 km dick und gliedert sich in den oberen Mantel (Asthenosphäre und tieferer Teil der Lithosphäre) und den unteren Mantel. Die Grenze zwischen Erdkruste und Erd- mantel zeigt die sogenannte Mohorovičić- Diskontinuität an, wo eine sprunghafte Geschwindigkeitsänderung der Erdbeben- wellen erfolgt.

Erloschener Vulkan: Inaktiver Vulkan, von dem auch in Zukunft mit hoher Wahr- scheinlichkeit keine Ausbrüche zu erwar- ten sind.

Eruptionskanäle oder -schlote: Öffnungen in der Erdoberfläche und Kanäle dorthin, in denen flüssiges Magma aufsteigt.

Eruptionssäule: Die Form, die vulkanische Aschenwolken unmittelbar nach dem Ausbruch des Vulkans annehmen.

Eustatische Meeresspiegelschwankungen: Weltweite Veränderungen des Meeresspie- gels, die nicht durch tektonische Vorgänge, sondern durch die Bindung großer Was- sermassen als Eis und deren Abschmelzen stattfinden.

Evaporite: Victor Goldschmidts Bezeich- nung für die Evaporit-Sedimentgruppe; sie umfassen sedimentäre Salze, die durch Verdunstung aus wässrigen Lösungen aus- gefällt und konzentriert wurden.

Faltengebirge: Durch umfangreiche Fal- tungen und Hebungen von Gesteinspake- ten entstandene Berglandschaften, zum Beispiel die Alpen.

Feldspat: Wichtige und umfangreiche Grup- pe von gesteinsbildenden Silikatmineralen und eines der häufigsten und am meisten verbreiteten Minerale der Erdkruste.

Felsmehl: *siehe* Gletschermehl.

Felsnadel, Felsturm: Turmartige Felsforma- tion, die an einem Abhang oder Berg iso- liert über die topografische Umgebung ragt.

Feuchtgebiet: Überbegriff zur Beschreibung und Einteilung feuchter Lebensräume wie etwa Watt, Moor, Sumpf und Feuchtwiese.

Fjord: Lang gezogener oder gewundener Meeresarm, der durch Glazialerosion entstanden ist und ein inzwischen überflutetes glaziales Trogtal darstellt.

Flachland, Ebene: Flache Gegend unterschiedlicher Größe mit wenigen oder gar keinen auffälligen topografischen Elementen.

Flussabzweigungen: Auseinanderlaufende Ströme, die sich vom Hauptstrom oder -fluss entfernen und nicht dorthin zurückführen.

Flussaue: Relativ flacher, unterschiedlich breiter Landstreifen beiderseits eines Flussbetts, der auf natürliche Weise durch den Fluss gebildet wurde und bei Hochwasser überflutet wird.

Fluviale Sedimente: Schwebstoffe, Sande, Kiese und Gerölle, die von Fließgewässern transportiert und irgendwo abgelagert werden.

Fumarole: Für das späte Stadium vulkanischer Aktivität typischer Schlot, der heiße Gase und Dämpfe ausstößt. Als Solfatare bezeichnet man einen solchen Schlot, wenn die Dämpfe schwefelhaltig sind.

Gebirgswüsten: Wüsten und aride Bereiche in Berggebieten.

Geophyten: Zwiebel- und Knollenpflanzen, die Wasser speichern und somit Dürreperioden überdauern; ebenso wie Ephemere und Sukkulenten zählen sie zu den Xerophyten.

Geothermische Aktivität: Abgabe von Wärme aus dem Erdinnern über die Erdkruste an die Oberfläche. Zu den Erscheinungsformen geothermischer Aktivität zählen unter anderem heiße Quellen, Fumarolen, Solfataren, Geysire und Vulkane.

Geothermischer Dampfschlot: Schlot oder anderweitige Öffnung in der Erdkruste, wo Dampf austritt.

Geothermischer Gradient: Temperaturanstieg in Grad Celsius pro 100 m Erdtiefe. Der geothermische Gradient ist nicht einheitlich, sondern je nach Region von der Wärmeleitfähigkeit des Gesteins und dem Hitzefluss abhängig. Im Durchschnitt beträgt er 1 °C pro 33 m Tiefe.

Gesteinsschichtung: Sedimente werden meist in horizontalen Schichten übereinander abgelagert.

Gesteinswechsel: Scharfe, gut abgegrenzte, deutliche Anschlussstellen am Berührungspunkt unterschiedlicher Gesteinsarten.

Geyserit: Verdichtete, faserartige, lockere oder schuppige Form von Kieselsinter, der aus geothermischem Heißwasser ausgefällt wird und deshalb oft an Geysiren und heißen Quellen zu finden ist. Geyserit mit botryoidaler (= traubenartiger) Form nennt man Perlsinter oder Fiorit.

Gibbers (engl.): Australischer Ausdruck für windgeschliffene Kiesel und Felsblöcke. Diese Art von Geröll ist auf den Gibberplains in vielen australischen Wüsten abgelagert.

Gips: Monoklines Mineral mit der chemischen Formel $CaSO_4 \cdot 2H_2O$.

Gipsrose oder Wüstenrose: Verwachsungen aus Gipskristallen in blumenähnlicher Formation. Sie sind wasserlöslich und entstehen in Hitzewüsten.

Gitterförmiges Gewässernetz: Gewässernetz aus parallelen Hauptströmen oder -flüssen, deren Nebenflüsse sie annähernd oder genau im rechten Winkel kreuzen.

Glazialzeit oder Eiszeit: Jede geologische Zeitspanne vom Präkambrium bis heute, in der sowohl in der nördlichen als auch in der südlichen Hemisphäre deutlich kälteres Klima herrschte und größere Gebiete der Erdoberfläche von vorrückenden Gletschern und Inlandeismassen bedeckt waren.

Gleiches Höhenprofil: Bezeichnung für topografische Erscheinungsformen, die im Wesentlichen in gleicher Höhe liegen.

Gletscher: Große bis sehr große, beständige Eismasse, die im Lauf der Zeit durch Verdichtung und Metamorphose von Schnee entstanden ist. Gletscher fließen aufgrund des Drucks ihres Eigengewicht sehr langsam hangabwärts.

Gletschermehl: Es entsteht durch das Zermahlen und Zerreiben von Steinen der Grundmoräne und des anstehenden Felsgesteins und wird als Schwebfracht mit den Schmelzwässern abtransportiert.

Glimmer: Umfangreiche, sehr wichtige und in der Erdkruste weit verbreitete Gruppe gesteinsbildender Minerale bzw. blättchenartiger Silikate. Bekannte Beispiele sind Biotit, Muskovit und Phlogopit.

Gneis: Schieferartiges, metamorphes Gestein mit gebänderter Parallelstruktur.

Goethit (Nadeleisenerz): Orthorhombisches Mineral mit der chemischen Formel $FeO(OH)$, das nach Johann Wolfgang von Goethe benannt wurde.

Gold: Element mit der Ordnungszahl 79 und dem chemischen Symbol Au.

Graben: Ein Stück der Erdkruste, das infolge tektonischer Dehnung gegenüber seiner Umgebung eingesunken ist.

Graben-und-Horst-Topografie: Durch tektonische Verwerfungen gebildete Auf- und Abschiebungen. Diese Landschaften bestehen meist aus Bruchschollenbergen (Horsten) und breiten, mit Anschwemmungen gefüllten Gräben dazwischen.

Grundgestein: Das feste, unverwitterte Gestein, das unter der Verwitterungsdecke an der Erdoberfläche ansteht.

Halit: Steinsalz; isometrisches Mineral mit der chemischen Formel NaCl.

Hammada: Fels- oder Steinwüste; trockene Hochlandregion, in der das Grundgestein durch Winderosion von Sand- und Staubpartikeln freigelegt oder von einer Schicht grober, kantiger Gesteinsbrocken bedeckt ist.

Helictit: Dünner, zweigähnlicher, gekrümmter Tropfstein, meist aus Kalzit oder Aragonit, mit kleinem Zentralkanal, durch den Wasser wie in einem Strohhalm an die Spitze fließt; dort wird Kalzit ausgefällt und auf diese Weise das Gebilde verlängert.

Hitzewüste: Dürregebiet, in dem die Jahresdurchschnittstemperatur über 18 °C liegt.

Hochwassermarke: Wasserspiegelhöhe eines Flusses oder Stroms bei einem bestimmten Hochwasser.

Hoodoos (engl.): Horizontal geschichtete Säulen oder Pfeiler aus Stein in bizarren Formen, die man in Gegenden mit sporadisch auftretenden, sehr starken Regenfällen findet. Hoodoos entstehen durch Erosion und unterschiedliche Verwitterung der Gesteinsschichten.

Horn: Hoher, felsiger, scharf zugespitzter Berggipfel mit markanten Flanken und Schluchten und mehreren durch Glazialerosion entstandenen Karen. Berühmtes Beispiel: das Matterhorn in den Schweizer Alpen.

Hot Spots: Über Jahrmillionen existierende Aufschmelzungszone im oberen Erdmantel; dort dringt flüssiges Mantelmaterial durch Spalten in der Erdkruste an die Oberfläche. Auf diese Weise entstehen submarine Vulkane, die schließlich durch anhaltende Lavaförderung Inseln bilden (z.B. Hawaii, Island).

Hummock-Grasland: Graslandschaft mit niedrigen Grashorsten und -hügeln.

Hydrothermale Schlote: Schlote und ähnliche Öffnungen auf dem Grund der Tiefsee, durch die heißes Wasser und mitgeführte Beimengungen ausgestoßen werden.

Ignimbrit: Schmelztuff; aus pyroklastischen Glutflüssen entstandene vulkanische Ablagerungen.

Industriezeitalter: Die aus der Industriellen Revolution hervorgegangene Epoche war bestimmt von großen kulturellen, sozioökonomischen und – vor allem – technischen Veränderungen im späten 18. und frühen 19. Jahrhundert, etwa in Großbritannien und den USA.

Interglazial, Zwischeneiszeit: Zeitraum mit wärmerem Klima zwischen zwei Vereisungsperioden.

Intermittierendes Gewässer: Gewässer, etwa ein See oder Fluss, das nur zu bestimmten Jahreszeiten und unter bestimmten klimatischen Bedingungen existiert und teilweise trockenfällt.

Intrusion: Eindringen von Magma in die Erdkruste; erkaltet die flüssige Gesteinsmasse, entstehen Intrusivkörper in unterschiedlichen Formen.

Isostatischer Ausgleich: Veränderungen von Dichte und Masse der irdischen Lithosphäre, die das Gleichgewicht einzelner Schollen der Erdrinde halten oder wiederherstellen.

Jahrzehntvulkan: „Decade volcano"; Bezeichnung für Vulkane, die in mehr als einer Hinsicht für Menschen bedrohlich sind. Zu den Gefahren zählen die Nähe zu bevölkerten Gebieten, der Auswurf von Tephra (vulkanischen Bomben und Asche), Lavaströme und seismische Aktivitäten (Erdbeben).

Jugend- oder Degradationsstadium: Frühes Stadium im Erosionszyklus, das sowohl die Topografie als auch den Formenschatz einer Region bezeichnet, die noch kaum erodiert oder im Frühzustand ihrer Entwicklung ist.

Kainit: Monoklines Mineral und natürlich vorkommendes Salz mit der chemischen Formel $MgSO_4 \cdot KCl \cdot 3H_2O$.

Kalium: Element mit der Ordnungszahl 19 und dem chemischen Symbol K.

Kalkstein: Wichtiges Sedimentgestein, hauptsächlich aus Kalzit. Durch Metamorphose bildet sich aus Kalkstein Marmor. Dolomit ist ein magnesiumhaltiges Kalkgestein.

Kaltwassergeysir: Aufgrund von Gasdruck, der hauptsächlich durch im Wasser gelöstes Kohlendioxid entsteht, brechen angebohrte Kaltwasserquellen manchmal wie Geysire aus. Allerdings zählt man sie nicht zu den echten Geysiren. Der bekannteste Kaltwassergeysir ist Crystal Geyser nahe dem Green River in Utah, USA.

Kalzit: Kalkspat; trigonales Mineral mit der chemischen Formel $CaCO_3$. Das Karbonat ist Hauptbestandteil von Kalkstein und Marmor.

Kamm oder Grat: Sammelbegriff für eine lang gezogene, schmale, steile topografische Erhebung mit ausgesprochen scharfer Scheitelkante.

Kar: Bergkessel; durch Gletschererosion entstandene, steilwandige, tiefe, halbkreisförmige Senke in Gebirgshängen, meist am Anfang eiszeitlicher Gebirgstäler zu finden.

Karren oder Schratten: Durch scharfe Grate voneinander getrennte Erosionsrinnen, deren Tiefe von Millimetern bis zu mehreren Metern reicht; sie entstanden durch Lösungsverwitterung und Abspülung von massivem, bloßem Kalkstein.

Karst: Gips- und Kalksteinlandschaft, die vor allem infolge Lösungsverwitterung entstandene Höhlen, Trichter und Abflusssysteme im Untergrund aufweist.

Karstturm: Isoliert aus dem ebenen Umfeld herausragende Bergkuppe oder Felsturm in einem Karstgebiet; diese Vollformen treten typischerweise in von Kegel- oder Turmkarst geprägten tropischen Regionen auf.

Katabatischer Wind: Lokal begrenzter, durch Gravitation ausgelöster kalter Fallwind an Berghängen.

Kegelkarst: Karstlandschaft, die sich durch halbkugelige oder kegelartige Hügel auszeichnet. Diese erheben sich isoliert über einer Ebene. Kegelkarst kommt vor allem in den Tropen vor.

Kerbtal: Tal mit steilen Seiten, kurzen Nebenflüssen und einem deutlich V-förmigen Querprofil. Infolge andauernder Tiefenerosion hat sich noch kein Talboden entwickeln können.

Kiesbank: Längliche Ablagerung von Kies oder Sand in einem Flusslauf.

Kieserit: Monoklines Mineral mit der chemischen Formel $MgSO_4 \cdot H_2O$, das in Rückständen von Salinen vorkommt.

Kiesstrand: Mit vom Wasser abgeschliffenen, flachen Geröllen und Kieseln bedeckter Strand, oft an Steilküsten. In der Regel entsteht diese Art von Strand zuerst an Küsten mit erosionsbeständigen Kliffen und Felssohlen.

Kieswüste: Wüste, deren Oberfläche von Kies und groben Gesteinsfragmenten bedeckt ist, nachdem Sand und Staub durch Wind ausgeblasen oder durch Wasser ausgespült wurden (vgl. Hammada).

Kimberlit: Seltenes, Diatremen füllendes, ultramafisches Vulkangestein aus mindestens 35 % Olivin. Daneben kann Kimberlit Karbonat, Diopsid, Monticellit, Phlogopit, Serpentin und Diamanten enthalten. Kimberlit kommt auch in vulkanischen Gängen vor.

Klastische Gesteine: Bezeichnung für Sediment oder Gestein, das hauptsächlich aus gebrochenen, von ihrem Ursprungsort entfernten Fragmenten früherer Felsen oder Minerale besteht (Trümmergestein).

Kleine Eiszeit: Periode relativ kühlen Klimas zwischen dem 15. und dem 19. Jahrhundert, die durch große Gletschervorstöße in den Alpen gekennzeichnet ist.

Kohlenstoff: Element mit der Ordnungszahl 6 und dem Symbol C.

Konglomerat: Grobkörniges, klastisches Sedimentgestein, das hauptsächlich aus abgerundeten Kieseln und feinen, kantengerundeten Fragmenten (vor allem Quarz) besteht. Diese sind in einer Bindemasse aus feinkörnigen Sedimentpartikeln von Ton, Sand und Lehm durch natürliche Wirkstoffe wie Kalziumkarbonat, gehärteten Ton, Eisenoxid und Kieselerde miteinander verbacken.

Kontinentale Kruste: Der Teil der Erdkruste, der unter den Kontinenten und ihren Sockeln liegt. Ihre Dicke reicht von 25 bis 70 km, der Durchschnitt liegt bei 40 km.

Konvektionsstrom: Aufsteigende Wärme-strömung im Erdmantel, die zum Beispiel zur Plattentektonik und Kontinentaldrift beiträgt.

Kristallisationsdifferentiation: Prozess der magmatischen Differentiation, bei dem Minerale auskristallieren und physisch vom Magma, in dem sie entstanden sind, getrennt werden. Sie sind schwerer als das Magma und sinken zu Boden. Kieselsäure reichert sich in der Restschmelze an.

Kritzung: Gletscherschrammen; lange, meist dünne, gerade und parallele Riefen an der Oberfläche des anstehenden Gesteins. Sie entstanden während des Gletscherfließens durch in der Grundmoräne mitgeführte Felsbrocken.

Krustendeformation: Sie entsteht durch tektonische Kräfte und verursacht Verwerfungen, Brüche, Hebung, Senkung, Drehung, Quetschung, Krümmung und Aufschmelzen der verschiedenen Gesteine, die die Erdkruste bilden. Deformationen sind erkennbar an der durch tektonischen Druck verursachten Auffaltung von Gebirgen.

Küstenvorland: Uferregion an der Küste, die bei Flut überschwemmt wird und bei Ebbe trockenliegt; auch Litoral oder Gezeitenzone genannt.

Lagergang: Plattenförmige vulkanische Intrusion, die parallel zur Schichtung des Umgebungsgesteins verläuft.

Lagune: Durch Wälle oder Riffe vom Meer abgetrenntes Wasserbecken; auch Atolle weisen in ihrem inneren Bereich eine Lagune auf, die durch Kanäle mit dem umgebenden Meer in Verbindung steht.

Lakkolith: Konkordante vulkanische Intrusion, die oben und unten durch eine konvexe Decke und eine flache Unterseite abgegrenzt ist.

Lakustrisch: Bezeichnung für in Süßwasserseen abgelagerten Kies-, Sand und Schlamm sowie für die Sedimentgesteine, die sich aus ihnen bilden, etwa Konglomerat, Sandstein und Kohle.

Lamproit: Seltenes, dunkles, magmatisches Gestein, kommt in Diatremen, Eruptivgängen und vulkanischen Gängen vor. Es ist reich an Kalium und Magnesium, enthält Leucit und Phlogopit sowie häufig Olivin, Klinopyroxen (Diopsid), Sanidin und Richterit sowie Kohlenstoff (Diamanten).

Landbrücke: Zeitweise oder dauerhaft bestehende Landverbindung zwischen Landmassen oder Kontinenten, die Wanderungen von Tieren und Menschen ermöglicht.

Lavaröhre: Tunnel, durch den Lava ungehindert fließen kann; die Röhre bildet sich bei lang anhaltenden Eruptionen.

Limonit (Brauneisenerz): Überbegriff für eine Gruppe von erdig roten bis gelblich braunen, amorphen bis kryptokristallinen, natürlich vorkommenden Eisenoxiden.

Lithifizierung: Entstehung von Gesteinen aus lockeren Sedimenten oder Magma.

Lithosphäre: Äußere Erdschale oberhalb der Asthenosphäre. Sie besteht aus der Kruste und einem Teil des oberen Erdmantels und ist ungefähr 100 km dick.

Litoral oder Gezeitenzone: *siehe* Küstenvorland.

Lopolith: Große, zusammenhängende, vulkanische Intrusion. Ihre Unterseite ist abwärts konvex, die Decke abwärts konvex oder flach ausgerichtet.

Löss: Sowohl das vom Wind ausgewehte, transportierte und andernorts wieder abgelagerte schluffreiche Sediment als auch der fruchtbare Boden, der daraus entsteht. Löss bildete sich während der Eiszeiten außerhalb der vergletscherten Gebiete. Er wurde bis zu Hunderte von Metern hoch abgelagert.

Mäandrierender Fluss: Flusslauf mit zahlreichen Krümmungen und gewundenen Flussschlingen (Mäandern).

Mafisch: Merkmal von magmatischem Gestein, das in erster Linie aus ferromagnesischen (Eisen und Magnesium enthaltenden), dunklen Mineralen wie Olivin, Biotit, Pyroxen oder Amphibol besteht.

Magma: Geschmolzenes, mobiles, silikatisches Gesteinsmaterial unter- und innerhalb der Erdkruste, das in umgebendes Gestein eindringen und an der Oberfläche austreten kann. Magma kann neben Gasen auch Feststoffe enthalten.

Magmatisches Gestein: Gestein, das durch Erhärtung (Kristallisation) aus silikatischer Schmelze (Magma) entstanden ist. Die Erstarrung kann sowohl ober- als auch unterirdisch erfolgen.

Magmatismus: Die Bildung von Magma, seine Bewegungen in Erdmantel und -kruste und die nachfolgende Erstarrung als vulkanisches Gestein.

Makrokristall: Kristalliner Einschluss, der mit bloßem Auge sichtbar ist.

Mangankarbonat: Trigonales Mineral mit der Bezeichnung Rhodochrosit und der chemischen Formel $Mn^{2+}CO_3$.

Marine Sedimente: Alluviale Ablagerungen entlang der Küste eines Ozeans, die bis zum Rand des Kontinentalhangs reichen.

Mercalliskala: Skala zur Messung der Erdbebenstärke, die von 1 bis 12 reicht; der Wert 1 steht für Beben, die nur mit speziellen Instrumenten (Seismometern) nachweisbar sind, der Höchstwert 12 bedeutet so gut wie vollständige Zerstörung.

Mergel: Sedimentgestein, das in Süß- wie Salzwasser entsteht und sich hauptsächlich aus verschlammtem Lehm zusammensetzt. Es enthält variable Anteile von Aragonit, Kalzit und Ton.

Mergelterrasse: Terrassenähnliche Geländestruktur aus Mergelablagerungen.

Mesa: Tafelberg; isoliert stehender Berg, der aus dem umgebenden Gelände deutlich herausragt; er zeichnet sich durch eine nahezu ebene Kuppe und durch steil erodierte Hänge zu allen Seiten aus.

Metallsulfide: Mineralien, die aus einem metallischen Element und Schwefel bestehen. Bekannte Beispiele sind das Bleisulfid Galenit (Bleiglanz) sowie die Eisensulfide Markasit und Pyrit („Katzengold").

Metamorphes Gestein: Es bildet sich durch Umwandlung bestehenden Gesteins, und zwar meist tief in der Erdkruste durch Veränderungen der Temperatur- und Druckbedingungen.

Meteorit: Himmelskörper, der die Erdatmosphäre durchquert hat und auf den Erdboden gefallen ist.

Mikrokristall: Kristalleinschlüsse, die erst durch Vergrößern sichtbar werden.

Milanković-Zyklen: Muster zur Berechnung von Schwankungen der Sonnenstrahlungsintensität – in unterschiedlichen Breiten und über geologische Zeiträume hinweg gesehen.

Minette-Magma: Magma, das beim Erhärten die als Minette bekannte Lamprophyr-Variante bildet.

Mittelmoräne: Lang gestreckte Moräne in der Mitte eines Gletschers. Sie entsteht beim Zusammenfließen zweier Gletscher bzw. aus deren Seitenmoränen.

Mittelozeanischer Graben: Tiefer, zentraler Riss oder Spalte im Kamm von mittelozeanischen Rücken, auch Grabenbruch genannt.

Mohorovičić-Diskontinuität: Eine zwischen 0,2 und 3 km dünne Schicht unmittelbar unter der Erdkruste, die die Grenze zwischen der Kruste und dem oberen Erdmantel oder der Asthenosphäre darstellt. Man geht davon aus, dass sie den geologischen und chemischen Übergang zwischen dem basaltischen Krustenmaterial und dem im Erdmantel vorherrschenden Peridotit bildet. Sie wird meist als „Moho" abgekürzt und ist nach ihrem Entdecker benannt, dem kroatischen Geophysiker und Seismologen Andrija Mohorovičić.

Monogenetischer Vulkan: Im Zuge einer einzigen Eruption gebildeter Vulkan.

Moräne: Ansammlung von gemischtem, ungeschichtetem, durch Gletscherbewegung mitgeführtem, abgelagertem und geformtem Gletscherschutt.

Mulga: Kleiner Baum oder Strauch, der den wissenschaftlichen Namen *Acacia aneura* trägt und im trockenen australischen Outback vorkommt.

Muskeg: Kanadisch-amerikanische Bezeichnung für Moore und Moorböden.

Naturbitumen: Bitumenartige organische Materie, die in bestimmten Gegenden aus der Erdkruste an die Oberfläche sickert.

Neotektonik: Geowissenschaftliche Untersuchung postmiozäner Strukturen und der postmiozänen Erdkruste.

Nitratminerale: Durch Verdunstung von Wasser entstandene Minerale, die die anionische Verbindung NO_3^- enthalten.

Obsidian: Schwarz oder dunkel gefärbtes, transparentes bis nahezu undurchsichtiges vulkanisches Glas, meist rhyolitischer Struktur.

Olivin: Insbesondere für mafische und ultramafische Gesteine wichtige, aber kleine Gruppe gesteinsbildender Minerale; außerdem auch ein orthorhombisches Mineral mit der chemischen Formel $(Mg,Fe)_2SiO_4$.

Oolith: Sedimentgestein, meist aus Kalkstein, das hauptsächlich aus verkitteten Ooiden besteht. Ooide sind kleine kugel- bis eiförmige, meist aus Kalk oder Kieselsäure aufgebaute Partikel. Größere Oolithe nennt man Pisoide.

Orogenese: Der geologisch-tektonische Prozess, der zur Gebirgsbildung führt.

Orografie: Beschreibung der Reliefformen eines Landes.

Oxidation von Mineralien: Die Veränderung von Mineralablagerungen durch Oberflächen- und Grundwasser sowie Gasmischungen wie Luft.

Pangäa: Superkontinent, der im Paläozoikum und Mesozoikum vor ungefähr 300 bis 200 Millionen Jahren existierte, ehe er auseinanderbrach. Seine einzelnen Platten wurden durch die Kontinentaldrift getrennt und nahmen im Lauf der Jahrmillionen schließlich ihre heutige Lage ein.

Parabeldüne, Bogendüne: Stark ausgedehnte parabelförmige Sanddüne, deren Scheitel mit dem Wind wandert, wodurch die Dünenschenkel deutlich parallel gestreckt werden.

Pazifischer Feuerring: Ausgedehntes, durch vulkanische Aktivität und Erdbeben gekennzeichnetes Gebiet rund um den Pazifik, das auch als zirkumpazifischer Erdbebengürtel oder einfacher als zirkumpazifischer Gürtel bezeichnet wird.

Pegmatit: Sehr grobkörniges, intrusives Vulkangestein, das hauptsächlich in Gängen und Stöcken vorkommt. Pegmatite bestehen vor allem aus Feldspat, Glimmer und Quarz und werden daher als granitische Pegmatite bezeichnet.

Peridotit: Graugrünes, körniges Tiefengestein, das vor allem aus Olivin besteht. Andere Minerale können hinzukommen, etwa Pyroxene wie Diopsid, Amphibole wie Richterit und Glimmer wie Phlogopit. Aus Peridotit ist der größte Teil des Erdmantels aufgebaut.

Phreatische Höhlen: So bezeichnet man Höhlen, die stets mit Wasser gefüllt sind. Das Gegenteil sind vadose Höhlen *(siehe dort)*.

Pigment: Mineralfarbstoff, der Gesteine und Minerale färbt. So erzeugt beispielsweise Eisenoxid eine rote, Limonit eine gelbe und das Kupferkarbonat Malachit eine grüne Färbung des Gesteins.

Plateau: Relativ große und meist flache, deutlich aus ihrer Umgebung herausgehobene Landschaft; sie wird auch Hochebene oder Hochfläche genannt.

Platin: Element mit der Ordnungszahl 78 und dem chemischen Symbol Pt.

Playa: Salztonebene; Ablagerungsgebiet flacher, kurzlebiger Salzseen in trockenen bis halbtrockenen Regionen. Die Seen füllen sich in feuchten Perioden mit Wasser und trocknen während der längeren Dürrezeiten wieder aus. Dabei kommt es zur Salzausfällung.

Plutone: Tief sitzende vulkanische Intrusionen von erheblicher Größe (bis zu mehreren 100 km Durchmesser).

Polarwüste: Wüste in hohen Breitengraden, wo die vorhandene Feuchtigkeit gefroren und damit für pflanzliches Leben und andere organische Prozesse nicht verfügbar ist. Polarwüsten bezeichnet man auch als Eis- oder Kältewüsten.

Porphyrisches Gefüge: Textur vulkanischen Gesteins mit größeren Einsprenglingen, Phänokristalle genannt, die in eine feinkörnige, kristalline und/oder glasige Grundmasse eingebettet sind. Vulkanisches Gestein mit dieser Textur wird unabhängig von seiner Zusammensetzung porphyrisch genannt.

Priel: Wasserlauf im Watt, durch den bei Flut Meerwasser zum Land fließt und sich bei Ebbe wieder zurückzieht.

Puy (franz.): Vulkanischer Kegel geringer Größe.

Pyroklastischer Strom: Meist extrem heißer Glutstrom aus von Vulkanen ausgestoßenem pyroklastischem Material; er besteht aus einem Gemisch aus Gasen und Feststoffen.

Pyroxene: Umfangreiche Gruppe dunkler, in Kristallform und Zusammensetzung eng verwandter gesteinsbildender Silikatminerale.

Radiale Dykes: Gesteinsgänge, die radial von einem Zentrum ausgehen.

Randmeerküste: Küsten eines weitgehend eingeschlossenen Nebenmeers, das am Rand eines Kontinents liegt und nur unvollständig vom freien Ozean getrennt ist.

Rechtwinkliges Entwässerungsnetz: Flusssystem, in dem die Hauptströme und ihre Nebenflüsse fast rechtwinklig aufeinander stoßen und Stromabschnitte annähernd gleicher Länge aufweisen. Rechtwinklige Entwässerungsnetze sind von einer rechtwinkligen Bruchtektonik bestimmt.

Regenschatten: Trockene bis sehr trockene Region auf der Seite eines topografischen Hindernisses, etwa eines Gebirgszugs, wo merklich weniger Regen fällt (Leeseite).

Rhyodacit: Magmatisches Gestein, dessen Mineralzusammensetzung zwischen Rhyolith und Dacit liegt.

Rhyolithische Lava: Sehr zähflüssige Lava, die als feinkörniges, helles, saures Gestein – Rhyolith genannt – erstarrt. Es entspricht chemisch dem Granit und besteht hauptsächlich aus Quarz und Feldspat, mit geringeren Anteilen an Glimmer, Amphibol und Pyroxen. Rhyolithische Lava mit typisch gebänderter Fließstruktur wird von kontinentalen und submarinen Vulkanen ausgestoßen und kommt außerdem in Intrusionen vor.

Ringintrusion: Mehr oder weniger kreisförmige, vertikale oder leicht geneigte Intrusion.

Rossbreiten: Durch Wärme und Trockenheit bestimmte Bereiche der subtropischen Hochdruckgebiete zwischen dem 30. und 40. Grad nördlicher und südlicher Breite. Diese Regionen zeichnen sich durch Windstille oder nur sehr schwache Winde aus, welche äußerst konstant sind.

Salzmarsch oder Salzsumpf: Flaches Land mit schlechter Entwässerung, das periodisch oder zeitweilig von Salzwasser überflutet wird.

Salzwüste: Wüste mit einem relativ hohen Salzanteil im Boden.

Sandbank: Von Strömung und Wellen gebildete Anhäufung von Sand, die an die Küste grenzt und fast oder gerade eben die Wasseroberfläche erreicht.

Sandwüste: Hauptsächlich aus Sand bestehende Wüste, die oft von windgeformten Dünen unterschiedlicher Gestalt und Größe bedeckt ist.

Sauerstoff: Element mit der Ordnungszahl 8 und dem chemischen Symbol O (Oxygenium).

Schalenverwitterung (Exfoliation): Physikalischer oder chemischer Prozess, durch den konzentrische Gesteinsschichten, -schuppen oder -schalen nach und nach von der ungeschützten Oberfläche einer großen Felsmasse absplittern oder sich lösen.

Schelf: Flachseebereich bis 200 m Wassertiefe, der zum Festland gerechnet wird.

Schelfrand: Vorderkante einer verschobenen Kontinentalplatte entlang einer Küstenlinie.

Schicht- oder Stratovulkan: Vulkan aus wechselnden Schichten von Lava und pyroklastischem Schutt mit relativ steiler, spitzkegeliger Form.

Schichtkristalle: Kristalle wie die Schichtsilikate der Glimmergruppe sind von scheibenförmiger oder blättriger Beschaffenheit.

Schichtstufe (Cuesta): Geländestufe mit steiler Stirnseite (Stufenhang) und sanftem Gefälle an der Rückseite (Stufenfläche).

Schiefer: Sammelbegriff für metamorphe Gesteine, die sich vor allem durch den Gehalt an Schichtsilikaten auszeichnen, etwa Chlorite, Graphit, Glimmer und Talk. Laut Definition enthält Schiefer mehr als 50 % flache, gestreckte Minerale, manchmal mit feinen Lagen Feldspat und Quarz dazwischen. Die Minerale sind parallel ausgerichtet (Schieferung).

Schiefriges Gefüge, Foliation: Einregelung von Schichtsilikaten senkrecht zur Richtung der größten Verkürzung. Daraus resultiert eine Spaltbarkeit parallel zur Schieferung.

Schild: Ausgedehntes, tektonisch stabiles Gebiet, in dem präkambrisches Grundgebirge an der Erdoberfläche ansteht, das zu einem flachen Tafelland abgetragen wurde. Jegliche Spuren von jüngeren Gesteinen oder Sedimentablagerungen wurden vollständig von der Erosion beseitigt. Meist liegen daher metamorphe Gesteine an der Oberfläche.

Schildvulkan: Breiter, niedriger, schildartig aufgewölbter Vulkan, der aus rhyolithischer oder basaltischer Lava geringer Viskosität entstanden ist.

Schlammtopf oder Schlammsprudel: Heiße Quelle mit kochendem Schlamm.

Schlot: Mehr oder weniger vertikaler Kanal durch die Erdkruste, durch den Magma aufgestiegen und zu vulkanischem Gestein erstarrt ist. Die zylinder- bis karottenförmigen Röhren sind meist mit vulkanischen Brekzien und Fragmenten von älterem Fremdgestein (Xenolith) gefüllt.

Schlucht: Tief eingeschnittenes, schmales Tal mit sehr steilen Felswänden.

Schmelzwasser: Beim Schmelzen von Eis oder Schnee entstehendes Wasser.

Schutthalde: Gut gelagerte, aber kaum sortierte Ansammlung von grobem Geröll.

Schwarze Raucher: Hydrothermale Quellen am Tiefseeboden, die als Schlote in der Nähe von Spreizungszonen auftreten und heißes Wasser, Schwefelwasserstoff und andere Gase ausstoßen. Der Schwefelwasserstoff bildet Sulfidniederschläge, die die Schlote so aussehen lassen, als stießen sie schwarzen Rauch aus.

Schwemmfächer (Schwemmkegel): Ablagerungen von Flusssedimenten in der Form eines offenen Fächers. Man findet sie an den Mündungen von Flüssen und Strömen, die aus Gebirgstälern heraus in flache Ebenen fließen.

Sea-Floor-Spreading: Tektonisch bedingtes Auseinanderdriften von ozeanischen Platten entlang von untermeerischen Grabenbrüchen.

Sedimentfracht: Das Festmaterial, das von Transportmedien wie Flüssen, Gletschern und Wind transportiert wird.

Seife: Alluviale Ablagerung von schweren Mineralen wie Korund, Diamanten, Gold und Platin. Seifenlagerstätten finden sich infolge von Erosion, Verlagerung und Sortierung durch Einwirkung von Wind und/oder Wasser vornehmlich an oder nahe der Erdoberfläche.

Seitenmoräne: Meist hohe Moräne, die hauptsächlich aus Gesteinsmaterial besteht, das an den Rändern eines Gebirgsgletschers mitgeführt und abgelagert wurde.

Silika: Keramischer Werkstoff aus chemisch resistentem Siliziumdioxid SiO_2. Es kommt sowohl in einigen polymorph kristallinen Formen natürlich vor – die bekannteste davon ist Quarz – als auch in kryptokristalliner Form (Chalcedon) und amorph als Opal. In einigen Gesteinen wirkt Silika als Bindemittel.

Silizium: Element mit der Ordnungszahl 14 und dem chemischen Symbol Si.

Schluff: Sedimentgestein, dessen Korngröße zwischen derjenigen von grobem Sandstein und derjenigen von feinem Tonstein oder Schiefer liegt.

Sinterröhrchen: Röhrenförmige Stalaktiten mit dem Durchmesser eines Wassertropfens; aufgrund ihres Aussehens werden sie auch „Makkaroni" oder „Strohhalm" genannt.

Sintervorhang: Dünne, durchscheinende Schicht aus Travertin, die sich bildet, wenn Wassertropfen eine geneigte Höhlendecke hinabrinnen und einen dünnen Schleier von Kalzit ablagern.

Springbrunnenartiger Geysir: Neben dem düsenartigen Geysir ist dies der zweite Haupttyp der Geysire. Springbrunnenartige Geysire brechen aus Teichen hervor, meist mit einer Serie heftiger, gepulster Wasserstrahlen, die mehrere Minuten anhält. Zu den bekanntesten springbrunnenartigen Geysiren zählt Great Fountain Geyser im Yellowstone-Nationalpark (Wyoming, USA).

Stalagmit: Konischer bis zylindrischer Tropfstein, der durch Kalkausfällung aus mineralhaltigem Wasser vom Boden einer Höhle nach oben wächst.

Stalaktit: Konischer bis zylindrischer Tropfstein, der durch Kalkausfällung aus tropfendem, mineralhaltigem Wasser von der Decke einer Höhle nach unten wächst.

Steilhang: Die steilere Stirnseite einer Schichtstufe (Cuesta) in Gegenrichtung zur Neigung der Gesteinsschichten.

Steppe: Ausgedehntes, baumloses Grasland in den semiariden Zonen Südosteuropas und Asiens.

Stickstoff: Element mit der Ordnungszahl 7 und dem chemischen Symbol N (Nitrogenium).

Stirnmoräne: Endmoräne, die bogenförmig vor einem Gletscher verläuft und seine weiteste vordere Ausdehnung anzeigt.

Stock: Unregelmäßig geformte plutonische Intrusion mit unbekannter Sohle und einer oberirdischen Fläche von weniger als 100 km².

Sturzflut: Blitzartiges, lokales Hochwasser von vergleichsweise großer Stärke und kurzer Dauer. Ursache sind oft schwere Regenfälle in trockenen bis halbtrockenen Gegenden.

Subduktion: Geotektonischer Prozess, bei dem eine Lithosphärenplatte unter eine andere abtaucht. Auf diese Weise gelangt Krustenmasse in den oberen Erdmantel, wo sie wieder aufgeschmolzen wird.

Submarine Canyons: Vollständig überflutete Canyons mit V-förmigem Profil und steilen Seiten entlang dem Kontinentalabfall.

Supervulkane: Vulkane von außerordentlicher Größe und Sprengkraft, die die gewaltigsten Eruptionen auf Erden produzieren. Die potenzielle Explosivität von Supervulkanen ist unterschiedlich, aber die Menge des ausgestoßenen Gesteinsmaterials reicht aus, um die umgebende Region grundlegend zu verändern und das globale Klima für Jahre spürbar zu beeinflussen.

Suspensions- oder Trübestrom: Trübeströmung in Wasser (meist Meerwasser), die durch unterschiedliche Mengen gelöster Stoffe verursacht wird. An untermeerischen Hängen können, etwa bedingt durch ein Seebeben, große Mengen dieser „Schlammlawinen" abgehen und Korrosionsformen wie submarine Canyons schaffen.

Sylvin: Isometrisches Mineral mit der chemischen Formel KCl.

Synklinale: Falte in Gesteinsschichten, bei der sich die stratigrafisch jüngeren Gesteine im Kern befinden; die Falte ist generell nach oben konkav, wenn sie nicht gekippt wurde.

Tafelberge: Oft isolierte, deutlich aus ihrer Umgebung emporragende Hügel oder kleine Berge mit steilen Rändern und einer flachen Kuppe aus erosionsbeständigem Gestein.

Tektonische Platten: Sektionen der Erdkruste und des oberen Mantels, im Mittel etwa 100 km dick, die die Lithosphäre bilden und aus ozeanischer sowie kontinentaler Kruste bestehen. Ozeanische Kruste ist vor allem aus basaltischem Gestein, kontinentale Kruste dagegen aus weniger dichtem Gestein granitischer Zusammensetzung aufgebaut.

Tephra: Sammelbegriff für pyroklastisches Material jeder Größe, Form und Zusammensetzung, das bei Vulkanausbrüchen ausgestoßen wird.

Thermalquelle: Quelle, deren Wassertemperatur (mehr als 20 °C) beträchtlich über der atmosphärischen Jahresdurchschnittstemperatur der Umgebung liegt.

Thermophile Bakterien: Bakterien, die bei hohen Temperaturen gedeihen.

Thorium: Element mit der Ordnungszahl 90 und dem chemischen Symbol Th.

Tiefseeebenen: Ausgedehnte Flachzonen am Meeresboden, meist an Kontinentalsockeln gelegen.

Titan: Element mit der Ordnungszahl 22 und dem chemischen Symbol Ti.

Tombolo: Sand- oder Kiesbank, die eine Insel mit dem Festland oder mit anderen Inseln verbindet.

Tonschiefer: Durch dünnblättrige Schieferung charakterisiertes, spaltbares, feinkörniges metamorphes Gestein aus Tonmineralen.

Topografische Inversion: Optische Illusion in Landschaften mit ausgedehnten Schatten, bei der Bergrücken wie Täler wirken und umgekehrt.

Tor: Einzelne hohe Felsspitze oder Ansammlung tief zerklüfteter Felsen, stark verwittert und oft sehr sonderbar geformt.

Toxische Gasabgabe: Freisetzung giftiger Gase aus Vulkanen und anderen geothermischen Öffnungen sowohl im Wasser wie auch an Land.

Transpiration: Verdunstung des Wassers, das Pflanzen meist über das Wurzelsystem aufgenommen haben; die Transpiration erfolgt über die Pflanzenoberfläche.

Travertin: Kalziumkarbonatablagerung, die als Kalzit kristallisiert und sich oft im näheren Umfeld von Höhlenseen bildet.

Travertinbecken: Aus Travertin bestehende Wasserbecken.

Treibhauseffekt: Die Konzentration von Kohlendioxid und Wasserdampf in den unteren Bereichen der Atmosphäre verhindert, dass irdische langwellige Strahlungsenergie (Wärme, Infrarotstrahlung) die umgebende Atmosphäre verlässt.

Trogtal: Durch Gletschererosion entstandenes Tal mit steilen Hängen, breitem, fast ebenem Talboden und einem ausgeprägt U-förmigen Querprofil.

Trona: Monoklines Mineral mit der chemischen Formel $Na_3(CO_3)(HCO_3) \cdot 2H_2O$.

Tropfstein, Speläothem: Überbegriff für Gesteine meist aus Kalzit, die durch tropfendes oder fließendes Wasser in Höhlen abgelagert werden und bekannte Höhlenformationen wie Stalagmiten und Stalaktiten bilden.

Tsunami: Sich schnell fortpflanzende Schwerewelle im Meer, die durch heftige, kurze Störungen am Meeresboden ausgelöst wird. Hauptursachen sind Erdbeben (Seebeben) in flachen Meereszonen und Vulkanausbrüche unter Wasser. Tsunamis werden häufig auch fälschlicherweise als Flutwelle bezeichnet; in Wirklichkeit hängt ihre Entstehung nicht von den Gezeiten ab.

Tuffschlot: Vulkanische Röhre, die mit zementierter Vulkanasche – dem Tuff – gefüllt ist.

Tümpel oder Weiher: Kleines Stillgewässer, das man hauptsächlich in Mooren und Gebirgsregionen findet.

Turmkarst: Tropische Karstlandschaft mit steilwandigen, isolierten Kalksteinhügeln, umgeben von alluvialem Flachland (*siehe* Kegelkarst).

Überschiebung: Tektonisch bedingte relative Aufschiebung einer Gesteinsscholle mit einem Winkel von 45° oder weniger.

ultramafisch: Bezeichnung für vulkanisches Gestein, das hauptsächlich aus mafischen Mineralen zusammengesetzt ist, z.B. monomineralisches Gestein wie Peridotit, das vor allem aus Olivin besteht.

Unmischbare Komponenten: Komponenten, die miteinander im Lösungsgleichgewicht stehen und sich nicht miteinander vermischen.

Uran: Element mit der Ordnungszahl 92 und dem chemischen Symbol U.

Vadose Höhlen: Ältere Gänge in der oberen vadosen Zone einer Höhle, die hauptsächlich über dem Grundwasserspiegel entstanden sind und als Canyons und Schlüssellochhöhlen auftreten. Man unterscheidet zwischen aktiven und inaktiven vadosen Höhlen. Erstere führen noch zeitweise Wasser, sodass die Höhlenbildung noch weiter fortschreitet. In inaktiven vadosen Höhlen hingegen gibt es kein Grundwasser mehr, und die Höhlenbildung ist abgeschlossen (*siehe auch* phreatische Höhlen).

Vanadium: Element mit der Ordnungszahl 23 und dem chemischen Symbol V.

Verkarstung: Ausprägung eines Karstformenschatzes durch chemische und mechanische Einwirkung von Wasser auf entsprechende Gesteine und Minerale.

Verwerfungsfläche: Mehr oder weniger ebene Oberfläche eines Bruchs bzw. einer Verwerfung.

Verwilderte oder verzweigte Bach- bzw. Flussläufe: Bach- bzw. Flussläufe, die sich nach Trennung durch sichtbare, linsenförmige Bänke oder Inseln vielfach verzweigen und wieder vereinigen.

Vulkanexplosivitätsindex (VEI): 1982 vom Geologischen Dienst der USA und der Universität von Hawaii festgesetzte Skala für die Stärke vulkanischer Eruptionen. Die VEI-Magnitudenstärken von 0 bis 8 entsprechen Beschreibungen von „nicht explosiv" bis „sehr stark". Ein Ausbruch von Stärke 8 hat katastrophale klimatische und andere Auswirkungen.

Vulkanpfropfen: Vulkanisch gebildete Formation, die entsteht, wenn Lava oder Magma im Schlot eines aktiven Vulkans stecken bleibt und erhärtet.

Wadi: In den Wüstenregionen von Nordafrika und Vorderasien gebräuchliche Bezeichnung für ein Trockental, das nur nach Starkregenfällen Wasser führt.

Wassereinzugsgebiet: Von einer Wasserscheide umgrenztes Entwässerungsgebiet, in dem sich all das Grundwasser sammelt, das aus den Niederschlägen herrührt.

Wasserkreislauf: Auch hydrologischer Kreislauf genannt; er beschreibt die kontinuierliche Zirkulation des Wassers. Von Ozeanen und anderen Gewässern verdunstet das Wasser in die Atmosphäre, dadurch entsteht Luftfeuchtigkeit, die zur Bildung von Wolken führt. Über Land regnen diese ab, und die Niederschläge – die auch als Schnee oder Hagel fallen können – fließen in Form von Bächen und Flüssen ab oder versickern ins Grundwasser. Letztendlich strömen die Fließgewässer wieder in die Ozeane zurück.

Watt: Ausgedehnter, annähernd ebener amphibischer Landstreifen an der Gezeitenküste, der bei Flut überschwemmt wird und bei Ebbe trockenfällt.

Wiechert-Gutenberg-Diskontinuität: Die Geschwindigkeitsänderung von Erdbebenwellen zeigt die Grenze zwischen dem äußeren Erdkern und dem unteren Erdmantel an. Sie liegt etwa 2900 km unter der Erdkruste. Man nimmt an, dass sie einen Wechsel sowohl in der stofflichen Zusammensetzung als auch zwischen flüssigem und festem Zustand anzeigt. Benannt ist sie nach ihren Entdeckern, den Geophysikern E. Wiechert und B. Gutenberg.

Wüstenplateau: Auf einem Plateau gelegenes Trockengebiet.

Xenokristall oder Fremdkristall: Einzelner Kristall oder Kristallfragment in einem Gestein, das anderer Herkunft ist.

Xenolith oder Fremdgestein: Einschluss älteren Nebengesteins in einem magmatischen Gestein, der mit der Entstehung der Grundsubstanz, in der man ihn findet, nicht in Zusammenhang steht.

xerisch: Bezeichnung für Lebensräume mit sehr geringer oder unzureichender Feuchtigkeit.

Xerophyten: Pflanzen, die sich aridem Klima und sehr trockenen Bedingungen angepasst haben.

Zentripetale Entwässerung: System von Flüssen, die in einer zentralen Senke zusammenlaufen und dorthin entwässern.

Zirkon: Tetragonales Mineral mit der chemischen Formel $ZrSiO_4$.

Zirkonium: Element mit der Ordnungszahl 40 und dem chemischen Symbol Zr.

Zu- und Nebenflüsse: Flüsse, die in größere Ströme, Flüsse oder Seen fließen, sie nähren oder sich mit ihnen vereinen.

Register

Fett gesetzte Seitenzahlen beziehen sich auf Hauptbeiträge. *Kursiv* gesetzte Seitenzahlen beziehen sich auf Abbildungen.

A

Abbesee, 165
Abschiebungen, 324–325
Absolute und relative Zeitabschnitte, **22**
Acanthodier, 33
Aconcagua, 174, *174*, 182, 196
Acritarcha, 21, 24
Adeliepinguin, 261
Adiabatisches Temperaturgefälle, 177
Adler, 247
Adria, 88
Afarregion, 147, *151*
Afarsenke, 162, **165**, *165*
Afarwüste, 162
Affen, 22
Afrika, 47, 146, *146*, 147, 148, *148*, **149–150**, *149, 151*
   Canyons und Schluchten, 264, 268, *268, 282–283, 282, 283*
   Flüsse, **224–229**
   Formenschatz im Landesinnern, **332–333**, *332–333*
   Gebirge, 25, **194–195**, *194*
   Superkontinente, 57, 58
   Tektonische Prozesse, 56, *58–59*
   Wasserfälle, **228–229**
   Wüsten, 292, **302–303**, *302–303*, **306–307**, *306, 307 siehe auch* Ostafrikanischer Grabenbruch
Afrikanische Platte, 88, 160, 162, 164, 166, 168, 173, 190, 280, 332, 359
Ägäische Mikroplatte, 88
Ägypten, 210, *210*, 224, **226–227**, *226–227*, 297, **303–305**, *303*, 307, 359
Aiguilles Rouges, *186*
AitArbi, *177, 194,*
Akagera, 224
Akidograptus ascensus, 32
Alaknanda, 230
Alaska, *11, 32*, 44, 74, 80, *80*, **81**, 105, 109, 135, 240, *240, 246–248, 247, 350*, 350, 353
Alaska-Panhandle, 112
Albatrosse, 261, *261*
Albert-Nil, 224
Albertsee, 161, 224
Alborz-Berge, 308
Aletschgletscher, 187
Aleuten, 80, 134, 174, Aleutenkette, 178
Alexandrit, 192
Algen, 24, *25*, 30, *32*, 33, 38, 44, 133, 202, 314, 316–317
Algerien, 194, 297, 306, 307
Allosaurus, 43
Alpaka, 184
Alpen, 166, 173, 176, **186–189**, *186–187, 188, 189, 194, 196, 222*
Alpensteinbock, 189
Alpine Tundra, 188
Alte Zivilisationen, **210**
Altiplano, 182
Aluminum, 18, 192
Amalfiküste, *207*
Amazonas, 176, 183, *206*, 210, **216–219**, 216, 217, 218
Amazonasbecken, 216, 219
Ameisen, 45
American Falls, 214, *214*

Amethyst, 192
Amhara-Plateau, 333
Amic-Krater, 85
Ammoniak, 18, 24
Ammoniten, 34, 35, 36, *36*, 38, 41, 42, 45, 195, *195*, 364
Amniotisches Ei, 37, 38
Amphibien, 34, 36, 37, 38, 41, 45, 314
Amudarja, 310
Anak Krakatau, 78, 95, *95*
Anasazi, **269**
Anatahan, 91
Anatolische Mikroplatte, 88, 168, 179, 182,
Anatolisches Hochland, **334–335**, *334, 335*
Anchorage, 247
Ancient-Wall-Gebirgszug, *34–35*
Anden, 40, 56, *64, 106–107*, 134, **136–137**, *136–137, 173*, 174, *174*, 176, **182–185**, *182, 183, 184*, 196, 202, 216, 217, 218, **250–251**, *250–251*, 277, 301
Andesit, *93, 93,*
Andesitisches Magma, 53, 75, 80, 86, 95, 190
Andrew Gordon Bay, *353*
Angaria, 176
Angiospermen, 44, 45
Annapurna, 284
Ano Nuevo State Reserve, *47*
Anomalocaris, 29, 30
Antarktis, 25, 196, 237, 240, 350, 366
   Eisschilde und Gletscher, *14, 20–21*, 258–261, *258, 260, 261*
   Leben, **260–261**
   Meteoriten, **201**
   Seen unter dem Eis, **260**
   Superkontinente und die, 57, 58, 61
   Transantarktisches Gebirge, 43, 100, **200–201**, *201–202*
   Trockentäler, 43
   Vulkane, **100–101**, *100–101,* Antarktische Eiswüste, 292, 297, **316–317**, *316–317*
Antarktische Halbinsel, **101, 202–203**, *202–203, 260*
Antarktische Platte, 202
Antarktische Stationen, 203, 260
Antarktischer Krill, 261
Antarktisvertrag, 201
Antelope Island, 309
Antelope Valley, *298–299*
Anthropoidea, 47
Antiatlas, 194, *195*
Antillen, 84, 85,
Äolische Inseln, 20
Äonen, 23
Aorangi Island, **368–369**
Apatosaurus, 42
Apennin, 186, **190–191**, *190, 191*
Appalachen, *33*, 134, 176, 194
Arabische Halbinsel, 306, 307
Arabische Platte, 162, 164, 165, 166, 168, 173,
Arabische Wüste, 297, 305
Arabisches Meer, 176, 197
Arachniden, 33
Aralsee, 309
Araucaria araucaria, 40
Araukarien, *40*
Aravalligebirge, 230
Aravasenke, 166

Aravatal, 305
Archaeocyathiden, 29
Archaeopteris-Bäume, 34
Archaeopteryx, 42, 43
Archaikum, **18–20**, 24, 55
Archäologische Stätten, 364 *siehe auch* Mumien
Arches-Nationalpark, *323,* 322–323
Archosaurier, 38, 40
Arctic Climate Impact Assessment, 245
Arctic Coastal Plain, 353
Arctic National Wildlife Refuge, 353
Ären, 23
Arenal, *82, 83, 83*
Arequipa, 86
Arête, 187
Argentinien, *86*, 136, *174*, 176, 184, 220, 221, *236*, 250, 251, 261, 297, 300, **301**, 301, 375
Argentinosaurus, 43
Argon, 13
Arica, 301
Arides Klima, 63, 684
Arktis
   Artendiversität, **353**
   Küstenlinien, **350**, *350, 351*, **352–353**, *353*
Arktisches Meereis, 245
Arno, 190, *191*
Arthropleura, 36
Arthropoden, 21, 27, 29, 30, 32, 34, 38, 38
Asien
   Canyons und Schluchten, 267, *267, 284–286, 284–285, 286*
   Flüsse, **230–232**
   Geothermalgebiete, **140**, *140, 141*
   Karstgebiete und Höhlen, **386–389**
   Vulkane des westlichen Pazifikraums, 90–93, *90, 91, 92, 93*
   Wüsten, **310–311**, *310, 311,*
Aso Rock, Nigeria, 119
Assalsee, 165, *165*
Assuan, 227
Asthenosphäre, 14
Ästuare, 361
Atacamawüste, 137, *137*, 176, 183, 293, 294, 300–**301**, *300–301*
Äthiopien, *30–31, 151*, 160, 162, 165, 224–225, *225*, 226, *283*, **332–333**, *332–333*
Äthiopischer Dom, 332
Äthiopischer Wolf, **333**, *333*
Atlantischer Ozean, 57, 216, 217, 218, 239
   Entstehung, **152**
   Klima, 65
   Küstenformen, 358, 359, 361, 362
   Öffnung, 58, 151, 158, 178, 182, Vergrößerung, 52, 53, 182
   Vulkane, 74
Atlasgebirge, *177,* 190, **194–195**, *195*
Atmosphäre, **12–13**, 15, 18, 20, 24, *25*, 62, 65
Atomwaffentests, **193**
Ätna, *79*, 88, 190
Aue, 208
Augustine, 80
Aupouri-Halbinsel, 368
Auresgebirge, 194
Auslassgletscher, 242–243, 243,
Austfonna-Eiskappe, *255*
Australien, 25, *104*, 108, 109, 196, 261

Schluchten und Canyons, *265, 267*, 268, 288–289, *288–289*
   Ediacara Hills, **26–27**, *26–27*
   Flüsse, 210, *210*
   Formenschatz im Landesinnern, 172, 176, *320*, 321, 324, 325, *325*, 338–339, *338–339*
   Grabenbrüche, 146, 149 Karstgebiete und Höhlen, 372, *372, 373*, 376, 390–391, *390–391*
   Küstenformen, **344**, 346, *346, 347*, **366–367**, 366–367
   Ordovizium, 31
   Protoerozoikum, 24, *24*, **26–27**, *26–27*
   Stromatolithen, 20, 24, *24*
   Superkontinente, 54–55, 57, 58, 61
   Tektonische Prozesse, 56
   Wüsten, 292, 293, 294, 296, 297, 312–315, *312–313, 314, 315*
Australische Alpen, *104*
Australische Platte, 98
Autana Tepui, 321
AuyanTepui, 321
Avachinsky-Koryaksky, 79
Ayers Rock *siehe* Uluru
Azteken, 324

B

Baculites, 45
Badain-Jaran-Wüste, 294
Baffin Island, 23, 249, *249*, 353
Baglideretal, 335
Bahr al-Abyad, 224
Bahr al-Dschabal, 224
Baikalgraben, **150**
Baikalsee, 52, 146, *147*, 150, **150**, *150*
Baja, 178
Bakterien, 20, 24, 71, 149, 317
Bald Rock, 123
Balearen, *360*
Balegebirge, 332
Balgo Hills, *314*
Baltika, 58, 176, 279
Bänderton, **260**, *260*
Banff-Nationalpark, 134, *240*, 378
Bangladesch, 176, 197, 230
Baragwanathia, 33
Barchane, **294**, *301,* 306
Bären, 47, *80*, 181, 189, 199, 247, 255, 353
Bärlapp, 33
Barnes-Eisschild, 249
Barren, 353
Barriereinseln, 345, **354–355**
Bartenwale, 261
Bärtierchen, 260
Bartrobbe, 245
Basalt, 40, 45, 46, 50, 52, 59, 76, 106, **148**, 331, 333, 335
Basaltlava, 132, 152, 153, 156, 162, 164, 165
Basiluzzo, 116, *116*
Basstölpel, 362
Bastei, 331
Basthölpel, 362
Bath, 138
Batholithen, **108**
Batokaschlucht, 228
Bay of Islands Coastal Park, 366
Bay of Plenty, 368
Beardmangletscher, 200
Beaufortsee, 350
Bedrohte Arten, 361
Beitou, heiße Quellen, **140**
Bekaa-Ebene, 166

Belemniten, 41, 42, 45
Belize City, 374
BenAmera, 119
Ben-Ohau-Gebirge, 341
Beowawe-Geysirfeld, **134–135**
Berberlöwe, 195
Berggletscher, *249*
Bergsee, *249*
Beringstraße, 48, 237
Berner Alpen, 187
Bernhardiner, **188**
Besymianny, 92, *93*
Beuteltiere, 47, 312, 367
Bhagirathi, 230
Bhagirathischlucht, 285
Bhutan, 196
Biber, *34,* 255
Bienen, 45
Big Island, Hawaii, *74, 76*
Big Sur, *348–349,* **354,** *355*
Bimsstein, 95, 99, *99*
Bina-Formation, 337
Biodiversität, 51, **55,** 57, 213, 222, 233,
    331, 349, 353, 361
Biomasse, 34
Biosphäre, 12, **13,** 15
Biotit, 180
Bison, 48, *134,* 325
Black Tusk, British Columbia, *112*
Blattläuse, 45
Blaue Berge, 267, 268, *288–289,* **289,** 321
Blaue Lagune, *155*
Blauer Nil, **224–225,** *224, 225,* 226, *283,*
    332
Schlucht, 264, 283
Blei, 189, 194, 201
Bletterbachschlucht, **281**
Blue Holes, **374,** *374*
Blyde River, 282, *282*
Bogoriasee, *131,* 146
Böhmische Schweiz, 330
Bolivien, 136, *136–137,* 176, 182, 184,
    251, 294, 296, **308–309,** *309*
Bonifacio, 345
Bonneville-Salzebene 296
Borneo, 386
Borobudur, *105,* 106, *121*
Bosnien und Herzegowina, 223
Bosporus, 48
Botswana, 160, 303,
Bottnischer Meerbusen, 48, **252,** 253
Brachiopoden, 29, 30, 33, 34, 35, 36, 38
Brahmaputra, 176, 197, 208, 230, *230,* 265
Brahmaputraberge, 230
Brandberg, 118–119
Brandungsbogen, 367, *367*
Brandungshöhlen, 348, 355, *355,*
    368–369,
Brandungstor, 348, *350, 363,* 366, 368,
    369
Brasilien, *13,* 216, 217, 218, 220, 221
Bretagne, **362,** *362,* 363
Bridal Falls, 214
Briksdalsbreengletscher, *238*
Bromelien, 184
Bromo, *76,* **94–95**
Brontosaurus siehe Apatosaurus
Brookskette, *179*
Bryce Canyon, 322
Bryophyten, 356
Bryozoen, 30, 36, 38, 42
Buchan Caves, *372*
Budapest, **139,** *139, 222*
Bungle Bungles, *320*
Burgess-Schiefer, 21, *21,* 29
Burundi, 224
Büschelgräser, 356
Bushmänner der Kalahari, 303
Bushveld-Komplex, 118
Bylot-Eisschild, 249

Bylot Island, 249

C
Cagsawa, 93
Camarasaurus, 42
Cameroceras, 30
Canning Basin, 391
Canterbury Plains, **340–341,** *340–341*
Canyoning, **268,** *268*
Canyonlands-Nationalpark, *264,* 267
Canyons und Schluchten, 209, *211,* 221,
    339
    Afrika und Naher Osten, 264, 268, *268,*
        282–283
    Asien, 267, *267,* **284–287**
    Australien, *265,* 267, 268, **288–289,**
        288–289
    Europa, **278–281**
    Mexiko, Mittel- und Südamerika,
        276–277
    Übersicht, **264–269**
    Untermeerische, **268–269**
    Vereinigte Staaten, 264, *264,* 265,
        265, 266, 267, 268, *269,* **274–275,**
        274–275
Cap Formentor, *360*
Cap Fréhel, **362**
Cape Merry, *55*
Carlsbad Caverns, **378–379,** *378, 379*
Carlsbad-Caverns-Nationalpark, *377*
Carmichael, 85
Cassiargebirge, 156
Cat Ba, 387
Catamarca, 375
Cenotes, **375,** *375*
Ceratosaurus, 43
Chaomidianzi-Formation, 45
Cheddar Gorge, **278–280,** *279*
Chichen Itza, *375, 375*
Chicxulub-Meteorit, 45, 46, 71
Chihuahua-Wüste, 297, **298**
Chilcotin, *12*
Chile, *106–107,* 176, 182, 183, *183,* 184,
    240, 276, 293, 294, 297, 356
    Eisschilde und Gletscher, 250, 251, *251*
    Geysire und heiße Quellen, **136,** 137,
        137
    Vulkane, **86,** *86, 87*
    Wüsten, **300–301,** *300–301*
China, 39, *39,* 44, 58, 176, 230, **231–233,**
    232, 233, 265, 267, *267,* 386, **386**
    Canyons und Schluchten, **285–286,** *285,*
        286 Geothermalgebiete in Asien,
        140, *141*
    Karstgebiete und Höhlen, *376–377,*
        377
    Wüsten, **294,** 297, **311,** *311*
Chinesischer Himalaya, 196, *198*
Chloroplasten, 20
Chordata, 29
Chotanagpur-Plateau, 230
Chrom, 201
Chrysoberyll, 192
Chuquicamata, 182
Cleveland, Vulkan, 80
Climactichnites, 29
Cloudinia, 21
Cnidaria, 29
Coast Mountains, 178, 179
Cocklebiddy Cave, *390, 390*
Cockpit Karst, 374
Cocos-Platte, 82 Coelurosaurier, 43
Colca-Canyon, **277**
Colima, 79, 83
Colorado, 156, 179, 209, *211, 264,* 265,
    267, 274, *274,* 275
Coloradoplateau, 178, 269, 274, 298, 299,
    322
Columbia-Eisfeld, 249
Columbiagebirge, 156, 178

Columbiagletscher, 247
Columbia-Orogenese, 178
Conodonten, 30, 33, 34, 35
Conorpass, 365
Cooksonia, 33
Coquerel-Sifaka, *55*
Cordillera del Paine, 114
Corno Grande, 190
Coromandel-Halbinsel, *377*
Costa Rica, *82,* 83, *83*
Cotahuasi-Canyon, **277**
Cotopaxi, 183
Coulman Island, 101
Cradle-Mountain-Lake-St.-Clair-
    Nationalpark, 63
Crater-Lake-Caldera, 78
Crozon, 362
Cuernos del Paine, 182, 183
Cuzco, 184
Cyanobakterien, 20, *20,* 24

D
Dadesschlucht, *177, 194*
Dallschaf, 353
Damaraland, 303
Danakilsenke, 162
Danakilwüste, 165
Dana-Schutzgebiete, 283
Danglagebirge, 232
Darranberge, *256*
Dartmoor, **281**
Dasht-e Kavir, 296, **308,** *308*
Dasht-e Lut, 308
De Long Strait, *353*
Death Valley, 134, 298, 323, *323*
Deception Island, 101
Dekkan-Trapps, 45, 46, 120–121
Delfine, 231, 356
Deltas, **349**
Desertifikation, 195
Deutschland, 138, 222, 223, 280, *324–325,*
    330, *330–331*
Devil's Marbles, 123, *123*
Devil's Postpile, 110
Devil's Tower, 105
Devon, **34–35,** 314, 352, 364
Devon-Eisschild, 249
Devon Island, 249
Devprayag, 230
Dhaulagiri, 284
Diamanten, *14,* 18
Diatomeen, 45
Dickhornschaf, 181
Dickinsonia, 27
Dicynodontier, *38*
Dimetrodon, 38
Dingle-Halbinsel, **364,** *364,* 365
Dinosaurier, 10, 22, *22,* **40–41,** *40,* **42–43,**
    42, 44, *45*
Diplodocus, 42
Divergente Evolution, 57
Dob's Lin, Schottland, 32
Dochgarroch, 158
Dolerit, 43, **101,** *101, 201*
Doleritgänge, 365
Dolinen, **374** siehe auch Schlucklöcher
Dolomiten, *189*
Dominica, 85
Donau, 189, 210, **222–223,** *222–223*
Donautal, 280
Donauversickerung, 222
Doubtful Sound, 256
Doubtless Bay, 368
Drakensberge, 118, *118*
Drake-Passage, 356, *356*
„Drei parallele Flüsse", Schutzgebiet, 285
Drei Schluchten, **232,** *232,* 233, *233,* 286,
    286
Dscheladas, 332, *332*
Dschibuti, *58–59,* 147, *151,* 160, 165, *165*

Duluth Complex, 109
Dunhuangwüste, *311*
Dunkleosteus, 34
Durmitor-Nationalpark, 278
Dürre, 62, 64–65, 311
Dykes, **106–108**
Dyngiufjöll-Bergmassiv, *75*

E
Ebbe und Flut, 62
Ebenen, 322
Ech Cheliff, Erdbeben, 194
Ecuador, 63, 87, 136, 183, 184, 216, 217,
    251
Edelsteine, 182, 192
Edelweiß, 188
Ediacara Hills, 26–27
Ediacarium, 21, 22, 26–27, 55
Edinburgh Castle, 117
Edwardsee, 161
Edziza, 80
Efjord, *252–253*
Eidechsen, 45, 314, 367 *siehe auch*
    Reptilien
Eintagsfliegen, 36
Eisbären, 245, *245,* 353
Eisberge, 31, 239, *243, 245, 251, 356*
Eisen, 18, 20, 24, 164, 190, 192, 194, 201
Eiszeit, 239
Eisfelder, 71, 177, 239, 240
    Alaska, 246
    Anden, 250–251
    Antarktis, 258–259, *258*
    Grönland, 242, *242–243,* 243, 245
    Kanada, 248
Eisplattform, 258–259
Eisschelfe, 203, 258–259, *259*
Eisschilde, **20–21,** 32, 42, 55, 60, 65, 100,
    183, 201, 237, 243, 245, 246, 248,
    249, 250, 251, 252, 253, 254, 255,
    255, **256–265,** 258, 260, 316, 317,
    350, 353
Eisströme, 258
Eiswüsten, 316–317, *316–317*
Eiszeiten, 20, 62, 65, 71, 180, 187, 198,
    214, 233, 236, **237–239,** 254, **254,**
    269, 240, 312, 331, 341, 346, 374
El Capitan, 109, *109,* 110
El Chichon, 83
El Misti, 86
El Niño, 65
El Niño-Southern Oscillation, 65
El Salvador, *83*
El Tatio, Geysirfeld, 137, *137*
Elbe, 330, 331
Elbsandsteingebirge, 330, *330,* 331
Eldfell, *78,* 154–155
Ellesmere Island, 249
Emi Koussi, 307
Emu-Ebene, 267
Emus, *339*
Endmoräne, 246
Endoceras, 30
Endorheische Entwässerung, 299
England, 27, *44–45,* 108, 109, 278–280,
    279, 281, 324, 364, *364–365*
Eonil, 226
Eozän, 47, 180, 326, 367
Epochen, 47, 48
Erciyes Dagi, 334
Erdbeben, 10, 53, 71, 78, 151, 172, 174,
    213, 231, 298, 369
    Anden, **182–183**
    Apennin, 191
    Atlasgebirge, **194**
    Geysire und heiße Quellen, 132
    Grabenbrüche und Verwerfungen, 157,
        158–159, 160
    Great-Glen-Verwerfung, 158–159
    Himalaya, **197**

Mittelmeer, 359
Nordamerikanische Kordilleren, 178, 179
Nordamerikanische Westküste, 157
Nordanatolische Verwerfung, **168, 169,** *169*
Ostafrikanischer Grabenbruch, 160
Tokio, **90**
Vulkanische Aktivität, 82, 85, 86, 94, 96, **97,** *97*
Erde
  Alter, 15
  Erstes Leben, 20
  Entstehung, 18–19
  Erdumlaufbahn, 62, 238, 306
  Geologische Zeitskala, 22–23
  Magnetische Felder, 50
  Schwerkraft, 12, 18
  siehe auch unter den einzelnen Zeitepochen wie z.B. Perm
Erdkern, 13–14, 18
Erdkruste, 13, 14, 18, 50, 60, 71, 76, 108
  siehe auch kontinentale Kruste; ozeanische Kruste
Erdmagnetfeld, 50
Erdmantel, 13, 14, 18, 24, 40, 51, 52, 59, 70, 76, 152, 156, 160, 162
Konvektionsströme, 50, 51
Erdöl und Erdgas, 147, 192, 323
Erdsystemwissenschaften, 12
Ergs, 306, 307
Eriesee 214
Erlen, 247
Erongogebirge, 303
Erosion, 79, *71,* 104, 108
Erzincan, Erdbeben, 168
Etretat, 362, 363
Et-Tih-Plateau, 304
Eukaryoten, 21, 24
Euphrat, 210
Euramerika, 32, 34, 36, 176, 194
Eurasien, 58, 186, 194, 196
Eurasische Platte, 56, 59, 88, 94, 140, 152, 166, 168, 173, 190, 280, 284, 359
Europa, 254
  Schluchten, 279–281
  Flüsse, 222–223, *222–223*
  Formenschatz im Landesinnern, 176, **328,** *328, 329,* **330–331,** *330–331*
  Geothermalgebiete, 138–139, *139*
  Karbon, 36
  Kohleablagerungen, 36
  Kreideklippen, 44
  Kreidezeit, 44
  Mittelmeerküsten, *358–359,* 359, 360, 361, *361*
  Quartär, 48
  Superkontinente, 58
  Vulkane, 10, 88–89, *88–89,* 132, 359
Europäisches Nordmeer, 252
Eurypteriden, 30, 33
Exfoliation, 109
Exosphäre, 12

F
Falklandinseln, 261
Farne, 34, 36, 38, 331
Farnsamer, 34
Fauna, 71, 160
  Anpassungen, 71
  Canyons und Schluchten, 275
  Devon, **34,** *34, 35, 313*
  Ediacarium, 26–27, *27*
  Entstehung der Erde, 20, 21
  Fjorde, Eisschilde und Gletscher, 245, **247,** *249, 250, 252, 255, 260–261*
  Flüsse und Wasserfälle, 213, *213,* 215, *215,* 218, 219, 219, 220, *220,* 221, *221,* **227,** *227,* 228, *229,* 230, 231, 233, *233*

Formenschatz im Landesinnern, *326,* 332, 339, *339*
Gebirge, 181, 183–184, *184,* 188–189, *188,* 190, *192,* 193, 195, 198, 199, 199, 203, *203*
Geologische Zeitskala, 22, *22*
Geysire und heiße Quellen, *134*
Grabenbrüche und Verwerfungen, 155, *160*
Karsterscheinungen und Höhlen, 378, 379, 387, 389, 391,
Jura, 42–43
Kambrium, 28–29, *28, 29*
Karbon, 36–37
Kreide, 44–45, *44*
Küstenformen, *344,* 349, *350,* 353, *354,* 356, 366, 367, 369
Ordovizium, 30–31, *31*
Perm, 38
Präkambrium, 24
Quartär, 48–49
Silur, 33
Superkontinente, 51, 55, 57, 58, *58,* 59
Tertiär, 46, 47
Trias, 40–41, *40*
Vulkanische Aktivität, 77, *80*
Wüste, 296–297, *296,* 298, 299, 301, *302,* 303, *304,* 305, 307, *307,* 310, 311, *312,* 399, 314, 317 siehe auch Massenaussterben
Feenkamine, 434–435, *338*
Feldspat, 18
Felsbögen, 322–323, *323*
Felsenkirchen, 334, *334*
Felsenpinguine, 261, 456, *357*
Felsnadeln, 71, 322, 326
Felswüsten, 293–294
Fennoskandischer Eisschild, 252
Fernandina, *344*
Feuchtgebiete, 223, *223,* 353, *359,* 367
Feuerland, 356
Feuerstein, 373
Fichte, 247
Filchner-Ronne-Eisschelf, 258
Fingal's Cave, 116, *117,*
Finger Mountain, *201*
Finke River, 364
Finkeschlucht, 288
Finnland, 252, 253, 255, 350
Fiordland, 256, *256, 368*
Fische, 30, 38, 45, 331,
  Afrika, 161, *161*
  Devon, 34, 35, *35*
  Flüsse, 227, 233, 233
  Karbon, 36
  Silur, 33
  Wüste, 314
Fish River Canyon, 282, *283*
Fitzroy River, 314
Fjorde, 203, 256, 352, 356
  Alaska, 246
  Anden, 250–251, *250–251*
  Canyons und Schluchten, 275
  Ureinwohner, 242–243
  Felsformationen, 20
  Fjorde, Eisschilde und Gletscher, 242–243, *242–243, 244,* 245, *245*
  Gebirge, 176, *176*
  Grönland, 243, *244,* 245, *245*
  Kanada, *248, 249*
  Neuseeland, *237,* 240, 256–257, 368
  Skandinavien, *252–253,* 252–255
  Überblick, 236–240
Flamingos, *136,* 137, *160–161*
Flechten, *27,* 155, 188, 202, 247, 316, 331, *331*
Fledermäuse, 22, 298
Flinders-Ranges-Nationalpark, *325*
Flora
  Antarktis, *101,* 316–317

Arktis, 353, *353*
Devon, 34
Entstehung der Erde, 20–21
Fjorde, Eisschilde und Gletscher, 247, 254
Flüsse und Wasserfälle, 218, 219, 219, 220, 221, 223, 227, 228, 231, *233*
Formenschatz im Landesinnern, 327, 328, 331, *331,* 332, 338
Gebirge, 181, 184, 188, *189,* 190, 193, 194, 199, 202, 203
Geysire und heiße Quellen, *141*
Grabenbrüche und Verwerfungen, 155
Jura, 42
Karbon, 36, *36, 37*
Karsterscheinungen und Höhlen, 387, 389
Klima, 60–61, 60, 63
Kreide, 44, 45
Küstenformen, 354, 356, 361, 362, *365,* 368
Perm, 38, *39*
Präkambrium, 24, *25*
Silur, 32, 33, *33*
Superkontinente, 59, *59*
Tertiär, 46, *46–47,* 47
Trias, 40, *41*
Vulkanische Aktivität, *94*
Wüsten, 71, *293,* 296, 297, 298, 299, 300, 301, 302, 303, 304, 305, 306, 308, *309,* 311, 312, 313, 314, 316–317
Florenz, *191*
Flussdeltas, 359
Flüsse
  Afrika, 224–229
  Asien, 230–232
  Australien, 210, *210*
  Europa, 222–223, *222–223*
  Gebirge, 176, 179–180, 183, 189, 190, 197
  Nordamerika, 212–215
  Schluchten und Canyons, 267
  Südamerika, 216–221
  Überblick, 206–211 *siehe auch unter dem jeweiligen Namen, z.B. Nil*
Flussentwicklung, 208–210
Fluviatile Erosion, 148, 207–208, 214–215, 222
Foraminiferen, 38, 39, 45
Formenschatz im Landesinnern
  Afrika, 332–333, *332–333*
  Äthiopien, 332–333, *332–333*
  Australien, 338–339, *338–339*
  Europa, **328,** *328, 329,* **330–331,** *330–331*
  Frankreich, **328,** *328, 329*
  Israel, **336–337,** *336–337*
  Kanada, *12*
  Neuseeland, **340–341,** *340–341*
  Türkei, **334–335,** *334–335*
  Überblick, **320–325,** *320–325*
  Vereinigte Staaten von Amerika, **326,** *326–327*
Fort la Latte, 362
Fortunagletscher, 203
Fossilien, *14*
  Ammoniten, 195, *195*
  Antarktis, *200–201*
  Ediacarium, **26–27**
  Entstehung der Erde, *20,* 25
  Formenschatz im Landesinnern, **341**
  Gebirge, 71, 186, 195, *195,* **200–201**
  Geologische Zeitskala, 22, *22*
  Höhle, **375–376,** 391
  Jura, *42,* 43
  Kambrium, **28,** *28*
  Karbon, 36
  Kreide, *44*
  Küstenformen, 364, 368

Ordovizium, 30, *31*
Ostafrikanischer Graben, 160 Perm, 38, *38, 39, 39*
Präkambrium, 24, *24*
Quartär, *48*
Silur, **33**
Tertiär, *47*
Wüste, 299, *299,* 314
Foxebecken, 248
Foxgletscher, *257*
Frankreich, 106, 223, 278, *278, 280–281,* 281, **328,** *328, 329,* **345,** *362,* 362, 363
Franz-Josef-Land, 253
Französische Alpen, *70, 186*
Fuego, 83
Fuji, 76, 78, **90,** *90, 174*
Fumarolen, 81, 86, 87, 131, 132
Furtwänglergletscher, 162
Fusuliniden, 36, 39

G
Galapagosinseln, 71, *344*
Galeras, 87
Gamboaberge, *250–251*
Gamlaschlucht, 283
Gämse, 189, 190
Ganga-Brahmaputra-Meghna-Becken, 230
Gangaschlucht, 268
Ganges, 176, *206,* 210, 197, **230–231,** *230–231,* 285
Gangotrigletscher, 230
Garganta del Diablo (Teufelsschlund), *207,* 220, *220,* 276
Garibaldi Provincial Park, 112
Garibaldi Ranges, 112
Garrapata State Park, 354
Gasvorkommen 180, 194
Gebirge, 13, 25, 32, 44, 70–71, 231, 359
  Alpen, 166, 173, 176, **186–189,** *186–189,* 194, 196, 222
  Anden, 40, 56, *64,* 86, *106–107,* 134, **136–137,** *136–137,* 174, *174,* 176, *182–185, 182, 183, 184,* 196, 202, 216, 217, 218, **250–251,** *250–251,* **277,** 301
  Apennin, 186, **190–191,** *190–191*
  Atlas, *177,* 190, **194–195,** *195*
  Flüsse, **176**
  Himalaya, 53, 56, 59, 172, 173, 176, **196–198,** *196–198* 230, *231, 231,* 233, 265, **284–285**
  Klima, 63, **174,** 176– **177**
  Nordamerikanische Kordilleren, **178–181,** *178–181*
  Plattentektonik, 50, *50,* **53, 56,** 61, **70–71**
  Scotia-Bogen und Antarktische Halbinsel, **202–203,** *202–203*
  Transantarktisches Gebirge, 43, 100, **200–201,** *200–201*
  Überblick, **172–177**
  Untermeerische Gebirge, 50, 76, **174**
  Ural, 27, 176, **192–193,** *192–193*
  Vorzeitliche Gebirgssysteme, **176**
  Wasserspeichergebiete, **176–177**
  Zagrosgebirge, 166, 173, *196, 359*
Gefährdete Arten, *165, 199,* 305, 332
Geikieschlucht, 265, 288, **314,** *314*
Gelber Fluss, 208, 210, 311
Genfer See, 187
Geochronologie, 15
Geoglyphen, **300**
Geologische Zeitskala, **22–23,** *22–23*
Geothermisch aktive Gürtel, 128
Geothermische Energie, **132–133,** 135, 137, 140, 155
Geparde, 49
Gerede, 168

Gesteine, 13, 30, 57
  Entstehung der Erde, **19–20**, *20*
  Falten und Verwerfungen, **323**
  Formenschatz im Landesinnern, *320,*
    321–325, *321–325*, 341, *341*
  Geologische Zeitskala, **22**, *22, 23*
  Präkambrium, **24**, *24, 55*, 57
  Schichtstufen und Schichttrippen, **325**
Geyserit, **139**, *139*
Geysir Bight, **135**
Geysire und heiße Quellen, 24, 77
  Anden, **136–137**, *136–137*
  Asien, **140**, *140–141*
  Europa, **138–139**, *139*
  Island, *19,* **132–133**, *133*
  Nordamerika, **134–135**, *134–135*
  Südamerika, **136–137**, *136–137*
Gezeitenzonen, 231
Ghiaccaio de Calderone, 190
Giant's Causeway, 364–365
Gibberplains, 313, *313*
Gilbert Hill, Indien, 121
Ginkgos, 38, *39*
Ginnies-Springs-Becken, *373*
Gips, 309
Gipshöhlen, **375–374**
Girdwood, 247
Glacier Bay, 246
Glacier-Bay-Nationalpark, 247
Glacier-Nationalpark (USA), *178*
Glacier Peak, 81
Glasshouse-Mountains-Nationalpark, 122
Gletscher, 50, 155, 190, *236,* 269, *357,*
    316, 356
  Alaska, **246–247**, *247*
  Anden, **250–251**, *250–251*
  Antarktis, *14,* **258–260**, *260,* 261, *261*
  Grönland, *242–243,* 245
  Kanada, 248, **249**, *249*
  Rückzug von Gletschern und
    Eisschilden, 162, 187
  Skandinavien, **253**
Gletscherkalbung, 243, *243,* 245, 246, 250,
    251, 259
Gletscherkartierung, **257**
Gletscherrückzug, 32, 48, 65, *65,* 162,
    162, 203, 206, **240**, 242, 243, 246,
    247, 248, 249, 251, 253, **258**, 353
Globale Erwärmung, *siehe auch*
    Klimaveränderung
Glyptodon, 49
Gneis, 196, **197**, *197,* 203
Gobi, 297, 310, 311
Golanhöhen, 294
Gold, 137, 180, 182, **184**, 192, 194, 201,
    210
Goldrausch, 180–181
Golf von Aden, 147, 160, **164–165**, *164,*
    165, 116
Golf von Akaba, 165, 166, *166,* 167
Golf von Bengalen, 176, 197, 230, 231,
    231
Golf von Izmit, 168
Golf von Kalifornien, **156**, *156–157,*
    178–179
Golf von Mexiko, 149, 151, 213, *213,* 346
Golf von Richmond, 248
Golf von Suez, 303
Golfstrom, 239
Gölludag, 334
Gondwana, 30–31, 32, 34, 35, 36, 39, 40,
    42, 55, **57–59**, 192, 194, 196, 201,
    220, 237, 240, 367, 390
Good-Friday-Erdbeben, 151
Goreme-Nationalpark, **335**
Goremetal, 334, *334,* 335
Gräben, 100, 152, 156, 160, 166
  Grabenbrüche und Verwerfungen, 50, 56,
    58, 59, 100, 264
  Australien, 146, 149

Great-Glen-Verwerfung, **158–159**, *158–*
    159
  Jordantal und Totes Meer, **166–167**,
    166–167
  Mittelatlantischer Rücken, Island,
    152–155, *152–155*
  Nordamerikanische Westküste, **156–157**,
    156–157
  Ostafrikanischer Grabenbruch, **52**,
    52–53, 160–163, *160, 162, 163*
  Rotes Meer und Golf von Aden,
    164–165, *164–165*
  Überblick, **146–151**
Grabenbrüche, **147–148**
Graben-und-Horst-Topografie, **323**
Grahamland, 202
Grand Canyon, 209, 264, 265, **274–275**,
    274–275
Grand Canyon, Arabien, 283
Grand-Canyon-Nationalpark, 265, *266*
Grand Découverte, 85
Grand Prismatic Spring, 131
Granit, *20,* 180, 183, 196, 303, 313, 331,
    339, 365
Granitdome, **109**
Graptolithen, 29, 30, 32, 34
Grasland, *46–47, 47,* 181, 298, 299, 300,
    306, 313, 332, 354
Gravitation, 12, 18
Great Barrier Reef, 346, *346*
Great Basin, 297, **298–299**, 298
Great Blue Hole, 374, *374*
Great Dividing Range, 176, 288, 289
Great Dyke, 118
Great Fountain Geyser, *126, 126*
Great Ocean Road, **366–367**, 366–367
Great Whin Sill, 108
Great-Basin-Nationalpark, **379**
Great-Glen-Verwerfung, **158–159**,
    158–159
Green River, *211*
Greenwichinsel, *260*
Griechenland, 88, 89, 138, 278, *358–359,*
    359
Griechische Inseln, 63
Grönland, 44, 54, 58, 63, 350
Grönländischer Eisschild, **243** *siehe auch*
    Grönland
Grönlandwal, 245
Gros-Morne-Nationalpark, *20*
Großbritannien, 23, 36, 44, 48, 64, 106,
    261
  Erdbeben, 158–159
  Formenschatz im Landesinnern, **326**,
    326–327
  Grabenbrüche und Verwerfungen,
    158–159, *158–159*
  Heiße Quellen, 138
  Küstenformen, **364**, *364–365*
  Schluchten, **278–280**, *279*
Große Australische Bucht, 366
Große Australische Wüste, 293
Große Salzwüste, 180, **309**, *309*
Große Sandwüste, 292, 297, **313–314**,
    314, 315
Große Seen, 214, 215, 248
Große Victoriawüste, 297
Großer Geysir, 132
Großglockner, *187*
Grupo-La-Paz-Berge, *250–251*
Grytviken, 203
Guadalupe, 115
Guadeloupe, 85
Guanabarabucht, 114
Guanaco, **183–184**, *184*
Guangxi, 377
Guatemala, **83**
Guilin, 386, *386*
Guilinschlucht, 286
Gürteltiere, *58*

H
Haarsterne, 30, *31,* 33, 36
Hadaikum, **18**, 34
Haie, 34, *34,* 38, 45
Half Dome, 110
Halit, **309**
Halkieria, 29
Hallucigenia, 29
Halongbucht, 377, *386–387,* **387**, *388,*
    389
Hammadas, 306–307
Hamam, 139
Hämatit, 24
Hammock-Breitfußbeutelmaus, 367
Hängetäler, 246, 247
Hardangerfjord, 255
Harenna-Wald, 332
Hasan Dagi, 334
Haschlucht, 281
Haukadalur-Tal, 132
Hawaii-Inseln, *10, 74,* 76, 79
Haystack Rock, Oregon, 354, *354–355*
Heidekraut, 362, *365*
Heimaey, **154–155**, *154*
Heiße Quellen *siehe* Geysire und heiße
    Quellen
Helheimgletscher, 243
Helictiten, 375
Hellenischer Bogen, 88, 89
Hemlocktannen, 247
Hengduanberge, 285
Henry Mountains, 108
Hermelin, 245
Hermiteninseln, 256
Herrerasaurus, 40
Hesperornithiformes, 45
Himalaya, 53, 56, 59, 172, 173, 176,
    196–199, *196, 197, 198,* 230, 231,
    231, 233, 265, 284–285
Hindukusch, 173, 196
Hinggan-Gebirge, 311
Hirsche, 190, 199, 331
Hochland von Abessinien, 332
Hoggarmassiv, 118, *119,* 294, 306
Hohe Tauern, *187*
Höhlen, 366 *siehe auch* Karst und Höhlen
Holmes, Arthur, 50
Holozän, *48, 49,* 65, 237, 239, 306, 341,
    472, 477, 505
Home Reef, 117
Hominine, 26, **52–53**, 69, **214–215**, *214,*
    215, 284
Homo, 26, **52–53**
Homo habilis, 228
Homo sapiens, 22, 49, 65, 226
Hongs, 387
Horn, 187
Horseshoe-Fälle, 214, 215
Horst, 156, 373
Hot-Spot-Vulkane, 50, 76
Hot-Springs-Nationalpark, 134
Huang He, 210
Hubbardgletscher, *247*
Hudson Bay, 48, **248–249**, 253–254
Hudson Bay Company, 248
Hudson, 136
Hudson Canyon, 268
Hugli, 230
Hule-Ebene, 166
Humboldtsenke, 299
Hurrikan Katrina, 10
Hurrikan Mitch, 83
Hveravellir, *126*
Hydrosphäre, 12, 13, **14**, 15
Hydrothermale Schlote, 156

I
Iberische Halbinsel, 194
Ichthyosaurier, 40, 41, 42, 44

Ignimbrite, 80, 335
Iguaçu, 220, 221, 221, 276
Iguaçufälle, *207,* **220–221**, *220, 221,* 276
Iguazú-Nationalpark, 221
Ikaría, 138
Ilgaz, 168
Ilulissat-Eisfjord, *242–243,* 243, **245**
Imbrosschlucht, 280
Indien, 45, 46, 176, 196, 206, **230–231**,
    230–231, **285**
  Geothermalgebiete, **140**
  Klima, 64
  Plattentektonik, 53
  Superkontinente, 57, 58–59
Indisch-Australische Platte, 56, 94, 140,
    173, 233, 284, 285
Indonesien, *95, 174*
  Vulkane, 10, 74, 75, 76, *76,* **77–78**,
    94–97, *94–95,* 97
  Vulkanische Reste, *105,* 106
Indonesischer Geothermalgürtel, 140
Indus, 176, 197, 208, 210
Indusschlucht, 268, 284
Industrie, 65, 193
Inkareich, **184**
Insekten, *22,* 34, 46, 45
  erstes Auftreten 155
Inselberg, 303
Interglaziale, **237–238**
Inuit, 242–243, 245, 248
Inverness, 159
Ionische Inseln, *358–359*
Irak, 297, 305
Iran, 296–297, 308
Iridium, 45
Irland, 158, **364–365**, *364, 365*
Iskut-Vulkanfeld, 80
Isla Afuera, 115
Isla Hornos, 356
Island, *237*
  Geothermalgebiete, *19,* **132–133**, *133*
  Gräben und Verwerfungen, 146, *147*
  Mittelatlantischer Rücken, *51,* 146,
    152–155, *152–155*
  Parlament, **152–153**
  Vulkane, *51,* 75, *75,* 78, 153, *153,*
    154–155
Isluga-Volcano-Nationalpark, 137
Isostatischer Auftrieb, 201
Isostatischer Ausgleich, 248, **252–253**
Israel, 283, 294, **305**, *305,* **336–337**,
    336–337
Istanbul, *168, 168,* 169
Isua-Grünsteingürtel, 20
Italien, *79,* **281**, *349,* 361
  Gebirge, 186, *189,* **190–191**, *190–191*
  Heiße Quellen, **138–139**
  Vulkane, 10, **88–89**, *88–89*
Itascasee, 212
Itilleq, *245*
Izalco, *83*
Izmit-Erdbeben, *169, 169*
Iznik Gölü, 168
Izu-Mariana-Archipel, 90, **91**

J
Jahresringe von Bäumen, 60, *60*
Jahreszeiten, 62
  „Dekadenvulkane", 79
Jakobshavn Isbrae *siehe* Ilulissat-Eisfjord
Jangtse, 208, 210, **232–233**, *232, 233,* 286,
    286
Japan, 174, *345*
  Heiße Quellen und *onsen,* 140
  Vulkane 76, **90–91**
Japangraben, 75, 174
Javarinne, 75, 94
Jemen, 297
Jetstream, 61
Jinsha, *285, 285*

Jólnir, 153
Jordan, 166, 283, 294, 297, 305
Jordangraben, 146, 282
Jordantal, **166–167**, *166–167*, 282
Jostedalsbreengletscher, 255
Jostedalsbreen-Nationalpark, *238*
Juneau, 247
Juneau-Eisfeld, 246
Jura, *42–43*, 58, 152, 201, 352, 359, 364, 367
Juraküste, 364

K
Käfer, 189, **302**
Kairo, *226*
Kaiserpinguin, 317
Kakteen, 298, *309*
Kalabrischer Bogen, 88
Kalahariwüste, **303**
Kaledonischer Kanal, 158
Kaledonisches Gebirge, 32, 176, *176*
Kalia, 266
Kalifornien, *41, 47,* 79, 134, *149,* 156–157, *175,* 178–180 **298,** *323, 323, 348–349,* 354, **355**
Kali-Gandaki-Schlucht, 267, 284
Kaliumchlorid, 166
Kalkstein, 20, 30, 33, 38, *39,* 190, 196, 304, 314, 337, *358–359,* 359, 362, 365, *364,* 366, 366–367, 367, **372–377** *siehe auch* Karst und Höhlen
Kalktuff, **139,** *139*
Kalkutta, 230
Kaltwassergeysir, 131
Kalziumkarbonate, 20, 24, 28
Kambrium, 21, 22, 24, **28–29,** 55, 313, 364
Kamele, 49, *305*
Kamen, *93*
Kamerun, 105
Kampanien, 191
Kamphaeng, *130*
Kamtschatka-Halbinsel, 80, 90, **92–93,** *92–93, 174*
Kanada, 41, 109, 212, **215,** 214, *215, 239,* 240, 269, 378, 379
    Eisschilde und Gletscher, **248–249,** *249*
    Felsen, *20, 23*
    Formenschatz im Landesinnern, *12*
    Fossilien, 21, 27, *28–29,* 29
    Gebirge, *34–35, 173,* 178, *181*
    Geysire und heiße Quellen, 134, *134, 156*
    Formenschatz an Küsten, 350, *351, 353*
    Grabenbrüche und Verwerfungen, 156
    Vulkane, **80–81**
Kanadischer Schild, *353*
Kanarische Inseln, *79, 104*
Kängurus, 366
Känozoikum, **46–47,** 236, 364
Kanto-Erdbeben, 91
Kap Hoorn, **356,** *356, 357*
Kap Tanak, 105
Kap von Mendocino, 157
Kappadokien, **334–335,** *334–335*
Kappenregenpfeifer, 367
Kapsiki Peak, 105
Karakorum, 284
Karakum, 292, 297
Karastraße, 192
Karbon, **36–37,** 60, 158, 192, 194, 364, 365, 390
Karbonate, 156
Karbonatit, **160,** *160,* 162
Kare, 187, 246, 305
Karibik, **374**
    Blue Holes, **374,** *374*
    Vulkane, **84–85,** *84–95*
Karibische Platte, 82, 84
Karibu, 249, 350, 353

Karimski, 53, 92
Karoo-Formation, 118
Karsterscheinungen und Höhlen, 222, 223, 305, 310, 366, 368, **376,** *376*
    Asien, **386–389**
    Australien, **390–391**
    Nordamerika, **378–379**
    Überblick, **372–377,** *372–377*
Kasachstan, 58
Kasatochi, 80
Kaschmir, 197
Kaskadengebirge, *80–81,* 81, 178
Kata Tjuta (Olgas), 320, 338, *338–339,* **339**
Katharinenberg, 305
Katherine River, *289*
Katherineschlucht, 288
Katmai-Nationalpark, *80*
Katmai-Vulkankomplex, 81
Kauai, *10*
Kelp, 349
Kenia, 160, *160–161*
Kernfusion, 15
Khartum, 224, 227
Kick-'em-Jenny, 84
Kieferlose Fische, 30, 33, 35
Kies, Kiesebenen, 302, 303, 306, 311, 337, 365
Kikai, 90
Kilauea, 79
Kilimandscharomassiv, 162, *162*
Kimberella, 27
Kimberleys, 313–315, *320,* **391**
Kiwusee, *144, 161*
Klappmütze, 245
Kliffe, 359, **362,** *349,* 366
Klima, 236, **237–238**
    Anden, 182, 183
    Entwicklung, **60–65**
    Fjorde, Eisschilde und Gletscher, 243, 245, 246, 247, 249, 250, 252, 254, 258
    Flüsse, 218–219
    Gebirge, 63, **174, 176, 177**
    Größere Klimakatastrophen, 71, 77, 78
    Formenschatz an Küsten, **350,** 358, **359,** 361, 364
    Mittelmeer, 358, 359, 361
    Nordamerikanische Kordilleren, **179–180**
    Ostafrikanischer Grabenbruch, 165
    Superkontinente, **55,** 57
    Vulkanische Aktivitäten, 93–95
    Wüsten, 298, 300–303, 305, 306, 308, 311, 312, 313, 416, 317
    Zukunft, 65
Klimatische Zonen, *63, 63*
Klimaveränderung, 10, 15, 31, 35, 38, 39, 41, 42, 45, 47, **48,** 60, 62, **65,** 71, 77, 78, 210, 218, **238–239,** 242, 245, 247, 250, 254, 258, 280, 346, **350,** 353, 359
Kljutschewskaja, *92–93, 92*
Knife Creek, 81
Knochenfische, 33, 45
Knospenstrahler, 30, 34, 36, 39
Koala, *122*
Kohle, 36, **37,** *37,* 180, 192, *194,* 201, 316
Kohlendioxid, 13, 18, 24, 65, 140
Kohlenstoff, 20, 36
Kojote, *326*
Kokoamu-Grünsand, **341**
Kolibris, 71
Kollisionsgebirge, **173**
Kolumbien, 87, 183, 184, 216, 250
Komi-Urwälder, **193**
Konglomerate, 337–339
Kongo, 161, 268
Königstein, **330,** *330*
Kontinentaldrift, 160, **237**
Kontinentale Grabenbildung, 44

Kontinentale Hebung, **147**
Kontinentale Kruste, 50–53, 57, 59, 70, 173
Kontinentale Schilde, 19
Kontinentales Klima, 63
Kontinentalschelf, 29, 31, 55
Kontinentbewegungen, **50–51,** *50–51,* 70
Konvektionszellen, 70
Konvergente Evolution, 57
Kopffüßer, 30
Koprulo-Canyon, 283
Korallen und Korallenriffe, 20, 24, 30, *30,* 33, 34, 35, 38, *38,* 41, *65,* 164, 309, 346, *346*
Kordilleren, **178–181,** *178–181*
Kormorane, 362
Korsika, *280–281,* 281, *345, 359*
Kosciuszko-Nationalpark, *104*
Kourtaliotiko-Schlucht, 281
Krafla-Gebiet, *128*
Krakatau, 10, **77–78,** 79, 94, **95**
Krater see, **105**
Kratone, **54–55,** 57
Kreide, 40, 44, **44–45,** 337
Kreidezeit, 22, **44–45,** 58, 59, 71, 110, 151, 196, 213, **328,** 332, 352, 362, 364, 367
Kreta, *280–281, 280*
Krill, 261, 317
Kristallisationsdifferenzierung, **107**
Krokodile, 42, 45
Krokus, *190*
Kryosphäre, 14, 15
Kuba, 377
Kuhantilope, 195
Kühl-gemäßigtes Klima, 63
Kupfer, 164, 180, 182, 191, 192, 194, 201
Kupfercanyon, 265, 276, *276*
Kurilen, 90
Küstenbereiche, **346, 348–349**
Küstenebene, 359
Küstenentwicklung, 355, 359
Küstenerosion, 350, 353, 355, 361, 365
Küstenformen
    Arktis, **350,** *350, 351,* **352–353,** *353*
    Australien, **344,** *344,* 346. *346–347,* **366–367,** *366–367*
    Bretagne, **362,** *362, 363*
    Frankreich, **363,** *362, 367*
    Großbritannien und Irland, **364–365,** *364–365*
    Kap Hoorn, **356,** *356, 357*
    Mittelmeer, **358–359,** *358–359, 360,* **361,** *361*
    Neuseeland, **348,** **368–369,** 368–369
    Nordamerika, **354–355,** *354–355*
    Südamerika, **356,** *357*
    Überblick, **344–346,** *344–347,* **348–349,** *348–349*
Küstenökosysteme, **349**
Kuwait, 297
Kvarken-Meerenge, 253
Kyogasee, 161, 224

L
La Gran Sabana, 321
La Niña, 65
La Soufrière, 84, 85
La-Brea-Teergruben, 180
Lachs, 247
Laguna Colorada, 136, *136–137*
Lahare, 83, 93
Lake Adelaide, *256*
Lake Eyre, 31, 176, 296
Lake Louise, *181, 240*
Lakkolithen, **108**
Lama, 184
Lancang, 285
Landrodung, 199
Lanin, *86*
Lanzarote, *116*

Lapislazuli, 182
Lappland, 350
Laramidische Orogenese 178
Larsen-Schelfeis, 203, 259, 260
Lascar, 86–87, 183
Lassen Peak, 81
Laubwald, 181
Laurasia, 40, 42, **58,** 192, 220, 237
Laurentia, 57, 58, 176, 279
Laurentidischer Eisschild, 248, 249, 252
Läuse, 260
Lavablöcke, 91
Lavabomben, 154
Lavadome, 83, 84, 90–91, 95, 369
Lavaflüsse, Lavaströme, *54–55,* 59, 75–76, 79, 99, 152, 153, *153,* 154, 155, 160, 165, 332
Lavafontänen, 153
Lawinen, 90, 83, 91
Le Puy-en-Velay, 106
Lebensraumzerstörung/-verlust, 305, 361
Lechuguilla Cave, 375
Legaspi, 93
Lehman Caves, 375, **379**
Lemminge, 245
Letztes Glaziales Maximum, 250, 252
Liaoning, 45
Liard River Hot Springs, 134, *134*
Liard-Thermalquellen, 156, *156*
Libellen, *45*
Libyen, 297, *306,* 307, 359
Libysche Wüste, *292*
Libysches Meer, 280
Ligurische Alpen, 190
Lijiang, 286
Limestone Coast, 390
Liquine-Ofqui-Verwerfung, 136
Lithosphäre, 12, **13–14**
Liwu, 286
Llaima, 136
Loch Aird Gorge, 366
Loch Duich, *159*
Loch Ness, 158, **159,** *159*
Lochend, 158, 159
Lochs, 158
London Bridge (Felsbogen), 366, 367, *367*
Longitudinaldünen, 294
Long-Valley-Caldera, 79
Lopolith, **109**
Los Angeles, 157
Los-Angeles-Becken, 180
Los-Glaciares-Nationalpark, *236*
Löwen, 51, *160,* 195
Luftverschmutzung, 13
Lungenfische, 34, 58
Lunnan-Karst, *39*
Luxor, *226–227,* 227
Lycophyten, 33, 36
Lycopoden, 38
Lydford Gorge, 281
Lystrosaurus, 40

M
MacDonnell-Gebirge, *172,* **288,** 294
Machtesch Ramon, 305
Machu Picchu, *182*
Mackenzie, 350, *351*
Magadisee, 161, *161*
Magellanpinguine, 356
Magma, 14, 18, 50, 52, 59, *59,* 74–76, 78, 82, 84, 86, 100, 104, 107, 108
Magmatische Gesteine, 20, **160,** *160*
Magnesium, 18
Magnolienbäume, 45
Makgadikgadi-Salzpfannen, 229
Makrangebirge, *56,* 173, 196
Malaspinagletscher, 247
Malawisee, 160, 161
Mallorca, *360*

Mammoth Cave, 378
Mammoth Mountain, 110
Mammut, 48, 49
Mandaragebirge, 105
Mangan, 146, 192, 194, 201
Mangroven, 165
Manicouagan-Krater, 41
Maracaibosee, 182
Maraunot, 105
Marble Canyon, *269*
Marella, 29
Marianenrinne, 90
Marine Fauna, 10, 42, *99*
   Antarktis, *100* Arktis, *350,* 353
   Devon, **34,** 35, *35*
   Flüsse und Wasserfälle, 218, *218,* 219,
      219, 221, **221,** **227,** 231, 233, *233*
   Karbon, **36,** *36*
   Formenschatz an Küsten, **349,** *350,*
      353, *354, 356, 361*
   Perm, **38,** 39
   Rotes Meer, **165,** *165*
   Silur, **33**
   Superkontinente, 55, *57,* 58
   Trias, 40, 41
   Wüsten, 314
Marlborough Sound, 368, *368–369*
Marmarameer, 168, 169, 358
Marmor, 191, *191*
Marokko, 63, *177,* 194, *194,* 297
Mars, 267, 287
Martinique, 76, 85
Masada, **336–337,** *336–337*
Masada-Nationalpark, 336
Massenaussterben, 23, **29, 30–31,** 38, **39, 45**
Mastodon, 49
Matanuskagletscher, 24 /
Matkatamiba-Canyon, *266–267*
Matterhorn, *174,* 187
Maungarei (Mt. Wellington), 99
Mauretanien, 297
Maya, 375
Mayon, 93
Mbéré-Graben, 148, 149–150
McMurdo-Trockentäler, *417*
Medea, Erdbeben, 194
Meeresboden, Meeresgrund, 28–29, 50,
   55, 60
Meeresbodensedimente, 20, 28
Meeresbodenspreizung, 56
Meeresspiegelanstieg, 28, 30, 32, 42, 55,
   60, 209, 211, 213, 218, 237, 240, 245,
   246, 247, 249, 250, 346, 351, 353,
   359, 368
Meeresspiegelschwankungen, 217, 353
Meeresspiegelsenkung 28, 30–31, *31,* 32,
   35, 38, 218, 236, 240, 353
Meeresspiegelveränderungen, 226, 243,
   346, 349
Meeresströmungen, 61, 245
Megalosaurus, 43
Meganeuropsis permiana, 36
Megazostrodon, 40
Meghna, 230
Mekong, 208, 219, 232
Mendenhallgletscher, 247
Menschen, 76
   Die ersten Menschen, 301, 329
   Hermiteninseln, 356
   Steinwerkzeuge, Ocker und Pigmente,
      324
   Menschenaffen, 47
   Menschliche Siedlungen/Einflüsse
      Fjorde, Eisschilde und Gletscher,
      242–243, 245, 247, 248
      Flüsse, 210, *210,* 212, 218, *218,* 222, 228
      Gebirge, 180–182, 184, 189, 194–195,
      198–199
      Holozän, 49
      Küsten, 350, 356, 361

Wetter, 65
   Wüsten, 296, 297
Menuha-Formation, 337
Merapi, 94, 95–97, *96*
Mergel, 337
Mesa Verde, 269
Meseta de Somuncura, Argentinien, 114
Mesopotamien, 210
Mesozoikum, 40–45, 47, 364
Messakplateau, 306
Messina, Erdbeben, 191
Messinische Salinitätskrise, 359, 361
Metalle, 18
Metamorphe Gesteine, 20
Metazoen, 27
Meteoriten, 35, 41, 45, 46, 71, 109, 201,
   315
Methan, 18, 24
Metis, 99
Mexico City, 76
Mexiko, 10, 45, 46, 71, *78,* 134, 180, 265,
   276–277, *276,* 296–297, 323, 375,
   375
   Gebirge, 178
   Grabenbrüche und Verwerfungen, 156,
      156–157
   Vulkane, 82–83
   Wüsten, 298
Microorganismen, 13
Milanković-Zyklen, 62, 238
Milben, 260, 317
Milford Sound, *237, 240*
Minerale, 13, 14, *14,* 18, 19, 22, 148–149,
   180, 182, 191, 192–193, 201
Mineralsalze, 161, *161,* 165
Miozän, 47, 186, 190, 217–218, 226, 300,
   332, 359, 361, 367, 369
Mirovia, Ozean, 24, 51
Mishash-Formation, 337
Mississippi, 151, 176, *207,* 210, 212–213,
   212–213, 346
Mississippibecken, 148, 151, 213
Mississippium, 36
Missouri, 176, 210, 212, 248
Mistaken Point, 27
Misty Fjords, 112
Mitochondrien, 20
Mittelalterliches Klimaoptimum, 242
Mittelamerika, 82, *82,* 83, *83,* 134, 276–277
Mittelamerikarinne, 82
Mittelatlantischer Grabenbruch, 146,
   152–155, *152–155,*
Mittelatlantischer Rücken, 132, 152
Mittelmeer, 58, 166, 224, 226, 280
Mittelmeerbecken, 358, 361
Mittelmeerklima, 63, 358, 359, 361
Mittelmeerküsten, 345, 358–359,
   358–359, 360, 361, *361*
Mittelozeanischer Rücken, 50, 52, *59,* 174
Mittimatalik, *249*
Mittlere Steinzeit, 364
Mogao-Grotten, *311*
Mojavewüste, 180, 298, *298–299*
Mollusken, 33, 45
Molybdän, 180
Mongolei, 275, 310, *310*
Mongolischer Todeswurm, 310
Mongolisches Plateau, 287, *287*
Monotremata, 47
Monsun, 40, 64, 361
Mont Blanc, *70,* 186
Montenegro, 278, 377
Monterey-Canyon, 268–269
Monts d'Arée, 362
Mont-Saint-Michel, 362
Montserrat, 85
Monument Valley, *322, 326, 326–327*
Monument Valley Navajo Tribal Park, 326
Moos, 33, *33,* 34, 155, 188, *189,* 202, 247,
   316, 331, 356

Moosfarne 33
Moränen, *11, 247,* 254
Moray Firth, 159
Morro Rock, 111, 112, *112*
Mosambik, 160
Mosasaurier, 44
Moschusochse, 48, 245, 353
Mosi-oa-Tunya-Nationalpark, 228
Mount Baker, 81
Mount Bird, 100
Mount Cargill, 123
Mount Conness, *175*
Mount Connor, 338, *338*
Mount Currie, 339
Mount Discovery, 101
Mount Egmont, 368
Mount Elias, 247
Mount Erebus, 100–101, *100–101,* 200,
   261
Mount Everest, 30, 71, *172,* 196
Mount Gambier, *390*
Mount Garibaldi, 112
Mount Hood, 81
Mount Katolinat, *80*
Mount Kirkpatrick, 200
Mount Kosciuszko, 109, 176
Mount Olga, 339
Mount Olympus, *178–179*
Mount Pavlof, 80
Mount Pelée, 76, 84–85
Mount Popa, 106, 121
Mount Rainier, *80–81,* 81
Mount Robson, *249*
Mount Shasta, 81
Mount St. Helens, 9, 76–79, 81, 179
Mount St. Paul, 389
Mount Terror, 100, 200
Mount Warning, 122
Mövern, 261
Mull, *158–159*
Mumien, 301
Murmeltiere, *188,* 189
Murray Canyons, 289
Murray-Darling-Flusssystem, 210, *210*
Muscheln, 30, 42
Muskelflosser, 34
Muskowit, 180
Muskwagebirge, *239*
Muttonbird Island, 367
Myanmar, 106
Mylonit, 158, 169
Myriapoden, 33

N
Nadelwald, 38, 40, 47, 192, 193
Naher Osten
   Canyons und Schluchten, 283
   Wüsten, 302, 303–305, *303, 305*
Naivashasee, 161
Nakurusee, *160–161,* 161
Nambung-Nationalpark, 312
Namibia, 26, 282, *283*
Namib-Naukluft-Nationalpark, *295*
Namibwüste, *12, 70–71, 292,* 295,
   302–303, *302–303*
Nanga Parbat, 284
Na-Pali-Küste, *10*
Naracoorte, 391
Narodnaja, 192
Narwal, 245
Nashorn, 48
Nass, Fluss, 80–81
Natriumchlorid, 166
Natronsee, 52–53
Naturräume, 70–71
Nautiliden, 30, 34, 38
Navajo, 327
Nazca-Platte, 86, 217
Neapel, *88–89,* 89, 190
Negevwüste, 305, *305*

Nelson, 341
Nematoden, 260, 317
Neogen, 47
Neotethys, 359
Nepal, 196, *196,* 230, 267, 284
Nepean River, 267
Neubritannien, 374
Neuguinea, *346*
Neuseeland, 261
   Fjorde und Gletscher, *237,* 240,
      256–257, 368
   Formenschatz im Landesinnern,
      340–341, *340–341*
   Karsterscheinungen und Höhlen, *377*
   Küstenformen, *348,* 368–369, *368–369*
   Vulkane, *70,* 98–99
Nevado de Ruiz, 183
Nevados Ojos del Salado, 86, 87
New Eddystone Rock, 112
New Madrid Seismic Zone, 151, 213
New Orleans, 10
New South Wales, *288–289,* 289, 321, 391
New-Madrid-Erdbeben, 151
Ngauruhoe, 98
Niagara, 214
Niagarafälle, 214–215, *214–215,*
Nicaragua, 83
Nil, 161, 164, 210, *210,* 224–227,
   224–227
Nildelta, 224–225, *225,* 359
Nine Sisters, 111, *112*
Nitmiluk-Nationalpark, *289*
Niuafo'ou, 98, 99
Nordamerika, 49, 64, 74
   Flüsse, 212–215
   Geothermalgebiete, 134–135, *134–135*
   Grabenbrüche und Verwerfungen, 146,
      148, 152, 156, *156–157*
   Karsterscheinungen und Höhlen,
      378–379
   Küsten der USA, 354–355, *354–355*
   Superkontinente, 58
   Wüsten, 298–299, *298–299,* 309, *309*
      siehe auch Kanada; Vereinigte Staaten
Nordamerikanische Kordilleren, 40, 80,
   134, 174, **178–181,** 178, 179,
   180–181
Nordamerikanische Platte, 80, 82, 110,
   112, 134, 152, 156–157, 178, 179,
   276
Nordamerikanische Westküste, 156–157,
   156–157
Nordanatolische Verwerfung, 146,
   168–169, *168, 169*
Nordatlantische Oszillation, 65
Nordaustlandet, *255*
Nördlicher Polarkreis, 253, 350, 353
Nordostland, 253
Nordpol, 350
Nordpolarmeer, 237, 350, 352
Nordsee, 42, 149
Nordwestatlantischer mittelozeanischer
   Canyon, 269
Northern Territory, *289,* 313, 390
Northland, 368
Norwegen, *238,* 240, *241,* **252, 253,**
   252–253, 254, 255, *255,* 261, 350,
   352
Nosee, 224
Nothofagus, 59, *59*
Nothosaurier, 40
Novarupta, 81
Nowaja Semlja, 176, 192, **193,** 253
Nu, 285
Nubische Platte, 160, 165
Nullarborebene, 372, *372,* 390, *390–391,*
   391
Nuschlucht, 285
Ny-Ålesund, *253*
Nyossee, **149–150**

O

Oasen, 63, *303*, 306, *307, 316*
Oberer See, 146
Obsidian, 83, *83*
Ocker, 324, **328**, *329*
Ockersteinbrüche, **328**, *328, 329*
Ohio, 151, 248
Okinawa, *345*
Okmok-Calderasee, 105
Ökoregionen, **356**
Ökosystemverlust, **199**
Oku take, 345
Ol Doinyo Lengai, 160, 162, *162*
Old Faithful, 130
Old Harry Rocks, 364, *364–365*
Olduvaischlucht, 265
Olgas *siehe* Kata Tjuta
Oligozän, 47, 114, 176, 189, 341, 359, 368
Ölindustrie, 353
Olivin, 18, *18, 104*
Ölschiefer, 180
Olympicgebirge, *178, 179*
Oman, 283, 297
onsen-Badetradition, 140, *140*
Ontariosee, 214
Onychophora, *29*
Onyx River, *201*
Optymistytschna-Höhle, 375
Ora-Doline, *374*
Orca orca, 261
Orcombe Point, 364
Ordoswüste, *311*
Ordovizium, **30–31,** 55, 58
Oregon, 354
Organ Pipes, 123
Orinoco, 183,
Orkneyinseln, 202
Ormistonschlucht, 288
Ornithomimus-Saurier, 22
Orogenese, 178
Orsono, *87*
Ostafrikanischer Graben 52, 52–53,
    58–59, 146, *146,* 147, *148,* 152,
    160–162, *160–162,* 226, 268, 332,
    333
Ostchinesisches Meer, 232
Österreich, 138, *187, 222–223*
Ostpazifischer Rücken, 156, 178
Ostracodermata, 30
Ostsee, 48, 252–253, 255
Otirangletscher, 256–257
Ozeane, **147–148**
    Devon, 34
    Ediacarium, 27
    Entstehung der Erde, 20, 21
    Jura, 42
    Karbon, 36
    Kreidezeit, **44–45**
    Perm, 38, 39
    Präkambrium, 24–25
    Silur, 32
    Trias, 40, 41 *siehe auch*
       Meeresspiegeländerungen
Ozeanische Kruste, 50, 51, 70, 71, 173
Ozon, 13
Ozonloch, 93
Ozonschicht, 20, 24

P

Padma, 230
Painted Desert, 298, 299
Pakistan, *56,* 176, 196, **284–285**
Palaeoloxodon, 48
Paläogen, 47
Paläoklimatologie, 60
Paläozän, 47
Paläozoikum, 46–47, 217, 341, 362, 364,
    391
Palau, *374*
Palisades Sill, 113

Palmerland, 202
Pamirgebirge, *176–177*
Pamukkale, *127*
Panamint Range, *323*
Pancake Rocks, **368,** 369
Pangäa, 38–42, 51, **58,** 59, 152, 176, 192,
    194, 230, 237
Pannotia, 25, 51
Panthalassa, 24, 39
Panzerfische, 34
Papageitaucher, 155, *155*
Pappeln, 247
Parabeldünen, **294**
Paradise Harbor, *14*
Paraguay, 220
Paraná, 176, 183
Parc Natural Régional d'Armorique, 362
Parí cutin, 82
Parque Nacional Queulat, 276
Patagonische Wüste, 297, 300, **301,** *301*
Patagonischer Eisschild, 250
Pauletinsel, *101*
Pazifikbecken, 172–174
Pazifische Platte, 56, 134, 136, 140, 157,
    179, 182, 183, 276, 354
Pazifischer Feuerring, **53,** 75, 80, 90, 91,
    108, 136, 178, 265, 277
Pazifischer Ozean, 53, 67, 80, 82, 80,
    178–179, 182, 217, 233, 246
Pelycosaurier, 38, 41
Peña de Bernal, 115
Penguin Island, 101
Pennsylvanium, 36
Penny-Eisschild, 249
Perioden, 23
Peripatus, *29*
Perito-Moreno-Gletscher, *236,* 250–251
Perm, **38–3,** 50, 57, 77, 364, 386, 390
Permafrost, 316, 350, 353
Peru, 86, 87, 136, 176, 182, *182,* 183, 184,
    216, 250, 251, 277, *293, 301*
Peru-Chile-Rinne, 75, 86, 174
Petermann-Ketten, 338
Petrified-Forest-Nationalpark, *41,* 299, **299**
Petroglyphen, 306
Petroleum, 180, 201
Peytosee, 173
Pfeilschwanzkrebse, 33
Pferde, 22, 49
Pflanzen, *siehe* Flora
Phanerozoikum, 20–22, **28–29**
Phang-Nga-Bucht, 386
Philippinen, 90–91, *93,* 105, *105,* 174,
    386, 389, *389*
Photosynthese, 20, 24
Phytoplankton, 260
Phytosaurier, 40
Pikaia, 29
Pilze, 32, 33, 317
Pinatubo, **81,** 89, *89*
Pinguine, 155, 203, 249, *249, 344,* 356,
    357
Pinnacles-Wüste, **312–313,** *312–313*
Placodermen, 34
Placodontier, 40
Plankton, 42
Plateaus, **322,** 326
Plattengrenzen, 74–76
Plattenränder, 56
Plattentektonik, 19, **50–53,** *50–51,* **52–56,**
    70, 71, 74, 75, 172, 173, 233,
    345–346
Playas, 308
Playawüsten, 294
Plazentatiere, 47
Pleistozän, **48,** 62, 65, 180, **187,** 213, 226,
    243, 248, 250, 256, 323, 332, 346,
    367, 376, 391
Plesiosaurier, 40, 41, 43, 44
Pliosaurier, 43

Pliozän, 47, 62, 243, 332, 361
Plutone, 74, 108
Po, 176
Pocuro-Verwerfung, 136
Pointe du Finistère, 362
Polarfuchs, *192,* 245, 353
Polarklima, 63, 65
Polarregionen, 61
Polhems Fjeld, *176*
Pollenflug, 13
Polung-Tsangpo-Schlucht, 267
Polylepsis-Bäume, 184
Pompeji, 10, 89
Pond Inlet, *249*
Ponore *siehe auch* Schlucklöcher
Poor-Knights-Inseln, **368–369**
Popocatepetl, 76, *78,* **82–83**
Porphyr, *359,* 362
Portagegletscher, 247
Port-Campbell-Nationalpark, 347, 366–367
Porto, *359*
Präkambrium, 20, **24–25,** *55,* 213, 214,
    303, 364
Primaten, 46–47
Prinz-Gustav-Kanal, *202–203*
Prokaryoten, **20–21,** 24
Proterozoikum, **20–21, 24–27,** 28, 60, 313
Protisten, 36
Protokrokodile, 40
Pterosaurier, 40, 45
Pueblokultur, **269**
Puerto Rico, 377
Puerto-Princesa-Subterranean-River-
    Nationalpark, **389,** *389*
Puez-Geisler-Naturpark, *189*
Pulchuldiza, 131
Puma, 51
Puyehue-Nationalpark, 136
Pyramid Lake, 299
Pyrenäen, 194, 359
Pyroklastischer Strom, 76, 81, 83–85, 87,
    89, 91, 93–94, 96

Q

Qatar, 297
Quallen, 26, 29
Quartär, **48–49,** 117, 213–214, 218
    Eiszeit, **187–188**
Quartermain-Berge, *200–201*
Quarz, *14,* 18, 28, 362
Quastenflosser, 34
Queen-Charlotte-Fairweather-
    Verwerfung, **157**
Queensland, 288, 312, 391

R

Rädertierchen, 260
Radioaktive Elemente, 22
Rangitoto, 99
Rapaälv-Delta, *15*
Ras Dashan, 332
Raubmöwen, 261
Recheschnoi, 135
RedBeds, 24
Reelfoot-Graben, 148, 151
Regen, 56, 58, 60, 61, 71, **174, 176,** 206
    Gebirge, **174,** 176, 179, 189
    Wüsten, 298, 300, 302, 303, 305, 307,
    311, 312, 313, 316 *siehe auch* Saurer
    Regen
Regenschatten, 174, 176, 284, 300
Regenschattenwüste, 293, 301
Regenwald, *13,* 60–61, 218, 219, 361
Regs, **306**
Reiher, *360*
Rentiere, 48, 193, 252, 255
Reptilien, 36, 37, 38, **40–41,** *40,* **42–43,**
    44–45, 49
Restonicaschlucht, 281
Rhein, 176, 189, **222–223**

Rhododendron, 188
Rhone, 176, 189
Rhumsiki, 105
Riddell Beach, *45*
Riesenmammutbäume, *111*
Riko-Riko-Brandungshöhle, **368–369**
Rimutaka Range, 369
Ringelrobbe, 245
Rio Bravo, 210
Rio Colca, 277
Rio Cotahuasi, 277
Rio de la Plata, 210
Rio Grande, 269
Rio Negro, 218
Rio Urique, 276
Rippon Falls, 161
Robben, *100,* 155, 203, *203,* 245, 247,
    255, 261
Robesonkanal 242
Rochen, 45
Rockgletscher, *200–201*
Rocky Mountains, 134, 173, 176, 178,
    178–181, 274, 323
Rocky-Mountain-Graben, **156**
Rodinia, 24, 28, 32, 51, 55, **57,** 151
Römer, 328, 336, 337
Römische Bäder, *128,* **138–139,**
Rossinsel, 100, 200–201
Rossmeer, 200, 258
Ross-Schelfeis, **100–101,** 258
Rotes Meer, 147, 160, 162, **146–147,** *164,*
    165, 226, 358, 361
Rothirsch, 189
Rotkopf-Lackvogel, 367
Roussillon, **328,** *328, 329*
Ruanda, 224
Ruapehu, *70,* 98, *98*
Rumänien, *223,* 376
Russellgletscher, *11*
Russland, 27, 80, 192, 255, 350
    Superkontinente, 58
    Vulkane, **92–93,** *92–93 siehe auch*
       Sibirien
Ruvuvu, 224
Ryuku-Inseln, 90–91

S

Sabaloka, 227
Sabancaya, 182
Sächsische Schweiz, *324–325,* 330–331,
    330–331
Sagan-Saba, Marmorklippen, *150*
Sahara, 64, 195, 227, 292–294, *292–293,*
    297, 302, **306–307,** *306–307*
Saimaa-Ringelrobbe, 355
Saimaasee, 355
Saint-Anthony-Fälle, 212
Saint-Malo, *362*
Sakura-jima, 91
Salar de Uyuni, *294, 296,* **308–309,** *309*
Salton Sea Geyser, 131
Saluen, 208, 210, 232
Salzablagerungen *30–31,* 31, 309–310
Salzbecken, 42
Salzdome, 309
Salzgehalt, *161,* **165,** *165,* 166, 167, 239,
    358–359, 361
Salzlagunen, 300
Salzmarschen, 165, 308, 313
Salzpfannen, 40, 165, 166, 303
Salzseen, **165,** 195, 308, 311–312
Salzsümpfe, 307
Salztonebenen, 294, 300, 308–309, 310
Salzwüsten, **294, 296, 308–309,** *308–309*
Samariaschlucht, 280, *280*
Sambesi, 160–161, 228–229, *229*
Sambia, 160, 228
San Francisco, 157, 179
San Joaquin River, 111
San Sebastian Bernal, 115

San-Andreas-Graben, *149,* 157, 179
Sanddecken, 306
Sanddünen, *12,* 39, *70–71,* 71, **294**, *295, 301, 302–303,* 305–306, *307,* 308, 312–313, 348, 365, **368**
Sandhügel, 313
Sandstein, 24, 40, 196, 326, 330, 337–339, 362
Sandstrahlerosion, 339
San-Rafael-Wasserfälle, 63
Santa Cristóbal, 83
Santa María, 83
Santa-Lucia-Gebirge, *348–349,* 354, *355*
Santorin, **89**, *89*
Sarek-Nationalpark *15*
Sarigan, 91
Saudi-Arabien, 293, 297
Sauerstoff, 12, 18, **20**, 24, 36
Säugetiere, 40–41, 45, 46, **47**, *48,* **48–49**
Saukia, 28
Saurer Regen, 81, 93
Sauropoden, **42–43**
Savandurga, 121
Scheinbuchen, 59, *59*
Schiefer, **180**, *180,* 203, 368
Schieferton, *178,* 180, 186, 196, 216, 216, 274, 321, 416, 444, 468, 471, 488
Schildkröten, 40
Schildvulkane, *74,* 75, **76**, 76, 100
Schirokko, 306
Schiwelutsch, 92, 93
Schlackenkegel, 76, *76,* 82, 153
Schlammstein, 362
Schlammströme, 80, 82, 85, 87, 93, 96
Schlangen, 45
Schluchten *siehe* Canyons und Schluchten
Schlucklöcher, 366, **374**, *374,* **375**, *375,* 379
Schluff, 24, 337
Schmelzwasser, 162, 250, 350
Schmetterlinge, 45
Schnecken, 30, 38, 42
„Schneeball Erde", 20, 25, 27, 57
Schneefälle, 246, 253
Schneefelder, 207
Schneegans, 353
Schneehase, 189, 245
Schneeleoparden, 198–199, *199*
Schneeschmelze, 176–177, 197, 230, 255
Schneeschuhhase, 181
Schopfkarakara, 114, *114*
Schottland, 32, 106, *107,* **158–159**, *158–159,* 208–209, 364
Schotts, 307
Schwäbische Alb, 280
Schwämme, 21, 29, 33, 34, 35, 38, 42
Schwarzes Meer, 48
Schwarzfußiltis, 181
Schwarzschiefer, 32, 40, 44, *182*
Schweden, 252, 253, 255, 350
Schwefel, 20, 132, 140
Schwefeldioxid, 83, 93
Schwefelwasserstoff, 24
Schweiz, *174,* 208
Schweizer Alpen, *186–187,* 187
Schwerkraft, 70, 206, 208
Schwertwale, 261, 356
Scotia-Bogen, **202**
Scotia-Platte, 101, 202
Scott, Robert Falcon, 200
Sea Lion Caves, **355**, *355*
Sediment, 176, 213, 218, 231
Sedimentgestein, 20, 196, **321**, 321
See Genezareth, 166
Seealpen, 186
Seeelefanten, 203, *203*
Seegras, 165, 349, 361
Seeigel, 45
Seeleopard, 261
Seelöwen, 313, 247, 355, *355*

Seen, 31, *41,* 48, **105, 146, 149–150**, 365
  Fjorde, Eisschilde und Gletscher, 252, **254–255**, 260
  Gebirge, **136–137**, *136–137,* 180, 182
  Gräben und Verwerfungen, 158, **159**, *159,* 160, *160–161,* **161**, 165
  Wüste, 298, 306, 311, 316
Seeschwalben, 261
Seeskorpione, 30, 33
Seesterne, 45, *354*
Seetang, *25*
Semi-arides Klima, 63
Serbien, 377
Serengeti-Nationalpark, 265
Serpentinit, 191
Serra do Mar, 220
Sfakia, 280
Shag ar-Reesh, 283
Shakesgletscher, *247*
Shark Bay, 20, 24, *24*
Shiprock, *108*
Shishaldin, *74,* 80
Sibirien, 25, 27, 34, 39, 58, 146, *147,* 149–150, 176, 192, 350, *353*
Sierra Madre, 178
Sierra Nevada, 109, *175,* 178
Sierra-Nevada-Batholith, 110
Sierra Tarahumara, 276
Sigiriya, *120,* 121
Silber, 180, 182, 194
Silikatminerale, 156
Silizium, 18, 28
Silur, **32–33**
Simbabwe, 228, *228*
Simien-Nationalpark, **333**, *333*
Simmon-Eisschild, 249
Simpsonwüste **312**, *312*
Sinaiwüste, **303–305**, *303*
Siwaliks, 196
Sizilien *siehe* Ätna
Skagerrak, 48
Skandinavien, 25, 346
  Arktisküste, 353
  Fjord- und Gletscherlandschaften, 252–255, *252–255*
  Gebirge, 176
Skorpione, 33, 36, *307*
Slot Canyon, 264, 267
Slowenien, 223
Smaragde, 192
Snake River Canyon, 267
Snake River, 267
Snowy Mountains, 176
Soğanlıtal, 335
Sognefjord, 255
Somalische Platte, 160, 165
Sonepur, *206*
Sonne, 12, 15, 62
Sonneneinstrahlung, 62, 65
Sonnenenergie, 65
Sonnenfleckentätigkeit, 62
Sonorawüste, *293*
Sossusvlei, *12*
Soufrière Hill, 85
Spas, **138–139**, *139*
Spencergolf-Lake-Torrens-Graben, 146
Sperbergeier, 13
Spinnen, 33, 34, 36
Spinosaurus, 45
Spitzbergen, 253, *253*
Spitzkoppe, 303
Spriggina, 27
Spritzlöcher, 346, 366
Sri Lanka, 10
St. Kitts, 85
St. Lucia, 85
St. Pierre, 76
St. Pierre, 84, 85, *85*
St.Vincent, 84, 85, *85*
Stachelhäuter, 29, 34, 38, 45

Steamboat Springs, Geysirfeld, **135**
Stechginster, 362, *365*
Steigungsregen, 174, 176, 179, 183, 189
Steinbock, 190
„Steinerner Wald", China, 39, *376–377*
Steinkorallen, 41, 42
Steinzeit, 228
Stickstoff, 12, 18
Stone Mountain, 112, *113*
Strahlenflosser, 34, 36
Strände, *348,* 353, 359, 365, **369**
Straße von Gibraltar, 358
Stratovulkane, *53,* 70, 74, *74,* **75–76**, *76, 78,* 83, 84, 87, 94, 98, 101, 108
Strokkur, Geysir, **132**, *133*
Stromatolithen, 20, 21, 24, *24,* 38
Stromatoporen, 30, 33, 35
Stromboli, **88–89**, *88*
Stromschnellen, 208
Stummelfüßer, *29*
Sturmfluten, 353
Sturmvögel, 261
Sturt Stony Desert, 293, 312, **313**, *313*
Subantarktische Inseln, **261**, *261*
Subduktion, 40
Subduktionsgebiete, 53
Subduktionsgebirge, 50, **173–174**, 173
Subduktionsinseln, 50
Subduktionszonen, 53
Submarine Canyons, *siehe* Untermeerische Canyons
Südafrika, 109, 261, 282, *282,* 302, 303
Südalpen, 256, 340
Südamerika
  Canyons und Schluchten, **276–277**, *277*
  Flüsse und Wasserfälle, **216–221**
  Geothermalgebiete in den Anden, **136–137**, *136–137*
  Formenschatz an Küsten, **356**, *357*
  Superkontinente, 57, 58
  Vulkane, 74, **86–87**, *86–*87, 136
  Wüsten, **293, 300–301**, *300–301, 308–309, 309*
Südamerikanische Kordilleren *siehe* Anden
Südamerikanische Platte, 136, 182, 183, 202, 217
Sudan, 224, *224,* 227, 306
Südaustralien, 26, 289, 312, 324, *325, 390*
Südgeorgien, 202, *202,* **203**, *203,* 261, *261*
Südliche Sandwichinseln, 202
Südliche Shetlandinseln, 202, *260*
Südlicher Ozean, 366
Südlicher Polarkreis, 237, 350
Südliches Grabensystem, 366
Südpol 44, 237, 240, 350
Süd-Sandwich-Graben, 202
Südtirol, *189*
Südwestlicher Pazifikraum, Vulkane, **98–99**, *98, 99*
Suezkanal, 358, 361
Suleimangebirge, *56,* 173
Sulfatminerale, 156
Sümpfe, 24, 36, *37*
Sumpfwälder, 38
Superkontinent, **24–25**, 32, 38–40, **42, 51, 54–59**, 61
Superkontinentzyklen, 56–56
Supervulkane, 71, **77–78**
Suppenschildkröte, *165*
Surtsey, **153**, 155
Swaziland, 328
Syrien, 294
Syrische Wüste, **305**
Syrtlingur, 153
Széchenyi-Bad, Budapest, *139*

T
Taal, **94**
Tafelberge, 71, 299, **322**, 326–327, 336–337, *336–338,* **338**

Tahiti, 76
Taiga, 181, 192
Taiwan, **140**, *140,* **286**, *286*
Takeze, 333
Tambora, 77, 79, **94**
Tanamiwüste, **313**
Tanasee, 224, 225, 332
Tanganyikasee, 146, 161
Tansania, 160, 162, *162,* 282, 265, 268
Taranaki-Kliffe, 368
Taraschlucht, 278
Tarokoschlucht, **286**, *286*
Tarutao Marine National Park, 386
Tasman Line, 57
Tasmanien, 43, 48, 59, 63, 346, **390–391**
Tasmanischer Faltengürtel, 391
Tatami-Felsformation, *345*
Taupo-Vulkanregion, 98
Taurusgebirge, 166
Tavignanoschlucht, 281
Te-Anau-See, 256
Teide, *79*
Tektonische Prozesse, *18,* 19, **50–53**, *50–51,* **54–56, 57–61**, 70, *70,* 74, **173**, 174, 209, 213, 226, **230–231**, 239, **265, 345–346**, **352–353, 359, 369** *siehe auch* Plattentektonik
Tellatlas, 194
Temperatur, 13, 48
  Entstehung der Erde, 18, 19, **20**
  Klima – einst und heute, **60–65**
  Superkontinentzyklen, 55
  Wasseroberfläche, 64–65
Tephra, 75–76
Termiten, 45
Tertiär, **46–47**, 60, 116, 151, 156, 158, 164, 178, 190, 194, 226, 304, 364, 365
Tethys, 39, 53, 173, 186, 196, 285
Teton Range, *179–180*
Thailand, 140
The Needles, Oregon, 354, *354–355*
Therapoden, 43
Therapsiden, 38, 40, 41
Thingvellir-Nationalpark, *147,* **152–153**, *152–153*
Three Sisters, 321
Tibestigebirge, 293, 294, 307
Tibetiplateau, *306*
Tibet, 140
Tibetisches Hochland, 208, 232, 233
Tidewater-Gletscher, **246**, *247,* 261
Tiefseerinnen, 53, 71, 75, 174
Tienshangebirge, 311
Tiere *siehe* Fauna
Tiger, 51, *199,* 230
Tigersprungschlucht, 285, *285*
Tigris, 210
Tillite, *251, 251*
Timna-Park, *305*
Tirariwüste 293, 312
Titicacasee, 182
Tofua, 99
Togiak National Wildlife Refuge, *350*
Tokio, *91*
Tombolos, 348, 362, 364
Ton, 362
Tonga-Inseln, **99**
Tonga-Kermadec- Tiefseerinne, 98
Tongariro, 98, *98*
Tongass National Forest, 112
Tonschiefer, 180, **186**, *186,* 322, 322
Topas, 192
Topografie, 352
Torres del Paine, *106–107,* 114, *114,* 250, *251, 251*
Torres del Paine, Nationalpark, 114, 183, *184*
Tors, *104,* 109
Totes Meer, 283, 309

Becken, **166**, *167*
Verwerfung, **166–167**
Toubkal, 194
Traditionelle asiatische Medizin, 199
Transantarktischer Graben, 100, 101, 201
Transantarktisches Gebirge, 43, 100, **200–201**, *200–201*
Treibeis, *57*, 252, 254, 350, 353
Treibhauseffekt, 65
Treibhausgase, 60, 65
Treptoceras, 30
Trias, **40–41**, 113, 152, 190, 299, 300, 326, 364
Triceratops, 45
Trilobiten, 21, *28*, 29, 30, 33, 35, 36, 38, 39
Trinkwasser, 14
Tristan da Cunha, 261
Trockentäler, 303, **316**
Tropische Gletscher, **251**
Tropisches Klima, 63
Troposphäre, 12, 13
Tschad, 297, 306, *306*
Tschechische Republik, 330
Tseax, Vulkankegel, 80
Tsunamis, 10, 77, 80, 91, 92, 94, 95, 169, 183, 346
Tuff, 334, *334,* 335
Tunapa, 309
Tundra, 47, 192, 301, 353
Tunesien, 194, 307
Tungurahua, *87*
Turkanasee, 161
Türkei, 166, **168–169**, *168–169,* 283, *320,* **334–335**, *334–335*
Türkisches Bad, **139**
Turkmenistan, 292, 297, **310–311**
Turnagain Arm, *32*
Tweed Volcano, 122
Twelve Apostles, 366, **367**
Tyrannosaurus rex, 45

U
Überschiebungen, 324–325
Überschwemmungen, 64–65, 71, 210, 218, 227
Ubinas, 87
Üçhisar-Ürgüp-Avanos-Dreieck, 335
U-förmige Täler, **239**, *239,* 240, 246, 252, 255
Uganda, 224
Ukak, *80,* 81
Ukraine, 375
Ultraviolette Sonnenstrahlung, 13, 20
Uluru, 325, *325,* **338–339**, *339*
Uluru-Kata-Tjuta-Nationalpark, 338
Umweltschutz, **331**
Umweltverschmutzung, 223, 361
Ungarn, **139**, *139,* 222, 223
Unimakinsel, *74,* 105, **135**
Untermeerische Canyons, **268–269**
Untermeerische Gebirge, 50, 76
Untermeerische Gräben, 53, 71, 75, 174
Untermeerische Rücken, 352
Unzen, **90–91**
Upper Waitaki Basin, **341**
Uralgebirge, 27, 176, **192–193**, *192–193*
Urdonau, 222
Ureinwohner Nordamerikas, 180, 326, 327
Uruguay, 220
Usbekistan, **310–311**

V
Valdez-Halbinsel, *301*
Valdivia-Erdbeben, 183
Vancouver Island, 157, *157,* 378
Velociraptor, 45
Venezuela, 182, 184, 216, 250, 321, 322
Ventisquero Colgante, 276
Verdonschlucht, 278, *278*

Vereinigte Arabische Emirate, 297
Vereinigte Staaten von Amerika, 10, *71, 175, 176*
  Canyons und Schluchten, 264–265, *264–266,* 267–269, *269,* **274–275**, *274–275*
  Flüsse, 176, *207,* 210, *211,* **212–215**
  Formenschatz im Landesinnern, **252–253**, *252–253*
  Geothermalgebiete, **134–135**, *134–135*
  Gletscher und Fjorde, 246–247, *247*
  Grabenbrüche und Verwerfungen, *149,* **151, 156–157**, *156, 157*
  Höhlen und Karsterscheinungen, **378–379**, *378, 379*
  Karstgebiete und Höhlen, *373,* 375, *377*
  Küsten, **354–355**, *354–355*
  Nordamerikanische Kordilleren, 178–180, *178–180*
  Vulkane, 10, *74,* 77, 78–81, *80–81*
  Vulkanische Reste, 105, 107–109, *108–109*
  Wasserfälle, **214–215**, *214–215*
  Wüsten, *293,* 294, 296–297, **298–299**, *298–299*
Vereisungen, 25, 27, 29, 30, 31, 39, 48, 49, 55, 60, 61, *158–159, 162, 173,* 183, 187, 206, 207–208, *208,* 213, 233, **239–240**, 256–257, 346, 350, 352, 365, 390, 391
Verschmutzung, 49, 213, 222, **223**
Verwilderte Haustiere, 313, 314
Vestmannaeyjar, 153–155
Vesuv, 88, *88–89, 89,* 190
V-förmige Täler, **239**
Victoria, **366**, 366–367
Victoriafälle, **228–229**, *228, 229*
Victoria-Falls-Nationalpark, 228
Victoria-Nil, 224
Victoriasee, 160, **161**, *161,* 224
Vieh, 305
Vielfraß, 353
Vietnam, 377, 386, **387**, *386–388,* **389**
Vikosschlucht, 278
Viktorialand, *200–201*
Villarrica, *86*
Vindhyagebirge, 230
Vizcaínowüste, 180
Vögel, 13, *71*
  Afrika, *160–161*
  Arktis, 353
  Australien, 367
  Binnenland, 331, **332–333**, *339, 339*
  Fjorde, Eisschilde und Gletscher, 247, 255, 260, 261, *261*
  Flüsse und Wasserfälle, 227, 228
  Gebirge, 189, 203
  Geysire und heiße Quellen, *136*
  Island, *155*
  Jura, *43*
  Kap Hoorn, 356, *357*
  Kreidezeit, 45
  Küsten, 353, 356, *357, 360,* 362, 367
  Trias, 40
  Vulkanische Gebiete, *93*
  Wüsten, 303, 305, 307, 314, **317**, *317*
Vulkane, 50, 56, *146,* 246, 254, 261
  Antarktis, **100–101**, *100–101*
  Ausbruch von Supervulkanen, **77–78**, *77*
  Einführung, **74–79**
  Entstehung der Erde, *18*
  Europa, 10, **88–89**, *88–89,* 132, 359
  Formenschatz im Landesinnern, 332, 334
  Gebirge, 50, **79–71**, 173–174, 178–180, 182–183, 190, 196, 200–203
  Geysire und heiße Quellen, 132, 136
  Indonesien, 10, 74–76, *76,* **77–78**, **94–97**, *94–97*

Jura, 42
Karibik, **84–85**, *84–85*
  Klimaveränderungen, 62, *62*
  Formenschatz an Küsten, 352, 359
  Mexiko und Mittelamerika, **82–83**, *82–83*
  Mittelatlantischer Grabenbruch, *51, 153, 153*
  Mittelmeerbecken, 359
  Nördlicher Pazifikraum, **80–81**, *80–81*
  Ostafrikanischer Grabenbruch, **162**, *162*
  Perm, 39
  Spreizungszonen, 74, **75**, 76, *76*
  Subduktion, 50, 53
  Südamerika, **86–87**, *86–87,* 136
  Südwestlicher Pazifikraum, **98–99**, *98–99*
  Tektonik, 50, 52, 56, **70–71**, *70,* 74
  Trias, 40, 41
  Untermeerische, 74, 75, **164**, 165
  Vorhersage von Vulkanausbrüchen, **90–91**
  Vulkantypen, **75–76**
  Westlicher Pazifikraum, **90–93**, *90–93*
  Wüsten, 299, 304
Vulkanexplosivitätsindex, *79*
Vulkanische Aschen, 10, 27, 39, 87, *92, 93,* 94, 104, 162, 299, 334
Vulkanische Dome, 80, 91, 96
Vulkanische Ebenen, **156**
Vulkanische Gänge, **106–108**
Vulkanische Lager und Lakkolithen, **108**
Vulkanische Reste, **104–109**
Vulkanismus, **76–79**, 352
Vulkanruinen, **105–106**, 154
Vulsini, 117

W
Wadi Shab, 283
Wadi-Mujib-Schutzgebiet, 355
Wadis, 303, 304, 308
Wairapa-Erdbeben, 369
Waitaki-Fluss, 341
Waitomo Caves, 368
Wakatipusee, 256
Waldaihöhen, 209
Wälder, **34**, **36**, 37, 38, 40, 42, 47, 61
Wale, 22, *57, 236,* 245, 261, 356
Wales, 28, 30, 32
Walross, 245
Wanderfeldbau, 198–199
Wapiti, 255
Warrambungle-Nationalpark, 122
Warrumbungles, *123*
Wasserdampf, 13, 18, 65
Wassereinzugsgebiete, 208
Wasserfälle, *154, 157,* **206–211**, *207,* 212, **214–215**, 214, *215,* **220–221**, *220–221,* 225, **228–229**, *228–229, 239,* 256
Wasserkraft, 133, 189, 191, 193
Wasserlilien, *45*
Wasserscheide, **208**, 216, 218
Wasserstoff, 18, 24
Wawona Tunnel View Overlook, *110*
Weddellmeer, *57,* 200, *202–203,* 258
Wegener, Alfred, 50
Weißer Nil, 161, **224–225**, *224*
Wellen, *348,* 353, 355
Wespen, 45
Westantarktischer Eisschild, 100
Western Australia, *45,* 288, *288, 320, 373, 391, 391*
  Stromatolithen, 20, 24, *24*
  Wüsten, *312–313,* **312–314**
Westindische Inseln, **84–85**, *84–85*
Westland-Nationalpark, *257*
Westliche Masada-Verwerfung, 337
Wetterschwankungen, **64–65**

Whakarewarewa, 131
White Island, 99
Whitsunday Islands, *344*
Wien, **222–223**
Wikinger, 242
Wilkins-Schelfeis, 259
Wilpena Pound, *26–27,* 324, *325*
Wilsons-Promontory-Nationalpark, 123
Wind, 13, 356
Windjanaschlucht, 288, *288*
Winterschlaf, 71
Wisconsin-Glazial, 248
Wizard Island, 78
Wolf, 181, 188–189
Wölfe, 47, 189, 190, 245, 353
Wolfe-Creek-Meteoritenkrater, **315**, *315*
Wolfram, 180
Wolga, 209
Wostoksee, 260
Wostokstation, 260
Wrangell-St.-Elias-Nationalpark und -reservat, *11,* 240
Wüsten, 39, 42, 57, 63, 65, 180, 250
  Afrika und Naher Osten, **302–307**, *302–303,* 305–307
  Antarktis, 292, 297, **316–317**, *316–317*
  Australien, 292–294, 296–297, **312–315**, *312–315*
  Bewohner, 296, 297
  Geysire und heiße Quellen, **137**
  Nordamerika, **298–299**, *298–299,* 309, *309*
  Südamerika, **293**, **300–301**, *300–301,* **308–309**, *309*
  Typen, **293–294**
  Übersicht, **292–294**, *292–297,* **296–297**
  Zentralasien, **310–312**, *310, 311, siehe auch* Klima

X
Xegar, *198*

Y
Yagan, 356
Yangshuoschlucht, 286
Yaoshan, *285*
Yarlung, 267
Yarlung-Tsangpo-Schlucht, 265, *267*
Yellowstone-Caldera, 77, 79
Yellowstone-Nationalpark, *127, 129,* 130, 134–135
Yogyakarta, 96, 97, *97*
Yoho-Nationalpark, *28–29*
Yokohama, 91
Yosemite-Nationalpark, 109, *109,* 110, *110–111*
Yosemite-Tal, *49*
Yucatán, 10, 45, 71, 375
Yunnan, 232

Z
Zabaikalsky-Nationalpark, 150
Zabriskie Point, *323*
Zagrosgebirge, 166, 173, *359*
Zakynthos, *358–359*
Zemmouri, Erdbeben, 194
Zentralanatolien, *320*
Zentraliranisches Plateau, 308
Ziegen, 181, *181*
Zink, 164, 180, 194, 201
Zion-Nationalpark, *71,* 294
Zirkon, 15, 19, 22
Zirkumpazifischer Gürtel, 140
Zooplankton, 317
Zuckerhut, Brasilien, 114, *115*
Zuckmücke, 260
Zwergwale, 356
Zyklopeninseln, 116
Zypernbogen, 88

Bildnachweis

LEGENDE: (o) oben; (u) unten; (l) links;
(r) rechts; (M) Mitte.

Cover vorn: (großes Bild) Science Faction:
G Brad Lewis; (von links nach rechts)
Iconica: Grant V. Faint; National
Geographic; Amana Images: Satoru Imai/
A. Collection; Aurora: Alexander Nesbitt

Cover hinten: (von links nach rechts):
Stone: Arnulf Husmo; All Canada Photos:
Dean van't Schip; Photonica: Theo Allofs;
Photonica: Theo Allofs

Robert R. Coenraads: 260(u)

Grant Dixon: 184(r), 203(r), 309(l)

Fiona Doig: 76(u), 95(r), 339(l)

Fredrik Fransson: 99(o)

Getty Images:
AFP: 35(o), 97(u), 120(l), 140(l), 149(u),
223(r), 226(o), 380(r), 389(r)
All Canada Photos: Chris Cheadle
157(l); Gary Fiegehen 4–5, 239(M);
Chris Harris 12(M); Dean van't
Schip 112(u)
Altrendo Nature: 15(u), 22(l), 32(u),
55(o), 170–171, 230(l), 293(M),
326(l), 355(l)
Altrendo Panoramic: 80–81(M),
88–89(M), 190–191(u), 300–301(u)
Altrendo Travel: 40(u), 113(u), 378(u)
Amana Images: Satoru Imai/A.
Collection 62(u)
Asia Images: Jill Gocher 121(o)
Aurora: 105(o), 141(r), 197(o), 359(o);
James Balog 149(o); Robert Caputo
224(u); Mario Cipollini 79 (u); A. L.
Harrington 333(o); Peter McBride
372(o); Alexander Nesbitt 296(u);
PatitucciPhoto 175(M); David Stubbs
136–137(u)
China Span: Keren Su 39(o), 232(l)
DAJ: 204–205
De Agostini Picture Library: 174(l);
DEA/Archivio B 104(o), DEA/N.
Cirani 75(M), DEA/G.Sioen 10(l),
238(o)
Digital Vision: ABEL 44(u); Sylvester
Adams 292(r); Michael Busselle 290–
281(u); Cosmo Condina 349(r); Joe
Cornish 273(u); Digital Zoo 270–
271(u); Robert Glusic 354(l);
Andrew Gunners 386–387(u);
Robert Harding 321(o); Adam Jones
33(o); Wilfried Krecichwost 222(l);
Jeremy Woodhouse 222(u), 327(l)
Discovery Channel Images: Jeff Foott
109(o), 273(r)

Dorling Kindersley: 39(r), Rupert
Horrox 385(u); Gary Ombler 18(M),
186(r); Toby Sinclair 230–231(u)
First Light: Ron Watts 28–29
Gallo Images: Karl Beath 118(l);
Heinrich van den Berg 38(l), 282(r),
318–319; Lanz von Horsten 283(o);
Stefania Lamberti 162(u); Michael
Poliza 46(u); ROOTS RF
collection–Martin Harvey 251(o);
Travel Ink Photo Library 283(M)
Gallo Images ROOTS RF collection:
Richard du Toit 8–9
Getty Images News: 48(M), 96(l), 97(o),
141(u), 169(M), 215(u), David
Goddard 342–343
Getty Images North America: 329(M)
Hulton Archive: 85(u), 294(u), 365(l)
Iconica: Arctic-Images 59(o); John W
Banagan 30(l); Grant V. Faint 33(u);
Frans Lemmens 119(o), 293(o),
297(o), 307(o), 307(r); Sergio
Pitamitz 115(o)
Lonely Planet Images: John Banagan
24(l); Anders Blomqvist 268(l);
Graeme Cornwallis 176(u); Grant
Dixon 51(r), 104(r), 256(u); John Elk
III 177(u); Jenny & Tony Enderby
368(l); Christer Fredriksson 295(M);
David Greedy 139(o); Kraig Lieb
111(u); Diana Mayfield 334(u); Wes
Walker 236(u), 274(l), 344(r)
Look: Jan Greune 208(l); Andreas Strauss
189(r); Tony Wheeler 359(r)
Medioimages: Photodisc 337(r),
337(u)
Minden Pictures: Gerry Ellis 52(o),
63(rc); Michael & Patricia Fogden
60–69(u), 71(r); Colin Monteath/
Hedgehog House 341(r); Piotr
Naskrecki 29(u); Chris Newbert
65(u); Pete Oxford 12(o); Mike Parry
57(u); Michael Quinton 42(l); Tul De
Roy 277(o), 357(l); Konrad Wothe
150(o); Norbert Wu 31(u)
National Geographic: 28(M), 35(u),
43(o), 44(M), 47(r), 58(l), 60(l), 74(r),
80(r), 89(r), 94(l), 112(o), 118(u),
136(l), 139(u), 151(o), 161(r), 162(l),
167(o), 179(o), 200(u), 201(o),
201(M), 206(r), 207(o), 213(r),
219(M), 220(l), 247(r), 250–251(u),
207(o), 265 (o); 307(u), 314(u),
324–325(o), 330–331(u), 331(r),
332(o), 333(M), 373(o), 379(o),
387(r), 388(M), Stephen Alvarez
273(u), 384(l); James P. Blair 351(M);
Sisse Brimberg/Cotton Coulson/
Keenpress 155(o); Jason Edwards
59(r),
Kenneth Garrett 184(o); Justin
Guariglia 233(u); Bobby Haas
58–59(u), 79(o), 104(u), 144–145,
161(o), 268(l), 292(l); O. Louis
Mazzatenta 26(u), 210(u); Klaus
Nigge 53(r), 281(u), 334(l), 360(l);
Carsten Peter 31(o), 90(l), 93(u),
165(o), 165(u); Michael S. Quinton
134(l); Rich Reid 41(u), Stephen L.
Raymer 72–73; Jim Richardson
117(l); Joel Sartore 37(o), 221(u),
264(o); Roy Toft 33(r), Gordon
Wiltsie 287(o)

Nordic Photos: Lars Dahlstrom 254(l);
Thorsten Henn 19(o); Sigurgeir
Jonasson 75(o), 78(u); Gunnar
Svanberg Skulasson 16–17
Panoramic Images: 6–7; 41(o),
156–157(u), 160(u), 180–181(u),
186–187(u), 196–197(u), 312–313(u),
354–355(u), 366–367(u), 368–369(u)
Photodisc: Sylvester Adams 70(o);
S. Alden-PhotoLink 355(r); Tom
Brakefield 199(u), 357(r); Kent
Knudson/PhotoLink 264(r);
Medioimages/Photodisc 375(M);
StockTrek 77(u); Jeremy Woodhouse
282(l), 390–391(u)
Photographer's Choice: Geoffrey
Clifford 91(o); Kathy Collins 117(r);
Georgette Douwma 25(u), 165(r);
Larry Dale Gordon 239(r); Darrell
Gulin 168(u); Bruce Heinemann
323(o); Gavin Hellier 322(o); Peter
Hendrie 344(u); Bruno De Hogues
186(l) Simeone Huber 285(o);
Wilfried Krecichwost 174(r); Ray
Massey 36(M); Richard Price
274–275(u); James Randklev 45(r),
240(l), 326–327(u); Steve Satushek
172(o); Kevin Schafer 55(r); Thomas
Schmitt 68–69; Jochem D Wijnands
146(r)
Photolibrary: 94–95(M), 210(u)
Photonica: Theo Allofs 8–9, 36(u), 115(u),
173(o), 344(o), 346(u); Jake Rajs
320(u); Jake Wyman 229(o)
Riser: Astromujoff 56(o), 64(u), 147(M),
164(u); Jean du Boisberranger 88(r);
China Tourism Press 267(o), 284–
285(u), 285(o), 370–371; Alain
Choisnet 61(o); Daniel J Cox 271(r);
Jane Gifford 365(u); Kevin Kelley
95(l); Wilfried Krecichwost 348(l),
369(o); Michael McQueen 208(r);
Ted Mead 312(l); Andrea Pistolesi
335(o); Kevin Schafer 63(l), 261(r);
Harald Sund 111(r), 347(M); Darryl
Torckler 18(u), 69(u); Richard
Ustinich 82(u); Ulf Wallin 110(u)
Robert Harding World Imagery:
C. Gascoigne 166–167(u); FireCrest
358(u); Robert Francis 325(o); Lee
Frost 323(u); J P De Manne 225(o);
Throsten Milse 366(l); Bruno
Morandi 194(u); Sergio Pitamitz
48(u); R H Productions 320(r); Roy
Rainford 279(u); Marco Simoni
114(l), 280(u); Luca Tettoni 105(M);
Ruth Tomlinson 278(l), 328(l); D. H.
Webster 257(o)
SambaPhoto: Cristiano Burmester
207(M)
Science Faction: Matthias Brelter 45(o);
Ed Darack 49(o), 108(u), 240(u);
Gerry Ellis 260(o); Stephen Frink
374(u); Fred Hirschmann 11(M),
47(o), 350(u), 377(r); Doug Landreth
286(o); G Brad Lewis 71(o), 54(u);
NASA/digital version by Science
Faction 92(o); Dan McCoy/
Rainbow 20(l); Flip Nicklin 219(r);
Louie Pslhoyos 22(r), 40(l), 42(l),
211(M); Jim Wark – Stock
Connection 124–125; Norbert Wu
233(r), 266(M)

Sebun Photo: Hiroyuki Yamaguchi
345(o)
Stockbyte: Tom Brakefield 276(l); Martial
Colomb 363(M); Jeremy Woodhouse
302–303(u)
Stone: Tom Bean 212(l), 379(M); John
Beatty 70–71(u); Vanessa Berberian
341(o); Carolyn Brown 78(o);
Robert Cameron 348–349(o); Kevin
Cooley 380(u); Joe Cornish 107(u);
Nicholas DeVore 86(u); Jack
Dykinga 134–135(u), 269(o); Johan
Elzenga 148(u); Tim Flach 275(o);
Robert Frerck 276(u); William J.
Herbert 137(o); David Hiser 120(u);
Jeff Hunter 34(l); Arnulf Husmo
241(M); Jacques Jangoux 13(r),
218(u); Will & Deni McIntyre
219(u); Eastcott Momatiuk 356(l);
David Muench 327(r); Ian Murphy
228(l); David Nausbaum 221(o); Ben
Osborne 21(u); Hans Strand 372(r);
Darryl Torckler 340–341(u), 390(r);
Luca Trovato 391(o); Paul Wakefield
365(r); John Warden 122(l); Stuart
Westmorland 236(r); Art Wolfe
106–107(u), 184(u)
Taxi: Walter Biblkow 286(l); Wendy
Dennis 302(l), Mike Hill 27(r);
Harvey Lloyd 336(u); Ken Lucas
381(o); Keith Macgregor 387(l); Ian
McKinnell 1; David Noton 338–
339(u); Gary Randall 214(r); Ron &
Patty Thomas 173(M)
The Image Bank: James Balgrie 332–
333(u); Daryl Benson 23(o), 25(o),
353(r); Walter Biblkow 63(M), 330(l);
Carolyn Brown 226–227(u); Angelo
Cavalli 284(l); Kevin Cooley 384(u);
Stephen Cooper 219(o); Andre
Gallant 63(r); Peter Hendrie 237(o);
Gavin Hellier 38–39; Frank Krahmer
376–377(o); Wilfried Krecichwost
377(u); Ted Mead 172(r); Michael
Melford 247(o), 298–299(u); Bruno
Morandi 63(lm); Daniele Pellegrini
189(u), 305(u); Chip Porter 65(r);
Ingrid Rasmussen 116(l); Siqui
Sanchez 117(u); David Sanger
177(o); Kevin Schafer 202–203(u);
Jonathan & Angela Scott 227(r); Juan
Silva 321(M); Paul Souders 57(o);
Bob Stefko 288–289(u); Hans Strand
360(r); Travelpix Ltd 102–103; Joseph
Van Os 317(u); Michele Westmorland
229 (M); Jochem D Wijnands 361(r);
Simon Wilkinson 262–263; Winfried
Wisniewski 146(o); Gary Yeowell
345(M)
Tim Graham Photo Library: 147(o)
Time & Life Pictures: 309(o)
VisionsofAmerica : Joe Sohm 215(o)
Visuals Unlimited: 83(o), 93(o), 180(o),
216(u), 309(o); Ken Lucas 31(u);
Mark Schneider 37(u); Tom Walker
255(o)
Westend61: Martin Rietze 62(o)

iStockphoto: Craig Hansen 90(u); Luca
Manieri 190(l); Alexey Poluyanenko
192(u); Vladimir Pomortsev 93(r);
Nico Smit 303(r); Raldi Somers
100(l); Arne Thaysen 303(o)

John I. Koivula:
14(tc), 14(or), 14(M), 14(r)

David McGonigal:
14(u), 20(o), 27(u), 51(o), 74(o),
98(u), 99(u), 100(u), 101(o), 101(M),
101(r), 123(o), 133(l), 133(r), 133(u),
139(r), 152(l), 153(l), 153(r), 154(o),
154(u), 155(u), 156(l), 158(u), 159(o),
159(r), 160(l), 167(r), 178(r), 179(r),
179(r), 181(o), 181(r), 182(u), 183(o),
183(r), 187(o), 188(l), 191(l), 191(r),
192(l), 193(o), 195(u), 196(l), 197(r),
198(l), 202(l), 203(o), 216(u), 217(r),
220(u), 242(u), 243(o), 245(o),
245(u), 250(l), 251(M), 252–253(u),
253(o), 258(u), 261(o), 265(M),
270(l), 288(l), 294(l), 296(l), 298(l),
299(l), 301(M), 305(o), 310(u),
311(M), 313(r), 314 (r), 315(u),
316(u), 316(l), 339(r), 350(l), 353(l),
353(r), 362(l), 364(u), 367(M),
372(o), 373(M), 374(l), 386(l)

Avril Makula
338(l)

NASA:
Earth Observatory/Robert Simmon
213(o); GSFC/METI/ERSDAC/
JAROS, and the U.S./Japan ASTER
Science Team/Jesse Allen 261(u);
Image Science and Analysis
Laboratory, NASA-Johnson Space
Center 223(o); Robert Simmon/
NASA GSFC Oceans and Ice
Branch/Landsat7 Science Team
317(o); NASA/GSFC/METI/
ERSDAC/JAROS, and U.S./Japan
ASTER Science Team 234–235;
NASA/USGS 237(u), 290–291;
NASA Visible Earth 166(l), 195(o)
306(l); NASA Visible Earth/ Jacques
Descloitres, MODIS Land Science
Team 225(u); USGS EROS Data
Center 209(u), 308(u)
Armstrong Osborne:
380(l), 381(M)

The Art Archive:
Global Book Publishing 390(l)
**UC Santa Barbara Department
of Geography:**
Jeffrey J Hemphill 77(u)

Kapitelaufmacher:
Fluss Brennisteinsoldukvisl,
Landmannalaugar, Island: Getty
Images/Nordic Photos: Gunnar
Svanberg Skulasson 16–17

Luftaufnahme vom Blue Hole,
Lighthouse-Riff, Belize: Getty
Images/Photographer's Choice:
Thomas Schmitt 68–69

Luftaufnahme vom Mount
St. Helens, Washington, USA:
Getty Images/National Geographic:
Stephen L. Raymer 72–73

Basaltformationen, Giant's Causeway,
County Antrim, Nordirland: Getty
Images/The Image Bank: Travelpix
Ltd 102–103

Luftaufnahme von der Grand
Prismatic Spring, Yellowstone-
Nationalpark, USA: Getty Images/
Science Faction: Jim Wark – Stock
Connection 124–125

Flamingos am Lake Bogoria, Kenia:
Getty Images/National Geographic:
Bobby Haas 144–145

Luftaufnahme von den Schweizer
Alpen, Switzerland: Getty Images/
Altrendo: Altrendo Nature 170–171

Luftaufnahme von den Iguazúfällen,
Süd-amerika: Getty Images/DAJ
204–205

Satellitenbild vom Chapman-
gletscher, Ellesmere Island, Nunavut
Territory, Kanada: NASA/GSFC/
METI/ERSDAC/JAROS und U.S./
Japan ASTER Science Team 234-235

Luftaufnahme vom Dead Horse
Point, Utah, USA: Getty Images/
The Image Bank: Simon Wilkinson
262–263

Luftaufnahme von Dünen in der
Namibwüste: NASA/USGS 290–291

Felsformationen, Namibia: Getty
Images/Gallo Images: Heinrich van
den Berg 318–319

Luftaufnahme von den Seven Sisters,
Sussex, England: Getty Images: David
Goddard 342–343

Seven-Star-Höhle, Guilin, Guangxi,
China: Getty Images/Riser: Chinese
Tourism Press 370–371